国家社科基金后期资助项目
"学术笔记中语言文字研究语料的鉴别与考释"（项目号：16FYY002）
研究的最终成果

学术笔记中语言文字研究内容的
释读与考辨

郭海洋　著

南开大学出版社

天津

图书在版编目(CIP)数据

学术笔记中语言文字研究内容的释读与考辨 / 郭海
洋著. 一天津：南开大学出版社，2023.3
ISBN 978-7-310-06403-8

Ⅰ.①学… Ⅱ.①郭… Ⅲ.①学术－笔记－语言文字
符号－研究 Ⅳ.①G3

中国版本图书馆 CIP 数据核字(2022)第 255334 号

学术笔记中语言文字研究内容的释读与考辨
XUESHU BIJI ZHONG YUYAN WENZI YANJIU NEIRONG DE SHIDU YU KAOBIAN

南开大学出版社出版发行
出版人:陈　敬
地址:天津市南开区卫津路 94 号　　邮政编码:300071
营销部电话:(022)23508339　营销部传真:(022)23508542
https://nkup.nankai.edu.cn

河北文曲印刷有限公司印刷　全国各地新华书店经销
2023 年 3 月第 1 版　　2023 年 3 月第 1 次印刷
238×165 毫米　16 开本　32 印张　2 插页　555 千字
定价:168.00 元

如遇图书印装质量问题,请与本社营销部联系调换,电话:(022)23508339

国家社科基金后期资助项目
出版说明

后期资助项目是国家社科基金设立的一类重要项目，旨在鼓励广大社科研究者潜心治学，支持基础研究多出优秀成果。它是经过严格评审，从接近完成的科研成果中遴选立项的。为扩大后期资助项目的影响，更好地推动学术发展，促进成果转化，全国哲学社会科学工作办公室按照"统一设计、统一标识、统一版式、形成系列"的总体要求，组织出版国家社科基金后期资助项目成果。

全国哲学社会科学工作办公室

目 录

音 韵 篇

文 字 篇

词 汇 篇

绪　论

　　学术笔记指以研究学术问题为主要内容的具有研究性、学术性的笔记，其研究的对象包括经学、史学、文学以及语言学、文字学等相关学术问题。这些笔记的内容多为谈论经史、品评诗文、训诂名物、校勘文献等，由于其研究的内容、方法等偏重于学术研究，而其写作文体采用读书笔记的形式，故这类笔记可称作学术笔记。

　　学术笔记具有悠久的历史，汉代班固的《白虎通义》和应劭的《风俗通义》已经具备了学术笔记的部分特点。晋崔豹的《古今注》则是较早的以考释词语为主的笔记。至唐代，颜师古的《匡谬正俗》、李济翁的《资暇集》、苏鹗的《苏氏演义》及封演的《封氏闻见记》等笔记，已经具备了学术笔记的基本特征。至宋代则产生了一大批质量上乘的作品，成为学术笔记发展的第一个高峰，如王应麟的《困学纪闻》、洪迈的《容斋随笔》、程大昌的《演繁露》《考古编》、袁文的《瓮牖闲评》、王观国的《学林》等，都是质量上乘的学术笔记。元明时期的学术笔记发展不如宋代，这其中有战争的原因，亦有政治上的原因，但仍然产生了一些质量较高之作，如李治的《敬斋古今黈》、焦竑的《焦氏笔乘》、杨慎的《丹铅总录》等。至清代，学术笔记发展达到又一个高峰，在数量和质量上都达到了较高的研究水准，如顾炎武的《日知录》、赵翼的《陔余丛考》、钱大昕的《十驾斋养新录》、桂馥的《札朴》、孙诒让的《札迻》、卢文弨的《钟山札记》《龙城札记》等都是水平较高之作。今人徐德明主持编辑的《清代学术笔记丛刊》收录有清一代学术笔记240余种，充分反映了这一时期学术笔记发展的繁盛。

　　学术笔记中含有大量与语言文字相关的研究内容，如考辨文字的音读，指出文字的音义关系，分析本字、本义，指出文献用字中之误字、讹字、俗字，考证文献之避讳字，考辨词语的词义，考证俗语的理据，研究词义的发展历史等，都是学术笔记语言文字研究的重点。这些内容为我们今天的语言文字研究提供了丰富的有价值的资料。因此，对学术笔记中的语言文字研究内容做系统整理和研究，对语言文字的学术研究具有重要的价值和意义。

本书采用专题研究的方式，选取历代有代表性、语言文字研究价值较高的学术笔记若干部，在通读文献的基础上提取出其中有关语言文字研究方面的内容，并根据其研究的侧重点对其进行分类，进而对这些内容进行阐释分析及考辨。在研究的过程中参考古今学者在语言学、文字学、文献学等学科领域的研究成果，对研究内容进行考释和辨正，一方面展示学术笔记的研究价值所在，另一方面为今日语言文字研究提供有价值的参考。

通过对学术笔记中语言文字研究内容的整理和研究可以看出，学术笔记虽然不是专门的语言文字学术论著，但是其中有相当多的研究成果已具备了专业的研究水平。学术笔记的作者多为当世学术造诣较高的研究学者，有一些学者本身还是文字训诂学家，通过笔记的形式将其平时的研究成果予以记录，因而这些笔记对语言文字的研究具有重要的参考价值。通过对学术笔记中的语言文字问题做系统的整理和研究，可以对我国古代语言学术的发展有较深入的认识，同时也对现代语言学的发展具有积极的指导意义。

第一节　学术笔记的定义

"笔记"是产生于魏晋而流传至今的一种书面文体，但"笔记"这一名称起初指的是用笔来记录，如《孔子家语》卷九："叔仲会，鲁人，字子期，少孔子五十岁，与孔璇年相比，每孺子之执笔记事于夫子，二人迭侍左右。"后来，刘勰在《文心雕龙·总术》中将有韵之文称作"文"，无韵之文称作"笔"，①用"笔"的形式记载书写的内容（即刘勰所称的"无韵之文"）即可称作"笔记"，如《文心雕龙·才略》："温太真之笔记，循理而清通，亦笔端之良工也。"其后，"笔记"所指的范围逐渐缩小，专指"一切用散文所写、零星琐碎的随笔杂录，并统名之为'笔记'"②。"笔记"最初只是指与韵文相对形式较零散的文体，后来则专指以随笔记录为主的著作体裁。"笔记"的内容大都为记见闻、辨名物、释

---

① 《文心雕龙·总论》："今之常言，有文有笔，以为无韵者笔也，有韵者文也。"
② 刘叶秋《历代笔记概述》，北京出版社，2003年，第1页。

古语、述史事、写情景。其名称除作"笔记"外还可称"笔谈""笔乘""笔丛""随笔""杂识""札记"等。

笔记的种类很多，明胡应麟在《少室山房笔丛》卷二十九丙部《九流绪论下》中将笔记分作六类："一曰志怪，一曰传奇，一曰杂录，一曰丛谈，一曰辩订，一曰箴规。"①与传奇、志怪等小说随笔性质的文体划分为一类。"学术笔记"作为笔记的一种，主要指以研究学术问题为主的笔记，其考辨的内容十分广泛，经史文献、诗词文章、名物制度等都是其研究的对象。由于其研究的内容、方法等偏重于考据辨证，而其写作的体裁却是读书笔记的形式，故这类笔记统称为"学术笔记"。"学术笔记"这一说法是由赵守俨先生提出来的，赵先生在谈到笔记的种类时将笔记分作两类："谈学问的，记见闻的（还有一种属于短篇小说，这里没有把它包括在内）。或称前者为'学术笔记'，后者为'史料笔记'，倒也名副其实。"②中华书局出版的《史料笔记丛刊》和《学术笔记丛刊》，首次以学术笔记的名义将这类笔记作为丛书专门出版发行。刘叶秋先生在《历代笔记概述》中将笔记分为三类："小说故事类""历史琐闻类""考据、辨证类"。其中的"考据、辨证类"即属于学术笔记的范畴。由此可见，二者的分类大体相同，只是赵守俨先生没有将刘叶秋先生的"小说故事类"笔记包括在笔记的范畴内。

第二节　学术笔记的发展历史

学术笔记有着悠久的历史，汉班固的《白虎通义》和应劭的《风俗通义》已具备了学术笔记的一些特征，可看作学术笔记的滥觞。③魏晋至唐代是学术笔记发展的初始阶段，较早的以晋崔豹的《古今注》为代表，该书共分"舆服""都邑""音乐""鸟兽""草木""杂注""问答""释义"八类，④分类汇释材料，其中很多内容为后人所引述，很有研究价值。北齐颜之推《颜氏家训》中的《音辞篇》《书证篇》，考证名物、辨正音读，已具备了学术笔记的主要特征。⑤但六朝时期的笔记主要以志怪故

① [明]胡应麟《少室山房笔丛》，上海书店出版社，2009年，第282页。
② 赵守俨《赵守俨文存》，中华书局，1998年，第216页。
③ 刘叶秋《历代笔记概述》，北京出版社，2003年，第7页。
④ [晋]崔豹《古今注》，《丛书集成初编》本，商务印书馆，1939年。
⑤ 王利器《颜氏家训集解》引黄叔琳曰："（书证篇）此篇纯是考据之学，当另为一书，全删。"

事为主，像《古今注》《颜氏家训·音辞篇》《颜氏家训·书证篇》这类纯考据、辨证的笔记数量很少。至唐代出现了像《匡谬正俗》《封氏闻见记》《苏氏演义》《资暇集》《中华古今注》《兼明书》等以考据、辨证为主的笔记。这些笔记内容多为考据名物、辨证史实，也有一些内容论及俗语、俗字的问题，是学术笔记早期发展的代表。

宋代是学术笔记发展的成熟期，这一时期的笔记数量众多，质量较高，产生了如《困学纪闻》《容斋随笔》《梦溪笔谈》等考据十分精当的学术笔记。这一时期还产生了一部专门以文字训诂为主的笔记——《学林》，该书"专门考辨六经史传以及其他书中的文字音义，多罗列诸家的解说参校异同，加以订正；附及语词，兼释名物"①。其所做的考据及辨证十分严谨，是文字训诂研究的重要资料。总的来说，这一时期以综合性的考辨为主的笔记有《困学纪闻》《容斋随笔》《梦溪笔谈》，以考辨经学、史学、诗文为主的笔记有王楙的《野客丛书》、袁文的《瓮牖闲评》、程大昌的《考古编》、叶大庆的《考古质疑》，以文字训诂研究为主的有王观国的《学林》，等等。总之，宋代的学术笔记具有很高的学术价值，为明清学术笔记的作者提供了很好的范例，具有承前启后之功。

元代的学术笔记一般都带有考据、辨证的内容，但是这一时期因战乱及政治原因的影响，学术笔记的数量不多，最重要的学术笔记是李治的《敬斋古今黈》，刘叶秋先生认为："该书考辨古籍内容，疏通文字训诂，分析诗文内容，多有可采之处。因此，尽管元代的学术笔记数量不多，但有此一书，亦可为元代考辨类的笔记自张一军了。"②

明统一后，学术研究亦随之复兴，学术笔记的数量也逐渐增多，这其中综合类考辨的学术笔记有何良俊的《四友斋丛说》、谢肇淛《五杂组》等；偏重于考辨经史、文学、名物、训诂的有胡应麟的《少室山房笔丛》，焦竑的《焦氏笔乘》《焦氏笔乘续集》，杨慎的《谭苑醍醐》《艺林伐山》以及《丹铅总录》《丹铅余录》《丹铅摘录》等以"丹铅"为名的系列学术笔记。

清代是学术笔记发展的高峰期，这一时期的学术笔记数量最多，质量最高。自清初至清末作者不断，并且形成了考据学这一专门以考据为主的学科，侧重于通过文字、音韵来考辨经义，对文献典籍中的语言文字多有所发明。这一时期综合性考辨类学术笔记有顾炎武的《日知录》、赵翼

---

① 刘叶秋《历代笔记概述》，北京出版社，2003 年，第 129 页。
② 同上书，第 162 页。

的《陔余丛考》、王鸣盛的《蛾术编》、俞正燮的《癸巳类稿》等，而其中又以《日知录》和《陔余丛考》最为著名，它们都是价值很高的学术笔记。其余以考辨经史、训诂文字为主的笔记有阎若璩的《潜邱札记》，钱大昕的《十驾斋养新录》，桂馥的《札朴》，宋翔凤的《过庭录》，孙诒让的《札迻》，俞樾的《茶香室丛钞》《九九消夏录》，徐文靖的《管城硕记》，卢文弨的《龙城札记》《钟山札记》《读史札记》，于鬯的《香草校书》《香草续校书》等。此外，尤其值得一提的当为王念孙、王引之父子的《读书杂志》和《经义述闻》，二者在校勘文献、训诂文字方面均做出了杰出贡献，一直被语言文字训诂研究者奉为圭臬。总之，清代的学术笔记精品众多，对于古籍整理、了解研究古代典章制度以及文字训诂研究均有极高的学术价值。

第三节　学术笔记的语料性质及研究价值

一、学术笔记的语料性质

词汇史研究属于汉语史的分支，因此汉语史的语料大多可以作词汇史研究的材料，在这方面，语言学前辈为我们提供了大量可资利用的语料。如高小方、蒋来娣编著的《汉语史语料学》，就是一部专门讨论汉语史研究材料的专著，该书按年代将汉语史语料分为"上古汉语语料""中古汉语语料""近代汉语语料""现代汉语语料"四大类，其内部按语料的题材又作具体分类，如"中古汉语语料"中又分"总集类""别集类""史书类""讼状类"等若干小类。① 陈东辉《汉语史史料学》将汉语史语料分为"训诂学和词汇史史料""文字学史料""音韵学和方言学史料"等共七类语料。② 诸位先生提供的材料丰富而详尽，是汉语史研究的重要依据。然而这些语料多以陈述文献为主，或强调这些语料的汉语史研究价值，而对这些语料在语言研究中所起的作用以及这些语料的语料性质则疏于关注。实际上根据在语言研究中的性质，语料可分为直接语料和间接语料两种。

---

① 高小方、蒋来娣《汉语史语料学》，高等教育出版社，2005 年。
② 陈东辉《汉语史史料学》，中华书局，2013 年。

（一）学术笔记是间接性语料

作为语言研究的材料，其内容或为研究语言的材料，或为语言研究的材料。其中直接语料是指那些可以直接拿来做语言研究的语料，是语言研究的材料，如"宋儒语录""宋元话本"等，对于这些语言材料，我们考虑的主要是材料的真伪问题，即材料的真实性，语料的真实程度决定了研究结论的科学性和价值。另一种语料为间接语料，这类语料在内容上以研究语言为主，是研究语言的材料，如各种训诂类著作、考辨类的笔记等，都是间接语料，对于这类语料我们主要考虑的是它所研究的内容如何、这些材料的研究内容对今天语言文字研究的参考价值有多高。因此，对于不同性质的语料，在研究方法上应采用不同的研究手段：对于直接语料，在确定其真实性的基础上一般是直接拿来作研究的例证；间接语料则主要作为语言研究的佐证予以使用，同时对这些语料的内容一般还要进行考释和辨证。

（二）学术笔记是考辨性质的语料

学术笔记同其他类型的语料性质不同，它是一种考辨性质的语料。这其中包含了"考"和"辨"两方面的内容。

所谓的"考"指的是对某个未知的或没有人研究过的问题进行考释和研究，如《资暇集》中卷下"不及锉"："谚云'千里井，不反唾'，盖由南朝宋之计吏，泻锉残草于公馆井中且自言相去千里，岂常重来。及其复至热渴汲水遽饮，不忆前所弃草，草结于喉而毙，俗因相戒曰：'千里井，不及锉'，复讹为唾尔。"考释的是谚语"千里井，不及锉"的来源和理据。

所谓的"辨"，指的是对一些已知的或已有研究成果进行辨证，考辨其得失，或汇集旧说，或赞同某说，或新出己见。如清赵翼《陔余丛考》卷四"市井"："市井二字，习为常谈，莫知所出。《孟子》'在国曰市井之臣'，注疏亦未见分晰。《风俗通》曰：'市亦谓之市井，言人至市有鬻卖者，必先于井上洗濯香洁，然后入市也。'颜师古曰：'市，交易之处；井，共汲之所，总言之也。'按《后汉书·循吏传》'白首不入市井'注引《春秋井田记》云：'因井为市，交易而退，故称市井。'此说较为有据。"对"市井"的理据进行辨正，援引《风俗通》和《后汉书》相关说法，认为其命名根据在于"因井为市"。

总之，学术笔记是考辨性质的语料，是一种间接性语料，在研究利用时和其他类型的语料具有不同之处。

二、学术笔记的语言学价值

笔记小说的语言学价值一直受到学界的关注，诸多汉语史著作均将笔记小说作为汉语史研究的重要材料。蒋绍愚在《近代汉语研究概要》中将笔记小说列为近代汉语研究的资料之一；①王云路在《中古汉语词汇史》中将唐以来的笔记作为中古汉语研究的资料之一；②董志翘在《笔记小说与语言文字研究》中将笔记小说对于汉语言文字的价值归纳为四点：俗字材料，方俗语材料，语音材料，修辞材料。③而直接对学术笔记价值做出评价的是刘坚先生，在《古代白话文献简述》一文中，刘先生将笔记小说作为研究古代白话的文献之一，并且指出"除了记述小说故事、琐事遗闻以外，笔记小说里还有考据辨证一类值得注意。作者所考订的有故实，也有名物，甚至方言俗语，这对古代白话词语的研究是很有用处的"④。但上述诸家之说多强调的是笔记小说的语料价值。学术笔记作为笔记小说的一类，自然有其语料方面的价值，但学术笔记不同于其他类型的笔记，它的价值主要还是体现在语言文字学理论及实践方面的价值。对此，周大璞在《训诂学初稿》中曾指出："杂考笔记中的训诂……积累了非常丰富的训诂资料，可以说是汉语训诂资料的宝库，其中既保存了先秦两汉的古训，也阐明了许多词语的新义，以及近代的俗语方言，这对研究汉语语义学、词汇学和汉语发展史，都是很有用处的。只可惜现在还很少人能认真地开发这个宝库，整理这些资料，使它从杂乱的、零碎的变成有条理有系统的东西，以便能够充分发挥它在汉语研究中的作用。"⑤指出了学术笔记在语言理论及实践方面的重要价值。赵振铎先生在《中国语言学史》中首次将"笔记里的语言学问题"作为专门的语言研究材料进行论述，分别就笔记中所包含的语言研究内容特点、笔记中的方俗音研究内容、笔记中的俗语研究内容、笔记中的文献训诂研究内容以及笔记中的逸书内容五个方面，对笔记中所涉及语言文字研究内容进行了系统的论述和研究，其中所举之笔记，如《匡谬正俗》《能改斋漫录》《演繁露》《资暇集》等均为学术笔记。⑥赵先生的研究对我们运用学术笔记进行语言文字

---

① 蒋绍愚《近代汉语研究概要》，北京大学出版社，2005 年，第 17 页。
② 王云路《中古汉语词汇史》，商务印书馆，2010 年，第 67-68 页。
③ 董志翘《笔记小说与语言文字研究》，《汉语史研究集刊》，2007 年。
④ 刘坚《古代白话文献简述》，《语文研究》，1982 年第 1 期。
⑤ 周大璞《训诂学初稿》（修订版），武汉大学出版社，1987 年，第 190-195 页。
⑥ 赵振铎《中国语言学史》（修订本），商务印书馆，2017 年，第 303-338 页。

研究具有极高的参考价值。此外，高小方先生在《中国语言文字学史料学》中指出："一般来说，语言文字学史料主要集中在考据辨证类的笔记（如《封氏闻见记》《十驾斋养新录》等）中；历史琐闻类的笔记（如《辍耕录》《菽园杂记》等）次之；至于小说故事类的笔记（如《搜神记》《阅微草堂笔记》等），虽侧重于志怪、述异，但往往间杂考辨和俗语源材料，故亦时有可采。"①也指出了学术笔记的语言学价值。由诸家之说可知，学术笔记在语言文字学各方面都具有重要的研究价值和意义，值得我们学习和研究。

第四节　学术笔记研究综述

一、古代学者对学术笔记的研究

学术笔记的研究具有悠久的历史，宋元时期的笔记中就有专对唐代学术笔记中的语言问题辨正的相关著作，如宋王应麟在《困学纪闻》第二十卷"杂识"中，就曾对唐封演《封氏闻见记》中有关"卤簿"的词义进行辨正；洪迈在《容斋随笔》第十九卷"俗语有出"中，对唐李济翁《资暇集》中之俗语词内容进行驳斥；王楙《野客丛书》第十二卷"瘠消二义""药欄""如律令"条，分别就《资暇集》中的相关词语进行辨正和考释。宋人的研究成果又成为后人研究和辨正的对象，如清俞樾在《俞楼杂纂》中专门对王观国《学林》中的若干问题逐条进行辨正。清阎若璩、何焯、全祖望曾为《困学纪闻》作校笺，翁元圻作注，张嘉禄又为其作补注，赵敬襄亦撰有参注，可以看作对《困学纪闻》的系统研究。清黄汝成采集清代各学者的说法，为顾炎武《日知录》作注，即今日所看到的《日知录集释》，可看作对顾炎武《日知录》的系统研究。

除此之外，同一时代学者之间也常常就相关问题相互讨论和平议，如洪迈、王观国、王楙等人都曾对吴曾《能改斋漫录》中之相关内容进行考辨；胡应麟在《少室山房笔丛》中还专辟"丹铅新录"和"艺林学山"两部分，对杨慎《丹铅总录》《余录》的相关内容进行考辨；钱大昕《十驾斋养新录》辨正了顾炎武《日知录》中的若干内容，等等。

总之，古代学者早期对学术笔记的研究是随机的、分散式的研究，

---

① 高小方《中国语言文字学史料学》，南京大学出版社，2005年，第278页。

全面系统专门以学术笔记为研究对象进行考释辨正的著作直到清代才开始出现，像《日知录集释》《困学纪闻》〔全校本〕这样系统的研究著作数量不是很多。

二、现代学人对学术笔记的研究

今人对学术笔记的研究主要有两方面，一是对学术笔记专书的研究，二是在对笔记小说作综合性研究中有关学术笔记的研究。

（一）学术笔记专书研究

这类研究主要以学术笔记专书作为研究对象，具体表现为两方面：

一方面是以学术笔记作为直接语料进行研究。学术笔记虽然以考据辨证为主，但其语言不可避免地具有作者所处时代的特征，因而成为人们研究的对象，如许明《〈容斋随笔〉常用反义词研究》（长春理工大学2006年硕士学位论文）对《容斋随笔》中常用反义词聚的研究；武艳茹《〈容斋随笔〉心理动词研究》（河北师范大学2010年硕士学位论文）对《容斋随笔》中96个心理动词的语义特点和语法功能进行分析；周军《洪迈笔记语言分词理论与实践》（广西师范大学2010年硕士学位论文）以《容斋随笔》和《夷坚志》为语料来考察宋代笔记语言的词汇特点，并通过与《现代汉语频率词典》做比较，以揭示宋代到现在词汇的基本发展规律；谢冰蕾《〈容斋随笔〉副词研究》（中南大学2011年硕士学位论文）对《容斋随笔》中的副词进行描写，并将其与《宋书》《金瓶梅》《朱子语类》进行比较研究；凌英《〈容斋随笔〉双音词研究》（上海师范大学2015年硕士论文）对《容斋随笔》中双音词的来源、形式、词义及其与辞书关系进行研究。王英《〈容斋随笔〉名物词研究》（西华师范大学2018年硕士学位论文）对《容斋随笔》中的名物词进行分类研究；王雪槐《〈梦溪笔谈〉动植物名物词研究》（重庆师范大学2009年硕士论文）主要以《梦溪笔谈》为文本，对动植物名物词做集中、系统的分析，从而为汉语词汇史的建立与完善提供语言材料和结论。张蓓蓓《〈野客丛书〉词频研究》（广西民族大学2015年硕士学位论文）将《野客丛书》中所有词汇录入语料库，对其进行词频分析，并与现代汉语常用词词频相比较，从而探寻汉语词汇的发展演变规律。

另一方面则是对学术笔记的相关内容进行考释、辨正，及对其语言学研究价值的发掘与阐释。这类研究以学位论文和学术论文为主。学位论文如曹文亮《〈能改斋漫录〉训诂研究》（四川大学2007年硕士学位论文），是在对《能改斋漫录》中的训诂条目进行梳理和分析之后，将《能改斋漫录》的训诂成就归纳为五个方面，并总结出其训诂方面的不足。王洪涛《〈演繁露〉训诂考》（浙江大学 2007 年硕士学位论文）对《演繁露》中较重要的条目作具体的研究和分析，讨论程大昌在训诂方面的成就。胡雪颖《王观国〈学林〉研究》（广西大学 2015 年硕士学位论文）从文献学角度对《学林》的内容、传统小学考证方法及特色进行研究，并就前人对《学林》考证失误予以辨正。刘影《王观国〈学林〉文字训诂考辨》（湖南师范大学 2016 年硕士学位论文）从文字和训诂两方面对学林的内容和训诂方法进行研究和考辨。罗姵《王观国〈学林〉研究》（上海师范大学 2014 年硕士学位论文）通过对《学林》不同版本的比勘，从用字和造句两方面对《学林》文本进行商讨，并对《学林》中的词语进行研究分析，着重对其雅言词、名物词、新词新义以及词语类聚等方面进行阐释。熊焰《于鬯〈春秋〉四传校书训诂研究》（暨南大学 2010 年博士学位论文）对于鬯《香草校书》中《春秋》四传《校书》的训诂进行了全面、深入的研究。学术论文如刘玉红、曾昭聪《〈资暇集〉中的词源探讨评述》（《华南理工大学学报》（社会科学版），2009 年第 4 期）肯定了《资暇集》在词源学上的价值并分析了几组《资暇集》中出现的同源词。王焕玲《从〈封氏闻见记〉看汉语大词典的不足》（《南宁师范高等专科学校学报》，2008 年第 2 期）结合《封氏闻见记》中的训诂资料，指出《汉语大词典》的若干缺失。郑红《"衙门"辨证》（《语文建设》，1992 年第 6 期）则以《封氏闻见记》中有关"衙门"的理据进行辨正并提出相关意见。万久富《〈封氏闻见记〉的语言文字学史料价值》（《古籍整理研究学刊》，1998 年第 1 期）论述了《封氏闻见记》的语言文字学价值。巫称喜《〈梦溪笔谈〉语言研究方法论初探》（《广西师范大学学报》，2003 年第 1 期）重在总结《梦溪笔谈》的语言学方法论价值。潘天华《读〈梦溪笔谈〉札记》（《中国语文》，2001 年第 3 期）肯定了《梦溪笔谈》在语言学方面的贡献和价值。毛毓松《〈容斋随笔〉与语文学》（《文献》，1997 年第 4 期）对《容斋随笔》中的语言文字观念及在音韵、训诂、语法方面取得的成绩进行综述与评价。程志兵《〈容斋随笔〉的训诂学价值》（《伊犁师范学院学报》（社会科学版），1997 年第 1 期）从三个方面肯定了《容斋随笔》在训诂学方面的价值。孙良明《顾炎武〈日知录〉的词汇、词义研究及其现实意义》（《鲁东大学学报》（哲学社会科学版，2007 年第 1 期）从解说词源、词的历史发展、复合词构成理据、词义演变、词义分化、词的多义性、词的古义和僻义、复合词的偏义性、古籍正确释义等方面，评价了《日知录》在语言学上的研究价值。李顺和《〈札朴〉训诂体例研究》（山东广播电视大学学报》，2009 年第 4 期），匡丽娜《〈札朴〉的民俗语言学研究》（《文化学刊》，2010 年第 4 期），陈焕良、吴连英《刍论〈札朴〉之鲁方言研究》（《中山大学学报》，2004 年第 2 期）则对清桂馥的《札朴》从训诂体例、民俗语言、鲁方言等角度进行研究。方向东《〈札迻〉诂正（一）》（《古籍整理研究学刊》，2006 年第 2 期），《〈札迻〉诂正（二）》（《古籍整理研究学刊》，2006 年第 5 期），《〈札迻〉诂正（三）》（《古籍整理研究学刊》，2007 年第 6 期），专门就孙诒让《札迻》中的相关研究内容予以辨正。

此外，学术笔记专书研究还体现在对学术笔记文献文本的校勘、整理和笺疏、平议上。如许逸民《演繁露校证》是对《演繁露》的校勘及疏证。刘晓东《〈匡谬正俗〉平议》逐条对《匡谬正俗》全书内容进行研究和平议。严旭《〈匡谬正俗〉疏证》对《匡谬正俗》文本进行了重新校勘整理和研究。王大淳《〈丹铅总录〉笺证》对《丹铅总录》进行笺注和研究考证。丰家骅《〈丹铅总录〉校证》在对《丹铅总录》校证的基础上，于每条内容下加以考辨和笺证。程羽黑《〈十驾斋养新录〉笺注》（经史之部）对《十驾斋养新录》中的经部和史部内容进行了全面考释和辨正。

（二）学术笔记专题综合研究

这类研究主要体现在对笔记小说作断代专题研究或综合式研究。断代研究如陈敏《宋人笔记与汉语词汇学》（浙江大学 2007 年博士学位论文），就宋代笔记中词汇学相关问题进行研究。李娟红《宋代笔记中训诂学问题研究》（四川大学 2005 年硕士学位论文）对宋代笔记中的训诂学相关问题进行研究考释。凌宏惠《宋代笔记语音资料研究》（湖南师范大学2014 年硕士学位论文）针对宋代笔记中的语音资料进行汇编和研究。唐贤清、凌宏惠《宋代笔记语言学资料研究价值刍议》（《古汉语研究》，2014 年第 3 期）从"考辨名物语词""匡补前人讹漏""体现语言思想""展现宋代语言"四个方面，对宋代笔记中的语言学资料在近代汉语及语言学研究中的价值进行论述，并对其不足之处进行分析。黄建宁《笔记小说俗谚研究》（四川大学 2004 年博士学位论文）对笔记小说中的俗语谚语进行研究。综合式研究如曹文亮《历代笔记语言文字学问题研究》（中国社会科学出版社，2015 年），选取历代有代表性的笔记，对笔记所涉及的语言文字问题予以研究。李娟红《历代学术笔记中语言文字学论述整理和研究》（中国社会科学出版社，2018 年）对学术笔记中词汇、语义、语用研究内容予以汇编整理和研究考释。

三、现阶段学术笔记研究的不足

学术笔记研究的不足主要表现在以下几个方面：

（1）专书研究成果多，但分布不均衡。通过上述介绍可以发现，对学术笔记专书研究成果很多，但研究成果主要集中在《学林》《容斋随笔》《野客丛书》《梦溪笔谈》《十驾斋养新录》《札朴》《读书杂志》《经义述闻》等较著名的学术笔记中。对其他较重要的笔记如《瓮牖闲评》《靖康缃素杂记》《履斋示儿编》《双砚斋笔记》《蛾术编》《管城硕记》等关注度不够，研究成果较少，未能充分发掘、利用这些学术笔记中有价值的内容做语言文字方面的研究。

（2）综合式研究中对研究材料的汇编、整理者多，对研究内容、研究材料文本本身作阐释、解读者少。目前已有综合式研究者强调对学术笔记作断代或历时性研究，但这些研究成果多偏重于对学术笔记内容的汇编和整理，对学术笔记研究内容的阐释尤其是从语言文字学角度对研究内容的深度解读，成果不多。对学术笔记研究成果的辨正还多停留在传统的评议、辨正方面，缺乏对学术界最新研究成果，尤其是出土文献以及方言研究等最新研究成果的吸收和利用。

（3）对学术笔记研究内容的吸收和利用尚显不足。学术笔记中包含大量语言文字相关研究内容，目前对这部分内容的吸收和利用尚显不足，究其原因还是在于重视程度不够以及研究成果较少，同时也反映了当下对学术笔记研究的特点，即只重视笔记语料价值的发掘，忽视笔记内容的考辨，学术笔记的语言文字研究价值尚未得到充分地发掘和应用。

第五节　本文选题缘起及研究意义

一、选题缘起

由上文可知，学术笔记在语言文字研究的各方面都具有非常重要的研究价值。然而，长期以来学术笔记的价值一直仅体现在语料价值上，其内容所具有的价值没有被充分发掘和研究。另外，对学术笔记的研究多数仅局限于对学术笔记专书的研究，缺乏全面系统的研究。其次，学术笔记的研究不同于其他笔记小说的研究，其他类别的笔记小说需要对语料的真伪进行甄别，以确保其年代的真实性，学术笔记的研究侧重于对其内容方面的研究，对其内容进行辨正，辨正的结果不是真伪而是正确与错误，因此学术笔记的研究可以不受年代的限制，对同一问题可以结合历代研究成果集中辨正，从而为笔记小说的研究提供新的思路和方法。

二、研究意义

本书的研究价值主要体现在以下几个方面。

（1）有助于汉语音韵、文字、训诂及词汇研究。音韵研究方面。学术笔记中有大量内容为考释文献语言音读、辨正文献语音的读音和音义关系，同时还有部分内容研究音韵学相关问题。文字研究方面。学术笔记考证语词的古本字，辨正俗讹字，论述避讳用字等文字现象。词汇研究方面。学术笔记考释语词出处及始见书证，解说词义的发展演变，考辨词语的构词理据，研究古代的称谓系统。这些内容对语言文字研究都提供了极具参考价值的研究成果，是汉语语言文字研究的重要资料。

（2）有助于汉语史的研究。语音史方面。学术笔记中大量有关语音的发展流变、语音要素的历史演变以及音韵学相关研究内容，是汉语语音史研究的重要材料。词汇史方面。学术笔记中的词源研究，词语的初见义研究、本义研究、名称的演变、词义的发展变化研究，以及俗语词、称谓语来源出处及古今发展变化的研究，都对汉语词汇史的研究具有非常重要的价值。

（3）有助于辞书编纂及古籍整理研究。学术笔记中有关词语初见义、词语释义、词语僻义以及词语用字等方面的研究对于辞书编纂具有参考价值，为辞书的收词、释义以及书证的选择提供了相当丰富的参考资料。同时，学术笔记对于古籍中词语的考释和文献古籍的校勘补正，也为古籍整理与研究提供了有益的帮助。

第六节 研究材料、对象、思路及方法

一、研究材料

本书对象为学术笔记中的语言文字研究相关内容，因此学术笔记是本书首先需要考虑的研究材料。由于笔记的性质特点决定了不同类型的笔记之间并非界限分明。部分笔记于叙事中不乏对个别词语的考释；反之，有些笔记虽以考辨为主，然不乏记事成分。因此在研究对象的选择上，除纯粹以学术问题为内容的笔记之外，一些兼具考证、记事的综合性笔记（如《梦溪笔谈》）亦作为学术笔记的研究范围，而像《酉阳杂俎》这类以纯记事为主的杂考性质的笔记原则上不算作学术笔记，但其中如有较重要的考辨内容亦在参考范围之内。

本研究所选取的研究材料主要来源于以下三处：

（1）中华书局出版的"学术笔记丛刊"。该丛刊收集了从宋代到清代的部分学术笔记，并加以整理和校点，学术价值很高。但该丛书未收集宋以前的学术笔记，而且像《困学纪闻》《容斋随笔》《日知录》这类比较著名的学术笔记亦未予以收录，因此该丛书只是本书研究的对象之一。

（2）参考刘叶秋先生《历代学术笔记概述》中所论述的考释辨证类笔记。该类笔记具备学术笔记的基本特征，因此在本研究中算作学术笔记。该书列举了从魏晋至清代较重要的笔记，不仅指出各时期重要的笔记名称，还分别对这些笔记的内容予以评述，并且列举了相关笔记的版本情况，对研究材料的选择具有参考价值。

（3）《四库全书总目提要》《续修四库全书总目提要》中《子部》所收学术笔记。学术笔记在《四库全书》和《续修四库全书》中被列入《子部》，如《四库全书总目提要·子部·杂家类》记载："以立说谓之杂学，辨证者谓之杂考，议论而叙述者谓之杂说，旁究物理胪列纤琐者谓之杂品，类集旧闻涂兼众轨者谓之杂纂，合刻诸书不名一体者谓之杂编，凡六类。"虽然分为六类，但就其所录书目来看，学术笔记也有不少在其收录范围之内，因此这也是本书研究参考的对象。

二、研究对象

研究内容为学术笔记中有关语言文字研究的相关部分，因此，学术笔记中凡属语言文字研究相关的内容，均可作为本研究的研究对象。反之，部分学术笔记不含语言文字研究（如《习学记言序目》《越缦堂读书记》等）内容，一般不在本书范畴之中。其中，语言研究内容主要指音韵研究、文字训诂研究以及词汇研究相关内容。其他语言研究相关内容，如语法研究、语义语用研究等，由于受本书篇幅限制，故不在本书范围之内。文字研究内容则体现在与字形、字义相关方面，其中字义研究有时与词义研究相重合，会根据研究侧重点不同适当予以区分。

三、研究思路

本研究主要分三阶段进行。第一阶段在收集整理研究材料的基础上，首先从音韵、文字、词汇三方面对研究材料进行初次归类，归类的依据主要根据研究对象的具体内容确定。部分研究内容较为复杂，往往一条材料中会涉及音韵、文字以及词汇等多方面内容，对此，主要根据研究侧重点以及研究需要进行归类。其次，在初次分类的基础上，根据研究的具体内容特征进行二次或三次分类。如《考古质疑》卷三"论古字音义之异同"条，我们首先将其归入"音韵篇"，其次归入"音读辨正研究"章，最后归入该章第三节"辨正音义关系"部分。

第二阶段为对研究材料的释读。所谓释读，主要是对学术笔记著者意图及基本观点的阐释与解读，是在研究材料充分研读理解基础上，运用语言学、文字学术语及理论对研究内容进行概括和总结描述，对研究者的基本观点进行阐述和解释，最终目的是对研究内容及其所包含的观点、结论作出明确的分析与考证。

第三阶段是对研究材料的考释和辨证。所谓考释，是对研究材料的检验和复核，如对其研究结论的检验，对其所引文献的复核，对所引他人说法的检验，等等。所谓辨证，包括辨识和印证，主要指通过对研究材料的检验和复核，对研究内容的是非进行总结和评判。其说法中正确者，设法印证之；其说法中错误者，则运用相关学说辨正之。从而对研究材料做出科学而客观的评述。

四、研究方法

在研究方法上主要以语言学、文字学的基本研究方法为主，并尽量利用今人的理论及实践成果，如排比归纳、因声求义等传统方法以及现代语言学所使用的相关理论的方法，在最广泛占有资料的基础上对相关问题进行考释和辨正。具体研究方法包括：

（1）共时研究与历时研究结合法。首先，尊重语言文字的共时性特征，首先厘清语言文字的具体时代，以共时性存在的语言事实为前提，既不以今律古，以现代语言现象解释前代语言问题；亦不以古律今，以古代已消亡之语言解释后代语言问题。其次，具备一定的历史观，充分认识语言文字发展变化的客观事实，在具体研究工作中能够辩证地看待语言文字现象。最后，坚持共时研究与历时研究相结合，辩证发展地看待语言现象，解决语言问题。

（2）定量分析与定性分析相结合法，坚持语言的普遍性原则。研究中坚持"例不十，法不立"的基本原则，对研究中出现的特殊罕见语言现象，努力搜寻更多相似例证与用例以证明之，不盲目轻信孤证。反之，

"例外不十，法不破"，对研究材料中出现的个别不符合语言文字常识的情况，亦坚持寻找相关例证，通过排比归纳相关例证以求证之。

（3）描写与解释并重。对每条研究材料首先从语言文字学角度进行描写和阐释，运用语言学、文字学相关术语及相关基础理论，对研究材料所涉及的语言文字问题进行专业的描写与阐释。在充分描写的基础上，对材料内容中所反映的语言文字现象和研究结论观点进行考释辨正，并对研究结果做出科学的解答和具体的阐释。

（4）出土文献、方言与传世文献研究相结合的二重、三重证据法。充分利用出土文献中所包含的对研究内容有直接关系和研究价值的文献材料，将传世文献内容与出土文献内容相比照，利用出土文献对研究内容进行检验。方言是语言的活化石，在研究中，将方言材料与研究内容进行对比分析，解决相关语言问题。

（5）比较互证法的使用。根据研究内容，将学术笔记中的研究成果内容与已有的研究成果进行比较，通过分析其异同，进而辨正其得失，是者从之，非者摒之，从而推动学术研究的发展与进步。

除此之外，在研究过程中秉承研究的科学性和系统性。学术笔记于研究考释过程中，有时缺乏诠释的科学性，如将"包弹"解释为"包孝肃多所弹劾"（《野客丛书》），称"饆饠"为"番中毕氏罗氏好食此味"，"措大"为"谓其能举措大事"（《资暇集》）等，该类错误多属望文生义，已为今之学者所批评，不足为据。因此，本书在对待学术笔记中这类研究内容时，首先考虑其研究的科学性，并在此基础上吸收学术界最新的研究成果，以期对问题有一个比较科学的研究结论。

音 韵 篇

音響篇

第一章　音读考释研究

音韵学又叫声韵学，是分析研究汉字的字音和它的历史变化的一门学科。①在古代，音韵学与文字学、训诂学统称"小学"，是中国古代专门研究语言文字的学科，具有上千年的发展历史。研究音韵学的材料主要是历代流传下来的各种韵文、韵书以及音义类文献等，此外，学术笔记也是音韵研究的重要材料。

学术笔记中有关音韵问题的研究材料数量众多，内容丰富。从研究对象来看，既包含音韵问题的个案研究，同时也有对音韵问题的共性研究，此外，学术笔记中还有部分内容涉及古代的韵书文献研究，这些研究对汉语音韵学、语音史具有较高的价值，是音韵研究的重要材料。

第一节　考释语词的古本音

所谓古本音，既可指语词在先秦两汉时期的读音，也指语词较早时期的、有文献记载可征的读音，这些读音大多不为后世韵书所记载，音训材料也十分罕见，易使后人对这些语词音读的理据难以解释，从而导致错误频出。学术笔记作者在语音文献研究过程中，或利用韵文押韵特点，或利用异文材料，或发掘音训材料，或证之以方言俗语，专门就该类音读问题进行考释及研究，如：

（1）《匡谬正俗》卷五"葬"：

《酷吏传》长安中歌云："安所求子死，桓东少年场。生时谅不谨，枯骨复何葬。"荀卿《礼赋》云："非丝非帛，文理成章。非日非月，为天下明。生者以寿，死者以葬。城郭已固，三军已强。"

---

① 唐作藩《音韵学教程》，北京大学出版社，2002年，第1页。

《说苑》云："吾尝见稠林之无木，平原之为谷。君子无侍仆，江河干为坑。正冬采榆桑，仲夏雨雪霜。千乘之君、万乘之王，死而不葬。"据韵而言，则葬字有臧音矣。（［唐］颜师古撰，严旭疏证：《匡谬正俗疏证》，中华书局，2019 年，第 1 版，第 200 页。）

此例运用排比韵脚字的方法考释"葬"字的古音状况。首先，援引《史记·酷吏列传》所引长安歌、《荀子·礼赋》以及《说苑》中之韵文，对韵文韵脚进行排比分析。其中，《史记·酷吏列传》所引长安歌韵脚为"场、葬"，《荀子·礼赋》韵脚为"章、明、葬、强"，《说苑》韵脚为"木、谷、仆""坑、桑、霜、王、葬"；其次，根据这些韵脚用韵平仄情况（韵脚字均为平声字），推断"葬"在这些韵文中也应该读平声。进而得出结论："葬"字有读平声者。

按，"葬"字《广韵》只有去声则浪切一读；至《集韵》《五音集韵》《增修互注礼部韵略》《洪武正韵》等韵书中始有平、去二读，如《集韵》作兹郎（平声）、则浪（去声）二切。刘晓东指出"葬"有平去二读，葬处之"葬"读平声，所葬之"葬"读去声。而《广韵》不收平声者，"是不以为正读也。然古当有此一音"①。既而列举《庄子·山木》《七谏·沈江》《史记·龟策列传》《淮南子·本经训》诸篇文献之韵脚字，其中，与"葬"谐韵者均为平声字，如"藏、将、行、方"（《庄子·山木》）、"狂、伤、香、攘、阳、明、光、旁、降、长、伤、藏、行、当"（《七谏·沈江》）、"将、王、阳、郎、行、汤"（《史记·龟策列传》）、"粮"（《淮南子·本经训》）。②

根据此例所引韵文押韵与《集韵》等韵书收录情况，以及刘晓东《〈匡谬正俗〉平议》所引之韵文押韵等证据，则"葬"字古音当有读平声者。

另外，"葬"字上古音声调调类，古之韵书《广韵》之前只存去声一读，《集韵》后始有平去二读。今之辞书或不出其古音声调，如《汉语大字典》；或从《广韵》之去声，如唐作藩《汉字古音手册》、郭锡良《汉字古音表稿》等。《匡谬正俗》此条可为"葬"之古音音读提供论据，继而可补充相关韵书之阙。

此外，严旭《匡谬正俗疏证》指出："师古排比韵脚字以考古音，是

---

① 刘晓东《匡谬正俗平议》，齐鲁书社，2016 年，第 67 页。
② 同上书，第 148 页。

其固知音有古今之变。黄焯《文字声韵训诂笔记》录黄侃之说云：'推求古本音之法，最初为比对韵文。陈（第）、顾（炎武）、江（有诰）之言韵，不过挤韵脚之法。'师古实已道夫先路。"①按，据韵文韵脚推求音读，还见于《匡谬正俗》卷七"怠""反""穰""上""激""蜼""怒"、卷八"受授""西""迥"诸条，考求音读均用此法，证明该法之运用非偶然现象。

（2）《困学纪闻》卷三"诗经中诸华字音读"：

> "唐棣之华""维常之华"协"车"字，"黍稷方华"协"涂"字，"隰有荷华"协"且"字。曹氏谓"华"当作"鄂"，音"敷"。盖古"车"本音"居"。《易》曰"睽孤见豕负涂，载鬼一车"，"来徐徐，困于金车"，其音皆然。至《说文》有尺遮之音，乃自汉而转其声。愚按，《何彼穠矣》，《释文》或云："古读'华'为'敷'，与'居'为韵。后仿此。"朱文公《集传》并着二音，而以音"敷"为先。（[宋]王应麟著；[清]翁元圻等注；栾保群，田青松，吕宗力校点：《困学纪闻》[全校本]，上海古籍出版社，2008年，第1版，第457页。）

此例考察"华"字古音音读。首先，归纳《诗经》中与"华"谐声韵脚字情况，发现《诗》中"华"与"车""涂"字谐音。其次，援引曹宪音注及《经典释文》、朱熹《诗集传》注音，证"华"字古音音"敷"。此外，本例中"华"与"车"谐韵，因而兼论"车"之古音问题，此亦据《诗经》用韵及《释文》音注以及《易》谐声韵脚情况，指出"车"古音居，与"华""涂"谐韵。

按，"华""敷""涂""车""居"古音同属鱼部，至魏晋南北朝时期"华"入歌麻韵，而与"敷""涂"读音不同，故于《诗》《易》中这些字均可作谐韵韵脚。但是，其中"华"古音为晓母，"敷"古音滂母，"涂"古音定母，"车"古音见母，"居"古音见母。因此，称"车"古音"居"可以，称"华"音"敷"则不当，因为"华"与"敷"只是韵部相同，而声母不同，王力先生拟音"华"作[hoa]，"敷"作[pʰĭwa]，证明二者非同音关系。曹宪亦只是以譬况的方式注音，而后人执之误以为确音。

---

① [唐]颜师古撰、严旭疏证《匡谬正俗疏证》，中华书局，2019年，第202页。

（3）《瓮牖闲评》卷二：

> 去字若作起吕切，字书训藏。《晋书》云："阿堵物去。"与《汉书》"去草实而食之"是已。（〔宋〕袁文撰，李伟国点校：《瓮牖闲评》，中华书局，2007 年，第 1 版，第 50 页。）

此例考释"去"字的古义读音。指出"去"字若作上声，则为收藏义，并举《晋书》与《汉书》为证。

按，《集韵》"厾"音苟许切，训藏也。其异体字作"去"，或即著者云"字书训藏"者。又《左传·昭公十九年》："纺焉以度而去之。"陆德明《释文》云："去，起吕反。"并引裴松之注《魏志》云："古人谓藏为去。案，今关中犹有此音。"因此"去"作上声，唐时已有音训。

（4）《瓮牖闲评》卷二：

> 《因话录》云："祠部俗谓之冰厅，冰字《唐书》音作去声。欧阳文忠公诗乃有'独宿冰厅梦帝关'，冰字作平声用，文忠公误矣。"而沈存中作《江南春意》乐府词云："艇子隔溪语，水光冰玉壶。"冰字自音去声。则知冰字可以作去声音，故存中特着于此。（〔宋〕袁文撰，李伟国点校：《瓮牖闲评》，中华书局，2007 年，第 1 版，第 71 页。）

此例据《因话录》之说及沈拓乐府词用韵指出，"冰"字除有平声外，还有去声一读。按，"冰"字作去声乃为动词义，《集韵》："冰，逋孕切，冷迫也。""水光冰玉壶"指水光使玉壶变冷。

（5）《考古质疑》卷一"古来字读厘音"：

> 《匡衡传》："诸儒语曰：'无说《诗》，匡鼎来；匡说《诗》，解人颐。'"愚谓来字《汉书》虽无音义，当以厘音读之。盖经已有明证。《左传》宣二年，城者讴华元曰："于思于思，弃甲复来。"《音义》曰："来，力知切，以协上韵。"是以来为厘音也。又《诗·终风》曰："莫往莫来，悠悠我思。"《音义》云："古协思韵，多音梨，他皆放此。"谓"放此"者，如《诗》云："瞻彼日月，悠悠我思。道之云远，曷云能来。"又："鸡栖于埘，日之夕矣。羊牛下来，君子于役，如之何勿思。"又："青青子佩，悠悠我思。纵我不

往，子宁不来。"此并是协思韵者，所谓"他皆放此"，则皆梨音也。是以《刘向传》引《周颂》"来牟"直作"厘麰"，盖可见矣。《史记·货殖传》："天下熙熙，皆为利来；天下攘攘，皆为利往。"又《文选》屈平《九歌》云："乘赤豹兮从文狸，辛夷车兮结桂旗。被石兰兮带杜蘅，折芳馨兮遗所思。余处幽篁兮终不见天，路险难兮独后来。"汉《柏梁诗》："平理请谳决嫌疑。"原注：廷尉。"修饰舆马待驾来。"原注：太仆。"郡国吏功差次之。"原注：鸿胪。韩文《平淮西碑》云："既定淮蔡，四夷毕来。遂开明堂，坐以治之。"所谓来字皆当依《左传》《毛诗》音义读之无疑。（〔宋〕叶大庆撰，李伟国点校：《考古质疑》，中华书局，2007年，第1版，第184页。）

此例据《左传音义》《诗经音义》之音注，并且借助《诗经》《楚辞》押韵用字及《史记》中韵文部分的用字，以及《柏梁诗》等汉魏时期韵文用韵情况，指出"来"字在先秦两汉时期读作"厘"音。

按，"来"字古音之部，"厘"古音脂部，二者韵部不同。例中所举与"来"谐之部韵，如"颐""思""埘""熙""狸""疑"均为之部字，又如"思""熙""疑"等字。"来"与"厘"只是声母相同，即只有声转，而并不同音。其举异文"来牟"直作"梨麰"，其实也是声转而非同音。

（6）《野客丛书》卷第八"晋郑焉依"：

《左传》"晋、郑焉依"，"焉"今读为"延"字，非"嫣"字也。然观庾信有"晋、郑靡依"之语。是读为"嫣"字矣。考《颜氏家训》诸子书，"焉"字，鸟名。或云语词，皆音"嫣"，自葛洪用《字苑》分"焉"字音训，若训"何"、训"安"，当音"嫣"，如"于焉嘉客""于焉逍遥""焉用佞""焉得仁"之类是也；如送句及助语，当音"延"，如"有民人焉""晋、郑焉依"之类是也。江南至今分为二音，河北混为一音。乃知古者"焉"字只有"嫣"字一音。然则"晋、郑焉依"者，谓晋、郑相依耳。"焉"者语助，而庾信谓"靡依"，则失其义。（〔宋〕王楙撰，王文锦点校：《野客丛书》，中华书局，1987年，第1版，第88页。）

此条考证"焉"字古读问题，首先指出"焉"在当时（宋时）读"延"不读"嫣"。但是，根据庾信诗"焉"异文作"靡"，因此认为

"焉"字古音当读"嫣"（平声，影母、元部）。然后据《颜氏家训》说，以为"焉"字音训本皆读"嫣"，至晋葛洪《字苑》时始分为二音，表"何"义、"安"义读"嫣"；表虚词、语气词时读"延"（平声，以母、元部）。因此"焉"字古读只有读"嫣"一音。后世读《左传》"晋、郑焉依"之"焉"当读"延"音，庾信音不确。

按，此条"考《颜氏家训》"至"河北混为一音"一段文字乃援引《颜氏家训》文，与今所见之《颜氏家训》内容有出入，《颜氏家训》此处内容如下：

> 案：诸字书，焉者鸟名，或云语词，皆音于愆反。自葛洪《要用字苑》分焉字音训：若训何、训安，当音于愆反，"于焉逍遥""于焉嘉客""焉用佞""焉得仁"之类是也；若送句及助词，当音矣愆反，"故称龙焉""故称血焉""有民人焉""有社稷焉""托始焉尔""晋、郑焉依"之类是也。江南至今行此分别，昭然易晓；而河北混同一音，虽依古读，不可行于今也。

其中，《家训》"音于愆反"，《野客丛书》作"音嫣"；《家训》"音矣愆反"，《野客丛书》作"音延"。说明《家训》用反切而《野客丛书》用直音。王利器认为这是《野客丛书》著者个人所改。[1]周祖谟认为"焉"作副词读"于愆反"是读影母字，作助词读"矣愆反"则是读喻母字。并认为这种分别在《经典释文》中十分严格。刘冠才据敦煌写本《切韵》残卷三"焉"字只有于愆切一音，指出陆法言之《切韵》并未遵从颜之推的意见，将"焉"分作二读，并认为这是将《切韵》看成以活的语言实施为根据的一个证据。[2]

今按，《野客丛书》所改"焉"字音读，全部采用譬况式注音法。其中"延"字《广韵》以然切，平声仙韵以母开口三等。《广韵》以母即三十六字母之喻母。嫣，于乾切，平声影母仙韵开口三等。《野客丛书》说当时读《左传》"晋郑焉依"之"焉"为"延"而不读"嫣"，是说宋时读"焉"之表语助义为影母而不读喻母。与《经典释文》的音读相同，而与《切韵》时期的读音已经不再一致。

---

① 王利器《颜氏家训集解》（增补本），中华书局，1993年，第560页。
② 刘冠才《北朝通语语音研究》，中华书局，2020年，第14-15页。

（7）《履斋示儿编》卷十二"句读"：

> "句读"字自汉有之。《周礼·宫正》"春秋以木铎修火禁，凡邦之事跸"，"郑司农读'火'绝之，云'禁凡邦之事跸'，国有事，王当出，则宫正主禁绝行者，若今时卫士填街跸也"。郑康成注《春秋》以"木铎修火禁"句绝。"'读'火"，戚如字，徐音豆。韩愈《师说》云："彼童子之师，授之书而习其句读者也。"洪曰："读，音豆，其字从言从卖。"唯马融《笛赋》云："睹法于节奏，察度于句投。"注曰："投，徒斗切。句投，犹章句也。"其音训同而字画异。《广韵》《玉篇》"读""投"二字，去声俱不收。（［宋］孙奕撰，侯体健、况正兵点校：《履斋示儿编》，中华书局，2014年，第1版，第199-200页。）

此条考证"句读"之"读"的读音，著者先后考察了陆德明《周礼音义》引徐邈注音、韩愈《师说》洪兴祖注音以及马融《长笛赋》中之"读"字异文情况，证实"读"字早已有作去声者，但是在传统韵书中，如《广韵》《玉篇》等均未收录"读"的去声读音。

按，"读"字本义为诵读、讲解，入声，作停顿、句读义，今为去声。而其去声音读在韵书中记录情况，则于《集韵》中方始见。而据此例所论，则很早即已出现。孙玉文指出："读的变调构词当来自上古。……事实上，汉人已经把滋生词写作'投'了（按，'投'有去声一读），……"[1]

此例考证为"读"的语音发展及其变调构词提供了论据，孙玉文《汉语变调构词考辨》中即引《周礼》郑玄注、陆德明《周礼音义》以及马融《长笛赋》作论据。而此条所举之韩愈《师说》洪兴祖注亦可为该例研究增添一处新证据，洪注"读音豆"，"豆"亦是去声字。

（8）《敬斋古今黈》卷三：

> 《月令》："仲夏，……鹿角解，……""仲冬，……麋角解，……"皆蟹音。"孟春，东风解冻"，无音。则当读如字，为佳买反。盖角解之解，自解也。解冻之解，有物为之解也。（［元］李治撰，刘德权点校：《敬斋古今黈》，中华书局，1995年，第1版，

---

[1] 孙玉文《汉语变调构词考辨》，商务印书馆，2015年，第426页。

第 31 页。)

此例据《月令》音注指出"解"字有两个读音：作"角解"时读蟹音，即读上声匣母；作"解冻"时读如字（佳买反），即读上声见母。著者认为音读之所以不同，在于"角解"为自解，"解冻"为有物为之之解，即今所谓自动词和他动词之区别。

按，《广韵》"解"存上去两个声调，每个声调下又各有匣母、见母两个读音。读上声者一为胡买切、匣母蟹韵全浊开口二等；一为佳买切、见母蟹部全清开口二等，二者区别体现在声母清浊的不同。释义方面，"胡买切"释义为"晓也"；"佳买切"释义为"讲也""说也""脱也""散也"。读去声者一为古隘切见母卦韵全清开口二等；一为胡懈切匣母卦韵全浊开口二等。二者区别亦体现在声母清浊的不同。释义方面，"古隘切"释义为"除也"；"胡懈切"释义为"曲解"。反观此例，"角解"之"解"均为"脱"义，即指兽角脱落，如此则当读"佳买切"、见母。然著者云"皆蟹音"，"蟹"胡买切。如此，则两"角解"此处又都读作匣母，[①]音义似乎不相符。据孙玉文研究，"解"的不同读音在于古代注解家对"解"有不同的理解，读见母上声，强调"分解"的动作；读匣母上声，强调"已解"，即"解"的结果。[②]故《月令》两"角解"强调的是"解"的结果，即"仲夏时节鹿角已经脱落""仲冬时节麋角已经脱落"，而"解冻"强调的是动作，即"东风开始解除冻冰"。至于此例著者所云"角解"为自解，"解冻"为有物为之之解，我们认为这个说法错误，因为在古文献音注材料中许多情况下"解"均可作佳买、胡买二切，如《周礼·春官·龟人》："治龟骨以春，是时干，解不发伤也。"《音义》："干解，音蟹，一音佳买反。"《左传·文公三年》："闻晋师起而将兵解，故晋亦还。"《音义》："兵解，音蟹，又佳买反。"《庄子·徐无鬼》："大一通之，大阴解之。"《音义》："解之，音蟹。下同，又佳买反。"[③]这些例句中，"解"均没有所谓"自解"和"有物为之解"的区别，所以著者所说不确。

---

① 据《礼记音义》，"鹿角解"下《音义》曰"户买反"；"麋角解"下《释文》曰"音蟹"。《广韵》"蟹"音胡买切、匣母。"户买反"的"户"，《广韵》属匣母，户买切即胡买切。
② 孙玉文《汉语变调构词研究》，商务印书馆，2007 年，第 189 页。
③ 所引例句出自孙玉文《汉语变调构词研究》，商务印书馆，2007 年，第 189 页。

（9）《焦氏笔乘》卷六"霓可两音"：

> 霓，《说文》："屈虹，青赤，或白，阴气也。"雄曰虹，雌曰霓。研奚切，又五结切。《南史》沈约作《郊居赋》，以草示王筠，读至"雌霓连蜷"，沈抚掌曰："仆尝恐人呼为平声。"范蜀公召试学士院，用彩霓作平声。考试者判《郊居赋》霓，五结切，范为失韵。当时学者为之愤郁。司马文正公曰："约赋但取声律便美，非霓不可读为平声也。"按韵书此类甚多，有两音、三音而义同者，皆可通用。（[明]焦竑撰，李剑雄点校：《焦氏笔乘》，中华书局，2008年，第226页。）

此例首先指出"霓"字有研奚切、五结切两读。进而举《南史》沈约《郊居赋》之故事以及范蜀公（即范仲淹）以《郊居赋》考试学士之事，证"霓"读平声之情况。

按，霓，古音平声疑母支部。《广韵》收平去入三声，分别为五稽切、五计切、五结切，意义则相同，均指虹。这反映了该字在宋代已具备了上去二个新增音读。然据例中所云，则齐梁时期"霓"字已有非平声之音读。究其原因，或即如《笔乘》所称之"但取声律便美"，或为作诗方便而生出的音读。

（10）《丹铅总录》卷十三"貌字音墨"：

> 《庄子》"人貌而天"，《史记·郭解赞》"人貌荣名"，《唐·杨妃传》"命工貌妃于别殿"，皆作入声读。杜诗"画工如山貌不同"，又"曾貌先帝照夜白"，又"屡貌寻常行路人"。梅圣俞诗"妙娥貌玉轻邯郸"，自注音墨。（[明]杨慎撰，丰家骅校证：《丹铅总录校证》，中华书局，2019年，第1版，第525页。）

根据《庄子》《史记》《新唐书》内容及杜甫诗和梅圣俞诗自注，指出"貌"字有音入声作"墨"者。据著者所云，则"貌"字古音似有读"墨"者。

按，"貌"字于《说文》为"皃"之重文。① "皃"字古音为明母宵

---

① 《说文》："貌，皃或从页、豹省声。"

部；①"墨"字古音明母之部，②一作明母职部。③读"貌"如"莫"，则是读阴声韵部字为入声韵。但《篆隶万象名义》《玉篇》《广韵》等韵书均作莫教切去声明母效韵。《集韵》始有去、入二声：去声者，眉教切明母效韵；入声者，墨角切明母觉韵。《广韵》释义为"人类状"，《洪武正韵·药韵》释义为"描画人物类其状曰貌"。由此可知，"貌"之入声当是其名词义容貌、形貌的动词化音变结果。至于这一变化何时产生，《丹铅总录》称《庄子》《史记》作入声读，似乎汉代已产生。今检此二书于"貌"字无音注，其说不知何据，此例没有提供更多相关论据。按王力先生研究，"貌"字上古后期作明母药部，拟音作[meǎuk]，为入声字，中古时期变为《切韵》效韵，入声韵尾消失，其演变过程为：eǎuk→au。④向熹先生也指出上古药部二等长入中古时[-k]尾消失，变入去声效韵。⑤据此，则"貌"字本为入声，后来入声韵尾脱落，变为去声。在其后或受诗文创作以及音变构词的影响，又发展出去入二声。只是何时又发展出入声，尚待考证，据此例著者云则似唐时已有入声用法。

（11）《日知录》卷二十七"汉书注"：

> "建昭三年七月戊辰，卫尉李延寿为御史大夫，一姓繁"。师古曰："繁音蒲元反。"《陈汤传》"御史大夫繁延寿"，师古曰："繁音蒲胡反。"《萧望之传》师古音"婆"。《谷永传》师古音"蒲河反"。蒲元则音盘，蒲胡则音蒲，蒲河则音婆，三音互见，并未归一。然"繁"字似有婆音。《左传·定四年》："殷民十族繁氏。"繁音步何反。《仪礼·乡射礼》注："今文'皮树'为'繁竖'。皮，古音婆。"《史记·张丞相世家》"丞相司直繁君"，索隐曰："繁音婆。"《文选》"繁休伯"，吕向音步向反。则繁之音婆相传久矣。（[清]顾炎武著，黄汝成集释《日知录集释》，上海古籍出版社，第1534-1535页。）

此例根据《汉书》颜师古注音以及《左传音义》《仪礼》异文及《音

---

① 王力构拟作[meau]、董同龢构拟作[mɔg]、周法高构拟作[mraw]、李方桂构拟作[mragwh]，统均为阴声韵韵尾。

② 董同龢构拟作[muək]、李方桂构拟作[mək]，均为入声韵韵尾。

③ 高本汉、王力构拟作[mək]、周法高构拟作[mwək]，均为入声韵韵尾。

④ 郭锡良《汉字古音手册》（增订本），商务印书馆，2010年，第55页。

⑤ 向熹《简明汉语史》（修订本），商务印书馆，2010年，第174-175页。

义》《史记索隐》音注，《文选》音注，证"繁"字古音"婆"。

按，"繁"字上古音有三种读音，一音并母元部，高本汉拟音作[b'ɑn]，李方桂、王力拟音作[ban]；一音作并母歌部，高本汉拟音作[b'ɑ]，李方桂拟音作[bar]，王力拟音作[ba/ai]；一音并母元部，高本汉拟音作[b'jǎn]，李方桂拟音作[bjan]，王力拟音作[bǐan]。[1]其中，并母歌部，即上古时期"婆"的读音，上古汉语"婆"亦作并母歌部，高本汉拟音作[b'ɑ]，李方桂拟音作[bar]，王力拟音作[ba/ai]。[2]由此可见，顾炎武称"繁之音婆相传久矣"之说可从。

此外，本例中引颜师古对"繁"字的注音，也从另一方面反映了"繁"在中古时期的读音情况。《广韵》"繁"有三音，一音薄官切，平声桓韵，山摄合口一等并母，释义为："繁缨，马饰。"此即颜师古音"蒲元反"、顾炎武音"盘"者。《广韵》二音薄波切，平声戈韵，果摄合口一等并母，释义为："姓也。"此即颜师古、顾炎武所谓"音婆""蒲河反"者。《广韵》三音作"附袁切"，平声元韵，山摄合口三等奉母，释义："概也，多也。"此音即今之读 fán 音者。但是，该音与此例所引之颜师古注音不符，此例援引颜师古注读音作"蒲胡反"，顾炎武云"蒲胡则音蒲"，"蒲"在《广韵》中书平声模韵，遇摄合口一等并母，与山摄元韵不相涉。今复核《汉书·陈唐传》原文"御史大夫繁延寿"下颜注乃作"蒲何反"，[3]非如顾炎武所说"蒲胡反"，"蒲何反"即《谷永传》之"蒲河反""音婆"者。此处当为顾炎武误记《汉书》所致。由此可见，《汉书》"繁延寿"当音婆为是，师古注《汉书》同一人姓而列举了两个不同的读音，实质上是混淆了"繁"的音义关系。

此例所援引颜师古注音，还可为"繁"字的语音发展提供相关内容。《汉字字音演变字典》中"繁"字中古音读据《广韵》，而颜注的时代比《广韵》更早，说明早在唐代"繁"已发展出《广韵》的音读。

（12）《日知录》卷三十二"而"：

> 《孟子》"望道而未之见"，《集注》："'而'读为'如'，古字通用。"朱子答门人，引《诗》"垂带而厉"、《春秋》"星陨如雨"为证。今考之，又得二十余事。《易》"君子以莅众用晦而明"，虞翻解："而，如也。"《书·顾命》"其能而乱四方"，《传》释为"如"。

---

① 林连通、郑张尚芳《汉字字音演变大字典》，江西教育出版社，2012 年，第 1578 页。
② 同上书，第 506 页。
③ [汉]班固撰、[唐]颜师古注《汉书》，中华书局，1962 年，第 3015 页。

《孟子》"九一而助"，赵岐解："而，如也。"《左传·隐七年》"歃如忘"，服虔曰："如，而也。"僖二十六年"室如悬磬"注："如，而也。"昭四年"牛谓叔孙，见仲而何"注："而何，如何。"《史记·贾生传》"化变而嬗"，韦昭曰："而，如也，如蝉之蜕化也。"《战国策》"威王不应而此者三"，《韩非子》"嗣公知之，故而驾鹿"，《吕氏春秋》"静郭君炫而曰不可"，又曰"而固贤者也，用之未晚也"，《荀子》"魭然而雷击之，如墙厌之"，《说苑》"越诸发曰：意而安之，愿假冠以见；意如不安，愿无变国俗"，又曰"而有用我者，吾其为东周乎"，《新序》引邹阳书"白头而新，倾盖而故"，后汉《督邮斑碑》"柔远而迩"，皆当作"如"。《战国策》"昭奚恤曰：请而不得，有说色，非故如何也？綦疵曰：是非反如何也"，《大戴礼》"使有司日省如时考之"，又曰"然如曰礼云，又曰"安如易，乐而湛"，又曰"不赏不罚，如民咸尽力"，又曰"知一而不可以解也"，《春秋繁露》"施其时而成之，法其命如循之"，《淮南子》"尝一哈水如甘苦知矣"，汉乐府"艾如张"，后汉《济阴太守孟郁修尧庙碑》"无为如治，高如不危，满如不溢"，《太尉刘宽碑》"去鞭抶如获其情，弗用刑如弭其奸"，《郭辅碑》"其少也孝友而悦学，其长也宽舒如好施"，《易》王弼注"革而大亨以正，非当如何"，皆当作"而"。《汉书·地理志》辽西郡肥如，"莽曰肥而"，《左传·襄十二年》"夫妇所生若而人"注云"若如人"，《说文》"需从雨，而声"，盖即读而为如也。唐人诗多用"而今"，亦作"如今"。今江西人言"如何"亦曰"而何"。（［清］顾炎武著，黄汝成集释《日知录集释》，上海古籍出版社，第 1805-1806 页。）

此例以朱熹《孟子集注》中读"而"为"如"为例，运用大量训诂、文献材料证实"而"字古音与"如"字相通，指出文献中大量用"而"字处均当作"如"理解；反之，文献中作"如"之处亦当作"而"处理。

按，"而"字训"如"，王引之《经传释词》有详细论述，《经传释词》卷七："而，犹若也。若与如古同声，故而训为如，又训为若。"利用递训的方式，首先指出"而"与"若"声近义通，而"若"与"如"又是声同义近的关系，故而"而"可训"如"，指出"而"与"如"亦是声同义近的关系。从古音角度讲，二者读音近似，"而"字古音日母之部，王力先生拟音作[ȵǐə]；"如"字古音日母鱼部，王力先生拟音作[ȵǐa]。"而"

"如"声母相同为日母，韵部相近，鱼部旁转。王力先生《同源字典》中将"然、尔、而、若、如"看作一组同源字，其中"而"与"如"为鱼之对转（[njia]：[njiə]）。以上均表明"而""如"古音上的密切联系。此外，著者在最后谈到"唐人诗多用'而今'，亦作'如今'。今江西人言'如何'亦曰'而何'"，按，"而"《广韵》平声日母之部止摄，"如"《广韵》平声日母鱼部遇摄，读音已不相同，这反映了"而""如"古音相近的特点在方言和口语中的存留。

（13）《十驾斋养新录》卷二"曼"：

> 《左传·桓五年》"曼伯为右拒"，《释文》："曼音万。"古有重唇，无轻唇，故"曼""万"同音，今吴中方音"千万"之"万"如"曼"，此古音也。六朝人读"万"为轻唇音，村夫子习于所闻，并读"曼"为轻唇，则失之远矣。《春秋》"戎蛮子"，《公羊》作"戎曼子"。（[清]钱大昕著，杨勇军整理：《十驾斋养新录》，上海书店出版社，2011年，第1版，第31页。）

据《经典释文》注音及方言读音证"曼"古音读"万"。著者首先根据"古无轻唇音"这一音理，指出古音"曼""万"读音相同，并以吴方言之读音及《春秋公羊传》异文证之。进而指出，轻唇音从重唇音分化出来以后，"曼""万"读音始异，而六朝人有误读"万"为"曼"者。

按，"曼""万"古音同属明母元部，只有声调上平去之不同。唐宋时期"万"字转入微母，二者读音渐不相同，但在部分方言中（如今吴方言中，仍有读"问"如"门"者），还有读作明母者，故特于此例中指出。

此外，《十驾斋养新录》卷四"古音不甚拘""畜有好音""旭有好音""需有奭音""徐仙民多古音"、卷五"古今音""古无轻唇音""舌音类隔之说不可信"等诸条中，亦有大量考察字词古本音研究内容，可供研究利用。

（14）《蛾术编》卷三十四"熊、罴、能等字古音"：

> "能"，古音奴来、奴代二反；"熊"，古音羽陵反；"罴"，古音彼禾反。奴来反者，三能星、三足鼈及才能之"能"，同一音。奴代反者，即"耐"也、"堪"也。"熊"与"雄"同音，当入蒸、登韵，其从能乃意耳，非声也。"罴"字从罷又从熊，罷其声，熊其

意，不可从两能，故省文。"罴"古音婆。（［清］王鸣盛著，顾美华标校：《蛾术编》，上海书店出版社，2012 年，第 480 页。）

　　此例辨析"能""熊""罴""罴"四个字的古音音读及其相关字义。首先，分析"能"的音义，指出"能"作"奴来反"者指的是星名①、三足鳖②以及才能义；"奴代反"为忍受义。其次，分析"熊"的读音及结构，认为"熊"音同"雄"，属蒸、登韵，并且认为"熊"字结构所从的"能"不是声符而是起表意作用的意符。最后，分析"罴"的结构，认为"罴"从熊、罴声，但是字中只有一个"熊"，不能同时表意又表音，故曰省文，即所谓省形或省声。最后，指出"罴"的古音读婆。

　　按，孙玉文指出，"能"作奴来切为原始词，义为有能力做到；作奴代切为滋生词，义为禁得起，后规范为"耐"，③与此例之说正同。"熊""雄"古音同为平声匣母蒸韵，④《说文》分析为从能、炎省声，是亦以能为表意符号，不当作声符。按，"熊"字甲骨文作"𤠙"（合集 1169），林义光认为象头背足之形。⑤因此其本为象形字而非形声字。"罴古音婆"，按，"罴"《广韵》平声并母之部止摄，"婆"《广韵》平声并母戈部果摄，韵摄不同。但二字古音同属平声并母歌部，⑥因此此说可从。

　　（15）《蛾术编》卷三十四"命读为慢"：

　　　　《大学》"命也"，郑康成读为慢，程子云当作"急"。郑是而程非，判若白黑。"命"从口、从令，"令"古音平读若连，仄音读若练，《诗·东方未明》"倒之颠之，自公令之"，《卢令》"卢令令，其人美且仁"，《车邻》"有车邻邻，有马白颠。未见君子，寺人之令"，《十月之交》"华华震电，不安不令"是也。所以为声近"慢"而与"急"无涉。（［清］王鸣盛著，顾美华标校：《蛾术编》，上海书店出版社，2012 年，第 482 页。）

　　此例首先辨正《礼记·大学》中"命也"之"命"字当从郑玄读为

---

① 《史记·天官书》："魁下六星，两两相比者，名曰三能。"
② 《尔雅·释鱼》："鳖三足，能。"
③ 孙玉文《汉语变调构词研究》，商务印书馆，2007 年，第 16 页。
④ 唐作藩《上古音手册》熊、雄同属蒸韵。
⑤ 林义光《文源》，中西书局，2012 年，第 51 页。
⑥ 唐作藩《上古音手册》，中华书局，2013 年，第 114、118 页。

慢，不当从二程说作"怠"。然后通过分析"命"字结构为从口从令，指出"令"除表意外，兼有表音的特点。"令"字古音为平声，读若"连"；如果读成仄声，则读若"练"。继而以"令"在《诗经》中押韵的情况印证上述观点。最终结论为："命"字古音与"慢"字相似，与"怠"无关。

按，《礼记·大学》此处原文作："见贤而不能举，举而不能先，命也；见不善而不能退，退而不能远，过也。"①郑玄注："命，读为'慢'，声之误也。举贤而不能使君以先己，是轻慢于举人也。"②陆德明《礼记音义》："命，依注音慢，武谏反。"③朱熹《大学章句》下注云："命，郑氏云：'当作慢。'程子云：'当作怠'。未详孰是。"④均是将"命"当作讹字，只不过郑玄是将其当作声讹字，而程子则未说为何等讹字。而此例著者据此就认为程注也是将"命"作声讹，似乎有误解程注之嫌。今按，"命"字上古音属明母耕部，王力将其构拟作[mǐeŋ]；"慢"字上古音属明母元部，王力将其构拟作[mean]。二字声母相同，韵母旁转，故其古音相近。而"怠"字古音属平声定母之部，与"命""慢"均不相近，故著者云不相涉。至中古时期，"命"始转入映韵梗摄，"慢"转入谏韵山摄，⑤二者音读相去渐远。此外，在推论过程中，著者指出"命"从口从令，"令"古音读平声则近连，读仄声则近练。按，令字古音来母耕部，连、练古音均为来母元部。以上情况均反映出汉语古音中耕部字和元部字有着较为密切的联系。

（16）清卢文弨《龙城札记》卷二"那亦音珊"：

"那"，《说文》本作"邶"，从邑冄声。今经书中多写作"那"，音诺何反。庄十八年《左氏传》"迁权于那处"，《释文》："那又作郍，同。乃多反。"今案《史记索隐》作"邦"字，云邦与邟季之邟同，音奴甘反，与《说文》冄声正合。然世人之知者少也。钱氏馥云："寒、歌二韵在古自通，如傩从人难声，而音诺何切；鼍从黾单声，而音徒何切。《容斋随笔》引《唐韵》云：'韩灭，子孙分散江

---

①　[汉] 郑玄注、[唐] 孔颖达正义、吕友仁整理《礼记正义》，上海古籍出版社，2008 年，第2253 页。

②　同上。

③　同上。

④　[宋] 朱熹《四书章句集注》，中华书局，1983 年，第 12 页。

⑤　林连通、郑张尚芳《汉字字音演变大字典》，江西教育出版社，2012 年，第 290、1103 页。

淮间，音以韩为何，字随音变，遂为何氏。'全谢山《经史问答》云：'郸侯周缲本传引苏林注：郸音多寒反，此读如字为是。而《史记》缲本传亦引苏注，但云音多，则断脱去下二字。而《史》《汉》二侯表亦然，《汉志》引孟康之言亦然，《水经注》所引亦然。丁氏《集韵》于是竟添一条曰郸音当何反，则更无有疑之者矣。'案全氏之说非也。郸之音多，与鼍之音佗正相同。昌黎送何坚序云'何于韩同姓为近'，盖因音相近，故知其本同姓也。"（[清]卢文弨撰，杨晓春点校：《龙城札记》，中华书局，2010年，第1版，第148-149页。）

此例由《史记索隐》入手，指出"那"与"珊"古音相同，但知之者甚少。进而援引钱馥说，认为"那""珊"古音相同源于古音歌部、寒部相同，并列举相关材料为证。

按，王力《汉语史稿》第二章"语音的发展"中，将先秦二十九个韵部与《广韵》对照，其中，歌部、寒部同属第九类，歌部拟音作[a]，寒部拟音作[an]，[1]歌、寒只有韵尾之不同，二者同属一类，属于阴阳对转。故古音"那"音读与"珊"近似。此外，本例所引钱馥说中的"儺难""鼍黾""韩何""郸多"之音读问题，亦为古音歌、寒相通之现象。

上古音歌部、寒部字关系密切，对此诸多音韵学者均有研究和论述。此例所分析古本音现象为上古音歌部、寒部关系研究提供了相关的例证，可作为上古汉语歌寒阴阳对转例证。

（17）清邓廷桢《双砚斋笔记》卷一"火燬烨三字同音"：

火，古音读如燬，亦读如烨。《诗·汝坟》篇"王室如燬"，传曰："燬，火也。"《尔雅·释言》曰："燬，火也。"《说文》火字解曰："火，燬也。南方之行炎而上。"燬字解曰："燬，火也。"引《春秋传》曰："卫侯燬。"火燬二字相转注，烨字解曰："烨，火也。"引《诗》曰："王室如烨。"毛公于此诗既为燬字作训，是毛诗作燬无疑。许引作烨，盖三家《诗》字不同而皆训火，可知火燬烨三字同音，并在微部。故《诗·七月》篇一二章与衣韵，三章与苇韵。今音呼果切，乃双声之转也。（[清]邓廷桢著，冯惠民点校：

---

[1] 王力《汉语史稿》，中华书局，1980年，第63页。

《双砚斋笔记》，中华书局，1987年，第1版，第68页。）

据《诗》毛传、《尔雅·释言》以及说文等故训材料，并结合《诗》用韵情况分析，最终得出"火"与"燬""烜"三字同音，今音"呼果切"，乃是双声之转。

按，"火""燬""烜"古音同属晓母微部，语义上亦有相同之处，王力认为这三者是同源字，只是方言的不同。[①]至中古时期，"火"字转入戈韵，其读音与"燬""烜"始不相同。

第二节　考释语词的方俗音

所谓"方俗音"，主要指流传于人民口头中的方言和俗语读音，方俗语读音具有断代性和地域性的特点，能够反映汉语语音在不同时期、不同地域的音读特征。但是，这些音读资料因为与正统的读书音不同，因而不被正统文献典籍及字典辞书所记录，因此，造成大量语音研究语料的流失。学术笔记的著者们能够利用自己亲身见闻，将这些方俗音读记录下来，将其与书面语语音比较并进行分析和研究工作，并且以学术笔记的形式流传下来，这对汉语语音史、词汇史研究具有很高的学术价值。如：

（1）《匡谬正俗》卷七"上"：

> 今俗呼上下之"上"音"盛"。按郭景纯《江赋》云："蜭布余粮，星离沙镜。青纶竞纠，缛组争映。紫菜荧晔以丛被，绿苔鬖髿乎研上。石帆蒙笼以盖屿，萍实时出而漂泳。"此则"上"有"盛"音也。（［唐］颜师古撰，严旭疏证：《匡谬正俗疏证》，中华书局，2019年，第1版，第360页。）

此例首先指出唐时俗语中有呼"上"为"盛"者，言外之意即"上""盛"在唐代通语中不同音。故而著者特别指出并进行考论。据郭景纯《江赋》用韵字指出"上"字古音有音"盛"者，方俗音乃是古音的遗留。

---

① 王力《同源字典》，中华书局，2013年，第417页。

按，上，古音禅母阳部；盛，古音禅母耕部。其所引郭璞《江赋》韵脚字"镜""映""泳"，古音均属阳部，故与"上"为韵，但不能证明"上"字古音为"盛"。但据此例所引唐时方俗音读情况可知，"上"字在隋唐时期方俗语中有由阳部转入耕部的情况。

（2）《匡谬正俗》卷七"激"：

> 今俗呼激水箭音为"吉跃反"。按张平子《西京赋》云："翔鸥仰而弗逮，况青鸟与黄雀。伏棋槛而俯听，闻雷霆之相激。"郭景纯《江赋》云："虎牙嵘竖以屹崒，荆门阙竦而磐礴。圆渊九回以悬腾，溢流雷响而电激。骇浪暴洒，惊波飞薄。"此则"激"字有"吉跃"音也。（[唐] 颜师古撰，严旭疏证：《匡谬正俗疏证》，中华书局，2019 年，第 1 版，第 362 页。）

此例首先指出唐时俗语中有呼"激"为"吉跃反"（即读入声见母药韵）者，继而以张衡《西京赋》、郭景纯《江赋》文韵脚字为证，说明"激"字古音即有读"吉跃反"的情况。

按，激，古音入声见母药部，至《广韵》则一作古历切，入声见母锡部梗摄；一作古吊切，去声见母啸部效摄。而俗呼"吉跃反"者，于《广韵》则属见母药韵宕摄。据此可知，"激"于唐时方俗语中仍保留古音而作药韵者。

此外，《匡谬正俗》卷七"反""褍""穰""斡筦""赀""怒"，卷八"受授""西""逢""蓁姑""砢么""享""迥""愈"等诸条，亦为考释方俗音读之语料，均可作相关语音研究语料。

（3）《梦溪笔谈》卷二十六：

> 稷乃今之穄也，齐、晋之人谓即、积皆曰"祭"，乃其土音，无他义也。《本草》注云："又名縻子。"縻子乃黍属。《大雅》："维秬维秠，维糜维芑。"秬、秠、糜、芑皆黍属，以色别，丹黍谓之縻，音门，今河西人用縻字而音糜。（[宋] 沈括撰，金良年点校：《梦溪笔谈》，中华书局，2015 年，第 263 页。）

此例首先提出"稷"就是当时之"穄"（沈括为北宋时人，这里的"今"当指北宋时期）。①而齐、晋地区之人读"即""积"均作"祭"，著

---

① 《广韵》："穄，黍稷。"

者认为这是方音的结果。其次，据《本草》"稷"又名"縻子"，而"縻子"为黍类，丹黍称"縻"，但是当时河西人读"縻"字作"糜"。

按，即，《广韵》子力切，精母职韵，入声；积，《广韵》资昔切，精母昔部，入声；祭，《广韵》子例切，精母祭韵，去声。读"即""积"皆曰"祭"，反映了北宋时期曾、梗摄字与蟹摄字去入相混的情况，反映了北方语音的合流。又按，縻，《集韵》部本切，上声并母混韵臻摄。糜，《集韵》谟奔切（即其自注"音门"者），平声明母魂韵臻摄，释义曰："赤苗曰糜。""今河西人用縻字而音糜"，据此说，则宋时方音中明母、并母有相混同的情况。①

（4）《演繁露》卷四"蝗"：

> 江南无蝗，其有蝗者，皆是北地飞来也。吾乡徽州，稻初成窠，常苦虫害。其形如蚕，而其色缥青。既食苗叶，又能吐丝，牵漫稻顶，如蚕在簇然，稻之花穗，皆不得伸，最为农害，俗呼横虫。横音户孟反。记得绍兴庚申，汪彦章典乡郡，有投牒诉此虫名为横，彦章谓曰："日有旨，令恤虫灾，第言徽州蝻虫为害，不呼为横也。"案《唐韵》，蝗一音横去声，则俗呼为横，不为无本也。（［宋］程大昌撰，许逸民校证：《演繁录校证》，中华书局，2018年，第315页。）

此例首先指出蝗虫为北方所有，南方无该虫。继而描写该虫之形貌及危害，同时记录了当时之俗语（程大昌为南宋时人，故这里的"今"当指南宋）中呼"蝗"为"横"而不被官方士人所承认的一个故事。著者进而以《唐韵》所收之说为证，证明呼"蝗"为"横"亦有出处。

按，蝗，《广韵》胡光切，平声匣母唐部宕摄；横，《广韵》户孟切，去声匣母映部梗摄。读"蝗"如"横"，反映了宋时方言中宕摄与梗摄相混的情况。

（5）《演繁露》卷九"嘌"：

> 凡今世歌曲，比古郑卫又为淫靡。近又即旧声而加泛滟者，名曰嘌唱。嘌之读如瓢。《玉篇》嘌字读如瓢，引《诗》曰："匪车嘌兮。"言"嘌嘌无节度"也，元不音瓢。《广韵》："嘌读如杓，疾吹

---

① 这里也有可能是讹字现象，"縻""糜"形近故致误。《集韵》："糜，麻蒸也。"与丹黍无关。

也。"亦不音瓢。（［宋］程大昌撰，许逸民校证：《演繁录校证》，中华书局，2018 年，第 598-599 页。）

　　此例首先记录了宋代民间的一种曲调唱法，其名为"嘌唱"，但是"嘌"的读音与《玉篇》《广韵》等所代表的正音不同。

　　按，嘌，《广韵》抚招切，平声滂母宵韵。此音为其古音之继承，"嘌"之古音即为平声滂母宵韵。①《玉篇》"嘌字读如瓢"，"瓢"字上古、中古音亦为滂母宵韵②，故引《诗》为证。《广韵》嘌读如杓，"杓"字《广韵》平声帮母宵韵，与"嘌"同为唇音，一声之转，故称读如。而，《广韵》平声符宵切，并母宵韵。"嘌"读如"瓢"，即读滂母如帮母，反映了宋时方言中声母重唇音次清与全清相混的现象。

　　(6)《学林》卷一"臧否"：

　　　　臧否之否音鄙，臧者，善也；否者，不善也。《书》曰："格则承之庸之，否则威之。"陆德明《音义》曰："否音鄙。"《易·遯》卦："九四，好遯，君子吉，小人否。"王弼注："否音臧否之否，君子好遯，故能舍之，小人系恋，是以否也。"《鼎》卦初六："鼎颠趾，利出否。"王弼注曰："否，不善之物也。"《抑》诗曰："于乎小子，未知臧否。"《烝民》诗曰："邦国若否，仲山甫明之。"《小旻》诗曰："国虽靡止，或圣或否。"《春秋》昭公五年《左氏传》曰："一臧一否，其谁能当之？"诸葛孔明《出师表》曰："陟罚臧否，不宜异同。"张平子《西京赋》："街谈巷议，弹射臧否。"以上否字皆音鄙，俗或读音缶，则误矣。嵇叔夜《忧愤诗》曰："民之多僻，政不由己，惟此褊心，显明臧否。"五臣注《文选》曰："否，平鄙切。"若如五臣注，则平鄙切乃音备，是泰否之否，非臧否之否矣。今《礼部韵略》上声"旨"字部内否音鄙，注曰："臧否也。"《新制》云："按《诗》未知臧否，《释文》音鄙，如此之类，全句即许于此韵内押，如散押臧否之类，即许与有字韵内否字通押。"观国按，有字韵内否字音缶，若散押臧否，亦是音鄙，岂可遽变而音缶耶？凡上有臧字，则下当音鄙，此一定不可易也。《新制》乃元祐五年大学博士孙谔校对《礼部韵略》而奏请，引《周易·师》卦曰：

────────────

　　① 唐作藩《上古音手册》（增订本），中华书局，2013 年，第 117 页；郭锡良《汉字古音手册》，商务印书馆，2010 年，第 271 页。

　　② 同上。

"师出以律，否臧凶。"《释音》曰："否音鄙，又方九反。"观国按，《周易》《左传》皆存两音者，盖陆德明不能稽考订正之，而存两音，使后人自择之也。孙谔奏请，又不能决于去取，故有许通押之文，且音鄙、音缶二字，音与义皆不同，实不可通押。（[宋]王观国撰，田瑞娟点校：《学林》，中华书局，1988年，第1版，第15-16页。）

此例首先提出，"臧否"之"否"，表不善义，应当读作鄙。进而列举陆德明《尚书音义》、《周易》（王弼注）、《诗经》、《左传》、《西京赋》以及《出师表》，论"否"和"臧"对举表不善义时皆当读作鄙，而当时俗音中有读此"否"为"缶"者，是一种错误。其次，指出《文选》五臣注"否"为"平鄙"切，音备，①为泰否之否，非臧否之否。第三，"臧否"之"否"于《礼部韵略》属旨部，而孙谔《新制》则指出有部之"否"也可与旨部之"否"通押，著者认为这是一种错误的观点，并再次强调"否"凡是和"臧"连用作"臧否"当一律读鄙不读缶。最后指出，《经典释文》在《周易》《左传》中"否"注二音者，是由于陆德明没能考察到"否"的音义关系，从而导致孙谔奏请有部、旨部的"否"可通押之说。

按，《尚书·益稷》"否则威之"，著者称陆德明《音义》作"否音鄙"，按，《音义》原注作："方有反，徐音鄙。""否音鄙"实际上是陆德明引徐仙民音，陆德明注的是方有反。《易·遁》卦："九四，好遁，君子吉，小人否。"陆德明《音义》："音鄙，注下同，恶也。徐方有反，郑、王肃备鄙反。"《鼎》卦初六："鼎颠趾，利出否。"《音义》："悲已反，恶也。"《诗·大雅·抑》："于乎小子，未知臧否。"《音义》："音鄙，注下同。"《诗·大雅·烝民》："邦国若否，仲山甫明之。"《音义》："否，音鄙，恶也，注同。"《诗·小雅·小旻》："国虽靡止，或圣或否。"《音义》："否，方九反，徐音鄙。"《左传·昭公五年》："一臧一否，其谁能当之？"《音义》："否，悲矣反，旧方有反。"诸葛孔明《出师表》："陟罚臧否，不宜异同。"五臣注："否，恶也。"张平子《西京赋》："街谈巷议，弹射臧否。"李善注引毛诗曰："谓之臧否。"

著者称"以上否字皆音鄙"，这一说法存在这样几个问题：第一，《出师表》《西京赋》没有注音，不知著者何以得知这两例中的"否"音鄙；第二，例中所引《尚书·益稷》《易·遁》《诗·小雅·小旻》《左

---

① 按，此处《学林》当有脱文，见下文。

传·昭公五年》中的"否"都兼存二音，一音鄙、一音缶（即《尚书音义》《周易音义》《左传音义》作"方有反"、《毛诗音义》作"方九反"者）。第三，考察这些注音形式可以发现，在表示"臧否"之"否"，即不善义时，陆德明均音鄙（训"恶"）；而在表示否定之否时，陆德明则音缶，即方九反、方有反者。这在厘清了《尚书音义》中陆德明释文内容所归属后，尤为清晰。如例中所举《尚书》"格则承之、庸之，否则威之"之"否"，是否定之否，孔传云："天下人能至于道，则承用之，任以官；不从教，则以刑之。"《诗·小雅·小旻》"国虽靡止，或圣或否"之"否"亦是否定之否，毛传："人有通圣者，有不能者。"陆德明对这两个"否"均音方九反，说明陆德明对"否"的这两个不同意义的读音有着严格的区分。因此，根据著者开头所称"臧否之否音鄙"，则"以上否字皆音鄙"的说法明显混淆了"否"的音义关系。

此外，著者批评五臣注《文选》"否"音"平鄙切"者，反映了著者对《文选》注者对"否"字注音的否定。平鄙切，切下字为"鄙"，根据反切原理，则被切字当是上声旨部；切上字为"平"，则声母当为并母。据此，则"平鄙切"所切字当为上声并母旨部。但著者称"平鄙切"音"备"，"备"字《广韵》去声并母至部，与"平鄙切"声调韵部均不同。不知何以得出"平鄙切"音"备"这一结论。因此，这里或者是著者的误读，或者是《学林》文献文本的讹误。据下文，著者认为"平鄙切"音"备"者是"泰否"之"否"，非"臧否"之"否"。按，"泰"和"否"为《易·泰》和《易·否》卦名，《否》卦下陆德明《经典释文》注音作"备鄙反"，备鄙反是上声并母旨部，与"平鄙反"相同。

否，古音并母之部；又帮母之部。中古时期，于《广韵》一为并鄙切，上声并母旨部止摄；一为方久切，上声非母有部流摄。读之方久切者，即"否定"之"否"，《说文》："否，不也。"也即音缶者；读并鄙切者，即"臧否"之"否"，《周易音义》："否，恶也。"也即音鄙者。鄙，《广韵》方美切，上声帮母旨部止摄。"否""鄙"读音并不完全相同，二者声母同属重唇，但"否"为全浊，"鄙"为全清，故注音者曰否音鄙，应当也是一种譬况式注音。然据此例可知，宋时俗音中有读臧否之否而音缶者，或是俗语混淆了该字的音义关系而产生的一种误读。

（7）《瓮牖闲评》卷二：

> 白乐天好以俗语作诗，改易字之平仄。如"雪摆胡衫红"，此以俗语"胡"字作鹘字也；"燕姬酌蒲桃"，此以俗语"蒲"字作

"勃"字也；"忽闻水上琵琶声"，此以俗语"琵"字作"弼"字也。又有不因俗语而亦改易字之平仄者，如"为问长安月，如何不相离"，自注云："相音思必切。"乃以相字为入声。"绿浪东西南北路，红栏三百九十桥"，乃以十字为平声。"四十着绯军司马，男儿官职未蹉跎"，"一为州司马，三见岁重阳"，乃以司字为入声。自苏李以来，未见此格调也。（[宋]袁文撰，李伟国点校：《瓮牖闲评》，中华书局，2007年，第1版，第78页。）

此例首先指出白居易诗中喜欢使用俗语词入诗的特点，而这些俗语词往往改正平仄读音，并以俗语"胡"作"鹘"、"蒲"作"勃"、"琵"字作"弼"为例说明。继而进一步指出，白诗中还有一种情况为不用俗语而改正平仄读音者，并举相字作入声、十字作平声、司字作入声为例说明。

按，胡，《广韵》（户吴切）、《集韵》（洪孤切）、《礼部韵略》（洪孤切）、《增韵》（洪孤切）均作平声（《集韵》还有胡故切、去声一则）；①鹘，《广韵》《集韵》《礼部韵略》《增韵》均作入声。以"胡"作"鹘"声，则反映了唐时俗语中"胡"字有平入二声的情况。蒲，《广韵》（薄胡切）、《集韵》（蓬逋切）、《礼部韵略》（薄胡切）、《增韵》（薄胡切）均作平声；②勃，《广韵》（蒲没切）、《集韵》（蒲没切）、《礼部韵略》（蒲没切）、《增韵》（蒲没切）均为入声。以"蒲"作"勃"，反映了唐代俗语中"蒲"字有平入二声的情况。琵，《广韵》房脂切，平声；弼，《广韵》房密切，入声。以"琵"字作"弼"，反映了唐时"琵"有平入相混的情况。

此外，本例中所提及的白诗中"相"作入声、"十"作平声、"司"作入声的情况，这些读音大多不见载于当时之韵书，如"相""司"作入声，《广韵》《集韵》无入声读音；"十"作平声者，直到《中原音韵》《中州音韵》时方有作平声者。这些读音究竟是白居易作诗临时改变的读音，还是当时口语中的实际读音，有待进一步的考证。

（8）《敬斋古今黈》卷一：

晋"郗超"之"郗"，则读如"绤"音；"郤诜"之"郤"，则读如"绤"音。今人不复别白，皆从绮逆反，大谬也。予儿时读李翰

---

① "胡"字《集韵》还有去声（胡故切）一例。

② "蒲"字《集韵》还有上声（伴姥切）、入声（白各切）二例，亦反映了当时"蒲"字已有入声的情况。

《蒙求》，先生传授，皆读"郗"作"郄"，长大来始悟其错。俗又读"郗"作"客"，可笑。（［元］李治撰，刘德权点校：《敬斋古今黈》，中华书局，1995 年，第 3 页。）

此例首先指出魏晋时期的"郗"和"郄"读如"绤"和"绤"，而当世人皆误读作绮逆反。继而引著者读书时先生教授误读"郗"作"郄"的故事，而当世俗音还有读"郗"作"客"的情况。

按，郗，《广韵》丑肌切，平声彻母脂部止摄，开口三等；郄，《广韵》绮戟切，入声溪母陌部梗摄，开口三等。"郗""郄"均读作"绮逆反"，则是作入声溪母铎部宕摄，开口三等。读"郗"作"郄"，则是将彻母止摄字读作溪母梗摄。俗读"郗"作"客"者，"客"为苦格切，溪母陌部梗摄，开口二等入声。读"郗"作"客"，则是将彻母止摄字读作溪母梗摄。上述内容反映了元明时期俗语中止摄、梗摄和宕摄字之间的混同。①

（9）《焦氏笔乘》卷二"鄂不"：

《诗》："棠棣之华，鄂不韡韡。"不，风无切，本作柎，《说文》鄂足也。"草木房为柎，一曰花下萼"②，通作不，即今言华蒂也。湖州有余英溪、余不溪。盖此地有梅溪、苕溪，其流相通，故曰余英、余不，义可见矣。若作方鸠切，则本注《说文》："不，鸟飞上翔不下来也。"与溪水全不相涉。《左传》"华不注山"，人皆读入声，误也。古"不"字读作"缶"音，或"俯"音，并无作逋骨切者。今读如"卜"，乃俗音耳。惟伏琛《齐记》引挚虞《畿服经》作柎，言此山孤秀如花跗之注于水，深得之矣。太白诗："昔我游齐都，登华不注峰。兹山何峻秀，彩翠如芙蓉。"亦可证也。（［明］焦竑撰，李剑雄点校：《焦氏笔乘》，中华书局，2008 年，第 75 页。）

首先，此例辨正《诗》"棠棣之华，鄂不韡韡"之"不"当音风无切，本字作"柎"，通作"不"，进而引《说文》《集韵》说以及当时之口语及地名特点证之。其次，指出"鄂不韡韡"之"不"不当读方鸠切，如此则误作表否定之不，与文意不合。最后，辨正《左传》"华不注"之

---

① 声母的情况，因为绤从希声，但是希读晓母，却读彻母，所以极易引起误读。因此这里应当是误读而不是声母的混同。

② 此说见《集韵》，著者此处未明出处。

"不"的读音，指出"华不注"之"不"读入声是错误的，"华不注"之"不"与"鄂不韡韡"之"不"同义，并以伏琛《齐记》及李白诗为证。同时还指出"不"字古音"缶"或"俯"，读"卜"者是当时之俗音。

按，《集韵·虞韵》"不""柎""栿""枎"同为风无切，释义："草木房为柎，一曰华下萼，或作'栿''不''枎'。"据《诗·常棣》："棠棣之华，鄂不韡韡。"郑玄笺："承华者曰鄂，不当作柎。柎，鄂足也。……古声不、柎同。"是以"不"为花萼义，陆德明《毛诗音义》："不，毛如字，郑改作'柎'，方于反。"贾昌朝《群经音辨》："不，足也。《诗》'鄂不韡韡'陆德明读。""方于反"即为平声非母虞韵，与风无切同。因此汉唐以来学者多读花萼义之"不"为此音。作方鸠切者，即《集韵》平声尤韵之"不"；《广韵》作甫鸠切。读"鄂不韡韡"之"不"为方鸠切，即读虞母字为尤母。

其次，"鄂不韡韡"之"不"无论读风无切还是方鸠切均为平声，而所谓俗音读如"卜"者，卜字《集韵》为屋韵入声字，反映了元明时期入声派入三声的情况。《中原音韵》"入声作上声"即引"卜不"为例。

今按，柎，今本《说文》作"阑足也"。段玉裁注："'阑'字恐有误，《韵会》本'阑'作'鄂'。"本例中引《说文》内容与段注说相合。其次，本例记载了"不"字在元明时期的俗语读音，可以作研究元明时期语音的相关例证。此外，本例讨论"不"的音义关系时兼论《左传》"华不注"山名的理据，可为相关研究提供参考。

（10）清吴翌凤《逊志堂杂钞》丁集：

> 黄、王不分，江南之音也。考柳子厚《黄溪记》云：神王姓，莽之世也。莽尝曰，余黄虞之后也。黄与王声相近。以此观之，自唐已然矣。（［清］吴翌凤撰，吴格点校：《逊志堂杂钞》，中华书局，2006年，第1版，第57页。）

此例根据柳宗元《黄溪记》内容指出，黄、王在江南方言中读音相近，并且这一变化自唐代已经开始。

按，"黄""王"古音俱在匣母阳部，二者古音一致。后"王"字转入云母，二者读音渐不相同。"黄""王"不分，体现了方言中"王"字古音的遗留现象。云"唐时已然"者，反映了唐时云母尚未从匣母中分化出来的现象。赵振铎先生亦指出："上古时期，云母字读成匣母，北方话在隋唐时期或稍前一点，云母即从匣母分化出来，而当时南方话匣云两母还混而不分，所以把'王'读成黄。"①

（11）清吴翌凤《逊志堂杂钞》己集：

> 浏阳，楚之东鄙也。其俗，凡称大、太二字，互易其音，临文亦互易其字，举邑皆然。（［清］吴翌凤撰，吴格点校：《逊志堂杂钞》，中华书局，2006年，第1版，第90页。）

此例根据浏阳当地方言读音情况，发现此地方言中有大、太读音不分的情况。

按，大、太古属同源字，古音定透旁纽，叠韵。②大、太混用，反映了方言中浊音声母清化的情况。该例记录了浏阳地区方言读音的相关情况，为研究方言地区语音提供相关研究材料。

（12）清桂馥《札朴》卷九"钱幕"：

> 乡语呼钱幕声如闷，盖漫之转也。《汉书·西域传》："钱文为骑马，幕为人面。"如淳曰："幕音漫。"（［清］桂馥撰，赵智海点校：《札朴》，中华书局，1992年，第1版，第376页。）

此例著者以自己家乡方言为研究对象，指出乡言俗语中"幕"读如"闷"，著者认为这是"漫"之声转，进而以《汉书》如淳注为例加以印证。

按，幕，《广韵》明母铎韵宕摄，入声；闷，《广韵》明母恩韵臻摄，去声；呼"幕"如"闷"，反映了宕摄臻摄混同的现象。但是，二摄相隔较远，无缘混同，故著者认为其中乃由"漫"转入而来。按，漫，《广韵》明母换韵，山摄，去声。山摄正处于宕摄臻摄之间，故其混同过程为：先由宕摄转入山摄，再由山摄转入臻摄。同时，"幕"读如"闷"是入声读如去声，反映了入派三声的情况。

第三节　考释语音的发展演变

语音的发展演变是语言外部形式的变化发展，其中，既包含语音要

---

① 赵振铎《中国语言学史》（修订本），商务印书馆，2017年，第310页。
② 王力《同源字典》，中华书局，2013年，第517页。

素（如声、韵、调）的演变，也包含整体音系的变化；既包含单个字词的音读变化，同时也包含韵部的变化。因此，语音的变化是一个非常复杂的系统。学术笔记的著者能够利用所学，发现这些变化，并将其与身边方言俗语相结合，描写并分析研究这个语音的变化，使之成为语音史、音韵学研究的重要参考资料。如：

（1）《匡谬正俗》卷八"毙"：

> 毙者，仆也。音与"弊"同。"瓣㸱"者，屈伸欲死之貌，音"髲锡"。字义既别，音亦不同。今关中俗呼"毙"皆作"髲"音，遂无为"弊"读者，相与不悟。（［唐］颜师古撰，严旭疏证：《匡谬正俗疏证》，中华书局，2019年，第1版，第413页。）

此例首先指出，表顿仆义之"毙"读"弊"；"瓣㸱"之"瓣"音"髲"。二者读音意义均不相同，但是在唐代关中方俗音中，读"毙"皆作"髲"。

按，毙，古音并母去声；瓣，古音并母入声。读"毙"如"瓣"，反映了关中方言中去声变入这一音变现象，与陆法言《切韵序》"秦陇则去声为入"之说正合。

（2）《匡谬正俗》卷八"砢么"：

> 或问曰："俗谓轻忽其事，不甚精明为'砢么'上力可反，下莫可反。有何义训？"答曰："《庄子》云：'长梧封人曰：昔余为禾而卤莽之，莽音莫古反。则其实亦卤莽而报予。芸而灭裂之，则其实亦灭裂而报予。'郭象注曰：'卤莽、灭裂，轻脱不尽其分也。'今人所云'卤莽'，或云'灭裂'者，义出于此，但流俗讹，故为'砢么'耳。"（［唐］颜师古撰，严旭疏证：《匡谬正俗疏证》，中华书局，2019年，第1版，第434-435页。）

此例先以问者口吻提问唐时俗语"砢么"之理据，进而以答者口吻回答，"砢么"即《庄子》中之"卤莽""灭裂"之音转，而流俗讹传导致其为"砢么"。

按，砢，依注力可反，则古音当在来母歌部；么，依注莫可反，则古音当在明母歌部。卤，古音来母鱼部；莽，古音明母阳部。灭，古音明母月部；裂，古音来母月部。如此，"砢"与"卤"为来母双声，"么"与

"莽"为明母双声。则"砢"与"灭"为明母双声,歌月对转;"么"与"裂"为歌月对转,明母来母声转。"卤莽""灭裂"转为"砢么"体现了语音中来母和名母,以及歌部和月部的密切关系。

本例提供了唐时俗语一则,且对其语源进行考释研究,为研究俗语词理据以及相关音韵问题(如明母、来母的声转问题)提供佐证。

(3)《困学纪闻》卷三"诗":

> "唐棣之华""维常之华"协"车"字,"黍稷方华"协"涂"字,"隰有荷华"协"且"字。曹氏谓"华"当作"芌",音"敷"。盖古"车"本音"居"。《易》曰"睽孤见豕负涂,载鬼一车","来徐徐,困于金车",其音皆然。至《说文》有尺遮之音,乃自汉而转其声。愚按,《何彼襛矣》,《释文》或云:"古读'华'为'敷',与'居'为韵。后仿此。"朱文公《集传》并着二音,而以音"敷"为先。([宋]王应麟著;[清]翁元圻等注;栾保群,田青松,吕宗力校点:《困学纪闻》〔全校本〕,上海古籍出版社,2008 年,第 1 版,第 419-420 页。)

此例以《诗经》用韵为基础,结合曹宪音注及陆德明《经典释文》内容,认为"车"字古本音"居",与"华""涂""且"等鱼部字谐韵,至汉代始转入尺遮切(即麻韵)。

按,《说文》中反切乃徐铉校订时据孙愐《唐韵》所加,非为许慎著《说文》时所著,况汉时尚未有反切之法,此处当为著者之疏忽。但此条语料关注到"车"的语音变化问题,对此,清邓廷桢《双砚斋笔记》亦有论述,《双砚斋笔记》卷三"车古读若居":

> 车古读若居,自后世音变,《切韵》者或作尺奢反以切《唐韵》麻部之音,或作尺遮反以切里巷通行之音。桢案,奢从者声,古读若诸遮,从庶声,皆隶鱼部。是二字仍止切得居音,不能切麻部及通行之音也。([清]邓廷桢著,冯惠民点校:《双砚斋笔记》,中华书局,1987 年,第 1 版,第 197-198 页。)

从反切下字之谐声偏旁角度考证,认为"车"在《切韵》中为"尺奢反","奢"从"者"声,古读如"遮","遮"从"庶"声,而"庶"属鱼部。因此"尺奢反"在当时并不能切出麻部之音。因此,著者认为"车"之读音唐时仍作"居"音，车之今读当在唐以后。

按，"尺奢反"之"奢"，"奢"之声符"者"以及"遮"，古音均属鱼部，但隋唐时期均已转入麻韵。[①]据此，则"车"之今读唐代已经产生。著者未注意到这些字在中古时期的音变，而拘泥于其上古音，故得出错误结论。

（4）《演繁露》卷四"父之称呼"：

> 汉魏以前，凡人子称父，则直曰父。若为文言，则曰大人。后世呼父不为父，而转其音曰爷，又曰爹低邪反。虽宫禁称呼，亦同其音。故窦怀正为国爷，是其事也。
>
> 唐人草檄，亦曰"致赤子之流离，自朱耶之板荡"也。案《唐韵》"爹，羌人呼父也，陟耶反"则其读若遮，与今俗所呼不同。不知以遮为音者，自何世始也。案《通鉴》德宗正元六年，回纥可汗谢其次相曰："惟仰食于阿多，固不敢预也。"史释之曰："虏呼父为阿多。"则是正名为多，不名为爷也。今人不以贵贱呼父皆为耶，盖传袭已久矣。（〔宋〕程大昌撰，许逸民校证：《演繁露校证》，中华书局，2018年，第1版，第258页。）

此例考释父亲类称谓语的演变及其音读。首先指出汉魏之前称"父"，后世音转作"爷""爹""耶"。进而引《唐韵》以其音读若遮，并考《资治通鉴》中回纥可汗呼父作"阿多"，指出其语音之转变流传已久。

按，父，古音上声并母鱼部；《广韵》扶雨切，上声合口三等奉母，麌韵遇摄。爷，《说文》无"爷"字，《玉篇》："爷，俗为父爷字。以遮切。"《广韵》以遮切，平声以母麻部。爹，《广韵》陟邪、徒可二切，其中，以"羌人呼父"为陟邪切，平声三等开口全清，知母麻韵假摄；以"北方人呼父"为徒可切，上声开口三等全浊，定母哿韵果摄。"耶"，古音平声喻母鱼部，《广韵》以遮切，平声三等开口次浊，以母麻韵假摄。"阿多"之"阿"为名词词头无实义，"多"是词根。多，古音平声端母歌部，《广韵》得何切，开口一等全清，端母哥部果摄。其中，"爷"同"耶"。由此可见，表父义称谓语由"父"到"爷/耶""爹""多"，其中声母有并母到喻母、定母和端母的不同，造成这些差异的原因究竟是语音的

---

① "遮"之声符"庶"古音鱼部，隋唐时转入书韵和章韵（遇摄）。

转化还是新词的产生，尚不明了。其中的韵有鱼部到麻部、歌部的不同，而鱼部字变麻部字是上古到中古纯元音韵母变化的特征之一，①鱼部和歌部上古音是旁转关系。

此例记载了多条唐宋时期称谓语俗语名称和读音，是研究汉语称谓语发展、汉语历史方俗音的研究语料。此外，"阿多"指回纥语称父亲，《汉语大词典》引清代赵翼《陔余丛考》和梁章巨《称谓录》之说，时代晚于《演繁露》。

（5）《瓮牖闲评》卷二：

> 今人呼厮儿，厮作入声，《汉书》厮字本音斯，取薪者也。（［宋］袁文撰，李伟国点校：《瓮牖闲评》，中华书局，2007年，第1版，第46页。）

此例指出表称呼之"厮"在当时（即宋代）的口语中读入声，与当时之标准读音不同。

按，《汉书·陈余传》："有厮养卒谢其舍。"颜师古注："厮，音斯。"斯，《广韵》息移切，平声心母支部。又"厮"，今本《玉篇残卷》作思移反、平声，释义引何休《公羊传解诂》："刈草为防者曰厮。"此或为颜注之所本。《篆隶万象名义》思移反，同《玉篇》，释义曰："使厮，役厮。"《广韵》息移切，平声心母支部止摄。《集韵》山宜、相支二切，平声心母支部止摄。上述音注均读平声，可知在魏晋至唐宋时期，"厮"的读音是都平声。据此例可知，"厮"字在宋时口语中有作入声者，反映了"厮"字口语中由平转入的情况。

此例记录了宋代口语材料一则，年代时间可靠，可以作为语音史及方俗读音的研究材料。

（6）《瓮牖闲评》卷二：

> 过当，过字今人皆作去声。然《史记·卫青传》用过当二字，过字乃音平声。过从，过字今人皆作平声，然张不疑诗"忆昔荆州屡过从"，过字乃音去声。（［宋］袁文撰，李伟国点校：《瓮牖闲评》，中华书局，2007年，第1版，第44页。）

---

① 王力《汉语史稿》，中华书局，1980年，第93页。

此例首先指出，"过当"之过在当时（即宋代）口语中均读作去声，而据《史记》则为平声；"过从"之"过"在当时（宋代）口语中均读作平声，而据张师正诗则读去声。

按，《史记·卫将军骠骑列传》："是岁也，大将军姊子霍去病年十八，……与轻勇骑八百直弃大军数百里赴利，斩捕首虏过当。"司马贞《索隐》引颜师古注云："计其所将之人数，则捕首虏为多，过于所当也。一云汉军亡失者少，而杀获匈奴数多，故曰过当也。"其下并无音注，不知著者何以得知过当作平声者。考《史记正义·发字例》："过，光卧反，度也，罪过也。又音戈，经过业，度前也。""度前也"即《史记索隐》所说"过于所当"之"过"，即"超过"之"过"，著者之说或当本此。而"今人皆作去声"，即《广韵》《集韵》之古卧切，释义"度也"（《广韵》）、"越也"（《集韵》）。但是，据陆德明《经典释文·条例》："莫辨复夫又反，重。复音服，反也。宁论过古禾反，经过。过古卧反，超过。"及贾昌超《群经音辨·辨字音清浊》："过，逾也，古禾切。既逾曰过，古卧切。"是以平声为经过义，去声为超过义，其说正与著者相反。孙玉文指出，"过"的原始词义为经过，平声、古禾切；滋生词义为经过、超过、越过，去声、古卧切。并且认为"过"的变调构词发生时间很早，上古时期已经产生，并举《诗经》《楚辞》韵文为证。[1]由此可知，此例所云之情况当为著者以古律今之说，且其所据之古说（张守节《史记正义》说）还不准确。此外，"过从"义为交往，当是经过义的引申，本应该读平声。而宋时读去声，反映了该字在口语中仍保留有部分古音的特点。而张师正诗作去声，一种情况可能是作诗平仄需要而临时改变读音；一种情况则是当时人对"过"的音义关系使用仍然较为混乱，而这种情况并非个别现象。如北宋时期所修订的《大广益会玉篇》中"过"收古货、古禾二切，释义："度也，越也。"反映了当时对"过"的音义关系使用并非十分严格。

此例记载了宋时"过"字音义的情况，年代可靠，可作为语音研究及音义关系的研究语料。此外，例中所举"过当"之书证（《史记》），《汉语大词典》该词下首举书证为《汉书》，今检《史记》原文，"过当"确实在《史记》中已出现，年代比《汉语大词典》所举《汉书》要早，所以此例为《汉语大词典》书证提供了更早的例句。

---

[1] 孙玉文《汉语变调构词研究》（增订本），商务印书馆，2015年，第291-299页。

（7）《梦溪笔谈·补笔谈》卷一"辨正"：

> 古人引《诗》，多举《诗》之断章。断音段，读如断截之断，谓如一诗之中，只断取一章或一二句取义，不取全篇之义，故谓之"断章"。今之人多读断章，断音锻，谓诗之断句，殊误也。《诗》之末句，古人只谓之"卒章"，近世方谓"断句"。（［宋］沈括撰，金良年点校：《梦溪笔谈》，中华书局，2015年，第1版，第275页。）

此例指出，古人引《诗》之断章，"断"字当音"段"，读如"截断"之"断"，而时人则发展为音"锻"，乃是表《诗》之末句今谓"断句"之"断"，二者音义关系不同，不应混淆。

按，断，《广韵》都管切，上声端母缓韵山摄；又徒管切，上声定母缓韵山摄。"断绝""绝"义。①又丁贯切，去声端母换韵山摄，"绝断"义。段，《广韵》徒完切，去声定母换韵山摄。读"断"音"段"，则是读去声。锻，《广韵》丁贯切，去声端母换韵山摄。读"断"音"锻"，仍是去声，而据著者所云，两处之"断"当不同音。按"断章"之"断"，据《左传·襄公二十八年》文："赋《诗》断章，余取所求焉。"陆德明《音义》："断章，音短。"短，都管切，上声端母缓韵山摄。由此可知，"断章"之"断"当音都管切，而著者这里用"段"来给都管切之"断"注音，声调声母均不相同，不是理想的注音方法。据孙玉文研究，读上声之"断"，读清音者（即读端母）强调动作行为本身；读浊音者（即读定母）强调的是动作行为的结果。读去声，表示"按要求弄断"。②"断章"之"断"，强调的是动作，即截取《诗》篇中的章节。表"断句"之"断"强调的是按要求将文句断开。③读"断章"之"断"音"锻"，则是读上声为去声，混淆了"断"的音义关系。

此例记载了宋时"断"字音读情况一则，时间年代可靠，可作为汉语语音史研究材料以及汉语音义关系研究例证。

---

① 孙玉文据《史记正义·发字例》及《群经音辨》，认为"断"读"都管切"强调的是动作行为本身，读"段缓切"强调的是动作行为的结果，并认为这是清浊构词，是变声构词。（见孙玉文《汉语变调构词考辨》第1321页）《广韵》徒管、都管切，也是声母清浊的不同，都管切是合口一等全清；徒管切是合口一等全浊。

② 孙玉文《汉语变调构词考辨》，商务印书馆，2015年，第1321-1323页。

③ 《汉语大词典》"断句"释义作："古书无标点符号，诵读时根据文义作停顿，或同时在书上按停顿加圈点，叫做断句。"也是"按要求弄断义"。

（8）《丹铅总录》卷十四"恁字音"：

> 班固《典引》："勤恁旅力。"注："恁，思也，如深切。"今转音作去声。（［明］杨慎撰，丰家骅校证：《丹铅总录校证》，中华书局，2019年，第1版，第592页。）

此例指出汉班固《典引》文"勤恁旅力"之"恁"，注"如深切"（平声），而近世（明时）则转读去声。

按，六臣注《文选·典引》"勤恁旅力"，"恁"作而深切，引蔡邕注云："恁，思也。"李善注《文选·典引》作如深切，思也。"如深切""而深切"一也，都是平声日母侵部。《篆隶万象名义》作如深切，释义为"柔，弱，思念"。可见，表"思念"义之"恁"起初都是作平声读。今本《玉篇》作如针切，信也；又如甚切，念也。《广韵》作如林切，信也；又如甚切，念也。因此于宋时已分出平上二读，且以上声音读作"思念"义。至《集韵》一作如林切，引《博雅》释义作"思也"；一作尼心切，思也；一作忍甚切，引《说文》"下赍也"及徐锴《系传》"心所赍，卑下也"，一曰思也；一曰知鸩切，思也。分化出平上去三个声调，均可训思，说明此时对该字的音义关系处理标准不统一，其次说明表"思念"义的"恁"宋时已有去声之读。著者云"今转作去声"，当时未深查之缘故。

此例注意到"恁"字语音变化的情况，记录了"恁"字的明代读音情况，且时代可靠，可作为语音史研究材料。

（9）《丹铅总录》卷十五"蠲字音义"：

> 《说文》："蠲，马蠲也，从虫。"引《明堂月令》："腐草为蠲。"明也，洗也，洁也，除也。《尚书》"图厥政不蠲烝"马音圭。《诗》"吉蠲为饎"，《左传》"蠲其明德"，古有涓、圭二音。东坡《醉翁操》"琅然清蠲谁弹"，党怀英《题黄弥守吴江新霁图》诗"修娥新妆翠连娟，下拂尘镜窥明蠲"，又题《采莲图》"红妆秋水照明蠲"。又转音绩，唐太宗诗"水摇文蠲动，浪转锦花浮"。唐世有蠲纸，一名衍波笺，盖纸文如水文也。（［明］杨慎撰，丰家骅校证：《丹铅总录校证》，中华书局，2019年，第1版，第663页。）

此例考证"蠲"字的音义发展。首先，举《说文》《明堂月令》说指出"蠲"之本义为马蠲，即腐草为蠲。进而提出，"蠲"还有"明""洗"
"洁""除"义，并引《尚书》《诗经》《左传》文为证。其次，提出"蠲"
古有涓、圭二音，并引苏东坡及党怀英诗为证。继而指出，"蠲"又转读
音绩，并引唐太宗诗为证。最后指出，唐时有蠲纸，又名衍波笺，并考证
其理据"盖纸文如水文也"。

　　按，大徐本《说文·虫部》："蠲，马蠲也。从虫、目，益声。了，
象形。《明堂月令》曰：腐草为蠲。古玄切。""图厥政，不蠲烝"见《尚
书·多方》，陆德明《音义》曰："吉玄反，马云：'明也。'""吉蠲为饎"
见《诗·小雅·天保》，毛传曰："蠲，洁也。"陆德明《音义》曰：
"蠲，古玄反，旧音坚。""蠲其明德"见《左传·襄公十四年》，原文实作
"蠲其大德"，杜预注："蠲，明也。"王大淳认为著者此处是涉杜预注而误
作"明"。[①]按，蠲、涓古音同为平声见母元部，《广韵》同为古玄切，平
声见母先韵山摄。[②]此外，陆德明《毛诗音义》曰"蠲"旧音"坚"，
"坚"字古音平声见母真部，与"蠲"真元旁转；《广韵》古贤切，平声见
母先韵山摄，读音与"蠲"相同。因此，云"蠲"古音"涓"（包括上古
和中古），其说可从。

　　云"蠲"音"圭"者，当据陆德明《尚书音义》引马融（音圭）
说。按，段玉裁《说文解字注》曰："蠲，马蠲也。……益声，益声在十
六部，故蠲之古音如圭。《韩诗》'吉圭为饎'，《毛诗》作'吉蠲'，蠲乃
圭之假借字也。唐诗'水摇文蠲动'亦尚读如桂，音转乃读古悬切。"通
过分析其声符古音韵部归属，并引《韩诗》异文及唐太宗诗证"蠲"古音
有读"圭"者。按，今人研究结果，"圭"古音属见母支部平声，《广韵》
见母齐韵蟹摄。蠲、圭为双声关系。据此例可知，蠲、圭二者古音有着密
切的关系。

　　云"转音绩"者，按，绩，《广韵》匣母队部蟹摄。"转音绩"，其实
还是古音"圭"之音转（即段玉裁云音桂者），并非发展出新的读音。

　　此例运用文献中的音注材料及唐宋诗文用韵，考察"蠲"字的古音
及其演变，可以为"蠲"字语音史研究提供参考（如例中用唐太宗诗考察
"蠲"读圭的情况，之后段玉裁《说文解字注》亦使用了该例证，但其论
断已晚于此例著）。

　　① 王大淳《丹铅总录笺证》，浙江古籍出版社，2013年，第632页。
　　② 唐作藩《上古音手册》，中华书局，2013年，第79页；郭锡良《汉字古音手册》，商务印书
馆，2010年，第355页。

（10）《十驾斋养新录》卷四"旭有好音"：

> 《诗》"旭日始旦"，《释文》："旭，《说文》读若好，《字林》呼老反。"《尔雅》"旭旭跷跷"，郭景纯读"旭"为"呼老反"，《疏》引《诗》"骄人好好"释之，"旭旭"即"好好"也。予弟晦之曰：今本《说文》"旭读若勖"，疑徐铉所改。唐以后人不复知"旭"有"好"音，故《广韵·三十二皓》不收"旭"字。（［清］钱大昕著，杨勇军整理：《十驾斋养新录》，上海书店出版社，2011 年，第 1 版，第 66 页。）

此例旨在说明"旭"字古音有读好者，而发展至唐以后该读音已不再使用。著者先后援引《毛诗音义》引《说文》及《字林》音读、《尔雅》郭璞注音及《尔雅》邢昺疏所引释文，证明"旭"古有读"好"音。继而引著者弟（钱大昭）说驳斥《说文》"旭读若勖"之说。最后指出，唐以后人已不知"旭"有"好"音从而导致《广韵》不收该读音。

按，"旭日始旦"出自《诗·国风·匏有苦叶》，陆德明《音义》云："许玉反，徐又许袁反，日始出大昕之时也。《说文》读若好，《字林》呼老反。"按，今大徐本《说文》云："旭，日旦出貌。从日、九声。读若勖。一曰明也。"不云"读若好"，故钱大昭云是徐铉改字。"旭旭跷跷"出《尔雅·释训》，陆德明《音义》："旭旭，谢许玉反，郭呼老反。"邢昺疏云："郭氏读旭旭为好好，《小雅·巷伯云》：'骄人好好。'郑《笺》云：'好好者，喜谗言之人也。'"此即著者所云郭璞读及邢昺疏引《诗》文。今按，旭，古音入声晓母觉部；好，古音去声晓母幽部；"勖"古音也是入声晓母觉部。据此，则《说文》不误，钱大昭所谓改字说没有根据。"旭"与"好"二者声母相同，韵部方面阴入对转，声调有入去之分。二者古音确实存在较为密切的关系，但只是音近关系，并不完全相同。著者所举所谓"旭"读"好"者之材料，均为陆德明《音义》所引，但其中《字林》、郭璞反切以及《说文》"读若好"，今皆不见于其他文献之中，只能算是孤证。《尔雅》邢疏引《诗》"好好"释"旭旭"也可能只是声训，并不代表"旭"即音"好"，故该问题目前尚有存疑之处。

此外，《广韵》"旭"属晓母烛韵通摄，"好"为晓母皓韵效摄，二者读音已不相同，故《广韵》皓韵不收"旭"字。

段玉裁也注意到"旭"和"好"古音方面的密切关系，段玉裁《说文解字注》对"旭"字的读音问题也屡屡提出其与"好"的联系，如：

"旭与晓双声。《释训》曰:'旭旭、蹻蹻,憍也。'郭云:'皆小人得志憍
蹇之貌。'此其引申假借之义也。今《诗》'旭旭'作'好好',同音假借
字也。从日、九声,读若好。'好'各本作'勰',误,今依《诗音义》
订。按《音义》云许玉反,徐又许九反。是徐读如杇,杇即好之古音。杇
之入声为许玉反,三读皆于九声得之,不知何时许九误为许元。《集韵》
《类篇》皆云许元切。徐邈读今之音义又改元为袁,使学者求其说而断不
能得矣。大徐许玉切,三部。一曰明也,此别义也。明谓日之明。引申为
凡明之称。"

　　此例著者通过爬梳文献音读材料及训诂资料,注意到"旭"和
"好"在古音上的密切关系及其发展变化,这对于相关文字的上古音音值
研究具有一定的价值和意义。

　　(11)《十驾斋养新录》卷四"徐仙民多古音":

> 《诗》"无已大康",徐敕佐反;"旱既大甚",徐他佐反;《庄子》
> "且女亦大早计",徐、李敕佐反。徐仙民、李轨皆晋人,敕佐、他
> 佐二反即"泰"之转音,今韵书更为唐佐切,而此音遂废。
>
> 《诗》"四牡庞庞",徐扶公反,此古音也。韵书以"庞"入江
> 韵,读为薄江切,而此音废。
>
> 《诗》"宁不我顾",徐音古,此古音也。《汉书·古今人表》有
> "韦鼓",即《诗》之"韦顾",今无读"顾"为上声者。([清]钱大
> 昕著,杨勇军整理:《十驾斋养新录》,上海书店出版社,2011年,
> 第1版,第67-68页。)

　　此例旨在说明徐仙民(即徐邈)为古书注音多存古音这一特点。著
者先后列举徐仙民在《诗经》及《庄子》中为"大""庞""顾"等字的注
音情况,并指出这些注音多保存了其古音的读音特点,而这些读音至唐代
韵书中已不存在。

　　按,今之研究,"大"古音长入定母月部,"泰"古音长入透母月
部。二者只有声母上的细微差别(一为全浊、一为次清),古音十分接
近。敕佐反、他佐反古音均属上声透母歌部,与"泰"双声,韵部歌月对
转,故著者云为"泰之音转"。至《广韵》,"大"作唐左切,声调变去
声,韵部转入简韵果摄,故其古音不在。"庞"古音平声并母东部,徐邈
音扶公反亦是读平声并母东部,而《广韵》作薄江切,则入江摄,读音发
展转变。今按,《集韵·东部》收卢东切、蒲蒙切,《韵略·东部》《增

韵·东部》收卢红切，《洪武正韵·东部》收卢容切，似乎还保有一些古音。"宁不我顾"出自《诗·邶风·日月》，陆德明《音义》曰："顧，本又作'顾'，如字。徐音古，此亦协韵也。"因此陆德明认为"顾"读上声是临时音变，而非其固有读音。今按，顾读上声，《集韵》有收。《集韵·姥韵》"顾"与"古"同作果五切，释义作："视也，《书》'我不顾行遁'徐邈音。"是亦引徐邈说证"顾"有读上声者。按，《诗·邶风·日月》"顾"与"土""处"为韵，江永认为这是"上去为韵"①，王力先生认为《诗经》时代同调相押是正常情况，异调相押是特殊情况，②故此处之"顾"还难以断定就是上声。《诗》"韦顾"之异文作"韦鼓"也不能证明"顾"即有古义，因为异文也有音近的情况。如此，考察"顾"的音读仍需从多方面考虑才好断定，但著者此处的研究为今之研究提供了新的问题和思考。

此例研究徐仙民注音存古音问题，为上古音研究及上古到中古字音演变研究，提供了研究基础和研究材料。

（12）清邓廷桢《双砚斋笔记》卷一：

> "久"字古读若"已"。《诗·旄丘》二章与"以"韵，《六月》卒章与"喜、祉、友、鲤、矣"韵，《蓼莪》三章与"耻、恃"韵。从"久"声之字，则《木瓜》之"琼玖"与"李"韵，《丘中有麻》之"佩玖"与"李、子"韵，《采薇》之"孔疚"与"来"韵，《杕杜》之"孔疚"与"来"韵，《大东》之"心疚"与"来"韵，《召旻》之"维今之疚"与"富古读若备、时、兹"韵。是"久"声之在之、咍部，凿然无异。而《易》韵唯《既济·象传》"久"与"惫、疑、时、来"韵，《杂卦传》"恒，久也"与"节、止、也"韵。此外，则《临·象传》与"道"韵，《乾》象传与"道、咎、造、首"韵，《大过》象传与"丑、咎"韵，《离》象传与"咎、道"韵，皆与今韵同。盖声音之道，与时转移。当孔子赞《易》时音已小变，故与《诗》或同或异。"老子不殆，可以长久"，久韵殆；"有国之母，可以长久"，久韵母，与《诗》韵同。"知足者富，强行者有志。不失其所者久，死而不亡者寿"，久韵富、志既与《诗》同。下句相涉为文，又韵寿，乃与《易》同，是当时自有此音，未可执一

---

① ［清］江永《古韵标准》，中华书局，1982年，第9页。
② 王力《诗经韵读》，中华书局，2014年，第33页。

说以概之。《说文》玖字下云:"《诗》曰:'贻我佩玖。'读若芑,或曰:若人句脊之句。"读若芑,古音也。读若句,又一音也。句虽在侯部而尤侯音近,或其理与?([清]邓廷桢著,冯惠民点校:《双砚斋笔记》,中华书局,1987年,第1版,第10-11页。)

此例通过排比归纳《诗经》《周易》用韵情况,进而考察"久"字的古音及其发展,指出"久"字古音音已,在之部,"久"及从"久"声之字在《诗经》中都与之部字相押。其后,大约在孔子赞《易》时期开始转入幽部,并且这一时期之"久"兼与"之"部、"幽"部字通押,反映了其语音过渡时期的特点。其中"声音之道,与时转移"一语,道出了语音转变的客观规律。最后指出,《说文》云"玖"读若句,乃在尤侯韵,不是其正确的读音。

按,今之研究成果,"久""已"古音同属之部①,"久"为见母②、"已"为余母③,故著者用"读若"。例中所举与其押韵之字,除《召旻》中之"富"为职部字,④其余如"以、喜、祉、友、鲤、矣、耻、恃、李、子、来、时、兹",均为之部字。据著者所举例证,在《周易大传》韵文中出现"久"与之部和幽部通押的情况。所举与之部字押韵者如"怠、疑、时、来、节、止、也、殆、母、富、志"⑤;与幽部字押韵者如"道、造、首、丑、寿",说明这一时期的"久"部字已经开始向幽部过渡。今按,《周易大传》凡七种,据高亨考证,均为战国时期作品,⑥故此例可以说明"久"声之字战国时期以已经开始向幽部转变的情况。此外,关于《说文》对"玖"字的注音:读若"芑"是以古音读之,"芑"从"已"声属之部。"读若句"则是以中古音读之,"句"为侯部,幽侯旁转。

此例从"久"字于《诗》中押韵情况及《易》用韵情况比照,反映了上古音之部字转入幽部字的情况,可作为《诗经》《周易》用韵的研究语料,也是研究上古音的重要材料。

---

① 顾炎武古韵十部即将之和尤半列为一部,其后学者多从之。如王力、周法高等均以"久"为之韵字,向熹《简明汉语史》中上古"之"部字亦包含久声。

② 郭锡良《汉字古音手册》(修订本),商务印书馆,2010年,第287页。

③ 同上书,第101页。

④ "疚"与"富",这里之职合韵。

⑤ 怠、富为职部,这里之职合韵。

⑥ 高亨《周易大传今注》,齐鲁书社,2009年,第4-5页。

（13）《双砚斋笔记》卷三"江部之字皆与东冬钟为类"：

魏晋以前，江部之字皆与东冬钟为类，而不与阳唐为类。经传词赋所不待言，即士夫月旦之词，里巷歌谣之语，如"五经无双许叔重""天下无双江夏黄童""李波小妹字雍容""褰裙逐马去如风""左射右射必叠双""阿童复阿童，衔刀浮渡江。不畏岸上虎，但畏水中龙""五马浮渡江，一马化为龙"之类，于江、双等字皆无读如今音者。其渐变今音，盖在典午过江以后。伪古文《周官》"论道经邦，燮理阴阳"，邦阳为韵，实其滥觞矣。然《广韵》承《切韵》《唐韵》之旧，其于江部切音皆以本部之字自为反切，未尝涉阳唐一字。如江，古双切。双，古音读如慌之平声。《左传》曰"驷氏慌"作慌，《汉书•刑法志》引作慌，晋灼曰："古悚字。"以之切江，可知江读如工矣。双、所江切。窗、楚江切。邦、博江切。泷、吕江切。幢、宅江切。江古音读如工，以之切双窗邦泷幢，可知双读如崧，窗读如匆，邦读如封，泷读如龙，幢读如僮矣。再以上一字双声求之，古工为双声，故江切古双，若如今音读作疆，则古疆非双声矣。所、古音读如数，所慌为双声，若如今音读作霜，则所霜非双声矣。楚、囱为双声，故窗切楚江，若如今音读作创，则楚创非双声矣。吕、龙为双声，若如今音读作霜，则吕霜非双声矣。宅古音读如托，宅、童为双声，若如今音读作床，则宅床非双声矣。是《切韵》诸书于音变之中，仍存古音之旧，特不明言其故，而使学者深思而自得之。嗣是《韵略》《集韵》《平水韵》《韵会》等书，虽屡加并省，而江阳之界无敢逾越，至今守之。故言古音者当由《唐韵》而上溯之，得其通转分合之繇，而厘正其是非出入之界。如书家学《兰亭》祖法，必先有事于唐临绢本，则于音韵之道思过半矣。（［清］邓廷桢著，冯惠民点校：《双砚斋笔记》，中华书局，1987年，第1版，第220-223页。）

此例分析《广韵》江部上古韵部的情况，指出江部字在魏晋之前只与东冬钟相押，不与阳唐相押，并认为其语音之转变在东晋之后（即著者所云典午过江以后），但是在《广韵》反切中仍然保留了一些古音成分。并以江字为例，从叠韵角度分析江及其反切下字的古音，同时，又从双声角度分析江部字及其反切上字的古音。进而得出结论，《切韵》中保存了一定的古音成分，并且影响到其后的一些韵书，故于古音溯源当以《唐韵》为主。

按，清人古音研究成果中，基本上均将江部字与东、冬、钟归为一部，如顾炎武《音学五书·古音表》东部（包括东、冬、钟、江），江永《古韵标准》东部（包括东、冬、钟、江），段玉裁《六书音均表》东部（东、冬、钟、江），戴震《答段若膺论韵》第三类"翁第七"（包括东、冬、钟、江）等。此例著者所云当承上述说法而来。"江"字古音见母东部，著者所举里巷歌谣之韵脚"重""童""容""风""双""龙"亦为东部，故与"江"互为押韵。向熹先生认为："汉代东部字基本上保存先秦的面貌。宋齐以后，开始发生变化，二等字主要元音仍然是[ɔ]，一、三等字符音的开口度变小了。"其发展关系为：[eɔŋ]（东）→[ɔŋ]（江）。①

所谓"双读如崧，窗读如匆，邦读如封，泷读如龙，幢读如僮"者，"双""窗""邦""泷""幢"古音均为东部，"崧"为冬部、"匆、封、龙、僮"为东部。而所谓双声者，"古""工"古音属见母，故"江"字古音反切上字可用"古"，而著者云"今音读作疆"者，乃是以现代汉语音（[tɕ]）来衡量其读音，"江"字声母上古至近代读音始终为见母，17世纪以后才发展出[tɕ]；② "傻""所"古音生母（[s]），"今音读作霜"者乃是[ʂ]，15世纪后形成；"楚""窗"古音初母[tʂʰ]，"今音读作创"者乃[tʃʰ]；[ʂ]、[tʃʰ]是现代汉语卷舌声母读音，15世纪产生，故著者云"今音作……"。"吕""龙"古音来母，"如今音读作霜"者，是读作生母。按，《广韵》"泷"有卢红、吕江和所江切三个反切，前二者为来母，后者为生母，故"泷"读如霜并非"今音"，而是《广韵》时期已有之读音。"宅""童"古音定母[d]，"宅"后来发展为舌上音澄[ɖʰ]，今作[tʃʰ]，与"霜"同为卷舌音。

此例研究上古音江部字的古音及其发展，对江部字由东入江的时代进行了研究考释，所举例证大体真实可信，可作为汉语语音史研究材料。此外，著者在研究古音的同时多与著者口语音做比较，可作为汉语近代音研究的参考材料。

---

① 向熹《简明汉语史》，高等教育出版社，2010年，第178页。
② 同上书，第329页。

第二章　音读辨正研究

学术研究的总趋势是在不断地否定和批评当中发展和进步，是螺旋式上升的一个发展过程。学术笔记中有相当一部分研究内容是对前人以及当下学者研究成果的辨正，并且在辨正的基础上往往会提出自己的观点和看法。在语音研究领域，辨正的对象主要包括辨正古注误读、辨正今注误读以及辨正音义关系等几方面。

第一节　辨正古注音读

此部分研究内容主要是对古注部分语音研究内容的辨正，所谓古注，是一个相对概念，即段玉裁所云："古今无定时。周为古则汉为今。汉为古则晋宋为今。随时异用者……"是基于研究者所处时代而界定的，研究者所处时代之前的注疏材料都属于古注部分，如：

（1）《匡谬正俗》卷一"架"：

> 《诗》郑氏笺云："鹊之有巢，冬至加功，至春乃成。"此言始起冬至加功力作巢，盖直语耳。而刘昌宗、周续等音"加"为"架"，若以构架为义，则不应为"架功"也。（〔唐〕颜师古撰，严旭疏证：《匡谬正俗疏证》，中华书局，2019年，第10页。）

此例辨正《诗·召南·鹊巢》郑玄笺"加"字之读音问题。著者认为此处之"加"为增加义，当作如字音。而刘昌宗、周续等音"架"，为构架义，如此则为"架功"，不确。①

按，"加"《广韵》古牙切，《集韵》丘加切、居牙切、居迓切，至

---

① 周续之，此处《匡谬正俗》作"周续"，据周祖谟《景宋本〈刊谬正俗〉校记》，当作"周续之"。

《中原音韵》《洪武正韵》只有平声而无去声。"架",《广韵》古讶切,去声。刘晓东认为这里读"加"为"架"是假借读音。①孙玉文认为"架"是"加"的滋生词义的变调构词,并引王力《同源字典》以"加""架"为同源词之说。②相较之下,孙说为长,"加"和"架"意义关系较为密切,不当为假借。《毛诗》郑笺作"加工",即笺云增加功力之义;若为"架功",则为不辞,古无架功之说。但是刘晓东《平议》据《毛诗正义》《经典释文》以及《经籍旧音辨正》等说法,认为此处郑笺文献文本另有作"架"为"架之"者,③若此,则"之"指代前文之鹊巢,"架之"即架构鹊巢之义,亦通。而著者这里批评旧注音读不确,既有所据文献文本不同,同时也有对该句释义不同理解的缘故。④

此例辨《毛诗》郑笺之注音,提供了与今时不同的文献文本,对《毛诗》相关文献研究具有一定的参考价值。此外,此例内容引发后人对"加"字变调构词的研究,为汉语音义关系研究以及相关字典辞书编纂提供了相关语料。⑤

(2)《瓮牖闲评》卷一:

> 梁王僧孺《咏捣衣诗》云:"散度《广陵》音,掺写《渔阳》曲。"自注云:"掺,七绀反,音憾。"余谓掺音憾,极是。盖祢衡《渔阳掺古歌》"边城晏开《渔阳掺》"亦当音作憾字,以下句云"黄尘萧萧白日暗",暗字与憾字甚叶,不可作他音。僧孺既以掺字音憾字,则《诗》"掺执手"者亦当音憾字无疑。徐、陆二家音七鉴、所鉴切者,皆非也。([宋]袁文撰,李伟国点校:《瓮牖闲评》,中华书局,2007年,第1版,第29页。)

此例分析辨正"掺"的读音。首先据王僧孺诗自注及祢衡《渔阳掺古歌》押韵情况,认为"掺"当为七绀反,音憾,既而认为《诗·羔裘》中之"掺"亦当音憾。进而指出陆德明、徐仙民注音七鉴、所鉴切者不确。

按,"掺"在《咏捣衣诗》及《渔阳掺古歌》中指鼓曲名。清顾炎武

---

① 刘晓东《匡谬正俗平议》,齐鲁书社,2016年,第10页。
② 孙玉文《汉语变调构词考辨》(下册),商务印书馆,2015年,第1205页。
③ 刘晓东《匡谬正俗平议》,齐鲁书社,2016年,第9—10页。
④ 严旭《匡谬正俗疏证》,中华书局,2019年,第13页。
⑤ 《汉语大字典》,"加"字释义(13)云:"通架,支撑。"仍处理为通假字,似可商。

《日知录》:"王僧孺诗云:'散度《广陵》音,掺写《渔阳》曲。'自注云:'掺,音七绀反。'乃曲奏之名。"又指一种击鼓三次的击鼓法,清黄生《义府》卷下:"说者谓掺为三挝鼓,两手弄三杖,且弄且击,故字或作参。俗谓三棒鼓两头捞,盖出于此。"它的原始词是"参","参"有三义,故"击鼓三次""鼓曲"都是"参"的滋生义,继而字形又演变作"掺"。《古今韵会举要·勘韵》:"参,鼓曲也,又参鼓也。或作掺。"顾炎武《日知录》:"王僧孺诗云,……乃曲奏之名,后人添'才'作'掺'。"《广韵·勘韵》收"参"字音七绀切,但是《勘韵》无"掺"字。"掺"字下只收所咸切、所斩切两种注音。《集韵》收"掺"字八个反切注音,但是也无"七绀反"这一音读。直到《增韵》《古今韵会举要》时期方有"掺"作"七绀反"者。

所谓"《诗》'掺执手'""徐、陆二家音七鉴、所鉴切"者,原文出自《诗·郑风·遵大路》:"遵大路兮,掺执子之祛兮。""遵大路兮,掺执子之手兮。"今本《音义》作:"掺,所览反,徐所斩反。"与著者所据音读不同。按,"所览反"为上声生母敢韵咸摄;"所斩反"为上声生母赚韵咸摄。二者声母韵摄相同,只有韵部不同。"七鉴反"为去声清母鉴韵咸摄,"所鉴反"为去声生母鉴韵咸摄。而"七绀反"为去声清母勘韵咸摄。若此,则"七鉴反"与"七绀反"基本相同,非是误音,不当非之。据此,可知此处著者所据之陆、徐之音读不若今本《释文》之音读可信。此或为此例文本传写致误导致,或为其他原因所致,尚未可知。今按,陆、徐之注音不误。"掺"音所览切,对应的是"女手纤美貌"义,《广韵》:"女手貌。""所斩切"对应的是"执持、持握"义,《广韵》:"揽也。""七绀反"对应的是"击鼓三次、鼓曲"义,如梁王僧孺《咏捣衣诗》自注,《古今韵会举要·勘韵》以及《增韵》释义。《诗》"掺执子之祛兮""掺执子之手兮"之"掺"当为"执持、持握"义,毛传:"掺,揽。"郑笺:"思望君子于道中,见之则欲揽持其袂而留之。"因此,《诗》"掺执手"之"掺"当读所斩反。此处著者将"掺"的多个义项一律读作"七绀反",混淆了"掺"的音义关系。

此例辨正"掺"之读音,启发我们对"掺"之音义关系的相关研究,同时为相关汉语变调构词研究以及辞书编撰提供参考。

(3)《考古质疑》卷三"数奇数字当音所具切":

《李广传》:"大将军阴受上指,以为广数奇,毋令当单于,恐不得所欲。"孟康注:"奇,不偶也。"师古曰:"言广命只不耦也。"

"数音所角切，奇居宜切。"前辈尝辨之，以为数乃命数之数，非疏数之数，而乃所角切，传印之误尔。宋景文《笔录》云："孙宣公奭，当世大儒，亦以为音朔。余后得江南《汉书》本，乃所具切，以此知误以具为角也。"大庆谓辨之诚是也。按《冯敬通集》曰："吾数奇命薄，端相遭逢。"原注：见《艺文类聚》。徐敬业诗："数奇良可叹。"原注：《文选》注音所具切。王维诗："卫青不败由天幸，李广无功缘数奇。"以数字对天字。杜诗："数奇谪关塞，道广存箕颖。"以数字对道字。若作朔音，则为虚字，不可以对天字。坡诗："数奇逢恶岁，计拙集枯梧。"罗隐《酬高崇节》诗："数奇常自愧，时薄欲何干。"然则以为命数之数，而音所具切明矣。（［宋］叶大庆撰，李伟国点校：《考古质疑》，中华书局，2007 年，第 1 版，第 204 页。）

此例辨正《汉书·李广传》中"数奇"之"数"的读音。著者认为《李广传》中"数奇"的"数"指的是"命数"的"数"而非"疏数"的"数"，而"命数"的"数"不应当音"所角切"。继而援引《宋景文公笔记》内容，指出当时著名学者孙奭亦音此"数"为朔（"朔"即所角反），而《笔记》著者通过江南本《汉书》此处作"所具切"悟出"所角"为"所具"之误字。然后著者分别列举《冯敬通集》诗文、徐敬业诗、王维、杜甫、苏轼、罗隐诗中之"数奇"，利用对文、互文及相关诗文内容证这些诗文中之"数奇"均为命数义，当音所具切。

按，"数"音"所角切"是入声觉韵江摄，表示屡次、多次义，《广韵·觉韵》："数，所角切，频数。"这个义项在《李广传》形容李广命"数奇"中显然不通，此处颜师古注云："言广命只不耦合也。"乃是当命运义解。因此，这里的"数"应当为"命数、命运"义。"数"表"命运"义是由"数目"义引申发展而来，并且没有发生音变，故其读音当与"数目"义之"数"相同。[①]"数目"义之"数"在《经典释文》及颜师古《汉书注》中均作所具切，如《诗·召南·羔羊》"素丝五绽"，毛传："绽，数也。"《音义》："数也，所具反。"《汉书·元后传》："禁独怪之，使卜数者相政君。"师古曰："数，计也，若言今之禄命书也。数，音所具反。"《汉书·董仲舒传》："武帝即位，举贤良文学之士前后百数。"师古曰："数，音所具反。"《汉书》："上尝使诸数家射覆"，师古曰："数家，术数之家也。于覆器之下而置诸物，令暗射之，故云射覆。数，音所具

[①] 孙玉文《汉语变调构词研究》（增订本），商务印书馆，2007 年，第 78-81 页。

反。"由此可见，例中所指《李广传》之注音当作"所具反"，著者说法可从。

此例运用《汉书》异文以及相关诗文对文、互文，辨正《李广传》中"数"字的读音问题，为深入研究"数"字音义关系提供研究参考。今之研究者，对"数"字的音义关系分析一般只至"数"的滋生词"数目"义为止，而此例研究深入至"数"的"命数、命运"义，且提供大量例证，是研究汉语词汇音义关系的重要语料。此外，此例纠正了《汉书注》中之误字现象，证《汉书注》误字时还提及了《汉书》其他版本的情况，为《汉书》校勘工作提供了新的证据，可作为文献校勘的研究材料。

（4）《学林》卷二"肆"：

> 《周礼·宗伯》："以肆献裸享先王。"郑氏注曰："肆者，进所解牲体也。"陆德明《音义》曰："肆，他历切。"观国按，肆者，解牲体而陈之，故陈牲之官，又有肆师，则肆如本字音四，其义则明矣。而陆德明遽变其音为他历切，取剔解牲体之义，故凡经书言肆牲，及《诗》"或肆或将"，并以肆音他历切，岂不蔓疑于后学耶？（[宋]王观国撰，田瑞娟点校：《学林》，中华书局，1988年，第1版，第49页。）

此例辨正《周礼·宗伯》"以肆献裸享先王"中之"肆"的读音。陆德明《音义》作"他历切"，而著者认为"肆"的本义指"解牲体而陈之"，当音"四"。陆德明音"他历切"，为"剔解牲体"义，从而导致其他经书中凡表"肆牲"义时，《音义》均音"他历切"，从而贻误后之学者。

按，肆为陈列义，《玉篇·长部》："肆，陈也。"《诗·大雅·行苇》："或肆之筵，或受之几。"毛传："肆，陈也。"《仪礼·聘礼》："问大夫之币俟于郊，为肆，又赍皮马。"郑玄注："肆犹陈列也。"该义《广韵》音息利切，即著者云音四者。此例著者认为《周礼·大宗伯》此处之"肆"当为陈列义，即当读息利切，而陆德明《音义》则音"他历切"。"他历切"者，音"剔"，指解剔牲体，陆德明《音义》此处全文作："肆，他历切，解骨体。"《集韵·锡韵》："剔，他历切，解也。或作肆。"是以"肆"为"剔"的或体。清朱骏声《说文通训定声·履部》："肆，假借为剔。"以"肆"为"剔"的假借。音他历切和息利切，反映了学者对该处词义的不同理解。《学林》此说，可为解释《周礼》提供另一参证。

　　此外，著者批评陆德明《毛诗音义》注《诗》"或肆或将"中肆音"他历切"的错误。今按，《诗》"或肆或将"出于《小雅·楚茨》第二章，原文作"或剥或亨，或肆或将"，毛传："肆，陈。将，齐也。或陈于罕，或齐于肉。"郑笺："有肆其骨体于俎者。"陆德明《音义》："肆音四。""有肆，他历反，解肆也。"陆德明注毛传音四，注郑笺音他历反，是因为毛传解释"肆"为陈义，故陆德明注音四。而对于郑笺的内容，陆德明认为郑玄是以"肆"为"解肆"义，故他历反。由此可见，陆德明《音义》并非在所有经传"肆"字下均注音"他历切"，著者此处批评陆德明言过其实。今按，郑玄笺上文云："有解剥其皮者，有煮熟之者。"下曰："有肆其骨体于俎者，或奉持而进之者。"前文已有"解剥"，后文不当重复说"解肆"，郑笺此处仍当是"陈"义。孔颖达《正义》云："或解剥之者，或烹煮之者，或陈其肉于牙之上者，或齐其肉所当用者。"亦以此处之"肆"为陈义。陆德明此处之音注反映了他对《诗》"或肆或将"传和笺词义的不同理解。

　　此例通过辨正《周礼音义》的注音，引发对"肆"音义关系的探索和思考，对汉语音变构词研究具有研究价值和作用。同时，对汉语辞书的编纂也具有一定的启迪。

　　（5）《履斋示儿编》卷二"要蔡"：

> 　　"五百里要服"，薛肇明云："'要'，读如'要约''久要'之'要'。"则约之而已，非治之也。孔安国云："要束以文教。"亦此意。陆音一遥反，非是。
> 　　"二百里蔡"，当读如《左氏》"蔡蔡叔"之"蔡"，音素葛反。杜预曰："蔡，放也。"薛肇明云："放罪人于此，故谓之蔡。"则读如本字，非。（［宋］孙奕撰，侯体健、况正兵点校：《履斋示儿编》，中华书局，2014年，第1版，第32页。）

　　此例辨正《尚书》中之两处音读，分别为《禹贡》"五百里要服"中之"要"和《禹贡》"二百里蔡"之"蔡"。著者认为"要"当读如"要约"之"要"，"蔡"当读素葛反。而陆德明读"要"为一遥反，"蔡"有读如本字者，均不确。

　　按，"要"有平去二声，"要服""要约""久要"之"要"，均为约束义，当读平声。"要服"之"要"，孔安国以"要束"来解释，孔颖达正义曰："'要'者，约束之义。""要约"之"约"，《资治通鉴·周赧王四十二年》："王之地一经两海，要约天下。"胡三省注："要约，犹约束也。""久要"之"要"，《论语·宪问》："久要不忘平生之言。"何晏《集解》引孔安国曰："久要，旧约也。"邢昺疏："言与人少时有旧约。"这个意义的"要"读平声，贾昌朝《群经音辨》曰："要，约也，读与招切。"马建忠《马氏文通》曰："'要'字，平读外动字，约也。"读平声实即与陆德明《音义》相同，而这里指摘陆释读音错误，应当是以"要"读平声为误，如此，则著者似乎认为这里的"要"当读去声。我们认为，这里是当时著者受《唐韵》《玉篇》《广韵》《集韵》等韵书影响而误读"要"的结果。《说文》大徐本"要"字引《唐韵》作于消切，又于笑切。《玉篇》作于宵切，曰："今为要约字。"又云一作于笑切。《广韵》于宵切："要，俗言要勒。《说文》曰：'身中也。象人自臼之形。今作腰。'又一笑切。"于笑切："要，约也。又于招切。"《集韵》伊消切："要腰，《说文》：'身中也。象人自臼之形。'或从肉。"一笑切："要，约也。"于"约束""要求"义之"要"兼存平去二读，实际上是混淆了"要"的音义关系。著者亦因之而误。

　　蔡，《说文·草部》："草也，从草、祭声。"徐铉及《广韵》音仓大切，此即为"蔡"的如本字音。《尚书·禹贡》："三百里夷，二百里蔡。"孔传曰："蔡，法也。法三百里而差简。"孔颖达《正义》云："'蔡'之为法，无正训也。上言三百里夷，'夷'训平也。言'守平常教'耳。此名为'蔡'，义简于夷，故训'蔡'为'法'。"今按，"蔡"训"法"既然无正训，则不当曲为之说，这里的"蔡"实际上是"杀"，减少义。《禹贡》此处下文"三百里蛮"下孔颖达《正义》引郑玄曰："蔡之言杀，灭杀其赋。"本字为"？"，隶变作"杀"。《五经文字》："？，放也。《春秋》多借蔡字为之。"该义之"蔡"，《集韵》桑曷切，入声心母曷韵，与著者云"素葛反"相同。《左传·昭公元年》："蔡蔡叔"杜预注："蔡，放也。"孔颖达《正义》引《说文》："？，散之也。"于省吾认为"散""放"同义。[1]实际上，"杀"（减少义）、"放"均为"？"之引申。《经典释文》曰："'蔡蔡叔'，上'蔡'字音素葛反，放也。《说文》作'？'，音同。字从'杀'下'米'，云'糪？，散之也'。下'蔡叔'如字。"这样"蔡"假借表"杀"表"放"义均读素葛反，只有"蔡叔"之"蔡"读如本字（即仓大切），而著者云读如本字非者，不知何所指。按《左传·昭公元年》"蔡蔡叔"下孔颖达《正义》："《说文》云：'？，散之也'，

---

① 于省吾《双剑誃尚书新证》，中华书局，2009 年，第 60-62 页。

'粲'为放散之义，故训为放也。隶书改作，已失本体，'粲'字不复可识，写者全类蔡字，至有重点以读之者。"段玉裁《说文解字注》亦曰："粲本谓散米。引申之凡放散皆曰粲。字讹作蔡耳。亦省作杀。"由此可知，当是"粲"字隶变，假借"蔡"为之，或省作"杀"，从而导致后人误读"粲"义之"蔡"作如本字音。

此例辨正《尚书》"要""蔡"二字之音读，启发我们对此二字音义关系的思考与探索，是研究汉语音义关系以及音变构词的重要研究材料。

(6)《敬斋古今黈》卷十二：

> 《孟子》："行有不慊于心，则馁矣"，《释文》："行如字。""行有不得者，皆反求诸己"，则音下孟反。二字旨意果同音否。《论语》："弟子入则孝，出则弟。谨而信，泛爱众，而亲仁。行有余力，则以学文。"先王之遗文，能行已上诸事，即在身之行去声也。治以为《论》《孟》此三字，皆当从下孟反。（[元]李治撰，刘德权点校：《敬斋古今黈》，中华书局，1995年，第1版，第148页。）

此例辨正《孟子》"行有不慊于心""行有不得者"及《论语》"行有余力，则以学文"之"行"的读音，认为上述之"行"均当读作下孟反。

按，"行有不慊于心，则馁矣"出自《孟子·公孙丑上》，陆德明《经典释文》未给《孟子》作音义，所谓《孟子音义》为宋孙奭所著，但是今检孙奭《音义》此处未有注音，不知著者何据。

"行"本义为行走，《说文》："人之步趋也。"大徐本引《唐韵》作"户庚切"，此即"行"之如字音。贾昌朝《群经音辨》："行，履也，户庚切。"《广韵》户庚切："行，行步也，适也，往也，去也。"均作平声。读去声"下孟反"者，为施行、行为（动词）、言行（名词）、品行，贾昌朝《群经音辨》："履迹曰行，下孟切。或履而有所察视亦曰行。"《广韵》下更切："行，景迹。又事也，言也。"《集韵》下孟切："行，言迹也。"此例著者所指《孟子》"行有不慊于心，则馁矣"之"行"，当为行为义，赵岐注："自省所行，仁义不备，干害浩气，则心腹肌馁矣。"朱熹《集注》："言所行一有不合于义，而自反不直，则不足于心而其体有所不充矣。"指言行；"行有不得者，皆反求诸己。"孙奭疏："此章指言行有不得于人，一求诸身，责己之道也。"指言行；《论语》："行有余力，则以学文。"邢昺疏："能行以上诸事，仍有闲暇余力，则可以学先王之遗文。"指施行。据《群经音辨》《广韵》《集韵》，此三处之"行"皆当作去声下孟切，著者亦认为"能行己上诸事，即在身之行去声也"，"身之行"即身之所行，即《群经音辨》之"履迹"、《集韵》之"言迹"，其说可从。

至于著者所举《孟子》注音读平声者，据孙玉文研究，"行"表实施、办事讲，中古后一般读户庚切，魏晋以后始见注家给滋生词注去声。[①]

此例辨正"行"的音义关系，引发我们对"行"字音变构词的思考与探索，同时该例也可看作研究音变构词的成果。此外，此例所引音注不见今之文献，可能保存了古代文献音注的相关信息，也是较为宝贵的音注资料。

（7）《丹铅总录》卷十五"窘字音"：

> 贾谊《鵩赋》"窘若囚拘"，苏林音欺全反。师古云："苏音是也。"南唐张佖辩之曰：《说文》窘音渠陨切。李善《文选注》：'窘，囚拘之貌。'五臣注：'窘，困也。'其字并不从人，惟孙强新加字《玉篇》及开元文字有作'窘然'者，皆音渠陨切，疑苏音误。今宜从《说文》音。"余按，此句《汉书》作"窘若囚拘"，《史记》作"摳若囚拘"。窘，当音渠陨反；摳，当音欺全反，摳即今拴字也。《史记》《汉书》所见异辞，当各从本文解之，所谓离之则双美，合之则两伤也。苏盖以《史记》之音而移之《汉书》，宜其误而不通，张佖辩之是也，但不知苏音之误所由耳。聊为详说之。扬雄云："一卷之书，必立之师。"斯虽细事，亦诚难哉！（［明］杨慎撰，丰家骅校证：《丹铅总录校证》，中华书局，2019 年，第 1 版，第 693 页。）

此例辨正《汉书·贾谊传》中"窘若囚拘"之"窘"字苏林音注。首先援引张佖之说："窘"当作"窘"，"窘"为后起字，音从（大徐本）《说文》（引《唐韵》）作渠陨切。其次，分析苏林音误之原因是《史记》异文作"摳"，斯全反。苏林用《史记》异文音字来为《汉书》注音不确，当各从其本文解读，不应一律处之，提出了对异文语言音注的相关准则。

按，苏林音"欺全反"，是平声溪母仙韵山摄。《说文》无"窘"，《篆隶万象名义》有"窘"无"窘"，《广韵》《集韵》始有"窘"，与张佖

---

① 孙玉文《汉语变调构词考辨》，商务印书馆，2015 年，第 785-787 页。

之说相合。“箬”，《名义》音奇陨反，《广韵》作渠陨切，上声群母轸韵臻摄。“僒”为“箬”之后起字，《广韵》渠陨切，同“箬”音。因此《汉书》“僒”当音渠陨切。而苏林作“欺全反”，颜师古从之，著者认为苏林本是为《史记》异文“攌”字所作的音注。按，《史记·屈原贾生列传》“攌若囚拘”徐广注：“攌音华板反，又音睆。”裴骃《索隐》：“攌音和板反。《汉书》作‘僒’，音去陨反。”睆，《广韵》户版切，与华板反、和板反音同，同属上声匣母潸韵山摄，此当为“攌”之音读。苏林注“欺全反”与之相比，声母韵部声调均不同，只有韵摄相同。由此可见，苏林音似乎不是为《史记》异文“攌”所注。

今按，《集韵》拘员切云：“困也，《汉书》‘僒若囚拘’苏林读。”《史记索隐》所引苏林音又作“去陨反”。《玉篇》求敏、口箬二切：“贾谊《鹏鸟赋》云：‘僒若囚拘。’谓肩伛僒也。”这说明《汉书》此处苏林音在流传过程中存在多个异文版本，而究竟哪个是苏林音最初版本，尚待考证。

此例辨正异文材料音读注音问题，值得研究者考虑，可为研究《汉书》音注以及中古音韵相关问题提供参考。

（8）《十驾斋养新录》卷五“沈休文不识双声”：

> 《礼记疏》：“昕，天昕，读曰‘轩’，言天北高南下，如车之轩。是吴时姚信所说。”《宋书·天文志》云：“按此说应作‘轩昂’之‘轩’，而作‘昕’，所未详也。”大昕案：“轩”“昕”双声，汉儒所谓“声相近”也。古书声相近之字，即可假借通用，如《诗》“吉蠲为饎”或作“吉圭”，“有觉德行”或作“有梏”；《春秋》“季孙意如”或作“隐如”，“罕虎”或作“轩虎”，此类甚多，未易更仆，“昕”之为“轩”即同此例。休文精于四声，而未达双声假借之理，故有此失。（[清]钱大昕著，杨勇军整理：《十驾斋养新录》，上海书店出版社，2011年，第1版，第85页。）

此例为解沈约之惑，沈约修《宋书》不明“轩”何以为“昕”，钱大昕指出，此为不明古音双声通假之例，并举《诗经》《春秋》之异文加以阐释。

按，轩、昕，古音同属晓母，轩属元部、昕属文部，是双声。“古书声相近之字，即可假借通用”就是清人所提出的“一声之转”，朱骏声《说文通训定声》中将这类现象称作“双声假借”。例中著者所举声转之字，如"吉蠲"作"吉圭"，"蠲""圭"同为见母。"有觉"作"有梏"，"觉""梏"同属见母。"罕虎"作"轩虎"，"罕""轩"同属晓母。以上均为双声关系。"意如"作"隐如"，"意""隐"，意属影母、隐属喻母，影母、喻母都是零声母，古音属喉音，发音部位相同，故也算作双声。关于声转之说，今之学者基本认同，但同时也指出，不能滥用双声，因为"汉语双声字极多。只凭双声关系，就可能把'鸡'说成'狗'，'红'说成'黄'"。①

（9）清杭世骏《订讹类编 续补》"字讹"：

> 《广雅》云："够，多也。音遘。"今人谓多为够，少曰不够，是也。《文选•魏都赋》："繁富伙够，不可单究。"五臣注误音作平声，不知够、究本文自协韵也。（［清］杭世骏撰，陈抗点校：《订讹类编》，中华书局，2006年，第2版，第299页。）

此例首先据《广雅》认为"够"有多义，音去声遘，并以当时之口语验之。进而指出《文选•魏都赋》五臣注音平声不确，认为原文韵脚字够、究自可谐韵，不当改读平声。

按，《文选•吴都赋》"够"五臣注苦侯反，李善注引《广雅》："够，多也。"《篆隶万象名义》作古侯反。《玉篇》："苦侯切，多也。"《广韵》古侯切："多也。"一作恪侯切。《集韵》墟侯切："多也。"一作居侯切。《龙龛手鉴》："苦侯反，多也。"以上注音均为平声，可证"够"在中古时期确实读平声，五臣注不误。而著者此处以今律古，用当代语音考证中古语音，方法不正确，缺乏历史发展的观念。此外，著者所引《广雅》"够，多也。音遘"者，今检《广雅》无"够"字，《博雅音》亦无"够"。"够"出《广雅》者唯见《文选•魏都赋》李善注所引，且未有音遘者。后王念孙《广雅疏证》增补《广雅》训词增补"够"字，《疏证》"够"亦引《玉篇》苦侯切及《广韵》。若此，则据《玉篇》等字典辞书"够"当音平声。

此外，"够"作去声，《集韵》等字典辞书中已有体现。《集韵》居侯切："聚也。"《类篇》："墟侯切，多也；又居侯切。又居侯切，聚也。"是以去声作"聚"义。《字汇》："居候切，音遘，多也。今人谓多曰够，少曰不够是也。左太冲《魏都赋》：'繁富伙够，不可单究。'

---

① 向熹《古代汉语知识辞典》，四川人民出版社，1988年，第185页。

杨升庵曰：'五臣注够音平声，不知够、究本文自协韵也。'"可见，此条著者所著内容实乃出自《字汇》及杨慎说，音遘者乃《字汇》而非《广雅》音。

五臣注当是受当时谐声影响，以为谐声之字声调必相同，故以"够"作平声以谐"究"之平声，而不知汉魏六朝诗中平去相押已不少见，故误注此音，著者该说可从，但著者用现代语考察古语，以今律古，方法不正确，缺乏历史发展的观念。

（10）清王鸣盛《蛾术编》卷三十四"命读为慢"：

> 《大学》："命也"，郑康成读为慢，程子云当作"怠"。郑是而程非，判若白黑。"命"从口、从令，"令"古音平，读若连，仄音读若练，《诗·东方未明》"倒之颠之，自公令之"，《卢令》"卢令令，其人美且仁"，《车邻》"有车邻邻，有马白颠。未见君子，寺人之令"，《十月之交》"华华震电，不安不令"是也。所以为声近"慢"而与"怠"无涉。（［清］王鸣盛著，顾美华标校：《蛾术编》，上海书店出版社，2012 年，第 482 页。）

此例辨正《大学章句》中"命"字读音，认为郑玄注读慢是，程注读怠非。进而从字形角度分析，"命"从令，令古音平，去声读若练，进而举《诗经》韵文为证。

按，《大学章句》此处原文及注作："见贤而不能举，举而不能先，命也；见不善而不能退，退而不能远，过也。"朱熹注："命，郑氏云'当作慢。'程子云：'当作怠。'未详孰是。"由二人作"当作"可知，郑注及程注乃是校勘此处之"命"字，而非为"命"字注音。作"慢"作"怠"均为懈怠、怠慢义。《说文》："怠，慢也。"《广韵》："慢，怠也。"此处义为："见到有贤能的人不能举荐他，举荐他又不能把他放在前列，是对贤者的怠慢。"著者误读此处内容，以为郑注及程注为音注。

今按，命，古音明母耕部；慢，古音明母元部。二者声母双声，韵部耕元旁转，存在声讹的可能。相较之下，郑注较佳。

第二节　辨正今人流俗误读

（1）《匡谬正俗》卷七"禩"：

> 张衡《东京赋》云"祈禩禳灾"，盖谓求福而除祸耳。案《说文解字》曰："禩，福也。"《字林》音"弋尔反"，字本作"禩"，从"示"从"虒"，音"斯"。从"虎"者故作"禠"耳。今之读者不识"禩"字义训，乃呼为神祇之"祇"，云求神而却灾。或改"禩"字为"禘"，"禘"者祭名，又失之也。（［唐］颜师古撰，严旭疏证：《匡谬正俗疏证》，中华书局，2019 年，第 1 版，第 325 页。）

此例首先考证"禩"字读音、意义、字形结构及字形发展变化。进而指出，当时之流俗有不识"禩"而读作"祇"者，进而更改字形作"禘"，故辨正之。

按：禩，大徐本说文引《唐韵》息移切，平声心母支部；祇，《广韵》巨支切："祇，地祇。神也。"平声群母支部。"禩""祇"音义不同，而时人呼"禩"为"祇"，故著者辨之。

此外，著者云"或改'禩'字为'禘'"者，禘，《广韵》特计切："大祭，五年一禘。"去声定母霁部。与"禩"字音义相去愈远，故著者非之。

（2）《瓮牖闲评》卷一：

> 鲁臧孙纥与叔孙纥，纥字音恨发切，世多是之。今考《汉书》云："秦复得志于天下，则龁齕首用事者坟墓矣。"注云："龁音蜡，齕音纥。正《孟子》《礼记》所谓胡齕者。"是纥与齕同音无疑矣，不必音恨发切也。（［宋］袁文撰，李伟国点校：《瓮牖闲评》，中华书局，2007 年，第 1 版，第 37-38 页。）

此例辨正春秋时人臧孙纥、叔孙纥名字中"纥"字读音。"纥"，当世多读恨发切，而据《汉书》注，"纥"音与"齕"同，当世读恨发切者不确。

按，纥，大徐本《说文》引《唐韵》下没切："丝下也。从糸、气声。《春秋传》有臧孙纥。"《玉篇》户结、下没二切："丝下也，《左氏传》有臧孙纥。"《广韵》下没切:"纥,孔子父名。"又胡结切,入声匣母没韵。读"恨发切"是入声匣母月韵,该读音在《集韵》作恨竭切:"《说文》'丝下也',《春秋传》有臧孙纥。"广韵不收该音,似非正音。而据著者云"世多是之",说明是当时通行之读音,反映了《集韵》广收口语读音的特点。

(3)《演繁露》卷十五"曲逆":

　　陈平封曲逆侯,或读如"去遇",非也。《地理志》:"中山国曲逆县,得名因濡乃官反水至城北曲而流,故曰曲逆。章帝丑其名,改曰蒲阴。"则曲逆之读当如本字,不当借音。([宋]程大昌撰,许逸民校证:《演繁露校证》,中华书局,2018年,第1版,第1017页。)

此例辨正《史记》《汉书》中地名"曲逆"之读音,从构词理据方面论证其读音当读"曲逆"不当读"去遇"。

按,"曲",古音入声溪母屋韵,中古音作丘玉切,溪母烛韵通摄;"逆",古音入声疑母铎部,中古音作宜戟切,入声疑母陌韵梗摄。"去",《广韵》近(丘)倨切,去声溪母御部遇摄;"遇",《广韵》牛具切,去声疑母遇韵遇摄。读"曲逆"作"去遇",首先是声调上的变化,读入声为去声。其次,读"曲"为"去",是将通摄字读作遇摄字。第三,读"逆"为"遇"是梗摄字读成遇摄字。

今按,"曲""去"所属之烛韵、御韵在元代并入鱼模韵中的撮口韵[iu]中[1],读"曲"为"去"或是这一语音变化在口语中的反映。"逆"和"遇"从古至今只有声母相同,其余部分均不相同。

(4)《学林》卷一"洒":

　　《新台》诗曰:"新台有洒,河水浼浼。"毛氏曰:"洒,高峻也。浼浼,平地也。"陆德明《音义》曰:"洒,七罪反。"观国按,《新台》诗第一章曰:"新台有泚,河水弥弥。"泚与弥协韵,故第二章曰:"新台有洒,河水浼浼。"毛氏欲以洒、浼二字协韵,乃读洒为七罪反,而训之曰"洒,高峻也"。然字书洒无七罪反之音,亦无高峻之义。按字书,洒字音先礼切,与洗同,而与浼字亦协韵。盖

---

① 王力《汉语语音史》,商务印书馆,2008年,第380页。

泚者鲜明貌也，洒亦有洁静之意，于诗之义通，当读洒为先礼切，则音与义两得之矣。《春秋》哀公二十一年《左氏传》曰："在上位者，洒濯其心。"《音义》曰："洒，先礼反。"《前汉·平帝纪》曰："洒心，自新之意也。"又《昌邑王贺传》曰："以湔洒大王。"颜师古皆曰："洒，先礼反。"《史记·货殖传》曰："洒削，薄技也。"《孟子》曰："愿为死者一洒之。"此皆读与洗同，而俗或读作沙下反者，非也。（［宋］王观国撰，田瑞娟点校：《学林》，中华书局，1988年，第1版，第23-24页。）

此例辨正《新台》诗"洒"字读音。认为陆德明《音义》读七罪反不确，亦无高峻貌之义。据《诗经》韵脚字推论当读先礼切，洁净义。进而举《左传》《汉书》《孟子》例为证。

按，洒，《篆隶万象名义》先礼反："涤洒、尽洒、齐洒。"《广韵》先礼切："洗浴，又姓。又所卖切。"上声心母荠韵。所卖切："洒扫，又先礼切。"去声生母卦韵。《玉篇》："先礼、先殄二切，濯也，深也，涤也，今为洗，又所卖切。"《集韵》小礼切："说文'涤也'，古为洒扫，字或作洗。"又所蟹切："洒洒汛，洒也，或作洒汛。"又取猥切："高峻貌，《诗》'新台有洒'。"又苏很切："惊貌，《庄子》'洒然异之'。"又稣典切："肃恭貌，《礼》'一爵而色洒如'。"又所寄切、所卖切、思晋切。其中，小礼切即《广韵》之先礼切，所卖切与《广韵》相同。取猥切即陆德明《经典释文》之七罪反，该音及其他注音不被《广韵》所收，或不被视作正音。

今按，洒，古音属脂部，在《新台》诗中押韵字"浼"属微部，按照王力先生的观点，古音脂微不分，故可押韵。读先礼反，是为脂部；读七罪反为微部，亦可与"浼"相押，如此，则陆德明所记之反切读音，或是"洒"字古音之存留。

（5）《履斋示儿编》卷九"声画押韵贵乎审"：

"衹"字有两声：音岐者，"神衹"之"衹"，又训大也，《玉篇》引《易》曰"无衹悔"是也；音支者，《广韵》训适是也，如《诗》曰"亦衹以异"，《扬子》曰"兹苦也，衹其所以为乐也欤"，陆德明与司马温公并音支。今杜诗、韩诗或书作"秖"字，从禾从氏，而俗读曰质者，非也。按《玉篇》竹尸切，《广韵》丁尼切，皆注曰"谷始熟也"。退之诗曰"秖言池未满""秖是照蛟龙""秖知闲信马",子美诗曰"百舌来何处,重重衹报春""不堪衹老病,何得尚浮名",皆当平声读。至如"飘泊南庭老,衹应学水仙",不作平声可乎?合从示训适也,但也。

"只"字,韵书皆音之移、之尒二切,语已辞也。俗读作质者,讹也。杜诗"只益丹心苦""只想竹林眠""寒花只暂香""虚怀只爱身""闺中只独看""忆渠愁只睡",皆当读作止。([宋]孙奕撰,侯体健、况正兵点校:《履斋示儿编》,中华书局,2014年,第1版,第314-315页。)

著者认为从禾从氏之"衹"字即"秪"字,训适,音支。"只"字作语气词只有之移(平声)、之尒(上声)二切,而世俗读"秪""只"均作"质"。

按,读"支"为"质",既有支部质部的不同,同时也有平声和入声之分别。读"只"为"质"既有支部质部的不同,又有平、上声和入声的分别。

(6)《敬斋古今黈》逸文一:

左右二字,从上声则为两实,从去声则为从己,此甚易辨者也。今人皆混而为一,不惟不辨其声音之当否,至于礼数仪制,亦复倒错。而世俗悠悠,皆不恤也。为礼之家,欲以左为上则左之,欲以右为上则右之。原其所以然。亦从来远矣。([元]李治撰,刘德权点校:《敬斋古今黈》,中华书局,1995年,第1版,第158页。)

著者指出"左""右"二字读上声则为方位名词及其相关词,读去声则为辅佐、佑助义。而当世世俗之音此二者已混同为一,不再加以辨别。

(7)《焦氏笔乘》卷一"桑穀":

《史记》"桑穀共生","穀"音构,树名,皮可为纸。故《王羲之传》云:"秃千兔之翰,聚无一毫之斤;穷万穀之皮,敛无半分之骨。"穀构、穀谷、穀叩,今多混。([明]焦竑撰,李剑雄点校:《焦氏笔乘》,中华书局,2008年,第41页。)

指出穀有音构、谷、叩三音者,"穀"表树名义当音构,而当世之人已多溷同为一。

按，此例所述之"穀音构""穀音叩"者均指上古音而非中古音。"穀音构"者，《说文》："穀，楮也。"段玉裁注："按《山海经》《传》曰：穀，亦名构。此一语之轻重耳。"按，"穀"《广韵》古禄切，入声见母屋韵；"构"《广韵》古侯切，去声见母侯韵。二者韵部声调不同，声母相同，故段玉裁云二者轻重不同。然"穀""构"古音同属见母侯部，[①]是其音"构"之证。"穀音谷"者即《广韵》古禄切者，是其常见读音。"穀音叩"者，"叩"《广韵》苦后切，上声溪母厚韵，与"谷"不同。但是，"叩"上古音去声溪母侯韵，与"穀"（见母侯韵）韵部相同，声母相近（见母全清，溪母次清），故古音相近。根据著者所述，元明时期时人口语中已无"穀""谷"的这些读音情况。

（8）清王鸣盛《蛾术编》卷三十四"裘应作渠之反"：

> 或谓"裘"，亭林改为"渠之反"，当仍为"巨鸠反"。"终南何有？有条有梅。君子至止，锦衣狐裘。颜如渥丹，其君也哉。""有""梅""止"连用三韵，故间二句而用"哉"字叶。愚谓是则然矣。但"取彼狐狸，为公子裘"，二句自为一韵，上下文皆不可叶；"舟人之子，熊罴是裘。私人之子，百僚是试"，与上文四声均合为一韵，若"裘"读巨鸠反，则无韵矣。凡亭林之说，皆合者多，不合者仅十百之一，不可驳也。（［清］王鸣盛著，顾美华标校：《蛾术编》，上海书店出版社，2012年，第480-481页。）

此例认为"裘"字古音顾炎武读"渠之反"，而时人认为当读"巨鸠反"。著者据"裘"在《诗》中用韵情况，认为顾炎武读"渠之反"不误，不烦改音。

按，王力《诗经韵读》于《终南》首章以"梅""裘""哉"为韵脚[②]，其中，裘，古音属幽部，梅、哉为之部，裘与梅、哉为幽之旁转合韵，确实不烦改音读以求谐韵。

（9）清吴翌凤《逊志堂杂钞》戊集：

> 《山海经》："天帝之山，有鸟焉，黑色而赤翁。"注："翁，颈上

---

① 周法高系统"穀"古音为屋部，董同龢、李方桂系统为侯部。
② 王力《诗经韵读》，中华书局，1980年，第214页。

毛。音如'汲瓮'之瓮。"史游《急就篇》"春草鸡翘凫翁濯",注:"既为春草鸡翘之状,又如凫在水中自濯其翁也。"今人用凫翁字多作平声,音义两失。([清]吴翌凤撰,吴格点校:《逊志堂杂钞》,中华书局,2006年,第1版,第73页。)

此例著者据《山海经》郭璞注及《急就篇》颜师古注内容,认为"翁"当读去声,而时人读平声者不确。

按,翁古音影母东部平声,是其古音本读平声,此例著者不明古书音训,此注云"音如瓮"("瓮"古音去声),乃取声同声近者为训,不代表声调一定相同,而著者误以为"翁"古音与"瓮"相同,故以读平声者为误,因而得出错误结论。

第三节　辨正音义关系

语言中的音和义代表着语言的外部形式和内部内容,二者是有机的统一体,在语言形成之初,二者的关系是简单的,也是明了的。然而随着时代的发展,二者之间的关系逐渐变得复杂起来。语音方面,其中的各个要素均不同程度地发生变化,如声母的分化、合并以及演变,清浊的变化,韵部的分合演变,声调的变化,等等。语义方面,词义的引申、义位的增减、语义的替换等,均对语义系统产生重大影响。以上变化导致汉语音义关系在历史发展过程中呈现出复杂的关系,因此,辨明汉语音义关系是汉语研究的重要任务。对此,学术笔记均有相关研究和论述,如:

(1)《考古质疑》卷三"论古字音义之异同":

古字音义,有出于经史之通用而《篇》《韵》或不能尽载,亦不可不知也。盖有音异义异而字则同,亦有音同义同而字则异,又有音同字同而义不可概论者,非详观博究不可也。如旁、招、行、乐之类,一字而有三四音义者,固不必论。原注:旁、招凡三音义,《诗》"驷介旁旁",补彭切,强也。《经典》作蒲浪切者,迫也。《角招》《征招》,则音韶,《礼志》《云招》则音翘。行、乐凡四音,行字则有文行、太行与行行之殊,乐字则有音乐、好乐与乐饥之别。此类甚多,不可枚举。如以其多者言之,数字、假字至于五,厌字至于六,原注:数字所具切,《儒行》"遽数",音所;《论语》"朋友数",音朔;《周礼》"数国",音促;《乐记》"趄数",音速,凡五音。假字古雅切,《易》"王假有庙",音格;《毛诗》音暇者,乐也;

《曲礼》音遐者，远也；假故之假，去声，亦五音。厌，于艳切，《诗》"厌厌夜饮"，则平声；《汉高纪》"以厌当之"，则入声；《礼》"畏厌溺"，则乌狎切；《大学》"见君子而后厌然"，则乌斩切；"厌浥行露"，于十切，凡六音。**卷字、贲字，至于七，齐字、从字至于八，辟字至于九，岂非音异义异而字则同欤？** 原注：书卷之卷，去声；卷而怀之，上声；《诗》"匪伊卷之"，其言切；《记》"三公一命卷"，音衮；"执女手之卷然"、"贾捐之传""竭卷卷"并音拳；《相如传》"卷"，曲也，丘专切；《地志》安定郡朐卷县，应邵上音句，下音箇，凡七音。贲字，彼义切者，饰也；音班者，文章也；虎贲音奔，勇也；贲军音奋，覆也；《乐记》"广贲"之音扶问切，怒气也，苗贲皇音坟；《黥布传》"贲赫"，《地理志》"东海襄贲"，并音肥，凡七音义。齐字，在兮切，国名也；仄皆切，斋庄也；《记》"地气上齐"，子兮切；"马不齐髦"，于践切；沈齐、盎齐，才细切；齐衰、齐盛，则即私切；"齐乎其敬"，子礼切；"行中采齐"，才私切，凡八音义。从字，"吾从周"之从，平声；"从者见之"，才用切；"衡从其亩"，子容切；"欲不可从"，子用切；"从容中道"，音冲；"待其从容然后尽其声"，音春，又音聪，又音崇，又在江切。辟字，部益切者，法也；必益切者，君也；匹智切者，喻也；"放辟邪侈"则音僻；《曲礼》"左右攘辟"则音避；《玉藻》"素带终辟"者音，裨；"有由辟焉"，音弭；"一幅不辟"则补麦切；《灌夫传》"辟睨"音普计切，九音义。如**咎繇**、原注：《晁错传》。**中虆**、原注：《荀子》仲虺字。**领问**原注：《扬雄叙传》**之类，两字而同音义者，亦不必论，姑以其多者言之。**氓，民也，《诗》云："氓之蚩蚩。"《周礼》以为甿，原注：《地官遂人》。《晋志》则以为萌。原注：《职官志》"奖导民萌"。《韶》，乐也，《语》云"乐则韶舞"，《周礼》以为韶，原注：韶，大司乐。《史记》则以为招。衮，服也，《礼》云衮冕，《荀子》以为卷，原注：《富国篇》。《礼记》则以为卷。原注：《郊特牲》。击柝，一也，而榛之与柝为不同。原注：上《周礼》下《货殖》。冕缫，一也，原注：《周礼》作缫。而璪之与藻为异。原注：并《记》，上《郊特牲》，下《玉藻》。《诗》有桧之《国风》，《左传》《汉志》则有郐、会之殊。原注：《左传·襄二十九年》，《汉书·地理志》。《论语》有鄹人之子，《孟子》《史记》则有邹、驺之别。《书序》有伏牺氏，《礼》注、《汉表》亦不一焉。原注：《太卜》注作虙戏，《汉人物》《百官表》并作宓羲。师古注："字本作虙，传写讹谬尔。"《初学记》宓牺，注："虙古伏字，后误以虙为宓。"是一音义而字分为三也。迓，均之为迎也，《书》作"迓衡"，《礼》作"掌讶"，又"田仆"注作"逆衡"，《毛诗》作"百两御之"，《左传》作"狂狡辂郑人"。原注：宣三年。呜呼，均之叹声也，《书》作呜呼，原注：《无逸》。《诗》作"于乎"原注：《烈文》诗。《记》作"于戏"，原注：《大学》。《王贡传》以为"恶呼"，《五行志》以为"乌呼"。响，均之为音也，《易·系》"受命如响"，《天文志》"乡之应声"，《甘泉赋》"芗声历锺"，《过秦论》作"向"，《礼乐志》作"享",是皆一音义而字为五也。岂非音同义同而字则异欤？乃若古字借用，"聚人曰财"，则财货也；《贾谊传》之"财幸"，则与裁同；《文纪》之"财足"，则与才同。"庶绩咸熙"，则熙广也；《礼·志》"熙事备成"，则与禧同；《翟义传》"熙念我孺子"，则与嘻同。此皆借之而通用也。至于兹之一字，《五行志》"赋敛兹重"，则通于滋；《樊郦赞》"虽有兹基"，则通于镃；《荀子·正论篇》"龙兹华瑾"，则通于髭；而龟兹之音慈者不论也。繇之一字，如《文纪》"无繇教训其民"，则通于由；班《赋》"先圣之大繇"，则通于猷；韦孟诗"犬马繇繇"，则又通于悠悠；而咎繇、原注：皋陶。卦繇、原注：音胄。与《李寻传》之繇俗，不论也。原注：繇俗音谣。义同。岂非音同字同而义不可概论又如此欤？此皆《篇》《韵》不能载，故略摘一二以纪于此云。（[宋]叶大庆撰，李伟国点校：《考古质疑》，中华书局，2007年，第1版，第208-210页。）

本例首先从宏观角度对汉语音义关系进行描述，指出汉语音义具有非常复杂的对应关系，有"音异义异而字则同"，亦有"音同义同而字则异"，又有"音同字同而义不可概论者"等多种复杂关系。需要后世学人仔细辨正，才能厘清其中的关系。然后，列举大量例字说明这些音义关系。其中，一字而多音多义者，有同一字而三四音至八九音不等者；多字而同音同义者，有二字而同音同义者至三四字而同音同义者。此外，著者还举例就汉语文字的假借对音义关系的影响进行说明。最终，指出这些问题都是字典辞书所不记载而客观存在的问题，值得深思。

（2）《瓮牖闲评》卷二：

> 沽字有二义，有作去声用者，有作平声用者。如李太白诗云："夜台无晓日，沽酒与何人？"东坡诗云："潘子久不调，沽酒江南村。"此作去声用也。如东坡诗云："得钱只沽酒。"又曰："沽酒饮陶潜。"此作平声用也。（[宋]袁文撰，李伟国点校：《瓮牖闲评》，中华书局，2007年，第1版，第69页。）

此例据李白、苏轼诗用韵指出"沽"有二音二义。按，沽作卖酒义读去声，《广韵》音古暮切；读平声为买酒义，在这个义项上"沽"通"酤"，《说文》："酤，一宿酒也。一曰买酒也。"孙玉文《汉语变调构词考辨》以沽（字又作酤）原始词义为买东西，动词，古胡切，平声；滋生词义为使买东西，把东西卖出去，动词，古暮切，去声。①与此说同。

（3）《学林》卷一"茷"：

> 《泮水》诗曰："鲁侯戾止，言观其旂。其旂茷茷，鸾声哕哕。"《毛诗传》曰："茷茷，言有法度也。"郑氏《笺》曰："僖公来至于泮宫，其旂茷茷然。"《释音》曰："茷，蒲害反。"观国按，《玉篇》《广韵》茷字分三音，一音扶废切，与吠同声；一音博盖切，与贝同声；一音房越切，与伐同声。虽分三音而同训以为草木叶茂多之貌也。然则训《诗》者乃以为有法度，据《诗》曰"其旂茷茷"，有盛多之义，未见其有法度之义，训《诗》者思之未审耶？又《诗释音》曰："茷，蒲害反。"按蒲害反者，读与旆同音。字书茷字亦无此音，唯《春秋》定公四年《左氏传》曰："分康叔以大路、少帛、綪茷、旃旌。"杜预注曰："綪茷，大赤，取染草名也。"释音曰："茷，步贝反。"案步贝反者亦与旆同音，此与《诗》"茷茷"同义，当读音贝也。若读音旆，则《诗》云"其旂茷茷"文不顺矣。左氏凡人名茷者皆音扶废反，成公二年《传》曰："宛茷为右。"又十六年《传》曰："囚楚公子茷。"又襄公十五年《传》曰："师茷、师慧。"又哀公二十六年《传》曰："宋乐茷纳卫侯。"凡此茷字皆人名，陆德明皆音作扶废反，其音是也。成公十年《传》曰："晋侯使籴茷如楚。"《释音》曰："茷，扶废反，又蒲发反。"案籴茷乃晋大夫名，茷亦当音扶废反。陆德明不能决而设两音则非也。《文选》有刘安《招隐》文曰："木轮相糺兮茷骫。"五臣注曰："茷，蒲末反。"按此茷字亦当音贝，骫与委通用。茷、骫者，木之枝叶茂盛也，五臣音非也。（［宋］王观国撰，田瑞娟点校：《学林》，中华书局，1988年，第1版，第35页。）

此例著者据《玉篇》《广韵》指出，"茷"有三个音读，但均训为草木茂盛义。而毛传释"茷茷"有法度义，《释文》音"蒲害反"者于字书无取。又《左传》中人名作"茷"者均当音扶废反，陆德明《释文》前后注音不一致。最后，指出《文选》李善注中"茷"字注音亦不确。

按，茷，《汉语大字典》于"草叶丰盛"义下收《广韵》房越切、符废切、博盖切三个反切读音，亦同此说。陆德明音蒲害反者，《大字典》

---

① 孙玉文《汉语变调构词考辨》，商务印书馆，2015年，第542页。

以为此乃假借义，通"旆"，并引朱骏声《说文通训定声》："茷，假借为旆。"按，古无轻唇音，房越切、符废切、博盖切三反切，古音均为并母月部。陆德明音蒲害反亦是并母月部。这样四种反切以古音论均不误，但如以中古之音切，则陆氏注音与词义已不相符，故为著者所指摘。

（4）《学林》卷二"庆"：

> 字书庆字，于平声音羌，又音卿；于去声音丘映切，训曰：福也、贺也。观国考《诗》《书》《易》所用庆字，皆当音羌。《楚茨》诗曰："祝祭于祊，先祖是皇。孝孙有庆，万寿无疆。尔殽既将，莫怨具庆。"《甫田》诗曰："与我牺羊，以社以方。我田既臧，农夫之庆。"又曰："乃求千斯仓，乃求万斯箱。黍稷稻粱，农夫之庆。"《裳裳者华》诗曰："芸其黄矣，维其有章矣，是以有庆矣。"《閟宫》诗曰："白牡骍刚，牺尊将将。毛炰胾羹，笾豆大房。万舞洋洋，孝孙有庆。俾尔炽而昌，俾尔寿而臧。保彼东方，鲁邦是常。"《书》曰："圣谟洋洋，嘉言孔彰。惟上帝不常，作善降之百祥，作不善降之百殃。尔惟德罔小，万邦惟庆。"《易》曰："先迷失道，后顺得常。西南得朋，乃与类行。东北丧朋，乃终有庆。安正之吉，应地无疆。"又曰："积善之家，必有余庆。积不善之家，必有余殃。"又曰："损上益下，民说无疆。自上下下，其道大光。利有攸往，中正有庆。"凡此所用庆字，皆与疆字、常字同韵，则庆音羌可知矣。扬雄《甘泉赋》曰："直嶢嶢以造天兮，厥高庆而不可乎弥度。"颜师古注曰："庆读音羌。"班固《幽通赋》曰："恐魍魉之责景兮，庆未得其云已。"颜师古注曰："庆读音羌。"以此知汉人盖尝用庆字作羌音，不妄也。《史记·天官书》曰："若烟非烟，若云非云，郁郁纷纷，萧索轮囷，是谓卿云。"《前汉·天文志》曰："若烟非烟，若云非云，郁郁纷纷，萧索轮囷，是谓庆云。"古人以卿、庆二字通用。班孟坚《白雉诗》曰："发皓羽兮奋翘英，容洁明兮于淳精。彰皇德兮作周成，永延长兮膺天庆。"此庆字亦音卿也。《投壶礼》曰："一马从二马，以庆。三马既备，请庆多马。"此庆字音丘映切也。《诗》《书》《易》《史记》庆字音羌、音卿者，其义则福也。《投壶》"请庆多马"音丘映切者，其义则贺也。一字三音，训义不同，而世一切读音丘映切者，良因陆德明不能稽考经书用字之义，而于《释文》阙而不载，故后学莫之悟焉。沈存中《笔谈》言诗易庆字多与章字同韵，自谓古人谐声有不可解者，盖存中亦未尝稽考

尔，非不可解也。（［宋］王观国撰，田瑞娟点校：《学林》，中华书局，1988年，第1版，第46-47页。）

据《周易》《诗经》《尚书》《史记》等用韵，著者指出"庆"字古音为"羌"、音"卿"者均为名词福义；音丘映切者为动词贺义。

按，王力、董同龢、周法高、李方桂上古音系统中，"庆""羌""卿"均属溪母阳部。唐作藩《上古音手册》中，庆、羌、卿古同音，亦俱在溪母阳部平声[1]，郭锡良《汉字古音手册》中庆、羌、卿古音亦在溪母阳部，说明三者古音相同，著者此处之说可从。

（5）《丹铅总录》卷十五"谒字义有二"：

> 谒字义有二：《说文》："谒，白也。"《袁盎传》"上谒"注："若今通名也。"《士相见礼》闻名于将命者，故将命之人谓之谒者。古以通名为谒，至汉犹然。晋人谓之门笺，唐人谓之投刺，今人谓之拜帖。《史记》："郦生踵军门上谒，案剑叱使者。使者惧而失谒，跪拾谒，还走，入报。"《汉·徐稺传》："吊丧，酹酒毕，留谒则去。"注："谒，刺也。"此谒字，于歇切。又音叶，访也，请见也。《汲黯传》"中二千石拜谒"，《礼记》"能典谒矣"，皆从此音，今呼二音多与义不相叶。（［明］杨慎撰，丰家骅校证：《丹铅总录校证》，中华书局，2019年，第1版，第669页。）

此例指出"谒"有二音二义，音于歇切者为投刺义，音叶者为拜访义，而当时之人已不能区分此音义。

按，谒，《广韵》于歇切，影母月部山摄；叶，《广韵》与涉切，以母叶韵咸摄。此例认为，谒读于歇切为名词义，指名帖，《说文》云"谒，白也"、《广韵》云"白也"者，段玉裁注曰："《广韵》曰：'白、告也。'按谒者、若后人书刺自言爵里姓名并列所白事。"读叶，则为动词义，为谒见、拜见义。进而指出，时人读谒已不辨其音义。

（6）《丹铅总录》卷十三"苴有十四音"：

> 苴，七闾切，麻也。子闾切，苴杖也。又子旅切，履中荐也。又布交切，天苴，地名，在益州，见《史记》注。又天沮，与巴

---

① 唐作藩《上古音手册》，中华书局，2013年，第128、124页。

同。又子邪切，菜壤也，一曰猎场。又似嗟切，苴咩城，在云南。又锄加切，《诗传》曰："木中传草也。"水草曰苴，字一作葙，又作泲，今作渣，非。又都贾切，土苴，不精细也。又侧不切，粪草也。又侧鱼切，《说文》曰："酢菜也。"酢，古醋字。又庄俱切，姓也，汉有苴氏。又则吾切，茅借祭也。又将预切，糟魄也。又子余切，苞苴，囊货也。（［明］杨慎撰，丰家骅校证：《丹铅总录校证》，中华书局，2019 年，第 1 版，第 561 页。）

此例指出"苴"有十四个读音，著者此处根据不同读音所对应的不同意义分别予以叙述。

按，"苴"字，《集韵》共收其十四个音切，与此例所云互有出入，如《集韵》："子余切，《说文》履中草，一曰包也，亦姓。"《类篇》亦收"苴"之十四个反切注音，与此例亦互有出入，如《类篇》："又子余切，《说文》履中草，一曰包也。""又庄俱切，汉有苴氏。"二书与此例互有出入，当为其所本。

（7）《焦氏笔乘》卷六"甄有三音"：

> 甄有三音：一在真韵，之人切，《汉书》"甄表门闾""灵觇自甄"之甄；一在先韵，稽延切，《左传》"左甄""右甄"，军之两翼也；一在震韵，之刃切，《周礼》"典同薄声甄"，注："掉也，钟病也。"殷寅《玄元皇帝应见贺圣寿无疆》诗："应历生周日，修祠表汉年。无由同拜庆，窃抃贺陶甄。"自先韵旁入真韵。（［明］焦竑撰，李剑雄点校：《焦氏笔乘》，中华书局，2008 年，第 227 页。）

此例辨正"甄"的三个读音及其对应词义。按，《韵略易通》下收"甄"字三个反切读音，分别为之人切、稽延切、之刃切。《韵略易通》成书于明正统七年（1442），杨慎生于明弘治元年（1488），此说或即其所本。

（8）清桂馥《札朴》卷六"提"：

> 《史记·刺客列传》："以药囊提荆轲。"《集韵》："提，大计切，掷也。"《通鉴》："汉明帝性褊察，近臣尚书以下，至见提曳。"胡身之注云："提，读如冒絮提文帝之提，大计翻，掷物以击之也。"馥谓提荆轲、提文帝，读大计切。提曳之提，当读杜奚切。明帝怒御

史寒朗曰："吏持两端，促提下捶之。"此所谓尚书以下至见提曳也。（［清］桂馥撰，赵智海点校：《札朴》，中华书局，1992 年，第 1 版，212 页。）

此例辨正《史记》《集韵》《资治通鉴》所举之"提"当为提曳之提，这个意义的"提"当音大计切。

按，提表投掷义有上去二读，读去声者如《史记》："文帝朝，太后以冒絮提文帝。"徐广注："提，音弟。"此即大计切者。服虔注："提音弟，又音啼。"《索隐》引萧该说音底，此即《集韵》典礼切者。此处著者以读去声为是，目前看来，证据稍嫌不足，但著者已认识到该字平仄不同所代表的意义亦不同，对该字的音义关系有较深刻的认识。

（9）清徐文靖《管城硕记》卷二十二"正字通二·汪"：

汪，注云：枉平声，《左传》"尸诸周氏之汪"。又音往，汪陶县在雁门。

按，文二年《传》"晋伐秦，取汪及彭衙而还"，汪，乌黄切。《史记·晋世家》"秦取晋汪以归"，《索隐》曰："汪，不知所在。"罗泌《路史》："汪，秦邑。同州白水有汪城，在临晋东。"又《国语》："汾、河、涑、浍以为渊，戎翟之民实环之。汪是土也。"注曰："汪，大貌。"乌黄切，皆平声也。《汉志》"雁门涅陶县"，孟康音汪。《后志》作"汪陶"，不当又音往也。（［清］徐文靖著，范祥雍点校：《管城硕记》，中华书局，1998 年，第 1 版，第 408 页。）

此例指出，"汪"作地名及形容词大义，均当音乌黄切，平声。《正字通》存平上二读不当。

按，汪作地名有二，一作平声，一作上声。作平声者，即文公二年《传》"取汪及彭衙"之"汪"，陆德明《释文》音乌黄切。作上声者，即《汉书·地理志》之"涅陶县"，孟康注音汪，王先谦《补注》引宋祁说云："景本作汪，音枉。"又《晋书·地理志》"涅陶"，《晋书音义》云："涅陶，上于往反，亦作汪。"《广韵》音纡往切，上声。《集韵》音妪往切，上声。由此可知，"汪陶"作县名音上声当始于唐宋时期，《正字通》此说乃承袭上述字书音读。

（10）清王鸣盛《蛾术编》卷三十四"熊、罴、能等字古音"：

> "能"，古音奴来、奴代二反；"熊"，古音羽陵反；"罴"，古音
> 彼禾反。奴来反者，三能星、三足鳖及才能之"能"，同一音。奴代
> 反者，即"耐"也、"堪"也。"熊"与"雄"同音，当入蒸、登
> 韵，其从能乃意耳，非声也。"罴"字从罢又从熊，罢其声，熊其
> 意，不可从两能，故省文。"罢"古音婆。（［清］王鸣盛著，顾美华
> 标校：《蛾术编》，上海书店出版社，2012 年，第 480 页。）

此例辨正"熊""罴""能"的音义关系。著者认为"能"音奴来切
为三能星之能、三足鳖之能和才能之能；音奴代反者为表"耐""堪"（即
忍受、经受得住）义之能。"熊"音同"雄"，在蒸、登韵，其所从之
"能"为意符非声符，因此"熊"已有能义。"罴"从熊表意，古音音婆。

按，"能"表三能星之义为假借，本字是"台"，《集韵》音汤来切，
透母咍韵，著者云奴来切者，属泥母咍韵。《史记·天官书》："魁下六
星，两两相比者，名曰三能。"裴骃《集解》引苏林曰："能，音台。"
"能""熊"为同源字，《说文》："能，熊属，足似鹿。从肉、㠯声。能兽
坚中，故称贤能，而强壮称能杰也。"徐灏《注笺》曰："能，古熊字……
假借为贤能之能，后为借义所专，遂以火光之熊为兽名之能，久而昧其本
义矣。"段玉裁注："奴登切。古者在一部。由之而入于咍则为奴来切。由
一部而入于六部则为奴登切。其义则一也。"孙玉文考证，能读奴来切为
原始词，义为有能力做到；读奴代切为滋生词，义为经受得了，后规范为
"耐"。①是说与此例说正同。

---

① 孙玉文《汉语变调构词研究》，商务印书馆，2007 年，第 16 页。

第三章　音韵学相关问题研究

学术笔记中音韵学研究材料中除个案研究外，还有相当一部分内容涉及音韵学基本内容的研究，如对汉语声母韵部的研究，对双声叠韵现象的探索、对汉语声调的研究、对汉语注音方式的研究以及韵书文献的考释等等，是汉语音韵学理论研究及学术史研究的重要组成部分。

第一节　声韵调问题研究

一、声母问题研究

（1）《梦溪笔谈》卷十五：

今切韵之法，先类其字各归其母，唇音、舌音各八，牙音、喉音各四，齿音十，半齿、半舌音二，凡三十六，分为五音，天下之声总于是矣。每声复有四等，谓清、次清、浊、平也，如颠、天、田、年，邦、胮、庞、厐之类是也，皆得之自然，非人为之。如帮字横调之为五音，帮、当、刚、臧、央是也；纵调之为四等，帮、滂、傍、茫是也；就本音、本等调之为四声，帮、榜、傍、博是也。四等之声，多有声无字者，如封、峰、逢止有三字，邕、胸止有两字，竦、火、欲、以皆止有一字。五音亦然，滂、汤、康、苍止有四字。四声则有无声，亦有无字者，如萧字、肴字全韵皆无入声。此皆声之类也。

……

至于所分五音，法亦不一，如乐家所用，则随律命之，本无定音，常以浊者为宫，稍清为商，最清为角，清浊不常为征、羽。切韵家则定以唇、齿、牙、舌、喉为宫、商、角、征、羽，其间又有半徵、半商者，如来、日二字是也，皆不论清浊。五行家则以韵类清浊参配，今五姓是也。梵学则喉、牙、齿、舌、唇之外，又有折、摄二声，折声自脐轮起至唇上发，如尜字之类是也；摄声鼻音，如欿字鼻中发之类是也。字母则有四十二，曰阿、多、波、者、那、啰、拖、婆、茶、沙、嚩、哆、也、瑟咤、迦、娑、麽、伽、他、社、锁、拖、奢、佉、叉、娑多、壤、曷攞多、婆、车、娑麽、诃婆、縒、伽、咤、拿、娑颇、娑迦、也娑、室者、侘、陀。为法不同，各有理致，虽先王所不言，然不害有此理。历世浸久，学者日深，自当造微耳。（［宋］沈括撰，金良年点校：《梦溪笔谈》，中华书局，2015 年，第 1 版，第 150-151 页。）

此例从发音部位（唇音、舌音、牙音、喉音、齿音、半齿、半舌音）、发音方法（清、次清、浊、平）以及声母与声调的关系三方面对三十六字母进行分析。此外，将声母之五音与音乐之五音相比较，发现音乐中五音与清浊搭配规律，而音韵学五音则不论清浊。最后，还将梵语中之声母与汉语声母相比较，对梵语中所有而汉语中所无之折、摄二声母发音方法、发音部位进行构拟。

（2）《困学纪闻》卷八"小学"：

七音三十六字母，出于西域，岂所谓"学在四夷"者欤？司马公以三十六字母总为三百八十四声，为二十图。夹漈谓："梵人长于音，所得从闻入；华人长于文，所得从见入。华则一音该一字，梵则一字或贯数音。"（［宋］王应麟著；［清］翁元圻等注；栾保群，田青松，吕宗力校点：《困学纪闻》〔全校本〕，上海古籍出版社，2008 年，第 1 版，第 1062 页。）

此例论七音三十六字母之所出，援引夹漈说认为出自梵人。按，三十六字母之创造者传统说法认为是唐末和尚守温，敦煌韵学残卷称三十六字母为"南梁汉比丘守温述"。何九盈认为，从外因上，字母之学的产生得助于佛学的传入。声母发音部位名称是佛教徒在佛经启发下提出来的。字母的制定人也是佛教徒。[①]这从多方面肯定了三十六字母出自西域梵人的说法。

---

① 何九盈《中国古代语言学史》，商务印书馆，2013 年，第 259-260 页。

（3）《焦氏笔乘》卷六"三十六字母"：

> 吴幼清曰："三十六字母，俗本传讹而莫或正也。群当易以芹，非当易以威，知、彻、床、娘四字宜废，圭、缺、群、危四字宜增。"乐安陈晋翁以《指掌图》为之节要，卷首有《切韵须知》，于照、穿、床、娘下注曰："已见某字母下。"于经、坚、轻、牵、擎、虔外，出扃、涓、倾、圈、琼、拳，则宜废宜增，盖已了然矣。（［明］焦竑撰，李剑雄点校：《焦氏笔乘》，中华书局，2008年，第218页。）

此例援引说论明代三十六字母代表字的使用问题，从中可知明人声母研究并未完全遵守成说，而是根据当时实际语音情况提出更符合语言实际的分类。对此，清俞樾《九九消夏录》中有评述，《九九消夏录》卷十一"字母异同"：

> 三十六字母传入中原，通行已久矣。明焦竑《笔乘》引吴幼清云："三十六字母，俗本传讹。群当易以芹，非当易以威，知彻床娘四字宜废"云云。是明人于字母不尽遵守也。考明时有《并音连声字学集要》四卷，不知何人所作。万历中，会稽陶承学得之吴中，其书前列切字要法，于三十六字母中，以"勤"字易"群"字，以"逸"字易"疑"字，以"叹"字易"透"字，而删去"床、禅、知、彻、娘、邪、非、微、匣"九母，殆亦即吴幼清之说邪。明代又有叶秉微作《韵表》，删去"知、彻、澄、娘、敷、疑"六母。李登作《书文音义便考》，删去"知、彻、澄、娘、非"五母。皆于三十六字有所删除。至兰廷秀作《韵略易通》，并字母为二十摄，曰："东风破早梅，向暖一枝开。冰雪无人见，春从天上来。"更为自我作古矣。其后张位著《问奇集》，考论形声训诂分十九门，其三曰早梅诗切字例，其四曰好雨诗切字例。则不止有此"东风破早梅"二十字也。明桑绍良撰《青郊杂著》，又以"国开王向德，天乃赍祯昌。仁寿增千岁，苞盘民勿忘"为二十母，是又于"早梅""好雨"之外别成新法矣。
>
> 明时西洋人金尼阁著《西儒耳目资》一书，其说谓元音有二十九，自鸣者五，曰丫、额、依、阿、午。同鸣者二十，曰则、测、者、扯、格、克、百、魄、德、忒、日、物、弗、额、勒、麦、

搋、色、石、黑。无字者四。自鸣者为万音之始，无字者为中国所不用。故惟以则、测至石、黑二十字为字父。其列音分一丫、二额至四十九碗、五十远，皆谓之字母。其辗转切出之字，则曰子、曰孙、曰曾孙。按此说甚奇，是有字母又有字父矣。今泰西之学行于中华，未知尚有能通其说者否。（[清] 俞樾著，崔高维点校：《九九消夏录》，中华书局，1995 年，第 1 版，第 124-126 页。）

认为例（3）所引材料反映明时声母研究不尽遵守旧说，进而又考察了《并音连声字学集要》《韵表》《书文音义便考》《韵略易通》《问奇集》《青郊杂著》《西儒耳目资》七部明代音韵学著作中的声母分类情况，对其所反映声母特点进行总结归纳，据此可窥见明代声母的实际发展情况。

（4）《十驾斋养新录》卷五"字母诸家不同"：

郑樵《七音略·内外转图》首帮、滂、并、明、非、敷、奉、微为羽音，次端、透、定、泥、知、彻、澄、娘为徵音，次见、溪、群、疑为角音，次精、清、从、心、邪、照、穿、床、审、禅为商音，次影、晓、匣、喻为宫音，来、日为半徵半商，其次序与《切韵指掌图》不同。晁氏《读书志》载王宗道《切韵指元论》《四声等第图》，字母次第与郑樵同，唯晓、匣、影、喻之序与郑异。黄公绍《韵会》卷首载七音三十六母：见、溪、群、疑、鱼为角，端、透、定、泥为徵，帮、滂、并、明为宫，非、敷、奉、微为次宫，精、清、心、从、邪为商，知、彻、审、澄、娘为次商，影、晓、幺、匣、喻、合为羽，来、日为半徵半商。公绍所载三十六母自称本于《礼部韵略》，其次弟亦始见终日，而分疑母之"鱼""虞""危""元"等字，与喻母之"为""帷""韦""筠""云""员""王"等字别为鱼母；分影母之"伊""翳""因""烟""渊""娟""坳""鸦""婴""萦""幽""恢"等字别为幺母；分匣母之"洪""怀""回""寒""桓""还""和""黄""侯""含""酣"等字晓母之"痕""华""恒"等字别为合母；又并照于知、并穿于彻、并床于澄，与诸家不同。照、穿、床之并是也，鱼、幺、合之分非也。公绍闽人，而囿于土音，读疑母不真，妄生分别，然较周德清《中原音韵》之无知妄作，则有天渊之隔矣。（[清] 钱大昕著，杨勇军整理：《十驾斋养新录》，上海书店出版社，2011 年，第 1 版，第 89-90 页）

此例就《七音略》《切韵指掌图》《韵会》等韵书中声母进行对比，发现诸家韵书声母情况各有不同。首先，表现为声母的次序不同。其次，表现为声母的分合不同。最后指出，《韵会》声母之所以不同在于其中混入部分方言成分。

（5）清王鸣盛《蛾术编》卷三十四"三十六字母"：

> 张守节谓孙炎始作反切。反切即与字母相为表里，而孙炎不言字母，至六朝僧神珙始作三十字母。珙有《反纽图》，在唐宪宗元和以后。吕新吾则云唐初僧舍利作三十字母，后有僧守温者，时人呼温首坐，益以六字，于是始为三十六字母，谓见、溪、群、疑、端、透、定、泥、知、彻、澄、娘、帮、滂、并、明、非、敷、奉、微、精、清、从、心、邪、照、穿、床、审、禅、晓、匣、影、喻、来、日也。后人好言字母，似作字书者必先有字母，然后能造字，将仓颉四目灵光观鸟兽蹄远之迹以为字者，翻觉大拙，作韵书者必以是为宗主，视沈约辈如土苴。（［清］王鸣盛著，顾美华标校：《蛾术编》，上海书店出版社，2012年，第480页。）

此例对"字母"这一名称的产生及三十六字母的产生、发展以及创造者变化进行叙述。指出古代只有反切，但无字母之说。六朝僧人神珙始作三十字母，又唐初有僧人作三十字母，后守温又增加六个字母成三十六字母。后人称"字母"是将其看作文字之母，将其看作比仓颉造字和沈约发明四声都重要的语言要素。

二、韵、韵类其相关内容研究

"韵母"这一名称是现代汉语语音分析所使用的术语，古代音韵学要复杂许多，包括韵、韵部、韵类、韵母等多个内容。学术笔记中有关韵及韵类等内容研究主要包括：对《切韵》系韵书及其他韵书内容的研究，对实际口语中韵部情况的讨论以及韵文用韵的考察。如：

（6）《刊误》"切韵"：

> 自周隋已降，师资道废，既号传授，遂凭精音。切韵始于后魏，校书令李启撰《声韵》十卷，夏侯咏撰《四声韵略》十二卷。撰集非一，不可具载。至陆法言，采诸家纂述而为已有，原其著述之初，士人尚多专业，经史精练，罕有不述之文，故《切韵》未为

时人之所急。后代学问日浅，尤少专经，或舍四声，则秉笔多碍。自尔已后，乃为要切之具。然吴音乖舛，不亦甚乎。上声为去，去声为上。又有字同一声，分为两韵，且国家诚未得术，又于声律求人，一何乖阔。然有司以一诗一赋而定否臧，言匪本音，韵非中律，于此考核，以定去留。以是法言之为行于当代。法言平声，以东农非韵，以东崇为切。上声，以董勇非韵，以董动为切。去声，以送种非韵，以送众为切。入声，以屋烛非韵，以屋宿为切。又恨怨之恨，则在去声。很戾之很，则在上声。又言辩之辩，则在上声。冠弁之弁，则在去声。又舅甥之舅，则在上声，故旧之旧，则在去声。又皓白之皓，则在上声。号令之号，则在去声。又以恐字、苦字俱去声。今士君子于上声呼恨，去声呼恐，得不为有知之所笑乎？又旧书曰："嘉谟嘉猷。"法言曰："嘉予嘉猷。"《诗》曰："载沉载浮。"法言曰："载沉载浮。"伏予反。夫吴民之言，如病喑风而瘖，每启其口，则语泪哽呐，随声下笔，竟不自悟。凡中华音切，莫过东都。盖居天地之中，禀气特正。予尝以其音证之，必大哂而异焉。且《国风·枤杜》篇云："有枤之杜，其叶湑湑。独行踽踽，岂无他人？不如我同姓。"又《雅·大东》篇曰："周道如砥，其直如矢。君子所履，小人所视。"此则不切声律，足为验矣。何须东冬、中终，妄别声律。诗颂以声韵流靡，贵其易熟人口，能遵古韵，足以咏歌。如法言之非，疑其怪矣。予今别白去、上，各归本音，详较重轻，以符古义，理尽于此，岂无知音，其间乖舛，既多载述，难尽申之，后序尚愧周详。（〔唐〕李涪撰，吴企明点校：《刊误》，中华书局，2012 年，第 252-253 页。）

（7）《封氏闻见记》卷二"声韵"：

　　隋朝陆法言与颜、魏诸公定南北音，撰为《切韵》，凡一万二千一百五十八字，以为文楷式；而"先""仙""删""山"之类分为别韵，属文之士共苦其苛细。国初，许敬宗等详议，以其韵窄，奏合而用之，法言所谓"欲广文路，自可清浊皆通"者也。

　　尔后有孙愐之徒，更以字书中闲字酿于《切韵》，殊不知为文之匪要，是陆之略也。

　　天宝末，平原太守颜真卿撰《韵海镜源》二百卷；未毕，属胡寇凭陵，拔身济河，遗失五十余卷。广德中为湖州刺史，重加补茸，更于正经之外，加入子、史、释、道诸书，撰成三百六十卷。

其书于陆法言《切韵》外，增出一万四千七百六十一字。先起《说文》为篆字，次作今文隶字，仍具别体为证，然后注以诸家字书，解释既毕，征九经两字以上，取其句末字编入本韵；爰及诸书，皆仿此。自有声韵以来，其撰述该备，未有如颜公此书也。（〔唐〕封演撰，赵贞信校注：《封氏闻见记校注》，中华书局，2005年，第1版，第13-14页。）

(8)《苏氏演义》卷上：

陆法言著《切韵》，时俗不晓其韵之清浊，皆以法言为吴人而为吴音也。且《唐韵》序云：隋开皇初，仪同刘臻等八人，诣法言论音韵，曰：吴楚则多伤轻浅，燕赵则多伤重浊，秦陇则去声为入，梁益则平声似去，此盖研穷正声削去纰缪也，岂独取方言乡音而已哉。洎孙愐等论音韵者二十余家，皆以法言为首出，薛道衡，隋朝之硕儒，与法言同时，尝与论音韵，则岂吴越之音而能服四方之名人乎？盖陆氏者，本江南之大姓，时人皆以法言为士龙、士衡之族，此大误也。法言本代北人，世为部落大人，号步陆孤氏，后魏孝文帝改为陆氏，及迁都洛阳，乃下令曰：从我入洛阳，皆以河南洛阳为望也。当北朝号四姓，穆、奚、于，皆位极三公，比汉朝金、张、许、史，兼贺、娄、蔚，谓之八族。后魏征西将军东平王陆俟生颓、归、骐、馥，皆相继为黄门侍郎。骐孙爽，隋中书舍人，生法言、正言，正言，隋朝承务郎。（〔唐〕李匡文撰，吴企明点校：《资暇集》，中华书局，2012年，第1版，第24-25页。）

(9)《困学纪闻》卷八"小学"：

隋陆法言为《切韵》五卷，后有郭知玄等九人增加。唐孙愐有《唐韵》，今之《广韵》则本朝景德、祥符重修。今人以三书为一，或谓《广韵》为《唐韵》，非也。鹤山魏氏云："《唐韵》于二十八删、二十九山之后，继以三十先、三十一仙。今平声分上下，以一先、二仙为下平之首，不知'先'字盖自'真'字而来。"愚考徐景安《乐书》，凡宫为上平、商为下平、角为入、徵为上、羽为去，则唐时平声已分上下矣。米元章云："五声之音，出于五行，自然之理。沈隐侯只知四声，求其宫声不得，乃分平声为二。"然后魏江式曰："晋吕静仿李登《声类》之法①，作《韵集》五卷，宫、商、龣、徵、羽各为一篇。"则韵分为五，始于吕静，非自沈约始也。约答陆厥曰："宫商之声有五，文字之别累万。以累万之繁，配五声之约，高下低昂，非思力所学。"沈存中云："梵学入中国，其术渐密。"（［宋］王应麟著；［清］翁元圻等注；栾保群，田青松，吕宗力校点：《困学纪闻》〔全校本〕，上海古籍出版社，2008 年，第 1 版，第 1065-1066 页。）

例（6）—（9）均为讨论《切韵》及相关问题。其中例（6）是对《切韵》的产生背景、《切韵》所代表的语音系统进行论述。例（7）对汉语音韵研究历史进行回顾，内容涉及反切声母、声调，永明体诗用韵，《切韵》成书，孙愐《唐韵》修订及颜真卿《韵海镜源》之成书过程等相关信息。该研究价值重大，其内容多为后世研究所援引。例（9）对《切韵》系韵书进行考评。首先指出《切韵》《唐韵》《广韵》并非完全一致。其次，引魏鹤山说论《唐韵》之韵部次第安排，并与今之韵部作对比，推断唐时平声已分为二，从而附会所谓五音之说。最后，论所谓"韵分为五"之始见时代，认为始于吕静非始于沈约。

（10）《容斋四笔》卷八"礼部韵略非理"：

《礼部韵略》所分字，有绝不近人情者。如东之与冬，清之与青，至于隔韵不通用。而为四声切韵之学者，必强立说，然终为非是。如"撰"字至列于上去三韵中，仍义训不一。顷绍兴三十年，省闱举子兼经出《易简天下之理得赋》。予为参详官，有点检试卷官蜀士杜莘云："简字韵甚窄，若撰字必在所用，然唯撰述之撰乃可尔，如'杂物撰德''体天地之撰''异夫三子者之撰''欠伸，撰杖屦'之类，皆不可用。"予以白知举，请揭榜示众。何通远谏议初亦难之，予曰："倘举场皆落韵，如何出手？"乃自书一榜。榜才出，八厢逻卒，以为逐举未尝有此例，即录以报主者。士人满帘前上请，予为逐一剖析，然后退。又"静"之与"靓"，其义一也，而以"静"为上声，"靓"为去声。案《汉书》贾谊《服赋》"澹呼若深渊之靓"，颜师古注"靓与静同"。《史记》正作"静"。扬雄《甘泉赋》

---

① 上古版《困学纪闻》此句"声类"无书名号，当改。

"暗暗靓深"，注云"靓即静字耳"。今析入两音[1]，殊为非理。予名云竹庄之堂曰"赏静"，取杜诗"赏静怜云竹"之句也。守僧居之，频年三易，有道人指曰："静字左傍乃争字，以故不定叠。"于是撤去元扁，而改为"靓"云。（［宋］洪迈撰，孔凡礼点校：《容斋随笔》，中华书局，2005 年，第 1 版，第 925-926 页。）

此例旨在说明《礼部韵略》在韵部分合方面与当时口语实际存在的矛盾。首先，指出《韵略》将"冬"和"东"、"清"和"青"分为二韵，导致同韵字相隔而不通用，表明当时口语中"冬"和"东"、"清"和"青"读音已经相同。按，"清""青"合用，清人钱大昕亦有论述，《十驾斋养新录》卷十六"沈约韵不同于今韵"云："唐人韵以庚、耕、清同用，青独用。相沿至今，千有余年矣。然'青'之与'清'，实无分别。"[2]按，王力《汉语语音史》指出，晚唐至五代时期，"冬"韵已并入"东锺"韵合口一等中去[3]，"清"韵已并入"庚青"韵开口三等和合口三等中去。[4]

其次，指出"撰"字于《韵略》中分属三韵而意义不一，导致当时科举考试出现纷争，表明当时口语中"撰"字音义已经统一。又"静""靓"古本相同，而《礼部韵略》将其分作上去二声。既而以《史记》《汉书》异文以及《汉书》颜注及《文选》李善注，并结合自己亲身经历证之。

（11）《敬斋古今黈》卷八：

邻韵而协者，诗家闲用之，谓之"辘轳格"，又谓之"出入格"。或以为宋人始，非也，此自有诗以来有之。盖古人文体宽简，不专以声病为工拙也。然为律诗，则其格有二：有前后相错者，有前后两叠者。如李贺《咏竹》云："入水文光动，抽空绿影春。露花生笋径，苔色拂霜根。织可承香汗，裁堪钓锦鳞。三梁曾入用，一节奉王孙。"则其相错者也。如《示弟》云："别弟三年后，还家十日余。绿醽今日醉，缃帙去时书。病骨独能在，人闲底事无。何须问牛马，抛掷任枭卢。"则其两叠者也。（［元］李治撰，刘德权点

---

[1] 按：此处"析"字，原作"渐"，据《校勘记》改。
[2] ［清］钱大昕《十驾斋养新录》，上海书店出版社，2011 年，第 313 页。
[3] 王力《汉语语音史》，商务印书馆，2008 年，第 263 页。
[4] 同上书，第 273 页。

校：《敬斋古今黈》，中华书局，1995 年，第 1 版，第 103 页。）

　　此例讨论唐宋诗中的换韵现象，即所谓"辘轳格""出入格"，认为这种换韵方式自古已有，非始于宋人。进而举例分析其中的两种韵例：一种为前后相错者；一种为前后两叠者。按，所谓"辘轳格""出入格"，指一诗中使用两种以上韵的情况。前后相错者，即诗中韵脚一、三句为一韵、二、四为一韵，如《咏竹》中"春""鳞"属真部，"根""孙"属元部①。前后两叠者，即韵脚字一、二为一韵，三、四为一韵，如《示弟》中"余""书"属鱼部；"无""卢"属虞部。②对于这种用韵现象，向熹认为"实际上都是律诗中很少见的变格，带有故弄技巧的性质"③。

　　（12）《十驾斋养新录》卷五"韵书次第不同"：

　　　　颜元孙《干禄字书》依韵之先后为次，而与《广韵》颇异，如覃、谈在阳、唐之前，蒸在盐之后是也。夏竦《古文四声韵》，其次第与《干禄字书》同。郑樵《七音略》内、外转四十三图以覃、谈、咸、衔、盐、添、严、凡列阳、唐之前，蒸、登列侵之后，与《干禄字书》又小异。

　　　　徐锴《说文篆韵谱》上平声痕部并入魂部，下平声"一先""二仙"后别出"三宣"一部。夏竦《古文四声韵》亦有宣部，与徐锴同。

　　　　魏了翁序吴彩鸾《唐韵》云："其部叙……于二十八删、二十九山之后，继之以三十先、三十一仙。"又云："今韵降覃、谈于侵后，升蒸、登于清后，升药、铎于麦、佰、考辨：与'陌'通。麦、考辨：此'麦'字衍。昔之前，置职、德于锡、缉之间。"是彩鸾本亦同颜本次第也。

　　　　吴彩鸾韵别出"移""鼜"二字为一部，注云："陆与'齐'同，今别。"夏氏《古文四声韵》亦有此部。

　　　　吴彩鸾韵于一东下注云："德红反，浊，满口声。自此至三十四乏皆然。"（［清］钱大昕著，杨勇军整理：《十驾斋养新录》，上海书店出版社，2011 年，第 1 版，第 85 页。）

---

① 王力《古代汉语》（第四册）［附录二］"诗韵常用字表"，中华书局，1999 年，第 1672 页。

② 同上书，第 1671 页。

③ 向熹《古代汉语知识词典》，四川人民出版社，1988 年，第 290 页。

例（12）论《干禄字书》与《广韵》韵部次序之不同，并将其与《古文四声韵》《七音略》《说文篆韵谱》等唐宋时期字书韵部相比较，发现这些韵书韵部次序与《干禄字书》互有异同。按，上述文献除《七音略》外，均为字书而非专门的韵书，但学术笔记的著者能从这些字书的韵次排列、韵部分合上发现音韵问题，其中尤以《干禄字书》为重。《干禄字书》著者是颜元孙，其高祖父为颜之推，颜之推参与修订了《切韵》，并且在其中起了关键作用。因此，《干禄字书》也是研究《切韵》系韵书的重要文献。对此，王鸣盛《蛾术编》卷三十五"颜元孙所分与广韵异"有论述：

> 颜元孙《干禄字书》于麻下列覃、谈，次阳、唐，次庚、青，次耕，次尤、侯、幽，次侵、盐、添，次蒸、登，次咸、衔、严、凡，似故欲使此数韵隔越不属者，不无深意。盖观此则可知盐、添之不可通严、凡，而蒸、登与庚、耕、清、青了不相涉也。青本独用，今庚下次青，青下次耕，似耕不可与庚同用，亦与《广韵》异。至于一韵内字先后不拘，如一东内先聪，次功、蒙、丛，次筒、次童、僮、衷，次冯，次雄，次虫、冲、种、躬、躯，而广韵则先童、僮，次筒，次衷，次虫、冲、种，次躬、躯，次雄，次功、蒙、丛，次聪是也。几韵本自同用者，先后亦不拘，如先以五支之支、次以六脂之篩，次以五支之蓰、亏、规、儿、澌、差、窥、赢、箧、麾、撝、隋、随、羁、衹、祇、卑、袆，次以七之之辞、辤、辞、兹，次以六脂之耆、夔、戺、鸱、鸺，次以七之之瑿、医，次以六脂之私、蕤，次以七之之淄，次以六脂之尼，次以七之之蚩、蓥、貍、狸，次以六脂之夷、龟，次以五支之衰，次以七之之綦、綦，次以五支之丕、平，次以七之之丝、疑、贻、诒，次以六脂之齍是也。（[清]王鸣盛著，顾美华标校：《蛾术编》，上海书店出版社，2012年，第489-490页。）

较之钱大昕，王鸣盛对《干禄字书》韵部次序及分合情况的分析更为精细深入。按，有关《干禄字书》的音韵问题，王显先生有较为深入的研究，通过将《干禄字书》与《王三》《广韵》对比，王先生得出如下结论：第一，《干禄字书》个别小韵和文字的归类与二书不同；第二，韵目数量少于二书；第三，声韵类别及整个音系结构与《切韵》基本相同。因此，该书可看作是《切韵》系韵书。至于部分韵部的混合，王先生认为这是当时科场考试的规定，颜元孙是书的目的是帮助学子科举考试用字规范，所以将《切韵》的韵部范围重新划定了一下。①这就合理揭示了该书与《广韵》等韵书有差异的原因。

（13）《十驾斋养新录》卷五"平水韵"：

> 古韵分二百六部，唐宋相承，虽先后次第及同用、独用之注小有异同，而部分无改。元初黄公绍《古今韵会》始并为一百七韵，盖循用《平水韵》次第，后人因以并韵之咎归之刘渊。今渊书已不传，据黄氏《韵会·凡例》称，江南监本免解进士毛氏晃《增修礼部韵略》、江北平水刘氏渊《壬子新刊礼部韵略》互有增字，而每韵所增之字于毛云"毛氏韵"，于刘云"平水韵"，则渊不过刊是书者，非著书之人矣。予尝于吴门黄孝廉丕烈斋见元椠本《平水韵略》，卷首有河间许古序，乃知为平水书籍王文郁所撰。后题"正大六年己丑季夏中旬"，则金人，非宋人也。考己丑在壬子前廿有三年，其时金犹未亡，至淳祐壬子则金亡已久矣。意渊窃见文郁书，刊之江北而去其《序》，故公绍以为刘氏书也。
>
> 王氏《平水韵》并上下平声各为十五，上声廿九，去声三十，入声十七，皆与今韵同。文郁在刘渊之前，则谓并韵始于刘渊者非也。论者又谓《平水韵》并四声为一百七韵，阴时夫又并上声拯韵入迥韵。今考文郁韵上声拯、等已并于迥韵，则亦不始于时夫矣。（［清］钱大昕著，杨勇军整理：《十驾斋养新录》，上海书店出版社，2011年，第1版，第86-87页。）

此例据黄公少《古今韵会·凡例》及著者所亲见的元椠本《平水韵略》，辨正《平水韵》之著者为王文郁而非刘渊，并认为合并《平水韵》四声为一百七韵者为王文郁而非殷时夫。按，关于《平水韵》之著作权问题，曾是学术界一大公案，钱氏之说提出后，引起众多研究者的兴趣。目前得出以下共识：第一，并106韵作107韵者非刘渊；第二，刘渊的《平水韵》就是翻刻王文郁《新刊韵略》的改版。田迪、张民权进一步指出，"刘渊"只是一个假托之名，实际上是用来指称金朝，"平水"是刻书地点，刘渊既非著者也非刊刻者。田、张二人将《平水韵》及其相关问题的

---

① 王显《对〈干禄字书〉的一点认识》，《中国语文》，1964年第4期。

研究推进到一个新的阶段。①

（14）清俞樾《九九消夏录》卷十一"唐韵次弟与今广韵异"：

> 宋夏竦著《古文四声韵》，其自序云"本唐《切韵》"。然覃、谈二韵列于麻后阳前，蒸、登二韵列于添后咸前，与今本不同。考唐颜元孙《干禄字书》，其次弟亦复如此。然则今所传《广韵》次弟非《唐韵》之旧矣。盖隋陆法言等所撰本为《切韵》，唐孙愐重定改名《唐韵》。后严宝文、裴务齐、陈道固又各有添字。宋景德中，命陈彭年等重修，乃名《广韵》，即今所传本也。然则《广韵》非《唐韵》，《唐韵》非《切韵》，宜其次弟之不尽相同矣。夏竦《四声韵》仙韵后增宣韵，齐韵后增栘韵，亦与今异。
>
> 国朝纪容舒以《广韵》既出，而《唐韵》遂无传书，惟雍熙三年徐铉等校定《说文》，在大中祥符重修《广韵》之前，所用翻切一从《唐韵》。翻切之法，其下一字必同部，乃取说文所载《唐韵》翻切排比分析，各归其类，成《唐韵考》五卷。自有此书，而《唐韵》大略犹有可寻，即陆氏之《切韵》抑或可得其梗概矣。
>
> 《玉篇》有三本，顾野王原本不可见。唐上元元年孙强增加本，所谓上元本也。宋大中祥符陈彭年等重修，所谓重修本也。明初二本俱在，永乐大典每字下引顾野王《玉篇》即上元本，又引宋重修《玉篇》，即大中祥符本也。今世所行张士俊刊本，朱竹垞称为上元本，实即宋重修本耳。如世间真有上元本，则其所有翻切尚在天宝改定《唐韵》以前，真可推寻《切韵》之旧矣。（[清]俞樾著，崔高维点校：《九九消夏录》，中华书局，1995年，第1版，第126-127页。）

此例著者将宋夏竦《古文四声韵》和唐颜元孙《干禄字书》中之韵部次序与今本《切韵》以及《唐韵》相比较，认为二书所用韵部在种类和次序上已不同于陆法言之《切韵》和孙愐之《唐韵》。

按，据《干禄字书》考订《切韵》韵部可见上文例⒀下之考辨。本例主要说明《古文四声韵》与《切韵》《唐韵》的关系。有关《古文四声韵》之韵部与《切韵》《唐韵》的异同，郑珍、段玉裁、王国维均有过相

---

① 田迪、张民权《〈韵会〉引述刘渊〈壬子新刊礼部韵略〉性质考——兼论〈韵会〉所引"平水韵"韵字问题》，山西大学学报（哲学社会科学版），2018年，第5期。

关研究。郑珍《汉简笺正》云："《切韵》自陆法言后撰者不止一家。以《汉简》知有《存乂切韵》《乂云切韵》，以《说文系传》知有《朱翱切韵》《李舟切韵》。所不知者犹多。其部分多少，序次先后，宜各不同。故《干禄字书》《说文韵谱》《古文四声韵》同准《切韵》编纂，以今《广韵》校之，部分皆互有违异，盖所据《切韵》不同耳。"王国维认为《古文四声韵》所据《切韵》与孙愐《唐韵》、小徐本《说文》所据《切韵》以及大徐本《说文》所据《李舟切韵》彼此均有一些不同之处，并断定夏氏所据《切韵》当在《唐韵》与小徐所据《切韵》之后。①由此可知，《古文四声韵》与《切韵》之韵部种类次序不一，当是著者所据《切韵》不同的缘故。

（15）清邓廷桢《双砚斋笔记》卷三"古今音韵之变"：

> 《唐韵》麻部字皆鱼歌两部之转，非古音也，乃后世于平声之车砗奢赊邪耶揶爷斜遮嗟䦎蛇些爹，上声之者赭野也冶写且舍姐惹扯，去声之谢榭藉夜卸泻柘炙蔗借舍赦射麝诸字。不但不如古读，并不如唐读。方音习闻，无间楚夏，其音乃至无部可隶。迨乎元人北曲，始以诸字配入入声之月曷末黠鎋屑薛合盍叶帖洽狎业乏等部，与之同押，惟诗词家尚守《唐韵》耳，盖古今音韵之变如此。（［清］邓廷桢著，冯惠民点校：《双砚斋笔记》，中华书局，1987年，第1版，第190-191页。）

按，王力《汉语史稿》第二章指出："上古的 e、i、o（鱼部）和 ea、ia、oa（歌部）合流为中古的 a、ǐa、wa（麻）。汉代到六朝初期（1世纪到5世纪），韵文中常见歌麻合韵，那时的歌部还和上古差不多；但是，上古鱼部中的麻韵字和歌部中的麻韵字在当时已经合流了，例如'华'字，它不再和鱼部字押韵，反而和歌部字押韵了。"语音发展，造成韵部的合流变化，此即例中所称部分麻韵字"不但不如古读，并不如唐读"。《汉语史稿》第二章《语音的发展》第十四节《现代汉语 a 的来源》中指出，现代汉语的 a 来源于近代汉语中的麻、佳（合口呼）、鎋、黠、月（唇合三）、曷（舌齿开一）、洽、狎、乏、合（舌齿开一）、盍（舌齿开一）。

_____

① 王国维《观堂集林》，中华书局，1959年，第373-373页。

三、声调研究

声调是汉语的非音质成分，是通过音高变化来表达不同意义的一种手段（有些方言中，音长也有这一功能）。学术笔记中有关声调研究内容主要表现为：对声调研究的探源、对调值调类的研究以及古音声调类别的比较等。如：

（16）《封氏闻见记》卷二"声韵"：

周颙好为体语，因此切字皆有纽，纽有平上去入之异。

永明中，沈约文词精拔，盛解音律，遂撰《四声谱》，文章八病，有平头、上尾、蜂腰、鹤膝，以为自灵均以来，此秘未睹。时王融、刘绘、范云之徒，皆称才子，慕而扇之，由是远近文学转相祖述，而声韵之道大行。以古之为诗，取其宣道情致，激扬政化，但含征韵商，意非切急，故能包含元气，骨体大全，《诗》《骚》以降是也。自声病之兴，动有拘制，文章之体格坏矣。（［唐］封演撰，赵贞信校注：《封氏闻见记校注》，中华书局，2005 年，第 1版，第 13 页。）

（17）《续考古编》卷八"切韵始周颙"：

古无切韵，但取字之同音而易晓者，附并音之，而曰"读如某字"而已。许叔重著《说文》，又言"某字之读当为某声"而已。及沈约创立四声，则以平上去入为则，而字始各附其声，至周颙又为《四声切韵》，始有翻切。后世遂皆尊而用之，不可改易。（［宋］程大昌撰，刘尚荣校证：《考古编·续考古编》，中华书局，2008 年，第 1 版，第 375 页。）

按，《南史·周颙传》云周颙著《四声切韵》，《梁书·沈约传》云沈约著《四声谱》，都是专门研究四声的著作，亦有云沈约、周颙发明四声者。按，关于四声的起源论述，还可见清人钱大昕《十驾斋养新录》卷五"四声始于齐梁"：

《南史·庾肩吾传》："齐永明中，王融、谢朓、沈约文章始用四声。"《陆厥传》："时盛为文章，吴兴沈约、陈郡谢朓、琅邪王融以气类相推毂。汝南周彦伦善识声韵，约等文皆用宫商，将平、上、去、入四声，以此制韵，有平头、上尾、蜂腰、鹤膝，五字之中音韵悉异，两句之内角徵不同，不可增减，世呼为'永明体'。"《周彦伦传》："始著《四声切韵》，行于时。"《沈约传》："撰《四声谱》。"《陆厥传》又云："时有王斌者，不知何许人，著《四声》行于时。"以为："'在昔词人累千载而未悟，而独得胸衿，穷其妙旨。'自谓入神之作。"约撰《宋书·谢灵运传论》具言其旨云："五色相宣，八音协畅，由乎玄黄律吕，各适物宜。欲使宫羽相变，低昂舛节，若前有浮声，则后须切响。一简之内，音韵尽殊；两句之中，轻重悉异。妙达此旨，始可言文。"《南史·沈约传》："梁武帝问周舍曰：'何谓四声？'舍曰：'"天子圣哲"是也。'"朱锡鬯《广韵序》误以为周彦伦语。舍，彦伦子。（[清]钱大昕著，杨勇军整理：《十驾斋养新录》，上海书店出版社，2011年，第1版，第81-82页。）

按，今《四声切韵》《四声谱》二书均已亡逸，但据日本僧人遍照金刚著《文境秘府论》所记载："宋末以来，始有四声之目，深氏乃着其谱，论云起自周颙。"又引李季节说云："平上去入，出行里闾，沈约取以和声之，律吕相合。"由此可见，四声并非个人发明，乃是民间的产物，沈约和周颙只不过在其中起了总结和推动的作用。[①]

（18）《十驾斋养新录》卷四"伐"：

《公羊传》"伐者为客""伐者为主"，何休曰："伐人者为客，读伐长言之，齐人语也。""见伐者为主，读伐短言之，齐人语也。""长言"若今读平声，"短言"若今读入声。《广韵》平声不收"伐"字，盖古音失传者多矣。（[清]钱大昕著，杨勇军整理：《十驾斋养新录》，上海书店出版社，2011年，第1版，第69页。）

按，所谓"伐人者""见伐者"，即今天我们所用的主动、被动，《马氏文通》称之为"外动""受动"。此例认为《公羊传》何休注中"伐人者"之"伐"读"长言"，即指的是声调中的平声，"见伐者"读"短言"，即入声。王力先生认为，此处的"长言"指长入，"短言"指短

---

① 林焘《中国语音学史》，语文出版社，2010年，第4页。

入。①郑张尚芳先生认为，伐读去声即《集韵》中之房废切，读入声即《集韵》中之房越切，并指出"伐"字原来依据语法意义分读，后来乃混为入声读。②丁治民先生根据古代注疏家总结的主动句音读规则，并结合今山东方言西齐片中入、去二声声调调值演变规律，认为"长言"为入声，"短言"为去声。③由此可见，对于"长言""短言"的调类，目前研究成果倾向于去、入二声，未有归之于平声者。如此，则钱氏所谓《广韵》平声不收'伐'字，盖古音失传者多矣"的说法不确。

（19）清邓廷桢《双砚斋笔记》卷一"古观字无平去之分"：

　　观，谛视也，古无平去之分，后世劈为区别。以我观人读平声，予人以可观读去声。于是《周易》卦名之观读去声，爻辞之观读平声。《彖》传"大观在上"及"中正以观天下"之观读去声。"下观而化"及"观天之神道"之观读平声，《象》传"省力观民设教"之观亦读平声。瓠离鳌曲，殆不可读。不思《易》六十四卦，凡爻辞中之有卦名者皆同义同音，未尝分别，何独至于观而岐之。且《杂卦》传临观之义或与或求，朱子曰："以我临物曰与，物来观我曰求。"与、求皆说卦名，而求字释为物来观我，则与爻辞中各观字之义无异，亦未尝有所分别也。《说文》"相"字下引《易·观》卦说曰："地可观者，莫可观于木。"其义亦如观览之观，未尝有观示之义也。《释名》曰："观，此台观之观也。"此观览之观《说文》曰"台，观，四方而高者"也，台、观皆释曰观，以同声同义为训也。《诗·郑风·溱洧》篇"女曰观乎""且往观乎"，两观字与上文涣蕑为韵。必如今音，劈为区别，不知当读去声以与涣韵乎？抑当读平声以与蕑韵乎？总之，古无四声之说，惟以诸声之字为断。观从雚声，《说文》大徐本古玩切，小徐本古翰切，并不兼注胡官切一音。学者依此读经，则《周易》卦名之观与爻辞之观，斠若画一矣。（［清］邓廷桢著，冯惠民点校：《双砚斋笔记》，中华书局，1987年，第1版，第62-64页。）

　　此例以《周易·观》卦为例，指出"观"字古本为平声，后世分为平去二读。以"以我观人"（即表主动的观视）为平声，以"予人以可观"

① 王力《汉语史稿》，中华书局，1980年，第79页。
② 郑张尚芳《上古音系》，上海教育出版社，2003年。
③ 丁治民《释"长言""短言"》，山西大学学报（哲学社会科学版），2008年第2期。

（即被人所观视）为去声。著者认为这是"骘为区别"，是一种不合理的人为制定的读音。继而又推出"古音无有四声之说"这一论断。

按，《周易·观》卦"观"的声调问题，宋人魏了翁《论观卦》曰："今转注之说，则象、象为观视之观，六爻为观瞻之观。窃意未有四声反切以前，安知不为一音乎？"认为汉末以前"观"只有一个读音。段玉裁《说文解字注》"观"字下曰："凡以我谛视物曰观，使人得以谛视我亦曰观。犹之以我见人、使人见我皆曰视。一义之转移，本无二音也，而学者强为分别。乃使《周易》一卦而平去错出，支离殆不可读，不亦固哉！"①认为"观"字意义的转移不当改变读音。此例著者之说与魏、段基本相同。孙玉文认为如魏、段所说，将语义转移所造成不同语词都认为语音一定，则等于否定汉语史上有变调构词，这是不合事实的。②按，汉语史上语词主动变被动而导致音变者，数量众多，本节例⒅所举《公羊传》"伐人者"读"长言"，"见伐者"读"短言"即为一例。至于著者所举"观"在《诗经》中押平声韵，以此来证其古音为平声，王力先生曾指出《诗经》时代有异调通押的情况。③因此，亦不能证"观"在上古只读平声。

另外，关于上古音有无声调问题，清人学说较多，如顾炎武主张"四声一贯"说，段玉裁认为古无去声，黄侃认为古人只有平入二声，王念孙、江有诰认为古有四声。此例著者当即秉承顾炎武之"四声一贯说"，认为上古声调是无定的。今之学者多不认同此说，如王力先生认为这一说法不正确，因为如果上古声调是无定的，那就无法解释中古的字有定调又是如何而来。④

第二节　双声叠韵研究

双声叠韵是汉语特有的一种语音现象。所谓"双声"，指两个字的声母相同；所谓"叠韵"，指两个字的韵相同。对待双声叠韵要具备一定的历史观，王力先生在论及双声叠韵时曾指出："在我们接触上古汉语的时候，问题比较复杂些，因为上古的语音系统和现代的语音系统不同。我们必须对上古的语音系统有所了解，然后能认识上古的双声叠韵。……这样

---

① 魏了翁、段玉裁说引自孙玉文《汉语变调构词考辨》，商务印书馆，2015年，第1431页。
② 同上。
③ 王力《诗经韵读》，上海古籍出版社，1980年，第33页。
④ 王力《汉语史稿》，中华书局，1980年，第78页。

才不至于把上古的双声叠韵和现代的双声叠韵混为一谈。"①从古代汉语到现代汉语，双声叠韵主要有以下三种情况：第一，古今都是双声或叠韵；第二，古代是双声或叠韵，现代不是双声或叠韵；第三，古代不是双声或叠韵，现代是双声或叠韵。学术笔记中有关双声叠韵研究主要包括：研究文字的双声叠韵关系，研究双声叠韵与古音通假的关系，研究双声叠韵的发展历史等等，如：

（1）《十驾斋养新录》卷五"沈休文不识双声"：

> 《礼记疏》："昕，天昕，读曰'轩'，言天北高南下，如车之轩。是吴时姚信所说。"《宋书·天文志》云："按此说应作'轩昂'之'轩'，而作'昕'，所未详也。"大昕案："轩""昕"双声，汉儒所谓"声相近"也。古书声相近之字，即可假借通用，如《诗》"吉蠲为饎"或作"吉圭"，"有觉德行"或作"有梏"；《春秋》"季孙意如"或作"隐如"，"罕虎"或作"轩虎"，此类甚多，未易更仆，"昕"之为"轩"即同此例。休文精于四声，而未达双声假借之理，故有此失。（[清]钱大昕著，杨勇军整理：《十驾斋养新录》，上海书店出版社，2011年，第1版，第85页。）

（2）《十驾斋养新录》卷五"双声叠韵"：

> 古人名多取双声叠韵，如《左传》宋公与夷、郳黎来、袁涛涂、续鞠居、提弥明、士弥牟、王孙弥牟、公孙弥牟、澹台灭明、王孙由于、寿于姚、莤翰胡、曹翰胡，《孟子》胶鬲、离娄，皆双声也；《书》皋陶，《左传》庞降（下江反）、台骀、西鉏吾、公子围龟、鬭韦龟、公子奚斯、晋奚齐、先且居、郑伯髡顽、鬭谷於菟、狄虒弥、乐祁黎、蒯聩、陈须无、滕子虞母、伶州鸠、叔孙州仇，皆叠韵也。秦始皇子扶苏叠韵，胡亥双声。汉人尚有鄂千秋、田千秋、严延年、杜延年等。东京沿王莽二名之禁，遂无此风矣。
>
> 草木虫鱼之名多双声：兼葭、萑苇、薜苢、芣苢、萧萋、鸿荟、薚薚、厥攭、荃藸、馤姑、祓禯、邛巨、銚芅，草之双声也；唐棣、柜柳、荎藸、枸檵，木之双声也；蜘蛛、螴衒、蛞蝓、蛞蝌、蚣蝑、至掌、蠮螉、蛈蝪、詹诸、蝤蛴、蛟蟧、蟋蟀、蟓

① 王力《古代汉语》（第二册），中华书局，1962年，第543页。

蛸、伊威、熠燿，虫之双声也；鸳鸯、流离、秸鞠、夷由、鶗
鶍、禽之双声也；駒騄、距虚，兽之双声也。（〔清〕钱大昕著，
杨勇军整理：《十驾斋养新录》，上海书店出版社，2011 年，第 1
版，第 87 页。）

（3）《十驾斋养新录》卷十六"双声"：

　　六朝人重双声，虽妇人女子皆能辨之。自明以来，士大夫谈
诗，各立门户，聚讼繁兴，而于双声之显然者，日习焉而不知。盖
八股取士所得，皆束书不观，游谈无根之子。衣钵相承，转以读古
书为务外，能辨平侧者少矣，况能究喉舌唇齿之清浊乎？
　　《南史》：羊戎好为双声。江夏王义恭尝设斋，使戎布床。须
臾，王出，以床狭，乃自开床。戎曰："官家恨狭，更广八分。"文
帝好与玄保戎之父弈，尝中使至，玄保曰："今日上何召我耶？"戎
曰："金沟清泚，铜池摇飏，既佳光景，当得剧棋。"王融诗："园蘅
眩红花，湖荇燁黄花。回鹤横淮翰，远越合云霞。"双声之体始于
此。《北史·魏收传》："博陵崔岩尝以双声嘲收曰：'愚魏衰收。'魏
答曰：'颜岩腥瘦，是谁所生，羊颐狗颊，头团鼻平，饭房笒笼，着
孔嘲玎。'"《洛阳伽蓝记》："陇西李元谦能双声语，尝经郭文远宅，
问曰：'是谁宅第？'婢春风曰：'郭冠军家。'元谦曰：'此婢双
声。'春风曰：'停奴慢骂。'"皮日休《双声溪上思》云："疏杉低通
滩，冷鹭立乱浪。草彩欲夷犹，云容空淡荡。"温庭筠有《李先生别
墅望僧舍宝刹作双声诗》："栖息消心象，檐楹溢艳阳。帘栊兰露
落，邻里柳林凉。高阁过空谷，孤竿隔古冈。潭庭同淡荡，仿佛复
芬芳。"东坡《戏作切语竹》诗："隐约安幽奥，萧骚雪薂西。交加
工结构，茂密渺冥迷。引叶油云远，攒丛聚族齐。奔鞭迸壁背，脱
箨吐天梯。烟篠散孙息，高竿栱桷枅。漏阑零露落，庭度独蜩啼。
扫洗修纤笋，窥看诘曲溪。玲珑绿醽醴，邂逅盍闲携。"又《戏和正
甫一字韵》诗："故居剑阁隔锦官，柑果姜蕨交荆菅。奇孤甘挂汲古
绠，傀儡敢揭钩金竿。已归耕稼供薰秸，公贵干蛊高巾冠。改更句
格各搴吃，姑固狡狯加间关。"又《西山戏题武昌王居士》："江干高
居坚关扃，犍耕躬稼角挂经。篙竿系舸菰茭隔，笳鼓过军鸡狗惊。
解襟顾景各箕踞，击剑赓歌几举觥。荆笋供脍愧搅聒，干锅更戛甘
瓜羹。"又《江行见月四言》诗："吟哦傲岸，仰晤岩月。遇爜迎

崖，银刂玉齻。䰲鱼唸喁，雁鹅崿岈。卧玩我语，聱牙岌嶪。"姚合《洞庭葡萄架》诗："萄藤洞庭头，引叶漾盈摇。皎洁钩高挂，玲珑影落寮。阴烟压幽屋，蒙密梦冥苗。清秋青且翠，冬到冻都凋。"（［清］钱大昕著，杨勇军整理：《十驾斋养新录》，上海书店出版社，2011年，第1版，第312-313页。）

（4）清赵翼《陔余丛考》卷二十三"双声叠韵"：

双声叠韵，起于六朝。《南史·谢庄传》，王元谟问庄何者为双声，何者为叠韵。庄答曰"元护为双声，礭磩为叠韵"是也。刘勰云："双声隔字而每舛，叠韵杂句而必睽。"《谈薮》载梁武帝尝作五字叠韵诗曰："后牖有榴柳。"命朝士仿之，刘孝绰曰："梁王长康强。"沈约曰："偏眠船舷边。"庾肩吾曰："载匕每碍埭。"徐摛曰："臣昨祭禹庙，残'六斛熟鹿肉'。"何逊用曹瞒故事曰："暯苏姑枯卢。"吴均沉思良久，无所言。帝不悦，俄有诏曰："吴均不均，何逊不逊，宜付廷尉。"此叠韵之始也。至唐末，全句叠韵者最多，皮、陆尝以此倡和。如龟蒙之"肤愉吴都姝"，"眷恋便殿宴"，"琼英轻明生"，"竹石滴沥碧"，皮日休之"康庄伤荒凉"，"坐虏部五苦"，又温飞卿《题贺知章故居》云："废砌疑薜荔，枯湖无菰蒲。老媪宝葰草，愚儒输逋租。"《雨中与李先生期垂钓，先后相失》云："隔石觅屐迹，西溪迷鸡啼。小鸟扰晓沼，犁泥齐低畦。"皆词人翻新斗巧之作。虽不足语于大方，要亦一格也。至世所传"屋北鹿独宿，溪西鸡齐啼"，则明徐晞为郡吏时，郡守所出，晞为属对者也。又双声一体，《北史·魏收传》，崔岩尝以双声嘲收曰："遇魏收衰曰愚魏。"魏答曰："颜岩腥瘦，是谁所生？羊颐狗颊，头团鼻平。饭房苓笼，着孔嘲钉。"此双声之法也。皮日休《杂体诗序》曰："《诗》云：'蜉蝣在东，鸳鸯在梁。'双声之始也。"六朝诗如王融之"园衡炫红花，湖行晔黄华"，唐诗如温庭筠之"栖息销心象，檐楹溢艳阳"，皆仿双声而为之者也。按古人亦有不全句叠韵但二字叠韵者，亦有不全句双声但二字双声者。杜诗于此等处最严，如"支离"对"漂泊"，则双声也；"怅望"对"萧条"，则叠韵也。《云溪友议》引"月影侵簪冷，江光逼履清"，谓"侵簪"则叠韵，"逼履"则双声也。又引"几家村草里，吹唱隔江闻"为双声，谓"几家"及"村草"，"吹唱"及"隔江"，皆二字同音，当于唇齿喉舌间辨之也。

金人王寂有《送王平仲》诗："潦倒少矍铄，腥儒余愚迂。半面便健羡，无渠吾胡娱。袖手久不偶，铺书如枯林。落寞各作恶，呼车姑须臾。放浪囊肮脏，囊装将长扬。偃蹇晚倦献，徜徉藏光芒。着雨苦龃龉，苍茫荒羊肠。黯淡厌渐险，彷徨伤王阳。"高季迪《吴宫词》："筵前怜婵娟，醉媚睡翠被。精兵惊升城，弃避愧坠泪。"（[清]赵翼撰：《陔余丛考》，中华书局，1963年，第1版，第472-473页。）

（5）清王鸣盛《蛾术编》卷三十三"高冈、玄黄"：

《毛诗》"陟彼高冈，我马玄黄"，"高""冈"同见母，"玄""黄"同匣母，彼时不但无神珙之见、溪、群、疑，亦并无周颙、沈约之平、上、去、入，而相合如此。且其上章"崔嵬""虺隤"皆叠韵。则唐诗以二者作对，有自来矣，然而不可泥也。（[清]王鸣盛著，顾美华标校：《蛾术编》，上海书店出版社，2012年，第472页。）

（6）清邓廷桢《双砚斋笔记》卷一"古人比类事物辄成双声"：

古人于事物之比类者，两两对举，辄成双声。《周易》"天元而地黄"，元黄双声。《诗·卷耳》篇"陟彼高冈，我马元黄"，高冈、元黄皆双声，元黄谓马病也。《周官》"马八尺以上为龙，七尺以上为騋"，龙、騋双声。《尔雅·释兽》曰"騋牝骊牡"，騋、骊亦双声也。《论语》"大车无輗，小车无軏"，輗、軏双声。《说文》"陧"字下云："读若虹蜺之蜺。"是蜺、陧同声，輗、陧亦同声也。軏，《说文》作輨，解云："车辕耑持衡者。"元，兀声。《易》"困上六于臲卼"，《书·秦誓》"邦之杌隉"，臲卼、杌隉并双声。故知輗軏亦为双声也。《孟子》"从流上而忘反谓之流，从流下而忘反谓之连"，流、连双声。《礼器》"奥者老妇之祭也，盛于盆，尊于瓶"，盆、瓶亦双声。《老子》"与兮若冬涉川，犹兮若畏四邻"，《淮南子》"击其犹犹，陵其与与"，犹、与双声。《曲礼》"所以使民决嫌疑定犹与也"，犹与亦作犹豫。《离骚》"心犹豫而狐疑兮"，亦作容与。《楚辞·九章》"然容与而狐疑"，亦作夷犹。《楚辞·九歌》"君不行兮夷犹"犹豫、容与、夷犹皆双声也。《尔雅》"谷不孰为饥，蔬不孰为馑"，饥馑双声。"木豆谓之桓，瓦豆谓之登"，豆登双声。"大波为澜，小波为沦"，澜沦双声。《说文》涟字下云："澜、或从连。"沦涟亦双声也。"唐棣，栘。常棣，棣"，栘棣双声。栘、多声。《说文》"逆、迎也。关东曰逆，关西曰迎"，逆迎双声。锭、镫也。镫、锭也。《广韵》云："豆有足曰锭，无足曰镫。"锭镫双声。《广雅》"凤皇雄鸣即即，雌鸣足足"，即足双声。若斯之类，不可枚举，姑以疏所记诵者而已。（［清］邓廷桢著，冯惠民点校：《双砚斋笔记》，中华书局，1987年，第1版，第43-45页。）

又卷三"草木虫鱼之名多取双声叠韵字"：

草木、鸟兽、虫鱼之名，多取双声叠韵字。如蝙蝠亦是双声，盖从扁之字声，古读若篇若牖；从畐之字声。古读若福也。（［清］邓廷桢著，冯惠民点校：《双砚斋笔记》，中华书局，1987年，第1版，第190页。）

（7）清邓廷桢《双砚斋笔记》卷三"双声叠韵字通乎声则明"：

古双声叠韵之字，随物名之，随事用之。泥于其形则龃龉不安，通乎其声则明辨以晰。如：果蓏，草木之实也，叠韵也，以名二物也。以名一物则为果蠃，其于虫也为果蠃。鼎，董草也，双声也。其于木也为杜樟，其于地也为町畽。薜苣，草也，双声也。其于人也为邂逅。营葍，草也，叠韵也。声之转则为鞠穷。其于人也为鞠躬，亦为匍匐，亦为鞠穷。……以上所说，皆见于六经及周秦两汉人文字传注者。魏晋闲语，连类而及，或十一焉。若夫晋宋以后，藻翰缤纷，字孳乳二寖多，音岐旁而谲出，悉数之不能终矣。（［清］邓廷桢著，冯惠民点校：《双砚斋笔记》，中华书局，1987年，第1版，第228-249页。）

按，例（1）、例（7）为讨论双声叠韵与古音通假的关系，例（1）指出，沈约因不懂双声假借，故而不明《礼记》"天昕"之"昕"与

"轩"之关系。进而提出"古书声相近之字，即可假借通用"这一论断，并举《诗经》"吉蠲"异文作"吉圭"、"有觉"异文作"有梏"，《春秋》"季孙意如"异文作"隐如"、"罕虎"异文作"轩虎"为例以证之。按，此即音韵学所谓"一声之转"中之"双声假借"说。"双声假借"说认为如果甲乙两字双声，甲字即可假借为乙字。例（7）指出，具有双声叠韵关系的词语，对其词义研究不可拘泥于字形，当从声音角度进行分析，进而列举大量中上古语言材料例证，证明具有双声叠韵关系的词语其声随义转的现象。

例（2）、例（5）、例（6）论述双声叠韵与汉语构词法的关系，例（2）举例说明，古人名字及草木虫鱼名称多有用双声者这一语言现象。例（5）指出，上古时期虽然没有声母及声调等相关术语研究，但在文献中部分词语已经有运用双声叠韵构词的情况。例（6）举例说明古人在描写事物的性状及特点时多运用双声叠韵的构词方式。按，王力先生在《汉语史稿》第二章"语音的发展"第九节"语音和语法词汇的关系"中指出："汉语的双音词有一种特殊的构词法；它们多数是由双声叠韵构成的。"①由此可见，双声叠韵不仅是一种语音现象，同时还与汉语构词法有着密切的关系。此外，例中所举之"玄黄""崔嵬""厖隤"等词语即今之所谓联绵词，联绵词多有双声叠韵的特点，与双声叠韵关系密切，亦证明双声叠韵不仅是语音现象，同时也是一种重要的构词方式。

例（3）、例（4）考察古人运用双声叠韵的历史，例（3）指出魏晋时人已经能够自觉运用声母相同（即具有双声关系）的文字进行答对及作诗等社交活动中，尤其是诗词中使用双声词语的现象一直延续至宋代，从而成为一种独特的双声体诗。例（4）分析六朝人主动探究双声叠韵的情况，首先考察六朝人运用叠韵进行诗文创作的情况，指出使用叠韵创作诗文始于六朝，至唐末发展最盛并延续至明代。其次，论述使用双声进行诗文创作的情况，并举例说明六朝至金时使用双声的情况。按，双声叠韵作为一种语言现象早已存在，自觉运用双声叠韵则始于汉代，许慎《说文解字》、刘熙《释名》中即有多处使用双声叠韵字进行释义，至魏晋时期则开始运用双声叠韵进行诗文创作，以至日常会话、酬答等活动中亦作为一种语言游戏而有意用之。

---

① 王力《汉语史稿》，中华书局，1980年，第55页。

第三节　注音方式研究

在汉语拼音方案制定之前，汉语注音方式有直音、读若以及反切等注音方式，这其中又以反切使用时间最长、影响力最大，学术笔记中有关注音法的研究内容主要包括对反切起源、发展的研究，其他注音方式的研究，以及与注音法相关内容的探索和研究。

一、譬况式注音法研究

（1）《续考古编》卷八"切韵始周颙"：

> 古无切韵，但取字之同音而易晓者，附并音之，而曰"读如某字"而已。许叔重著《说文》，又言"某字之读当为某声"而已。及沈约创立四声，则以平上去入为则，而字始各附其声，至周颙又为《四声切韵》，始有翻切。后世遂皆尊而用之，不可改易。（［宋］程大昌撰，刘尚荣校证：《考古编·续考古编》，中华书局，2008年，第1版，第375页。）

此例指出在沈约创立四声和周颙作《四声切韵》之前，使用的是同音字注音的方式，其注音术语为"读如""读为"等。

按，直音法是取一个音同或音近字为另一个字注音的一种注音方式。直音法除使用"读如""读为"等术语外，有时还使用"某音某"或"×，×"（直接注音，不加其他用语）等方式注音，如陆德明《左传音义》："轼，音试；邢，音刑。"《史记·郦生陆贾列传》："郦生食其者。"张守节《正义》："历异几三音也。"它的优点是简单明了，缺点在于如找不到同音字，或注音字为生僻疑难字，则会降低注音效果。陈澧《切韵考》云："无同音之字则其法穷；或有同音之字而隐僻难识，则其法又穷。"林焘先生认为："直音和读若等注音方法的出现，说明古代学者开始重视语音现象，但还谈不上是语音研究。"[1]可见，譬况式注音方式应当是正式的语音研究之前对语音现象的认识。

---

① 林焘《中国语音学史》，语文出版社，2010年，第2页。

（2）《困学纪闻》卷八"小学"：

> 谐声，六书之一也，声韵之学尚矣。夹漈谓"五书有穷，谐声无穷。五书尚义，谐声尚声。"《释文序录》云："古人音书，止为譬况之说，孙炎始为反语。"《考古编》谓"周颙始有翻切"，非也。（［宋］王应麟著；［清］翁元圻等注；栾保群，田青松，吕宗力校点：《困学纪闻》〔全校本〕，上海古籍出版社，2008 年，第 1 版，第 1064 页。）

此例引夹漈说认为作为六书之一的谐声，主要价值体现在它的注音方面。进而据《释文序录》说认为反切前注音主要使用的是譬况式注音法，最后指出《考古编》〔即例（1）所述〕称"周颙始有反切"之说不确。

按，"谐声"这一名称出自郑众注《周礼》，是"六书"之一。班固《艺文志》作"象声"，许慎《说文叙》作"形声"。名称不同，反映了著者对于该概念的不同认知。作"形声"者，强调的是形声字形符和声符的共同作用，形符表意，声符表音，二者共同构成文字的主体。"谐声"和"象声"则强调突出形声字中声符的表音作用。著者这里亦是肯定声符的表音作用，但是"谐声"本质上是造字法，著者这里突出其注音功能，有将注音法和造字法混同之嫌。

二、反切研究

（3）《容斋随笔》卷十六"切脚语"：

> 世人语音有以切脚而称者，亦间见之于书史中。如以蓬为勃笼，梁为勃阆，铎为突落，巨为不可，团为突栾，钲为丁宁，顶为滴颡，角为矻落，蒲为勃卢，精为即零，螳为突郎，诸为之乎，旁为步廊，茨为蒺藜，圈为屈挛，锢为骨露，窠为窟驼是也。（［宋］洪迈撰，孔凡礼点校：《容斋随笔》，中华书局，2005 年，第 1 版，第 620 页。）

此例著者举例说明语言中有所谓切脚语者，即将一字切分为二字读音。

按，所谓"切脚语"是在反切基础上，利用汉语的音节特征以及反切自身的特点——切上字声母与被切字相同，切下字韵母及声调与被切字相同——而衍生出来的一种造词方式。郑樵称其为"慢声为二"，今之学者称之为反切成词、分音词、析音词等。①据李娟红研究，造词法所选上字、下字的声、韵、调较自由，并不严格受反切注音规则制约。析音词是词义内涵极大丰富的产物，并且反切下字皆为舌音，是汉语词汇双音化的产物。②

（4）《十驾斋养新录》卷五"孙炎始为翻语"：

> 《颜氏家训》云："郑玄注六经，高诱解《吕览》《淮南》，许慎造《说文》，刘熹制《释名》，始有譬况假借以证音字。而古语与今殊别，其间轻重清浊，犹未可晓，加以外言内言、急言徐言、读若之类，益使人疑。孙叔然创《尔雅音义》，是汉末人独知翻语，至于魏世，此事大行。高贵乡公不解反语，以为怪异。自兹厥后，音韵锋出。"

> 陆德明《经典释文》："古人音书止为譬况之说，孙炎始为翻语，魏朝以降渐繁。"张守节《史记正义》："先儒音字比方为音，魏秘书孙炎始作翻音。"李肩吾云："贾逵只有音。自元魏胡僧神珙入中国，方有四声反切。"此宋人疏于考证也。反切始于孙炎，乃曹魏时人，在元魏之前。神珙唐时僧，非元魏僧。李肩吾云："郑康成不曾有反切，唯王辅嗣《周易》内有反切两个。"（［清］钱大昕著，杨勇军整理：《十驾斋养新录》，上海书店出版社，2011年，第1版，第80页。）

（5）清王鸣盛《蛾术编》卷三十三"论反切所自始"：

> 颜之推《家训·音辞》篇云："九州之人，言语不同，生民以来，固当然矣。自《春秋》标齐言之传，《离骚》目楚词之经，此其较明也。扬雄著《方言》，其书大备，然皆考名物之同异，不显声读之是非也。郑康成注六经，高诱解《吕览》《淮南》，许慎造《说文》，刘熙制《释名》，始有譬况、假借以证音字，而古语与今殊别，轻重清浊犹未可晓，加以外言、内言、急言、徐言、读若之

---

① 李娟红《历代学术笔记中语言文字学论述整理和研究》，中国社会科学出版社，2018年，第435-448页。

② 同上。

类，益使人疑。孙叔然创《尔雅音义》，是汉末人独知反语。至于魏世，此事盛行。"愚谓颜氏此说，谓反切始孙炎叔然，乃《家训·音辞》篇文，又云郑康成之前全不解反语，则似反语始康成。叔然本康成门人，意其得之于师也。陆德明《经典释文·叙录》云："古人音书，止为譬况之说。孙炎始为反语，魏朝以降渐繁。"张守节《史记正义·论例》云："先儒音字，比方为音。至魏秘书孙炎，始作反音，又未甚切，今并依孙反音，以传后学。郑康成云：'其始书之也，仓卒无字，或以音类比方，假借为之，趣于近之而已。受之者非一邦之人，其乡同言异、字同音异，于兹遂生轻重讹谬矣。'"张意亦以反切始叔然，但康成微启其端，说与颜氏同。然予谓《尔雅》有"大祭"为"禘"，"不律"为"笔"，"瓬瓽"为"甓"，妇之笱为"罶"；佳，䳡鴸，舍人云"佳，一名夫不"，不当音丕，是《尔雅》已有反切。郑康成注《周礼·玉人》"终葵"为椎，注《士丧礼》"全蒩"为苄，是康成亦有反切矣，但未著成一书耳。赵宋魏了翁《经史杂钞》乃云："字书之始作，有其字而无音切。许叔重之《说文》，郑康成之经训，皆云读如某字之字，是后汉时无音训也。杜元凯解《春秋传》，僖七年'音如宁'，成二年'音近烟'，王辅嗣注《易·遁》卦'音臧否之否'，《井》卦'音举上之上'，《大过》'音相过之过'，虽以如、近言之，然已指名为音矣，是音字起于晋、魏间也。沈休文、顾野王始有反切，陆氏《经典释文》、孙愐《唐韵》则反切详矣。"此以反切始沈约，殆失考耳。（［清］王鸣盛著，顾美华标校：《蛾术编》，上海书店出版社，2012年，第470-471页。）

例（4）、例（5）均为论述反切之开始及创作者。例（4）著者据《颜氏家训》、陆德明《经典释文》及张守节《史记正义》，认为反切始自孙炎，为曹魏时期人，非如李肩吾所谓元魏僧人神珙所创。例（5）著者亦据《颜氏家训》及《史记正义》文指出反切出自孙炎，继而指出郑康成时似已掌握反切，孙炎为郑康成弟子，当为其继承者。著者又据《尔雅》及郑康成注《周礼》内容指出《尔雅》和郑康成时已有反切，最后指出魏了翁称反切始于沈约说不确。

按，有关反切的产生时间，清代学者和章太炎等均指出比孙炎略早时期的服虔、应劭注《汉书》时已经开始使用反切，因此不始于孙炎。但是孙炎对反切的推动和流传应该起了很大的作用。林焘先生认为，反切始自东汉末，且与佛教传入中国有密切的关系。①赵振铎先生认为，考察反切的产生要从内因和外因两方面来分析。内因即汉语的单音节语音结构特点，反切的本质是双声叠韵；外因是梵文拼音法的传入。二者结合促使了反切的产生。因此，反切产生的时间当在汉末。②此二例有关反切时间的判断基本正确，只是二者判断的根据主要为传世文献的记载，未能对汉末佛教文化传入情况做深入的研究。但是关于反切发明者的论述似有值得商榷之处。赵振铎先生根据章太炎《国故论衡·音理论》及吴承仕《经籍旧音序录》，指出反切这种注音方式未必就是孙炎所创，"东汉末年有不少学者都使用过反切这种注音方式，也许孙炎在自己的著作中使用这种方式更自觉更加有意识罢了"③。

（6）清俞樾《湖楼笔谈》五：

汉人注经，止为譬况，以正音读。魏孙炎始作翻音，而梁沈约遂立纽字之图。盖反切布满经传，学者苦其难了，不得不有以统摄之，此纽弄之所由兴而即为字母之权舆。其实反切之法，止是双声叠韵。双声为主，叠韵辅之。理本浅而易见，初无艰深难晓之事，亦无神妙难传之学。如"东"字，德红反，德东即双声也。然德都亦双声，德登亦双声，德当亦双声，德笃亦双声，止一德字，无以定其为"东"字，于是加一叠韵之"红"字，而其为"东"字无疑矣。"公"字古红反，古公即双声也。然古该亦双声，古冈亦双声，古怪亦双声，古骨亦双声，无以定其为"公"字，于是加一叠韵之"红"字，而其为"公"字无疑矣。"笼"字卢红反，卢笼即双声也。然卢留亦双声，卢郎亦双声，卢黎亦双声，卢落亦双声，无以定其为"笼"字，于是加一叠韵之"红"字，而其为"笼"字无疑矣。"葱"字仓红反，仓葱即双声也。然仓粗亦双声，仓青亦双声，仓妻亦双声，仓促亦双声，无以定其为"葱"字，于是加一叠韵之"红"字，而其为"葱"字无疑矣。如此之类，略举见例，可以类推。善平钱竹汀先生之言曰："知双声则不言字母可也，言字母而不知双声不可也。"乃后人不知双声，专言字母，忘其天籁托之梵音。浅见之徒，诧为绝学，抑何悠谬之甚乎。（［清］俞樾著，崔高维点校：《湖楼笔谈》，中华书局，1995年，第1版，第240页。）

① 林焘《中国语音学史》，语文出版社，2010年，第2页。
② 赵振铎《中国古代语言学史》，商务印书馆，2013年，第143-145页。
③ 同上书，第150-151页。

此例分析反切之原理，著者认为，反切的关键在于双声叠韵，其主要部分在于双声，叠韵起辅助作用，并举"东，德红切""公，古红切"等例说明。最后援引钱大昕说，认为论声母则一定要考虑双声，忽视这一问题即是舍本逐末。

按，反切主要利用的是汉语单音节的语音特点，每个音节可分声母和韵母两部分，这样反切注音时只需找一个与被切字声母相同的字（即具有双声关系的一个字）作切上字，再找一个与被切字韵母相同的字（即具有叠韵关系的字）作切下字，即可切出要注音之字。这里双声和叠韵同等重要，没有双声则无切上字，没有叠韵则无切下字，二者缺一不可。著者这里突出强调双声，认为叠韵只是起辅助作用，忽视了叠韵在反切中的作用。

三、注音符号研究

（7）《十驾斋养新录》卷五"四声圈点"：

> 张守节《史记正义·发字例》云："古书字少，假借盖多。字或数音，观义点发，皆依平、上、去、入。若发平声，每从寅起。寅、申、巳、亥当四维之位。平起寅，则上在巳，去在申，入在亥也。考辨：寅在左下，巳在左上，申在右上，亥在右下。又一字三四音者，同声异唤，一处共发，恐难辨别。故略举四十二字，如字初音者皆为正字，不须点发。"盖自齐、梁人分别四声，而读经史者因有点发之例。观守节所言，知唐初已盛行之矣。
>
> 宋以来改点为圈，如相台岳氏刊五经，于一字异音，皆加圈识之。（［清］钱大昕著，杨勇军整理：《十驾斋养新录》，上海书店出版社，2011年，第1版，第82页。）

（8）清赵翼《陔余丛考》卷二十二"音字用点"：

> 一字数音者，汉时但借他字比其音。郑康成所谓"仓卒无字，以音类比方假借"者也。至魏孙炎始作反音，则今反切之学也。张守节云："初音者皆为正字，不须点发。字或数音，观义点发，皆依平上去入。若发平声，每从左起。然则非本音而假借从他音者，古人皆用点也。"颜师古《匡谬正俗》谓："副本音劈，后人误以为副

贰之副，系其本音。而于《诗》'坏副'读作劈者，转以朱点发，失其本矣。"此亦用点别他音之据。今人于字之读作别音者，各于其平上去入方位，或用点，或用圈，本古法也。（[清]赵翼撰：《陔余丛考》，中华书局，1963年，第1版，第428页。）

例（7）、例（8）均为论点发古书之情况。例（7）据张守节《史记正义·发字例》分析说明古代点书注音的方式。据《史记正义》说，则古人在古书中使用假借字时往往通过点书的方式，在文字的上、下、左、右四角处加点以区别之。著者认为，自从齐梁时期人们能够分辨四声之后，即有此例，唐初已盛行，至宋时则改点为圈。例（8）认为反切产生之前，凡文字中有一字数音者，往往假用其他同音字为之注音，进而形成假借关系，古人于古书中对于这类字往往用点发的形式区别之，并举《史记正义》和《匡谬正俗》说为证。最后指出，今之圈点古书而区别读音的手段，本为古法之遗传。

按，有关点书之说，据任远考证早在汉代似乎已有之。而影响较大者，一为《史记正义·发字例》，一为李济翁《资暇集》。《史记正义》说例（7）已引用过。《资暇集》卷上"字辨"曰："稷下有谚曰：'学识何如观点书。'书之难，不唯句读、义理，兼在知字之正音、借音。若某字以朱发平声，即为某字；发上声，变为某字；去、入，又改为某字。转平、上、去、入易耳。知合发、不发为难，不可尽条举之。"对于其中"点书"之所指，学术界曾有过一番讨论。首先，吕友仁先生指出，这里的"点书"不是句读标点，而是指字音。[1]任远则认为此说过于片面，"点书"应当即指标点，而且其中包括句读、义理和字音三方面内容。[2]李慧玲认为，"点书"包括义理之说不成立，并据元相台本岳氏荆溪家塾刻本《论语集解》和《黄侃手批白文十三经》指出，点书包括标点句读和为四声别义标音两个方面。[3]观此二例之说，均为讨论点书在标识四声别义的作用。并且例（7）还提供了一个可以考察的相关文献——相台岳氏刊五经，而李慧玲所据传世文物之一即为相台本岳氏荆溪家塾刻本《论语集解》。

---

① 吕友仁《"学识何如观点书"辨》，《中国语文》，1989年第4期。

② 任远《"点书"辨》，《古汉语研究》，1992年第2期。

③ 李慧玲《"学识何如观点书"续辨》，《古汉语研究》，2011年第1期。

第四节　语音研究辨正

一、《匡谬正俗》中语音研究内容辨正

（1）《匡谬正俗》卷五"辟彊"：

> 《外戚传》"留侯子张辟彊"，前贤亦无释，而学者相承读"辟"音如珪璧之"璧"，"彊"为彊御之"彊"，作意解云：能弭辟彊御，犹言辟恶邪、辟兵之类是也。东齐仆射阳休之为儿制名亦取此。按贾谊《新书》云："昔者卫侯朝于周，周行人问其名，曰：'卫侯辟彊'，周行人还之曰：'启彊、辟彊、天子之号也，诸侯弗得用。'卫侯更其名曰'毁'，然后受之。"若如贾生此说，"辟"当音为"开闢"之"闢"，"彊"当音为疆场之"疆"。楚有薳启疆，亦其例也。古单用字多有假借，不足为疑。又汉济南王名辟光，世人亦读为"璧"，复解释云：辟，君也。恐此亦当取开辟之义为胜。（［唐］颜师古撰，严旭疏证：《匡谬正俗疏证》，中华书局，2019 年，第 1 版，第 209 页。）

此例首先指出《汉书·外戚传》之人名"辟彊"时人读"辟"作"珪璧"之"璧"，读"彊"作"彊御"之"彊"。著者据贾谊《新书》记卫侯更名之事，认为当读作"辟彊"，取开辟疆场之义。

按，"辟"读为"闢"乃是并母读作邦母，"彊"读为"疆"则由群母读作见母。读音不同，所指亦不同，"辟彊"指辟御强敌（即师古所引学者意解），辟疆则为开辟疆土之义，师古此处仅据贾谊《新书》一家之说即认为"辟彊"当读"闢疆"，缺乏客观依据，过于武断。其次，"彊"通"疆"，文献中不罕见，但人名使用假借字者实属不多，因此该理由并不充分。

（2）《匡谬正俗》卷六"谊议"：

> 或问："'谊''议'二字，今人读为'宜'音，得通否？"答曰："《书》云'无偏无陂，遵王之谊''无偏无党，王道荡荡'，《诗》云'或湛乐饮酒，或惨惨畏咎。或出入讽议，或靡事不为'，故知并有宜音。"（［唐］颜师古撰，严旭疏证：《匡谬正俗疏证》，中

华书局，2019 年，第 1 版，第 305 页。）

此处根据《尚书》《诗》韵脚押韵情况，指出"谊""议"二字并有"宜"音。按，"谊""议"有"宜"音，结论正确。但是其研究思路还是受当时叶韵说影响较大。谊、议、宜古音本相同，均属疑母歌部。其后，语音分化，宜入支部，谊、议入真部。《尚书》古本作"无偏无颇，遵王之谊"（"颇""谊"古音歌部），但在唐时"颇""谊"已不押韵，因此唐玄宗改"颇"作"陂"以求叶韵。颜师古受该说影响，以唐玄宗改后之《尚书》所谓叶韵之文，考证出"谊"有"宜"音这一结论，虽然结论正确，但研究思路却是错误的。

（3）《匡谬正俗》卷七"反"：

> 张衡《西京赋》云："长廊广庑，连阁云蔓。闲庭诡异，门千户万。重闺幽闼，转相逾延。望叫窱以径廷，眇不知其所反。"是"反"有"扶万"音矣。今关中俗呼回还之"反"亦有此音。（［唐］颜师古撰，严旭疏证：《匡谬正俗疏证》，中华书局，2019 年，第 1 版，第 323 页。）

此例据张衡《西京赋》用韵特点，认为"反"有音扶万切且读去声者，并以唐时关中方俗音证之。

按，《西京赋》此处之韵脚字为"蔓""万""延""反"，均为元部。其中，"蔓""万"为去声字，"延"为平声字，据此其实难以推出"反"亦是去声字。江永《古韵标准》据"反"在《诗经》中用韵情况指出，"反"在《诗》中可与平声去声字通押，而不烦改音。然此处李善注云："返，方万切。"①证明唐人已有将其读作去声者。但"返回"之"反"（包括其古今字"返"和异体字"仮"），《篆隶万象名义》《说文》徐铉音及《玉篇》《广韵》等均作上声，无作去声者。作去声者始于《集韵》，《集韵·愿韵》："孚万反，覆也。"据此例著者之说，读去声者或为关中地区方俗音之读音。孙玉文先生认为，"反"读去声是变调构词的结果，"反"的原始词义是翻转，读上声；滋生词义是回还，读去声。②严旭《匡谬正俗疏证》认为"反"读扶万、方万切，有清浊之异，当是方言之

---

① 《文选》各本均作"返"不作"反"，或是所见版本异文不同。
② 孙玉文《汉语变调构词考辨》，商务印书馆，2015 年，第 1299-1301 页。

变，认为"反"在这里当读上声为长。①今按，师古此处以方俗语证其音读，方法不错，但唐时方俗音未必代表汉代读音情况，在没有更多直接证据之前，仅凭方俗音读而定古音，似有以今律古之嫌。

（4）《匡谬正俗》卷八"逄"：

> 逄姓者，盖出于逄蒙之后，读当如其本字，更无别音。今之为此姓者，自称乃与"厖"同音。按德公、士元，所祖自别，殊非伯陵、丑父之裔，不应弃其本姓、混兹音读。乃猥云："逄姓之逄，与逢遇字别。"妄为释训，何取据乎？（［唐］颜师古撰，严旭疏证：《匡谬正俗疏证》，中华书局，2019 年，第 1 版，第 414 页）

此例著者认为"逄"作姓氏当读本音，而唐时人则音其为"庞"，著者认为二姓之所祖本不相同，故不当混为一谈。

按，逄、庞古音俱属并母东部，古本同音。魏晋以降，"逄"由重唇转入轻唇奉母，成为魏晋以后"逄"之正音；"庞"由东韵转入江韵。二者音读渐别。而表姓氏之"逄"则保留重唇读音，而韵部亦由东韵转入江韵，既而与"庞"同音。因此，二者同音实际上是经历了一个语音流变的过程。

二、《瓮牖闲评》中语音研究内容辨正

（5）《瓮牖闲评》卷一：

> 《诗》"匍匐救之"，救字可音居尤切，盖自"就其深矣，方之舟之"四韵皆是平声，而此救字却只作如字，乃陆德明之失也。《诗补音》引《三略》"使怨治怨，是谓逆天。使雠治雠，其祸不救"。又引《周武王盘铭》"与其溺于人，宁溺于渊。溺于渊，尚可游也；溺于人，不可救也"是矣。（［宋］袁文撰，李伟国点校：《瓮牖闲评》，中华书局，2007 年，第 1 版，第 28 页。）

此例据《诗·小雅·谷风》及《诗补音》及《周武王盘铭》韵脚字情况，指出"救"有音平声居尤切者。

按，"救"作平声读，《集韵·平声四》"居尤切"引《说文》云"聚也"，当为此例所本，然与此处音义不合，此处之救为"救止"之"救"，非

---

① 严旭《匡谬正俗疏证》，中华书局，2019 年，第 325 页。

"聚也"之"救"。此外，例中援引朱熹《诗补音》证"救"有此读而指摘陆德明音义之误，亦为武断。按，救，古音精母觉部长入①，注家未见古音有音平声者。而根据《诗》及其他先秦韵文韵脚之声调定某字之声调，也非正确的做法，王力先生曾指出："《诗经》时代有异调通押的情况。"②"因为韵既相同，声调不同也是相当和谐的。我们说，在《诗经》时代，同调相押是正常情况，异调通押是特殊情况。"③并举《羔裘》《葛生》《蟋蟀》等诗中异调通押之情况为例，证明"从异调通押看，许多声调问题都迎刃而解"④。

（6）《瓮牖闲评》卷二：

> 《唐韵》："欸音霭，乃音媪。"黄太史书元次山《欸乃曲》注云："欸音袄，乃音霭。"太史误耳。《洪驹父诗话》亦云："欸音霭，乃音媪。"是已。苕溪渔隐不曾深究，乃谓驹父不曾看元次山诗及太史此注，妄为之音。而不知已自不曾看《唐韵》，反以驹父为误也。（［宋］袁文撰，李伟国点校：《瓮牖闲评》，中华书局，2007年，第1版，第70页。）

此例据《唐韵》及《洪驹父诗话》说，认为黄庭坚注元次山《欸乃曲》之"欸音袄，乃音霭"不确，胡仔（即苕溪鱼隐）亦沿其误。

按，黄公绍《韵会》云："欸，叹声也，读若哀，乌来切；又应声也，读若霭，上声，倚亥切；又去声，于代切；无袄音。乃，难辞，又继事之辞；无霭音。今二字连读之，为棹船相应声。"按，《广韵》"十五海"："欸"，于改切，相然应也。"乃"，奴亥切，语辞也。"欸乃"之声，或如唐人唱歌和声，所谓号头者。盖逆流而上，棹船劝力之声也。《黄山谷题跋》《洪驹父诗话》皆音作"袄""霭"者误。

三、其他学术笔记中语音研究内容辨正

（7）《学林》卷一"其记已忌"：

> 《扬之水》诗曰："彼其之子，不与我戍申。""彼其之子，不与我戍甫。""彼其之子，不与我戍许。"《羔裘》诗曰："彼其之子，舍

---

① 唐作藩《上古音手册》，中华书局，2013年，第77页。

② 王力《诗经韵读》，上海古籍出版社，1980年，第33页。

③ 同上。

④ 同上。

命不渝。""彼其之子，邦之司直。""彼其之子，邦之彦兮。"《汾沮洳》诗曰："彼其之子，美无度。""彼其之子，美如英。""彼其之子，美如玉。"《候人》诗曰："彼其之子，三百赤芾。""彼其之子，不称其服。""彼其之子，不遂其媾。"郑氏笺曰："其，或作记，或作己，读声相似。"《礼记·表记篇》曰："彼记之子，不称其服。"《韩诗外传》曰："彼己之子，舍命不渝。""彼己之子，邦之司直。""彼己之子，邦之彦兮。""彼己之子，硕大且笃。"《大叔于田》诗曰："叔善射忌，又良御忌。抑磬控忌，抑纵送忌。""叔马慢忌，叔发罕忌。抑释掤忌，抑鬯弓忌。"郑氏笺曰："忌，读如彼己之子之己。"陆德明《毛诗释音》曰："其音记。"观国按，《诗》用其字、忌字，《礼记》用记字，《韩诗外传》用己字，四字虽不同，然其原意则四字皆助辞也，其义相附近，故四字读为四声，何伤乎？若循郑氏之笺、陆氏之音，则四字者当读而为一音，误矣。经书中用字如此类者尚多有之。《书》曰："圣有谟训。"《春秋左氏传》曰："圣有谟勋。"训字去声，勋字平声，二字不同音，而义则通也。《诗》曰："显显令德，宜民宜人。"《中庸》曰："宪宪令德，宜民宜人。"显字上声，宪字去声，二字不同音而义则通也。《诗》曰："心乎爱矣，遐不谓矣。"《表记》曰："心乎爱矣，瑕不谓矣。"变遐为瑕也。《诗》曰："有觉德行，四国顺之。"《缁衣》曰："有梏德行，四国顺之。"变觉为梏也。《书》曰："自作孽，不可逭。"《孟子》曰："自作孽，不可活。"变逭为活也。《书》曰："克明俊德。"《大学》曰："克明峻德。"变俊为峻也。《诗》曰："骏命不易。"《大学》曰："峻命不易。"《诗》曰："骏极于天。"《孔子闲居》曰："峻极于天。"变骏为峻也。《书》曰："高宗亮阴。"《丧服四制》曰："高宗谅闇。"乃用闇字也。《诗》曰："假乐嘉成王。"《左氏传》曰："晋侯赋嘉。"乐变假为嘉也。《诗》曰："凡民有丧，匍服救之。"《檀弓》曰："凡民有丧，扶服救之。"变匍为扶也。《书》曰："罔有择言在身。"《表记》曰："罔有择言在躬。"变身为躬也。凡此虽或变其字，然各从其音而读之，不害于义。若必绳之以一音，则将乱天下之字音，非所以示后学也。（［宋］王观国撰，田瑞娟点校：《学林》，中华书局，1988年，第1版，第22-23页。）

此例据《诗经》《礼记》及《韩诗外传》用字情况，指出其所用之

"其""忌""记""己"四字在这些文献中均作语气词且读音各异，而郑玄及陆德明音注读四字如一不确。既而列举《诗经》《礼记》《尚书》等文献用字证之。按，忌，古音群母之部；己，见母之部。二者叠韵，声母同为牙音一声之转，则郑玄说"忌，读如彼己之子之己"不误。其，古音见母之部；记，古音亦属见母之部，则陆德明《毛诗释音》云"其音记"之说不误。又"其""记""己"三字古音俱在见母之部，则郑玄说三者读声相似亦不误。此外，本例所举先秦经传中声近义通用异字之例，情况属实，但不能据此而证郑、陆之说不确。原其根本，在于著者不明古音，对文字古音声纽韵部认识不够细致，故而得此错误论断。

（8）《丹铅总录》卷十五"黾音蔑"：

> 《抱朴子》："举秀才，不知书。举孝廉，父别居。寒素清白浊如泥，高第良将怯如黾。"泥音涅。《后汉书》引《论语》"涅而不缁"，作"泥而不滓"可证也。黾音蔑，《尔雅注》引"黾勉从事"或作"蠠没"，又作"密勿"可证也。泥音涅，则黾当音蔑；黾或音密，则泥当音匿，古音例无定也。《晋书》作"怯如鸡"，盖不得其音而改之。（［明］杨慎撰，丰家骅校证：《丹铅总录校证》，中华书局，2019年，第1版第671页。）

按，黾有二音二义：一为鼃义，指一种鼃，《说文》"鼃黾也"，上古音属明母阳部；一为勉励义，上古音属明母蒸部。《抱朴子》中"怯如黾"当为第一义，意思是胆怯如鼃。[①]在《抱朴子》中与上句"书""居"押韵，"书""居"上古音属鱼部，与"黾"字阴阳对转，例得相押。杨氏不解古音，以为与同句中之"泥"字相押，进而得出黾音蔑之说。其次，据杨氏引《尔雅注》之说，《尔雅注》引《论语》"黾勉从事"之"黾"为努力、勉励义，与《抱朴子》"怯如黾"之说不合。且表"勉励、努力"义之"黾"上古音属蒸部，与蔑字（古音月部）亦不同。

（9）清邓廷桢《双砚斋笔记》卷三"释陒"：

> 《说文》"陒，危也。从阜，从毁省"，"读若虹蜺之蜺"。知蜺读入声，汉人已然，不始于沈约。阢陒双声，《说文》陒下云"读若虹

[①] 杨氏所据《晋书》异文"怯如鸡"亦可证。

蜺之蜺”。盖从儿之字声，可转入闭口之叶帖等部。《论语》“大车无輗，小车无軏”，亦正是双声也。（[清] 邓廷桢著，冯惠民点校：《双砚斋笔记》，中华书局，1987年，第1版，第185页。）

按，“隉”“蜺”古音同属疑母，月支旁对转，“隉”字古音入声，“蜺”字古音平声，故《说文》曰读若，并不代表二字古音相同，所谓“蜺读入声”之说不确。此外，“儿”字古音疑母支部，从“儿”声之字亦多属疑母支部，如“倪”“婗”“唲”“棿”“䙌”“郳”“蜺”“輗”“麑”“霓”等[1]，无有所谓转入叶帖等部者。《论语》“大车无輗，小车无軏”，“軏”字古音同“隉”，均为疑母月部，与“輗”字双声，韵部月支旁转。

① 唐作藩《上古音手册》，中华书局，2013年，第106页。

文 字 篇

文字篇

第四章　"古字"问题研究

学术笔记的文字研究概括起来可分两点：一是造字问题的研究，一是用字现象的研究。其中造字问题的研究涉及考证文字的最初形体，考证文字的最初意义，考辨文字在发展过程中所产生的古今字形。用字问题的研究则主要考证文字在使用过程中因种种原因产生的讹字、俗字现象，以及因古代避讳制度而形成的避讳用字现象。这些都是学术笔记文字研究的内容。

学术笔记中经常出现"古字"这一名称，详其文意可知，学术笔记中所指称的"古字"不同于今之古文字学所指称的古文字，学术笔记中的"古字"既包含了古文字中的古字，同时也包含了古今字中的古字，即如段玉裁所说："三代为古，则汉为今；魏晋为古，则唐宋以下为今。"因此，学术笔记中所指称的"古字"范围要比文字学上所定义的古文字要宽泛一些。

第一节　古文字研究

关于古文字的界定，唐兰先生认为小篆（包括小篆本身）以前的文字都属于古文字的范畴。[1]裘锡圭先生认为："如果把商代后期算作开端，秦代算作终端，古文字阶段大约起自公元前 14 世纪，终于前 3 世纪末，历时约一千一百多年。"[2]赵振铎先生认为："所谓古文字指小篆以前的文字。它包括甲骨文、金文、籀文和战国通行的六国文字。"[3]陈伟湛、唐钰明先生亦认为："秦以前的文字（甲骨文、金文、战国文字）为古文字，秦以后的文字（隶书、楷书、草书、行书）则为今文字，介于二

---

① 唐兰《古文字学导论》，上海古籍出版社，2016 年，第 32-34 页。
② 裘锡圭《文字学概要》（修订本），商务印书馆，1988 年，第 45 页。
③ 赵振铎《训诂学纲要》，陕西人民出版社，1987 年，第 80 页。

者之间的秦代文字（小篆、秦隶）则为近古文字。"①由此可知，古文字当指秦以前的文字。学术笔记中所谓古文字多本许慎《说文解字》中之"古文"，既包括秦始皇"焚书坑儒"之前的文字，又包括"孔子壁中书"之文字（实为战国文字），然而二者俱不包括小篆和隶书，因此，学术笔记中有关古文字的研究与今人所定义之古文字大体相同。古文字研究在古代多是作为金石学之附庸，少有成系统的古文字研究著作，学术笔记中关于古文字的研究亦是分散的，然而其对文献中一些文字的古文字形的揭示、解释文字的古文字形、解释文字的本义以及其引申义的发展，许多研究不乏真知灼见，为研究古文字提供了很有价值的参考意见。

一、揭示文字的古文字形

（1）《困学纪闻》卷二十：

> 《士冠礼》"眉寿万年"，（郑注：）古文"眉"作"麋"。《博古图·雠公缄鼎铭》："用乞麋寿，万年无疆。"（[宋]王应麟著，翁元圻等注《困学纪闻》〔全校本〕，上海古籍出版社，2008年，第2097页。）

此例据《仪礼·士冠礼》郑玄注及《博古图》之古文异文，认为"眉寿"之"眉"古文作"麋"。

按，"眉"之甲骨文作"𦝣"（合集 21758②），像人目上之眉形，"麋"之甲骨文作𢊊（佚 930），徐中舒认为其像目上有眉之鹿："甲骨文突出眉形以为其特征，且以眉为声。《说文》：'麋，鹿属，从鹿，米声。'麋为后起之形声字，米眉形近，故麋得以米为声。"③姚孝遂认为："突出其目上有眉的形状，实则麋的目上有白斑，看上去似眉，或以为'麋'即'麈'，今谓之'四不像'，未知孰是。"④因此"麋"字本象形字，因其初文突出其眉之特征，故与眉相关，又其声与眉近（麋、眉古音同属明母），故与眉相通，但不能据此认为"眉"之古字即为"麋"，因"眉"本

① 陈伟湛、唐钰明《古文字学纲要》，中山大学出版社，1988年，第4页。
② 本文古文字形引用出处主要见《汉语大字典》《汉语古文字形表》《秦汉魏晋篆隶字形表》，简称及全称对照表见"国学大师"网站：http://www.guoxuedashi.net/zixing/yysm.html。
③ 徐中舒《甲骨文字典》释"麋"字曰："甲骨文突出眉形以为其特征，且以眉为声。《说文》'麋，鹿属，从鹿，米声'。麋为后起之形声字，米眉形近，故麋得以米为声。"（四川辞书出版社，2003年，第1082页）
④ 于省吾《甲骨文字诂林》，中华书局，1996年，第1650页。

有其古文字形，其字形与"麋"之古文不同，故"眉"之古文非为"麋"也。文献中异文"眉"作"麋"者，乃属文字通假，李孝定《甲骨文字集释》："按眉寿为殷商嘏辞习语，金文作岸寿，经籍或作麋寿、微寿，寿上一字眉、岸、麋、微无定者，以其音近非关形似也。"①因此异文作麋者，乃音近假借也。朱骏声《说文通训定声》亦云："麋，假借为眉。"

（2）《困学纪闻》卷六：

> 仲子有文在手，曰"为鲁夫人"。成季、唐叔有文在手，曰"友"曰"虞"。正义云："石经古文'虞'作'伖'，鲁作'裘'，手有文容或似之。'友'及'夫人'当有似之者。"（[宋]王应麟著，翁元圻等注《困学纪闻》[全校本]，上海古籍出版社，2008年，第863页）

据《左传》孔疏引石经古文指出"伖"为"虞"字的古文形式，"裘"为"鲁"字的古文形式。进而推断传文中的"友"及"夫人"应当也有类似的古文形式。

按，虞，金文作"𧰼"（虞司寇壶），睡虎地秦简作"虞"，人手之纹不当有似此纹者，故此例云古文作"伖"，作"伖"者是所谓古文尚书中之字形，黄锡全曰："《左氏隐元年传疏》'石经古文虞作伖'。古写本《尚书》虞多作伖。"②鲁，甲骨文作"𩵋"（乙7782），金文作"𩵋"（井疾簋），楚简作"𩵋"（仰25.18），徐中舒释义："从鱼从凵，凵象坎。泽中水竭，鱼乃露于坎，故鲁之本义为露。"③林义光认为："彝器每言'鲁休''纯鲁'，阮氏元云：'鲁本义为嘉，从鱼入口，嘉美也。'"④人手之纹不会有似此者，故此例云古文作"裘"，作"裘"者为"旅"之古文，《说文》："裘，古文旅，古文以为鲁、卫之鲁。"旅之金文作"旅"，楚简作"旅"，与"裘"存在字形联系，鲁、旅古音同属来母鱼部，存在通假的可能。徐中舒认为："鲁之本义为露，后通旅、胪。胪，陈也。陈祭品于天，是为旅祭，鱼陈于坎，利于大量捕获，故鲁又训嘉。"⑤此外，文中提及的"友"，甲骨文作"𦥑"，金文作"𡗉"，楚简作"𡗉"；夫人，甲

① 李孝定《甲骨文字集释》，历史语言研究所，1965年，第3063页。

② 李圃主编《古文字诂林》第5册，上海教育出版社，2002年，第130页。

③ 徐中舒《甲骨文字典》，四川辞书出版社，2003年，第383页。

④ 林义光《文源》卷六二二，中西书局，2012年，第221页。

⑤ 徐中舒《甲骨文字典》，四川辞书出版社，2003年，第383页。

骨文作"□□"，金文作"□□"、楚简作"□□"。容或有手纹似之者，但据杨伯峻注以孔疏之说不以手掌有文为可信，并认为："盖手纹有似'鲁夫人'三字或似'虞'字者，当时人或后世人因而附会之。"①

（3）宋洪迈《容斋随笔》卷第五"字省文"：

> 今人作字省文，以禮为礼，以處为处，以與为与，凡章奏及程文书册之类不敢用，然其实皆《说文》本字也。许叔重释"礼"字云："古文"。"处"字云："止也，得几而止。或从處。""与"字云："赐予也，'与''與'同。"然则当以省文者为正。（〔宋〕洪迈撰，孔凡礼点校：《容斋随笔》，中华书局，2005年，第1版，第70页。）

此例认为宋代用字中所出现的所谓"省文"现象，如"禮"省作"礼"、"處"省作"处"、"與"省作"与"等字，实为古已有之，其字体在《说文》古文中已见。

按，"禮"，《说文·示部》："禮，履也，所以事神致福也。从示，从豊，豊亦声。□，古文礼。"《集韵·荠韵》："禮，古作礼。"此为著者所本。今按，"禮"，甲骨文作"□"（合集14625）、金文作"□"（集成9735）、战国文字作"□"（上〔1〕·孔5.24），说明其古文字乃以"豐"为"禮"，其后字义分化加"示"旁作"禮"，如此，则"礼"非"禮"之古字，因为从"示"旁之"礼"实为后起之字。商承祚论《说文》古文"□"时指出，石经古文作"□"，即丰，不从示。②由此可见，所谓"禮"之古文为"礼"这一说法不确，因为从产生时间上看，"禮"明显早于"礼"。

處，金文作"□"（集成10175）、《说文》或体小篆作"□"，像人头戴皮冠坐在几上之形。战国文字作"□"（鄂君启车节）、作"□"（郭店楚简）。《古文字谱系疏证》云："从人（下加足趾形）、从几，会人凭几而止之意，虍声。西周金文或省几旁，春秋金文或省趾形，战国文字趾形可有可无，或讹变似女旁，或加饰笔□、□等形，或省人形。从几，虍声。楚系文字或省化为从人，从几会意而省虍声，亦即小篆之凥，《说文》：'凥，处也。从尸得几而止，《孝经》曰：仲尼凥。凥谓闲居如此。

---

① 杨伯峻《春秋左传注》，中华书局，1981年，第4页。
② 商承祚《说文中之古文考》，上海古籍出版社，1983年，第6页。

（九鱼切）’‘処，止也。得几而止。从几，从夊。处，処或从虍声。’小篆以尻为居，属音近假借。處之省文処，当为省讹之形，类似陈纯釜处之讹变。”[①]因此“处”乃为“處”省讹之形，而非“处”之古文也。此外，从产生时间上看，“處”在金文时期已经产生，而“处”则在战国时期才产生，故从产生时间上看也非古字。

“與”，金文作“”（集成 423），楚简作“”（包 2·128），《说文·舁部》：“與，党與也。从舁，从与。舁，古文與。”所谓古文“與”，多见于战国文字，如郭店楚简作“”（郭·语 3.9）、“”（郭·唐·6）等形。《说文·勹部》：“与，赐予也。一勺为与。此与‘與’同。”因此《说文》以“与”“與”为异体字，且未云孰为正。检“與”金文及早期字形，“与”非“與”之古文，亦非正字。

（4）《瓮牖闲评》卷一：

> 《诗》“载弄之瓦”，人多以瓦字不叶为疑。或云，此瓦字乃是尿字耳，古文与瓦字相类而小不同，乃络丝之具。其意则是，但未知果然否也。（[宋]袁文撰，李伟国点校：《瓮牖闲评》，中华书局，2007 年，第 1 版，第 30 页。）

此例首先指出《诗经》中“载弄之瓦”之“瓦”字乃是“尿”，“尿”字古文与“瓦”相似，词义亦相近。

按，“载弄之瓦”出自《诗经·小雅·斯干》，全句为“乃生女子，载寝之地，载衣之裼，载弄之瓦。无非无仪，唯酒食是议，无父母诒罹”。“瓦”古音疑母歌部，与“地”（定母歌部）、“仪”（疑母歌部）同为歌部，因此作“瓦”字乃同部相押。认为“瓦”字不叶韵盖是以“瓦”在《广韵·马韵》中之读音读之，“瓦”字《广韵》音“五寡切”，与古音不同，故疑之。“尿”字古音脂部，与歌部可旁转，故从语音上看用“瓦”或“尿”都可押韵。

其次，“瓦”之古文字形作“”（睡·日甲 74 背）、“”（睡·日甲 57 背）、“”（《说文》小篆），像土器烧制之形。“尿”之古文作“”（睡·日甲 64）、“”（《说文》小篆），与“瓦”字形相似之处不多，故二者当不是字形讹误。

最后，“瓦”在先秦时期为陶器的总称，非指砖瓦之瓦。《诗经·小

① 黄德宽《古文字谱系疏证》，商务印书馆，2007 年，第 1271 页。

雅·斯干》：“载弄之瓦。”毛传：“瓦，纺砖也。”郑玄笺：“纺砖，习其所有事也。”《说文·瓦部》：“瓦，土器已烧之总名，象形也。”段玉裁注：“凡土器，未烧之素皆谓之坏，已烧皆谓之瓦。”清马瑞辰《毛诗传笺通释》卷十九：“《说文》无‘砖’字。‘专’字注云：‘一曰专，纺专。’古之捻线者，以专为锤。《说苑·杂言》篇曰：‘子不闻和氏之璧乎？价重千金，然以之间纺，曾不如瓦砖。’此纺用瓦砖之证。”“后世砖瓦异物，古则瓦为通称。”黄金贵指出：“段氏及徐灏、王筠等皆谓象屋之盖瓦或窑中瓦坯卷曲相垒之形，则误。”“其时，尚不知用屋瓦。纺砖是原始陶器之一……‘瓦’之称名大量使用是在战国文献，其时已作陶器总称，而非屋瓦之称。”[1]按，从出土文献文字情况看，瓦当产生于战国时期，其说是。“𡰪”为络丝车之摇把，《说文·木部》：“𡰪，籆柄也。从木、尸声。”段玉裁注：“籆即络车也，所以转络车者，即𡰪也。”泛指器物之柄，《广雅·释器》：“𡰪，柄也。”王念孙疏证：“柄之言秉也，所秉执也……𡰪为柄之通称矣。”纺锤与柄有相似之处，故从语音和形制上看，似可通用。

　　（5）《续考古编》卷之九“无”：

> 《易》凡“無”字皆作“无”。《说文》曰：“奇字无，通于元者。”王育谓天屈西北为无。乃知《易》之用“无”为古也。（［宋］程大昌撰，刘尚荣校证：《考古编·续考古编》，中华书局，2008年，第1版，第398页。）

从《周易》用字特点发现“無”非古字，用“无”字为古也，对此宋人王观国在《学林》卷九“无亡无”条中有详论：

> “无”亦作“亡”，自古只用此二字，至秦时始用“無”字为“有無”之字。按“無”字篆文偏旁有“蕃庶”之义，而不见“有無”之义。许慎《说文》曰：“無，文甫切。”今借为有无字。《玉篇》曰：“𣟇，文甫切。繁𣟇，丰盛也。今为有无字。”徐铉修字义曰：《古本尚书》庶草蕃無。”[2]后人变“無”为“庑”。盖“庑”乃廊庑也，无繁盛之义。以此观之，则“無”字乃秦以来始用为有无字，非古也。古之经书乃篆文，秦变篆为隶，多改其字形。《诗》

---

① 黄金贵《古代文化词义集类辨考》，上海教育出版社，1995年，第275页。
② 中华本“字义”二字无书名号，“古本《尚书》”作《古本尚书》”。

《书》《周礼》《春秋》《礼记》《仪礼》《论语》等，皆用"無"字，乃变篆为隶者改之也。惟《周易》首尾尽用"无"字，盖变隶时偶不曾改也。至于"亡"字，亦多有存而不改者。《周礼》曰："亡者使有。"又曰："害者使亡。"《春秋左氏传》曰："其贵亡矣，其宠弃矣。"《论语》曰："有若亡。"又曰："亡而为有。"又曰："人皆有兄弟，我独亡。"又曰："日知其所亡。"又曰："焉能为亡。"又曰："不如诸夏之亡也。"《孟子》曰："若夫君子所患则亡矣。"以上"亡"字，皆"無"字也。独此不改为"無"者，盖变隶者误读为"存亡"之"亡"，故存而不改也。史书亦多用"亡"为"無"。《汉书》曰："汉亡尺寸之阶。"又曰："内亡骨肉本根之辅，外亡尺土藩翼之卫。"又曰："朝亡废官，邑亡敖民，地亡旷土，国亡捐瘠。"司马相如《子虚赋》曰："亡是公者，亡是人也。"贾山曰："钱者，亡用器也。"翟方进曰："苟得亡耻。"班固用此二字甚多，皆"無"字也。李济翁《资瑕录》曰："亡字、凶字点画各有区分，一点一画下者，存亡之亡也；凵中有人者，有无之凶也。"今按此二字只是一字，或为"存亡"之"亡"，或为"有亡"之"亡"，一字二音也。济翁初不晓字画，而遽启臆说，亦可怪也。（［宋］王观国撰，田瑞娟点校：《学林》，中华书局，1988 年，第 1 版，第 281-282 页。）

认为古"有无"之"无"字作"亡""無"二字，"無"字乃秦以来方作"有无"之"无"，经传用"無"表"有无"者乃隶变之结果，同时认为，"亡"有"有无""存亡"二义，今只存后者，并驳斥了李济翁分亡字为"亡""凶"二字二义之错误。按，"無"之甲骨文作 🦶（花东391），像人舞蹈之形，徐中舒认为其为"舞"之初文。[1]因此"無"本为"舞"义，作"有无"之"无"者，盖其音与"亡"相近，"亡""無"古音同为微母，二者双声。作"无"者，《古文字谱系疏证》认为："无，無之省文，春秋金文無作 🦶、🦶。其中 𛰀、𛰀 之下肢一长一短，即无之初形。春秋金文 𛰀（徐玉炉），为最早的独体。"[2]这样"无"实为"無"之省文而非"无"之古文，"无"在春秋战国时期产生，睡虎地秦简作"𛰀"（睡·为43）、"𛰀"（睡·为42），故《周易》用之。王观国未见

---

① 徐中舒《甲骨文字典》，四川辞书出版社，2003 年，第 1387 页。

② 黄德宽《古文字谱系疏证》，商务印书馆，2007 年，第 1704 页。

甲文、金文，仅据《说文》而误以其为古文。

（6）《丹铅总录》卷十五"法帖用古字"：

> 羲之诸帖多用古字，古山岭之岭，但作"领"，《汉书》梅领、隅领是也。《兰亭帖》"崇山峻领"，实述用之。唐褚遂良加山作岭，赘也。又书"岷领"作"汶领"。《初月帖》"（匈中）淡闷，干呕（转剧）"①，淡，古"淡液"之"淡"。干，古"干湿"之"干"。今以"淡"作"痰"，"干"作"乾"，非也。（[明]杨慎撰，丰家骅校证：《丹铅总录校证》，中华书局，2019年，第1版，第647页。）

指出今山岭之岭，古文作"领"；痰，古文作"淡"；干湿之"干"，古文作"干"。今作"岭""痰""乾"者不确。

按，"岭"字不见《说文》，《说文新附》始收。元周伯琦《六书正讹·梗韵》："领，山之高者曰领，取其象形也。别作岭。"《汉语大字典》"岭"字引王羲之《兰亭集序》作"岭"，今检《兰亭序》原文乃作"领"，与杨慎说同，《大字典》误。"痰"字《说文》未见，《广韵·谈韵》："痰，胸上水病。"朱骏声《说文通训定声·谦部》："阮孝绪《文字集略》：'淡，胸中液也。'《方言》骞师注：'淡字又作痰也。'《衡方碑》：'淡界缪动。'今作痰，从疒。"说明"痰"字古作"淡"。"乾"表干湿义最早见于《诗经》《释名》《庄子》，《诗·王风·中谷有蓷》："中谷有蓷，暵其乾矣。"孔颖达疏："暵然其乾燥矣。"《释名·释饮食》："乾饭，饭而暴乾之也。"毕沅疏证："干与乾音同得相假借。"《庄子·田子方》："老聃新沐，方将被发而乾，慹然似非人。"陆德明《释文》曰："'而干'本或作乾。"卢文弨曰："今本作乾。"按，"干"之本意为干戈，甲骨文作"丫"（合集28059），像盾牌之形，与干湿义无涉，作"干湿"之"干"当为通假。由此观之，"干"非为"乾"之古字。

（7）《札朴》卷第一"赤埴坟"：

> 徐州厥土赤埴坟，"埴"郑本作"戠"。注云："戠，读曰炽。炽，赤也。"案：赤，古文从炎土作"壁"。《禹贡》古文当作"壁"。郑训"赤"，亦同。（[清]桂馥撰，赵智海点校：《札朴》，中华书局，1992年，第1版，第9页。）

---

① 括号内为《杂帖》原文，《丹铅总录校证》标点作"淡闷干呕"，似不确。

指出"赤"之古文作"坴"，《禹贡》之"赤"当作"坴"。按，"赤"字甲骨文作"🔥"（合集3313）或"🔥"（乙2908），为从"大"从"火"之意。金文作"🔥"（集成4275）、作"🔥"（集成245）[①]，为大火义，会意字。楚简作"🔥"（帛甲5.26），其文字"承袭两周金文，或作'🔥'其火旁加横为饰，或作'🔥'大旁亦加横为饰（与炎字混同），或作'🔥'加土旁繁化（与古文吻合）。"[②]《说文》小篆作"🔥"。由此可知，"赤"之古文"坴"乃是战国时期其偏旁加饰致使其金文字形与炎字混同，后又加土旁繁化，由此而产生"坴"这一字形，桂馥所谓"赤"之古字为"坴"，实际为其战国时期之字形，非"赤"之古字。

（8）《九九消夏录》卷九"刘定之号呆斋"：

　　《四库全书·易类》存目有《易经图释》十二卷，明刘定之撰。定之字主敬，号呆斋，永新人。正统丙辰进士，官至礼部侍郎兼翰林院学士，谥文安，事迹具《明史》本传。按，《明史》本传作字主静，不言号呆斋。主敬、主静未孰是，以名字相应而言，似主静是，主敬非也。《别集类》存目有《呆斋集》四十五卷，刘定之撰，则呆斋之号可补史缺。惟"呆"字自来字书所不载。《康熙字典》引《篇海》谓"古文保字"，然古文"保"字当作"禾"不作"呆"。又云："莫厚切，古文某字。"此则得之。但读莫厚切，则非某者，乃今所用之"梅"字也。今所用"梅"字，《说文》作"某"，又有籀文作"槑"。愚谓，许书原文当更有古文作呆者，而今失之。盖小篆作"某"，古文作"呆"，从口与从甘一也。籀文繁重，故作"槑"耳。然明人未足知此，恐只是世俗所用痴呆之俗义。此与姚文敏之《磊蠢堆集》同为不典之名耳。

　　《武英殿丛书·悦心集》载唐寅《醒世词》云："尔会使乖，别人也不呆。"则"呆"与"乖"对，明人固用之。

　　检《明史·艺文志·刘定之存稿》二十一卷，续稿五卷无呆斋之名，卷数亦不合。（[清]俞樾著，崔高维点校：《九九消夏录》，中华书局，1995年，第1版，第100-101页。）

此条语料虽为考证古人斋号名称，然其核心问题实为考证古文字

---

① 容庚《金文编》，中华书局，1985年，第693页。
② 何琳仪《战国古文字典》，中华书局，1998年，第539页。

形。俞樾认为梅之古文作"某",籀文作"楳",后人不识古字故认作
"呆"字,刘定之的斋号实为"梅斋"而非"呆斋"。按,《史梅兄簋》之
"梅"字作"🌱",为上从"木"下从"呆"之形。《说文》:"梅,柟也,
可食。从木,每声。楳,或从某。"古音每、某声近,故梅字或从每声或
从某声。或体又作"楳",《集韵》:"梅,或作楳。"如作省文即为"呆",
俞说可从。

二、指出古文字形并解释古今字形变化的原因

(9)《瓮牖闲评》卷四:

　　昔字古作昔,上从四人,下从日,四人乃肉形,得日则干,正
脯腊之腊字,隶书乃作昔,遂借为今昔之昔。后人不察前人之意,
以谓此乃今昔之昔字,却于昔旁复加月,是添一肉,以为脯腊之
腊,正犹莫字已有日,复加日在其下,暴字已有日,复加日在其
傍,殊失前人之意也。([宋]袁文撰,李伟国点校:《瓮牖闲评》,
中华书局,2007年,第1版,第75页。)

(10)《逊志堂杂钞》甲集:

　　"昔"本作"昔",字有数义。《说文》:"昔,干肉也。"张参
《五经文字》云"后人以为古昔字"。《周礼》三酒有"昔酒",注:
"昔酒,无事而饮也。"《月令》月昔"靡草死",谓终也。《左传》
"为一昔之期",《穀梁传》"夏四月,昔,恒星不见","昔"即夜
字,注:"日入至星出时谓之昔。"乐府有《昔昔盐》,犹云"夜夜
艳"也。《尸子》"君子临大事,不忘昔席之言。""昔席"犹"细
席",所谓广厦细旃也。([清]吴翌凤撰,吴格点校:《逊志堂杂
钞》,中华书局,2006年,第1版,第16、17页。)

(11)《双砚斋笔记》卷二:

　　"昔"字本训干肉,《说文》"昔,干肉也。从残肉,日似晞之,
与俎同意。"籀文作"🥩",隶变作"腊"。《周官》"腊人掌干肉,凡
田兽之脯腊膴胖之事"是也。经典或假借为"夕",《穀梁经》文
"辛卯,昔,恒星不见"是也。或假借为"昨",《孟子》曰"昔者

疾，今日愈"之类是也。或假借为"古"，《诗·商颂》"那自古在昔"之类是也。自隶依籀文加月，变昔为腊，于是干肉之训专属诸腊，而昔之为干肉鲜有闻者，即为"夕"、为"昨"亦不通行。所通行者，惟古昔一义而已。古今文义转变，皆必有由。"腊人"，郑注云："腊之言夕也。"盖肉必经夕而干，如《论语》所称宿肉，故昔得为夕。夕，算也、夜也。明日言之则为昨矣，故由夕而为昨，昨，累日也，累之又久则为古矣。故由昨而为古，此义之递及也。经典假借之字，必取同音，昔、昔、昨、古，古音并在鱼部，此音之相同也。许君说昔与俎同意者，昔之众为残肉，俎之仌为半肉，其形近也，昔、俎皆在鱼部，其音同也。（〔清〕邓廷桢著，冯惠民点校：《双砚斋笔记》，中华书局，1987 年，第 1 版，第 135、136 页。）

例（9）至例（11）均为讨论"昔"的古文字形及其字形字义变化。三者都认为"昔"的本义是干肉。例（9）认为"昔"之古字作"昔"，为"脯腊"之"腊"的本字。作"昔"字者为隶变后之字形。又假借作"今昔"之"昔"，后人不知其本义，于是又加"月"造"腊"字表"脯腊"之"腊"，即所谓的累增字。著者认为这是一种叠床架屋的行为，根本原因在于不明"昔"之古字古义。例（11）亦认为"昔"之古字为"昔"，干肉义，"昔"表夜晚义、从前义（昨义）、久远义（古义）乃假借"昔"字为之。"昔"作腊是"昔"字籀文隶变之结果。

按，《说文》："昔，干肉也。从残肉，日以晞之。与俎同义。昔，籀文从肉。"或即为例（9）至例（11）著者所说之所本。按，"昔"甲骨文作"昔"（合集 1772 正），金文作"昔"（集成 6014），楚简作"昔"（天策），为从日、从巛之形，非所谓四人、肉形。籀文作"昔"，其下所从之"日"始讹作"月（肉）"形；俎楚文作"昔"，其上所从之"巛"始讹作"仌"形，小篆作"昔"因之，因此，这里对"昔"的字形分析不确。叶玉森认为："契文昔作昔、昔，从巛，巛乃象洪水，即古巛字。从日，古人殆不忘洪水之灾，故制昔字取谊于洪水之日。"徐中舒认为其说可从，《说文》不确[1]。李孝定亦认为叶说可从："（《说文》）谓干肉为昔之本义，今古之义为引申，昔蘁为古籀之别，实则昔为今古义之本字，乃从日从巛会意，叶说是也。干肉之腊乃从肉从昔，昔亦声，二者实非一

---

[1] 徐中舒《甲骨文字典》，四川辞书出版社，2006 年，第 725 页。

字,《玉篇》二字分收二部不误。《玉篇·日部》'昔,思亦切,往也,久
也昨也。'肉部'腊,思亦切,干肉也。《周礼》腊人。'"①因此昔之本义
为古昔义,非为干肉义也,作"腊"者,乃其战国时期字形讹变的结果。
例(9)中所谓"脯腊"之"腊"乃是字形讹变后所产生的意义。"昔"之
本义为今昔之昔,即从前、往昔义,引申为久远义,《玉篇·日部》:
"昔,久也。"《周礼》"昔酒"贾公彦疏:"'昔酒'者,久酿乃熟,故以昔
酒为名。"又引申为终了义,《吕氏春秋》:"孟夏之夕,杀三叶而获大
麦。"高诱注:"昔,终也。"又引申为夜晚义,《广雅·释诂四》:"昔,夜
也。"王念孙《疏证》云:"昔之言夕也。"昔与夕音义相近,夕有夜义
(《说文》夜从夕、亦省声),故昔亦有夜义。

此外,例(11)引《尸子》文认为"昔"有细义。按,这里的"昔
席"指平日的讲席,如同昔日、平日义,②并非为"细席"。因为"昔"
无法引申出"细"义。"昔"作"细"当是文字通假。《荀子·大略》:"临
患难而不忘细席之言。"杨倞注引《尸子》作"昔席",云:"昔席,盖昔
所践履之言。"以"昔席"为昔日践行之义。③

(12)《困学纪闻》卷七:

> 　　王去非云:"学者学乎孝,教者教乎孝,故皆从孝字。"(原注:
> 慈湖、蒙斋谓古"孝"字,只是"学"字。愚按《古文韵》:"学"
> 字,古《老子》作"孝"。"教"字,郭昭卿《字指》作"季"。)
> ([宋]王应麟著;[清]翁元圻等注;栾保群,田青松,吕宗力校
> 点:《困学纪闻》[全校本],上海古籍出版社,2008年,第1版,第
> 980页。)

(13)《十驾斋养新录》卷四"宋人不讲六书":

> 　　王伯厚引王去非云:"学者学乎孝,教者教乎孝,故皆从孝
> 字。"又引慈湖(杨简)蒙斋(袁甫)说:"古孝字只是学字。"案古
> 文"学"作"季","季"从"爻","孝"从"老",判然两字,岂可
> 传会为一?宋人不讲六书,故有此谬说。([清]钱大昕著,杨勇军
> 整理:《十驾斋养新录》,上海书店出版社,2011年,第1版,第

---

① 李孝定编述《甲骨文字集释》,中央研究院历史语言研究所,1970年,第2209页。
②《汉语大词典》"昔席"条。
③《辞源》"昔席"条。

61 页。）

（14）《双砚斋笔记》卷五亦云：

　　《说文》"斅"①篆云："觉悟也，从教②冂。冂，尚曚也，臼声。"案：冂，覆也，从一下丞，覆则冡（古蒙字）而不明，故从冂。覆而曰尚蒙也，覆而蒙，必教以发之。《礼记》所谓"昭然若发曚也"，故从教。又"学"篆云："篆文斅省。""斅"为古文，"学"为篆文，是斅、学一字也。《学记》引《兑命》曰："学学半。"正是一字。盖古本如此，伪《古文尚书·说命》"惟斅学半"乃重复用之，而劈分上"斅"字为教，下"学"字为学，不知殷时但有古文，兼包教学二义，秦作小篆始省作学，此梅颐古文之所以为伪，而《玉篇》以下靡然从之矣。（〔清〕邓廷桢著，冯惠民点校：《双砚斋笔记》，中华书局，1987 年，第 1 版，第 327、328 页。）

　　例（12）—例（14）均为讨论"学""教"的古文问题。例（12）首先引王去非说认为"学"字、"教"字古从"孝"。其次，引杨简（即文中之"慈湖"）、袁甫（及文中之"蒙斋"）说，认为古"孝"字只是"学"字。最后，著者引《古文四声韵》，认为"学"字、"教"字古文均作"孝"。例（13）针对例（12）而言，认为古文"学"作"孝"从"爻"，"孝"从"老"，非为一字。例（14）据《说文》"斅"字说解，认为"斅"为古文，"学"为篆文，二者本为一字。进而引《学记》《尚书·说命》文，认为"斅"本含教、学二义，后人作小篆时始分化为二。

　　按，首先，"学"，甲骨文有三种常见写法：一种写法从宀、乂（爻省）声③，如"𡥈"（合集 1822 正）、"𡥈"（存下 256），表示在屋下施教、受教之义。第二种写法从臼、爻声，如"𡥈"（合集 8732），"臼"表示施教、受教的动作。第三种写法为从臼、从乂、从宀，如"𡥈"（合集 20101），为形声字。④金文作"𤲩"（盂鼎），或加"攴"作"𡭥"（沈子簋），基本上袭承甲骨文字形，加"攴"者即"斅"字，即《说文》"学"

① "斅"字篆文作"斅"。
② 据《说文》此处脱一"从"字。
③ 或说为"五"的初文。
④ 季旭升《说文新证》，福建人民出版社，2010 年，第 250 页。

字。郭店楚墓楚简《老子》乙本作"𦥯"，袭承甲骨文金文而来，且非如《古文四声韵》所称作"学"。《说文》作"斅"，《说文》篆文作"学"。

其次，"教"，甲骨文作"𢼿"（合集 10）、或省作"𢻻"（合集 28008），金文作"𢼁"（散氏盘），战国金文作"𢽤"（燕侯载器），包山楚简作"𢽠"，小篆作"𢾄"，隶书作"教"（孔宙碑），均是在"学"字基础上加"攴"分化而来，会教授之义。徐灏《说文解字注笺》曰"疑先有学而后加攴为斅"，其说是。姚孝遂云："卜辞𢼿、�、𡥀、𢿛、𡥡、𡥢、𡥣同字，《说文》歧为𤕦、斅二字，说契诸家或于许慎之说解，明知其用法无别，而以通假言之，殊误。自其形体分析之，初形作𢼿，变体作𡥡或𡥢；进一步复于此数形之基础上增𦥑或𦥑为意符。说契诸家均公认𢿛、𡥢、𡥣为斅字，则不应歧𢼿、𡥡为二字。"[1]因此"教""学"本为一字，之后分化为二。[2]例（14）之说可从。

至于例（13）所说"学"之古文作"季"，姚孝遂引于鬯《说文职墨》谓："许说斅字为臼声，盖误。当云从教，从臼，从冖，冖尚曚也，教亦声。子部季从子，爻声，季、教、斅、学四字实止一字。《小戴记·学记》引《兑命》曰：'学学半者，教学半也，是古教学不别。'"[3]认为"学""季"本为一字，学之最初古文当为"𢼿"，"季"亦为后起字。

此外，例（12）中所称"学""教"从"孝"之说亦不确。"孝"字甲骨文作"𠃸"（金 476），金文作"孝"（集成 2838），楚简作"孝"（睡·为 47），小篆作"孝"，其金文上部为"老"字之省，会孝养的对象；下部为"小"字，会孝养者。其余字体皆袭承金文而来。可见，"孝"字与"学""教"字古今文字均不相同。"学"字古文，上文已述。"教"字本从攴、爻声，从金文到隶书皆承甲骨文而来。战国文字字形或作从言、爻声，为《说文》古文所继承。至楷书乃讹变为从攴、孝声，已失教字原意。

（15）《学林》卷第十"卄"：

> 许慎《说文》曰：磺，胡猛切，朴也，亦作卄，古文也。故

---

① 于省吾《甲骨文字诂林》，中华书局，1996 年，第 3262 页。

②《汉语大字典》"学"字条。

③ 同上。

《周礼》有卝人掌金玉锡石之地。①郑氏注曰："卝之言矿也，金石未成器曰矿。"观国按，磺亦作矿，卝亦作钅广，则卝者，古文矿字也。《周礼释音》，卝音胡猛切。王荆公引《诗》"总角丱兮"以释卝人之义，取其有分别之义。若然，则丱兮音惯，而卝人亦音惯矣。若卝人音惯，则字书卝人之卝当弃而不用也，故荆公《字说》收矿字而不收卝字，恐卝字未可遽尔削去也。《礼记》曰："天子之六府，有司货。"郑氏注曰："司货，卝人也。"陆德明《音义》曰："卝，胡猛切。"义甚明也。《广韵》上声于矿字训曰"金矿璞也"，于卝字训曰"金玉未成器也"，又二字分二切，则误矣。《礼部韵略》上声卝字胡猛切，金玉未成器也；矿字古猛切，铜铁璞石也，亦误矣。盖卝、矿乃一字一义也。《广韵》《礼部韵略》皆分作二字二义，而所训二义又同而无别，盖《广韵》唱其误，而《礼部韵略》袭其误也。（[宋]王观国撰，田瑞娟点校：《学林》，中华书局，1988年，第1版，第330-331页。）

（16）《十驾斋养新录》卷二：

《卝人》注："卝之言矿也。"《说文·石部》："磺，铜铁朴石也，古文作'卝'，《周礼》有卝人。"康成读"卝"为"矿"（即"磺"）字。与《说文》正合。"卝""矿"声相近，故古文借作"矿"字。（[清]钱大昕著，杨勇军整理：《十驾斋养新录》，上海书店出版社，2011年，第1版，第24页。）

例（15）、例（16）为论"磺"（矿）之古文"卝"（丱）的音义及其发展。例（15）首先引《说文》及《周礼》郑玄注指出"磺"又作"矿"，其古文作"卝"又作"钅广"。②其次，引王安石《字说》以《诗经》"总角丱兮"论"卝"音惯，认为《字说》不收"卝"失之武断。最后，援引《礼记》文及陆德明《释文》证"卝"与"矿"同音同义，俱音磺，指未加工的金玉。但是著者指出，《广韵》将"卝"和"矿"分为二字二音，从而导致《韵略》及后来之字书因循其误。例（16）据《周礼》郑注

---

① 按《说文》作："磺，铜铁朴石也。从石、黄声。读若穬。卝，古文矿。《周礼》有卝人。"此处为转引《说文》，故内容小异。徐铉引《唐韵》作"古猛切"，"胡猛切"为"矿"。"古猛切""胡猛切"同属见母，故其读音相同。

② "钅广"当为"卝"的后起分化字。

及《说文》认为"丱"是"礦"的假借。

按，"丱"之金文作（丱父己簋），其字形"像少年束发为两总角之形，参妇好墓所出土之玉人作形，若截取商代金文头上部分，即作形"[1]。《诗·齐风·甫田》："总角丱兮"，毛传："丱，幼稚也。"阮元《校勘记》："唐石经丱作卝。案：各本皆误，唐石经是也。"《集韵》："丱，束发貌。"实际上，"丱"即为"卝"的变体。其战国文字上承商代金文作卝、卝、卝、卝等，或演变作卝、卝等形。因此"丱"之本义为儿童束发貌。礦，《说文》："铜铁朴石也，从石，黄声。读若穬。丱，古文礦，《周礼》有丱人。"因此"礦"之本义为未加工的金玉，据《说文》，则"礦"之古文作"丱"。按，"礦""丱"古音同属见母阳部，二者古音相同。意义上，"所谓'未成器'与毛传'幼稚也'似义亦相函"[2]。故"丱"表礦义亦有可能是词义的引申，"礦"字只见于《说文》小篆，无更早的字体，当为"丱"词义引申所造之分化字。如此，则非如例（16）所云为假借字。

"礦"又作"矿"，《集韵》："礦，《说文》：'铜铁朴石也。'或作矿。""矿"字不见于《说文》，《周礼·地官·序官》"丱人"郑玄注："丱之言矿也。金玉未成器曰矿。"其中有"矿"字。又《广雅·释诂四》："矿，强也。"王念孙疏证："犷，与矿通。"表粗犷、强悍义。《管子·法治》："痤睢之矿石也。"表石针义。这说明该字或为汉魏时期所产生之字，因为其读音与结构表意均与"礦"相近，因此被用来作"丱"的分化字。《周礼·地官·序官》贾公彦疏云："经所云丱，是总角之丱字。此官取金玉，于丱字无所用，故转从石边广，以其金玉出于石，左形右声，从矿字也。"

此外，"矿"后来替代"礦"专表矿石义，当是因为"礦"之声符"黄"属匣母，而"礦"音见母，声母读音不同，表音不准。故选择读音更准确的"广"（见母）作声符。

《广韵》音"丱"呼瞥切，上声匣母梗摄；音"矿"古猛切，上声见母梗摄。当是《广韵》注音之错误。《周礼·地官·序官》"丱人"陆德明《释文》注："丱人，徐音矿，虢猛反，刘侯猛反。矿，虢猛反，金玉未成器。"《周礼·地官·司徒》"丱人"陆德明《释文》："丱人，华猛反，又虢猛反，刘侯猛反，沈工猛反。"均作见母，因此"丱人"之"丱"当作见母，著者所驳是。

---

① 何琳仪《战国古文字典》，中华书局，1998年，第1001页。
② 同上。

(17)《学林》卷第十"冰":

　　许慎《说文》，仌字音兵，冰字音凝，亦作凝。今详《说文》仌字只从重人，其冰字乃凝字，无他音，不知后人何故以冰为仌而音兵也。盖冰字从仌从水而音凝，则于义为正。《尔雅》曰："冰，脂也。"郭璞注曰："《庄子》云'肌肤若冰雪'。冰雪，脂膏也。"《尔雅》用冰字为凝字，而《庄子》亦用冰字为凝字，而今之书史书用冰音兵者，当是秦、汉间变篆为隶时所改也。许慎，后汉人也，《说文》尚以冰为凝者，盖《说文》本纂集古文而后成，古文仌音兵，冰音凝，不可改故也。王文公《笔录》曰："李阳冰善篆。"而不知冰字乃凝字，自后只呼为李阳凝，盖戏之也。唐故事，尚书祠部号冰厅，读冰作去声，言事简清冷也。欧阳文忠公《和梅圣俞从登东楼诗》曰："自怜曾预称觞列，独宿冰厅梦帝关。"而用冰作平声者，但欲顺诗句平仄用之耳，欧公不应误也。韩愈为分司郎官，《上郑相公启》曰："分司郎官职事，惟祠部为烦且重，愈独判二年，日与宦者为敌，相伺候罪过，恶言詈辞，狼藉公牒，不敢为耻，实虑陷祸，故用怀状乞与诸郎官更判。"观国按，愈启所言，则祠部非事简清冷之司也，当是宪宗时偶然省曹事多，而愈适当其任故耳。冰又为箭筒之盖，《春秋》昭公十四年《左氏传》曰："怀锦奉壶饮冰以蒲伏焉。"又二十五年《传》曰："公徒释甲执冰而踞。"又二十七年《传》曰："岂其伐人，而脱甲执冰以游。"杜预注曰："冰，椟圆盖也。椟圆是箭筒，其盖可以取饮。"（［宋］王观国撰，田瑞娟点校：《学林》，中华书局，1988 年，第 1 版，第 319-320 页。）

(18)《过庭录》卷二"《周易》考异上":

　　"阴疑于阳必战"，《音义》："疑，如字。"荀、虞、姚信、蜀才本作"凝"。案：李鼎祚《集解》引孟喜曰："阴乃上薄，疑似于阳，必与阳战也。"则孟氏本作"疑"，荀爽读作"凝"。《说文》凝字作冰，冰字为仌。隶书出，乃有凝字，而以冰为仌，荀、虞并据隶读也。（［清］宋翔凤撰，梁运华点校：《过庭录》，中华书局，1986 年，第 1 版，第 12 页。）

（19）《双砚斋笔记》卷二：

　　《周易·坤》"初六"《象传》曰："履霜坚冰，阴始凝也。驯致其道，至坚冰也。"案：《说文》曰："仌，冻也。象水凝之形。""冰，水坚也。从水、仌。"又出"凝"篆曰："俗冰从疑。"是冰、凝一字。冰可书作凝，冰不可仍作仌也。《象传》之意，言履霜为阴之始凝，驯而致之乃至于坚仌，故《文言》曰："其所由来者渐也。"然则"阴始凝也"之凝当作冰，不当从俗体之凝，"至坚冰也"之冰当作仌不当从水之冰。若如今本上句作凝，下句作冰，是始即曰凝，坚又曰凝，于义未安，以俗体之凝廿正体之冰，于韵亦为复矣。又，"履霜坚冰"，朱子曰："《魏志》作'初六履霜'，今当从之。"是陈寿所据本与今本异，盖《象传》上二句说爻辞之履霜，下二句说爻辞之坚仌，至则第一句，不当即言坚仌也，古本之可贵如此。（［清］邓廷桢著，冯惠民点校：《双砚斋笔记》，中华书局，1987年，第1版，第161-162页。）

　　例（17）至例（19）讨论"冰"及其古文字形"仌"的本义以及发展变化。例（17）认为"冰"之本字当作"仌"，古文"冰"乃凝义。"冰"代"仌"乃隶变之结果。例（18）亦同此说，并认为在"冰"代"仌"、"凝"代"冰"之转变过程中，"冰"一度可兼具"仌"和"凝"义。

　　按，金文有"仌"（卣文）和"冰"（集成4096），郭沫若认为即"仌"和"冰"，《说文》当袭承金文而来。①《说文·仌部》："仌，冻也。象水凝之形。"徐铉引《唐韵》作笔陵切。《说文·仌部》："冰，水坚也。从仌，从水。凝，俗冰从疑。"段玉裁《说文解字注》曰："以冰代仌，乃别制凝字。经典反凝字皆冰之变也。"因此冰之本字作仌，张舜徽《说文解字约注》云："仌之言并也，言水遇冷并结为一也。《玉篇》：'仌，冬寒水结也'是也。"②后隶变以"冰"代"仌"，又《约注》引顾炎武说："仌于隶楷不能独成文，故后人加水焉。"③因此"冰"乃"仌"隶变后之代字。"冰"本为"凝"之本字，其本义为凝结，《逸周书·时

---

　　① 郭沫若《两周金文辞大系图录考释·夌姬鬲》，见《古文字诂林（九）》，上海教育出版社，2004年，第305页。

　　② 张舜徽《说文解字约注》，华中师范大学出版社，2009年，第2821页。

　　③ 同上。

训》："立冬之日，水始冰。又五日，地始冻。"《汉书·五行志上》："工冶铸金铁，金铁冰滞，不成者众。"王先谦《汉书补注》引刘敞曰："冰，音凝。""冰"代"仌"后，表凝结义之"冰"即代以"凝"字，"凝"字小篆作"𩕳"，正与"冰"相同，亦可证"冰"代"仌"、"凝"代"冰"乃隶变之后之事。"凝"从"疑"得声，"疑"字古音在之部，"冰"古音在蒸部，二者阴阳对转，"疑"加"仌"即为凝也。

三、考证文字的古文字形

（20）《苏氏演义》卷上：

> 　　县者，悬也，谓悬赋税户口法令以示于下民。大篆县字从悬音枭，从系者，断罪人之首，倒悬谓之枭，即是古文誉音首字倒书也。上三短画，象人发，下象头面之形。今人多用此枭字，系字上一古文爪，测绞反。下字从于糸。爪者，手也。又从于糸，皆从悬系之貌。古文悬字无从心者，后隶文始相传用。
>
> 　　坊者，方也，言人所在里为方。方者，正也。曲者，诘曲也。古文匚音方、𠃊音曲，字象方物、曲物之形。又曰：方，类也。易曰：方以类聚，居者必求其类。夫以药术为方者，亦以同类之物成乎方也。今坊字从土，盖隶文欲强别白，遂不惜于文繁耳，篆文方字尚如此作。（［唐］苏鹗撰，孔凡礼点校：《苏氏演义》，中华书局，2012年，第1版，第11页。）

　　此例考释"县""坊"和"曲"的构词理据，同时分别考证了"悬"字、"方"字和"曲"字古文字形及其发展。著者认为"州县"的"县"即古文的"悬"，大篆从"悬"为倒首，即"首"字的倒文，像古代的枭首之刑，表示倒义。所从"系"者从爪从糸，亦会倒悬之意。从心之"悬"是隶变以后所产生。著者认为"坊"的理据在于"方"，并以"方"的古文字形以证之，并认为加土之"坊"是隶变后起字。"曲"的理据亦以古文字证之。此外著者还指出"方"有类义。

　　按，县，《说文》云："系也，从系持悬。"徐铉曰："此本是县挂之县，借为州县之县。今俗加心别作悬，义无所取。"其说与著者所说相同。"县"之金文作"𢎚"（县改簋），像人首倒悬于树上之形。战国时期文字因之，如曾侯乙墓竹简作"𥄂"，篆文亦因之作"縣"。因此其本意为悬挂，此说可从。

坊，《说文》无。《说文新附》曰：“邑里之名。从土、方声。古通用坊。”方，《说文》云：“併船也。象两舟省总头形。”按，“方”之甲骨文作“㞷”（合集 8397），金文作“才”（集成 2694），像耒之形，非为所谓并船之称。邑里称“坊”，据著者称当是取其方正之义，这个意义的方，本字当为“匚”，《说文》：“受物之器。”段玉裁注：“受物之器。此其器盖正方，文如此作者，横视之耳。直者其底，横者其四围，右其口也。”甲骨文作“匚”（合集 31997），金文作“匹”（集成 2431），因此方正之“方”的古字当为“匚”，著者之说可从。

曲，小篆作“㘣”，《说文》云：“象器曲受物之形。”甲骨文作“㘣”（合集 1022 甲），金文作“㘣”（集成 8501），楚简作“㇄”（包 2·260），像曲尺之形，表示诘屈、弯曲义。小篆字形承袭上述字形而来，存有古文特点，故著者举之以明其本字本义。

（21）《资暇集》卷上“行李”：

　　李字除果名、地名、人姓之外，更无别训义也。《左传》：“行李之往来。”杜不研穷意理，遂注云：“行李，使人也。”遂俾今见远行，结束次第，谓之“行李”，而不悟是行使尔。按旧文“使”字作“㞢”，传写之误，误作“李”焉。旧文“使”字，“山”下“人”，“人”下“子”。（［唐］李匡文撰，吴企明点校：《资暇集》，中华书局，2012 年，第 1 版，第 162 页。）

（22）《学林》卷一“古文”：

　　唐李济翁《资暇录》曰：“古文使字作㞢，《左氏春秋传》言行李，乃是行使，后人误变为李字。”观国按，《春秋》僖公三十年《左氏传》曰：“若舍郑以为东道主，行李之往来，共其乏困。”杜预曰：“行李，使人也。”又襄公八年《左氏传》曰：“亦不使一介行李告于寡君。”杜预曰：“行李，行人也。”又昭公十三年《左氏传》曰：“诸侯靖兵，好以为事，行理之命，无月不至。”杜预曰：“行理，使人通聘问者。”然则《左氏传》或言行李，或言行理，皆谓行使也。但文其言谓之行李，又谓之行理耳。以此知非改古文㞢字为李也。古文字多矣，李济翁不言㞢字出何书，未可遽尔泛举而改作也。（［宋］王观国撰，田瑞娟点校：《学林》，中华书局，1988 年，第 1 版，第 20 页。）

（23）《瓮牖闲评》卷二：

> 理、李二字古通用，初无异义也。《周语》云："行理以节逆之。"《管子》云："黄帝得后土而辨于北方，故使为李。"以二书考之，则知左氏传中用行李字或作理，初无异义。李济翁《资暇录》辨《左氏传》"行李"作"行峑"，谓峑字乃古使字，其理为甚当，前未有此说也。王观国《学林》乃云："古文字多矣，济翁不言峑字出何书，未可遽尔泛举而改作。"余谓济翁所说峑字盖出于《玉篇》山字部中，载之为甚详，观国作《学林》，多引《广韵》《玉篇》以为证，独不知峑字，何也？（[宋] 袁文撰，李伟国点校：《瓮牖闲评》，中华书局，2007 年，第 1 版，第 31 页。）

例（21）—（23）辨《左传》"行李"之"李"的字形及音义。例（21）认为"行李"为使人，而"李"字无此义，故认为"李"为"使"之误，古文"使"作"峑"，误作"李"。例（22）据《左传》"行李"之异文又作"行理"，且均指行使义，有古文"峑"字不知出自何处，故认为例（21）改字之说不确。例（23）认为李、理古通用，"行李"作"行理"是文字的通假，进而指出"峑"字出《玉篇》。例（21）说是，例（22）说则未深考。

按，今本《玉篇》及《玉篇残卷》山部均有"峑"字，释义："所几反，字书古文使字也。"例（23）所说是。但是这个字形的"使"字仅见于《玉篇》，《汉语大字典》还提供了《新书·服疑》一条例证，这些均是汉魏六朝时期的材料，未有更早之例证。如此，《左传》中是否使用这个"峑"则成为疑问，《左传》中如果未使用这个字，则所谓误字之说即成无稽之谈。

此外，考察"李"和"使"的古文字形亦可判断二者是否存在讹误的可能。"李"字甲骨文作"𡴎"（英 1013），金文作"李"（集成 2832），均为从子、从木之形；楚简作"峑"（包 2.82）、"𡴎"（睡·日甲 145 背）；《说文》小篆作"李"。"使"字甲骨文作"𠭆"（甲 68），金文作"𠭆"（集成 271），会手持器具之形，学者多认为是"使""事"的初文。战国文字作"𠭆"（上〔1〕·紂·12）、"𠭆"（睡·杂 42），小篆作"使"。未见有作"苹"者，且与"李"字古文不相涉，讹误的机会不大。故例（21）说从古文字角度看似乎不太可能。

最后，"行李"为古代受命出使的史官，又作行理、行人、行使、使者、使人等。"行李"之"李"当为假借字，章炳麟《官制索隐》："行人之官，某名曰使，抑或借理为之，《周语》云：'行理以节逆之'是也。亦或借李为之，《左氏》云：'行李之往来'是也。"

（24）《瓮牖闲评》卷一：

> 霎字从天从云省，故《易》曰"云上于天，霎"，霎字不从而也。今人作需字乃从而，盖篆文天字与而字相类，后之作字者失于较量，各从其便书之，其误甚矣。五经文字云："需音须，遇雨而不进。"从而非也。（［宋］袁文撰，李伟国点校：《瓮牖闲评》，中华书局，2007年，第1版，第27页。）

此例为分析"需"字的古文字形。著者据《周易》用字情况，断定"需"的古文字当从"天"不从"而"。

按，《说文》："需，頼也。遇雨不进止頼也。从雨、而声。《易》曰：'云上于天，需。'"徐铉校订曰："李阳冰据《易》'云上于天'云：'当从天。'"当即本例著者之所本。但徐铉曰："然诸本及前作所书皆从而，无有从天者。"可知徐铉所见之《周易》未有作"霎"者，著者之论断当是从李阳冰说。按，"需"字金文作"霎"（孟簋），从雨、从天，像人在雨下，天像正立的人形而突出头部。战国楚简作"霎"（上〔2〕·容·2），战国文字"天""而"形近易混，故其下部所从之"天"已变作"而"。故"需"由"霎"而变作"需"，李阳冰所述乃"需"字古文写法之残留，故后人多不习见。

（25）《履斋示儿编》卷二十三：

> 《关子明易传》十一篇，率多奇字。以"生"为"坒"，以"象"为"焉"，以"一"为"弋"，以"三"为"弍"。
> 《亢仓子》多古文书，以"事"为"叓"，以"其"为"丌"。
> （［宋］孙奕撰，侯体健、况正兵点校：《履斋示儿编》，中华书局，2014年，第1版，第415-416页。）

此例论《关子明易传》及《亢仓子》两书中多古文奇字的特点，并举例若干以示之。

按，丛书本《履斋示儿编》此处卢文弨按语曰："《关氏易传》了无奇字，或后人已改之乎？"是以其古文为后人所加者。按，生，战国楚简作"主"（包 2.26），《说文》小篆作"坐"，段玉裁注："下象土，上象出。"隶定后有作"坐"者，《玉篇》："生，产也，进也，起也，出也。坐，古文。""烏"，《玉篇》说为"象"之古文。战国楚简有作"多"（郭·老乙 12）、"多"（郭·老丙 4）者，或为此"烏"之来源。一作"弍"、三作"式"为《说文》古文字体。春秋时期战国有"弍"（庚壶）、"弎"（秦·陶汇 5.115），当即其所本。

"叓"为《说文》古文"事"，按，"事"之金文作"叓"，战国楚简作"叓"（包 2.197），"叓"当为上述古文的隶定写法。

"丌"是"其"字古文异体的写法，"其"字金文作"丌"（集成 2789），异形作"丌"者，当为"其"之省。

（26）《焦氏笔乘》卷二"徐广注误"：

> 《史记》："汉文帝二年十一月晦，日有食之。十二月望，日又食。"下"日"当作"月"，刊本误耳。徐广以为："'望，日又食'，《汉书》及《五行传》皆无此文，一本作'月食'，然月食，《史》所不纪。"此不通天文故也。盖日食必于朔，月食必于望。时以晦既日食，望又月食，不半月而天变两见，故于望日下诏书修省。而诏止云：乃"十一月晦，日有食之。"则因感月食之变，而益谨日食之戒故也。景帝后三年十月，日月皆食，云十月而不系以日，则此月朔望分食，非一日事也。是后"十二月晦靁"徐广云："靁一作雷字，又作图，实所未详。"不知即雷字。此以发声非时，故特纪异耳。雷，《集韵》原作靁，《通志》云："回古雷字，后人加雨作靁，回象雷形。古尊罍多作'云回'。"今人不通字学，而欲读古书，难矣哉！（[明]焦竑撰，李剑雄点校：《焦氏笔乘》，中华书局，2008 年，第 1 版，第 59 页。）

此例辨正《史记》徐广注之误，其中涉及雷及相关古文字形的问题。著者认为《史记》"十二月晦靁"之"靁"即雷字，并援引《通志》说认为雷的古文作"回"，其后加雨而成"靁"，所从之"回"像雷形。

按，靁，甲骨文作"靁"（明藏 395）、"靁"（前 3.22.1〔甲〕），从

"⊘"（申，电之初文）、从"⊕"（轮之初文），会闪电时发出的如车轮般的
靁声。①金文、春秋战国文字皆承袭之，金文作"⊘"（中父乙靁），信阳
楚简作"⊞"（信 2.01）。《说文》小篆作"靁"，《说文》古文作"⊞"
"⊞"，籀文作"⊞"，亦是承袭上述文字而来。由此可见，靁之古文不从
"回"，从"回"之"雷"仅见《史记》及《集韵》，当是"靁"之异体之
一，但非"靁"之古字。

（27）钱大昕《十驾斋养新录》卷三"騚"：

> 《广韵》："騚，马蹄皆白也。"按《释畜篇》"四蹄皆白首"，
> "首"与"**肖**"字形相似，"肖"即"前"字。疑古本作"**肖**"，后人
> 加"马"旁耳。归安严元照云："尝见雪窗书院校刊《尔雅》郭注本
> 作'騚'，明人刊《五雅》本亦作'騚'。"（[清]钱大昕著，杨勇军
> 整理：《十驾斋养新录》，上海书店出版社，2011 年，第 1 版，第 53
> 页。）

此例校勘《尔雅·释畜》文，兼论"前"之古文字形。著者认为
《尔雅·释畜》"四蹄皆白首"之"首"字当作"前"，盖因"前"字古文
"**肖**"与"首"相似而误作"首"，并据其他版本《尔雅》郭璞注文中作
"騚"，断定《尔雅》文本作"前"，后人加"马"又作"騚"。

按，《尔雅·释畜》："四蹄皆白，首。"阮元校勘记云："'首'，唐石
经、单疏本、注疏本同，雪窗本改'騚'。阮校：按，《玉篇》：'騚，马四
蹄白。'《广韵·一先》：'騚，马四蹄皆白也。'考《初学记》卷二十九、
《艺文类聚》卷九十三引《尔雅》皆作'首'，与唐石经合。今邵晋涵《正
义》改作'前'，云：《尔雅》旧本作'前'，后人加'马'旁作'騚'，因
字形相涉，'前'误作'首'。"亦认为《尔雅》之"首"字当作"前"，本
作"騚"者，是后起之分化字。今按，"首"字无"马蹄皆白"义，"首"
与"騚"声韵亦不相近，非为"騚"之借字。因此，《尔雅》的"首"
当为误字。然今"首"字与"前"字字形相似之处不多，讹字之说证据
不足。本例著者认为"前"之古字作"**肖**"，与"首"字字形相近，故
相误。

按，"前"，甲骨文作"⊞"（合集 18245）、"⊞"（合集 5769 正）。金

---

① 季旭升《说文新证》，福建人民出版社，2010 年，第 848 页。

文承之，作"肖"（奚仲钟）。一说为从止、从舟，会止在舟前之义；①一说为从止、从履，会止在履上之义；②一说为从止、从盘，会止在盘中为洗涤义。③又说为从止、般声，前义。④战国文字承袭之，睡虎地秦简作"前"（睡·法 12），包山楚简作"芗"（包 2.145）。小篆作"肖"，《说文·止部》："歬，不行而进谓之歬。从止在舟上。"隶书作"前"（华山庙碑），楷书作"前"。此外，还有诸多异体，如"歬"（《正字通》）、"岢"（《四声篇海》）、"竝"（《四声篇海》）等十余种。此例著者所举之所谓古文"肖"，其上部为"止"字较明显，下部所从点画不清，不与甲骨文、金文等古文字合，当是隶楷阶段的异体之一。

"歬"讹作"首"，"首"之甲骨文作🖐，像人头有发形，后省发作"百"，其表发之部分亦有讹作"止"者，《战国古文字典》"首"字条："甲骨文作🖐，像侧面人头之形。或省文作🖐，亦隶定'百'。金文作🖐。战国文字有发、无发皆有之，或发讹作止形。"⑤由此可见，"首"古文上半部又有作"止"者，与"前"古文上半部相同，"首"字古文下半部与"舟"之古文相似，故"首"与"前"字古文相似易致误。作"馰"者，当如上述所引材料所云，盖为后人所增，即今之累增字，"前""馰"实为古今字关系。

（28）《乙卯札记》：

> "契作司徒"，"契"，古作"卨"。"益作朕虞"，"益"古作"萫"（百官表序）。（［清］章学诚撰，冯惠民点校：《乙卯札记》，中华书局，1986 年，第 1 版，第 4 页。）

按，"契"，本义指契刻，假借指传说中商的祖先，这个意义又作"偰""离""卨"。"偰"是契的后起分化字，《说文·人部》："偰，高辛氏之子，尧司徒，殷之先。"《诗·商颂·玄鸟》："天命玄鸟，降而生商。"郑玄笺："谓𥅆遗卵，娀氏之女简狄吞之而生契，为尧司徒，有功封商。"陆德明《释文》："契，本又作偰，同。""离"本为虫名，《说文·内部》：

---

① 李圃主编《古文字诂林》第 2 册，上海教育出版社，2002 年，第 238 页。

② 同上书，第 238-239 页。

③ 李孝定《甲骨文字集释》，《古文字诂林（二）》，第 239 页。

④ 于省吾《甲骨文字释林》，中华书局，2009 年，第 421 页。

⑤ 何琳仪《战国古文字典》，中华书局，1998 年，第 194 页。

"离，虫也。从蚰，象形，读与偰同。"假借作"契"，段玉裁《说文解字注》："经传多作契，古亦假离为之。""离"又作"卨"，《字汇补·卜部》："卨，与离同。"《文选·司马相如·子虚赋》："禹不能名，卨不能计。"郭璞注："张揖曰：'卨为尧司徒，敷五教，率万事。'应劭曰：'契善计也。'"《说文》无"卨"而有"离"，"离"当是"卨"的异体字，古书从口与从厶、从义之字多相混。这里所称"契古作卨"这一说法似乎难以成立，"契"是个很古老的汉字，甲骨文中即已有之，[1]而"卨"仅《子虚赋》一例孤证，说"卨"是"契"的古文没有事实依据。"卨"的异体字"离"产生时间较早，但也仅在战国时期楚简中才有[2]，因此，实际情况应该是在表示商的始祖这一名称时，最早用的是"契"，其后"契""离"通用，[3]分化出"偰"以及产生异体字作"卨"。

"益"古作"蒜"者，与上述情况相同。"益"，甲骨文作"益"（合集18541），像水漫出器皿之形，即"溢"的初文。"蒜"为《说文》"嗌"之籀文，金文作"蒜"（智鼎），本义指咽喉。在指称夏的始祖时，此二字可以通用。但从产生时间看，"蒜"字晚于"益"字，故"蒜"不会是"益"之古文。

（29）《丙辰札记》：

> 《说文》引《诗》"鬒发如云"作"㐱发"，"慎"字古文作"眘"，六经无"真"字，多取诚实允塞字义，而卦名无妄尤显著也。顾或以谓经传从"真"之字甚多，如慎、填、镇、颠之类，是未必无"真"字，但小篆始于李斯，如"鬒发"作"㐱"，"慎徽"作"眘"，则亦未见必从真也，《庄子·大宗师》"真人真知"，意与古人异旨，且"从化登真"，亦小篆之训，古人无此义也。（［清］章学诚撰，冯惠民点校：《丙辰札记》，中华书局，1986年，第1版，第73页。）

此例讨论"真"以及从"真"之字是否在六经书中存在的问题，著者认为六经中没有"真"字，并且从"真"之字多作他文。在论述过程中涉及"慎"字古文作"眘"的情况。

---

① 甲骨文作"㓞"（甲1170），乃"契"的初文，金文作"㓞"（林氏壶）。
② 战国楚简作"离"（上〔2〕·子10）。
③ 因为读音相同，同属心母月部。

按，"晉"字出《说文》古文，作"晉"。著者据此认为"晉"即为"慎"的古文。今按，"晉"字最早见于春秋时期的郳公华钟，作"晉"，楚简因之作"晉"（郭·语1.46），此当即《说文》古文之所本。"慎"字早在西周中期的金文中已有，作"晉"（师望鼎）、"晉"（大克鼎）等形，楚简作"晉"（郭·缁·15）。"慎"的产生时间比"晉"早，因此，"晉"不可能是"慎"的古字，著者这里囿于《说文》所说，其说不确。

此外，"真"字本作"眞"，"真"为"眞"之俗字，《正字通·目部》："真，俗眞字。""眞"本义为得道成仙的仙人，《说文·匕部》："眞，仙人变形而登天也。从匕，从目，从乚。八所乘载也。"段玉裁注："此眞之本义也。"徐灏笺："然自庄列，始有眞人之名，始有长生不死而登云天之说，亦寓言耳。后世由此遂合道家神仙为一流，此变形登天之说所由生也。"由此可知，"眞"表登仙义当在《庄子》《列子》时期所出，故六经无真字，其实指的是无真义（即表仙人义）。

（30）《知非日札》：

> 顾宁人谓自秦以前无驴字，《周书》"王会解北唐之间"，"间"即"驴"也。《射礼》："两君射于郊，用间中，象其形也。"江慎修《群经补议》云尔。（［清］章学诚撰，冯惠民点校：《知非日札》，中华书局，1986年，第1版，第109页。）

按，《说文》："驴，似马，长耳。从马、卢声。"《仪礼·乡射礼》："于郊则间中以旌获，于竟则虎中龙旝。"郑玄注："间，兽名，如驴，一角；或曰如驴，歧蹄。《周书》曰：'北唐以间。'"江永《群经补议》："北唐以间，间即今之驴也。"是以"间"为"驴"，然段玉裁《说文解字注》曰："按驴、骡、駃騠、駏驉、驒騱、太史公皆谓为匈奴奇畜，本中国所不用，故字皆不见经传。盖秦人造之耳。若《乡射礼》'间中'注云：'间、兽名。如驴，一角。或曰如驴，歧蹄。'引《周书》'北堂以间'，'间'断非驴也，而或以为一物何哉。"不以之为"驴"，然《山海经·北山经》："（县雍之山）其上多玉，其下多铜，其兽多间麋。"郭璞注："间，即输也，似驴也歧蹄，角如羚羊，一名山驴。"《集韵·鱼韵》："间，兽名。如驴，一角，歧蹄。"因此"间"乃似驴之兽，非《说文》所称之兽，江永认为"间"即今日之"驴"，亦不确。

（31）《札朴》卷第一"讎"：

　　（《诗·大雅·抑》）"无言不讎"，毛《传》："讎，用也。"案：《集韵》："讎，古文作𦧈。"馥疑毛《传》以"𦧈"释"讎"，讹"𦧈"为用。（［清］桂馥撰，赵智海点校：《札朴》，中华书局，1992年，第1版，第32页。）

　　此例辨正《诗》毛传"讎，用也"一句中的讹字问题。著者认为毛传中的"用"是"𦧈"之讹，"𦧈"为"讎"的古字。
　　按，"讎"即"雔"的异体字，《字汇补·言部》："讎，与雔同。"《诗》："无言不讎。"毛传："讎，用也。"孔颖达正义云："相对谓之雔。雔者相与用言语，故以雔为用。"因此孔疏所见《诗》毛传作"雔"。朱熹《集传》："雔，答。"释雔为答。如按著者所言，"用"是"𦧈"的讹字，而"𦧈"又是"雔"的古文，这里就是用"讎"的异体字来为其释义。经典训诂释词与被释词或用同义、近义词相训，或用描述性语言对被释词进行解释，未有用异体字来训释者，因为那样做不合训诂体例。所以，尽管这里毛传的解释有疑问，但不应该是"𦧈"的讹字。
　　此外，"𦧈"并非"雔"的古文，而只是"雔"的异写字。"𦧈"字《说文》无，最早见于《集韵》，《集韵》认为"雔"之古文作"𦧈"，《集韵考证》认为当是从口周声。而"雔"字金文中已有，作"𤦡"（𫊸比盨）。因此从时间上判断，"𦧈"不会早于"雔"，因而古文之说自然不会成立。

（32）《札朴》卷二"德"：

　　"以直报怨，以德报德。"贾谊书："施行得理谓之德，反德为怨。"案："德"本作"悳"。《说文》："悳，外得于人，内得于己也。"（［清］桂馥撰，赵智海点校：《札朴》，中华书局，1992年，第1版，第86页。）

　　此例据《说文》指出"德"之本字作"悳"。按，"德"甲骨文作"𢓊"（甲2304）"𢔟"（戬39.7），从行（即彳）、直声，表遵行正道之意。金文加"心"作"𢛳"（集成2812）；战国楚简作"得"（包2.84）；小篆作"𢑏"。所谓古文作"悳"者，为"德"之省文。"德"省"彳"即为"悳"。这一写法西周金文中已可见，如"𢛳"（季嬴霝德盘），战国楚简作

"🐛"（郭·语 3.24），小篆作"惪"，《说文》古文作"悳"。由此可见，"德"是正体，"惪"实际是"德"之省简。在产生时间上，"惪"亦晚于"德"，故"德本作惪"这一说法不确。

（33）《札朴》卷二"隐几"：

> （《孟子·公孙丑下》）"隐几而卧"，赵注："隐倚其几而卧。"案：《檀弓》："既葬而封，广轮揜坎，其高可隐也。"注云："隐，据也。封可手据。""隐"正作"晋"。《说文》："晋，所依据也。"①读与隐同。（［清］桂馥撰，赵智海点校：《札朴》，中华书局，1992年，第1版，第92页。）

此例论证"隐"有"据"义，它的古本字作"晋"。按，《说文》："隐，蔽也。从𨸏、㥯声。"释"隐"为蔽。徐铉引《唐韵》作于谨切，上声影母隐韵。"隐"表据义作于靳切，去声影母焮韵，此义见《广韵》。著者认为"隐"之古字当作"晋"，按，《说文·叏部》："晋，有所依据也。从叏、工，读与隐同。"段玉裁注："此与《𨸏部》'隐'音同义近，'隐'行而'晋'废矣。"马叙伦曰："此盖本作依也，谓有所依据也。晋，从爪，从𨔤，从工。工巨一字，匠人所以制裁之器。今匠人裁大木为板，以两人相对持大巨裁之。此或会意字，其义可意而知之。"张舜徽曰："马说近是。今木工之裁者，其上必先绳墨，而后两人相对持器以锯裂之，此盖即依据之义所由起，引申为一切依凭之称。《孟子》：'隐几而卧'，谓依几而卧也。凡有依凭必较安适，故有安隐之义。今俗作安稳，稳亦晋之后增体。"②因此隐字古本作"晋"字，《玉篇·叏部》："晋，今作隐。"其本义即为依靠、凭借。古有"隐囊"一词，即相当于今之靠枕，《札朴》卷四"隐囊"：

> 今床榻间方枕，俗呼靠枕，即隐囊也。《通鉴》："陈后主依隐囊，置张贵妃于席上。"注云："隐囊者，为囊实以细软，置诸坐侧，作倦则侧身曲肱以隐之。"馥案："隐"读如《孟子》"隐几"之"隐"，昔人用于车中。《说文》："纵，车纵也。"《急就篇》："鞉靴鞇鞴鞍镳钖。"颜注："靴，韦囊，在车中，人所凭扶也。今谓之隐囊。"

---

① 按中华书局点校本《札朴》，此处"晋"作"𦥑"，今据《说文》当作"晋"。

② 张舜徽《说文解字约注》，华中师范大学出版社，2009年，第962页。

（[清] 桂馥撰，赵智海点校：《札朴》，中华书局，1992 年，第 1 版，第 167、168 页）

“隐囊”之“隐”即取其依靠、凭借义。然“隐”字又有“隐藏”义，且此义为“隐”之主要用义。今按，“隐”之隐藏义亦本于“㐭”，《战国古文字典》：“㐭，金文作，从𠬪，从工，会意不明。秦国文字或从干旁作（或省作），似有双手持盾隐蔽之义。”①其实，有所隐藏者必有所凭借之物方可隐藏，故其手持盾亦可理解为有所凭借，“隐”之“凭借”义与“隐藏”义俱可由“㐭”得解。

（34）《札朴》卷第八“芊子戈”：

> 颜教授崇槼古铜戈，文曰：“芊子之艁戈。”“艁”，古文“造”字。《尚书·顾命》：“兑之戈，和之弓，垂之竹矢。”郑注：“兑也，和也，垂也，皆古人造此物者之名。”唐韦皋镇蜀，所进兵器，皆镂“定秦”字，不相与者造成罪名。陆畅上言：“臣向在蜀，知‘定秦’者，匠名也。”因此得释。馥谓芊子亦造戈人也。《月令》：“物勒工名，以考其诚。”注云：“勒，刻也，刻工名于其器。”或释“艁戈”为“服戈”。馥谓当作“造”，又见一戈，文曰：“卫公孙吕之告戈。”“告”即“艁”之省文。《大戴礼》矛铭云：“造矛造矛。”亦可证“造”字。（[清] 桂馥撰，赵智海点校：《札朴》，中华书局，1992 年，第 1 版，第 306 页。）

此例据古兵器上之铭文考释“艁”字，著者据传统经史传注及唐故事，证古兵器铭文中的“艁”即“造”字，有时省作“告”。

按，《说文·辵部》：“造，就也。从辵，告声。谭长说，造，上士也。艁，古文造从舟。”说明《说文》已有此论。按，造，金文作“”（集成 2732），从辵、告声；或作“”（集成 11089），从舟、告声；②或作“”（颂鼎）。高鸿缙《颂器考释》云：“（金文）𩔈，制造之本字，亦作艁，从宀，从舟，告声。言屋或舟均人所制造也。后世通以造访之造代之，久而成习，而𩔈与艁均废。”春秋战国兵器铭文中作“”（元戈·集成 10809）、“”（敌之造戟·集成 11046）、“”（羊子戈·集成

① 何琳仪《战国古文字典》，中华书局，1998 年，第 1309 页。

② 季旭升《说文新证》，福建人民出版社，2010 年，第 121-122 页。

11089)、"𦨵"（羣于公戈·集成 11125）等形，或从"辵"、或从"舟"，此即《说文》小篆及《说文》古文之所本。《方言》卷九："艁舟谓之浮梁。"戴震《方言疏证》："造、艁古通用。"将其当作两字通用，说法不确。

（35）《双砚斋笔记》卷一：

> 司，古音与嗣、伺同，义亦相通。《说文》云："司，臣司事于外者。"《诗·郑风》："帮之司值。"《传》曰："司，主也。"故司徒、司马、司寇、司空以为官名，下及管库、门关、几筵、尊彝之属，凡主其事者谓之有司。此司之本音本义也。嗣，古文作"𠧢"，从司从子，字形与司相近，经传多省作"司"。《书·高宗肜日》："王司敬民。"《史记》作"王嗣敬民"，此司与嗣通也。《周礼》："师氏媒氏。"注云："司犹察也。"训司为察，即伺察之义。蜡氏注曰："蜡，读如狙司之狙。"狙司即狙伺也。《史记》："狙击秦皇帝。"应劭曰："狙，伏伺也。"《说文》"伏"字解云："伏，伺也。犬，伺人也。"乃应氏所本。而许书人部司部皆无伺篆，知古字司即伺矣。此司与伺通也。白乐天诗"四十着绯军司马"盖犹有古意而读作入声谬矣。（［清］邓廷桢著，冯惠民点校：《双砚斋笔记》，中华书局，1987年，第 1 版，第 18-19 页。）

此例分析"司"与"嗣""伺"的关系。著者认为三者声同义近，彼此多通用。首先，分析"司"的本义为主。其次，分析"嗣"的古文作"𠧢"，但著者认为经传多省作"司"。最后，"司"表伺察义时古字作"伺"，经传亦多作"司"。

按，"司"字甲骨文作"𠦪"（粹 430〔甲〕），徐中舒曰："司，从𠃌从𠙵（口），𠃌象倒置之栖，栖所以取食。以倒栖覆于口上，会意为进食，自食为司，食人食神亦称司，故祭祀时献食于神祇亦称司，后起字为祠。氏族社会中食物为共同分配，主持食物分配者亦称司。"[①]说明"司"之"主"义乃由"进食"义引申而来。"嗣"之甲骨文作"𠕋"（存上1793），徐中舒《甲骨文字典》引鲁宾先说云："《说文·册部》云：'嗣，诸侯嗣国也，从册从口，司声，古文从子作𠧢。'夫嗣国为嫡长子，故卜辞作𠕋，乃从册从大子，子亦声，作𠕋者，乃从𠧢省，𠧢亦声。《说

<hr/>

① 徐中舒《甲骨文字典》，四川辞书出版社，2003 年，第 998 页。

文·白部》云：'嗣，识词也。'良以册立嗣子必宣读册词，此所以亦从嗣省而作𧮫，义犹篆文嗣之从口也。案子止司三声于古音同属噫摄，嗣属益摄，旁转相通，是以其字或从子声作𧮫，或从嗣声作𧮫，是皆会意而兼谐声。"①认为"嗣"之本义为"祭祀，借册辞以致祭"②。"嗣"字金文作𤔲（戍嗣子鼎），容庚《金文编》引郭沫若说认为其金文乃是嗣子二字合文。③其古文作"𤔲"者，何琳仪认为乃由商代金文𤔲字省简而来。④由此可知，"司"与"嗣"通用，非"嗣"之古文"𤔲"省简而来。另外，著者认为"司"有伺察义，此义后写作"伺"。按，段玉裁《说文解字注·司部》："古别无伺字，司即伺字。"则"司""伺"为古今字。因此，"司""嗣""伺"三者虽通用，但"司""嗣"为同音假借关系，"司"与"伺"为古今分化字关系。

（36）《过庭录》卷二"周易考异上"：

　　巛，《音义》："巛，本又作坤。坤，今字也。"案，古文《易》于卦首"坤"作"巛"。《彖》《象》《文言》之坤字则不作巛。（如经文于字，《彖》《象》并作于。）葆琛先生曰："巛，即川字。古音坤、川同类，故字可通用。或改巛为𡿴字，作六断者，非也。"（[清]宋翔凤撰，梁运华点校：《过庭录》，中华书局，1986年，第1版，第12页。）

（37）《札迻》卷一"《易是类谋》某氏注"：

　　"乾水"，"水"当作"巛"，即古"坤"字。（[清]孙诒让撰，梁运华点校：《札迻》，中华书局，1989年，第1版，第27页。）

例（36）—（37）考证"坤"之古文"巛"的情况。例（36）认为"坤"之古字为"巛"，与"川"字通用，例（37）亦认为"坤"之古字作"巛"。

按，坤，今所见最早文字资料为战国时期文字，作"𡥉"（玺汇

---

① 徐中舒《甲骨文字典》，四川辞书出版社，2003年，第202页。
② 同上。
③ 容庚《金文编》，中华书局，1985年，第128页。
④ 何琳仪《战国古文字典》，中华书局，1998年，第112页。

1712)、"⿰立⿱⿱" (温县 WT·K6·2)、"⿱" (玺汇 1914),为从立、从申之形。战国文字中从"土"、从"立"字多混同,故此这些字即今之"坤"字之古字。小篆作"坤",当为袭承战国文字而来。

"巛"同"川",二者异体字,《篇海类编·地理类·巛部》:"巛,川本字,通作川。"甲骨文作"⿰⿰",罗振玉认为"像有畔岸而在水中也"。徐中舒认为"像两岸间水流之形,罗振玉释川可从,然甲骨文中川水皆象流水之形,其初应为一字,后世意义渐有分化,遂别为川字,而⿰、⿰等形乃为《说文》川字篆文所本"①。

由此可见,"坤"之古字实不作"巛"。但是,隶书中"坤"有作"⿰⿰"(孔龢碑)、"川"(衡方碑)者。按,王引之《经义述闻·周易上》云:"乾坤字正当作坤,其作巛者,乃是借用字……浅学不知,乃谓其象坤卦之画,且谓当六段书之。夫乾坤之外,尚有七卦,卦皆有画,岂尝象之义为震巽离坎等字乎,甚矣其凿也。"张舜徽亦认为"乾坤之坤,有作巛者,此借川为坤也。或谓巛当作巛,即☰卦之直书,非是②。川、坤古音元文旁转,故假借说可通。其次,川之横写即与坤卦卦象相似,故从文字字形上也有可能发生借用的情况。

此外,认为"坤"为"巛"者,实即出于坤之卦象"☷",《龙龛手鉴·川部》:"巛,古文,音坤,干巛。"《篇海类编·地理类·巛部》:"巛,同坤,《象》六,断也。连者,古川字。"

(38)《逊志堂杂钞》丙集:

> 今人书"某"为"厶",以为从俗简便,其实古"某"字也。《穀梁传》桓公二年:"蔡侯郑伯会于邓",范宁注云:"邓,厶地。"陆德明《释文》云:"不知其国,故曰厶地。"本又作"某"。([清]吴翌凤撰,吴格点校:《逊志堂杂钞》,中华书局,2006年,第1版,第43页。)③

此例认为"厶"即"某"之古字,并非为从俗简便改变而来。并引《穀梁传》范宁注以及陆德明《释文》为证。

按,"厶",战国时期金文作"▽"(私库啬夫衡饰),战国楚简作"⿰"(包 2.196),或说为上宽下尖之形,表示一切为自己打算,即"自

---

① 徐中舒《甲骨文字典》,四川辞书出版社,2003年,第1228页。

② 张舜徽《说文解字约注》华中师范大学出版社,2009年,第2810页。

③ [宋]陆游《老学庵笔记》、[清]赵翼《陔余丛考》亦有类似研究。

私"之"私"。《说文》:"奸邪也。《韩非》曰:'苍颉作字,自营为厶。'"段玉裁《说文解字注》:"公私字本如此。今字私行而厶废矣。""某",西周金文作"某"(禽簋),从木、从甘。战国文字承之,作"杲"(包2.12)、"杲"(侯马盟书)等。《说文》小篆作"杲",曰:"酸果也。从木、从甘。阙。"徐颢注笺:"'某'即今酸果'梅'字,因假借为'谁某',而为借义所专,遂假'梅'为之。""厶""某"字形无联系,不是形讹;读音亦不相涉,亦非假借。以"厶"作"某"仅起记号作用,没有太多音义方面的关系,这里著者将"厶"作"某"的古字,其说不确。

第二节　古今字研究

　　古今字是汉字在发展过程中所出现的一种较常见的文字孳乳现象,东汉时期郑玄在为《礼记》作注时就已提出了古今字这一术语,《礼记·曲礼下》:"君天下曰'天子',朝诸侯、分职授政仁功曰'予一人'。"郑注:"《觐礼》曰:'伯父实来,余一人嘉之。''余''予'古今字。"唐代颜师古则在批判继承郑玄古今字概念的基础上,提出了古今字音义相同的观点。至清代,段玉裁提出"古今无定时",指出古今字要注重古今时代的相对性特点。王筠则提出"分别文"和"累增字"的概念,突出了古今字是汉字孳乳的造字方式。至现代王力先生在《古代汉语》(第一册)第六章"古汉语通论"中曾列举并解释了十几个古今字的例子。[①]郭锡良先生在其主编的《古代汉语》提出:"同一个词在不同的时代用不同的字来表示,就形成了古今字。"[②]随着研究的深入,对古今字的认识也愈加科学严谨,目前较通行的看法是:"(1)古今字在时间上要分先后,古字在前,今字在后;(2)古今字在字形上要有关联,今字多是在古字基础上形成;(3)古今字在语音上应相近或相同;(4)古今字在词义上要有关联。"[③]

　　学术笔记对古今字的研究主要表现在揭示并解释文献中文字的古今字关系,一些笔记还论述了古今字形成的原因以及孳乳的方式等问题。

---

①　王力《古代汉语》,中华书局,1980年,第170页。

②　郭锡良、李玲璞《古代汉语》上册,语文出版社,1992年,第194页。

③　张秀成《古今字,古今文字的金桥——论古今字的几个问题》,《四川大学学报》,1999年第5期。

一、指出文字的古今字关系

（1）《困学纪闻》卷一：

> （《周易》）"介于石"，古文作"砎"。《晋·孔坦》书曰："砎石之易悟。"（［宋］王应麟著，［清］翁元圻等注，栾保群、田青松、吕宗力校点：《困学纪闻》〔全校本〕，上海古籍出版社，2008年，第1版，第128页。）

（2）《过庭录》卷二"周易考异上"：

> （《周易》）"介于石"，《音义》："介，音界。织介，古文作砎。郑古八反，云：'谓磨砎也。'马作扴，云：'触小石声。'"
> 案：《说文》十二篇上："扴，刮也。从手，介声古黠切。"《说文》无砎字，古文与郑《易》作砎，传写之讹。陆元朗不能见古文《易》，其云古文，皆据薛、虞记。如"垢"下引薛云："古文作遘。"马氏亦古文。作扴是也。郑谓磨砎，即刮摩之义，与《说文》"扴"训同。（［清］宋翔凤撰，梁运华点校：《过庭录》，中华书局，1986年，第1版，第24页。）

例（1）—（2）考释"介—砎"的古今字问题。例（1）以《周易》"介于石"之古文作"砎"，认为"介"之古文作"砎"。并引《晋书·孔坦传》为证。例（2）认为"介"古文作"砎"者乃陆德明引他说，而《说文》有"扴"无"砎"，故"介"之古文当作"扴"，为磨砎义。

按，"砎""扴"非为"介"之古字，乃是"介"的后起分化字。"介—砎、扴"分化的是不同的词义。"砎"分化的是"介"的引申义——坚硬；"扴"分化的是"介"的假借义——磨砎。首先，"介"的甲骨文作"𠘧"（合集 2164），罗振玉认为像人着（甲）形，徐中舒说："象人衣甲之形，古之甲以联革为之，八、仌像甲片状。"[1]"介"之坚硬义由其甲介义引申而来，张舜徽曰："甲文中介字作𠘧或作介，实象人身着介形。介之为物，分片相联，如鳞虫之有鳞介，故其字从仌。其作介者，乃省体也。古称介胄。因之甲虫亦称介虫。"[2]其次，"砎"所分化者即为"介"

---

① 徐中舒《甲骨文字典》，四川辞书出版社，2003年，第70页。
② 张舜徽《说文解字约注》，华中师范大学出版社，2009年，第265页。

之坚硬义。"矽"字不见于《说文》及早期文献资料中，较早用例均出现在《晋书》及南北朝时期字书中。《晋书·桓温传》："故员通贵于无滞，明哲尚于应机，矽如石焉，所以成务。"《晋书·伏滔传》："夫王陵面缚，得之于矽石；仲恭接刃，成之于后觉也。"《晋书·孔坦传》："何知机之先觉，矽石之予悟哉！"①何超音义引《字林》："矽，坚也。"字书例如《玉篇残卷》引《埤苍》曰："矽，礚矽也。"②此外，《篆隶万象名义》中亦有"矽"字，与"礚"同义。③由此可见，"矽"当是魏晋时期在"介"字基础上产生的一个古今分化字。"介"是古字，"矽"是今字，例（1）及例（2）著者颠倒了二者的古今关系。最后，"扴"字首见《说文》，曰："刮也。从手、介声。"此外亦无更早用例，"介"与"扴"只有读音上相同，意义上无联系。因此，用"介"来表示磨、刮义是假借用法，"扴"即是这一用法的后起分化字。例（2）误以其为"介"的古字，亦是颠倒了二者的关系。而《周易》"介于石"之"介"，传世文献中或作"矽"、或作"扴"者，其实是反映了传注者对该卦辞的不同理解。

（3）《困学纪闻》卷三：

> "韩侯出祖，出宿于屠。"毛氏曰："屠，地名。"不言所在。潏水李氏以为同州郿谷。今按《说文·邑部》有左冯翊郿阳亭，冯翊即同州也。潏水之言信矣。（［宋］王应麟著，［清］翁元圻等注，栾保群、田青松、吕宗力校点：《困学纪闻》〔全校本〕，上海古籍出版社，2008年，第1版，第402页。）

此例认为《诗·大雅·韩奕》之"屠"即同州郿谷，"屠""郿"为古今字。

按，"屠"，《说文》："刳也。从尸、者声。"因此其本义为宰杀。《诗·大雅·韩奕》："出宿于屠。"毛传："屠，地名。"作地名者，当是文字假借。《困学纪闻》此条下翁元圻注引朱熹《诗集传》云："屠，地名。或曰即杜也。"又引段玉裁《说文解字注》说曰："宋潏水李氏谓地在同州郿谷，是也。按'屠''郿'古今字。顾氏祖禹《读史方舆纪要》作

---

① 《全晋文》中有两例，均为引《晋书》文。

② 礚矽，服虔《通俗文》曰："坚硬不消曰礚矽。"

③ 按，《名义》："礚，雷声。""矽，胡瞎反，同上。"吕浩《篆隶万象名义校释》云："此处'同上'盖指矽、礚二字同义。"因此《名义》释"礚矽"为靁声，与服虔说不同。《汉语大字典》兼收这两个义项。

荼谷渡，云：'在今陕西同州府郃阳县东河西故城南。'""䣓"，《说文》：
"左冯翊䣓阳亭。"段玉裁注据《集韵》《类编》等异文改作"左冯翊郃阳
亭"，因此古本无"䣓"字，作"䣓"者当为"屠"之后起分化字，在表
地名这个义项上"屠—䣓"是古今字。

（4）《困学纪闻》卷五：

> 《王制》注："小城曰附庸。"庸，古墉字。王莽曰"附城"，盖
> 以庸为城也。（［宋］王应麟著，［清］翁元圻等注，栾保群、田青
> 松、吕宗力校点：《困学纪闻》〔全校本〕，上海古籍出版社，2008
> 年，第1版，第608页。）

此例指出"庸"为"墉"之古字，并引王莽说以"庸"为城义，
"庸—墉"为古今字的关系。

按，《说文》："庸，用也。"是以"用"为"庸"之本义。按甲骨文
有"𩎟"（合集12839），上从"庚"像乐器，下从"用"为声符。裘锡圭
释其即为"镛"，为一种古乐器。[1]季旭升认为："甲骨文字形从庚、用
声。从庚，以示像钲铙类的敲击乐器；从用，表示音读。金文、战国文字
承甲骨文字形而来。篆文、隶书、楷书字形仍为从庚、用声，而略为讹
变。庸假借为使用之义后，本义为假借义所取代，乃转注为从金、庸声的
'镛'字。"[2]是以"使用"义为假借。按，"庸"亦有"城"义，《诗·大
雅·崧高》："因是谢人，以作而庸。"毛传："庸，城也。"《王制》正义：
"庸，城也，谓小国之城。"这一用法也是假借，"墉"为"庸"的分化
字。朱骏声《说文通训定声》："庸，假借为墉。" 段玉裁《说文解字注》：
"《皇矣》'以伐崇庸'，传曰：'墉，城也。'《崧高》'以作尔庸'，传曰：
'庸，城也。'庸、墉古今字也。"

"城墉"之"墉"，《说文》："墉，城垣也。从土、庸声。𡐀，古文
墉。"所谓"古文墉"，商承祚认为即"𩛥"之篆文，并指出"庸墉古今
字""𩛥在篆为郭，在古为墉"。[3]按，"𩛥"之甲骨文作"𩛥"（前
7.2.3），金文作"𩛥"（毛公鼎），楚简加"土"作"𩛥"（包2.170）。但是
这个字不常用，被"墉"所替代，而"墉"实际上是在"庸"字基础上分

---

[1] 裘锡圭《甲骨文中的几种乐器名称——释"庸""丰""鞀"》，《裘锡圭学术文集》，复旦大学出版社，2012年，第36-40页。

[2] 季旭升《说文新证》，福建人民出版社，2010年，第258页。

[3] 商承祚《说文中之古文考》，上海古籍出版社，1983年，第115页。

化而来。

（5）《野客丛书》第二十一卷"字文增减"：

> 古之"战阵"字用"陈"字，如"灵公问陈"之类是也。至王羲之《小学章》独"阜"旁作"车"为"战阵"字。（[宋]王楙撰，王文锦点校：《野客丛书》，中华书局，1987年，第1版，第235页。）

著者指出今之"阵"字古作"陈"，至王羲之作《小学章》始改作"阵"。按，此说实出自《颜氏家训》，《颜氏家训·书证》："夫行阵之义，取于陈列耳，此六书为假借也。《苍》《雅》及近世字书，皆无别字；唯王羲之《小学章》，独阜傍作车。""陈"字首见于春秋金文，作"陳"（陈侯扁）、"𡧀"（陈逆毁）等形，从阜、从东，或从土。《说文·阜部》："陈，宛丘，舜后妫满之所封。从阜、从木，申声。"魏晋时期的字典辞书多释为陈列义，如《广雅·释诂一》："陈，列也。"《玉篇·阜部》："陈，布也。"徐灏注笺曰："陈之本义即谓陈列，因为国名所专，后人昧其义耳。"更是认为"陈"本义为陈列。"陈"字不见于《说文》，《说文》有"敶"字，释义曰："列也。从攴，陈声。"段玉裁注曰："此本敶列字，后人假借'陈'为之，陈行而敶废矣。"又云："后人别制无理之'阵'字，阵行而敶又废矣。"按，"敶"，最早可见于春秋时期之金文，作"敶"（集成947）、"𢽳"（集成2468）等形，与《说文》小篆一致。"敶"省"攴"即为"陈"，故此字汉魏以后很少使用，大概如段注所说由于借"阵"为之的缘故，之后又造专字"陈"而彻底不再使用"敶"。如此，则"阵—陈"是古今字，而"敶—陈"亦是古今字。

（6）《学林》卷第九"奉廛万"：

> 《说文》曰："草，自保切，栎实可以染帛为黑，故黑色曰草。"后世既用皂字，故草字用为草木之字。
>
> 《说文》曰："雅，乌加切，楚乌也。秦谓之雅。"后世既用鸦字，故雅字用为雅正之字。《说文》曰："创，楚良切，伤也。"书史多用此，如后世既用疮字，故创字用为创造之字，凡字之变古者类如此。（[宋]王观国撰，田瑞娟点校：《学林》，中华书局，1988年，第1版，第287页。）

此例利用《说文》及后世用字情况指出"草—皂""雅—鸦""创—
疮"为古今字的关系。

按，"草木"之"草"本作"艸"，《说文》："艸，百卉也。从二屮。"
"草"，本义为栎实，大约在中古时期"草"取代"艸"成为草木义的主要
字形，如《篆隶万象名义》释"草"为"百卉，草木初生"义。"草"的
本义则另造"皂"（又作皁）分化之。著者称后世用皂字，故草字用为草
木之字，其实颠倒了二者的因果关系，应当是因为"草"先取代"艸"，
故后造"皂"以记之。徐铉曰："今俗以此为艸木之艸，别作皂字为黑色
之皂。"其说是。

"雅"，本义为鸟名，假借表示"正"义。段玉裁《说文解字注》：
"雅之训亦云素也、正也，皆属假借。"本义则另造"鸦"字来分化之，
"鸦"又作"鸦"，《干禄字书》和《龙龛手鉴》并以"鸦"为正、鸦为
俗。

"创伤"之"创"，本字为"刅"，金文作"𠜊"（鼏簋）、"𠛎"（刅作
宝彝壶）等形。"创"为"刅"之异体，《说文·刃部》："𠛱（刅），伤
也。从刃、从一。𠛏（创），或从刀，仓声。"段玉裁注："凡杀伤必以
刃。从刃。从一。""创造"之"创"，本字作"㓺"，金文作"𠛎"（过伯
簋）、"𠛏"（中山王壶），《说文》："㓺，造法㓺业也。读若创。"以"创"
来记"㓺"，段玉裁认为是文字假借，《说文解字注》曰："《国语》《孟
子》字皆作创，赵氏、韦氏皆曰：'创，造也。'假借字也。""创"兼作
"刅"的异体及"㓺"的借字，故后世对其进行分化，以"疮"来记创伤
义，以"创"替代"㓺"作创造义。从而导致"刅""㓺"逐渐不再
使用。

（7）《管城硕记》卷十：

> 隐十年：宋人、蔡人、卫人伐戴。郑伯伐取之。杜注："今陈留
> 外黄县东南有戴城。"颜师古注《汉书》曰："郑灭戴，读者多误为
> 载，故隋室置载州焉。"
> 按，《公羊》《穀梁》二传戴皆作载。《说文》云："戠，故国。
> 在陈留。"《字林》云："载故国，在陈留。" 戠与载，古今字也。
> 《史记·功臣侯表》有"戴国"，索引曰："戴音载。"不得以载为误。
> （[清]徐文靖著，范祥雍点校：《管城硕记》，中华书局，1998年，
> 第1版，第178页。）

　　此例指出《左传》中作地名之"戴",《公羊传》《穀梁传》异文作"载"。继而引《说文》"郼"为"载"之古文,证此处之地名当为"载","郼—戴"为古今字。

　　按,"郼",段玉裁《说文解字注》云:"宋人、蔡人、卫人伐载,三经皆作载,惟《穀梁音义》曰:'载本或作戴。'而《前志》作戴,古载、戴同音通用耳。许作郼,左氏《音义》引《字林》亦作郼。吕本许,许所据从邑也。《前志云》:'梁国甾、故戴国。'《后志》云:'陈留郡考城、故菑。'注引《陈留志》云:'古戴国,今河南卫辉府考城县县东南五里有考城故城。'汉之甾县,古之郼国也。甾与郼古音同。郼古字,甾汉字。许云在陈留者、章帝改名考城属陈留也。《水经注·汳水》篇曰:'《陈留风俗传》曰:秦之谷县,后遭汉兵起,邑多灾年,故改曰菑县。王莽更名嘉谷。章帝东巡,诏曰:菑县名不善。其改曰考城。'按莽、章帝不达同音讹字之源委,故不能正为郼字。而《风俗传》云秦之谷县、则更无稽之言耳。"较详尽地从文献和文字角度考证了地名作"郼"的根据。

　　"郼"与"戴""载"均从戈声,声符相同,故具备通用的语音基础。从表意准确性来看,"郼"从邑,表示与城市、地名相关,似乎更接近本义,作"戴"作"载"则表意不明。但是,从产生时间上看,"戴"字甲骨文中已有,作"𢧵"(合集 29395),像人举物戴于头上之形,金文因之作"𢧵"(集成 2838),小篆加声符"戈"作"𢧵"。因此"戴"之本义为顶戴之戴,作地名当是假借。"载"字最早见于春秋晚期的金文之中,作"𢧵"(集成 2477),战国楚简作"𢧵"(曾 2),小篆作"𢧵",均作从车、戈声。本义为乘坐、装载,作地名亦是假借。"郼"字最早见于战国中期的金文中,作"𢧵"(集成 4649),姬姓古国名。因此,从产生时间上看,"郼"不会是"戴""载"的古字。"郼"实际是"戴""载"在表姬姓古国名这个义项上的后起分化字,但是,因"郼"字不常见,故后世仍以"戴""载"代之。

　　(8)《陔余丛考》卷二十二"帐":

　　　　账簿古人作"帐"字。《北史》:"宋世良括丁河内,魏孝庄帝劳之曰:'知卿所括,过于本帐,若官皆如此用心,便是更出一天下也。'"又后周苏绰始制计帐户籍之法。《隋书》,开皇十年诏:"凡流寓之人,悉属州县,垦田籍帐,皆与民同。"又《裴政传》:"赵元恺造职名帐未成,刘荣云:'但须口奏,不必造帐。'及奏太子,问帐安在,元恺曰:'刘荣谓不须造帐。'"《唐书·宇文融传》:"钩检帐符，得伪勋亡丁甚众。"皆作帐。（〔清〕赵翼撰：《陔余丛考》，中华书局，1963 年，第 1 版，第 442 页。）

此例根据史传所用文字情况，认为今作"账簿"之"账"者，当作"帐"为是。

按，《正字通》："帐，今俗会计事物之数曰帐。"因此元明时期尚用"帐"作账目义。"账"是"帐"的后起分化字，古人多将其看作是俗字。如清毕沅《经典文字辨证书》卷三："帐，正；账，俗。"清王鸣盛《蛾术编》"说字十"："今俗有账字，谓一切计数之薄也。"今按，"账"字不见于《说文》《玉篇》及《广韵》《集韵》等字书，是被当作俗字无疑。《汉语大字典》引《旧五代史》中有"账"字一处，此外，均为清末之疏证。据出土唐代墓志中已有"账"字，唐玄宗开元二年（714）《唐左台殿中侍御史李巢夫人韩式墓志铭》："素俭，凡旧衣服，皆令账施。"唐玄宗天宝元年（742）《唐故青州刺史赠荥阳太守皇甫君墓志铭》："复充河南、淮南道宣慰账给使。"说明该字唐代已经开始使用。

二、分析古今字的成因及形成方式

（9）《学林》卷第九"奉亹万"：

> 俸字俸禄也，捧字捧持也。按诸史言"奉禄无所受"，又言"计日受奉"，则古之奉禄字不从人也。《春秋左氏传》曰："奉匜沃盥"，《礼记》曰："奉者当心。"又曰："主人奉矢，司射奉中。"则古之捧持字，只用奉字，不从手也。然则俸之从人，捧之从手，出于后世增益之，古篆所不载，非字法也。
>
> 《易》曰："成天下之亹亹者。"亹字篆文所不载。徐铉《字义》曰："亹字后人又加文为亹。"亦无篆文。古本《周易》作"成天下之娓娓"者，当是变隶时改之也。（〔宋〕王观国撰，田瑞娟点校：《学林》，中华书局，1988 年，第 1 版，第 287 页。）

此例分析了"奉—捧、俸"和"亹—亹"两组古今字的情况，指出它们都是通过增加形符而产生的古今分化字。

按，"奉"，金文作"𢍏"（散氏盘），包山楚简作"𢆶"（包2.73），从廾、丰声，像双手举物貌。本义为承受、接受，《说文·𠬞部》："奉，承也，从手，从𠬞，丰声。"引申为捧持义，《广雅·释诂三》："奉，持也。"

《史记·刺客列传》：“荆轲奉樊于期头函，而秦舞阳奉地图柙，以次进。”又有俸禄义，《广雅·释诂四》：“奉，禄也。”《周礼·天官·大宰》：“以八则治都鄙……四曰禄位。”郑玄注：“禄，若今之月奉也。”《说文》及早期古文字中无“捧”和“俸”字。传世文献中，“捧”字于《释名》《庄子》《后汉书》《列子》中各有一例；“俸”字于《韩非子》《战国策》《史记》中各有一例。或为汉魏时期所产生之新字。大徐本《说文》后序注曰：“（俸）本只作奉，古之为奉禄。后人加人。”

“亹”加“文”作“斖”是增旁俗字，大徐本《说文》后序“左文二十八俗书讹谬不合六书之体”中有“斖”字，曰：“字书所无，不知所从，无以下笔。”《广韵》：“亹，美也。”“斖，俗。”《周易》“亹亹”古本作“娓娓”是用同音同义字，“亹”“娓”古音同属微部，非隶变所致。

（10）《学林》卷第九“省文”：

> 古文篆字多用省文，及变篆为隶，亦或用省文者，循古文耳。《周礼》：“小宗伯掌建国之神位。”郑康成注曰：“故书位作立。”郑司农注曰：“立读为位，古者立位同文。”《古文春秋经》“公即位”为“公即立”。以此知在古文为立，在隶为位，盖古文用省文也。
>
> 《禹贡》曰：“东过洛、汭。”而《汉书·沟洫志》曰：“及盟津、洛内。”颜师古注曰：“内读曰汭。”班固用省文耳。
>
> 《禹贡》曰：“嵎夷既略，潍、淄其道。”此言潍水、淄水皆复其故道也。而《汉书·地理志》曰：“维、甾其道。”《后汉·郡国志》，北海国有甾川县，齐国有临菑县。本用“淄”字，而“甾”者省文也。又用菑者，假借用之耳。变潍为维者，亦省文也。（〔宋〕王观国撰，田瑞娟点校：《学林》，中华书局，1988 年，第 1 版，第 313 页。）

此例分析了“立—位”“内—汭”“淄—甾、菑”“潍—维”四组古今字的情况，并指出使用古字者是“省文”。

按，“立—位”同源，“位”是“立”的同源分化字。陆宗达指出：“从训诂上说，‘位’是‘立’分化出的同源字。其字并从‘立’得声。《周礼·春官·小宗伯》：注‘故书位作立。’郑众注曰：‘立读为位。’古者‘立’‘位’同字。古文《春秋经》‘公即位’为‘公即立’。《三体石经》‘位’也作‘立’。但是从二字的声韵看，‘立’在半舌的‘来’纽、‘合’韵，‘位’在浅喉的‘匣’纽、‘没’韵。二字既非双声，韵部也离得较远。但是以'位'为声旁的'莅'（又作'莅'，二字皆不见于《说文》）字，音为'来'母（与'立'双声）'灰'韵（与'位'韵对转）。'立'也就是'临'，即同声又对转。何休《公羊传解诂》曰：'律文：立子奸母，见乃得杀之。'这个'立'就是'临'字。而'临朝'也就是'即位'。由此可以看出'立''位'确是同一形声系统的同源字。"①从同源字的角度论证了"立"与"位"的同源关系。此外，从其产生时间早晚的角度看，"立""位"亦是古今字的关系。立，甲骨文作""（合集7365），金文作""（集成5064）、""（集成2778），楚简作""（望1.22），均像人站立之形。"位"字始见于战国时期，包山楚简作""（包 2.224），是在"立"字基础上加"亻"而形成的，示人所站立之位，或说为人臣上朝所立之位。

"内—汭"亦是古今分化字。内，甲骨文作""（合集17561），从"冂"、从入，像从外入内之形。金文作""（集成2804），从宀、从入，像入屋中之形。战国楚简作""（包2.7），秦简作""（睡·秦80），或加饰笔、或继承之。小篆作"内"，同秦简。汭，最早见于《说文·水部》："汭，水相入也。"或作水名，即《禹贡》"洛、汭"之"汭"。以"内"来记"汭"，是文字的假借。从文字发生的角度看，"汭"应当是在"内"的基础上加"氵"旁而构成的后起分化字。

"维—潍"和"甾—淄"的情况同上，均是后起分化字。著者这里将使用古今字中古字的情况说成"省文"，容易导致误解。因为"省文"的前提是在原有文字基础上的省简，而古今字是先有古字后有今字，使用古文不是省简。因此，这里的说法不准确。

（11）《学林》卷第十"尊"：

> 尊字乃古之酒尊字，《周礼·司尊彝》《礼记》有虞氏之尊、夏后氏之尊、商尊、周尊之类是也。又有罇、樽二字，古文所不载，当是后人所增。许慎《说文》曰："尊，酒器也。"《广韵》曰："尊，亦作罇、樽，从缶从木，后人所加。"观国谓诗赋中若用尊字为韵，不可更押罇、樽二字。杜子美《奉汉中王手札》诗曰："国有乾坤大，王今叔父尊。"又曰："从容草奏罢，宿留奉清罇。"虽意各别，然其实尊、罇只是一字，譬犹昏之与婚，女之与汝，匊之与掬，与之有欤，本一字也，苟出于俗书，则不可并用以为韵，若一

---

① 陆宗达《因声求义论》，《陆宗达语言学论文集》，北京师范大学出版社，1996年，第262页。

字而二音或三音者可也。杜子美《赠王倚饮歌》曰:"煎胶续弦奇自见。"又曰:"只愿无事长相见。"凡此一字而二音者也。又子美《奉先县咏怀诗》曰:"幼子饥已卒。"又曰:"贫窭有仓卒。"又曰:"因念远戍卒。"此一字而三音也。若尊、鳟、樽三字,既本一字,又本一音,其可以同韵而押乎? 字为俗书所增者多矣,如回之有迴,园之有蘭,果之有菓,欲之有慾,席之有蓆,裴回之有徘徊,仿佛之有髣髴,此其显然者,不可同韵而押也。([宋] 王观国撰,田瑞娟点校:《学林》,中华书局,1988 年 1 月,第 1 版,第 325-326 页。)

此例首先分析了"尊"和"鳟""樽"的古今字关系,继而对古今字作韵脚提出了要求,认为如用古字作韵脚,则不当再用今字作其他韵脚,而如果古今字读音不同则可以分别作韵脚。著者在分析的同时,论及了一定数量的古今字情况,如"昏—婚""女—汝""匊—掬""与—欤""回—迴"以及"园—蘭""果—菓""欲—慾""席—蓆""裴回—徘徊""仿佛—髣髴"。其中,前者一般被看作是典型的古今字,后者一般被称为增旁俗字,其实亦符合古今字的定义。

按,"尊",甲骨文作"𓏬"(合集 999)、金文作"𓏬"(集成 2322),从酉、从廾,会两手捧酒樽敬酒之意,引申为酒樽之樽。徐中舒认为尊所从之酉本指酒器,因假借表示地支酉,于是以尊为酒器。[1]《说文》:"尊,酒器也。"又引申为尊卑之尊,段玉裁《说文解字注》:"凡酒必实于尊以待酌者。郑注礼曰:'置酒曰尊。'凡酌酒必资于尊,故引申以为尊卑字,犹贵贱本谓货物而引申之也。自专用为尊卑字,而别制'鳟''樽'为酒尊字矣。"尊卑义行,故为酒器义专造"鳟""樽"以分化之,《正字通·缶部》:"鳟,《说文》:'酒器。'字本作尊,后加缶,加木,加瓦,加土者,随俗所见也。"据其说则除"鳟""樽"外,尚有"瓬""墫"等其他分化字。

(12)《学林》卷第十"景":

古之日影字不从彡,只用景字。《周礼》以土圭正日景之法,日南则景短多暑,日北则景长多寒,日东则景夕多风,日西则景朝多阴,日至之景,尺有五寸。又曰:"识日出之景,与日入之景",凡此所用景字,盖谓日影也。后人加彡而为影,故许慎《说文》无影

---

① 徐中舒《甲骨文字典》,四川辞书出版社,2003 年,第 1606 页。

字，而徐铉《字义》曰："景非设饰之物，不合从彡。"以此知是俗书影字，于偏旁之义，皆不可考。《诗》曰："高山仰止，景行行止。"郑氏笺曰："景，明也。""有高德者，则慕仰之；有明行者，则而行之。"然则景无钦仰之义，而后世遂以仰景为钦慕之义字。《史记·三王世家》武帝制曰："'高山仰止，景行向止'，朕甚慕焉。"曹丕《与钟繇书》曰："高山景行，私所慕仰。"凡此用景字，未尝误也。自南北朝人名有景俭、景仁之称，当时误用景字之义，故后之循其误者不已，而用景为仰慕者寖广矣。有士人慕陶渊明作景陶轩，黄庭坚见之，知其误用景字，用字之际，不可不审也。（[宋]王观国撰，田瑞娟点校：《学林》，中华书局，1988年，第1版，第323-324页。）

著者认为今之"影"字乃古之"景"字，"影"乃后人加"彡"而成的后起字。

按，"景""影"为古今字，《说文·日部》："景，光也。从日，京声。"段玉裁注云："光所在处，物皆有阴。光如镜故谓之景。《车辖》笺云：景、明也。后人名阳曰光，名光中之阴曰影。别制一字，异义异音，斯为过矣。"《颜氏家训·书证》："凡阴影者，因光而生，故即谓为景。《淮南子》呼为景柱，《广雅》云：'晷柱挂景。'并是也。至晋世葛洪《字苑》，傍始加彡，音于景反。"《集韵·梗韵》："景，物之阴影也。葛洪始作影。"这说明认为作"影"者乃始于晋葛洪，王楙亦有是说，《野客丛书》卷第二十一：

> 古之"阴影"字用"景"字，如《周礼》"以土圭测景"之类是也。自葛洪撰《字苑》，始加"彡"为阴影字。（[宋]王楙撰，王文锦点校：《野客丛书》，中华书局，1987年，第1版，第235页。）

著者不仅指明"景—影"的古今字关系，还指出"景"字发展为"影"字的产生时间。按，北魏《静悟浮图记》及《冗从仆射造像记》等碑刻中已有"影"字，[①]《篆隶万象名义》中亦有"影"字，说明该字至南北朝时期已多用之。

---

① 毛远明《汉魏六朝碑刻异体字典》，中华书局，2014年，第1101页。

（13）《瓮牖闲评》卷一：

> 《柏舟》诗云："泛彼柏舟，在彼中河。髧彼两髦，实维我仪，之死矢靡他。"又《菁菁者莪》诗云："菁菁者莪，在彼中阿。既见君子，乐且有仪。"又《东山》诗云："亲结其褵，九十其仪。其新孔嘉，其旧如之何。"《诗》中用仪字极多，《补音》云："仪，有牛河切，合音莪字·"，是也。今观《尉卿衡方碑》云："感昔人之凯风，悼《蓼莪》之劬劳。"此仪字本是莪字，今竟作仪字，然后益知古仪字皆可作莪字用，《补音》之言信不诬矣。（[宋]袁文撰，李伟国点校：《瓮牖闲评》，中华书局，2007年，第1版，第28页。）

著者据《诗补音》之说认为《诗经》中之"仪"字本是"莪"字，今作"仪"字，"莪—仪"因此为古今字。

按，《诗补音》是以"莪"来纠正"仪"字牛何切的读音，《尉卿衡方碑》中"蓼莪"作"蓼仪"是假借，著者执此即以为"莪"为本字，古"仪"字皆可作"莪"，是以偏概全，同时也不符合文字及语言事实。首先，从文字出现的时间上看，"仪"字初文为"义"，西周金文作"𦏅"（虢叔旅钟），小篆时始加"亻"作"仪"。"莪"字古文字无此字形，最早见于《说文》小篆，因此"仪""莪"二字产生时间大体相同，不存在谁是谁的古本字问题。其次，"仪"和"莪"各有属于自己的本义和引申义，且互不相涉。"仪"有匹配义（《柏舟》），礼节、礼仪义（《东山》《菁菁者莪》）；"莪"，本义为萝蒿，"菁菁者莪"即用此义。二者词义之间无联系，故"蓼莪"作"蓼仪"是假借，而非使用古字。

此外，"我""义"古音相同，俱为疑母歌部，故声旁从"我"从"义"之字古可通用，"莪""仪"即是其例。因此《诗》中协韵之处并非因为"莪"是"仪"之古字，只是二者古音相同而通用之例。

（14）《野客丛书》卷第十九"白蛾蔽日"：

> 《汉纪》"白蛾蔽日"，师古注："蛾，蚕蛾，音五河反。"仆谓"蛾"，古"蚁"字，经史间多读"蛾"为"蚁"，如《礼记》"蛾子时术之"是也。（[宋]王楙撰，王文锦点校：《野客丛书》，中华书局，1987年，第1版，第211页。）

根据经史读"蛾"为"蚁"这一情况，认为"蛾"为古"蚁"字。

按，"蛾"字见《说文·虫部》以及《尔雅·释虫》《墨子》《荀子》等文献中。"蚁"字《说文》无，《尚书·顾命》中有一例"卿士邦君，麻冕蚁裳"，似乎不太可信。《世说新语》中一例、《孙子·谋攻》中一例，《篆隶万象名义》中有"蚁"，北魏时期的《尹祥墓志》及《元融墓志》中各有一例。传统传注者多将其视为"蛾"的俗字、异体字和古字，如陆德明《尔雅音义》："螘，本亦作蛾。俗作蚁字。"段玉裁《说文解字注》："蛾是正字，蚁是或体。"《文选·长杨赋》"扶服蛾伏"，李善注："蛾，古蚁字。"

此外，经籍间多读"蛾"为"蚁"者，乃是因为"蚁"从"义"声、"义"从"我"声，"蛾"亦从"我"声。"蛾""蚁"古音同属疑母歌部，中古"蚁"转入止摄（《广韵》鱼绮切），"蛾"一部分转入止摄（《广韵》鱼绮切），一部分仍在歌部（《广韵》五何切）。语音分化，导致后人多以为"蛾""蚁"不同音，故有是说。

（15）《靖康缃素杂记》卷三"倚卓"：

今人用倚卓字，多从木旁，殊无义理。字书从木从奇，乃椅字，于宜切。《诗》曰"其桐其椅"是也。从木从卓乃棹字，直教切，所谓"棹船为郎"是也。倚卓之字，虽不经见，以鄙意测之，盖人所倚者为倚，卓之在前者为卓，此言近之矣。何以明之？《淇奥》曰："猗重较兮。"《新义》谓："猗，倚也，重较者，所以为慎固也。"由是知人所倚者为倚。《论语》曰："如有所立，卓尔。"说者谓圣人之道，如有所立，卓然在前也，由是知卓之在前者为卓。故杨文公《谈苑》有云："咸平、景德中，主家造檀香倚卓一副。"未尝用椅棹字，始知前辈何尝谬用一字也。（［宋］黄朝英撰，吴企明点校：《靖康缃素杂记》，中华书局，2014年，第1版，第26-27页。）

（16）《札朴》卷第六"桌"：

今俗以案为桌，当作卓①。《通鉴》："孙权引鲁肃合榻对饮。"注云："榻，床也。江南呼几案之属为卓床。卓，高也。以其比作坐榻卧榻为高也。合榻犹言合卓也。"（［清］桂馥撰，赵智海点校：《札

---

① 中华书局本此处作"桌"，据文意当作"卓"。

朴》，中华书局，1992 年，第 1 版，第 213 页。）

　　例（15）、例（16）分析"卓—桌""倚—椅"两组古今字的情况。指出"桌"和"椅"本作"卓""倚"，后人更换"木"旁而成"桌""椅"字。例（15）分析了"卓"和"倚"的得名理据，"卓依"之"卓"得名于其在前义，从木者为"棹"，为船桨义；"卓倚"之"倚"得名于其可供人所倚靠，从木者为"椅"，是木名，故著者认为从木之"桌椅"殊无义理。例（16）指出今表几案之"桌"古当作"卓"，继而引《通鉴》胡注说，以"卓"得义于高故称"卓"。

　　按，"卓"本义为高，西周金文作"𣄵"（集成 2831），从人在子上，表示高人一等。战国楚简作"𣄵"（天卜）。《说文·匕部》："卓，高也。𣄵，古文卓。"引申为几案，宋史绳祖《学斋佔毕》卷二："盖其席地而坐，不设椅卓，即古之设筵敷席也。"[①]清叶廷琯《吹网录》卷三："考卓即桌字，俗以几案为桌，当以卓为正，宋初犹未误。"从木者为"棹"，指船桨，为"櫂"之异体。徐铉《说文新附》："櫂，所以进船也，或从卓。"按，"桌"字与《说文》"卓"古文"𣄵"相同，但唐宋以前未见文献用例，《广韵》以为"卓"之古文乃袭承《说文》；《字汇》训"高也"，是以"卓"字为训。"桌"表桌椅义，较早收录并做出解释的有明张自烈《正字通·木部》："桌，呼几案曰桌。"故"桌"当为"卓"之分化字、区别字。

　　"椅"，本义为木名，《说文》："椅，梓也。"与桌椅义无涉。表桌椅义之椅，本字为"倚"。《说文》："倚，依也。""椅"是有靠背的坐具，可以供人依靠，故"倚"引申为桌椅之椅，起初仍作"倚"，如唐佚名《济渎庙北海坛祭器杂物铭碑阴》："绳床十，内四倚子。"后以"椅"代之，作"倚"的分化字，《字汇》："俗呼坐凳为椅子。"

　　（17）《十驾斋养新录》卷一"矜"：

　　　　《论衡·雷虚》篇引《尚书》曰："予惟率夷怜尔。"今《多方》篇"夷"作"肆"、"怜"作"矜"。"矜""怜"古今字。《论语》"则哀矜而勿喜"，《论衡》引作"怜"。（［清］钱大昕著，杨勇军整理：《十驾斋养新录》，上海书店出版社，2011 年，第 1 版，第 13 页。）

[①] ［宋］史绳祖《学斋佔毕》，商务印书馆，1939 年，第 22 页。

据《论衡》引《尚书》《论语》异文，指出"矜"是"怜"的古字，"矜—怜"为古今字关系。

按，"矜"本义为矛柄，《说文》："矛柄也。从矛、今声。"《方言》："矛，其柄谓之矜。"怜，本义为哀怜、同情，《说文》："哀也。""矜"表哀怜、同情义即为假借，段玉裁《说文解字注》："矜本谓矛柄，故字从矛，引申为戈戟柄，故《过秦论》'棘矜'即戟柄。字从令声，令声古音在真部，故古假矜为怜。毛诗《鸿雁》传曰：'矜、怜也。'言假借也。"《方言》："矜，哀也。齐鲁之间曰矜。"钱绎《方言笺疏》："矜，古音读如邻。"从文字出现时间上看，"矜"古文字作"𥍌"，出现于战国后期的诅楚文中。"怜"作"𢘰"，出现于春秋战国之际的石鼓文中。[①]从产生时间上看，"怜"略早于"矜"，因此，称"矜"为"怜"的古字，在产生时间上矛盾。因此，这里的"矜"应当只是假借字而不是古字。

（18）《十驾斋养新录》卷二"感即憾字"：

> 宣十二年"二憾往矣"，成二年"朝夕释憾"，唐石经初刻皆作"感"，后乃加心旁，惟昭十一年"唯蔡于感"不加心旁，盖刊改偶未及耳。《说文》无"憾"字，"感"即"憾"也。此初刻之胜于后改者。（[清]钱大昕著，杨勇军整理：《十驾斋养新录》，上海书店出版社，2011年，第1版，第32页。）

此例据唐石经之用字及《说文》收字情况，断定"憾"当为"感"之增旁后起字。

按，感，本义为感动，《说文》："感，动人心也。"段玉裁注："许书有感无憾。《左传》《汉书》憾多作感。盖憾浅于怨怒、才有动于心而已。"朱骏声《说文通训定声》："此义又加立心别之。"臧琳《经义杂记》："训为动人心，则感动、感恨两义皆备。今于感恨之感，更加立心，乃俗字。"均认为"憾"为"感"词义引申而造的后起分化字。王筠《说文句读》："《说文》无憾字，《左传》《汉书》多作'感'。元应引《字林》：'憾，不安也。'则吕氏始收之。"[②]指出"憾"的产生时间在晋吕忱作《字林》时。按，《字林》今亡逸，清任大椿《字林考逸》卷六"心"部中有憾字，时代在其后的《篆隶万象名义》中亦有"憾"字，说明该字在六

---

① 《新甲骨文编》中有一个"𩘀"字，著者隶定为"怜"字，此说如果成立的话，将大大提前"怜"的产生时间。（刘钊《新甲骨文编》，福建人民出版社，2014年，第618页。）

② 洪成玉《古今字字典》，商务印书馆，2013年，第182-183页。

朝时期已经流行使用。

此外,《汉语大字典》(第二版)、《汉语大词典》均将表怨恨义的"感"释作"通'憾'",是将词义引申误作假借。按,"感"表心动,引申为感应、感触、感激、思念、忧伤等义。恨亦是心动的一种,由心动可以引申出怨恨义,由"感"到"憾",词义和语音均发生了变化,故造"憾"字以区别之。

第五章　讹字问题研究

关于讹字的定义，赵振铎先生认为："所谓讹字是指'本无其字，因讹成字'的现象。这种讹字出现在前代的典籍中，有的还被历代的字典收录。"①指出讹字是一种用字现象，是前人在行文过程中本该用某字却因为种种原因使用了另一个字，从而造成阅读上的障碍。另外，经籍文献在流传过程中由于汉字形体接近或读音接近而造成用字的讹误亦属讹字，晋葛洪《抱朴子·遐览》云："谚曰：'书三写，鱼成鲁，虚成虎。'"可见讹字在古代是一种常见的现象。学术笔记对文献中的讹字现象多有阐述，对今天古籍的整理和校勘都具有一定的学术价值。

第一节　揭示语言文献中的讹误用字现象

学术笔记对讹字的研究首先表现在对于文献中讹字现象的揭示，历代学术笔记中多有对文献中讹字现象的阐述，其中如《札朴》《逊志堂杂钞》《札迻》《订讹类编》《双砚斋笔记》等以考订、校勘文献以及文字训诂为主的笔记，对文献讹字现象的揭示最多，其次如《困学纪闻》《容斋随笔》《日知录》《陔余丛考》等综合类学术笔记中亦有对讹字现象的阐述及辨正。与传统校勘类著作不同的是，学术笔记揭示文献中讹字现象多以条辨的形式出现，即不仅指出讹字现象，同时还往往加注作者的考证和论述。如：

（1）《资暇集》卷一"万几"：

> "万几"字出于《尚书·皋陶谟》："兢兢业业，一日二日万几也。"案，孔安国云："几，微也。言当戒万事之微也。"史以晋太宗

---

① 赵振铎《说讹字》，《辞书研究》，1990 年第 2 期。

为丞相时，于事动每经年，桓温患其稽迟而问，对之曰："万几那得速耶。"斯对真得《书》义，近者改为"枢机"之"机"，岂《尚书》之前，别有所见？殆未闻也。当由汉王嘉奏《封事》，引用误从木旁也。颜氏不引孔注以证，又后人不根其本，遂相承错谬，且曰《汉书》尚尔。曾不知班、颜亦自误后学也。（[唐]李匡乂撰，吴企明点校：《资暇集》，中华书局，2012 年，第 1 版，第 172 页。）

（2）《考古质疑》卷四：

《书》曰："兢兢业业，一日二日万几"，此皋陶戒舜之言也。注云："几，微也，言万事之微。"自汉王嘉《上封事》曰"一日二日万机"，旁加"木"，故后人多作"万机"。（[宋]叶大庆撰，李伟国点校：《考古质疑》，中华书局，2007 年，第 1 版，第 226-227 页。）

例（1）、例（2）主要考证《尚书》中"一日二日万几"之"几"为"微"义，然而后人有作"万机"者，此二例著者均认为是王嘉《上封事》中始误加木旁而致，"机"在这里是误字。

按，段玉裁《尚书撰异》云："《汉书·百官公卿表》：'相国丞相，助理万机。'玉裁按，汉、魏、晋、南北朝用'万机'字，皆从木旁。班固《典引》李注：《尚书》曰：兢兢业业，一日二日万机。'"亦指出在汉魏六朝时期"万几"多作"万机"的情况。今按，段说是，今见汉魏六朝碑刻墓志中多有"万机"一词，如东汉《袁敞残碑》："后数月窦氏败，帝始亲万机。"西晋《徐义墓志》："世祖武皇帝以贾公翼讚万机，辅弼皇家。"此二例著者认为是讹字，我们认为，这是古代注疏家对该处文字不同理解的结果。作"万几"者，是以"几"之本义为训，《说文》："几，微也，殆也。"伪孔传："几，微也。"孔颖达《正义》引《易·系辞》云："几者，微之动。"故几为微也。一日二日之间微者尚有万事，则大事必多矣。"蔡沉《书集传》："万几者，言其万事之至多也。盖一日二日之间事几之末且至万焉。"孙星衍《尚书今古文注疏》："言有国者……当戒其危，日日事有万端也。"引申为关键、要害义。《法言先知》："为政有几。"李轨注："几，要也。"再引申指政事，因为政事往往都是关键的、机要的，如晋葛洪《抱朴子·论仙》："（帝王）思劳于万几，神驰于宇宙。"这两个引申义后来都写作"机"，因为在这两个意义上，"几"和"机"有交叉。"机"本义为古代弩上发箭的装置，《说文》："机，主发谓之机。"引申为事物变化的关键，徐灏《说文解字注笺》："机，引申为机要之偶。"意义上有交叉，故造成文字上的通用。屈万里《尚书集释》"万几"下注释："几、机古通用。"①由此可见，"万几"作"万机"当是文字通用现象，而非误字。称其为误字，过于武断。

（3）《匡谬正俗》卷四"王夫"：

> 襄五年，楚公子王夫字子辛。今之学者以其字子辛，遂改"王夫"为"壬夫"。同是日辰，名、字相配也。按，楚有公子午，字子庚。庚是十干，午是十二支，法有相配。或者此人以庚午岁若庚午日生，故名庚、字子午耳。辛、壬同是十干，若以辛生，则不得名"壬"；若以壬生，则不得字"辛"。此与庚、午不相类，固当依本字读为"王夫"，不宜穿凿改易为"壬"也。譬天王之弟佞夫、孔氏之宰浑良夫、冶区夫之属，各自有义，岂曰配日辰乎？（［唐］颜师古撰，严旭疏证：《匡谬正俗疏证》，中华书局，2019年，第1版，第153页。）

此例认为《左传》中之楚公子"壬夫"乃是误字，当作"王夫"。著者从古人名字相配特点认为其字"子辛"，"辛"与"壬"从干支相配方面不相谐，故认为"壬"是误字，当作"王"。

按，刘晓东《匡谬正俗平议》此条下云："师古此说，清人多不从。"继而引王引之《经义述闻》及阮元《十三经注疏校勘记》说以证之。②其中，《经义述闻》认为古人名字取干支者"义取五行相生，非谓其以此日生也，又何嫌于名壬字辛乎？古人名字相应，若如颜说王，则与辛不相应，岂古人名字之例乎"。阮元《校勘记》认为："石经以下皆作壬，《汉书古今人表》亦作'公子壬夫'，陆氏《穀梁音义》：'壬，而林反。'"此为不从颜说者。然《平议》又引李富孙《春秋三传异文释》说，认为"壬"与"王"字形相似，此处当作"王夫"，同意颜说。《平议》认为"隶书'壬''王'形似，极易混讹"，"窃以为二字之讹当在汉世"。③严旭《匡谬正俗疏证》认为："'王''壬'形近，汉碑实有互讹之例，如《孔龢碑》'壬寅'作'王寅'是也。若楚公子之名在汉世已讹，则《释文》及唐石经亦不足为证。今无出土文献可证，只可见其异同，卒难定其

---

① 屈万里《尚书集释》，中西书局，2014年，第35页。
② 刘晓东《匡谬正俗平议》，齐鲁书社，2016年，第114-115页。
③ 同上。

是非。"①

今按，壬字甲骨文作"工"（铁75.1），金文作"工"（集成4134）；王，甲骨文作"太"（合集357），金文作"王"（集成2694）。形体差异较明显，二者形体混讹当在战国时期，"王"字包山楚简作"王"（包2.212），"壬"作"王"（包2.29），此时二者形体近似，存在混讹的可能。刘晓东《平议》认为二字在汉世开始混讹，我们认为，时代还可提前一些。

（4）《困学纪闻》卷十七"评文"：

宋玉《钓赋》："宋玉与登徒子偕受钓于玄渊。"唐人避讳，改"渊"为"泉"，《古文苑》又误为"洲"。（[宋] 王应麟著；[清] 翁元析等注；栾保群，田青松，吕宗力校点：《困学纪闻》〔全校本〕，上海古籍出版社，2008年，第1版，第1836页。）

此例指出宋玉《钓赋》中"玄渊"之"渊"字在《古文苑》中被讹作"州"。

按，"玄渊"为人名，《文选·七发》注曰："《淮南子》曰：'虽有钩针芳饵，加以詹何、蜎蠉之数，犹不能与罔罟争得也。'高诱曰：'蜎蠉，白公时人。'《宋玉集》曰：'宋玉与登徒子偕受钓于玄渊。'《七略》曰：'蜎子，名渊，楚人也。'然三文虽殊，其一人也。"王应麟《汉艺文志考》："《蜎子》十三篇。名渊，楚人。《史记·孟荀列传》：'环渊，楚人。学黄老道德之术，著上下二篇。'"因其名渊，故当作"玄渊"。此外，"渊"与"蜎""蠉"声相近，古音真元旁转；"渊""蜎"同为影母，"蠉"晓母，与"渊"发音部位亦相近。而"州"则与"蜎""蠉"相去甚远。②最后，从字形上看，"洲"与"渊"字形相近，存在讹误的可能。

（5）《容斋三笔》卷五"潜火字误"条：

今人所用潜火字，如潜火军兵，潜火器具，其义为防。然以书传考之，乃当为熸。《左传》襄二十六年，楚师大败，王夷师熸。昭二十三年，子瑕卒，楚师熸。杜预皆注曰："吴、楚之间谓火灭为熸。"《释文》音子潜反，火灭也。《礼部韵》将廉反，皆读如奸音，

---

① 严旭《匡谬正俗疏证》，中华书局，2019年，第155-156页。
② 州，古音章母幽部。

则之当曰燖火。（［宋］洪迈撰，孔凡礼点校：《容斋随笔》，中华书局，2005 年，第 1 版，第 478-479 页。）

此例认为表灭火、防火义的"潜火"用字不正确，著者根据《左传》杜预注及《释文》《礼部韵略》训诂认为当作"燖火"，"燖"有灭义，"燖火"即灭火。

按，"潜火"为宋代词语，刘昌诗《芦浦笔记》云："州郡火政，必曰潜火。"其义为防火、灭火。但是"潜"无灭义，亦无防义，因此字词关系出现矛盾。著者认为当作"燖"，"燖"有灭义，所引《左传》杜预注及《释文》注已有说明。然而"燖"字不见于《说文》及早期文献，《大广益会玉篇》有"燖"，《篆隶万象名义》亦有"燖"，则说明齐梁之前已产生。杜预注用"燖"字，抑或是当时已用该字。用"潜"是文字假借，"潜"《广韵》从母盐部，"燖"《广韵》精母言部，二者读音相近。将"燖火"误作"潜火"是声讹，著者所驳可从。

（6）《瓮牖闲评》卷一：

需字从天从雲省，故《易》曰："云上于天，需。""需"字不从"而"也。今人作"需"字乃从"而"，盖篆文"天"字与"而"字相类，后之作字者失于较量，各从其便书之，其误甚矣。《五经文字》云："需音须，遇雨而不进。"从"而"非也。（［宋］袁文撰，李伟国点校：《瓮牖闲评》，中华书局，2007 年，第 1 版，第 27 页。）

此例认为今之"需"字古从"天"从"雲"省，作"需"，从"而"作"需"者乃是讹字。

按，《说文·雨部》："需，须止也，遇雨不进止须止也。从雨、而。"段玉裁注："须止者，待也。遇雨不进，说从雨之意；而者，须立之意。此字为会意。"刘蓉认为："段氏的解释未能跳出《说文》之窠臼。徐中舒先生主编的《甲骨文字典》认为甲骨文中'需''儒'一字。'儒'字下列了一些古文字形体。如 （一期乙七七五一） （一期京二〇六九）（一期佚七四三）。他们认为'需字从大从 或 ，象人沐浴身之形，为濡之处文。殷代金文作 （父辛鼎），……至《说文》则讹作从雨从而之篆文 。'可见宋人对《说文》的质疑是正确的，为我们重新审视

《说文》中需字的解释提供了一定的依据。"①今按，"霝"即"需"之古字亦见于《字汇补·雨部》："霝，古需字。见《归藏易》，李阳冰曰：'云上于天也。'"

然"霝"讹作"需"字不始于《说文》，"霝"讹作"需"，战国时已然，《战国古文字典》："需，金文作_象（孟），_象，均从雨，从天。会雨天不宜出行而有所待之意，当隶定为霝。《字汇补·雨部》：'霝，古需字。见《归藏易》，李阳冰曰：云上于天也。'战国文字天旁已讹作而行。"②

（7）《瓮牖闲评》卷三：

> 世言牵牛织女，故老杜诗云："牵牛出河西，织女处其东。"然织女三星自在牵牛之上，主金帛，非在东也。二星即皆在西，则世俗鹊桥之说益诞矣。而老杜诗又云："牛女年年渡，何曾风浪生。"殆见人言纷纷，聊以为戏耳。（［宋］袁文撰，李伟国点校：《瓮牖闲评》，中华书局，2007年，第1版，第54页。）

（8）《敬斋古今黈》卷一：

> 古诗："迢迢牵牛星，皎皎河汉女。纤纤擢素手，札札弄机杼。终日不成章，涕泣泪如雨。河汉清且浅，相去复几许。盈盈一水闲，脉脉不得语。"吕延济曰："牵牛、织女星，夫妇道也，常阻河汉，不得相亲。此以夫喻君，妇喻臣，言臣有才能，不得事君，而为谗邪所隔。故后人用牛女事及咏七夕等，皆以为牵牛织女。"案，织女三星，在天纪东端。织女，天女孙也。天纪九星，乃在贯索东，距牵牛甚远。然则牛女之女，非织女，乃须女也。须女四星，天之少府也。须，贱妾之称，妇职之卑者也。牵牛，亦贱役也。故须女与牵牛相媲，又同列于二十八宿之中，密相附丽，但隔天汉。诗人以是有盈盈脉脉之语。若以为织女，则天女牛郎非其偶也。或者引《大东》之诗云："维天有汉，监亦有光。跂彼织女，终日七襄。虽则七襄，不成报章。睆彼牵牛，不以服箱。"此自以牵牛织女为类。延济之注，于何缪戾。曰《大东》义取有名无实而已，吕说

① 刘蓉《宋代笔记中的语言学问题》，《汉语史研究集刊》第一辑（上），巴蜀书社，1998年，第282页。

② 何琳仪《战国古文字典》，中华书局，1998年，第390页。

义取伉俪，难以彼此相证也。（［元］李治撰，刘德权点校：《敬斋古今黈》，中华书局，1995 年，第 1 版，第 9-10 页。）

（9）《逊志堂杂钞》戊集：

> 诗人多用河鼓字，《尔雅》："河鼓谓之牵牛。"注："今荆楚呼牵牛为担鼓，担，何也。"则当为负何之何字，从人、不从水。（［清］吴翌凤撰，吴格点校：《逊志堂杂钞》，中华书局，2006 年，第 1 版，第 70 页。）

例（7）至例（9）所考论为因事讹而导致字误的情况。例（7）认为民间传说中之牛郎星、织女星有误，根据二星所处位置，织女星非在牛郎星之东也。例（8）指出，"织女"当作"须女"，著者认为织女乃是天女孙也，其身份与牛郎不符，且与牵牛星相去甚远。而"须女"为贱妾之称，其身份与牛郎相配。并且其星亦与牵牛相近，仅隔天汉而望，与诗中所描述相符，故当作"须女"。例（9）据《尔雅》郭璞注认为诗中多称"河鼓"为牵牛星，而据注文所引方言词语，当作"何鼓"，"何"取"负荷"之义。

按，牵牛、织女星之名称由来已久，《诗•大东》"跂彼织女，终日七襄""睆彼牵牛，不以服箱"中已有"织女""牵牛"之称。毛传："河鼓谓之牵牛。"因此"牵牛"又名"河鼓"，毛传与《尔雅》说同。《史记•天官书》："婺女，其北织女。织女，天女孙也。"张守节《正义》："织女三星，在河北天纪东，天女也，主果蓏丝帛珍宝。"班固《西都赋》："临乎昆明之池，左牵牛而右织女。"《岁华纪丽》卷三引汉应劭《风俗通》佚文曰："织女七夕当渡河，使鹊为桥。"说明其名称由来已久。又《文选•洛神赋》："叹匏瓜之无匹兮，咏牵牛之独处。"李善注引曹植《九咏》注云："牵牛为夫，织女为妇，织女牵牛之星，各处河鼓之旁，七月七日，乃得一会。"《月令广义•七月令》引南朝梁殷芸《小说》曰："天河之东有织女，天帝之子也。年年机杼劳役，织成云锦天衣，容貌不暇整。帝怜其独处，许嫁河西牵牛郎，嫁后遂废织纴。天帝怒，责令归河东，但使一年一度相会。"这是民间关于牛郎、织女传说之所本。例（8）认为当作"须女"，观诸文献记载未有"须女"与"牵牛"相提并论之说，其讹误路径不清，结论略显武断。

此外，"河鼓"作"荷"之理据，《文选•思玄赋》："观壁垒于北落

兮，伐河鼓之磅硠。"李善注亦引《尔雅》说，且云："今荆人呼牵牛星为
檐鼓，檐者荷也。"与《尔雅》郭注小异。"河鼓""檐鼓"其实一也，作
"河"当为声讹。

（10）《学林》卷第三"辜负"：

> 《书》曰："与其杀不辜。"又曰："时予之辜。"《诗》曰："民之
> 无辜。"又曰："无罪无辜。"《礼》曰："救无辜，伐有罪。"凡言辜
> 者，罪之异名也。故字书曰辜，罪也。而辜负者，是罪可责之义
> 也。古人或以孤子之孤为辜，李陵《答苏武书》曰："功大罪小，不
> 蒙明察，辜负陵心。"五臣注《文选》曰："国家辜负其心，见诛母
> 妻。"书又曰："陵虽孤恩，汉亦负德。"五臣注曰："力屈而降，则
> 孤恩也。汉诛陵母，亦负德也。"《后汉·马皇后纪》曰："孤恩不
> 报。"章怀太子注曰："孤，负也。"《蜀志·刘备传》曰："常恐殒
> 没，孤负国恩。"凡此皆用孤字。盖孤者，不报之义，其义亦与
> "辜"通，故古人用孤字为孤负字，不为失也。《前汉·翟方进传》
> 曰："贵戚近臣子弟宾客多辜榷为奸利。"颜师古注曰："辜榷者，言
> 己自专之，他人取者辄有辜罪。"《后汉·灵帝纪》："光和四年，初
> 置骒骥厩丞，领受郡国调马，豪右辜榷，马一匹至二百万。"章怀太
> 子注引《汉书音义》曰："辜，障也。谓障余人买卖而自取其利
> 也。"又《孝仁董皇后纪》曰："何进、何苗等奏孝仁皇后，使中常
> 侍夏恽，永乐太仆封谞等交通州郡，辜榷所在珍宝货赂，悉入西
> 省。"章怀太子注与《灵帝纪》注同。观国按，此辜榷乃阻障而独取
> 其利。《汉书音义》所训是也，而颜师古以为"他人取者辄有辜
> 罪"，所训迂矣。榷与较同音，而义亦通。《周礼·大宗伯》："以疈
> 辜祭四方百物。"《小子》曰："凡沈辜侯禳饰其牲羊。"又曰："凡沈
> 辜侯禳衈积。"郑氏曰："辜，磔牲以祭也。""磔牲"谓之辜者，刑
> 牲而用之，犹刑有罪者，故名曰辜也。（［宋］王观国撰，田瑞娟点
> 校：《学林》，中华书局，1988 年，第 1 版，第 112、113 页。）

（11）《敬斋古今黈》卷一：

> 世俗有"孤负"之语，"孤"谓无以酬对，"负"谓有所亏欠。
> 而俚俗变"孤"为"辜"。"辜"自训罪，乃以同"孤负"之"孤"，
> 大无义理。（［元］李治撰，刘德权点校：《敬斋古今黈》，中华书

局，1995 年，第 1 版，第 4 页。）

例（10）、例（11）均为论"辜负"的理据。例（10）认为"辜"本表"罪"义，"孤"表"负"义，二者意义不同，但有将"孤负"作"辜负"者，"辜负"是有罪可责之义，"孤负"则是不报之义，王氏认为二者词义有相通之处，故"孤负"可作"辜负"。例（11）认为"辜负"一词当作"孤负"，作"辜"者于义无取。

按，由表"罪"义之"辜"来表"负"，应该是一种谦卑的说法，并非二者词义有相通之处，又"辜"与"孤"古音俱为见母鱼部，《广韵》中又都作古胡切，因此二者古音相同，故"辜"可作"孤"之假借字，朱骏声《说文通训定声·豫部》："孤，假借为辜。"说明二者音义有相同之处，故可通用而非为讹字。

（12）《敬斋古今黈》卷四：

> 皮日休《七爱诗·房杜二相国》云："肮脏无敌才，磊落不世遇。美矣名公卿，魁然真宰辅。黄阁三十年，清风一万古。"案魏晋旧制，三公黄阁厅事始得置鸱尾。陈后主以萧摩诃为侍中，特诏开黄阁厅事寝室并置鸱尾。然则黄阁鸱尾皆宰相所居之制也，自唐以来亡之矣。今人举皮诗，往往以黄阁作黄阁。遍考书传，宰相无有黄阁故事。（［元］李治撰，刘德权点校：《敬斋古今黈》，中华书局，1995 年，第 1 版，第 54 页。）

此例根据魏晋旧制，认为"黄阁"为宰相所居之制，而后世讹作"黄阁"。

按，"黄阁"作"黄阁"是异体字，不是讹字。"黄阁"本为汉制，指汉时丞相、太尉及汉以后的三公官所涂黄色之厅门，以区别于天子之朱门，故曰"黄阁"。汉卫宏《汉旧仪》卷上："（丞相）听事阁曰黄阁。"《宋书·礼志二》："三公黄阁，前史无其义……三公之与天子，礼秩相亚，故黄其阁，以示谦不敢斥天子，盖是汉来制也。"顾炎武《日知录》卷二十四："不敢洞开朱门，以别于主人，故以黄涂之，谓之黄阁。"后因此以"黄阁"专指宰相官署，如此例所举皮日休诗。至唐代，门下省亦称黄阁，如杜甫《奉赠严八阁老》诗："扈圣登黄阁，明公独妙年。"宋王应麟《困学纪闻·评诗》："旧史《严武传》迁给事中，时年三十二。给事中属门下省，开元曰黄门省，故云'黄阁'。"以上诸例，或作"黄阁"，或作“黄閤”，说明二者在当时混用无别。至于著者所驳之讹字，从文字上论，“阁”与“閤”均从门，与门有关。“黄阁”起初即指三公之黄门，二者字形均与词义相关，故只能看作是异体而非讹字。

（13）《焦氏笔乘》卷一“敖误为教”：

> 汉王嘉奏对曰：“臣闻咎钟繇戒帝舜曰：‘无敖佚欲，有国，兢兢业业，一日二日万机。’”师古曰：“《虞书·咎繇谟》之辞也，言有国之人不可敖慢逸欲，但当戒慎危惧，以理万事之机也。敖音傲。”今《尚书》乃作“无教逸欲，有邦。”恐敖字误作教耳。若谓天子无教，诸侯佚欲，于理难叶。（[明]焦竑撰，李剑雄点校：《焦氏笔乘》，中华书局，2008年，第16页。）

此例认为《汉书》王嘉奏封事所引《尚书·咎繇谟》之“敖”字当为“教”字之讹，从“敖”之说于义无取。

按，《汉书》颜师古此处作注“音傲”，因颜师古所据之《汉书》所引《尚书》亦作“敖”。对此，段玉裁《尚书撰异》云：“《汉书·王嘉传》嘉奏封事曰：‘臣闻咎钟繇戒帝舜曰：无敖佚欲，有国，兢兢业业，一日二日万机。’此《今文尚书》也。”又“《夏本纪》‘毋教邪淫奇谋’，或《尚书》本作‘敖’而依博士读为‘教’；或《史记》本作‘敖’而后人改之，皆未可知也”。而《尚书》孔传、孔疏及蔡传均作“教”训释，俞樾《群经评议》从声义同源角度阐释了“教”有“效”义，从而与二孔注及蔡注相合。

今按，从文字角度看，“敖”金文作“”（集成4331），战国秦简作“”（睡·杂32）；“教”金文作“”（集成10583），战国楚简作“”（信1.03），秦简作“”（睡·语2）。二者古文字形体近似，存在讹误的可能。

（14）《焦氏笔乘续集》卷五“三商”条：

> 《士昏礼》“漏下三商为昏”，商音滴，与夏商之商不同，苏易简文“三商而眠，高春而起”，用其语也，今人多误读。（[明]焦竑撰，李剑雄点校：《焦氏笔乘》，中华书局，2008年，第401页。）

此例指出“商”音滴，与“商”之音不同，而多有误读者。

按，曾良《俗字及古籍文字通例研究》第四章《古籍文字相通、相混述例》五十六"'啇'与'商'不别例"中指出："毛笔书写'啇'字，如果把里面的'八'的捺写成横，又靠近一点，就与'商'形似，故古籍俗书'啇''商'往往不别，须据文意而定。"①今按，隶书中"商"字即有作"啇"（唐刘元超墓志）、作"啇"（隋雍长墓志）者，因此"啇""商"易误古已有之。

（15）《日知录》卷十八"别字"：

> 山东人刻《金石录》，于李易安《后序》"绍兴二年玄黓岁壮月朔"，不知"壮月"之出于《尔雅》（八月为壮），而改为"牡丹"，凡万历以来所刻之书，多"牡丹"之类也。（［清］顾炎武著，黄汝成集释，栾保群、吕宗力校点：《日知录集释》〔全校本〕，上海古籍出版社，2006年，第1版，第1035页。）

此例指出古人因不知"壮月"出自《尔雅》而将"壮月"讹作"牡丹"之现象。

按，"壮月"讹作"牡丹"是因字形相近而将"壮"字讹作"牡"，"月"字讹作"丹"，张涌泉先生认为"壮"字俗书或作"牡""牡""牡"等形，与"牡"字字形相似，故讹作"牡"②。今按，"丹"字俗书作"丹"（汉孔彪碑）③，与"月"字形亦相近，因"牡月"不成词，故易将"月"字误认为"丹"字之俗写，故"壮月"讹作"牡丹"乃俗书形近致误的结果。

（16）《日知录》卷三十一"劳山"：

> 劳山之名，《齐乘》以为"登之者劳"，又云一作"牢"。丘长春又改为"鳌"，皆鄙浅可笑。按《南史》"明僧绍隐于长广郡之崂山"，《本草》"天麻生太山、崂山诸山"，则字本作"崂"，若《魏书·地形志》《唐书·姜抚传》《宋史·甄栖真传》并作"牢"，乃传写之误。
>
> 《诗》"山川悠远，维其劳矣"。笺云："劳劳，广阔。"则此山或取其广阔而名之。郑康成，齐人。劳劳，齐语也。

---

① 曾良《俗字及古籍文字通例研究》，百花洲文艺出版社，2006年，第141页。
② 张涌泉《汉语俗字研究》，岳麓书社，1995年，第6页。
③ 秦公《碑别字新编》，文物出版社，1985年，第3页。

《山海经·西山经》亦有劳山，与此同名。

《寰宇记》："秦始皇登劳盛山，望蓬莱。"后人因谓此山一名劳盛山，误也。劳、盛二山名，劳即劳山，盛即成山。《史记·封禅书》："七曰日主，祠成山"，"成山斗入海"。《汉书》作"盛山"，古字通用。齐之东偏，环以大海，海岸之上莫大于劳、成二山，故始皇登之。《史记·秦始皇纪》："令入海者赍捕巨鱼具，而自以连弩候大鱼至，射之。自琅邪北至荣成山，弗见。至之罘，见巨鱼，射杀一鱼。"正义曰："荣成山即成山也。"按史书及前代地理书并无荣成山，予向疑之。以为其文在琅邪之下，成山之上，必"劳"字之误。后见王充《论衡》引此，正作"劳成山"，乃知昔人传写之误。唐时诸君亦未之详考也。遂使劳山并"盛"之名，成山冒"荣"之号。今特著之，以正史书二千年之误。（[清]顾炎武著，黄汝成集释，栾保群、吕宗力校点：《日知录集释》〔全校本〕，上海古籍出版社，2006年，第1版，第1796-1797页。）

著者据史书及地理书，认为"劳山"本当作"崂山"，以为"登之者劳"或作"牢"者皆误。继而据《诗》郑笺，认为齐语中有"劳劳"，"崂山"取名为其广大义。最后指出《史记》作"荣山"者，乃"劳"之误也，《史记》的"荣山"即"劳山"。

按，"崂"为"劳"的后起分化字，《说文》无"崂"，宋本《玉篇》《广韵》《集韵》中始有"崂"字。作"牢"者是同音假借，"劳""牢"古音同属来母幽部。

（17）《十驾斋养新录》卷二"戌戍"条：

《春秋传》人名皇戌、向戌、穿封戌、沈尹戌皆从"戊"从"一"，读如"恤"，惟公叔戍从"人"从"戈"，乃"戍守"之"戍"，两字相似，刻本往往互混，独唐开成石经点画分明，石刻之可贵如此。（[清]钱大昕著，杨勇军整理：《十驾斋养新录》，上海书店出版社，2011年，第1版，第32-33页。）

此例指出《春秋传》中人名作"皇戌""向戌""穿封戌""沈尹戌"者其所从之"戌"与公叔戍所从之"戍"，形音俱不相同，但刻本往往互讹。

按，"戌""戍"形体相似，故易混同。阮元《十三经注释校勘记》

曰："岳本、纂图本、监、毛本误作'戍',误。下及注同。按,凡人名多用'戍亥'字,惟此用'戍守'字。"亦证此说。

（18）《札朴》卷一：

> 《史记·赵世家》："触龙言愿见太后。"案:"龙言"乃"聋"字,误分为二,《赵策》有"触聋"。（［清］桂馥撰,赵智海点校:《札朴》,中华书局,1992年,第1版,第294页。）

此例指出《史记·赵世家》之"触龙"当作"触聋",讹误原因在于后人误将"聋"字分为"龙""言"二字。

按,《战国策·赵策》"触聋",王念孙《读书杂志·战国策杂志》云："触聋,姚云:'一本无言字,《史》亦作龙。'案《说苑》敬慎篇:'鲁哀公问孔子,夏桀之臣有左师触龙者,谄谀不正。'人名或有同此者。此当从聋以别之。念孙案:吴说非也,此策及《赵世家》皆作'左师触龙言愿见太后',今本'龙''言'二字误合为'聋'耳。太后闻触龙愿见之言,故盛气以待之。若无'言'字则文义不明。据姚云'一本无言字',则姚本有言字明矣。而今刻姚本亦无'言'字,则后人依鲍本改之也。《汉书·古今人表》正作'左师触龙',又《荀子·议兵》篇注曰:'《战国策》赵有左师触龙',《太平御览·人事部》引此策曰:'左师触龙言愿见',皆其明证矣。又《荀子·臣道篇》曰:'若曹触龙之于纣者,可谓国贼矣。'《史记·高祖功臣侯者表》有临夷侯戚触龙;《惠景间侯者表》有山都敬侯王触龙,是古人多以触龙为命,未有名触聋者。"首先,从文意论述"愿"前当有"言"字,"言"不当与"龙"合为一字。其次,考释战国及秦汉间人名多有作"触龙"而无作"触聋"者,论证此处不当作"触聋"。按,其说极是。今马王堆汉墓出土《战国纵横家书》,"触聋"正作"触龙",说明《战国策》原本作"触龙",《史记》因之,不误。作"触聋"者是误合二字为一字。

另外,像孙诒让的《札迻》,杭世骏的《订讹类编》,邓廷桢的《双砚斋笔记》,邹汉勋的《读书偶识》,周寿昌的《思益堂日札》,卢文弨的《钟山札记》《龙城札记》,徐文靖的《管城硕记》以及王念孙、王引之父子的《读书杂志》《经义述闻》、于鬯的《香草校书》《香草续校书》等学术笔记中,亦有多处指出文献中的讹字现象。

第二节 分析讹字的成因

关于讹字的成因，白兆麟、关德仁在《讹字选编》中指出："古籍中的讹字，不外乎形讹与声讹两类。"①张涌泉先生认为："误字包括形误字和音误字，是指因形近或音近而误读误书的字。"②可见，字形和读音相近是讹字形成的主要原因，学术笔记在揭示讹字成因时也主要从这两方面入手。

一、因形近而造成的讹字

字形相近是讹字产生的主要原因，其中既包括同一书体中两字形体相近，同时也包括不同书体字形相近，二者都是造成讹字的原因。

汉字发展历史悠久，历经多次形体变化，每次变化都对汉字体系产生重大影响。或者同一书体之字形体近似，但发展为新的书体后反而形体迥别，或者原本字形不同、区别明显的两字发展为新字体后反而形体接近，这些都是讹字产生的原因。

（一）因古文形体相近而讹

学术笔记中论及讹字问题所涉及的"古文"，一般泛指小篆及其以前的文字，如：

（1）《焦氏笔乘续集》卷三"人字"：

> 何比部语予："丰南禺道生曾论'孝弟也者，其为仁之本与'，'仁'原是'人'字。盖古'人'作'⺈'因改篆为隶，遂讹传如此。如'井有仁焉'亦是'人'字也。"予思其说甚有理。孝弟即仁也。谓孝弟为仁本，终属未通。若如丰说，则以孝弟为立人之道，于义为长。（[明]焦竑撰，李剑雄点校：《焦氏笔乘》，中华书局，2008年，第1版，第330-331页。）

此例援引他人说，认为《论语》"其为人也孝悌，其为仁之本与"之"仁"当为"人"，因为"人"之古文作"⺈"，隶变后讹传作"仁"。著者认可其说，认为文中的"孝悌"对应的应该是人。

---

① 白兆麟、关德仁《讹字选编》，《淮北煤师院学报》（社会科学版），1990年第1期。
② 张涌泉《汉语俗字研究》，岳麓书社，1995年，第5页。

按，"人"字古文不作"〻"，此说不确。人字甲骨文作"㇀"（合集 6175），金文作"㇀"（集成 944），战国楚简作"㇀"（包 2.2），《说文》小篆作"尺"，隶书作"人"（孔龢碑）。古文均像人站立之形，且与"仁"形体有差距。作"〻"者，《广碑别字》引清《张云溪墓志》中有一例，当是明清时期的俗字异体，而非古文。

（2）《焦氏笔乘·续集》卷五"讹字"：

> 替，篆文作晋，与普相近，竝下日为普，浦。竝下白为晋，剃。郭知玄曰："白头艺苑，不知普晋之分；青襟小生，焉辨商商之别。"又柳豫《大藏音序》："帔帗则巾小不分，㨶槐则扌木不辨。书生传写，破体者多；对读支离，辨正者少。"（［明］焦竑撰，李剑雄点校：《焦氏笔乘》，中华书局，2008 年，第 1 版，第 408 页。）

此例指出因篆文相似而导致"普""替"形近易讹的现象，同时还指出"商""商"和"扌""木"等易混字及易混偏旁。

按，篆文"普"作"晋"，替作"晋"，二者区别仅为构件下部一从"日"一从"白"，故二者字形近似易讹。"商"字小篆作"裔"，"商"字小篆作"裔"，二者形近，故从"商"从"商"之字易讹。"扌"小篆作"屮"，"木"小篆作"朩"，二者笔势上略有不同，故从"扌"从"木"之字多易讹。

（3）《焦氏笔乘》卷一"飞遁"条：

> 《遁卦》："肥遁无不利。""肥"字古作"𦟀"，与古蜚字相似，后世因讹为肥字。《九师道训》云："遁而能飞，吉孰大焉！"张平子《思玄赋》云："欲飞遁以保名"，曹子建《七启》云："飞遁离俗"，金陵《摄山碑》"缅怀飞遁"，皆可证。（［明］焦竑撰，李剑雄点校：《焦氏笔乘》，中华书局，2008 年，第 1 版，第 11 页。）

此例认为《周易》之"肥遁"当作"飞遁"，因"飞"古字"蜚"与"肥"古字"𦟀"相近，故致误。

按，"蜚"与"飞"通，《广韵·微韵》："飞，古通用蜚。"段玉裁《说文解字注·虫部》："蜚，古书多假为飞。"故文献中作"飞遁"者即"蜚遁"也，著者认为"肥"之古字"𦟀"与"蜚"字相似，故致讹误。今按，宋姚宽《西溪丛语》卷上："肥字古作𦟀。"说明焦氏之说亦有所本，然"䳄"字之较早书证仅见于《山海经·西山经》："（翰次之山），有鸟焉，其状如枭，人面而一足，曰橐䳄，冬见夏蛰，服之不畏雷。"又《广韵·微韵》："䳄，橐䳄，鸟名。出《山海经》。"而"肥"字则在先秦著作中数见不鲜，如《左传·昭公十二年》："秋，八月壬午，灭肥。"《论语·雍也》："赤之适齐也，乘肥马，衣轻裘。"《礼记·礼运》："父子笃，兄弟睦，夫妇和，家之肥也。"因此从出现时间看，"肥"未必晚于"䳄"，故"䳄"未必就是"肥"之古字。

（4）《札朴》卷一"既底法"：

> （《大诰》）"若考作室，既底法，厥子乃弗肯堂，矧肯构？"案，"底法"疑"底定"，言父已定基址，子不肯为堂构。下文"罔敢易法"，王莽拟之云："尔不得易定。"盖古文"定"作"𡩟"，法作"𠑹"，形近致误。（［清］桂馥撰，赵智海点校：《札朴》，中华书局，1992年，第1版，第16页。）

此例认为《尚书·大诰》"既底法"之"法"当作"定"，因古文字"法"与"定"形相近故致讹。

按，此处"定"作"𡩟"为小篆写法，法作"𠑹"为《说文》古文字体，形体确有相似之处，但是在战国出土文献中，"定""法"形体各异："法"作"𤔲"（信1.07）、"𤑩"（上〔2〕昔3）、"𧬫"（睡·杂4）等形；"定"作"𡄚"（包2.152）、"𡩤"（曾8）、"𡩟"（睡·法96）、"𡩟"（睡·封13）等形，二者实无由致误。此外，《尚书》原文此处作"既厎法"而非"底"字，"厎"训致，孔传云："父已致法。"《尚书》"可厎行"，孔传曰："可致行。"旧注说法可通，在没有其他更有力的证据前，则不烦改字。

（5）《过庭录》卷二"周易考异上"：

> "体仁足以长人。"《音义》："京房、荀爽、董遇本作体信。"
> 案，孟、京、荀三家多同。知荀氏古文即本孟、京，"信"字古文作"𠄢"①，从言省，与"仁"字形近字。（［清］宋翔凤撰，梁运华点校：《过庭录》，中华书局，1986年，第1版，第11页。）

---

① 此"古文"指《说文》古文，《说文》："信，诚也。从人、从言，会意。𠄢，古文从言省。"

此例认为《周易》"体仁足以长人"中之"仁"《经典释文》作"信"，作"仁"者乃因其字形与"信"之古文相似而误。

按，"信"字战国晚期金文有作"⿰亻⿱千口"（梁十九年亡智鼎）、"⿱千王"（八年相邦铍）者，为从人、从口（言之省）之形，《说文》古文作"⿰亻⿱口"，当即为其所承。

（6）《过庭录》卷十四"管子识误"：

> （《管子·幼官第八》）"十二，始节，赋事。十二，始卯，合男女。十二，中卯。十二，下卯。三卯同事，九合时节。"案，此"卯"字，葆琛先生以为皆"酉"字之讹，古"酉"为"卯"，与"卯"相近，且涉上文三"卯"而误。（［清］宋翔凤撰，梁运华点校：《过庭录》，中华书局，1986 年，第 1 版，第 228 页。）

此例认为《管子》中之"卯"字当为"酉"，作"卯"者乃因"酉"之古文而误。

按，"酉"，《说文》古文作"⿱卯一"，许慎曰："古文酉从卯。卯为春门，万物已出；酉为秋门，万物已入。一，闭门象也。"但除了这个所谓《说文》古文字形之外，"酉"的字形均像酒樽之形，为象形字，如甲骨文"⿴口"（合集 19557）、金文"⿺酉"（集成 5413）、秦简"⿱冃"（秦 13.3）。没有形似"卯"者。商承祚认为此《说文》古文字形为写误。[1]季旭升认为："《说文》古文不知所出，恐不可信。"[2]如此，则《管子》此处作"卯"者当非为"酉"之讹字。

（7）《过庭录》卷十四"管子识误"：

> "三世则昭穆同祖，十世则为祧。"案，"三世"当为"四世"，"十世"当为"五世"。古文"四"作"亖"，五作"乂"，形近而误。《礼》："天子诸侯皆亲庙四"，故云四世则昭穆同祖。五世为祧，祧主藏太祖记而祧庙。若文武二世室，有主而无庙，故云五世则为祧。（［清］宋翔凤撰，梁运华点校：《过庭录》，中华书局，1986 年，第 1 版，第 242-243 页。）

---

① 商承祚《说文中之古文考》，上海古籍出版社，1983 年，第 125 页。
② 季旭升《说文新证》，福建人民出版社，2010 年，第 1024-1025 页。

　　此例根据古礼制四世同祖、五世为祧的制度，指出《管子》中"三世""十世"之"三""十"当为"四""五"之讹。古文"四""五"与"三""十"形近故致误。

　　按，古文"四"作"亖"，与"三"形近易致误。但古文"五"楚简中均作"𠄡"（包 2.45），只甲骨文有作"𠬤"（前 1.44.7 甲）。《管子》为战国秦汉间流传之书，不当误"五"为"十"。此外，黎翔凤《管子校注》引张珮纶说，认为此处《管子》之说与《左传》相合，"宋翔凤改'三世'为'四世'，改'十世'为'五世'，甚谬"①。

　　（8）《十驾斋养新录》又卷十七"九魌"：

　　　　刘向《九叹》："讯九魌与六神。"注："九魌，谓北斗九星也。"按《说文》无"魌"字，当为"魁"之讹。古书"斗"为"斤"，与"斤"相似，因误为"魌"，并读如祈音，失其义矣。北斗九星，魁居其首，故有九魁之称。（[清] 钱大昕著，杨勇军整理：《十驾斋养新录》，上海书店出版社，2011 年，第 1 版，第 338 页。）

　　此例指出刘向《九叹》中之"九魌"当为"九魁"，古文"斗"与"斤"形近而致误。

　　按，战国秦简中"斗"作"𣁬"（睡·秦 74），"斤"作"斤"（睡·秦 91），二者形体不相似。"斗"之隶书作"斗"（韩敕碑），楷书作"斤"（汉白石神君碑），与"斤"类似，故其讹误当为隶楷书阶段，而非古文阶段。又《龙龛手鉴》："魌，魁的俗字。""魌"与"魌"形近，故"九魁"讹作"九魌"。

　　（二）因隶书形体相近致误

　　（9）《野客丛书》卷第八"种田养蚕"条：

　　　　嵇叔夜《养生论》曰："夫田种者，一亩十斛，谓之良田，此天下之通称也。不知区种可百余斛。"安有一亩收百斛米之理？《前汉·食货志》曰："治田勤则亩益三升，不勤，损亦如之。"一亩而损益三升，又何其寡也？仆尝以二说而折之理，俱有一字之失。嵇之所谓"斛"，《汉》之所谓"升"，皆"斗"字耳。盖汉之隶文书"斗"为"斗"字，文绝似"升"字。汉史书"斗"字为"斜"字，

---

① 黎翔凤《管子校注》，中华书局，2004 年，第 1341 页。

字文又近于"斛"字，恐皆传写之误。（[宋]王楙撰，王文锦点校：《野客丛书》，中华书局，1987年，第1版，第83页。）

著者指出汉隶中"斗"字与"升"字字形相近而产生的讹字现象。今按，"斗"字隶书作"斗"韩勅碑①，与"升"字形相似；"升"亦有作"升"魏无昭墓志②者，与"斗"字亦相似，故二者在文献中常被混用致讹。清孙诒让《札迻》卷二中亦有"斗""升"相讹之例：

> （《急就篇》颜师古注）"蠡升参升半卮觛"，注云："蠡升，瓢蠡之受一升者，因以为名。犹今人言勺升耳。参升，亦以其受多少为名也。"皇本作"蠡斗朵（孙本作'朵'）升半卮草"。孙校云："朵，帖作'朵'，即'参'字，《玉海》作'三'。"案，此书固多复字，然未有一句之中一字两出者。"蠡升"，"升"当从皇本作"斗"，其读当为"科"。《说文·木部》云："科，勺也。"经典多以"斗"为之，汉隶皆作"斗"，与"升"形近而互讹。（[清]孙诒让撰，梁运华点校：《札迻》，中华书局，1989年，第1版，第47-48页。）

此例亦指出"斗"字因汉隶与"升"形近，故导致《急就篇》中"斗"讹作"升"的情况。

按，"斗""升"在隶书阶段形相近，还可见于河南洛阳曹魏墓 M1 出土石楬文字中③，在 M1 石楬中"斗"作"斗"M1：84，"升"作"升"M1：279。区别只在于其中的横画，"斗"的横画与撇画相接，而"升"的横画与撇画相交。

（10）《野客丛书》卷第二十二"苻符二姓"：

> 苻坚，其先本姓蒲，其祖以讖文改为苻。符融，其先鲁顷公孙，仕秦为符玺郎，以为氏。故苻坚之姓从艹，符融之姓从竹，二姓固自不同。而《唐义阳郡王符璘碑》合从竹，而书作苻。而苻坚之苻，又有书从竹者，皆失于不契勘耳。仆又考之，汉碑隶书率以竹为草，少有从竹者，如符节之字皆然。今西汉书符瑞多从草。魏晋以下，真书碑亦有书符节为苻蒩者，盖古者皆通用故耳。此又不

---

① 秦公《碑别字新编》，文物出版社，1985年，第7页。
② 同上书，第5页。
③ 洛阳市文物考古研究院编《流眄洛川：洛阳曹魏大墓出土石楬》，上海书画出版社，2021年。

可不知。颜鲁公《干禄书》曰"从草者为姓，从竹者为印"，亦未之察也。不知符融之符，果非姓乎？（［宋］王楙撰，王文锦点校：《野客丛书》，中华书局，1987年，第1版，第253页。）

此例认为"苻坚"之"苻"当从草，从竹者盖因汉隶以竹为草，草竹混用而讹。

按，"符"字隶书作"**竹**"（礼器碑），隶书从"竹"之字多与"草"形相近，如"等"作"**苇**"（曹全碑），"策"作"**萧**"（张迁碑），因而导致"符""苻"形近相讹。

（11）《困学纪闻》卷十二"考史"：

《儒林传》"毛莫如少路"，宋景文公（《笔记》）引萧该《音义》："案《风俗通·姓氏篇》：'混沌氏，太昊之良佐。汉有屯莫如，为常山太守。'按，此莫如姓非毛，应作'屯'字，音徒本反。"今愚按《沟洫志》云："自塞宣房后，河复北决于馆陶，分为屯氏河。"颜师古注："屯，音大门反。"而随室分析州县，误以为毛氏河，乃置毛州，失之甚矣。以此证之，则毛、屯之相混久矣。屯之为氏，于此可考。《广韵》云："《后蜀录》有法部尚书屯度。"（［宋］王应麟著；［清］翁元圻等注；栾保群，田青松，吕宗力校点：《困学纪闻》〔全校本〕，上海古籍出版社，2008年，第1版，第1449-1450页。）

此例认为《儒林传》"毛莫如少路"中的"毛"当作"屯"，宋人王楙亦有相似论述，《野客丛书》卷二十三"地名语讹"：

北京馆陶县有屯氏河，《汉·沟洫志》谓河北决于馆陶，分为屯氏河，后讹为"毛氏河"。（［宋］王楙撰，王文锦点校：《野客丛书》，中华书局，1987年，第1版，第266页。）

按，何焯云："古人书'屯'字只作'毛'，因此致误。"今按，"屯"字战国文字有作"**屯**"（信2.01）、"**屯**"（信2.013）等形，在汉魏时期的碑文中多作"**屯**"（鲁峻碑）或"**屯**"（曹全碑）等形，与"毛"字形相近，故易致讹。

（12）《札朴》卷二"范我驰驱"：

（《孟子·滕文公章句下》）"吾为之范我驰驱。"孙氏《音义》

云："范我或作范氏。范氏古之善御者。"馥谓"范"当为"笵"。
"笵"，法也。驰驱有法，故曰笵氏，与《考工记》称某氏同。后之
世其业者即为笵姓，所见古铜印，笵姓皆从竹，隶体竹艹不分，今
为从艹之"范"矣。（［清］桂馥撰，赵智海点校：《札朴》，中华书
局，1992 年，第 1 版，第 93 页。）

此例认为"范氏"之"范"当作"笵"，因隶书"竹""艹"不分，
故相讹误。按，"竹""艹"隶书不分，上文已论，此不赘述。又卷第一
"罔可念听"：

《多方》："罔可念听。"《传》云："事无可听。"案：上文"惟
圣罔念作狂，惟狂克念作圣"，疑"念听"当为"念圣"，言纣所
为，无可念作圣者。《无逸》："此厥不听"，《汉石经》"听"作
"圣"，盖"听""圣"形近，传写易伪。（［清］桂馥撰，赵智海点
校：《札朴》，中华书局，1992 年，第 1 版，第 15 页。）

著者据《汉石经》认为《尚书·多方》"罔可念听"之"听"字当作
"圣"，因二者形近而误作"听"。
按，"听"字石经作"𦔮"（熹平石经），圣字石经作"聖"（熹平石
经），二者形体相差较远，此说似不足信。
（13）《札朴》卷七"骨母"：

《七发》："厉骨母之场。"李善注引"胥母山"，疑"骨"字之
误。案：隶书"胥"作"吕"，与骨形相近，此致误之由。《晋书》
"揟次"又讹作"揖次"，亦因"吕""耳"形近。（［清］桂馥撰，赵
智海点校：《札朴》，中华书局，1992 年，第 1 版，第 273 页。）

此例认为《七发》"骨母"之"骨"当作"胥"，因为"胥"之隶书
字体与"骨"字相似，故讹作"骨"。清杭世骏《订讹类编》则引《丹铅
总录》之说认为讹误原因在于"胥"之古字与"骨"相似，《订讹类编　续
补》卷下"胥母山"：

《丹铅总录》："《文选·七发》：'弭节五子之山，通厉骨母之

场。'骨当作骨。《史记》：'吴王杀子胥，投之于江，吴人立祠江上，因名胥母山。'古字胥作'骨'，其字形似骨，其误宜矣。今虽善书亦不知骨之为胥也。"（[清]杭世骏撰，陈抗点校：《订讹类编》，中华书局，2006年，第2版，第334页。）

按，"胥"字隶书作"骨"（礼器碑），三体石经中作"𩩅"，均与"骨"字形相近，故胥、骨二字易讹。

（14）《札朴》卷八"韩敕碑"：

碑又云："四方土仁，闻君风耀，敬咏其德。"案："土仁"即"士人"。隶书及古文，"土""士"无别，说见《武氏石阙跋》。《论语》"其为仁之本与"，《后汉书·延笃传》作"人"，又"观过斯知仁矣。"《吴祐传》作"人"。

……

阙云："土女瘝伤"，又云"仕济阴"，皆以"土"为"士"。《史晨奏铭》："百辟卿土"。《郑固碑》："弱冠仕郡吏"。《孔宙碑》："告困致仕"亦然。盖古文"土""士"通借。《盠和钟》以"土"为"士"，《牧敦》以"士"为"土"。襄公九年《左传》："相土因之。"《竹书》及《世本》作"士"。《尚书·吕刑》："有邦有土"。《史记》作"士"。《诗·周颂》："保有厥士。"即"厥土"。《周礼·大司徒》："其附于刑者归于士。"注云："或谓归于圜土。"《吕览·任地篇》："子能吾士靖而咇浴士乎？"高诱注："'士'当作'土'。"《韩敕碑》："四方土仁。"《隶释》云："即'士人'。"《娄寿碑》："太常博土"即"博士"。又《马江碑》："仕丧仪宗"。《灵台碑》："鱼师卫仕"。此则以"仕"为"士"矣。（[清]桂馥撰，赵智海点校：《札朴》，中华书局，1992年，第1版，第321-338页。）

此例首先指出《韩敕碑》中"士"作"土"，继而列举多处文献中均以"士"为"土"的情况。著者认为这都是因为隶书"土""士"形体接近的原因。

按，《隶辨》云《韩敕碑》"四方土仁"之"土"即"士"字，又引《侯成碑》《史晨碑》《华山碑》等碑文，指出在这些碑文中"士"皆作"土"。是"士""土"混同为汉隶碑文中之用字现象。段玉裁在辨析"士"

"土"字形不同时亦指出:"士二横当齐长,士字则上十下一,上横直之长相等,而下横可随意。今俗以下长为土字。下短为士字。绝无理。""土"之隶书亦有讹作"玉"者,清杭世骏《订讹类编续补》卷上"苏黄诗中误字":

> 东坡诗云:"关右玉酥黄似酒",碑本乃作土酥,土字是也。况末句又云"明朝积玉高三尺",无用两玉字之理,则是土字无疑。([清]杭世骏撰,陈抗点校:《订讹类编》,中华书局,2006年,第2版,第289页。)

今按,玉之隶书有作"玊"者,此又与"土"之隶书"圡"相近,故"土"亦有讹作"玉"者。

(15)清孙诒让《札迻》卷二"《韩诗外传》卷九":

> "楚有善相人者,所言无遗美。"赵校云:"《吕氏春秋·贵当》篇、《新序·杂事五》'美'皆作'策'。"案:"美"当作"筴",与"策"字同。汉隶"策"字多作"筴",(见《汉北海相景君铭》《郯令景君阙铭》《冯焕残碑》《灵台碑》)与'美'形近而误。([清]孙诒让撰,梁运华点校:《札迻》,中华书局,1989年,第1版,第34页。)

此例指出赵怀玉据《吕氏春秋》及《新序》校《韩诗外传》"美"字讹作"策",孙诒让认为汉隶"策"字多作"筴",与"美"形近,故致误。

按,《颜氏家训·书证》:"简策字,竹下施束,末代隶书,似杞、宋之宋,亦有竹下为夹者,犹如刺字之旁应为束,今亦作夹。"说明"策"隶书作"筴"为汉魏时期所常见。又按,除孙诒让所举《汉北海相景君铭》《郯令景君阙铭》《冯焕残碑》《灵台碑》外,在《汉张角残碑》《魏孝文帝吊比干文》中"策"亦作"筴"。

(16)《札迻》卷二"《春秋繁露·王道第六》":

> "灵虎兕文采之兽",卢云:"'灵',疑即《左氏传》'葱灵'之'灵'。"案:"葱灵"于义无取,卢说不足据。窃疑"灵"当为

"戏"之坏字，汉隶或作"**壼戉**"，（见《隶释·汉孙叔敖碑》）俗书
"灵"字作"**霝**"，（见《唐内侍李辅光墓志》）"戏"字挩落，传写仅
存左半，与"灵"相似，因而致误。（［清］孙诒让撰，梁运华点校：
《札迻》，中华书局，1989年，第1版，第35页。）

此例认为卢文弨释"灵"字为"葱灵"于义无取，当为"戏"之坏
字之讹，因"戏"字汉隶之左半部与"灵"之俗字相似，故导致误字。

（三）因楷书字体形近致误

（17）《履斋示儿编》卷十八"字说"：

夫止戈之为"武"，门玉之为"闰"，皿虫之为"蛊"，反正之为
"乏"，日月之为"明"，欠土之为"坎"，人言之为"信"，如心之为
"恕"，具载经传，炳炳如丹，则古人制字之谨严，不可一毫加损
也。自俗书淆乱，失其本真，后学缘讹袭舛，不可胜纪，今略是正
之。

錬近鍊（音东），卬近邜（音蛮），铅近铅（音钟），肜近彤（音
毳），逢近逢（音庞），趍近趍（音摘），羨近羨（音夷），佳近佳
（音锥），睢近睢（音虽），蛇近虵（音迤）。

……

以上平声。

凡此皆画之相近讹也。（［宋］孙奕撰，侯体健、况正兵点校：
《履斋示儿编》，中华书局，2014年，第1版，第299-304页。）

著者按平上去入分类，共列举了145组因形近而易致讹的字。著者
认为这些字均是点画相近而易讹致误之字，其实大部分为构件近似，如
"錬近鍊"是"柬"近"東"，"羨近羨"是"次"近"次"。著者列举大量
形近字，并且加上当时之读音，是研究宋时文字及语音的重要材料。

（18）《野客丛书》卷第二"经书因误"条：

经书间亦有流传之误，因迁就为本文者甚多，如《礼记》引
《君牙》之词曰"夏暑雨，小民惟曰怨；资冬祁寒，小民亦惟曰
怨。"注谓"资"读为至，齐、梁之语，声之误也。夏日暑雨，小民
怨天。至冬祁寒，小民又怨天。案今《君牙》之文曰："夏暑雨，小
民惟曰怨咨；冬祁寒，小民亦惟曰怨咨。"其本文如此，惟《礼记》

中误写"咨"为"资"，而下文又脱一"咨"字，遂曲为之说，以全其文义如此。又如《中庸》曰"素隐行怪"，《汉志》则曰"索隐行怪"，此如《书序》"八卦"谓之"八索"，徐邈以为"八素"，盖"索"与"素"字，文相近故耳。（［宋］王楙撰，王文锦点校：《野客丛书》，中华书局，1987年，第1版，第19、20页。）

此例指出经书中较常见的文字互讹现象，并以"咨—资""索—素"为例予以说明。

按，"咨"有异体作"𣧑"①者，与"资"形相似；"索"有异体作"素"（《正字通·糸部》）、"素"（《佛教难字字典·糸部》）者，与"素"形相似。著者之说不虚。

（19）《野客丛书》卷第二十三"骨利干日出"：

欧公诗"迩来不觉三十年，岁月才如熟羊胛。"于"夹"字韵内押，用史载及《通典》骨利国事。骨利国地近扶桑，昼长夜短，夜煮一羊胛，才熟，而东方已明，言其疾也。《渔隐丛话》又引《资治通鉴》云："煮羊脾熟，日已出矣。"所纪与史载《通典》小异。郭次象谓羊脾至微薄，不应太疾如此，当以胛为是。仆考《唐书·骨利干传》，亦曰"羊脾"，然又观《唐书·天文志》，则曰"羊髀"，此一字三说不同，盖脾、胛、髀字文相近。诸公姑存其旧，不敢必以为孰为正也。然胛者，肩也，髀者，股也，二字意虽不同，为熟之时似不相远，至脾则太速矣。鲁直诗亦曰："数面欣羊胛，论诗在雉膏。"羊胛字，鲁直亦尝用之，不但欧公也。（［宋］王楙撰，王文锦点校：《野客丛书》，中华书局，1987年，第1版，第257、258页。）

此例认为《资治通鉴》作"煮羊脾熟"之"脾"字乃"胛"之讹字，因二者形近故致误，清人桂馥亦认为《通鉴》中作"脾"者乃是误字，《札朴》卷第七"胛"：

《一切经音义》引《说文》："胛，肩甲也。"《玉篇》："胛，背胛也。"《后汉书·张宗传》："袭赤眉，中矛贯胛。"注云："胛，背上

---

①《金石文字辨异·平声·支韵》引《唐华岳精享昭应碑》。

两髆间。"《通鉴》:"齐宣城王胛上有赤志。"注云:"肩背之间为胛。"《南齐·王奂传》:"颈下有伤,肩胛乌瘢。"《梁书》:"狼牙修国,其俗男女皆袒,王及贵臣乃加云霞布覆胛。"案,戴逵及子颙善造佛像,宋世子铸铜佛像,面恨瘦。颙曰:"非面瘦,乃臂胛肥耳。"《水经注》:"赤岬山,土人云如人袒胛,故谓之赤岬山。"韩偓诗:"酥凝背胛玉搓肩。"杨万里诗:"笠是兜鍪蓑是甲,雨从头上湿到胛。"《释名》:"肩,坚也。甲,闿也。与胸胁皆相会闿也。"《通鉴》:"骨利干与铁勒诸部为最远,昼长夜短,日没后,天色正曛,煮羊脾适熟,日已复出矣。"馥案:史载云:海东有国曰骨利干,地近扶桑,国人初夜煮羊胛,方熟而日已出。欧阳永叔《谢人寄牡丹》:"迩来不觉三十载,岁月才如熟羊胛。"用以为韵。《通鉴》"脾"讹字也。([清]孙诒让撰,梁运华点校:《札迻》,中华书局,1989 年,第 1 版,第 290-291 页。)

按,"脾"有异体字作"膍",《正字通》:"膍,俗脾字。"与"胛"形相近。其说可从。

（20）《学林》卷第六"贳滇"条:

《春秋》僖公二年九月,齐侯、宋公、江人、黄人盟于贯。杜预注曰:"梁国蒙县有贳城,贳与贯字相似。"陆德明《音义》曰:"贳,市夜反,又音世。"观国按,《前汉·高惠功臣表》有贳侯胡害。颜师古注曰:"贳音式制反。"然则蒙县贳城当音世矣。《春秋》书"郭公夏五",夫人氏之丧,皆阙文也。则贯贳相似,传写或误焉。《前汉·高祖纪》曰:"常从王媪、武负贳酒。"颜师古注曰:"贳,赊也,当音市夜反。"又《地理志》,汝南郡有慎阳县。颜师古注曰:"慎字本作滇,音真,后误为慎,今犹有真丘、真阳县,字并单作真,知其音不改也。阚骃曰永平五年失印更刻,遂误以'水'为'心'。"观国按,刻印而误,则县当陈请改正,既不能改正,遂著为图经,修史者按图经而纂集之,故误莫之革也。([宋]王观国撰,田瑞娟点校:《学林》,中华书局,1988 年,第 1 版,第 188-189 页。）

此例论述因字形相近而导致地名文字错误。著者根据《左传》杜预注及陆德明《经典释文》《汉书·高惠功臣表》等史传及注疏文献,认为

《春秋·僖公二年》中之地名"贯"当为"贳"，二者形近致误。

按，阮元校刻《春秋左传正义》此处校勘记云："宋本、纂图本、闽、监、毛本作'贳城贳与'，不误。岳本作'贯'，与'贳'字形近而误。"所谓"岳本"即宋岳珂刊刻《南宋相台岳氏春秋经传集解》三十卷，由校勘记可知阮元所见它本《左传》均作"贳"，只有岳本作"贯"。按，"贳"字宋代有作"𧶠"《龙龛手鉴·贝部》者，与"贯"形相近，或有讹误的可能。但杨伯峻认为"贯"为宋地，在今山东省曹县南十里，[①]又涉及对《左传》地名的考证。

（21）《敬斋古今黈》"逸文二"：

> 皮日休《鹿门隐书》曰："舟之有仡，犹人之有道也。仡，不安也，舟之行匪仡不进，是不安而行安也。人之行也，犹舟之有仡，匪道不行，是不行而行也。夫秦氏仡于项，项遗仡于汉，是圣人之道，不安其所安。小人之道，安其所不安也。"其自注云："仡、五勃反，舟动貌。"按韵书及《尚书》注释皆云："仡仡，为壮勇貌。仡，许乞、鱼乙二切。"音训俱与皮说不同，又遍寻字书，俱无音五勃反，而解为舟动貌者。此必扤字之误，诗云："天之扤我，如不我克。"《传》曰："扤，动也，五忽反。"（[元] 李治撰，刘德权点校：《敬斋古今黈》，中华书局，1995 年，第 1 版，第 177 页。）

此例指出皮日休《鹿门隐书》中之"仡"字当为"扤"之形讹。按，"仡"表舟动义乃是"𦨴"之假借，《方言》卷九："伪谓之仡。仡，不安也。"郭璞注："仡，船动摇之貌也。"《集韵·没韵》："𦨴，《说文》：'船行不安也。'亦作仡。"唐诗中多用"仡"表动摇义，唐柳宗元《晋问》："巨舟轩昂，仡仡回环。"由此可见，"仡"表动摇义乃是"𦨴"字之假借，未必是"扤"之讹字，此说恐难信。

（22）《札朴》卷一"予造天役"：

> 《大诰》："予造天役。"《释文》引马注："造，遗也。"案："遗"当为"遭"，传写之误。《汉书·翟义传》引《书》"予遭天役"，遭有遘义，故马注训遘。《文矦之命》："嗣造天丕愆。"孔传训"造"为"遭"，是"造""遭"以声借也。（[清] 桂馥撰，赵智海点

校：《札朴》，中华书局，1992 年，第 1 版，第 16 页。）

著者认为《尚书·大诰》"予造天役"陆德明《释文》引马融注中之"遗"当作"遭"，二者形近致误。

按，《尚书·大诰》"予造天役"之"造"，朱骏声认为是"遭"的假借，《说文通训定声》："造，假借为遭。《书·大诰》：'予造天役。'马注：'遗也。'按：遗者，遭之误字。"亦认为马融注中的"遗"为"遭"之误。按"造"通"遭"还可见《庄子·大宗师》"造适不及笑"于省吾新证："造应读作遭。"《大诰》"弗造哲"，刘起釪校释"造，遭。"①

今按，《尚书·大诰》此处全文为："予造天役遗大，投艰于朕身。"伪孔传曰："我周家为天下役事，遗我甚大，投此艰难于我身，言不得已。"而于省吾认为这里的"役遗"二字为"彶遗"之误，"彶"即"及"，"遗"即"谴"，即意思为："我遭逢了上天所降下的谴责。"②而马融注文之误，亦有可能为涉正文"役遗"而误。

（23）《札朴》卷二"在胸曰靷"：

《诗·小戎》："阴靷鋈续。"《正义》云："靷者，以皮为之，系于阴板之上，令骖马引之。"哀元年《左传》："我两靷将绝，吾能止之。"《正义》云："僖二十八年注云：'在胸曰靷。'"然则此皮约马胸而引车轴也。馥案，此与"阴板上"之说大异。僖二十八年《传》所谓"韅靷鞅靽"，杜所谓"在胸曰靷者"。两"靷"字皆"靳"之讹，《正义》失于研审耳。定九年《传》："吾从子如骖之靳。"《正义》云："《说文》云：'靳，当膺也。'"则靳是当胸之皮也。馥谓此说得之，杜所云"在胸"，即《说文》之"当膺"。

靷靳形似易误，《小戎传》"靷环"《释文》云："靷本又作靳。沈云：'旧本皆作靳'。"（［清］桂馥撰，赵智海点校：《札朴》，中华书局，1992 年，第 1 版，第 65 页。）

此例据《左传》《经典释文》所引异文，认为《诗·小戎》"阴靷鋈续"之"靷"当作"靳"，二者形近易误，其失误当在于孔颖达"失于研审"。

---

① 顾颉刚，刘起釪《尚书校释译论》，中华书局，2005 年，第 1264 页。
② 于省吾《尚书新证》，中华书局，2009 年，第 111 页。

按，《毛诗正义》"阴靷鋈续"阮元校勘记曰："《释文》云：'靳环，本又作靷。沈云旧本皆作靳，靳者，言无常处，游在骖马背上，以骖马外辔贯之，以止骖之出。《左传》云如骖之有靳，无取于靷也。'戴震、段玉裁皆以《释文》本为长，正义本误与下笺'靷'之'环'字相乱，非也。"亦引《释文》说以"靷"为误字，当作"靳"。与著者所说基本相同。但阮元认为正义本错误在于涉郑笺"靷环"之文而误。①

（24）《札迻》卷一"《易通卦验》郑康成注"：

> "天地以扣应"，注云："扣者，声也。"案，"扣"，并当为"和"，形之误也。《宝典》引注云："天地以和，神应先见也。"今本挩。（[清]孙诒让撰，梁运华点校：《札迻》，中华书局，1989年，第1版，第13页。）

著者据《宝典》异文认为《易通卦验》及郑康成注中之"扣"字乃"和"字之形误。按，"扣"有异体字作"扣"者，②与"和"形体近似。此外，俗书中从"扌"从"木"之字多相混，"木"与"禾"形亦近，故从"扌"或讹作"禾"。

（25）《订讹类编 续补》卷上"误字"：

> 史书之文中有误字，要当旁证以求其是，不必曲为之说。如此传《解嘲篇》中，"欲谈者宛舌而固声"，"固"乃"同"之误；"东方朔割名于细君"，"名"乃"炙"之误。有《文选》可证，而必欲训之为"固"、为"名"，此小颜之癖也。《颜氏家训》云："《穀梁传》：'孟劳者鲁之宝刀也。'（僖元年）有姜仲岳读刀为力，谓公子左右姓孟名劳，多力之人，为国所宝。与吾苦诤，清河郡守邢峙，当世硕儒，助吾证之，赧然而服。此传刻割名之解，得无类之。"（[清]杭世骏撰，陈抗点校：《订讹类编》，中华书局，2006年，第2版，第288页。）

著者认为考订文献中之讹字当有旁证以证之，反对无根据之猜测，这其实已经涉及讹字考辨之方法，其中"同"误作"固"，"炙"误作

---

① 《诗小戎》"阴靷鋈续"郑玄笺："鋈续，白金饰续靷之环。"
② 《偏类碑别字·手部·扣字》引《唐萧贞亮墓志》。

"名"亦是形近致误。

（四）因草书形体近似而误

（26）《札迻》卷二 "《韩诗外传》卷十"：

> "齐桓公出游，遇一丈夫褒衣应步，带着桃殳。桓公怪而问之曰：'是何名？何经所在？何篇所居？何以斥逐？何以避余？'丈夫曰：'是名二桃，桃之为言亡也。夫日日慎桃，何患之有。故亡国之社以戒诸侯，庶人之戒在于桃殳。'"案："是名二桃"，义不可通，疑 "二" 当作 "戒"。"戒" 俗书或作 "戒"，（见颜元孙《干禄字书》）与 "贰" 草书相似，传写讹省，又以 "贰" 为 "二"，遂莫能校核。下授戒社为比况，又云 "庶人之戒，在于桃殳"，即释 "戒桃" 之义。（［清］孙诒让撰，梁运华点校：《札迻》，中华书局，1989 年，第 1 版，第 34 页。）

著者指出《韩诗外传》卷十第十五章 "齐桓公出游" 中 "二桃" 之 "二" 字当为 "戒" 字，原因在于 "戒" 之俗字 "戒" 与 "贰" 草书相似，"二" 为 "贰" 之异体，故辗转相讹致误。

按，许维遹《韩诗外传集释》此章集释部分援引本例著者之说，并认为 "孙校是也"。[1]按 "贰" 草书有作 "𢍰""𢍰" 者[2]，与 "戒" 形相近易致误，其说可从。

（五）因俗书形体相近而误

（27）《订讹类编　续补》卷上 "桃莱"：

> 《后汉书》："冯衍遗田邑书曰：'晏婴临盟，拟以曲戟，不易其词。谢息守郕，胁以晋、鲁，不丧其邑。由是言之，内无钩颈之祸，外无桃莱之利，而被畔人之声，蒙降城之耻，窃为左右羞之。'"章怀太子注："案，谢息得桃邑莱山，故言 '无桃莱之利' 也。'莱'字似 '枣'，文又连 '桃'，后学者以 '桃枣' 易明，'桃莱' 难悟，不究始终，辄改 '莱' 为 '枣'。《衍集》又作 '莱'，或改作 '乘'，辗转乖僻为谬矣。"洪迈谢入馆启："桃莱难悟，柳卯本同。"（［清］杭世骏撰，陈抗点校：《订讹类编》，中华书局，2006

---

① 许维遹《韩诗外传集释》，中华书局，1980 年，第 354 页。
② 张又栋《书法大字典》，国防工业出版社，2014 年，第 707 页。

年，第 2 版，第 291 页。）

著者指出《后汉书》"桃莱"之"莱"本指"莱山"，后人不明，故有讹"莱"作"枣"及"菜"者。

按，"枣"之俗书有作"耒"者①，与"莱"字形近。莱之俗书有作"菻"者，②与"菜"字形相近。

（28）《双砚斋笔记》卷一：

> 《诗·崧高》"往近王舅"，《传》曰："辺，己也。"《笺》曰："己，辞也。读如'彼己之子'之'己'。"案，《说文》"辺"字解云："古之道人以木铎记诗言。从辵、丌，丌亦声，读与记同。"许氏云"记诗言"者，乃以"记"字说"辺"字之义，云"读与记同"者，以"记"字说"辺"字之音。《毛传》曰"己"，郑笺又训"己"为辞者，辞，与词也。古音"其"字、"丌"字、"己"字皆在之部，故《王风》"彼其之子"《笺》云："其或作记，或作己，读声相似。"毛诗借"辺"为"记"，本作"往辺王舅"，故《传》训为"己"，《笺》训为"辞"，皆以明假借之义，今诗作"近"者，以字形相似而误也。至杜之会言"近止"，自是"近"字，而或言"亦当作辺，与迩为韵"，则其说非是。"迩"声在脂皆部，与偕为韵，"辺"声在之部，不得改"近"为"辺"而以为韵也。（［清］邓廷桢著，冯惠民点校：《双砚斋笔记》，中华书局，1987 年，第 1 版，第 48-49 页。）

此例指出《诗·大雅·崧高》"往近王舅"中之"近"字当作"辺"，二者因形近而误。

按，宋毛居正《六经正误》："近，《说文》作𧗞……今作辺，音记。字讹作近。"马瑞辰《毛诗传笺通释》："辺者，己之假借，己为语辞。《诗》言'往辺'，犹《虞书》言'往哉'，《周书》'予往己'也。辺、近，形近易讹。"

（29）《能改斋漫录》卷四：

> 刘贡父《诗话》谓今人谓驵侩为牙，谓之互郎，主互市事也。

---

① 秦公《碑别字新编》，文物出版社，1985 年，第 207 页。
② 秦公、刘大新《广碑别字》，国际文化出版公司，1995 年，第 356 页。

　　唐人书互作丄，似牙字，因转为牙。予考《肃宗实录》安禄山为互市牙郎盗羊事，然以丄为牙，唐已然矣。画短为丄，画长为牙。（［宋］吴增撰：《能改斋漫录》，上海古籍出版社，1960 年 11 月，第一版，第 72 页）

　　著者引刘贡父《诗话》认为宋时之"牙郎"当作"互郎"，"牙""互"形相近故讹"互"为"牙"。清吴翌凤对于"互"字讹作"牙"字亦有论述，《逊志堂杂钞》壬集：

　　　　今人谓主贸易者为牙行，古谓之互郎，谓主互易事也。唐人书"互"作"丄"，似"牙"，因讹。（［清］吴翌凤撰，吴格点校：《逊志堂杂钞》，中华书局，2006 年，第 1 版，第 138 页。）

　　清人赵翼亦有相关考证，《陔余丛考》卷三十八"牙郎"：

　　　　《辍耕录》云，今人谓驵侩曰牙郎，其实乃互郎，主互市者也。按此说本刘贡父《诗话》，驵侩为牙，世不晓所谓。道原云，本谓之互，即互市耳。唐人书互作牙，牙互相似，故讹也。然《旧唐书·安禄山传》，禄山初为互市牙郎，则唐时互与牙已属两字。（［清］赵翼撰：《陔余丛考》，中华书局，1963 年，第 1 版，第 836 页）

　　按，唐宋时期市语中有"牙人""牙郎""牙侩""牙保"等以"牙"为语素而构成的复合词，多指在贸易中介绍买卖的经纪人，向熹先生认为"牙"可能是"互"的误字，"汉魏以来民族或国家之间进行贸易，谓之'互市'。《后汉书·应劭传》：'（鲜卑）故数犯障塞，且无宁岁，唯至互市，乃来靡服。''互'误为'牙'，则称'牙郎''牙人'"[1]。王锳《宋元明市语汇释》亦认为"牙"乃"互"字之误，并引《能改斋漫录》卷四《牙郎》为证："刘贡父《诗话》谓今人谓驵侩为牙，谓之互郎，主互市事也。唐人书互作丄，似牙字，因转为牙。予考《肃宗实录》安禄山为互市牙郎盗羊事，然以丄为牙，唐已然矣。画短为丄，画长为牙。"[2]从文字上分析了"牙""互"讹误的原因。清吴翌凤对于"互"字讹作"牙"字

---

[1] 向熹《简明汉语史》，高等教育出版社，1993 年，第 510 页。
[2] 王锳《宋元明市语汇释》（修订增补版），中华书局，2008 年，第 132 页。

亦有论述，《逊志堂杂钞》壬集：

> 今人谓主贸易者为牙行，古谓之互郎，谓主互易事也。唐人书
> "互"作"牙"，似"牙"，因讹。（［清］吴翌凤撰，吴格点校：《逊
> 志堂杂钞》，中华书局，2006 年，第 1 版，第 138 页。）

清人赵翼亦有相关考证，《陔余丛考》卷三十八"牙郎"：

> 《辍耕录》云，今人谓驵侩曰牙郎，其实乃互郎，主互市者也。
> 按此说本刘贡父《诗话》，驵侩为牙，世不晓所谓。道原云，本谓之
> 互，即互市耳。唐人书互作牙，牙互相似，故讹也。然《旧唐
> 书·安禄山传》，禄山初为互市牙郎，则唐时互与牙已属两字。
> （［清］赵翼撰：《陔余丛考》，中华书局，1963 年，第 1 版，第 836
> 页。）

上文论述了"牙""互"字形相似的原因，又《札朴》卷第三
"牙"：

> 《周礼》："以参互考日成。"故书"互"为"巨"。杜子春读为
> "参互"。《掌舍》："设梐枑再重。"故书"枑"为"柜"。杜子春读为
> "梐枑"。《修闾氏》："掌彼国中宿互檗者。"故书"互"为"巨"。郑
> 司农云："巨当为互，谓行马所以障互禁止人也。""互""巨"易
> 讹，故隶变"互"为"牙"。（［清］桂馥撰，赵智海点校：《札朴》，
> 中华书局，1992 年，第 1 版，第 101 页。）

今按，"巨"字金文作"𢀓"（鄰侯簋）①，与"互"字字形相近易
讹，故"互"字隶变作"牙"，但"牙"字又与"牙"字字形相近，故又
造成了古书中"牙""互"相讹的情况。

（30）《札迻》卷二"《韩诗外传》卷九"：

> "齐景公出弋昭华之池，颜涿聚主鸟而亡之。"赵校云："'颜涿
> 聚'旧本作'颜邓聚'，讹。据《御览》八百三十二引改正。《晏

---

① 容庚《金文编》，中华书局，1985 年，第 312 页。

子·外篇》作'颜烛邹',《史记》及《古今人表》皆同声相近。"
案，此书旧本"邓"字当作"斲"，唐人俗书"斲"字或作"斳"
（见苏灵芝《悯忠寺碑》)，又作"斲"，（见李承嗣《造像铭》)，并与
"邓"字绝相似，故传写易讹。"斲"与"涿""烛"音近，"斲聚"
"涿聚""烛邹"皆形声通借，不知孰为正字。《御览》作"涿"，疑
据哀二十七年《左传》文改，《韩传》故书未必如是也。（［清］孙诒
让撰，梁运华点校：《札迻》，中华书局，1989 年，第 1 版，第 33
页。）

著者指出《韩诗外传》中"颜涿聚"之"涿"字赵怀玉校作"邓"
字，孙诒让认为"邓"字乃"斲"字之讹，因唐人俗书"斲"字作
"斳"，与"邓"形近故致讹误。

按，《五经文字》："斲、斳，斫也。经典相承或作下字。"《龙龛手
镜》以"斲"为俗体，斳为正体，斲为或体。与"邓"字形体相似，存在
讹误的可能。许维通《韩诗外传》赞同此说，认为"孙校是，今据正"。

（六）其他原因

（31）《逊志堂杂钞》庚集"搢绅"：

　　"搢绅"，"搢"，插也，"绅"，大带也，谓插笏于绅。今误作
"缙绅"，"缙"乃帛之赤色者，义异。（［清］吴翌凤撰，吴格点校：
《逊志堂杂钞》，中华书局，2006 年，第 1 版，第 101 页。）

此例认为"搢绅"之"搢"今误作"缙"，作"缙绅"者于义无取。
按，朱骏声《说文通训定声·坤部》："缙，假借为搢。"因此朱骏声认为
"搢"作"缙"者，乃是假借。曾良先生认为"'搢绅'作'缙绅'乃是搢
受绅字影响而偏旁同化，即受上下文影响而形成的。"[①]

二、因声近而造成的讹字现象

（32）《封氏闻见记》卷六"打球"：

　　打球，古之蹙鞠也。《汉书·艺文志》："《蹵鞠》二十五篇。"颜
注云："鞠，以韦为之，实以物，蹵蹋为戏。蹵鞠陈力之事，故附于

---

① 曾良《俗文字及古籍文字通例研究》，百花洲文艺出版社，2006 年，第 20 页。

兵法。蹵音子六反，鞠音巨六反。"近俗声讹，谓"踘"为"球"，字亦从而变焉，非古也。（[唐] 封演撰，赵贞信校注：《封氏闻见记校注》，中华书局，2005 年，第 1 版，第 52-53 页。）

此例著者指出古之"蹵鞠"即"打球"，据《汉书》颜师古注当为"鞠"，而声讹为"球"。

按，这里引《汉书》"《蹵鞠》二十五篇"，但其后却说"近俗声讹，谓'踘'为'球'"，此处之"踘"字不知从何而来。按《说文》《玉篇》《广韵》等均无"鞠"字，《康熙字典》引《字汇补》曰"鞠"同"鞠"，《正字通》亦云"鞠"与"鞠"同。"鞠"同"踘"，《风俗通逸文》曰："丸毛谓之踘。"《篇海类篇》："踘，亦作鞠。踏鞠戏，以韦为之，实以柔物，今谓之毬。"《正字通·足部》："踘，旧注蹴踘，黄帝所造，习兵之势，今戏球，不知所蹴之球为鞠，本从革，非踘即鞠也。"是"鞠""鞠""踘"当为异体字。按《广韵》，"鞠"居六切，见母屋部通摄；"球"巨鸠切，群母尤部流摄。声母清浊有异，而中古音通摄、流摄韵部相近，故其读音近似，有声讹的可能。

（33）《野客丛书》卷第二十三"地名语讹"条：

> 庆州有乐蟠县，本汉略畔道地，后讹为"乐蟠"。华州东有潼关，《水经》谓河水自龙门南流，冲激华山，故名"冲开"，后讹为"潼关"。镇戎军有笄头山，隗器使王元猛塞鸡头道即此也，后讹为"訸屯山"。凉州有姑臧县，《河西旧事》谓旧匈奴盖藏城也，后讹为"始臧"。婺州长山县，本长仙县，其地赤松子采药之所，后讹为"长山"。北京馆陶县有屯氏河，《汉·沟洫志》谓河北决于馆陶，分为屯氏河，后讹为"毛氏河"。临江新喻县，本新渝县，盖有渝水，故名，而唐天宝后相承作"新喻"。隰州石楼县，本汉吐军县，后魏置吐京县，亦胡语之讹也。此类甚多。（[宋] 王楙撰，王文锦点校：《野客丛书》，中华书局，1987 年，第 1 版，第 266 页。）

此例举例论述了几处地名讹误的现象，包括"略畔"讹为"乐蟠"、"冲开"讹为"潼关"、"笄头山"讹为"訸屯山"、"姑臧"讹为"始臧"、"长仙"讹为"长山"、"屯氏河"讹为"毛氏河"、"新渝"讹为"新喻"、"吐军"讹为"吐京"，共八处。

按，这八处讹误地名除"姑臧"讹为"始臧"、"屯氏河"讹为"毛氏河"属于形讹外，其余六处均为声讹。其中，"略畔"讹为"乐蟠"："略"讹作"乐"是药部字误作铎部字，二者同属宕摄；"畔"讹作"蟠"是换部字讹作桓部字，二者同属山摄。"冲开"讹作"潼关"："冲"讹作"潼"是昌母读作定母，反映了舌上、舌头音不分的特点。"笄头山"讹为"誃屯山"："笄"讹作"誃"是见母读作疑母，声母全清读作次浊，山韵读作齐韵，即山摄字读作蟹摄；"头"讹作"屯"是侯部字读作魂部字，即流摄字读臻摄。"长仙"讹为"长山"是心母读作生母，仙韵读作山韵。"新渝"讹为"新喻"是虞部读作遇部，平声读作去声。

（34）《履斋示儿编》卷十八"声讹"：

> 字音之讹，甚于乐音之讹久矣，学者之病乎此也。如"厎定"之"厎"与"旨"同音，俗呼为底；"福祉"之"祉"与"耻"同音，俗呼为止；"懈怠"之"懈"，音廨，俗呼为邂；"忽遽"之"遽"，为讵，俗呼为据；"芥蒂"之"蒂"，当读曰蛋，俗曰帝；"旱暵"之"暵"，当读曰汉，俗曰叹；"寅卯"之"寅"，音夷，俗以为"寅畏"之"寅"；"伏腊"之"腊"，音蜡，俗以为"田猎"之"猎"；芒，合音亡，而以为茫；沛，合音贝，而以为佩；恒，合音行，而为常；挫，合音佐，而为坐；槀，合音考，乃以为稿；旰，合音干，乃以为汗。
>
> 平声有：以恫为同，以娥为戎，以趯为蛋，以逄为逢，以髳为矛，与鱅为庸，以㳚为充，以樗为者，以厕为厕……
>
> 上声有：以慅为爽，以甬为桶，以鮖为垢，以砥为柢，以秕为婢，以瘊为缶，以畤为齿……
>
> 去声有：以皉为工，以睟为翠，以篲为慧，以暳为惠，以魅为昧，以鼻为弼，以穗为惠，以异为忌……
>
> 入声有：以濮为仆，以扑为朴，以翟为翼，以瘯为族，以倏为修，以谡为稷，以儥为卖，以嘗为楷……
>
> 凡此皆声之讹也。（［宋］孙奕撰，侯体健、况正兵点校：《履斋示儿编》，中华书局，2014年，第1版，第308-313页。）

此例对当时声讹现象进行了一番汇总和总结，按平上去入四声分类，共归纳出三百二十四组声讹字，其中不少为当时之俗音，实际上即当时之口语读音，是汉语音韵研究的重要语料。

（35）《札朴》卷第七"潜夫论"：

王符《潜夫论》引书"使羞其行"，"羞"作"循"。案，此无义可寻，盖"羞"以声误为"脩"，又因"脩"与"循"形近误为"循"耳。（［清］桂馥撰，赵智海点校：《札朴》，中华书局，1992年，第1版，第268页。）

按，汪继培《潜夫论笺校正》云："'循'当作'修'。修、羞声相涉而误。《艺文类聚》六十二引后汉李尤云台铭云：'人修其行，而国其昌。'其证也。"彭铎校正按，"羞、修古字通，《仪礼•乡饮酒礼》：'乃羞无算爵'，《礼记•乡饮酒礼》作'修爵无数'，是其例。"说明二者俱同桂馥之说。今按，"羞""修"《广韵》俱作息流切，古音同属幽部，因此二者古音相同，且有异文以证，故知桂馥之说不误。"脩""循"二字因形相近古多致误，《札朴》卷第七"滩脩"条即有辨正：

《淮南•天文训》："太阴在申，岁名曰涒滩。"高注："涒大滩脩，万物皆脩其精气。"馥案：两"脩"字写误，并当为"循"。高注《吕氏春秋•序意篇》"岁在涒滩"云："涒，大也。滩，循也。万物皆大循其情性也。"李巡说《尔雅》云："万物皆循精气，故曰涒滩。"（［清］桂馥撰，赵智海点校：《札朴》，中华书局，1992年，第1版，第302页。）

此外，孙诒让亦有是说，《札迻》卷五"《商子》"：

经典"脩""修"通用。隶书"脩""循"二字形略同，传写多互讹。（《汉北海相景君碑》阴"循行"作"脩行"，《庄子•大宗师篇》以"德"为"循"，《释文》云："循"，本亦作"脩"。）（［清］孙诒让撰，梁运华点校：《札迻》，中华书局，1989年，第1版，第149页。）

（36）《札朴》卷第七"辣虎"：

湖州茱萸酱谓之辣虎。《集韵》："䓘，捣茱萸为之，味辛而苦。"馥谓"虎"乃"䓘"音之讹。（［清］桂馥撰，赵智海点校：

《札朴》，中华书局，1992 年，第 1 版，第 303 页。）

著者由《集韵》证今之"辣虎"即"䓞"、"虎"乃"䓞"之音讹。今按，单音词"䓞"有"辣"和"苦"义，复合词作"辣虎"，"虎"或为"苦"之音讹。

（37）《札朴》卷第九"侍郎林"：

> 曲阜城东有颜氏族葬之城，呼曰侍郎林。叩以侍郎为谁，则漫举颜之推。案：之推不葬于曲阜，此误也。侍郎者，石南语转耳。任昉《述异记》云："曲阜古城有颜回墓，墓上石南二株，可三四十围，士人云颜回手植之木。"然则当时有石南之异，故呼石南林，后讹为侍郎林也。此地正在古城中，与任说合。但任以为颜回墓亦误，回不得葬鲁城中，今防山之阳有回墓，任所见即今之侍郎林，而以为回墓矣。（［清］桂馥撰，赵智海点校：《札朴》，中华书局，1992 年，第 1 版，第 351 页。）

认为曲阜城东之"侍郎林"当作"石南林"，音讹而作"侍郎林"。

（38）《札朴》卷第十"濮人"：

> 《周书·王会》："卜人以丹沙。"注云："西南之蛮，盖濮人也。"《通典》有尾濮、木绵濮、文面濮、折腰濮、赤口濮、黑僰濮。案：《书·牧誓》庸、濮，《传》云："在江汉之南。"文十六年《左传》："麋人率百濮聚于选，将伐楚。"《释例》云："建宁郡有濮夷，无君长总统，各以邑落自聚，故称百濮也。"昭元年《传》："吴、濮有衅。"注云："吴在东，濮在南。今建宁郡南有濮夷。"九年《传》："以夷濮西田益之。"注云："夷田在濮水西者。"《传》又云："巴、濮、楚、邓，吾南土也。"注云："建宁郡南有濮夷地。"十九年《传》"楚子为舟师以伐濮"，注云："南夷也。"
>
> 《唐书·南蛮传》："三濮者，在云南微外千五百里。有文面濮，俗镂面以青涅之。赤口濮，裸身而折齿，剺其唇使赤。黑僰濮，山居如人，以幅布为裙，贯而系之，丈夫衣谷皮。"
>
> 明董难（字西羽，太和人）云："诸濮地与哀牢相接。"案：哀牢即今永昌，濮人即今顺宁所名蒲蛮者是也。"濮"与"蒲"音相近，讹为"蒲"耳。（［清］桂馥撰，赵智海点校：《札朴》，中华书

局，1992 年，第 1 版，第 398 页。）

据《尚书》《左传》及《唐书》之记载，著者认为今之"蒲蛮"即古人"濮人"之音讹。

按，"濮"为我国西南地区少数民族之一，清顾祖禹《读史方舆纪要·历代州域形势一》："濮，亦曰百濮。文王十六年，糜人率百濮伐楚。杜预曰：'今建宁郡有濮夷。'建宁，今云南曲靖府境也。或曰，湖广常德辰州境，即古百濮地。""濮"字《广韵》帮母屋韵通摄全清合口一等；"蒲"字《广韵》并母模韵遇摄平声全浊开口一等。二者声韵调均有差别，"濮"讹读为"蒲"当为近代全浊声母消失后之事。

（39）《札朴》卷第十"山喜鹊"：

> 小鸟大于雀，形似鹊，滇人谓之山喜鹊。案：即鷑鸠也。《尔雅》："鸠，小鹊。"《说文》："鸠，鷑鸠，山鹊，知来事鸟也。"俗言："乾鹊噪，行人至。"，"乾""鷑"声近而讹。（[清] 桂馥撰，赵智海点校：《札朴》，中华书局，1992 年，第 1 版，第 409 页。）

认为云南地区称山喜鹊者，即《说文》之"鷑鸠"，俗语音讹作"千鹊"。

按，"乾""鷑"古音同为元部，二者叠韵。今《汉语大字典》"鷑"字条下亦采桂馥此条以证"乾雀"即"鷑雀"也。

（40）《订讹类编 续补》卷上"前辈误字"：

> 前辈作字亦有错误处，初不是假借也。米元章帖写"无耗"作"无好"，东坡帖写"墨仙"作"默仙"，周孚先帖写"修园"作"脩园"，以至王荆公作诗，其间有"千竿玉"三字，欲写作"千岸玉"，恐皆是其笔误耳。（[清] 杭世骏撰，陈抗点校：《订讹类编 续补》，中华书局，2006 年，第 2 版，第 290 页。）

此例指出前辈文人之误字，其中"无耗"作"无好"、"墨仙"作"默仙"、"修园"作"脩园"、"千竿玉"作"千岸玉"，俱为音讹。按，"耗"音讹为"好"、"墨"音讹为"默"是同音替换；"竿"音讹为"岸"则是见母讹读为疑母。

（41）《订讹类编·续补》卷上"查"：

　　《丹铅总录》："《说文》：'查，浮木也。'今作槎，非。槎音诧，邪斫也。《国语》：'山不槎蘖'是也。今世混用，莫知其非，略证数条于此。王子年《拾遗记》：'尧时，巨查浮西海上。十二年一周天，名贯月查。一曰挂星查。'道藏诗歌：'扶桑不为查'，王勃诗：'涩路拥崩查'，又《送行序》云：'夜查之客犹对仙家，坐菊之宾尚临清赏。'骆宾王有《浮查诗》，刘道友有《浮查砚赋》。《水经注》：'临海江边，有查浦。'字并作查。至唐人犹然，任希古诗：'泛查分写汉'，孟浩然诗：'试垂竹竿钓，果得查头鳊。'又云：'风土无缟纻，乡味有查头。'又云：'桥崩卧查拥，路险垂藤接。'皆用正字，不从俗体。此公匪惟诗律妙，字学亦超矣。杜工部诗：'查上觅张骞'，又'沧海有灵查'，惟七言绝：'空爱槎头缩项鳊'，七言律：'奉使虚乘八月槎。'古体近体不应用字顿殊，盖七言绝与律乃俗夫竞玩，遂肆笔妄改。古体则视为冷局，俗目不击，幸存旧文耳。"（［清］杭世骏撰，陈抗点校：《订讹类编·续补》，中华书局，2006年，第2版，第298页。）

　　著者不仅指出"查"字音讹作"槎"，还对其讹误年代及成因予以考证。按，"查""槎"古音同属崇母麻韵，似可通用。《玉篇·木部》："槎，斫也。亦与查同。"

　　（42）《订讹类编 续补》卷下"高里山"：

　　《山东考古录》："泰安州西南二里，俗名蒿里山者，高里山之讹也。"《史记·封禅书》："十二月甲午朔，上亲禅高里。"《汉书·武帝纪》："太初元年十二月，禅高里。"注："伏俨曰：'山名，在泰山下'，乃若蒿里之名，见于挽歌，不言其地。"《汉书·武五子传》："蒿里传兮郭门闶。"注："师古曰：'蒿里，死人里。'"审若此山为死人之里，武帝何所取而禅之乎？自晋陆机《泰山吟》始以梁父、蒿里并列，而后之言鬼者因之，盖合古昔帝王降禅之坛，一变而为阎王鬼伯之祠矣。《汉书》"上亲禅高里"，师古注曰："此高字自作高下之高，而死人之里谓之蒿里，其字为蓬蒿之蒿，或者以高里为蒿里，混同一事，陆士衡尚不免，况余人乎？"（［清］杭世骏撰，陈抗点校：《订讹类编·续补》，中华书局，2006年，第2版，第336页。）

根据史传记载，著者指出泰安州附近的"蒿里山"当为"高里山"，声讹而作"蒿里山"。

按，颜师古注《汉书•武帝纪》"上亲禅高里"亦云："今流俗书本此高字有作蒿者，妄加增耳。"因此颜师古认为今作"蒿里"者乃是讹字，其字本当作"高"。

第三节　学术笔记讹字问题考辨

学术笔记对经籍文献中之讹字问题予以考辨，其中不乏精妙论述，然亦有部分研究值得商榷，本节试就相关问题进行考辨。

一、酂

唐李济翁《资暇集》卷上"酂侯"：

> 汉相萧何封为酂侯。举代呼为"醝"，有呼"赞"者，则反掩口而哑，深可讶也。邹氏分明云："属沛郡者音'醝'，属南阳者音'赞'。"又《茂陵书》云："萧何国在南阳。"合二家之说，音"赞"不音"醝"明矣，司马贞诚知音"赞"不能痛为指掸将来，而但云字当音"赞"。今多呼为"醝"，遂使后学见今呼为"醝"字，咸曰"且宜从众"，是误也。可归罪于司马氏。(学家自文颖、孙检、斐龙驹及小颜之徒，皆作"赞"音即不得云今多呼为"醝"矣。所以更举之者，贵好学，知司马公之失矣。)([唐]李匡文撰，吴企明点校：《资暇集》，中华书局，2012年，第1版，第173页。)

李济翁认为"酂"有二地，萧何所封之酂当音"赞"，属南阳，音"醝"者属沛县，其误作"醝"音者，始于司马贞。清吴翌凤亦同此说，《逊志堂杂钞》壬集：

> 《资暇录》云："汉相萧何，封为酂侯。举代呼为'醝'，有呼'赞'者，则反掩口而笑，深可讶也。"案：酂有二县，属沛郡者音"醝"，属南阳者音"赞"，萧何国在南阳，则音"赞"不音"醝"审矣。([清]吴翌凤撰，吴格点校：《逊志堂杂钞》，中华书局，2006年，第1版，第133页。)

宋人王观国亦有论述,《学林》卷第六"酂鄜":

> 《史记·萧相国世家》曰:"高祖以萧何功最盛,封为酂侯。"文颖注曰:"今南阳酂县也。"孙检注曰:"有二县,音字多乱。其属沛郡者音嵯,属南阳者音讚。"《茂陵书》:"萧何国在南阳,宜呼讚。今乎嵯,嵯旧字作'鄜'今皆作'酂',所由乱也。"《前汉·地理志》"南阳郡有酂县",颜师古注曰:"既萧何所封。"又"沛有酂县",颜师古注曰:"此县本为'鄜',中古以来借'酂'字为而。"观国按,沛郡酂县,中古以来虽借"酂"字,其实酂亦音嵯。《玉篇》《广韵》皆曰:"鄜,沛郡鄜县,亦作酂。"所谓亦作"酂"者,亦读作"鄜"也、是则属沛郡者音嵯,属南阳者音讚。萧何所封,乃南阳之酂也。二县各有区别,苟不考究,则相乱矣。《后汉·郡国志》曰:"沛国有酂县。"刘昭注曰:"曹腾封费亭,是也。"观国按,费亭乃《春秋》所谓费滑,盖滑国都于费,在河南缑氏县,亦当属南阳之酂县,非沛国之酂也。以酂字相乱,故刘昭误注耳。([宋]王观国撰,田瑞娟点校:《学林》,中华书局,1988年,第1版,第192页。)

王观国认为沛之"酂县"本作"鄜",后借"酂"字为之,然其读音亦作"鄜"音而音"嵯"。今按,《说文》:"鄜,沛国郡,从邑,虘声。"清顾祖禹《读史方舆纪要·河南五·归德府》:"酂县城在县西南,本秦县,属泗水郡,陈胜初起,攻酂,下之。汉亦为酂郡,属沛郡。本作鄜。"因此沛郡之"酂"本作"鄜"。又《汉书·地理志》:"酂,莽曰赞治。"颜师古注云:"应劭曰:'音嵯。'师古曰:'此县本为鄜。应音是也。中古以来借酂字为之耳。读酂为鄜,而莽呼为赞治,则此县亦有赞音。'"认为酂有赞、嵯二音,赞为其本音,嵯为借音。然邓廷桢却认为,"酂"本有"鄜"音非借"鄜"之音,二者古音上亦有联系。《双砚斋笔记》卷三"酂鄜":

> 萧何封酂,或读为嵯,误也。《汉书·萧何传》:"何功最盛,先封为酂侯。"师古注曰:"音赞,酂属南阳。"《说文》"酂"下篆云:"百家为酂。酂,聚也。从邑,赞声。南阳有酂县。""鄜"篆下云:"沛国县。从邑,虘声。今酂县。"许书于"酂""鄜"二字之形声,画然不相乱也。萧何所封在南阳,则读赞不读嵯无疑,惟许书于鄜

下云"今酂县"，段氏注云："谓本为鄌县，今酂县。古今字异也。"
桢案：段说良是，但古为鄌今为酂而仍读嵯，则亦有说。盖鄌字之
音由鱼转歌，酂隶翰部，古音元寒部之字往往与歌韵通转，如献尊
之读牺尊，民献之作民仪，《生民》以嫄叶何，《东门之枌》以原叶
娑，皆是。则鄌县之作酂县而仍读嵯，亦是此类。特萧何所封南阳
之酂，不容相溷耳。（［清］邓廷桢著，冯惠民点校：《双砚斋笔
记》，中华书局，1987年，第1版，第191-192页。）

邓廷桢认为"鄌"字由鱼韵转歌韵，从而与"酂"之所属韵部通
转，故"酂"可有"鄌"音。今按，"鄌"《集韵》锄加切，鱼部。《广
韵》昨何切，歌部。因此"鄌"属鱼部乃《集韵》之说，从《广韵》则属
"歌"部。而《广韵》昨何切之字，如"艖""瘥""嵯"等字古音及中古
音俱从歌部[1]，由此可知"鄌"在上古及中古亦属"歌"部，非为邓氏所
称由鱼部转歌部也，"酂"在上古及中古音属元部，古音歌部元部阴阳对
转，故"酂"可转为"鄌"音，非为借音也。

上述所说，都以萧何所封为南阳酂县而非沛郡酂县，对此明人焦竑
有着不同的看法，《焦氏笔乘》卷二"酂侯"：

> 萧何封鄌侯，今《世家》作酂侯，字相似之误也。鄌，七何
> 切，班孟坚《十八侯铭》："文昌四友，汉有萧何。序功第一，受封
> 于鄌。"唐诗："麒麟阁上识鄌侯。"按鄌在沛，何起沛，封邑必近
> 之。且孟坚去何未远，所闻必真。师古云："何封南阳之酂。"疑未
> 深考也。（［明］焦竑撰，李剑雄点校：《焦氏笔乘》，中华书局，
> 2008年，第96页。）

此例认为萧何所封之地当为沛郡之"鄌"，作"酂"者乃字相误，其
根据在于班固《十八侯铭》中云萧何封"鄌"及唐诗中云萧何作"鄌
侯"。今按，杜佑《通典》及严可均《全后汉文》引班固《十八侯铭》俱
作"受封于酂"，"麒麟阁上识酂侯"语出唐杨巨源《元日含元殿下立仗丹
凤楼门下宣敕相公称贺二》一诗。今按，《全唐文》引该诗亦作"酂侯"
而未有作"鄌"者，至于颜师古云"何封南阳之酂"，焦氏认为这是颜师
古"未深考"的缘故。今按，焦竑所引班固《十八侯铭》虽未有书"鄌"

---

① 郭锡良《汉字古音手册》，北京大学出版社，1986年，第32页。

之确证，然从其用韵可看出，"酂"与"何"押韵，"何"古音属歌韵，亦证明"酂"古音属"歌"部。钱大昕据此文亦认定萧何初封之地为沛之"酂"①，因南阳之"酂"只有"赞"音，音"醝"者当为沛郡之"酂"，且如焦竑所说，班固去萧何之世未远，所闻必真。其次，萧何封沛郡之"酂"还可见于《史记》："三月丙子，奏未央宫：'丞相臣青翟、御史大夫臣汤昧死言……陛下奉承天统，明开圣绪，尊贤显功，兴灭继绝。续萧文终之后于酂，褒厉群臣平津侯等。'"索隐曰："萧何谥文终也。萧何初封沛之酂，音赞。后其子续封南阳之酂，音醝也。"这说明萧何先封为沛之酂也，钱大昕曰："小司马谓何初封沛，后嗣改封南阳，最为有据，特酂、醝二音正相违反。今永城县东有酂阳集，士人读如醝，即何所封也。"②

二、更

宋王应麟《困学纪闻》卷五"《礼记》"：

> 三老、五更。按《列子》云："禾生、子伯宿于田更商丘开之舍。"更，亦老之称也。（［宋］王应麟著；［清］翁元圻等注；栾保群，田青松，吕宗力校点：《困学纪闻》〔全校本〕，上海古籍出版社，2008 年，第一版，第 645 页。）

全祖望云："《月令章句》以'更'为'叟'，观于田更之说，则不必改字也。"翁元圻云："殷敬顺《列子释文》'田更'作'田叟'，西口切。张湛注：'更当作叟。'横渠张子曰：'更疑为叟。'万氏《集证》引蔡邕《问答》云：'三老五更，子独曰五叟，何也？曰：字误也。叟，长老之称，其字与更相似，书者转误，遂以为更。嫂字女旁，瘦字从叟，今皆以为更矣。立字法者不以形声，何得以为字？以嫂、瘦推之，知是更为叟也。"全祖望赞同王应麟的说法，且认为《月令章句》中以"更"为"叟"是正确的，不必改字。翁元圻则引张湛注及万氏《集证》认为"更"乃"叟"之讹字，并且认为从"叟"之"嫂""瘦"作变"叟"为"更"亦是错误的。清人章学诚亦采此说，《乙卯札记》：

---

① ［清］钱大昕《十二史考异》卷四《史记四》，上海古籍出版社，2004 年，第 59—60 页。
② 同上。

蔡邕《独断》谓"三老五更"之"更"当作"叟"。今按，《列子·黄帝篇》："禾生、子伯。范氏之上客。出行经坰外，宿于田更商丘开之舍。"张湛注曰："更、当作叟。"亦其证也。（［清］章学诚撰，冯惠民点校：《乙卯札记》，中华书局，1986 年，第 1 版，第170 页。）

清人宋翔凤亦有类似看法，《过庭录》卷十五"国叟"：

《东京赋》："执銮刀以袒割，奉觞豆于国叟。"案：蔡邕《月令问答》："三老五更，子独曰五更，何也？曰：字误也。叟，长老之称，其字与更相似。书者转误，遂以为更。嫂字女旁，瘦字从叟，今皆以为更矣。"据此，言国叟亦当读更。为叟，中郎所正，盖本平子。（［清］宋翔凤撰，梁运华点校：《过庭录》，中华书局，1986年，第 1 版，第 250 页。）

按，杨伯峻《列子集释》卷第二《黄帝篇》云："《释文》'更'作'叟'云：'叟，西口切。'秦恩复曰：'三老五更，老人之通称，作更于义亦通。'任大椿曰：'考《文王世子》三老五更，注更当为叟。《文王世子》《释文》更，工衡反，《注》同。蔡作叟，音素口反。田更之作田叟，与五更之作五叟同。'王重民曰：'蔡说见《独断》，且谓俗书嫂作娷，证更与叟互通。蔡氏五更之说姑俱不论，而张湛所见已作更，则《释文》作叟者乃后人所改。《御览》三百四十引亦作叟。'"①认为"更"当作"叟"者乃张湛及蔡邕，《释文》盖因袭其说，后人认为"更"乃"叟"之讹字者盖沿《释文》之说。然亦有不同意见者，如秦恩复认为："三老五更，老人之通称，作更于义亦通。"②王重民认为作"叟"乃是后人所改。然二者都未举出更多的证据来证明为何作"更"不误。今按，"三老五更"出于《礼记·文王世子》，《礼记》原文为："天子视学，大昕鼓征，所以警众也。众至，然后天子至，乃命有司行事，兴秩节，祭先师先圣焉。有司卒事反命，始之养也。适东序，释奠于先老。遂设三老、五更、群老之席位焉。适馔省醴，养老之珍具，遂发咏焉。退修之，以孝养也。反，登歌《清庙》。既歌而语，以成之也。言父子、君臣、长幼之道，合德音之致，

---

① 杨伯峻《列子集释》，卷第二，中华书局，1979 年，第 54 页。
② 同上。

礼之大者也。下管《象》，舞《大武》，大合众以事。达有神，兴有德也。正君臣之位，贵贱之等焉，而上下之义行矣。有司告以乐阕，王乃命公、侯、伯、子、男及群吏，曰：'反，养老幼于东序。' 终之以仁也。""三老五更"后还有"群老"，故此处断句当为"三老、五更、群老"。郑玄注曰："亲奠之者，已有所事也。三老、五更各一人，皆年高更事致仕者。天子以父兄养之，示天下之孝第也。名易孝弟者，取象三辰五星，天所因以照明天下者。群老无数，其礼亡。以《乡饮酒礼》言之，帝位之处，则三老如宾，五更如介，群老如众宾必也。"孔颖达疏："更，江衡反，注同，蔡作叟，音系口反。"因此郑玄注未云"更当为叟"，任大椿说有误，认为"更当为叟"者乃蔡邕，张湛注《列子》及《释文》注《礼记》均沿袭蔡说。

郑玄认为"更"乃"更事者"之义，即经验丰富、深历世故的老年人。因此，问题的关键就在于"更"是否有"经验丰富、深历世故的老人"义。按，"更"本义为"改"，《说文·攴部》："夏，改也。从攴，丙声。""夏"隶变作"更"，《论语·子张》："君子之过也，如日月之食焉：过也，人皆见之；更也，人皆仰之。"何晏《集解》引孔安国曰："更，改也。"由改变义可引申出替换义，《方言·卷三》："更，代也。"《左传·昭公三年》："景公欲更晏子之宅。"由替代义即可引申出经历经过义，因为时间的流逝亦是一种经历，《楚辞·九章·悲回风》："惟佳人之永都兮，更统世以自贶。"朱熹《集注》："更，历也。"《史记·大宛列传》："因欲通使，道必更匈奴中。"司马贞《索隐》："更，经也。"而年纪大的老人亦是经历世故之人，故由此可引申出具体的经历丰富之人义，故"更"表老人义当是由其自身本义引申发展而来，其引申的途径是有理据可考的。"三老五更"之"更"与"老"同义，而非"叟"之字讹，"三老五更"后世亦有作"更老""老更"者，如《文选·潘岳〈闲居赋〉》："祗圣敬以明顺，养更老以崇年。"李善注："养三老五更，所以崇年也。"宋范仲淹有《乞召杜衍等备明堂老更表》。

三、裋褐

宋袁文《瓮牖闲评》卷二：

> 许慎注《淮南子》云："楚人谓袍为裋。"《说文》云："粗衣。"《广韵》："敝衣襦也。"《荀子》乃作"竖褐"者，疑借竖字耳。而注家便解为僮竖之竖，乃云僮竖之褐。《汉书》："裋褐不完"，注家亦

云裋者，僮竖所着布长襦也，承《荀》注之误耳。（［宋］袁文撰，李伟国点校：《瓮牖闲评》，中华书局，2007 年，第 1 版，第 47 页。）

此例认为"裋褐"作"竖褐"乃借"竖"字为之，不当以"竖"作"僮竖"解。"裋褐"亦有作"短褐"者，清吴翌凤《逊志堂杂钞》癸集：

扬子《方言》：自关以西，以襜褕短者谓之"裋"，杜诗"裋褐风霜入"；今作"短褐"，以字形相近而误。（［清］吴翌凤撰，吴格点校：《逊志堂杂钞》，中华书局，2006 年，第 1 版，第 144 页。）

此例认为"裋褐"作"短褐"乃是形近致误，杭世骏则认为，"裋褐""短褐"俱载于子书及史书中，非为俗写或讹字，《订讹类编》卷六：

《金壶字考》云："《史记·始皇纪》：'寒者利裋褐'，注：'一作短，一作竖。'谓褐衣竖裁，为劳役之衣。短而且狭，故谓之短褐，亦曰竖褐。《荀子·大略篇》：'衣则竖褐不完'，注：'僮竖之褐，亦短褐也。'刘向《新序》：'隆冬烈寒，士短褐不全。'《晋书》：'刘驎之拂短褐与桓冲言话。'《唐书·车服志》：'士服短褐，庶人以白。'"是裋褐、短褐并见子史，或以裋褐为典，短褐为俗，并谓裋字讹作短者，皆夏虫之见也。杜工部诗俱参用。（［清］杭世骏撰，陈抗点校：《订讹类编》，中华书局，2006 年，第 2 版，第 219 页。）

今按，《说文·衣部》："裋，竖使布长襦。"段玉裁注："竖与裋叠韵，竖使谓僮竖也。《淮南子》高注曰：'竖，小使也。'颜注《贡禹传》曰：'裋褐谓僮竖所着布长襦也。'《方言》曰：'襜褕其短者谓之裋褕。'韦昭注《王命论》云：'裋谓短襦也，本方言。'"说明"裋"义为童仆所着之衣，又作"长襦"。杨伯峻《列子集释·力命》："'朕衣则裋褐，食则粢粝，居则蓬室，出则徒行。'集释：'许慎注《淮南子》云：楚人谓袍为裋。《说文》云：粗衣也。又敝布襦也。又云：襜褕短者曰裋褕。有作短褐者，误。《荀子》作'竖褐'。杨倞注云：'僮竖之褐'，于义亦曲。'"[1]说明"裋"作楚方言指袍。《淮南子》："道路辽远，霜雪亟集，短褐不

---

[1] 杨伯峻《列子集释》，卷第六，中华书局，1979 年，第 194 页。

完。"何宁集释引陶方琦云："《后汉书·王望传》注引'短'作'裋'。《后汉书》注、《列子》释文又引许注：'楚人谓袍曰裋。'按《说文》'裋，竖使布长襦也，从衣豆声'。徐广曰：'裋一作短，小襦也。'《广雅》'袍，长襦也'，《说文》以襦为短衣，兹曰长襦，乃稍长与襦，因别言之。袍与裋皆长于襦，故《汉书·贡禹传》注'裋者，谓僮竖所着布长襦也'，与《说文》裋训长襦同。"①由此可知，裋作方言词谓楚语"袍"，即长襦，襦为一种较短小之衣，《说文·衣部》："襦，短衣也。"长襦即稍长于襦之衣。这种衣服制作比较粗糙，多为童仆所穿。"裋褐"为"裋"与"褐"两种衣物，二者是并列式复合词，"褐"指粗制的衣服，《说文·衣部》："褐。粗衣。"《豳风·七月》："无衣无褐，何以卒岁。"郑玄笺："褐，毛布也。"因此"裋褐"本指"裋"与"褐"两种衣物，后引申为泛指贫贱者所穿的粗制衣服。作"短褐"者，孙诒让《墨子间诂》"万人不可衣短褐"注云："短褐，即裋褐之借字。"今按，《说文》"裋"："从衣，豆声。"《说文》"短"："从矢，豆声。"二者声旁相同，故可通用。

四、人

明焦竑《焦氏笔乘续集》卷三"人字"：

> 何比部语予，丰南禺道生曾论"孝弟也者，其为仁之本与"，仁原是人字。盖古"人"作 ，因改篆为隶，遂讹传如此。如"井有仁焉"，亦是人字也。予思其说甚有理。孝弟即仁也，谓孝弟为仁本，终属未通。若如丰说，则以孝弟为立人之道，于义为长。（[明]焦竑撰，李剑雄点校：《焦氏笔乘》，中华书局，2008年，第330-331页。）

今按，"人"与"仁"二字古音俱在日母真部，二者古音声韵相同，故从语音上来说亦可通用。清朱骏声《说文通训定声·坤部》："仁，假借为人。"《孟子·尽心下》："仁也者，人也。"朱熹集注曰："仁者，人之所以为人之理也。"清赵绍祖《消暑录》"仁人二字古通用"："东坡作《吕公著除司空制》云：'仁莫大于求旧。'《瓮牖闲评》云：'《书》"人惟求旧"，恐非"仁"字，殆传写之误。'余按'仁''人'二字，古多通用。《中庸》'仁者人也'，孟子曰：'仁也者人也。'《论语》'井有人焉'《后汉

---

① 何宁《淮南子集释》，卷六，中华书局，1998年，第494页。

书·吴祐传》引《论语》'观过斯知人矣'，《初学记》《太平御览》引《论语》皆云'孝弟也者，其为人之本与'，唐《契苾明碑》'先仁而后己'，书人为仁，'人扬德宇'，又书仁为人，足见二字通用。袁氏好言字义，何不一考而遂谓误矣。"①

五、术

清顾炎武《日知录》卷六"术有序"：

> 《学记》："术有序"注："术，当为遂，声之误也。《周礼》'万二千五百家为遂'。"按《水经注》引此作"遂有序"。《周礼》遂人之职，五家为邻，五邻为里，四里为酂，五酂为鄙，五鄙为县，五县为遂，皆有地域，沟树之，使各掌其政令。又按《月令》"审端经术"，注："术，《周礼》作遂。夫间有遂，遂上有径。径，小沟也。"《春秋》文公十二年："秦伯使术来聘。"《公羊传》《汉书·五行志》并作"遂"。《管子·度地篇》："百家为里，里十为术，术十为州。"术音遂，此古术、遂二字通用之证。陈可大《集说》改术为州，非也。（［清］顾炎武著，黄汝成集释，栾保群、吕宗力校点：《日知录集释》〔全校本〕，上海古籍出版社，2006 年，第 1 版，第 368 页。）

此例认为"术"与"遂"可通用。今按，《礼记·学记》："古之教者，家有塾，党有序，术有序，国有学。"郑玄注："术当为遂，声之误也……《周礼》五百家为党，万二千五百家为遂。党属于乡，遂在远郊之外。"孔颖达疏："术有序者，术，遂也。《周礼》万二千五百家为遂。遂有序，亦学名，于遂中立学，教党学所升者也。"《管子·度地》："州者谓之术，不满术者谓之里。故百家为里，里十为术，术十为州，州十为都。"尹知章注："地数充为州者谓之术，不成术而余者谓之里。"则"术"与"遂"俱为王城以外之行政地区，只是在所管辖人口数量上多少不同。二者在指王城以外的行政单位时可通用，《墨子·号令》："术乡长者、父老、豪杰之亲戚、父母、妻子，必尊宠之。"岑仲勉注："术、遂，故通用。"《集韵·至韵》："术，六乡之外地，通作'遂'。"因此"术""遂"可通用而非声讹也。

---

① ［清］赵绍祖《消暑录》，中华书局，1997 年，第 150 页。

六、经纶

清宋翔凤《过庭录》卷二"周易考异上"：

"经论"，《音义》："论，音伦。郑如字，谓论撰书礼乐，施政事。黄颖云：经论，匡济也，本亦作纶。"案，《说文》无纶字，凡经传中经纶之字，皆当从言作论。（［清］宋翔凤撰，梁运华点校：《过庭录》，中华书局，1986 年，第 1 版，第 13 页。）

今按，《说文·系部》："纶，青丝绶也。从糸，仑声。"徐铉《系传》、段玉裁《说文解字·注》、桂馥《说文解字·义证》、朱骏声《说文通训定声》、王筠《说文·句读》俱已载之，说明《说文》本有"纶"字，作者失于未考。其次，"经""纶"俱有治理义，二者为同义并列式复合词。"经"，《字汇·系部》："经，经理。"《周礼·天官·大宰》："一曰治典，以经邦国，以治官府，以纪万民。""纶"，唐玄应《一切经音义》："纶，经理也。"《易·系辞上》："《易》与天地准，故能弥纶天地之道。"孔颖达疏："弥谓弥缝补合，纶谓经纶牵引。"则"经纶"自有整理、治理之义，非宋翔凤所说当作论者也。

七、楣

清桂馥《札朴》卷第一"楣"：

《聘礼》："公当楣再拜。"注云："楣谓之梁。"《乡饮酒礼》："主人阼阶上当楣北面再拜。"注云："楣，前梁也。"《乡射记》："序则物当栋，堂则物当楣。"注云："是制五架之屋也，正中曰栋，次曰楣，前曰庪。"《书·无逸》："乃或亮阴。"郑本作"梁闇"。注云："楣谓之梁。"葛洪《丧服变除》云："作庐，先横一木长梁着地，因立细木于上，以草被之。既葬，则剪去此草之拍地，以短柱柱起。此横梁之着地，谓之柱楣。"楣一名梁。馥案：诸"楣"字并当作"楣"。《释宫》："楣谓之梁。"郭注："门户上横梁。"《释文》云："楣，忘悲反，或作楣，忘报反。"《埤苍》云："梁也。"吕伯雍云："枢之横梁。"馥谓郭注乃"楣"字，写者误为"楣"。《说文》："楣，门枢之横梁。"（［清］桂馥撰，赵智海点校：《札朴》，中华书局，1992 年，第 1 版，第 41-42 页。）

按，《说文解字义证》"楣"字条下亦采此说，《说文·木部》："楣，秦名屋榱联也，齐谓之檐，楚谓之梠。"宋李诫《营造法式·大木作制度二·檐》："檐，其名有十四……四曰楣。""檐"指屋顶向旁伸出的边沿部分，即屋檐。《说文·木部》："檐，榐也。"段玉裁注："檐之言隒也，在屋边也。""梠"亦指屋檐，《方言》卷十三："屋梠谓之棂。"郭璞注："雀梠，即屋檐也。"由此可知，楣即指屋檐。"楣"亦可指房屋的横梁，黄金贵《古代文化词义集类辨考》云："'楣''栿'是一物异称，皆指次于中栋的第二栋，即五架屋的第二道横梁。《说文·木部》：'栿，眉栋也。'汉班固《西都赋》：'荷栋栿而高骧。'《仪礼·乡射礼》：'序则物当栋，堂则物当楣。'郑玄注：'是制五架之屋也。正中曰栋，次曰楣，前曰庪。'《文选·司马相如长门赋》：'抚柱楣以从容兮。'李善注引《尔雅》曰：'楣谓之梁。'此泛指栋梁。后'楣'更多用作门楣义，指门框上的横木。《释名·释宫室》：'楣，眉也，今前各两若面之有眉也。'文首引《尔雅·释宫》'楣谓之梁。'郭璞注：'门户上横梁。'"[①]因此"楣"亦指五架屋的第二道横梁，即《聘礼》"公当楣再拜"中所称之"楣"。除有"屋檐"和"梁"义外，楣还有"门楣"义，即"门户上横梁"。按，"楣"从木眉声，"眉"，《说文·眉部》云："眉，目上毛也。""楣"作门楣义即如《释名》所称"若面之有眉也"引申之，五架屋的第二道横梁对于栋来说亦相当于眉和目之间的关系，屋檐与屋亦如眉与目，由此可知，《仪礼》作"楣"当不误，桂馥认为当作"楣"者，《说文》："楣，门枢之横梁。从木，冒声。"宋李诫《营造法式·总释下·门》："门上梁谓之楣。"朱骏声《说文通训定声》："门上为横木，凿孔以贯枢者。"说明"楣"为门上凿孔以贯穿门枢之横木，"楣"与"楣"俱有门上横木之义，且"楣""楣"同属明母，二者双声，音义俱通，故可通用，而非"楣"之讹字而作"楣"也。

八、霓

清宋翔凤《过庭录》卷十"疾雷为霆霓霓当作电"：

> 《尔雅·释天》："疾雷为霆霓。"（《文选·东都赋》注引《尔雅》曰"疾雷为霆"，无"霓"字。）郭注云（据今注疏本）："雷之急击者为霹雳。"

---

① 黄金贵《古代文化词义集类辨考》，上海教育出版社，1995年，第1044-1045页。

　　案：上文"霓为挈贰"（《音义》："'霓'、一本作'蜺'"。）《说文》："霓，屈虹，青赤，或白色，阴气也。"则霓非疾雷，霓当为电，形近而讹。霆与电同物，即可言霆，亦可言电，故并释之。音亦通转，《淮南·兵略》云："疾雷不及塞耳，急霆不暇掩目。"此正言霆之光耀激目（《说文》："霆，雷余声也。"此别是一训）。隐九年"大雨震电"，《穀梁传》："震，雷也。电，霆也。"此霆电同物之切证。《左传》襄十四年："畏之如雷霆。"（《释文》云："本亦作电。"）《庄子·天运篇》"吾惊之如雷霆"，《释文》并云："霆，电也。"《众经音义》九引《尔雅》"疾雷为霆霓"。郭璞云："雷之疾激者也。"（第十五卷引此"激"作"迅"。）今本郭注"激"字作"击"，当改。《说文》："电，阴阳激耀也。"与此急激义合。司马相如《子虚赋》"星流电击"，则电亦可云击。《众经音义》又九引《周易》"鼓之以雷霆"，刘瓛曰："霆，雷也。震为雷，离为电。"案："雷也"之"雷"当作"电"，方舆下"离为电"义合。《易·系辞上》"鼓之以雷霆"，《释文》："蜀才霆疑为电。"此蜀才不解霆即是电，故欲改字，不如刘说也。又案：《公羊·隐九年》何休注云："电者，阳气，有声名曰雷，无声名曰电。《仓颉篇》云：'霆，霹雳也。'霹雳，依《说文》作劈历。当亦言电光急迅之状，非象雷声也。"又案，《易》"鼓之以雷霆"，《释文》："霆，王肃、吕忱音庭。徐又徒鼎反，又音定。"据此，则作雷余声之霆音庭，雷霆之霆音定，定与电声更近也。（［清］宋翔凤撰，梁运华点校：《过庭录》，中华书局，1986年，第1版，第174-175页。）

　　按，《尔雅·释天》"疾雷为霆霓"下文为"雨霓为宵雪"，朱骏声认为"霓"字为衍文，且涉下文"霓"字而误作"霓"。《说文通训定声》"霆"字条云："范长生注：'霆疑为电。'左襄十四年《传》'畏之如雷霆'，《释文》'电也'。……《尔雅》'疾雷为霆霓'，按'霓'字衍涉下'雨霓之霓'而误，重又误'兒'也。"说明范长生亦认为"霓"当作"霆"。《十三经注疏·尔雅注疏》卷第六《释天》"疾雷为霆霓"阮元校勘记云："'霆霓'，唐石经、单疏本、雪雪本同。《经义杂记》曰：'霆与霓二物不当并称。'郭注无'霓'字。考《初学记》一、《白氏六帖》二引作'疾雷谓之霆'，《文选》注一、《北堂书钞》一百五十二、《事类赋》三引作'疾雷为霆'，可证'霆'下本无'霓'字，盖因下句'雨霓为宵雪'，'霓'与'霓'形相近，遂误衍矣。"由此可知《尔雅·释天》"疾雷为霆

霓"之"霓"字为衍文，不当改作"电"，并且"霓"字为涉下文之
"霓"字而误为"霓"，从字形上看，"霓"与"霓"更为接近，因而"霓
当作电"之说不能成立。

九、用

清卢文弨《钟山札记》卷二"易象传两用字皆害之误"：

> 《易•剥•上九•象传》："君子得舆，民所载也。小人剥卢，终
> 不可用也。"又《丰•九三•象传》："丰其沛，不可大事也。折其右
> 肱，终不可用也。""用"与"载"、与"事"韵皆不叶，顾宁人《易
> 音》亦谓其不可晓。今读江阴杨文定《札记》云："两'用'字皆
> '害'字之误也，盖小人剥害君子，是其自割其卢也。然硕果不食，
> 自然之理，君子得舆，民心之公。小人虽欲剥害君子，而君子终不
> 可害也。"案此解甚确。"害"在十四泰，"载"在十九代，"事"在
> 七志，古韵皆得相通。古"害"字作"圊"，故易与"用"字相混
> 用。且有作"周"者。如《序周礼废兴》言："诸侯恶其害己"，旧
> 本误作"周己"；《盐铁论•地广篇》："贱不害智，贫不妨行"，亦误
> 作"周智"，皆以形近致讹。则知"用"之为"害"，于此益信。
> （［清］卢文弨撰，杨晓春点校：《钟山札记》，中华书局，2010 年，
> 第 1 版，第 60-61 页。）

按，"害"篆文作"圊"，与"用"字形相近，但"害"古音匣母月
部，"载"古音精母之部，"事"古音崇母之部，声韵差别较大，未必如作
者所称"古韵皆得相通"。此外，《周易》非《诗经》《楚辞》类的韵文，
不必处处皆协韵，并且"用"字在文中义亦可通，不烦改字为训。"君子
得舆，民所载也。小人剥卢，终不可用也"，清李道平《周易集解纂疏》
卷四注云引侯果曰："艮为果、为卢，坤为舆，处剥之上，有刚直之德，
群小人不能伤害也，故果至硕大，不被剥食。君子居此，万姓赖安，若
得乘其车舆也。小人处之，则庶方无控，被剥其庐舍，故曰：'剥卢，终
不可用矣。'"疏："艮果蓏为果，门阙为卢，坤大舆为车。阳处《剥》
上，有刚直之德，群阴不能伤害，故果至硕大，不被剥食。君子居此，则
下承覆荫，若得车舆之安。德车亦作得车，故云'得'。坤为民为载，故
曰'民所载也'。小人处之，则灾及庶方，无所控告，不剥其庐舍不已。

艮为终，坤为用，故曰'终不可用也。'"说明"用"字在《象传》中自有所指，并非"害"字之误。高亨《周易大传今注》云："用读为以，与上文灾、尤、载三字协韵。"按，用，古音余母东部，以，古音余母之部，《说文》："㠯，用也。"《玉篇·人部》："以，用也。"二者声义相通，故可通用。由此亦可证此处用"用"字不误。

"害"字误作"周"者则确有其实，且有相关文献可以证明，王利器著《盐铁论校注》卷第四《地广第十六》"贱不害智，贫不妨行"注云："'害'原作'周'，今据卢文弨、俞樾说校改。卢作'害'云：'周讹。'俞云：'周字乃害字之误，不害犹不妨也。'案卢、俞校是。《太玄书室》本正作'害'。《公羊传·宣公六年》：'灵公有周狗。'《尔雅·释畜》郭注引作'害狗'，即二字互误之证。"均为"害"讹作"周"之例。今按，《公羊传·宣公六年》："灵公有周狗，谓之獒。"何休注："周狗，可以比周之狗，所指如意。"何休不知"周"乃"害"字之讹，望文生义认为"周狗"乃指"可以比周之狗"，后世不知其误，乃沿袭其说，如明王志坚《表异录·动物二》："狗识人意指曰周狗。"今按，獒为一种体形较大的狗，王念孙《广雅疏证》卷十《释畜》云："獒者，大犬之名。《释诂》云：'驐，大也。'声义与獒通。""害狗"之"害"字通"夰"，亦有"大"义。《叔多父盘》："用锡屯（纯）录（禄），受害福。"杨树达《积微居小学述林》卷五《彝铭与文字·正字与通假字》："作铭者之意本云'受夰福'谓'受大福'也。《说文》十篇下《大部》云：'夰，大也。从大，介声。'此介训大之本字也。以害字从丰得声，丰字与夰同声，害字古音亦与夰相同，故盘铭将害字作夰字用。"①由此可知，"害狗"非词汇单位，而只是一个偏正短语结构，"害"为"大"义而修饰"狗"，"害狗"就是大狗、体形较大之狗，即"獒"。

---

① 杨树达《积微居小学述林》，上海古籍出版社，2007年，第165页。

第六章　俗字研究

　　关于俗字，唐颜元孙在《干禄字书》中指出："所谓俗者，例皆浅近，惟籍帐、文案、券契、药方非涉雅言，用亦无爽。倘能改革，善莫加焉。所谓通者，相承久远，可以施表奏、笺启、尺牍、判状，固免诋诃。所谓正者，并有凭据，可以施著述、文章、对策、碑碣，将为允当。"①对此，蒋礼鸿先生评论道："俗字是对正字而言的。所谓正字，从颜元孙的话来看，可以有下列的意义：第一，是'有凭据'；而所谓'凭据'者，实在是'总据《说文》'，就是说合于前人所认识的《说文》里的六书条例。第二，是不'浅近'，用于高文大册，是有学问的文人学士所使用的。第三，在封建社会中，这种统治阶级所使用的'正字'，是被认为合法的，规范的。那么，俗字者，就是不合六书条例的（这是以前大多数学者的观点，实际上俗字中也有很多是依据六书原则的），大多是在平民中日常使用的，被认为不合法的、不合规范的文字。应该注意的，是'正字'的规范既立，俗字的界限才能确定。"②黄征先生认为这是"迄今为止对俗字概念最早作科学分析与定义的"③。郭在贻、张涌泉先生《俗字研究与古籍整理》对俗字的定义为："所谓俗字，是相对正字而言的，正字是得到官方认可的字体，俗字则是指在民间流行的通俗字体。""颜元孙阐明了正字、俗字以及通用字的特点及使用范围。他认为俗字是不登大雅之堂的一种浅近字体。他所谓的'通者'，其实也是俗字，只不过它的施用范围更大一些，流沿的时间也更长一些。换句话说，颜元孙所谓的'通者'，就是承用已久的俗字。"按，颜元孙所谓的通字实则介乎俗字和正体之间的文字，因为所谓的"正"和"俗"并不是可以严格区分的概念，总会出现一些两属的情况，颜元孙正是看到这种情况，故提出了通字的说

　　① [唐] 颜元孙《干禄字书》，龙谷大学藏本，第 1 页。
　　② 蒋礼鸿《中国俗文字学研究导论》，原刊于《杭州大学学报》1959 年第 3 期，后收入《蒋礼鸿集》第三卷，浙江教育出版社，2001 年。
　　③ 黄征《敦煌俗字典·前言》，上海教育出版社，2005 年，第 3 页。

法，因为将所有通字都归入俗字会扩大俗字的范围。曾良先生认为："俗字应该是相对于正字而言的民间俗写，是不规范字。俗字是随汉字的产生而产生的，……一种新字体的出现，最初是以俗字身份出现，渐渐成为正字。"① 指出了俗字的不规范性以及俗字的时代性。黄征先生在总结诸家说法的基础上，结合现代语言学相关理论，认为"汉语中的俗字就是各时期社会上流行的不规范的文字"②。强调了俗字的时代性、不规范性，并且认识到俗字不只是流行于民间，而是流行于社会各阶层之间，对俗字的应用范围做了新的界定。总之，随着研究的不断深入，对俗字的认识也愈发地准确和科学。结合各家对俗字的定义，我们认为俗字首先是相对于正字而言的，无正字即无所谓俗字；其次，俗字是相对正字而言不规范的字体，即俗字是正字的异体字之一；再次，俗字很早就已产生，是随着汉字的发展而发展的；最后，俗字是流行于社会各阶层的，不仅下层百姓使用，统治阶级和文人学士也使用俗字。

学术笔记中有许多关于俗字问题的研究，这些研究或指出经籍文献中之俗字，或分析、总结俗字的成因及产生方式，或揭示俗字的出处及使用年代。这些研究对我们今天研究和整理俗字都是有价值的参考资料。

第一节　揭示并汇编整理文献中俗字用字

这类研究主要揭示文献中所使用的俗字，或指摘文字的俗写形式，或汇编整理文献中常见之俗字，或对相关俗字予以考释，是非常有价值的俗字研究语料。张涌泉先生在《汉语俗字研究》一书中多次引用学术笔记中的材料，作为俗字研究的语料，如《苏氏演义》《学林》，第十章"俗字研究与古籍整理"中专门以《履斋示儿编》为例，评述其在俗字研究中的价值和意义。本小节选择若干有代表性的语料以展示学术笔记在俗字研究方面的价值和意义。

（1）唐苏鹗《苏氏演义》卷上：

> 臭者，气之总名，从自从犬。篆文自（音自）字，象口鼻之形。从犬者，谓犬能寻臭而知其路，后人依违撰造，遂从自下作死，实

① 曾良《俗字及古籍文字通例研究》，百花洲文艺出版社，2006 年，第 4 页。
② 黄征《敦煌俗字典·前言》，上海教育出版社，2005 年，第 4 页。

非稽古之制也。只如田夫民为农，百念为忧，更生为苏，两只为双，神虫为蚕，明王为圣，不见为觅，美色为艳，口王为国，文字为学，如此之字，皆后魏时流俗所撰，学者之所不用。（按颜之推云："萧子云改易字体，邵陵王颇行伪字。前上为草、能傍作长之类是也。至为一字惟见数点，或妄斟酌，逐便转移。北朝丧乱之余，书迹猥陋，甚于江南，乃以百念为忧，言反为变，不用为罢，追来为归，更生为苏，先人为老，如此非一，遍满经传）（［唐］苏鹗撰，吴企明点校：《苏氏演义》，中华书局，2012年，第1版，第23页。）

著者指出"臭"本义为气味，继而解释字从"犬"之理据，而有作俗字"㚜"者，殊无理据。进而指出当时社会行用之俗字若干，认为皆流俗所造，不被学者所接受。

按，《说文》："殠，腐气也。从歺、臭声。"段玉裁注："按臭者气也，兼芳殠言之。今字专用臭而殠废矣。"因此在表腐臭气味这一义项上，"殠"与"臭"相同。曹魏时期即已有"㚜"（魏翼州刺史者元寿安墓志），《干禄字书》《玉篇》《龙龛手鉴》等字书均将其当作"臭"的俗字。"田夫民为农"，按，"农"字《说文》作"農"，从晨、囟声，后作"農"字，俗字作"畏"，其实金文"農"字作𦦲（田农鼎），正从田从辰，辰是耕器，从囟者，容庚先生认为乃传写之讹。① 其余如"两隹为双"，即"霍"字，"明王为圣"即"望"字，"口王为国"即"国"字，"文字为学"即"孛"字，以及"甦"字、"冣"字等俱被看作当时之俗字。

（2）《学林》卷第四"射干"：

　　《文选·子虚赋》用《史记》之文，而字多用俗书，如以昌为菖，以江为茳之类，皆俗书也。（［宋］王观国撰，田瑞娟点校：《学林》，中华书局，1988年，第1版，第150页。）

此例指出《文选》引《史记》多用俗字这一特点，并以《文选·子虚赋》引《史记》以"昌"代"菖"，以"江"代"茳"为例，认为"昌""江"在这里是俗字。

按，"菖""茳"分别是"昌""江"的后起分化字，二字不见于《说

---

① 容庚《金文编》，中华书局，1985年，第168页。

文》《篆隶万象名义》等字书中，在宋本《玉篇》《广韵》《集韵》《类篇》等字书和韵书中始有。《集韵·阳韵》："菖，菖蒲，草名，荪也。通作昌。"又《集韵·江韵》："茳，茳蓠，香草。通作江。"《文选·子虚赋》："茳蓠、蘪芜、诸柘、巴苴。"李善注引张揖曰："江蓠，香草也。"说明"昌""江"在表"菖蒲""茳蓠"等香草义时是假借，其后专门造"菖""茳"区别分化之，此即所谓"本字后出"。这里著者批评《史记》用俗字，是没有认识到《史记》时期根本没有所谓的本字可用，只能用假借字。可见当时似乎只要使用的不是本字，即有可能被那时之学者认为是俗字，其标准比之今之俗字研究所界定的俗字范围要宽很多。

（3）《学林》卷第九"襵叠"：

　　字为俗书改其体者甚多，如顧之顾，霸之霸，喬之乔，獻之献，國之国，廟之庙，亂之乱，殺之煞，趨之趋，虖之虗，錢之歬，齊之齐，斈之㝵，齋之斋，檯之墼，寶之宝，驅之駈，棲之栖，鹽之盐，甕之瓮，總之揔，麥之麦，兔之兎，遲之遟，著之着，槀之粟，繩之绳，飯之飰，備之俻，凡此皆流俗不晓义理者咸用之。而字书如《廣韻》《集韻》，亦有取而附在正字之下者，皆非法也。如世俗书蠶字作蚕，蚕乃音腆也；书船字作舡，舡乃音江也；书本字作夲，夲乃音滔也；书體字作体，体，乃音坌也；书關字作関，関乃音卞也；书商字作商，商乃音的也；书須字作湏，湏乃音古文頮字也。又如宜、宾、富、寇、皆从宀，而俗书为冝、冥、冨、冠。況、沖、梁、涼皆从水，而俗书为况、冲、梁、凉。廚、廳皆从广，而俗书为厨、厛。博、协皆从十，而俗书为愽、恊。凡此类皆失字之本体者也。又如炁字音气，出于道书；梵字扶泛切，出于释典；乜字弥也切，出于番姓；如此猥酿增益者，又不可胜纪，字学之敝甚矣。（[宋] 王观国撰，田瑞娟点校：《学林》，中华书局，1988 年，第 1 版，第 327-328 页。）

　　此例汇集整理了大量当时社会所流行使用的俗字，并且当时之辞书多将这些俗字列于正字之下，著者认为这一做法不妥，理由是：首先，这些俗字已失其本义，字书不当收之。其次，著者还举例说明，由于对某些文字的俗用，从而导致文字的混用进而发生语音的讹变。此外，著者还注意到文字俗化过程中偏旁的俗用这一现象，并以正从宀而俗从冖、正从氵而俗从冫、正从广而俗从厂、正从十而俗从忄为例予以说明。最后指出，部分俗字来源于道教、佛教典籍用字。

按，著者所列之俗字，一部分已作为今之简化字，如顾、国、乱、趋、宝、栖、瓮、揔、麦、着、栗、绳，著者的研究为追溯简化字之来源提供了有价值的资料。[①]著者所举因俗书而导致文字混同、读音混乱之现象，其说大体可从。如“蠶”俗作“蚕”，“蚕”本为蚯蚓的异称，《尔雅》：“螼蚓，蜸蚕。”邢昺疏：“螼蚓，以一名蜸蚕，即蛩蟺也。《广雅》云：‘蛩蟺，蚯蚓也。’”“书船字作舡，舡乃音江也。”舡，《广韵》许讲切，《玉篇》：“船也。”《集韵》：“船，俗作舡。”等等。

（4）《学林》卷第九“弈奕”：

> 弈下从廾，奕下从大。许慎《说文》曰，弈，围棋也。奕，大也，行也，美容也。《玉篇》《广韵》曰，弈，博弈也，美貌也。奕，大也，行也，盛也，轻丽也。观国按，《那》诗曰：“万舞有弈。”《頍弁》诗曰：“忧心弈弈。”《论语》曰：“不有博弈者乎？”《孟子》曰：“使弈秋诲二人弈。”凡此类皆从廾之弈也。《閟宫》诗曰：“新庙奕奕。”郑氏笺曰：“奕奕，佼美也。”《韩奕》诗曰：“奕奕梁山。”又曰：“四牡奕奕。”《毛氏传》曰：“奕，大也。”凡此类皆从大之奕也。世俗书弈、奕二字，不豫分二字之义而书之，或从廾，或从大，混而无别，则害于义矣。亦如獘字下从大，而俗书则变为弊。獎字下从廾，而俗书则变为奖。盖字法为俗书所变者，多此类也。（[宋]王观国撰，田瑞娟点校：《学林》，中华书局，1988年，第1版，第293页。）

此例指出“弈”和“奕”一从“廾”一从“大”，形义均不相同，而俗书中从“廾”从“大”之字多混同，故“弈”与“奕”多混用不别，从而造成文字使用的混乱，该研究已涉及俗字研究中形旁混同的俗字用字现象，具有理论总结的性质。

按，奕，隶书作“弈”（尹宙碑），与“弈”形相近。清邵瑛《说文群经正字·大部》曰：“奕，大也。从大，亦声；弈，围棋也。从廾，亦声。今经典统作奕。”《汉语大字典》“弈”字下云：“‘弈’与‘奕’，音同形近义异，古书多已混用。”其中，“弈”混作“奕”者，如《文心雕

① 按《汉语大字典》于“顾”“趋”“宝”下注为“顧”“趨”“寶”之简体字，而在其他字下则注明其为俗字及相关字书释义，处理标准不一致，或可统一处理。

龙·才略》:"张华短章,弈弈清畅。"《集韵》:"盛也,容也。""奕"混作
"弈"者,如沈约《齐故安陆昭王碑文》:"奕思之微,秋储无以竞巧。"说
明其相混由来已久。

（5）《瓮牖闲评》卷四：

> 獘字下从大,其从廾者,俗书也,然世皆通用为弊字。葬字下
> 从大,其从廾者,俗书也,然世皆通用为葬字。奖字下从大,其从
> 廾者,俗书也,然世皆通用为弊字。至莫字则不然,莫字下亦从
> 大,其从廾者,乃本于《说文》,非俗也,而世反不用,所不可晓。
> 若夫奕字,则又不然,奕字下亦从大,《说文》则云:"奕,大
> 也。",其从廾者,《说文》则云:"弈,围棋也。"二字义绝不同,而
> 世混为一字用,尤不可晓也。（［宋］袁文撰,李伟国点校:《瓮牖闲
> 评》,中华书局,2007 年,第 1 版,第 67、68 页。）

著者认为"獘"为正字,"弊"为俗字,而通用"弊"字;"葬"为
正字,"葬"为俗字,而通用"葬"字;"莫"为俗字,"莫"为正字,而
通用"莫","奕""弈"义不同而混同无别,认为此种现象"犹不可晓"。

按,"奕""弈"俗书混同情况见例（4）,实际上,隶书上下结构
中,下半部从"大"者与从"廾"者多混用,如"奕"字隶书有作
"**弈**"者（尹宙碑）,"契"字有作"**㓞**"（张平子碑）者,曾良指出:
"'大'与'廾'作为部件在字的下部时往往相通,如'奖'字俗写,下部
'大'或作'廾'。古籍中'弈'与'奕'相混,不加区别。"①因此隶书
"大""廾"形相近,故多相混用,久而久之遂约定俗成为通字,即使文人
学士亦难免。

（6）《容斋四笔》卷第十二"小学不讲"：

> 古人八岁入小学,教之六书,《周官》保氏之职,实掌斯事,厥
> 后浸废。萧何著法,太史试学童,讽书九千字,乃得为吏。以六体
> 试之。吏人上书,字或不正,辄有举劾。刘子政父子校中秘书,自
> 《史籀》以下凡十家,序为小学,次于六艺之末。许叔重收集篆、
> 籀、古文诸家之学,就隶为训注,谓之《说文》。蔡伯喈以经义分
> 散、传记交乱、讹伪相蒙,乃请刊定《五经》,备体刻石,立于太学

---

① 曾良《俗字及古籍文字通例研究》,百花洲文艺出版社,2006 年,第 84 页。

门外，谓之《石经》。后有吕忱，又集《说文》之所漏略，著《字林》五篇以补之。唐制，国子监置书学博士，立《说文》《石经》《字林》之学，举其文义，岁登下之。而考功、礼部课试贡举，许以所习为通，人苟趋便，不求当否。大历十年，司业张参纂成《五经文字》，以类相从。至开成中，翰林待诏唐玄度又加《九经字样》，补参之所不载。晋开运末，祭酒田敏合二者为一编，并以考正俗体讹谬。今之世不复详考，虽士大夫作字，亦不能悉如古法矣。韩子曰："凡为文辞，宜略识字。"又云："阿买不识字，颇知书八分。"安有不识字而能书，盖所谓识字者，如上所云也。

予采张氏、田氏之书，择今人所共昧者，谩载于此，以训子孙。"本"字从木，一在其下，今为大十者非。"休"字象人息于木阴，加点者非。"美"从羊从大，今从犬从火者非。"軍"字古者以车战，故军从勹下车，后相承作"军"，义无所取。"看"字从手，凡视物不审，则以手遮目看之，作"晳"者非。"扬州"取轻扬之义，从木者非。"梁"从木，作"樑"者非。"乾"有干、虔二音，为字一体，今俗分别作"乹"字音虔，而"乾"音干者非。"尊"从酉下寸，作"尊"者非。"奠"从酉从兀，作"奠"者非。"夷"从弓从大，作"夷"者讹。"耆"从旨作老，下目者讹。"漆""泰""黍""黎"，下并从水，相承省作小，今从小，从小者讹。"决""冲""况""凉""盗"并从水，作冫者讹。"饑""飢"二字，上谷不熟，下饿也，今多误用。至于"果""皀""韭"之加草，"冈"加山，"攜"之作"携"，"鉏"作"锄"，"惡"作"悪"，"霸"作"覇"，"笋"作"筝"，"顥"作"髭"，"须"加彡或从水，"秘"从禾，"简"作"蕳"，"宝"从尔，"趨"从多，"衡"合从角从大而从鱼，"啟"从又及弋，"肇"从文，"彻"从去，"麤"作"麁"，"蟲"作"虫"，"堕"许规反，俗作"隳"，又以为"惰"，"幡"作"幡"，"怪"为"恠"，"闋"为"閖"，"炙"从夕，"間"从日，"功"从刀，"兹"合从二玄而作"兹"，"升"作"卅"，"辈"从北，"妬"从户，"姦"为"奸"，"蠹"从毒，"吝"作"丢"，"冤"上加点，"鄰"作"隣"，"牟"从干，"互"作"乐"，"元"从点，"舌"从千，"蓋"作"盖"，"京"作"京"，"皎"从日，"次"从冫，"鼓"从皮，"潛""谮""僭"从替，"出"作二山，"覺"从與，"游""於"以方为扌，"皁"为皂，"曷"为"曷"，"匹"为"疋"，"收"作"収"，"敍"作"叙"，"臥"从臣从人，而以人为卜，"改"从戊己之己而以为巳，"九"作"凡"，"允"作"兂"，"馆"作"舘"，"览"作"覽"，"祭"合从月从又而作"祭"，"瞻"作"瞻"，"縓"从衣，"滛"从淫，"徧"作"遍"，"微"作"儌"，"漾"作"漾"，琴瑟之弦从系，"轻"作"輊"，如是者皆非也。（[宋]洪迈撰，孔凡礼点校：《容斋随笔》，中华书局，2005年，第1版，第770-772页。）

此例著者有感于当时之世俗字渐多，就连士大夫等上层阶级亦难以避免使用俗字，故有此语。

按，该例中记载了大量有关俗字的信息，如"本字从木，一在其下，今为大十者非"指"本"之俗字有作"夲"者。"休字象人息于木阴，加点者非"，即指"休"之俗字"休"，敦煌 S.799《隶古定尚书》："梦协朕卜，袭于休祥。"[①]"俟天休命"亦有作"休"者，敦煌 S.343《愿文模板等》："大小休宜，尊卑纳庆。"[②]"美从羊从大，今从犬从火者非。"即"美"之俗字为"羙"。按，"美"之俗字还有作"羡"者，慧琳《一切经音义》："美，《说文》从羊从大，经从父作美（羡），非也。"其余如"匍"之俗字作"军"、"看"之俗字作"看"、"梁"之俗字作"梁"、"干"之俗字作"乹"等，俱为当时所流行之俗字。此例记录大量宋时俗字情况，为研究宋代俗字提供了有价值的参考资料。

（7）《容斋三笔》卷第十三"五俗字"：

> 书字有俗体，一律不可复改者，如冲、凉、况、减、决五字，悉以水为冫，（笔陵切，与"冰"同。）虽士人礼翰亦然。《玉篇》正收入于水部中，而冫部之末亦存之，而皆注云"俗"，乃知由来久矣。唐张参《五经文字》，亦以为讹。（[宋]洪迈撰，孔凡礼点校：《容斋随笔》，中华书局，2005年，第1版，第573-574页。）

著者指出当时之"冲""凉""况""减""决"五字本当从"氵"旁而非从"冫"旁，虽正统字书标注其为俗字，但是由于俗字形使用已久，故即使文人学士亦不免用之。宋袁文亦认为减字当从水，从"冫"于义无取，《瓮牖闲评》卷四"减字不从冫"：

---

① 黄征《敦煌俗字典》，上海教育出版社，2005年，第461页。
② 同上书，第460页。

今人作添减字，添字从冫，是也。而减字从冫，冫乃是冰字，于减字有何意义，其谬误有如此者，苏东坡书《皇太后阁春帖子》云："宫中侍女减珠翠。"作减字，方为得体。夫字固有难知者，而添减二字殊易晓，虽善书者略不为稽考，只循俗而书之，殊可怪矣。（[宋]袁文撰，李伟国点校：《瓮牖闲评》，中华书局，2007年，第1版，第71-72页。）

元人李治亦认为"决"字本当从"水"而不当如俗书之从"冫"，《敬斋古今黈》卷之九：

"决"字俗皆作"决"。盖为《韵》所误。此字正当作"决"。而《韵》解"决"则谓水流行；解"决"，则谓决断。不知有何所据，而别为二义也。《易》："夬、决也，刚决柔也。"《曲礼》："濡肉齿决，干肉不齿决。决、断也。干肉坚，宜用手，不以齿决之。"古书中无有作"决"者。颜元孙《干禄字书》分通、正、俗三等，如"决"等字，乃所谓俚俗相传而非正者也，学者不可不知。（[元]李治撰，刘德权点校：《敬斋古今黈》，中华书局，1995年，第1版，第120页。）

（8）《履斋示儿编》卷九"文说"：

诚斋先生杨公考校湖南漕试，同寮有取《易》义为魁，先生见卷子上书"盡"字作"尽"，必欲摈斥，考官乃上庠人，力争不可。先生云："明日揭榜，有喧传以为场屋取得个'尺二'秀才，则吾辈将胡颜。"竟黜之。（[宋]孙奕撰，侯体健、况正兵点校：《履斋示儿编》，中华书局，2014年，第1版，第126页。）

此例通过当时之故事指出"盡"有俗书作"尽"者，即故事中所说之"尺二"者。

按，"尽"即为今之"尽"字，《篇海类编·数目类·尺部》："尽，音尽，俗用。"《字汇·尸部》："尽，俗盡字。"《宋元以来俗字谱》："盡，《列女传》《取经诗话》《通俗小说》《三国志平话》皆作'尽'。"

（9）《履斋示儿编》卷二十一"字说"：

> 古之治经者，各有师承，各尊其师之所传，而成一家之学，故字有不同者，各因其所传之本而已。许氏《说文》所引，乃杂举诸家之本，故用字有不同……至于俗字谬讹、增损偏旁者，亦皆明出于本字之下。"吝"者，惜也，俗作"怪"；"赴"者，告也，俗作"讣"；"祚"者，祭福也，俗作"胙"；"寒"者，塞塞也，俗作"蹇"；"緥"者，褓裸也，俗作"褓"；"澂"者，清也，俗作"澄"；"濒"者，水厓也，俗作"滨"；"闵"者，吊也，俗作"悯"；"尊"者，酒尊也，俗作"罇"；"埶"者，种也，俗作"蓺"；雅，乌加反，楚乌也，俗作"鸦"；创，楚良反，伤也，俗作"疮"；汻，呼古反，水厓也，俗作"浒"；鲢，桑经反，鱼臭也，俗作"鯹"；挼，奴禾反，两手摩也，俗作"挼"；虚，丘如反，大丘也，俗作"墟"；撼，胡感反，摇手也，俗作"撼"。已上"俗作"字，皆非是。

> 赓者，古文，续也，俗作古行反；草者，自保反，栎实也，一曰象斗子，可染墨，今俗人以为"艹"，又作"皂""皁"二字，皆无意义；充耳者，塞耳也，俗加"玉"为"珫"；差池，后人加"足"为"蹉跎"；"儋何"，俗作"担荷"；"橐佗"，俗作"骆驼"；裴回，俗作"徘徊"；结环，俗作"髻鬟"；滂沛，俗作"霶霈"；辟历，俗作"霹雳"；蝍蛆，俗作"魍魉"；秋千，俗作"鞦韆"。"蒜"字非古也，奚氏避难造之。"低""债""价""停""儌""伺"，皆从人，后人所加。（［宋］孙奕撰，侯体健、况正兵点校：《履斋示儿编》，中华书局，2014年，第360页。）

此例记录大量俗字信息，因为是著者亲身经历，所以这些俗字的身份确定，年代可靠，是研究俗字重要的第一手材料。宋元时期学术笔记中探讨俗字问题最多、用力最勤的当属该书，张涌泉先生认为该书在俗字研究方面"归纳类比，辨析精核；汇集众说，方便寻检"，给予该书很高的评价。该书从大量的语言材料中收集并归纳出大量俗字，对俗文字的辨识和考证具有指导性的意义。

（10）《十驾斋养新录》卷三"陆氏释文多俗字"：

> 《周礼·校人》注："校之为言校也，主马者必仍校视之。"《释

文》：“校，户教反，字从木，若从手旁作是比挍之字耳，今人多乱之。”按《说文·手部》无“挍”字。汉碑“木”旁字多作“手”旁，此隶体之变，非别有“挍”字。六朝俗师妄生分别，而元朗亦从而和之，误到甚矣。《广韵》去声三十六《效部》“校”字两音：一胡教切，一古孝切。而于“胡教切”下云：“又音教。”不别收“挍”字，较之《释文》实为精当。或谓郑注以“校”释“校”必是异文，予谓《孟子》书“彻者彻也”、《礼记》“齐之为言齐也”，皆以义释名，非有异文。（［清］钱大昕著，杨勇军整理：《十驾斋养新录》，上海书店出版社，2011 年，第 1 版，第 56 页。）

此例旨在说明陆德明《经典释文》中多用俗字的情况，并据《周礼音义》中陆氏关于“校”从木和从手之说加以辨正。著者认为“校”本有名词义和动词义，后因隶书“木”旁“扌”旁不分，并非实有“挍”字。

按，隶书中“木”旁与“扌”旁形近，多混用无别。“木”旁作“扌”旁者如“校”作“挍”（隋高虬墓志），“栖”作“捿”（隋董美人墓志）；亦有“扌”旁作“木”旁者，如“挺”作“梃”（魏寇臻墓志），“振”作“桭”（唐魏邈妻赵氏墓志）等。故起初之“挍”有可能即是“校”的俗写，然而在《篆隶万象名义》中已有“校”“挍”二字，《广韵》不收“挍”，但是《玉篇》《集韵》均已收“挍”，说明该字在魏晋时期或已从“校”中分化出来作动词义，而非所谓的“六朝俗师妄生分别”，陆德明也只是依从当时的文字实际情况记录，在这方面，著者对其责之过甚。

（11）《十驾斋养新录》卷四“宋时俗字”：

《龙龛手鉴》多收鄙俗之字，如丕为多、袤为矮、甮为弃、晻为暗、歪为（苦乖反）、孬为（乌怪反）①、袞为宽，皆妄诞可笑，大约俗僧所为耳。（［清］钱大昕著，杨勇军整理：《十驾斋养新录》，上海书店出版社，2011 年，第 1 版，第 78-79 页。）

此例认为《龙龛手鉴》中所收之俗字多鄙俗不堪，并疑为俗僧（指《龙龛手鉴》著者释行均）所造。

按，其所指所谓“鄙俗”之字多为会意字，且属于可以连读成句的

---

① 陈文和校：“《龙龛手鉴》‘歪’‘孬’二字俱有音无训。”

字义会意字，这类会意字大多产生于汉代以后，并且数量不多。①这里著者指责这些俗字为释行均所造，未免过于武断。文字的产生和流行需要经过大众的接受、约定俗成，而非某一个人的力量所能完成，释行均只是俗字的搜集整理者，不会是造字者。此外，其中的"甭"字、"歪"字、"孬"字已成为今之通用字、正字，可见文字一旦约定俗成即成定文，即难以改变。

（12）《十驾斋养新录》卷三"石经俗体字"：

> 唐石经俗体字，如："雝"作"雍"《诗》，"纛"作"𪎮"《周礼》《尔雅》，"敺"作"殴"《周礼》，"赍"作"齎"《仪礼》，"緫"作"揔"《春秋传》，"督"作"督"《尔雅》，"横"作"撗"《尔雅》。（［清］钱大昕著，杨勇军整理：《十驾斋养新录》，上海书店出版社，2011 年，第 1 版，第 55 页。）

此例指出唐石经中所使用之俗字若干。

按，据程羽黑考辨，"雝"作"雍"、"敺"作"殴"、"緫"作"揔"、"督"作"督"为隶变之结果，非俗字；"赍"作"齎"、"横"作"撗"，据《干禄字书》均为上通下正，亦非俗字；"纛"作"𪎮"，"文献不足，无以定案"。②今按，雝，《说文·隹部》："雝，雝䳒也。"段玉裁注："雝，隶作雍。""雝"隶书作"𨾴"（武威医简八七乙）、"𨿳"（曹全碑）、"𨿳"（华山庙碑），与"雍"同。毛远明《汉魏六朝碑刻异体字典》云："雝，同雍。"③纛，《集韵·晧韵》："纛，翳也。舞者所执，或作𪎮。"《集韵》将此二字看作互体，即异体字，亦不看作俗体。殴，《说文·殳部》："捶毃物也。"段玉裁注："此字即今经典之敺字。《广韵》曰'俗作敺'是也。"是以"敺"为"殴"之俗字，与钱氏之说正相反。齎，《集韵·齐声》："赍，或作齎。"揔，《集韵·董韵》："緫，《说文》'聚束也'或从手。"均将二者看作或体而非俗字。督，《集韵·沃韵》："督，《说文》：'察也，一曰目痛。'或省。"方成珪考正曰："督系俗字。"亦认为省文。由此可见，明确指出俗字的只有方成珪之考正。总之，著者所指之俗字，大部分已被社会所接受而不再视作俗字。

---

① 喻遂生《文字学教程》，北京大学出版社，2014 年，第 245-246 页。

② 程羽黑《十驾斋养新录笺注》，上海书店出版社，2015 年，第 127 页。

③ 毛远明《汉魏六朝碑刻异体字典》，中华书局，2014 年，第 1103 页。

（13）《十驾斋养新录》卷四"庳"：

　　《后汉书·窦融传》有金城太守庳钧，注引《前书音义》云："庳姓，即仓库吏后也。今羌中有姓庳，音舍，云承钧之后也。"据此，是"庳"有"舍"音。《广韵》别出"庪"字，云"姓也"，此亦流俗所传无稽之字。（[清]钱大昕著，杨勇军整理：《十驾斋养新录》，上海书店出版社，2011年，第1版，第76页。）

　　此例指出《广韵》所收之"庪"字乃是俗字，其根据是"庳"姓为仓库吏后，故改"庳"字一点以为姓。

　　按，俗书中"广""厂"通常混用，故"庳"存在讹为"庪"的可能。《佩觿》《玉篇》《广韵》《集韵》等均释"庪"为姓。《正字通》引杨慎《千家姓·跋》云："庪之音赦，本庳字，去其上点无义。"

（14）《思益堂日札》卷三"汉杨孟文颂碑"：

　　古人云："字体坏于六朝，至隋唐而益甚。"予案汉碑俗恶之字正不少，而《汉司隶校尉杨孟文颂》俗写最多，如碑中以"余台"为"斜谷"，"充"为"冲"，"诋"为"抵"，"埴"为"澨"，"荫"为"阴"，"遼"为"寮"，"薛狩"为"毕兽"，"憘"为"熹"，"積"为"积"。"高"即"嵩"字，"塗"即"涂"字，"斷"即"断"字，"膌"即"磐"字，"遪"即"滞"字，"導"即"碑"字，"悳"即"恶"字，"彊"即"疆"字，"庲"即"恢"字，"醳"即"释"字，"繼"即"继"字，此皆洪氏《隶释》所检出者。（[清]周寿昌著，许逸民点校：《思益堂日札》，中华书局，1987年，第1版，第47页。）

　　此例根据《隶释》所记，指出汉碑文中之俗字若干。按，张涌泉先生在《汉语俗字研究》第五章《俗字研究与古籍整理》中指出："石刻文字，素以保守见称，端庄尔雅，每多可观。然石文既非出于一人一时，字形之歧异变迁，亦正势所必然。尤其六朝以来，像法流行，造像刻石，大抵出于石工之手，文字之业，既非素习，异体别字，随之滋生。"①指出

───────────────

① 张涌泉《汉语俗字研究》（修订本），商务印书馆，2010年，第140页。

了汉碑俗字多的原因，继而引近人丁文隽说："庸夫愚妇造像之记，武夫悍卒志墓之文，岂能尽由文人撰句，学士书丹，亦不过由田夫石匠，率尔操觚而已。"①

（15）《札朴》卷第三"齇"：

> 《通鉴》："宋前废帝入庙，指世祖像曰：'渠大齇鼻，如何不齇？'立召画工令齇之。"注："齇，壮加反，鼻上疱也。"《南史·前废帝纪》："肆骂孝武帝为齇奴。"《玉篇》作"皻"，壮加切，鼻上疱也。馥案："齇"，俗字，犹"樝"省作查。今俗言糟鼻人不饮酒枉受虚名，即齇鼻也。《广韵》又作"皻"。（［清］桂馥撰，赵智海点校：《札朴》，中华书局，1992 年，第 1 版，第 106 页。）

著者指出"齇"为"齇"之俗字，其演变方式即如"樝"省作"查"。今按，"齇"俗作"齇"并未有偏旁减省，其产生方式盖因"虘"音昨何切，即今之 cuó 音，而"齇"音庄加切，即今之 zhā 音，其声旁已不能表音，故改换为表音更准确的"查"。"樝"变"查"亦同，只不过"樝"变"查"多了一个省简形旁的步骤。

（16）《札朴》卷第七"李善引书"：

> 李善所引《仓颉篇》《三苍》《声类》《字林》诸书，多依随《文选》俗字，非本书原文。如引《说文》"仿佛"作"髣髴"，"软"作"輭"，"隤"作"頹"，"玓瓅"作"的皪"。此类不可悉举，或据为本书左证，则因误而误矣。（［清］桂馥撰，赵智海点校：《札朴》，中华书局，1992 年，第 1 版，第 280 页。）

此例指出李善引书时多依据《文选》中之俗字而改易所引书中之文字，从而造成俗字泛滥。

按，"髣髴"，《干禄字书》《龙龛手鉴》等字书未将其定作俗字，《隶辨》曰："髣髴，古作仿佛。《汉书·司马相如传》'若神仙之仿佛'，又《扬雄传》'犹仿佛其若梦'，师古曰：'仿佛即髣髴字也'。《广韵》云：'俗作彷彿。'直是字讹。"是以其为古今字和异体字，而未作俗字处理。

"輭"，《集韵·之韵》："輀，《说文》：'丧车也。'或作輭。"《正字

---

① 张涌泉《汉语俗字研究》（修订本），商务印书馆，2010 年，第 140 页。

通·车部》："轜，同輀。"是以其为"輀"的异体字而非俗字。

"陨"作"颓"者是假借，"陨"本义是下坠，《说文》："陨，下队也。""颓"的本义是秃、头秃，《集韵》："颓，秃。"《文选·长笛赋》"感回飙而将颓"，李善注："颓，落也。"用"颓"作落义，则是假借非俗字。

"玓瓅"作"的皪"，《说文》："玓，玓瓅，明珠色。"《文选·上林赋》作"的皪"，李善注："的皪与玓瓅音义同。"《史记·司马相如列传》作"玓瓅"，司马贞《索隐》作"的皪"并引郭璞曰："的皪，照也。"按"玓瓅"为联绵字，"玓""瓅"叠韵，《说文》"玓""瓅"释作"玓瓅"，表示明珠的光泽。而联绵字的特点就是字形不固定，只是以记音为主。因此，其或作"玓瓅"，或作"的皪"，而非一定为俗字。

由此可见，学术笔记的著者对俗字的界定还是不够严谨，处理手段较随意，似乎只要不是正字都可归入俗字中，将复杂的问题简单化，从而混淆了俗字和古今字、异体字、通假字以及联绵字的区别。

（17）《过庭录》卷十二"隋书多俗字"：

> 繖作伞，韡字作靴，见《隋书·礼仪志》。人薓作人参，见《五行志》。皆俗字也。（［清］宋翔凤撰，梁运华点校：《过庭录》，中华书局，1986年，第1版，第208页。）

著者举例说明《隋书》中使用俗字的情况。按，"伞"为车盖，《玉篇》："伞，盖也。""繖"为"伞"之异体字，《集韵·缓韵》："繖，《说文》：'盖也。'或从巾，亦作伞。"《资治通鉴·陈宣帝太建十二年》："岐州刺史安定梁彦光，有惠政，隋主下诏褒美，赐束帛及御伞。"胡三省注："伞，与繖同，盖也。"因此二者当为异体字之关系，非为俗字。"靴"与"韡"亦为异体字，《玉篇·革部》："靴，履也。""韡，同靴。"因此二者很早就已通用，未有俗字之说。"薓"本作"薓"，因"浸"字隶变作"浸"，故"薓"为"薓"之隶体。"薓"或作"葠"作"蓡"，《集韵·侵韵》："薓，《说文》：'人薓，药草，出上党。'或作葠，通作参、蓡。"《广雅·释草》："葠，地精人蓡也。"王念孙《广雅疏证》："各本俱作'地精人葠也。'《御览》引《广雅》作'薓，地精人蓡也。'"因此"人薓"又可作"人葠""人蓡""人参"，是文字通用的关系而非俗字。

（18）《札迻》卷一 "《易是类谋》某氏注"：

> "抑期反刚，同哲之良，牧州误放，乃知常道。"《注》云：
> "抑，止。斯，此。偏颇之意。反刚，王道之刚。同哲之良，用贤之
> 哲良善之人。'误'，当作'谈'，牧州，诸侯之为州牧，当禁谈其为
> 非法令之事，乃得道之常也。"案：以"注"校之，正文"期"当作
> "斯"，"同"当作"用"，"常道"当作"道常"，"常"与"刚"
> "良"韵。《注》"用贤"下疑衍"之"字。"禁谈"义难通，疑
> "谈"并当为"诫"。"诫"俗书或作"誡"，（见汉《嵩高大室石阙
> 铭》、唐《张轸墓志》。）与"谈"形近而讹。（［清］孙诒让撰，梁运
> 华点校：《札迻》，中华书局，1989 年，第 1 版，第 28-29 页。）

此例校证《易是类谋》某氏注之文字，其中的"谈"字，著者认
为与"诫"的俗字"誡"相近而误，认为此处当作"诫"。

按，"诫"，《隶辨》作"誡"，嵩山太室石阙铭作"誡"，《龙龛手
鉴》："誡，正。诫，通。"说明古人不以其为俗字，著者这里似有以今律
古之嫌。

（19）《札迻》卷二 "《方言》郭璞注"：

> "其柄谓之矜"，注云："今字作槿，巨巾反。"又云"矜谓之
> 杖"注云："矛戟槿即杖也。"又云："抵拒刺也。"注云："皆矛戟之
> 槿，所以刺物者也。"（卷十二）案：诸"槿"字，卢校本并改作
> "穜"，钱从之。今考"穜"亦俗字，疑古即借"槿"为"矜"。《集
> 韵·十八谆》云："矜或作穜，通作槿。"《史记·秦始皇本纪》"锄
> 櫌棘矜"，裴氏《集解》引服虔云："以锄柄及棘作矛槿也。"（宋本
> 如是，卢、钱引亦改作"穜"。）《文选·吴都赋》刘逵注云："篾竹
> 大如戟槿。"戴凯之《竹谱》云："筋竹为矛，利称海表，槿仍其
> 干，刃即其杪。"字皆从木。疑六朝、唐人自作此字，不必改从
> "矛"也。（［清］孙诒让撰，梁运华点校：《札迻》，中华书局，1989
> 年，第 1 版，第 51、52 页。）

著者指出"穜"字为俗字，其演变途径是先以"槿"借作"矜"
字，然后变"槿"正"木"旁为"矛"，其产生时间是六朝、唐时。

按，《方言》卷九："矛，其柄谓之矜。"晋郭璞注："矜，今字作

蘿。"说明晋时已有此字。又《集韵·谆韵》:"矜,《说文》:'矛柄也。'或作蘿。"则"蘿"字或为改换声符而由"矜"变"蘿"。

第二节 分析俗字的产生方式

一、增加义符造字

(1)唐李济翁《资暇集》卷中"俗字":

> 俗字至伙,匆字已有二草在心,今或更加草,非也。因匆又记得趋走之"趋",今皆以多居走,非也。(音驰)"焦"下已有火,今复更加以一火,剩也。瓜果字皆不假,更有加草,瓜字已象剖形,明矣。俗字甚众,不可殚论。"([唐]李匡文撰,吴企明点校:《资暇集》,中华书局,2012年,第1版,第188页。)

著者指出俗字的一种形成方式,即给本已有义符之字另加义符,如"匆"变"蒭"、"趋"变"趋"、"焦"作"燋"、"瓜"作"苽"。

按,此即张涌泉先生所说的:"有的字本来已有表意的偏旁,但因隶定、楷化等原因,原有的义符不够显豁,俗书便再加上一个表意的偏旁,形成床上叠床、屋上架屋的现象。"[1]今按,"匆"作"蒭"是因为"匆"所从之"屮"隶变后象形程度降低,为增加表意性故加艹作"蒭"。"匆"作"趋"则是因为"刍"字在简帛文字中作"𣎴"(睡·秦174)、"𣎴"(睡·日甲76)等形,字形与"多"相类似,故误作"多",久而久之遂成俗字。"焦",小篆作"𤏽",从火隹声,或省声作"𤎅"。隶变后其下部所从之"火"作"灬",表意程度降低,故又加"火"作"燋"。"瓜"字小篆作"瓜",像瓜形,隶变后亦是象形程度降低,故加"艹"作"苽"以突出其表意特征。

(2)《学林》卷第九"暴":

> "暴"字日下"𣊫",今作日下恭为"暴"者,俗书也。暴音薄报切,疾也,猝也。又音蒲木切,日干也。所谓一日暴之,所谓春暴练,

---

① 张涌泉《汉语俗字研究》(修订本),商务印书馆,2010年,第47页。

所谓昼暴诸日，所谓暴其过恶，所谓九蒸九暴，所谓暴露其精神，所谓使二国暴骨，诸家音义，皆音作蒲木切者也。凡义当读音蒲木切者，不可移而读作薄报切，盖二义异也。又俗书有"曝"字，且暴上已有日矣，旁又加日，岂不赘哉！亦如莫字从日，而俗又加日而为暮；基字从土，而俗又加土而为墈；然字从火，而俗又加火为燃；冈字从山，而俗又加山为岗。凡此皆不可遵用者也。（［宋］王观国撰，田瑞娟点校：《学林》，中华书局，1988 年，第 1 版，第 286 页。）

（3）《履斋示儿编》卷二十二：

又有"暴"字之类者，上有"日"矣，旁又加"日"焉。类如"莫"之"暮"，"基"之"墈"，"然"之"燃"，"冈"之"岗"，凡此皆偏旁之赘者也。（［宋］孙奕撰，侯体健、况正兵点校：《履斋示儿编》，中华书局，2014 年，第 1 版，第 386 页。）

此二例论及"曝"及"暮""墈""燃""岗"等增旁俗字问题。例（2）主要辨正"暴"字的音义关系，同时指出，作"暴"者为俗字，作"曝"者更为俗鄙不堪。进而指出当下之暮、墈、燃、岗等增旁俗字均不可取。例（3）主要论证曝、暮、墈、燃、岗字，认为皆是偏旁之赘者。

按，段玉裁《说文解字注》："暴。晞也。《考工记》'昼暴诸日'，《孟子》'一日暴之'。引申为表暴、暴露之义。……而今隶一之，经典皆作'暴'，难于諟正。"认为隶变后"暴"字已经开始使用，难以更改。《广韵》："案《说文》作暴，疾有所趣也；又作暴，晞也。今通作暴。"《玉篇》《集韵》将"暴"看作"暴"的异体。《龙龛手鉴》更以"暴"为正字，说明其时"暴"已变为正字，可见所谓正字和俗字只是一个相对概念，随着时代的变化，二者的身份地位也会逐渐发生变化。清王筠《说文释例》曰："一时有一时之俗。许君所谓俗，秦篆之俗也。而秦篆即籀文之俗，籀文又即古文之俗。"[1]张涌泉指出："就具体的、单个的字来说，其正俗关系也会随着时代的变迁而发生变化。"[2]此例著者拘泥于《说文》，坚持认为"暴"是俗字，责之过甚。

至于"曝"，《玉篇》《广韵》《集韵》《龙龛手鉴》均将其当作俗字。按，"暴"之本义为晒，后俗书作"暴"，从字形上已看不出其本义，后又

① 张涌泉《汉语俗字研究》（修订本），商务印书馆，2010 年，第 4-5 页。
② 同上书，第 5 页。

引申为暴露义并且成为常用义，其本义则更不显。故为突出其本义表意特征，又增一"日"旁作"曝"字，此即增加形符产生之俗字。其余如"莫"之俗字作"暮"、"基"之俗字作"堪"、"然"之俗字作"燃"、"冈"之俗字作"岗"，皆是此类。

（4）《学林》卷第九"刀"：

> 许慎《说文》曰："刀，都高切，兵也。"《玉篇》曰："刀，都高切，兵也，所以割也；亦名钱，以其利于人也；亦名布，分布人闲也。又丁幺切。"引《庄子》曰："刀刀乎？""亦姓，俗作刁。"《广韵》曰："刀，都高切。"引《释名》曰："刀，到也，所以斩伐到其所也。"又"都聊切，军器"，引《篆文》曰："刀斗，持时铃。""又姓，出渤海。"引《风俗通》曰："齐大夫竖刀之后，俗作刁。"观国按，诸字书刀都高切，又音都聊切，一字而异音者也。于篆文则一而已，未有倒其笔为刁者。倒其笔为刁者，俗书也。《史记·货殖传》曰："齐俗贱奴虏，而刁闲独爱贵之。""故曰'宁爵毋刁'。"此乃用俗书刁字为姓，传至于今也。夫以俗书为姓，则于谱牒无所宗考矣。《河广》诗曰："谁谓河广，曾不容刀。"郑氏笺曰："小船曰刀。"按字书，舠，小船也。诗人从省文用刀字耳。《汉书》"李广不击刁斗自卫"，孟康注曰："刁斗，以铜作鐎，受一斗。昼炊饭食，夜击持行夜，名曰刁斗。"颜师古注曰："鐎音谯。"其说是也。军器，《篆文》以为铃，非也。（［宋］王观国撰，田瑞娟点校：《学林》，中华书局，1988 年，第 1 版，第 309 页。）

此例指出"刀"有多个音义，但在文字上篆文只有一种形体。而倒笔作"刁"者为俗字，这个俗字"刁"主要表姓氏义和刁斗义，刁斗为军器。此外，《诗经》"曾不用刀"之"刀"乃是"舠"之省文。

按，《史记·李将军列传》："不击刁斗以自卫，莫府省约文书籍事。"司马贞《索隐》："刀，音刁。"是其音刁说所本。《玉篇·刀部》："刀，亦姓。俗作刁。"与著者所引《广韵》说相合，可知以"刁"作姓氏乃是作为"刀"的俗字而产生。清顾炎武《日知录》："氏族之书所指秦汉以上者，大抵不可尽信……刀（刁）氏，《姓谱》以为齐大夫竖刀（刁）之后。胡三省曰：'竖刀安得有后？《汉书·货殖传》有刀间。'愚按，古书刀与貂通，齐襄王时有貂勃。"黄汝成《集释》引钱氏曰："刀有貂音，后别作刁。"因此"刀"作姓氏本为假借，故又作"貂"，其后专门造

"刁"分化之。刀、刁古音相同，段玉裁曰："按刀字本音豪韵之都牢切，中古萧韵及豪韵于上古同入诗韵宵部。"①

此外，著者云"刀"是"舠"省者，《诗·卫风·河广》陆德明《音义》曰："刀，字书作舠。"亦以"舠"为本字。按清黄生《字诂》："小船曰刀，字从舟省，会意，与刀斧之刀不同。此即赵古则所谓'双音并义，不为假借'也，《诗》'谁谓河广，曾不容刀'可证。后人加舟作舠，赘矣。"②因此"刀"本有小船义，后人加义符作"舠"遂成俗字，目的是为使其表意更为明确，正如黄承吉按语所说："古者制字以声为主义之大纲，而偏旁其逐事逐物分别记识之目。如舠字，以刀为声，即以为义。舟之小者如刀，如果上下文之辞义当属于舟，则但举刀字而即是见其为小舟，不必舟旁，故有舟旁而刀之属于舟更明，即无舟旁而观上句临文之'河广'，则下句'容刀'之属于舟也亦见。合乎此旨，则无所谓俗字与不俗字也，亦无所谓传写之误也。故凡古书通用之字，其或有偏旁，或无偏旁，或偏旁互换，而皆可通用者，义皆如此。持此以读古音，则凡一切声同字异之故，悉易喻矣。"③因此"刀"舟义非为"舠"之省，相反，"舠"反而是在"刀"基础上加"舟"而成，是"刀"的后起分化字。

（5）《札朴》卷第七"巾车"：

> 陶公《归去来辞》："或命巾车。"案：江文通《拟陶田居》诗："日暮柴巾车。"李善注云："归去来曰，或巾柴车。"郑玄《周礼》注曰："巾，犹衣也。"是李善本原作"或巾柴车"，后人改之。张景阳《七命》："尔乃巾云轩。"与"巾柴车"同。
>
> 《周礼》巾车，刘昌宗读去声，居欦切，俗作"𢂷"。《广韵》："𢂷，覆巾名。"《集韵》："𢂷，巾覆物也。"（［清］桂馥撰，赵智海点校：《札朴》，中华书局，1992 年，第 1 版，第 276 页。）

此例通过校证陶渊明《归去来辞》中之文字，指出"巾"字有作动词义者，这个意义俗作"𢂷"。

按，著者之说大体可从，只是对"𢂷"字的身份认证不敢苟同。著者以"𢂷"为"巾"之俗字，不符合当时的文字事实。"𢂷"字产生时间较晚，《篆隶万象名义》中有"𢂷"，当是南北朝时期产生。然检诸字书，

---

① 《广韵·萧韵》"刁"字下段玉裁校。
② ［清］黄生撰、黄承吉合按《字诂义府合按》，中华书局，1984 年，第 1 页。
③ 同上书，第 1—2 页。

如《玉篇》《广韵》《集韵》《类篇》《字汇》《正字通》等，均只是对其注音、释义，未有称其为俗字者。由此可见，"抽"在当时未当作俗字处理。

（6）《札朴》卷第七"掺"：

> 《后汉·祢衡传》："衡方为《渔阳》参挝。"章怀注云："参挝是击鼓之法。"而王僧儒诗云："散度《广陵》音，参写《渔阳》曲。"自音云："参，七绀反。"读参字音为去声，不知何所凭也。杨氏《谈苑》："徐锴仕江左，领集贤学士校秘书。时吴淑为校理，古乐府中有'掺'字者，淑多改为'操'，盖章草之变。锴曰：'非可一例，若《渔阳》掺者，音七监反，三挝鼓也。'祢衡作《渔阳》掺挝，古歌词云：'边城晏闻《渔阳》掺，黄尘萧萧白日暗。'淑叹服。"馥案，庾信诗："声烦《广陵散》，杵急《渔阳》掺。"李颀诗："忽然更作《渔阳》掺，黄云萧条白日暗。"李商隐诗："欲问《渔阳》掺，时无祢正平。"又云："必投潘岳果，谁掺祢衡挝。"苏轼诗："幅巾起作鸲鹆舞，叠鼓谁掺《渔阳》挝。"宋祁诗："波生客浦扬舲远，润遍《渔阳》挝参迟。"又云："征鼙曲曲《渔阳》掺，后乘人人邺下才。"《广韵》："参，七绀切，参鼓。"馥谓本作"参"，俗加手旁。（〔清〕桂馥撰，赵智海点校：《札朴》，中华书局，1992年，第1版，第297页。）

此例本为考证鼓曲名《渔阳掺》之"掺"字的音读问题，著者指出"参"是本字，"掺"是后人加"扌"而形成的俗字。

按，此例问题同例（5），仍是将古今分化字当作正俗字处理。"掺"字《玉篇》《广韵》《集韵》《类篇》等均不作俗字处理，《龙龛手鉴》："摻，俗；撍掺，二今。"以"摻"为俗字、"撍""掺"为今字，即当时流行的写法，进一步说明古人未将其当作俗字处理。

二、删减笔画造字

汉字发展的趋势是简便易识，因此减少笔画一直是汉字发展的主要特征，"文字是记录和传达语言的书写符号，为了便捷有效地记录语言以利于交际，字形省简变成了古今文字演变的主流"①。这一特点在俗字中

---

① 张涌泉《汉语俗字研究》（修订本），商务印书馆，2010年，第73页。

更为常见。

(7)《履斋示儿编》卷二十二:

> 又如"顧"之"顾","霸"之"霸","喬"之"髙","獻"之
> "献","國"之"国","廟"之"庿","亂"之"乱","殺"之
> "煞","趨"之"趍","虧"之"虧",錢之"夂","齊"之"斉",
> "齋"之"斋","學"之"斈","臺"之"臺","寶"之"宝",
> "驅"之"駈","棲"之"栖","甕"之"瓮","兔"之"兎",
> "遲"之"遟","著"之"着","槀"之"栗","繩"之"繩",
> "飯"之"飰","備"之"俻","豬"之"猪","鄒"之"邹",
> "若"之"若","肅"之"肅","襄"之"襄","繼"之"継",
> "斷"之"断","嬭"之"妳","獼"之"狝","診"之"訪",
> "珍"之"珎","參"之"叅","泰"之"泰","恭"之"恭",
> "醉"之"醉",凡此皆俗书也。([宋]孙奕撰,侯体健、况正兵点
> 校:《履斋示儿编》,中华书局,2014年,第1版,第385-386页。)

此例列举了大量当时社会生活中习见之俗字,其中部分文字为省简
构件和偏旁而构成之俗字。如"顧"之"顾"、"虧"之"虧"、"齊"之
"斉"等;部分文字为更换笔画简略之构件而构成,如"霸"之"霸"、
"獻"之"献"、"驅"之"駈"等;部分为减少构件和笔画而构成,如
"寶"之"宝"、"泰"之"泰","恭"之"恭"。总之,简化手段丰富多
端,是汉语俗字研究的重要依据。

(8)《札朴》卷第七"辟姓":

> 《广韵》:"辟,姓也,汉有辟子方。"黄小松司马拓示《北魏造
> 像题名》有薜姓,始知"辟"当为"薜",俗趋约易省艹耳。([清]
> 桂馥撰,赵智海点校:《札朴》,中华书局,1992年,第1版,第
> 300页。)

此例指出作姓氏之"辟"乃为"薜"字省减偏旁而成之俗字,并认
为其原因在于"趋约易省"。

按,此说难成立。《通志氏族略五》云:"辟氏,《左传》有辟司徒。
《汉书》富人辟子方。"因此亦作"辟"。且"辟""薜"读音相差甚远,字
典辞书中未有二者通用假借例,所以不当是"薜"之省简。

三、书体近似而讹变生字

（9）《学林》卷第十"尒㢲"：

> 许慎《说文》曰："爾，儿氏切，丽爾也。""㢲，词之必然也。"《广韵》曰："爾，汝也，义与㢲同。"然则"㢲"者乃"爾"字之首也，后世既书"爾"为"爾"而平其首，又改"㢲"为"尔"，是俗书也。姓有㢲朱氏、㢲绵氏，只用"㢲"字，盖得姓之始用㢲字，固不可变"㢲"为"爾"也。后世俗书乃作"尔"字，故书"彌"为"弥"，书"孄"为"妳"，书"禰"为"祢"，书"獼"为"狝"，皆非字法也。而俗书"彡"字亦作"尔"，如书"珍"为"珎"，书"轸"为"軏"，书"诊"为"詏"，书"参"为"叁"之类，皆因草书"彡"字为"尔"形，故隶书亦从而变之，然失字法益远矣。《说文》曰："彡，稠发也。"引诗"彡髪如云"，亦作鬒。而今世所传毛公《诗•君子偕老》篇曰："鬒发如云。"毛公训曰："鬒，黑发也。"盖黑者色也，与稠义不同，既曰"彡，稠髪"，又曰"鬒，黑发"，则"彡"与"鬒"异训矣。然则许慎所引《诗》，当是别本诗作"彡"字，而《毛公诗》作"鬒"字。彡、鬒二字虽通用，而训释者不当有二义也。（［宋］王观国撰，田瑞娟点校：《学林》，中华书局，1988 年，第 1 版，第 341 页。）

此例指出"㢲"字即"爾"字上半部之俗，字作"㢲"，又变"㢲"为"尔"，导致从"㢲"之字皆作从"尔"，是不符合字法的行为。"彡"之俗写亦作"尔"，因为"彡"字草书与"尔"形近，故又导致从"彡"之字亦作从"尔"。

按，曾良《俗字及古籍文字通例研究》中"'尔''彡'相通例"曰："'尔''彡'二字旁通，……'尔'实际是'㢲'的简省。"[1]并以敦煌文献中"珎"作"珍"等例为证。[2]今按，"珍"草书作 **弥**（隋•智永《千字文》）、**弥**（唐•怀素《小草千字文》），与"珎"相同，亦可证草书"彡"正作"尔"，著者所说可从。

① 曾良《俗字及古籍文字通例研究》，百花洲文艺出版社，2006 年，第 78 页。
② 同上书，第 79 页。

（10）《学林》卷第九"趣趋"：

> ……而世多以"趣"为"趋"者，误也。又俗书"趣"为
> "趋"，盖惮点画之多而变"芻"为"刍"。又如变"鄹"为"邹"，
> 变"驺"为"驺"，变"鶵"为"鸠"，如此类无意义，不可循袭。
> （〔宋〕王观国撰，田瑞娟点校：《学林》，中华书局，1988 年，第 1
> 版，第 309 页。）

著者指出"趣"之俗字作"趋"，"芻"之俗字作"刍"。按，"芻"
之简帛文字有作""（睡·24）、""（老子·甲101）者，与"多"形
近，隶书中"芻"亦有作""（马王堆汉墓帛书）者，则"趣"俗字作
"趋"或为隶变之结果。而"芻"之俗字作"刍"乃因"芻"之异体有作
""者①，行文时上部使用重文符号"々"，故变作"刍"。由此类推则
"鄹"变作"邹"、"驺"变"驺"、"鶵"变"鸠"。

（11）《学林》卷第十"称秤"：

> 许慎《说文》"称"字分平声、去声两音，而无"秤"字。《广
> 韵》平声"称"字处陵切，知轻重也；去声"称"字昌证切，铨度
> 也，俗作"秤"。观国按，《礼记·月令》曰："同度量，钧衡石，角
> 斗甬，正权概。"郑氏注曰："称上曰衡。""称锤曰权。"《前汉·律
> 历志》曰："权者铢、两、钧、斤、石也。"孟康注曰："称之数始于
> 铢，终于石。"以此观之，则两汉止用称字，未用俗书秤字也。用俗
> 书秤字，其晋、魏以下乎？杜子美《寄刘峡州》诗曰："家声同令
> 闻，时论以儒称。"又曰："姹女萦新里，丹砂冷旧秤。"盖称、秤乃
> 一字也，一篇诗中押称、秤二字，不可也。虽然，俗书秤字，盖生
> 于草书称字，按草书法再字与草书平字相类，因而讹书作秤也。字
> 因草书而讹变其体者甚多，不特此也。（〔宋〕王观国撰，田瑞娟点
> 校：《学林》，中华书局，1988 年，第 1 版，第 322 页。）

此例辨正"称"之音义，指出"称"作动词义解时读去声，俗字作
"秤"。其产生年代大约在魏晋时期，产生原因在于"称"之右半部"再"
与"平"之草书相似，故俗书"称"作"秤"。

---

① 〔清〕毕沅《经典文字辨证书》，商务印书馆，1937 年，第 4 页。

按，《干禄字书》："秤称，上俗下正。"《广韵》云"称"俗作"秤"。均以"秤"为俗。"称"字草书作""（唐怀素《千字文》），"平"字草书作""（晋·王羲之《远宦帖》），故"称"易讹作"秤"，此说可从。

（12）《学林》卷十"盼眄盻"：

> "盼""眄""盻"三字三音，偏旁不同，义亦不同。"盼"从分，普苋切，字书曰："黑白分也。"《诗》所谓"美目盼兮"是已。"眄"从丏，音面，字书曰："斜视也。"《列子》所谓"使得夫子一眄。"邹阳书所谓"莫不按剑相眄"是已。"盻"从兮，音睨，字书曰："恨视也。"《孟子》所谓"使民盻盻然，将终岁勤动，不得以养其父母"是已。三字音义虽异，而偏旁易于相乱，故世俗多误书，当书"盼"或误为"眄"，当书"眄"或误为"盻"。左太冲《咏史》诗曰："左眄澄江湘，右盼定羌湖。"其用"眄"与"盼"，不相混也，俗自易于混疑耳。世言"顾眄"，谓斜视也，而多误写为"顾盼"。袁彦伯《三国名臣赞》曰："六合纷纭，民心将变。鸟择高梧，臣须顾眄。"杜子美《石砚》诗曰："公含起草姿，不远明光殿。致乎丹青地，知汝随顾眄。"盖于义则有"顾眄"而无"顾盼"，古之文士未尝误用也，世俗多误读"顾眄"为"顾盼"耳。世俗虽误读，然文士不可误读也。（[宋]王观国撰，田瑞娟点校：《学林》，中华书局，1988年，第1版，第328页。）

此例指出"盼""眄""盻"三字形音义俱不相同，然世俗却多有混用者。按，段玉裁《说文解字注》"盼"字下云："按盼、眄、盻三字形近，多互讹。不可不正。"曾良先生认为致误的原因在于"眄"字俗书作"盻"，从而造成三者字形相近而互讹。[①]今按，"盼"之隶书亦有作""（齐董洪达造象）[②]者，此又与"眄""盻"形近。

（13）《双砚斋笔记》卷四：

> 自篆变为隶，六书之恉毁裂殆尽，加以谶纬之附会，谣谚之俚俗，如劉从金刀，卯声，卯古酉字，而曰卯金刀。董从艹从童，亦作董，从重，重从壬，东声，而曰千里草，皆无稽之甚。其尤可笑

---

① 曾良《俗字及古字文字整理通例》，百花洲文艺出版社，2006年，第146页。

② 秦公《碑别字新编》，文物出版社，1985年，第99页。

者，乐府云："藁砧今何在，山上复有山。"则以出为二山亦。王濬梦悬三刀于梁上，须臾又益一刀，李毅解之以为益州，则以州为三刀矣。此与"马头人为长"，"人持十为斗"何以异？（［清］邓廷桢著，冯惠民点校：《双砚斋笔记》，中华书局，1987 年，第 1 版，第 256-257 页。）

　　著者指出隶变之后汉字字形演变导致民间对一些字所做的"俗释"，即用民间通俗的说法对汉字做出的解释。如"刘"字本从金、刀，丣声，"丣"乃古文"酉"字，隶变后与"卯"字形相近，故曰"卯金刀"。又"董"字本从艹、童声，或从"重"作"蕫"。"重"从"壬"，而世俗却谓"董"为"千里草"三字，将"重"拆分做从"千"、从"里"者。更有释"出"为从"二山"者；释"州"为"三刀"者，皆鄙俗不堪，失去古书构字之旨意。

　　按，"刘"古文今字均从金、刀、卯，所谓"酉"之古文作"丣"者不可信。《说文》古文"酉"作"丣"，与"卯"相似，当即著者所本。然今考"酉"之古文字形，甲骨文作"𢍺"（合集 19557）、金文作"曺"（集成 5413）、战国楚简作"𢍺"（包 2.68），小篆作"酉"，均为酒樽之形，未有作"丣"者。郭沫若曰："此字篆形与古文无大别，古文变体颇多，然大体……乃壶尊之象也。""其从'卯'作'丣'之古文迄未有见。""刘"字篆书作"劉"①，与隶书相同，均为从金、刀、卯形，所谓的"俗说"其实不误。

　　"董"，《说文》："鼎蕫也。从艹、童声。"段玉裁注曰："亦作董。古童重通用。"重，篆文作"䢔"，从壬、东声。隶变作"重"，已看不出其形符和声符，故世俗以千、里解"重"，以"千里草"释董。

　　又"出"字，小篆作"屮"，《说文》："出，进也，象草木益滋上出达也。"隶变后作"出"，像两"山"字，故曰"山上复有山"。"州"字小篆作"𢇈"，像水中有陆地之形，《说文·川部》："州，水中可居曰周。周绕其旁，从重川。昔尧遭洪水，民居水中高土，或曰九州。"隶变后书作"𢇈"（北海相景君铭），像三把刀之形，故以"三刀"作"州"。桂馥《札朴》卷三云："《晋书·王濬传》：'三刀为州字。'州本不从刀，因班辨从刀，隶作刂，似州之半体，故谓州为三刀。慕容详时童谣云：'八井三刀卒起

---

①《说文》无"刘"有"镏"，徐锴疑《说文》"镏"即"刘"字。季旭升认为"卯"是"刘"的本字，甲骨文多见，后增"田"、增"金"作"镏"，作姓氏又变作"刘"。

来。'议者谓魏师盛于冀州。此亦以三刀为州。"因此"州"本不从刀，然而因为"班""辨"之中间部分"刂"隶变后"刂"，受此影响故州亦类推作"三刀"。著者认为这些都是无稽之谈，其真实原因在于古今字形之变化，后人难以从当时之字体看出造字之本义，故据当时之俗体而为之说，以达到解释字义的目的。

四、变换结构造字

（14）《学林》卷第九"稾槁"：

> 字书"稾"从高从禾，谓禾秆也，草觕也。"槁"从高从木，谓药名，槀本也，亦枯槀也。《周礼》，封人共其水稾。《禹贡》，三百里纳秸。孔安国曰："秸，稾也。"又蛮夷邸馆谓之稾街，撰文起草谓之草稾，凡此皆从禾者也。其从木者，许慎《说文》有槀字，故《周礼》有槁人，《礼记》曰"止如槀木"，而后世移其木于旁为槁。按《周易•说卦》"离为科上槁"，《孟子》曰"旱则苗槁矣"，此槁字乃变古文后用之也。又有于"稾"字上加"艹"字为"藁"者，《广韵》以为俗字，固不可用也。"稾"下从木者又音犒，《尚书•舜典》曰"作《九共》九篇，《稾饫》"是也。《周礼•地官》有槁人，亦音犒，盖槁人掌共内外朝冗食，则音犒是也，其字不用稾而用槁，亦变古文为隶者改之也。（［宋］王观国撰，田瑞娟点校：《学林》，中华书局，1988 年，第 1 版，第 289 页。）

此例首先辨析"稾"和"槁"之形义，其次指出"稾"字有作"槁"者，是隶变的结果；又有加"艹"作"藁"者，为俗字。

按，"稾"作"槁"，此即汉语中通过改移偏旁结构而产生俗字的方法。"稾"本为上下结构，俗字则改作左右结构。"稾"作"藁"则如上文所说，乃是增加形符而产生之俗字，增加形符使文字表意更加明确，同时还可与"稾"相区别，起到区分形近字的作用。

五、合文造字

所谓"合文"，主要指合并两个或三个汉字为一个汉字的造字法，合文的文字形体是一样的，但是读音上是两个或三个读音。学术笔记中有关合文造字的研究主要集中在几个数字上，如：

（15）《履斋示儿编》卷二十二：

　　《小说》云："'皕'音祕，二百为'皕'。'廿'音入，二十为'廿'。'卅'先合切，三十为'卅'。'卌'先入切，四十为'卌'。"（[宋]孙奕撰，侯体健、况正兵点校：《履斋示儿编》，中华书局，2014年，第1版，第383页。）

（16）《容斋随笔》卷第五："廿卅卌字"：

　　今人书二十字为廿，三十字为卅，四十为卌，皆《说文》本字也。廿音入，二十并也。卅音先合反，三十之省便，古文也。卌音先立反，数名，今直以为四十字。按秦始皇凡刻石颂德之辞，皆四字一句。《泰山辞》曰："皇帝临位，二十有六年。"《琅邪台颂》曰："维二十六年，皇帝作始。"《之罘颂》曰："维二十九年，时在中春。"《东观颂》曰："维二十九年，皇帝春游。"《会稽颂》曰："德惠修长，三十有七年。"此《史记》所载，每称年者，辄五字一句。尝得《泰山辞》石本，乃书为"廿有六年"，想其余皆如是，而太史公误易之，或后人传写之讹耳，其实四字句也。（[宋]洪迈撰，孔凡礼点校：《容斋随笔》，中华书局，2005年，第1版，第69-70页。）

　　此二例讨论"皕""廿""卅""卌"四个数字合文的问题。例（15）援引他文指出"皕"本音秘，合文作"二百"；"廿"本音念，合文作"二十"；"卅"音先合切，合音作"三十"；"卌"音先入切，合音作"四十"。例（16）指出"廿"音念、"卅"音先合切、"卌"音先立反者均为古字，后人合文作数字用。并就秦始皇刻石中之数字予以考证，认为《史记》引秦始皇刻石文字乃是误写，据其石刻当作合文。

　　按，《说文》："皕，二百也。凡皕之属皆从皕。读若秘。""廿，二十并也。""卅，三十并也。"此即其古文音义。郭沫若指出："十之倍数，古文则多合书。"其说甚是。今出土文献如《睡虎地秦墓竹简·法律问答》曰："不盈六百六十到二百廿钱，黥为城旦。"又曰："甲告乙盗直……其卅不审，问甲当论不当？"是其用例。

　　例（16）著者认为这些合文都是古字，每字一音。然张涌泉先生认为其说有误，"'廿''卅''卌'等原本应是'二十''三十''四十'的合文，应读作两个音节。秦石刻'二十''三十'作'廿''卅'只是为了字数上的齐整，而不见得当时已读作一个音节。相反《史记》把'廿''卅'改写作'二十''三十'，却说明在司马迁那个时代'廿''卅'仍应作两个音节读。从敦煌写本的用例来看，似乎唐代前后上述合文仍是二字二音。"①按，清席世昌《席氏读说文记》："宋人题开业寺碑有'念五日'字。亭林曰：'以廿为念，始见于此。'"又唐丘光庭《兼明书》卷五："吴主之女名二十，而江南人呼二十为念，而北人不为之避也。"说明"廿"作一音节读盖从唐时已有之。

六、同音假借改造俗字

（17）《瓮牖闲评》卷一：

> 萬者，蝎也；万者，十千也。二字之义全别。"萬"字不可为"万"字，犹"万"字之不可为"萬"字焉。惟钱谷之数，则惧有改移，故"万"字须着借为"萬"字，盖出于不得已，初无他义也。其余"万"字既不惧改移，则安用借为哉。余尝观《左氏传》云"公以金仆姑射南宫长萬"，又云"宋萬弑闵公于蒙泽"，恐是其地名"萬"，须着用如此写。若"毕萬之后必大"，本是此"万"字，误借为"萬"。何以知之，卜偃曰："毕萬之后必大，萬，盈数也。"苟非此万字，何为有盈数之言。以至《诗》《书》中如"萬邦为宪""无以尔萬方""萬福攸同""萬民是若"，用"万"字处甚多，皆误借为"萬"字耳。如以"万"可借为"萬"字，则"四方"亦可借为"肆方"，"五行"亦可借为"伍行"乎？以是推之，二字之义不可以借，昭然矣。（［宋］袁文撰，李伟国点校：《瓮牖闲评》，中华书局，2007年，第1版，第35页。）

著者认为"萬""万"本是不同之字，"万"表数字，借"萬"为之乃是因为"万"字笔画数较少，记录钱谷之时易被改移，故以笔画数较多之"萬"字来替代。但其余表数字之"万"则不宜全部借作"萬"，著者认为这是一种错误的用字方法。

按，"萬"，《说文》："虫也。"段玉裁注："假借为十千数名。而十千无正字。遂久假不归。学者昧其本义矣。唐人十千作萬。故《广韵》萬与

---

① 张涌泉《汉语俗字研究》（修订本），商务印书馆，2010年，第120页。

万别。从屮，象形。"因此"萬"表数字实为假借，是文字的俗用。"萬"表数字，据今所见文献，在《诗经》《尚书》中已多见，《尚书·冏命》："下民祇若。萬邦咸休。"《诗·大雅·文王》："仪刑文王。萬邦作孚。"宋本《玉篇》作："万，俗萬字，十千也。"是以不能辨别其假借的身份，反误以"万"为"萬"的假借。

（18）《学林》卷第十"薀"：

> 许慎《说文》曰："薀，积也，于粉切。"《玉篇》曰："薀，藏也，积也，聚也，蓄也。"《广韵》曰："薀，藏也，俗作蕴。"引《春秋》"薀利生孽"。观国按，《春秋》隐公三年《左氏传》曰："苹蘩，薀藻之菜。"杜预注曰："薀藻，聚藻也。"又六年《传》曰："见恶如农夫之务去草焉，芟夷薀崇之，绝其根本。"杜预注曰："薀，积也。"又襄公十一年《左氏传》曰："凡我同盟，毋薀年。"杜预注曰："薀，积也。"盖皆从温之薀，则知蕴为俗书矣。薀又音于问切，《史记·酷吏·义纵传》曰："敢行，少蕴藉。"《前汉·义纵传》曰："敢往，少温藉。"颜师古注曰："少温藉，言无所含容也。"又《马官传·赞》曰："服儒衣冠，传先王语，其酝藉可也。"颜师古注曰："酝藉，如酝酿及荐藉，道其宽博重厚也。"《唐书·李林甫传》曰："兵部侍郎卢绚按辔绝道去，帝爱其酝藉。"凡此或用薀字，或用温字，或用酝字，皆读为于问切，有含蓄重厚之意。古人多假借用字，故薀、温、酝三字虽不同，而其义皆同于薀，以此知训酝为酝酿者，非也。《易》曰："《乾》《坤》其易之缊耶？"韩康伯注曰："缊，渊奥也。"按字书，缊，枲也，絮也，绵也，乱也，与《易》意不合，盖亦当用薀字，易省文用缊字耳。所谓渊奥，亦含蓄之异称也。《云汉》诗曰："旱既太甚，蕴隆虫虫。"《毛氏传》曰："蕴蕴而暑。"《史记·义纵传》用蕴藉，皆用俗书蕴字者，盖变古文为隶，变隶文为今文，书史中字多失其原，不足怪也。《南史》，王蕴，字彦深，以俗书为名，尤不可。（［宋］王观国撰，田瑞娟点校：《学林》，中华书局，1988年，第1版，第346、347页。）

此例指出表积、藏义及含蓄厚重义之字当作"薀"，作"蕴""温""酝"者为假借用字。用"蕴"是俗字、"温"是省文。而经典使用俗字的原因在于隶变导致文字失去其本义。

按，以"蕴"为"薀"之俗字，见《广韵》："薀，藏也。《说文》曰：'积也。《春秋传》曰：薀利生孽。'俗作蕴。"以"温"为"薀"是假借，朱骏声《说文通训定声•屯部》："温，假借为薀。"梁启雄《荀子简释》引郝懿行说曰："温，与薀同。薀者，积也。温，假借字耳。"《诗•小宛》"饮酒温克"，孔颖达疏引舒瑗曰："包裹曰蕴，谓蕴藉自持，含容之义。经中作'温'者，盖古字通用。"

（19）《札朴》卷第三"涎"：

> 《说文》："次，慕欲口液也，俗作涎。"贾谊《书》："垂涎相告。"又作"唌"。《文选•江赋》："喷浪飞唌。"案："涎""次"声近。张平子《东京赋》："乃羡公侯卿士，登自东涂。"薛综注："羡，延也。"《周礼》："璧羡以起度。"郑司农云："羡，长也。"《史记•卫世家》："共伯入厘侯羡自杀。"《索隐》云："羡音延。"（［清］桂馥撰，赵智海点校：《札朴》，中华书局，1992 年，第 1 版，第 127 页。）

此例首先援引《说文》指出"次"之俗字作"涎"，同时著者指出"涎"亦作"唌"。其次，提出"次"与"涎"之声近，并举例以论证之。

按，《说文》："次，慕欲口液也。从欠、从水。"徐锴曰："今讹俗作涎。"因此称"涎"为俗字者乃出自徐锴《系传》而非《说文》本文。段玉裁注："俗作涎。郭注《尔雅》作唌。"其俗字及异体字之说当本此。

七、类推造字

（20）《瓮牖闲评》卷一：

> 《春秋》书螽只曰螽，《诗》以《螽斯》名篇犹是借本诗之二字，其间往往有如此者，岂可云言若螽斯！"斯"乃是助辞，与"苑彼柳斯""蓼彼萧斯"之"斯"同，此序《诗》者之失也，遂使后世竟以"鬐"为"鬐斯"而不悟。如扬子云《法言》云："频频之党，甚于鬐斯"者，皆《诗序》有以启之尔。又《法言》于"鬐鹠"，"斯"字复添一"鸟"字，不知何义，遂使《唐韵》"斯"字门复添一"鹴"字，云"此鬐鹴之鹴"。若斯字可添一鸟，则"柳斯""萧斯"当复添何字？殊可笑也。只恐是后人误添尔，若子云自作此

字，则当时问者又何以从其奇字耶！（［宋］袁文撰，李伟国点校：《瓮牖闲评》，中华书局，2007年，第1版，第35、36页。）

著者根据经典用字特点指出《春秋》书"螽"只作"螽"，"螽斯"本为《诗经》中之正文内容。《诗·序》引其作篇名为《螽斯》，"斯"乃语气词本无实词义，而后世竟作"鸶斯"，后又加"鸟"作"鸶鹛"，遂愈失其本义。

按，"鸶斯"作"鸶鹛"为俗字产生过程中类推的结果，因后人不明"斯"为虚词，故受"鸶"之影响，于"斯"字亦加一"鸟"旁以成其字。《尔雅》"鸶斯，鸭鹛"，陆德明《音义》曰："'斯'是诗人协句之言，后人因将添此字也，而俗本遂'斯'旁作'鸟'，谬甚。"

（21）《札朴》卷第八"骊骧将军印"：

> 余在洛阳得古铜印，涂金，龟钮，文曰："骊骧将军章。"德州封氏有北魏《高湛墓志》石刻，亦作"骊骧"。六朝文字好增加偏旁，无他义也。（［清］桂馥撰，赵智海点校：《札朴》，中华书局，1992年，第1版，第316页。）

此例指出"骊骧"乃增旁之俗字。按，"骊骧"本当作"龙襄"，为昂举腾跃貌。"襄"有举义，《汉书·叙传下》："云起龙襄，化为侯王，割有齐楚，跨制淮梁。"颜师古注："襄，举也。""龙襄"为状中结构，即像龙一样腾起。之后用来形容骏马，故加"马"旁作"龙骧"，如唐杨巨源《观打球有作》诗："亲扫球场如砥平，龙骧骤马晓光晴。"唐杜牧《题安崇西平王宅太尉愬院六韵》："半夜龙骧去，中原虎穴空。"最后"龙"受"骧"类化之影响，亦增加义符"马"作"骊"，遂成今之"骊骧"。

八、因避讳而改造俗字

（22）《学林》卷第十"参"：

> 草书法，枭字与参字同形，故晋人书操字皆作掺，今法帖碑本中王操之书皆作掺之，殊不知掺字乃音所咸切，又音所灭切。《诗》曰："掺掺女手"是也。后汉祢衡为《渔阳》参挝。参音七绀切，参挝者，击鼓也。文士用"参挝"字，或用为"掺"，或用为"傪"，皆读七绀切，盖假借也。徐锴博学多识，时有修字官，凡字有从参

者，悉改从枭，锴曰："非可以一例，如《渔阳参》'黄尘萧萧白日暗'，则从参者，固不可改枭也。"众皆服其说。古人草书缲字作縿字，盖缲音骚，乃绎茧为丝者；縿音杉，乃旌旗之斿也。又草书澡字作渗字，盖澡音早，而渗音所禁切也。又草书趮字作趁字，盖趮字音躁，而趁字音骖也。若据草书而改变隶体，则碍矣。又如草书方字类才字，故於字改为扵，遊字改为遊。又草书鑾字为米，故斷字为断，繼字改为继，如此类甚多，皆非法也。（［宋］王观国撰，田瑞娟点校：《学林》，中华书局，1988年，第1版，第320-321页。）

著者指出草书"枭"与"参"同形，故晋人书"操"字皆作"掺"，且举徐锴帮助校书时认为不可据此而将所有从"参"之字回改作"枭"为例。并指出草书从"枭"者改从"参"者，亦有语音上的联系。

按，张涌泉先生《汉语俗字研究》第90页下脚注云："叶爱国先生赐示，谓'操'字作'掺'乃魏晋之际避曹操讳而改，甚是。清马瑞辰《毛诗传笺通释》卷八云：'魏晋间避武帝讳，凡从枭之字多改为参。'"[1] 其说是，王研坤《历代避讳字汇典》曰："操，三国魏文帝曹丕，父追尊太祖武皇帝名操。避正讳'操'。……又避诸'枭'字。"亦举马瑞辰说证。这种避讳亦是俗字产生的原因之一。

九、因个人书写习惯生造俗字

（23）《十驾斋养新录》卷四"宋时俗字"：

《石林燕语》："王荆公押'石'字，初横一画，左引脚，中为一圈。公性急，作圈多不圆，往往㝗圖，而收横画又多带过，常有密议公押'歹'字者。"（［清］钱大昕著，杨勇军整理：《十驾斋养新录》，上海书店出版社，2011年，第1版，第79页。）

此例指出因王安石个人之书写习惯，而将"石"字写成类似"歹"者，此为因书写者个人习惯而造成的俗字。

---

[1] 张涌泉《汉语俗字研究》（增订本），商务印书馆，2010年，第90页。

第三节　学术笔记俗字问题辨考

一、敕

（1）《学林》卷第九"敕"：

　　"敕"字亦作"勑"，此"诏敕"之字"敕"，不若"勑"之从"力"，则顺于行草书而美看，故古今写"敕"字，惟用从"力"之"勑"。然世俗写"束"字、"来"字，并作"来"形，如"枣"字作"棶"，"莱"字作"莱"之类是也。写"勑"为"勑"者，盖俗书变"束"为"来"也，而楷书不察其由，遂直书"来"字作"勑"，则误矣。许氏《说文》，《玉篇》《广韵》"勑"字皆音"赉"，无他音。惟《集韵》"来"字韵中有"勑"字，又于"敕"字下收"勑"字，注曰："相承用作敕字。"盖言相承用，则元非敕字，世俗自妄用之耳。《集韵》本朝所修，当明言用"勑"字之非，而不能决判，反有相承用之说，《集韵》误矣，其实"勑"字止音"来""赉"二音，非敕字也。《前汉·成帝纪》："申敕有司，以渐禁之。"又《食货志》曰："屡敕有司，以农为务。"又《元后传》曰："敕令亲属引领以避丁、傅。"《南史·梁元帝纪》："帝敕有司，即日取数千万钱。"又《周兴嗣传》曰："武帝以三桥旧宅为光宅寺，敕兴嗣与陆倕各制寺碑。"《唐书·韦温传》曰："后敕温尽总内外兵守省中。"《韦庶人传》曰："墨敕斜封出矣。"《刘幽求传》曰："号令诏敕一出其手。"史家多用"敕"字，盖知"勑"字之非也，惟《后汉书》并用"勑"字，盖范蔚宗商榷未至耳。（[宋]王观国撰，田瑞娟点校：《学林》，中华书局，1988年，第1版，第279、280页。）

　　著者指出"敕"字作从"力"之"勑"字乃出于行草书美观的原因。"勑"作"勑"者乃是因俗书"束"与"来"形近，故"勑"字因俗书形近而变作"勑"，《集韵》于"来"韵及"敕"字下两收"勑"字，当明言"勑"作"敕"者为非。宋袁文亦有相关论述，《瓮牖闲评》卷四：

　　　　《匡谬正俗》云：卫夫人则有"勑写《就章》，随学规历"之谬。"勑"当作"敕"，"敕"字从"束"从"文"，不从"来"从"力"。

"勑"字乃是变体书，犹可用也。至于"勅"字，则与"赉"字同，岂可谓之"敕"字，然《集韵》诸书中"敕"字有作"勅"字者，其误为甚矣。石正源作为此书，正当别白而详言之，其见亦复如此，抑可谓承其误也。"敕"字从"束"。或从"来"者，乃"束"之变体耳。与《汉书·东方朔传》以"橐"作"来来"者同。从"来"字，而加"力"则为"赉"字矣。尝观丁度作《集韵》，入"勅"字在"敕"门中，又陈文惠公写《天庆碑》作"勅"字，已不可晓，而王荆公作《字说》，至详悉矣。敕字仍作来字解，何也，夫字之难辨者至多，而又为人所变，遂失古人之体。（［宋］袁文撰，李伟国点校：《瓮牖闲评》，中华书局，2007年，第1版，第68页。）

袁文亦认为"勑"与"勅"本不相同，而《集韵》则混而为一，其原因就在于"束"之变体为"来"，"束""来"不分的结果就是"勑""勅"混同无别。清人宋翔凤亦有是论，《过庭录》卷二"周易考异上"：

（噬嗑）"明罚勑法"，《音义》："勑，耻力反，此俗字也。《字林》作勅。郑云：'勑，犹理也。'"案：勑非俗字，《说文》十三篇下："勑，劳也。从力，来声。"则勑是劳来之正字也。勅字《说文》无，当作"敕"。（［清］宋翔凤撰，梁运华点校：《过庭录》，中华书局，1986年，第1版，第26-27页。）

宋翔凤认为"勑"本非俗字，其本义为劳来之来，"勅"字当作"敕"。桂馥亦有相关论述，《札朴》卷第五"敕"：

《释诂》："敕，劳也。"郭注："伦理事务以相约敕亦为劳。"馥案："敕"，当为"勑"。《说文》："勑，劳也。"隶体"勑"多作"勅"，此又以"敕"为"勑"。
《易·噬嗑》："先王以明罚勑法。"《释文》："勑，俗字也。"《字林》作"敕"。《书》："勑天之命。"《诗》："嗟嗟臣工。"《传》云："嗟嗟，勑之也。"《周礼》："诏来瞽皋舞。"先郑云："来，敕也。"汉韩勑字叔节，程勑字伯严，并借"勅"为"敕"。（［清］桂馥撰，赵智海点校：《札朴》，中华书局，1992年，第1版，第179页。）

桂馥认为隶书中"敕"多作"勑"，故《释诂》以"敕"释"劳"，而

《周易》《尚书》《诗经》《周礼》等多借"勑"为"敕"。

今按，"敕"与"勑"字原本音义俱不相同。"敕"，《说文·攴部》："敕，诫也。臿地曰敕，从攴，束声。"《广韵》作耻力切。"勑"，《说文·力部》："勑，劳也。"《正字通·力部》："勑，劳勑也。荅其勤曰劳，抚其至曰勑。"《广韵》作洛代切，本义为告诫。"勑"之本义为慰劳、勉励来者。"勑"为"敕"之异体字，《说文》无"勑"字，《广韵·职韵》："勑，同敕。""束"字字形与"束"相近，"束"之隶书多书作"来"，如隶书"枣"字作"棶"，唐段成式《酉阳杂俎》："补阙杨子孙堇，善占梦。一人梦松生户前，一人梦枣生屋上。堇言松丘垄间所植，枣字重来，重来呼魄之象，二人具卒。""重来"即指"枣"之俗字"棶"。因俗字相同故造成二字混同，于是造成"勑"有"敕"义，而"敕"亦作"勑"解之现象。

二、岙

(2)《龙城札记》卷三"岙"：

> 余姚之地，以"岙"名者甚多，盖山之隈曲处可居人者。考字书并无"岙"字，前代名人集中即有之，今邑志亦即书此"岙"字。予以为此本作"奥"，而后人乃从俗加山耳。谢灵运《山居赋》云："远东则天台、桐柏、方石、太平、二韭、四明、五奥、三菁。"自注云："二韭、四明、五奥，皆相连接。"案今四明山在余姚县南，东连慈谿，西引上虞，有大韭、小韭、菁山、菁江，皆在县境。则今之所谓"岙"，非即昔人之所谓"奥"乎？今"嶴"名甚多，有不止于五者，他若闽粤濒海之地亦皆有"嶴"，不独余姚为然矣。
>
> 近见宋陆务观《家训》言其先人墓在九里袁家嶼，作"嶼"字；又明上虞谢肃为余姚黄菊东珏墓铭，云其葬在上虞建隆奥，作"奥"字。古字少，多通用，后人往往各从其类增加以殊别之。此"奥"字之加"山"，或上、或下、或旁、虽不同，要即一字，其由来已久，后之编字书者当收入。（[清]卢文弨撰，杨晓春点校：《龙城札记》，中华书局，2010年，第1版，第154页。）

按，《汉语大字典》"岙"字释义为："山深处，也指山间平地，常用作地名。"《汉语大词典》"岙"释义为："山中曲折隐秘处。亦指山中平地。"其词义与卢文弨的释义基本相同，卢文弨认为这个字的本字当作"奥"，作"岙"者乃是后人加山字而造出的俗字。今按，"岙""奥"字不见于《说文》《玉篇》等字书，其较早文献用例见于明代，如明张煌言《挽冯跻仲侍御》："一夜烽烟薛岙原，文星蚤共将星昏。"另外，还有一"嶴"字，与"岙"义同，见于《元史·食货志一》："然创行海洋，沿山求嶴，风信失时，明年始至直沽。"由此可见，"岙""奥""嶴"有可能是后起之字，其本字作"奥"亦当有所本。

"奥"字本义为室内西南隅。古时祭祀设神主或尊长居坐之处。《仪礼·少牢馈食礼》："司宫筵于奥，祝设几于筵上，右之。"郑玄注："室中西南隅谓之奥。"引申为室内深处，《玉篇·宀部》："奥，谓室中隐奥之处。"《淮南子·时则训》："凉风始至，蟋蟀居奥。"又引申为深义，《广韵》："奥，深也。"《国语·周语中》："民无悬耜，野无奥草。"韦昭注曰："奥，深也。"由此义还可引申出玄奥、神秘等意义。"奥"有"深"义，而声旁从"奥"之字亦多有"深"义，殷寄明《汉语同源字词丛考》中列举了"嶴""澳""隩""墺""膮""譲"等声旁为"奥"之字，皆有深义，如"嶴"为山深处，"澳"为江海边凹进可停船的深处，"隩"为水涯深曲处，"墺"之声义同"隩"①，"膮"有深藏义，"譲"指深奥而不直露的隐语，②这些字的声符都为奥，而其意义亦多与深义有关，因此认为"岙"的本字是"奥"，"岙""嶴""嶴"等为"奥"的增旁俗字。

---

① 殷寄明认为"墺"之声义同"隩"，然而"隩"义为"水涯深曲处"，"墺"，《说文·土部》曰："四方土可居者。"殷寄明又举"今浙江、福建沿海一带多称山地间平地为'墺'"为证，由"四方土可居"引申指"山间可居"，则"墺"之音义似当与"嶴"或"岙"同，而非与"隩"同。参见殷寄明《汉语同源字词丛考》，东方出版中心，2007年，第530-532页。

② 同上书，第530-532页。

第七章　避讳用字研究

　　避讳是古书中常见的一种用字现象，向熹先生在《避讳与汉语（一）》一文中指出："中国长期封建社会里，君权至上。'普天之下，莫非王土；率土之滨，莫非王臣。'极端专制是这个社会的统治特点。臣下一切听命于君，无敢稍犯。表现在语言上就是避讳。避讳的结果往往造成某些人的姓名、地名、事物名以及其他词语的改变，造成书面语言的混乱，给阅读古书增加困难，成为社会因素影响汉语变化和正常应用的一个重要方面。"①

　　关于避讳的定义，陈垣在《史讳举例·序》中认为："民国以前，凡文字上不得直书当代君主或所尊之名，必须用其他方法以避之，是谓之避讳。避讳为中国特有之风俗，其俗起于周，成于秦，盛于唐宋，其历史垂二千年。"②王彦坤先生在《历代避讳字汇典》中将避讳分为广义和狭义两种："广义的避讳实际包括敬讳、忌讳与憎讳三种情况。出于迷信畏忌心理而讳用、讳言凶恶不吉利字眼或音节的，这是忌讳。如吴人讳言'离散'，称'梨'为'园果'，称'伞'为'竖笠'等。出于厌恶憎恨心理而不愿以其名或姓称物的，这是憎讳。如唐肃宗恶安禄山，郡县名带'安'字的多加更改等。由于封建礼制、礼俗的规定、约束，或出于敬重的原因而不敢直称尊长名字，以致用于尊长名同或仅音同之字的，这是敬讳。如汉武帝刘氏名彻，汉人讳'彻'为'通'，而《史记》《汉书》并称蒯彻作'蒯通'等。""狭义的避讳系专指敬讳这一类情况。这是我国古代历史上特有的现象，其俗起于周，成于秦汉，盛于唐宋，延及清末，其历史垂二千年，他不但是我国古代文化史研究中的一个重要课题，而且也是一切需要利用古书材料进行研究工作的人所不容忽视的问题。"③避讳字就是在行文时出于避讳的需要而在原字的基础上进行的改变，改变的方法有"改

---

① 向熹《避讳与汉语（一）》，《汉语史研究集刊》（第二辑），巴蜀书社，2000 年，第 106 页。

② 陈垣《史讳举例·叙》，《燕京学报》，1927 年第 4 期。

③ 王彦坤《历代避讳字汇典·前言》，中州古籍出版社，1997 年，第 1 页。

字""空字""缺笔""改音"等许多种。研究避讳可以"解释古文书之疑
滞，辨别古文书之真伪及年代，识者便焉"①。张永言先生在《训诂学简
论》亦指出："历代都有因避帝王名讳而更改古文书文字的事情，值得训
诂工作者充分注意。"②可见研究避讳字对于文史工作及语言研究都具有
很大的价值。

　　学术笔记中有许多关于避讳字的论述，这些研究涉及避讳的各个方
面，为研究避讳字提供了非常有价值的信息。

第一节　避讳起源及发展研究

一、避讳起源研究

　　早期的传世文献中，被认为较早使用文字避讳的是《尚书·金縢》。
《金縢》："史乃册祝曰：'惟尔元孙某，遘厉虐疾，若尔三王，是有丕子之
则于天，以旦代某之身。'"这其中的"某"字即被一些人看作避讳，吴金
华《避讳研究》列举了三种看法："一是认为周公旦以'某'称武王姬
发，此为臣避君讳。《尚书》孔安国传：'元孙武王，某名，臣讳君，故曰
某。'二是认为成王讳武王姬发之名，集解"郑玄曰：'祝者，读此简以告
三王。称某不名讳之者，由成王读之也。'三是认为是后之史家为之避
讳，顾炎武《日知录》卷二十四说：'经传称某有三义，《书·金縢》"惟
尔元孙某"，史文讳其君不敢名也。'""考评以上三种说法，应以第三种为
是。郑玄之说误，此次祝祷，成王没有参与，祝祷完毕，'纳册于金縢之
中'，成王不得见。周公为武王避讳一说也不成立，按《礼记》'庙中不
讳'之规，祝祷时不应讳武王名。这儿的讳名应该是后人记录时而
为。"③今按，新出土《清华大学藏战国竹简》（简称《清华简》）中有
《周武王有疾周公所自代王之旨》一文，其内容与传世文献《尚书·金
縢》大致相同，可看作《金縢》之战国存本，"清华简"中的"某"字俱
作"发"，黄怀信先生认为"今本作'某'，当是后人所改"④。从出土文

----

① 陈垣《史讳举例·叙》，《燕京学报》，1927年第4期。
② 张永言《训诂学简论》，华中工学院出版社，1985年，第17页。
③ 王新华《避讳研究》，齐鲁书社，2007年，第3页。
④ 黄怀信《清华简〈金縢〉校读》，古籍整理研究学刊，2011年第3期。

物可看出，前两种说法都有一部分是正确的，即《金縢》中的"某"确是指武王姬发。而对于使用"某"来避讳的人，则以顾炎武的说法较可信，这是因为史家在行文时出于避讳而将帝王名字作"某"亦是古文中较常见的现象，杨树达《词诠》："《汉书·高帝纪》云：'始大人以臣亡赖，不能治产业，不如仲力。今某之业所就，孰与仲多？'《楚元王传》云：'高祖曰：某非敢忘封之也，为其母不长者。'又《王莽传》云：'其一署曰：赤帝行玺某传予黄帝金策书。'此三'某'字乃史家避高帝之讳改称，非人可自称曰'某'也。"①

学术笔记关于避讳的起源及发展历史的论述，可见清赵翼《陔余丛考》卷三十一"避讳"条：

> 避讳本周制，《左传》所谓周人以讳事神，名终将讳之是也。然周公制礼时，恐尚未有此。虽《金縢》有以旦代某之语，然《金縢》之真伪不可知。而祀文王之诗曰"克昌厥后"，戒农官之诗曰"骏发尔私"，皆直犯文、武之名。虽曰临文不讳，然临文者但读古书遇应讳之字不必讳耳，非谓自撰文词亦不必讳也。而周初之诗如此，则知避讳非周公制也。今以意揣之，盖起于东周之初。晋以僖侯废司徒，宋以武公废司空，鲁以献武废具敖。考数公之生，皆在西周，若其时已有避讳之例，岂肯故犯之而使他日改官及山川之名乎？想其命名时尚未有禁，及后避讳法行，乃不得不废官及山川名耳。（[清]赵翼撰：《陔余丛考》，中华书局，1963年，第1版，第606页。）

赵氏认为，避讳当发端于东周之初，其原因在于最早描述避讳现象的《金縢》真伪难辨，且在当时的诗文中亦有直犯文王、武王讳之现象，因此赵氏断定避讳不应起于西周。王新华先生认为，赵翼的论证有一定的道理，但仍有值得商榷的地方："首先，一种礼仪制度，其创始之初大多不能完备；其次，避讳也有其不同的使用范围，称名与行文不同，避讳应该是先避帝王名字，后延伸至避与帝王名词相同的词语。"②其说甚是，所谓的不合规则、"犯讳"现象应当只是避讳初期的特征。

---

① 杨树达《词诠》，中华书局，1954年，第23、24页。
② 王新华《避讳研究》，齐鲁书社，2007年，第4页。

二、避讳发展研究

这类研究主要表现为对历代避讳用字作详尽描述，如：

（1）《野客丛书》卷第九"古人避讳"：

> 古今书籍，其间文字，率多换易，莫知所自，往往出于避讳而然。仆不暇一一深考，姑著大略于兹，自可类推也。秦始皇讳"政"，呼"正月"为"征月"；《史记·年表》又曰"端月"，卢生曰："不敢端言其过。"《秦颂》曰"端平法度"，曰"端直敦忠"，皆避"正"字也。汉高祖讳"邦"，汉史凡言"邦"皆曰"国"。吕后讳"雉"，《史记·封禅书》谓野鸡"夜雊"。惠帝讳"盈"，《史记》"万盈数"作"万满数"。文帝讳"恒"，以"恒山"为"常山"。景帝讳"启"，《史记》"微子启"作"微子开"；《汉书》"启母石"作"开母石"。武帝讳"彻"，以"彻侯"为"通侯"，"蒯彻"为"蒯通"。宣帝讳"询"，以"荀卿"为"孙卿"。元帝讳"奭"，以"奭氏"为"盛氏"。光武讳"秀"，以"秀才"为"茂才"。明帝讳"庄"，以"老庄"为"老严"，以"办庄"为"办严"。或者以为称人当曰"办严"，自称曰"办装"，不知"办严"即"办庄"也。殇帝讳"隆"，以"隆虑侯"为"林虑侯"。安帝父讳"庆"，以"庆氏"为"贺氏"。魏武帝讳"操"，以"杜操"为"杜度"。吴太子讳"和"，以"禾兴"为"嘉兴"。蜀后主讳"宗"，以"孟宗"为"孟仁"。晋景帝讳"师"，以"师保"为"保傅"，以"京师"为"京都"。文帝讳"昭"，以"昭穆"为"韶穆"，"昭君"为"明君"，《三国志》"韦昭"为"韦耀"。愍帝讳"邺"，以"建邺"为"建康"。康帝讳"岳"，以"邓岳"为"邓岱"，"山岳"为"山岱"。简文郑后讳"阿春"，以"春秋"为"阳秋"，如晋人谓"皮里阳秋"是也，"富春"为"富阳"，"蕲春"为"蕲阳"。齐太祖讳"道成"，"薛道渊"但言"薛渊"。梁武帝小名"阿练"，子孙皆呼"练"为"绢"。隋祖讳"忠"，凡言郎中皆去"中"字，"侍中"为"侍内"，"中书"为"内史"，"殿中侍御"为"殿内侍御"，置侍郎不置郎中，置御史大夫不置中丞，以治书御史代之，"中庐"为"次庐"。至唐，又避太子讳"忠"，亦以"中书郎将"为"旅贲郎将"，"中舍人"为"内舍人"。炀帝讳"广"，以"广乐"为"长乐"，"广陵"但称"江都"。唐祖讳"虎"，凡言"虎"率改为"武"，如"武贲"

"武丘"之类是也。高祖讳"渊","赵文渊"为"赵文深"。太宗讳"世民",唐史中凡言"世"皆曰"代",凡言"民"皆曰"人",如所谓"治人""生人""富人侯"之类是也,"民部"曰"户部"。高宗讳"治",唐史中凡言"治"皆曰"理",如《东汉注》引王吉语而曰"至理之主,才不代出"者,章怀太子避当时讳也。武后讳"照",以"诏书"为"制书","鲍照"为"鲍昭",懿德太子"重照"改曰"重润","刘思照"改曰"思昭"。睿宗讳"旦",张仁亶改曰"仁愿"。玄宗讳"隆基",惠文太子"隆范"、薛王"隆业",并去"隆"字;"君基太一""民基太一",并作"其"字,"隆州"为阆中,"隆康"为"普康","隆龛"为"崇龛","隆山郡"更名"仁寿郡"。代宗讳"豫",以"豫章"为"钟陵",苏预改名"源明",以"薯蓣"为"薯药"或"山药",至本朝,避英宗讳"曙",曰"山药","签署"曰"签书"。德宗讳"适",改"括州"为"处州"。宪宗讳"淳","淳州"更名"蛮州",韦纯改名"贯之",韦淳改名"处厚",王纯改名"绍",陆淳改名"质",柳淳改名"灌",严纯改名"休复",李行纯改名"行谌",崔纯亮改名"仁范",程纯改名"弘",冯纯改名"约"。穆宗讳"恒",以"恒山"为"平山"。敬宗讳"弘",徐弘改名"有功"。文宗讳"昆",宋绲《会要》作"宋混",郑涵避文宗旧讳"涵",改名"瀚"。武宗讳"炎",贾炎改名"嵩"。宣帝讳"忱",韦谌改名"损",穆谌改名"仁格"。石晋高祖讳"敬瑭",拆"敬氏"为"文氏""苟氏",至汉而复姓"敬",本朝避翼祖讳"敬",复改姓"文",或姓"苟"。元后父讳"禁",以"禁中"为"省中"。武后父讳"华",以"华州"为"太州"。韦仁约避武后家讳,改名"元忠"。窦怀贞避韦后家讳,而以字行。刘穆之避王后讳,以"宪祖"字行,后又避桓温母讳,更称小字"武生"。虞茂避明穆后母讳,改名"预"。淮南王安避父讳"长",故《淮南子》书,凡言"长"悉曰"修"。晋以毗陵封东海王世子毗,以"毗陵"为"晋陵"。唐避章怀太子讳"贤",以"崇贤馆"为"崇文馆"。王舒除会稽内史,以犯祖讳"会"字,以"会稽"为"郐稽"。贾曾以父讳"言中",不肯拜中书舍人。韦聿迁秘书郎,以父嫌名,换太子司议郎。柳公绰迁礼部尚书,以祖讳换左丞。李涵为太子少傅,吕渭劾涵,谓不避父名"少康"。刘温叟以父讳"岳",不听丝竹之音。李贺以父名"晋肃",不赴进士举。司马迁以父讳"谈",《史记》"赵谈"曰"赵同","张孟谈"为

"孟同"。范晔以父讳"泰",《后汉》"郭泰"曰"郭太"。李翱祖父讳"楚金",故为文皆以"今"为"兹"。钱王讳"镠",以"石榴"为"金樱",改"刘氏"为"金氏"。杨行密据扬州,扬人呼蜜为"蜂糖"。伪赵避石勒讳,以罗勒为"兰香"。宋高祖父讳"城",以"武成王"为"武明王",以"武成县"为"武义县"。古人避讳,似此甚多,不可胜举。《闻见录》谓德宗立,议改括州,适处士星应括州分野,遂改为处州。处州合上声呼,呼去声,非也。《容斋随笔》谓严州本名睦州,宣和中以方寇改严州,盖取严陵滩之意;子陵乃庄氏,避明帝讳,以"庄"为"严",合为庄州。李祭酒涪谓晋讳"昭",改名"佋"。案《说文》自有"佋穆"字,以"昭"为"佋",盖借音耳,诸公之论如此。仆又观韩退之《讳辨》谓武帝名"彻",不闻又讳"车辙"之"辙"。今《史记·天官书》谓"车通",此非讳"车辙"之"辙"乎?前辈谓马迁《史记》不言"谈",今《李斯传》言"宦者韩谈",此非《史记》言"谈"乎?又谓《汉书》无"庄"字,今《爰盎传》"上益庄",《郑当时传》"郑庄千里不赍粮",兹非《汉书》言"庄"乎?《汉书》注以"景"字代"丙"字,如"景料""景令"之类,《晋书》与唐人文字皆然,《缃素杂记》亦莫晓所自。仆考之,盖唐初为世祖讳耳。(［宋］王楙撰,王文锦点校:《野客丛书》,中华书局,1987年,第1版,第95-98页。)

　　著者对秦汉至唐宋时期历代避讳用字现象做了较为详细的描述,其中包括对国君帝王及皇家成员名称的避讳,即所谓的国讳;也包括对父母尊亲名称的避讳,即所谓的家讳。著者对这些因避讳而产生的用字现象进行了记述,同时还对个别避讳用字情况予以辨正,如"括州"改"处州"当读上声,以"昭"作"佋"是假借,非避讳。

　　按,"括州"改"处州"事见《旧唐书·德宗纪上》,唐德宗于大历十四年五月即位,"癸未,改括州为处州"①。宋劭博《邵氏闻见后录》卷二十六:"天下州名,俗呼不正者有二。一处州,旧为括州。唐德宗立,当避其名。适处士星见分野,故改为处州,音楮。今俗误为处所之处矣……"按,"楮",《广韵》丑吕切,上声,故著者云当读上声。其次,据邵博所记,括州正位于处士星所在之分野,处士星即少微星。《晋

---

① 此例转引自王彦坤《历代避讳字汇典》第164页及向熹《汉语避讳研究》第215页。

书·天文志上》：“少微四星在太微西，士大夫之位也，一名处士。”益证“处州”之“处”当读上声。而据著者所称，则宋时口语中已读去声。

　　以“昭”为“佋”，按著者所引李涪说见《刊误·下》，曰：“晋武帝以其父名为昭，改为韶音。”著者亦曰：“昭穆之‘昭’本音‘昭’，以避晋文帝讳，皆呼‘昭’为‘韶’，而经史作音，并音‘昭’为‘韶’矣。”著者则认为《说文》有“佋”，是“昭穆”之“昭”的本字，因此认为“昭”读“韶”非是避讳，而是“佋”的假借。按，《说文》：“佋，庙佋穆。父为佋，南面；子为穆，北面。”徐锴《系传》：“说者多言晋已前言昭，自晋文帝名昭，故改昭穆为佋穆，据《说文》则为佋。今文作昭，则非晋已后改，明矣。”段玉裁注则曰：“按此篆（指‘佋’的篆文‘𤔍’）虽经典释文时称之，然必晋人所窜入。晋人以凡昭字可易为曜，而昭穆不可易也。乃读为上招切，且又制此篆窜入说文，使天下皆作此，是犹汉人改兰台漆书以合己也。”认为是晋人造“佋”以避武帝讳。朱骏声《说文通训定声》亦曰：“佋，晋避司马昭讳，别作此字。后人妄增入《说文》。”王筠《说文句读》曰：“《系传》曰：‘说者多言晋已前言昭，自晋文帝名昭，故改昭穆为佋穆。’段氏从之。然《玉篇》引之，则五代以前已有此文。但终是许君误，字当用卩部邵，昭则同音借用也。《经典释文》小宗伯之昭，宋版作之邵。‘小史昭穆’或作‘邵’，音韶。《集韵·四宵》合佋、邵、昭为一字，然从己非义。此如巷巽之从卩，曲其足也。《玉篇》‘邵’有市昭切，《广韵》以下无之，遂迷失此义耳。《集古斋》宗周钟铭上言‘文武’，下言‘邵王’，不知即是南征之昭王否？又曰‘用邵格 不显祖考’，此邵字定当读昭矣。颂鼎、颂壶、颂敦皆曰：‘王在周康邵宫，旦，王格大室。’则佋以邵为正，明白可据。”今按，王筠说是，“佋”字非为避晋武帝讳而造，今所见金文中有“邵”（集成2829）、“邵”（集成 2835），《金文编》引罗振玉说认为该字即为《说文》之“佋”，经典通作“昭”。

　　（2）《逊志堂杂钞》甲集：

　　　　元时进贺表文触忌讳者凡一百六十七字，著之典章。迨明太祖恩威不测，每因文字少不当意辄罪其臣。当日有事圜丘，恶祝册有“予”“我”字，将谴撰文者，桂正言于帝曰：“‘予小子履’，汤用于郊，‘我将我享’，武歌于庙。以古率今，未足深谴。”帝怒乃释。一百六十七字者：极、尽、归、化、亡、播、晏、徂、哀、奄、昧、驾、遐、仙、死、病、苦、没、泯、灭、凶、祸、倾、颓、毁、

偃、仆、坏、破、晦、刑、伤、孤、坠、隳、服、布、孝、短、
夭、折、灾、困、危、乱、暴、虐、昏、迷、愚、老、迈、改、
替、败、废、寝、杀、绝、忌、忧、切、患、衰、囚、枉、弃、
丧、戾、空、陷、厄、艰、忽、降、埽、摈、缺、落、典、宪、
法、奔、崩、殄、殒、墓、槁、出、祭、奠、飨、享、鬼、狂、
藏、怪、渐、愁、梦、幻、弊、疾、迁、尘、亢、蒙、隔、离、
去、辞、追、考、板、荡、荒、古、迍、师、剥、革、暌、违、
尸、叛、散、惨、怨、克、反、逆、害、戕、残、偏、枯、眇、
幽、灵、沈、埋、挽、升、退、换、移、暗、了、休、罢、覆、
吊、断、收、诛、厌、讳、恤、罪、辜、愆、土、别、逝、泉、陵。
（〔清〕吴翌凤撰，吴格点校：《逊志堂杂钞》，中华书局，2006年，
第1版，第13页。）

此例对元、明时期（主要是元朝）的避讳用字情况进行了断代考
察，按，此例所举元代避讳字见《元典章》卷二十八《表章回避字样》，
注曰："右一百六十七字，其余可以类推，或止避本字，或随音旁避及古
帝王名号及御名庙讳，皆合回避。"规定了一百六十七个需要避讳的文
字，但据向熹先生研究，元代人并未完全遵守这些避讳字，"元武宗名海
山，而太傅朵儿海、中书右丞相镇海、中书右丞阿塔海、太史耶律阿海，
名中都有'海'字"[1]。究其原因，在于元朝为蒙古族统治，不与汉文化
相同，没有同样的避讳习俗。但其受汉文化影响，也逐渐开始使用避
讳。[2]

（3）《思益堂日札》（十卷本）卷五"语忌"：

元延祐元年十一月，拟出进贺表文触忌讳者：极、尽、归、
化、忘、播、晏、徂、哀、奄、昧、驾、遐、仙、死、病、苦、
没、泯、灭、凶、祸、倾、颓、毁、偃、仆、坏、破、晦、刑、
伤、孤、坠、隳、服、布、孝、短、夭、折、灾、困、危、乱、
暴、虐、昏、迷、愚、老、迈、改、替、败、废、寝、杀、绝、
忌、忧、切、患、衰、囚、枉、弃、丧、戾、空、陷、厄、艰、
忽、除、扫、摈、缺、落、典、宪、法、奔、崩、殄、陨、墓、

---

[1] 向熹《汉语避讳研究》，商务印书馆，2016年，第34页。
[2] 同上书，第34-35页。

槁、出、祭、奠、飨、享、鬼、狂、藏、怪、渐、愁、梦、幻、敞、疾、迁、尘、亢、蒙、隔、离、去、辞、追、考、板、荡、荒、古、迪、师、剥、革、瞑、违、尸、叛、散、惨、怨、克、反、逆、害、戕、残、偏、枯、耻、灵、幽、沉、埋、挽、升、退、换、移、暗、了、休、罢、覆、吊、断、收、诛、厌、讳、恤、罪、辜、愆、土、别、逝、泉、陵。凡一百六十七字，著为令。至三年八月始弛其禁。今时翰林恭拟进呈文字及殿廷考试，禁避亦严，但不明着条律。即扰惑、颠匪、醉酒、酣笑、魂魄、梦呓、坟墓等字，俱入禁格，他可类悟。学子不可不知。案王伯厚《辞学指南》"内语忌"一条云："邓润甫撰《龙兴节祝寿词》用'负黼扆，凭玉几。'岑象求云：'非所当用以祝寿。'刘嗣明作《皇子剃胎发文》，用'克长克君'之语，吏持以请曰：'内中读文书最以语忌为嫌，即克长，又克君，殆不可用也。'嗣明亟易之。陈述古草《明堂赦文》，用'奉祠紫宫'，语犯俗嫌。陈去非草《朱胜非起复制》，用'方宅大忧'，言者以为事涉人君。陈去明草《右相制》，用'昆命元龟'，倪正甫谓人臣不当用乞贴麻。又《脑词》用'故国之有世臣'，虽有孟子出处，后来引用多以为不祥事。宜曰'天生贤佐''国有世臣'便无瑕疵矣。词臣草《贵妃制》用'厘降'二字，《教胄制》用'圣之清，圣之和'皆犯公论。綦北海草《吴玠制》云：'陆海神皋，既失秦川之利；铜梁、剑阁，敢言蜀道之难。'辛炳奏：'玠方屏翰四川，乃云既失秦川之利，乞改正，勿使远方大将重以为忌。'遂改秦川为秦中。德寿宫庆典，吴挺之客草贺表，有'扬命'二字，苏熙之曰：'导扬末命，此故命中语，奈何用之。'洪景卢绍兴中作《谢历日表》，一联云：'神祇祖考，既安乐于太平。岁月日时，又明章于庶征。'乾道中，外郡采取用之。洪景卢《草叶颙制》曰：'无以我公归兮，大慰瞻仪之望。'本意用公归之句，指邦人而言也，故云瞻仪。而当时疑之，谓人君而称臣为我公。杨文公于契丹答书用'邻壤交恐惧'，不免以字嫌。又尝戒门人为文宜避俗语。既而公作表云：'德迈九皇。'门人郑戬曰：'未审何时得卖生菜？'公笑而易之。开禧用兵，诏谕天下，首联云：'匹夫无不报之仇'，何其陋也。刘炳草《嘉王制》用'蒸蒸孝友之风'，言者谓蒸蒸之语何自而出，始诵书者皆能知之，命辞立意如是，可乎？汪彦章草《赦书》云：'八世祖宗之泽，岂汝能忘？一时社稷之忧，非予获已。'议者谓并造君数之，不应曰祖宗。信乎作文之难也。"

宋徽宗崇宁三年，臣僚言："比者试文，有以圣经之言辄为时忌而避之者，如曰：'大哉尧之为君'，以为'哉'与'灾'同。制治于未乱，安不忘危，吉凶悔吝生乎动，则以为危乱凶悔皆当避。不讳之朝，岂宜有此？"诏禁之。四年，鲍耀卿言："今州县学考试，未校文字精弱，先问时忌有无，苟语涉时忌，虽甚工不敢取。时忌如曰'休兵以息民，节用以丰财。罢不急之役，清入仕之流。'诸如此语，'熙''丰'、绍圣间试者共享不忌，今悉绌之，宜禁止。"诏可。马氏贵与曰："绍圣、崇、观而后，群憸用事，丑正益甚，遂立元祐学术之禁，又令郡县置自讼斋，以拘诽谤时政之人，士子志于进取，故过有拘忌。盖言'休兵节用'则恐类元祐之学，言'灾凶危乱'则恐涉诽谤之语，所谓转喉触讳者也。则惟有逢迎谄佞而已。"

明初，文字忌讳更重，《朝野异闻录》三司卫所进表笺，皆令教官为之，当时以嫌疑见法者：浙江府学教授林元亮为海门卫作《谢增俸表》以表内"作则垂宪"诛。北平府学训导赵伯宁为都司作《万寿表》以"垂子孙而作则"诛。福州府学训导林伯景为按察使撰《贺冬表》以"仪则天下"诛。桂林府学训导蒋质为布按作《正旦贺表》以"建中作则"诛。常州府学训导蒋镇为本府作《正旦贺表》以"睿性生知"诛。澧州学正孟清为本府作《贺冬表》以"圣德作则"诛。陈州学训导周冕为本州作《万寿表》以"寿域千秋"诛。怀庆府学训导吕睿为本府作《谢赐马表》以"遥瞻帝扉"诛。祥符县学教谕贾翥为本县作《正旦贺表》以"取法象魏"诛。亳州训导林云为本府作《谢东宫赐宴笺》以"式君父以班爵禄"诛。尉氏县教谕许元为本府作《万寿贺表》以"体乾法坤藻饰太平"诛。德安府学训导吴宪为本府作《贺立太孙表》以"永绍亿年天下有道望拜青门"诛。盖"则"音嫌于"贼"也，"生知"嫌于"僧"也，"帝扉"嫌于"帝非"也，"法坤"嫌于"发髡"也，"有道"嫌于"有盗"也，"藻饰太平"嫌于"早失太平"也。《闲中今古录》又载，杭州教授徐一夔贺表有"光天之下，天生圣人，为世作则"等语，帝览之，大怒曰："生者僧也，以我尝为僧也。光则剃发也，则字音近贼也。"遂斩之。礼臣大惧，因请降表式，帝乃自为文播天下。又僧来复谢恩诗，有"殊域"及"自惭无德颂陶唐"之句，帝曰："汝用殊字，是谓我歹朱也。又言'无德颂陶唐'，是谓我无德。虽欲以陶唐颂我而不能也。"遂斩之。（［清］周寿昌著，许逸民点校：《思益堂日札》，中华书局，1987年，第1版，第127-130页。）

此例对宋、元、明三个阶段避讳字的使用特点做了具体介绍，陈垣在《史讳举例》中曾指出"宋人避讳之例最严"①，王新华认为："宋代避讳是中国避讳史上的高峰时期。""宋代把避讳这一种汉民族的文化现象发展到了极致，达到了顶峰，即使后代把避讳作为一种大事的清代，也不能与之相比。"②王书将宋代避讳特点总结为三点："一，避讳在社会中的地位极为重要"，"二，避讳用字繁密"，"三，家讳较为统一"。③《思益堂日札》中所论及的宋代避讳现象正是其用字繁密的一种表现，不仅对敬讳的词语须避讳，一些表忌讳、憎讳的词语亦须避讳。对元代避讳字的介绍反映了元代避讳较宽松的特点，虽然具体规定了一百六十七个避讳字，但仅限于进贺表文而未推广至全社会。明代避讳特点与历代避讳不同，主要表现在"对于皇帝的名字的避讳非常之宽，而对于'贼''僧'等字的避讳却非常严"④。从《思益堂日札》中可以看到，在明代和"僧"语音接近的"生"、与"贼"接近的"则"、与"盗"接近的"道"，甚至如阿Q般与"僧"相关的"光"都成为避讳字，犯禁者甚至有杀头的危险。其主要原因则在于明代开国皇帝朱元璋曾在皇觉寺出家当和尚，且其领导红巾军起义时曾被元统治者称作"贼""盗"，因此其个人对这些词语极为忌讳，因而造成明初较为特殊的避讳用字现象。

除对避讳用字作历时考察外，学术笔记还有专门针对某朝避讳用字现象及特点的研究，其中尤以论宋代避讳为多，益可见宋时避讳之严厉和琐碎。如：

（4）《思益堂日札》（十卷本）卷二"避前朝讳"：

> 避讳自一时事，然尚有讳至后世不改者。如秦始皇讳"政"，正月之"正"读若"征"；汉文帝讳"恒"，"恒山"作"常山"；景帝讳"启"，以"启蛰"为"惊蛰"……事隔前朝，称仍后世，然犹日相习即日久也。乃至唐高宗讳"治"，宋乐史《寰宇记》于"治所"犹称"理所"。金正隆二年试士，赋题"天赐勇智正万邦"，海陵谓侍臣曰："汉高祖讳不避之，可乎？"乃改作万国。（［清］周寿昌

---

① 陈垣《史讳举例》，第八，《燕京学报》，1927年第4期。
② 王新华《避讳研究》，齐鲁书社，2007年，第280页。
③ 同上书，第281、283、284页。
④ 同上书，第300页。

著，许逸民点校：《思益堂日札》，中华书局，1987年，第1版，第40页。）

著者指出宋代有避前朝（主要是秦、汉）讳之例，其原因主要在于人们相习日久，故不觉其为避讳字。

（5）《十驾斋养新录》卷七"宋人避轩辕字"：

> 予见宋版经籍，遇"轩辕"二字则缺笔，初未详其说，后读李氏《通鉴长编》载："大中祥符五年十月戊午，九天司命上卿保生天尊降于延恩殿，自言吾人皇九人中一也，是赵之始祖，再降乃轩辕黄帝，凡世所知少典之子非也。母感电梦天人生于寿邱，后唐时七月一日下降，摠治下方，生赵氏之族，今已百年矣。闰十月己巳上天尊号曰'圣祖上灵高道九天司命保生天尊天帝'。壬申，诏'圣祖名上曰元下曰朗，不得斥犯'，以七月一日为先天节、十月二十四日为降圣节。七年六月己卯朔，诏：'内外文字不得斥用黄帝名号故事，其经典旧文不可避者阙之。'"乃悟"轩辕"二字阙笔之由。《宋史·真宗纪》亦载禁斥黄帝名号事，而其文不详。（［清］钱大昕著，杨勇军整理：《十驾斋养新录》，上海书店出版社，2011年，第1版，第139页。）

著者指出宋时有避讳"轩辕"二字之例，并揭示其避讳原因在于宋人附会宋之祖先为黄帝之故。故避"轩辕"二字只行用于宋代。相关禁令还可见《宋史·真宗纪》："大中祥符七年，……六月乙卯，禁文字斥用黄帝名号故事。"

（6）《十驾斋养新录》卷七"孔子讳"：

> 大观四年，避孔子讳，改瑕邱县为瑕县，龚邱县为龚县，《至正直记》："'丘'字，圣人讳也。子孙读经史，凡云孔丘者，则读作'某'，以'丘'字朱笔圈之。凡有'丘'字，读若'区'。至如诗以为韵者皆读作'休'，同义则如字。"（［清］钱大昕著，杨勇军整理：《十驾斋养新录》，上海书店出版社，2011年，第1版，第143页。）

著者指出宋代亦有避孔子讳之例。按，改瑕邱县为瑕县、龚邱县为龚县见于《宋史·地理志》，陈垣《史讳举例》中亦有提及，《史讳举例》

亦引《金史·章宗纪》："明昌三年，诏周公孔子名俱令回避。""泰和五年，又诏有司，如进士名有犯孔子讳者避之，著为令。"①因此宋金时期确曾有明确的法令禁止使用孔子名。

（7）《能改斋漫录》卷十三"禁渎侮混元皇帝名"：

> 政和八年八月御笔："太上混元上德皇帝，名耳，字伯阳，及谥聃。见今士庶多以此为名字，甚为渎侮，自今并为禁止。"（［宋］吴增撰：《能改斋漫录》，上海古籍出版社，1960 年，第 384 页）

著者认为当时有避老子名讳的规定，然这条禁令当时并未完全执行，清钱大昕《十驾斋养新录》卷七"避老子名字"：

> 吴曾《漫录》："政和八年八月御笔：'太上混元上德皇帝名耳，字伯阳，及谥聃，见今士庶多以此为名字，甚为渎侮，自今并为禁止。'"今按南渡秦相子熺字伯阳，当时不以为非，则政和之禁未久而即弛矣。（［清］钱大昕著，杨勇军整理：《十驾斋养新录》，上海书店出版社，2011 年，第 1 版，第 143 页。）

陈垣在《史讳举例》中亦曰："然南渡秦相子熺字伯阳，当时不以为非，则政和之禁，亦具文耳。"②

第二节　避讳用字规则研究

文献中较早记录避讳规则的是《礼记》，《礼记·曲礼上》："卒哭乃讳。礼，不讳嫌名。二名不偏讳。逮事父母，则讳王父母。不逮事父母，则不讳王父母。君所无私讳。大夫之所有公讳。《诗》《书》不讳，临文不讳。庙中不讳。夫人之讳，虽质君之前，臣不讳也。妇讳不出门，大功、小功不讳。入竟而问禁，入国而问俗，入门而问讳。"规定了各种具体而详尽的避讳规则。对此，清人赵翼在《陔余丛考》中亦有论及，如《陔余丛考》卷三十一"避讳"：

---

① 陈垣《史讳举例》，第二，《燕京学报》，1927 年第 4 期。
② 同上。

孔门以后，习礼者益加讲求，如《礼记》所载嫌名不讳，二名不偏讳，逮事父母则讳王父母，不逮事父母则不讳王父母，君所无私讳，大夫之所有公讳，临文不讳，庙中不讳之类，可谓情义兼尽。（[清]赵翼撰：《陔余丛考》，中华书局，1963年，第1版，第667-668页。）

王新华认为："作为贯穿整个封建社会，对当时的人们进行思想统治，进而规范其行为的古代典籍，其重要性是不言而喻的。较为突出的是，历代统治者都向《礼记》中寻找避讳的规则，以证明避讳的合理性。"[①]

学术笔记中亦有许多关于避讳规则的论述，如对"嫌名""嫌名不讳""临文不讳""逮事不逮事""已祧不讳"等都有比较详尽的描述，从中可以看到古人避讳的具体情况。

一、嫌名

所谓嫌名是指在避讳时不仅对犯讳之字须回避，与犯讳之字同音者亦须回避。《礼记·曲礼上》："礼，不讳嫌名。"郑玄注："嫌名谓其音声相近，若禹与雨、丘与区也。"古时不讳嫌名，郑玄认为这是"为其难辟也"，因为同音之字多，很难对所有与避讳字同音之字完全避讳。

（1）《匡谬正俗》卷三：

> 或问曰：《曲礼》云："礼不讳嫌名。"郑注云："嫌名，谓'禹'与'字'、'丘'与'区'。"其义何也？答曰：康成郑君此释，盖举异字同音，不须讳耳。"区"字既是，故引为例。"禹""字"二字，其音不别。"丘"之与"区"，今读则异。然寻按古语，其声亦同。何以知之？陆士衡《元康四年从皇太子祖会东堂诗》云："巍巍皇代，奄宅九围。帝在在洛，克配紫微。普厥丘宇，时罔不绥。"又《晋宫阁名》所载"某舍若干区"者，列为"丘"字，则知"区""丘"音不别矣。且今江淮田野之人，犹谓"区"为"丘"，亦古之遗音也。今之儒者，不晓其意，竞为解释：或云"禹""字"是同声，"丘""区"是声相近，二者并不须讳；或云"字""禹"，"区""丘"并是别音相近，乃读"禹"为"于举反"，故不须讳。并为诡

妄，不诣其理。（［唐］颜师古撰，严旭疏证：《匡谬正俗疏证》，中华书局，2019 年，第 1 版，第 77-78 页。）

此例首先援引《礼记》郑玄注说，认为"嫌名不讳"指的是同音异字可不避讳，例证即"禹"和"字"、"丘"和"区"。①其次，著者着重论述了"丘"和"区"的读音问题，认为尽管此二字今音不同，但是古音仍然相同，符合郑注"嫌名不讳"的说法。而世俗中有认为"丘"和"区"为音近关系者，如此，则改变了"嫌名不讳"的定义，既包括音同异义又包括了音近异义，著者不从。

按，"嫌名不讳"涉及"嫌名"究竟是指所须避讳之字是音同还是音近的判断标准问题。根据著者所述，是以"嫌名"为音同关系。然孔颖达正义曰："今谓雨与禹，音同而义异；丘与区，音异而义同。此二者各有嫌疑，禹与雨有同音嫌疑，丘与区有同义嫌疑，如此者不讳。若其音异义异，全是无嫌，不涉讳限，必其音同义同，乃始讳也。"提出"嫌名"要音同义同方是。按郑玄注只云"音声相同"，未论及意义，此说未必是。而"区"与"丘"之音读问题，分歧较多。有认为二字汉代同音者，②有认为二字读音小异者。要之，郑玄注过于简略，所举例证分歧较多，是非判断仍当以实际避讳用例为是。

（2）《日知录》卷二十三"嫌名"：

> 卫桓公名完，楚怀王名槐，古人不讳嫌名，故可以为谥。
> 韩文公《讳辩》言"不讳浒、势、秉、机"。乃玄宗御删定《礼记·月令》，曰"野鸡入大水为蜃"，曰"野鸡始雊"，则讳"雉"，以与"治"同音也。李林甫序曰"璇枢玉衡，以齐七政"，则讳"玑"。德宗《九月九日赐曲江宴诗》"时此万枢暇，适与佳节并"，则讳"机"，以与"基"同音也。《南史》刘秉不称名而书其字曰彦节，则讳"秉"，以与"昞"同音也。又如武后父讳士彟，而孙处约改名茂道，韦仁约改名思谦。睿宗讳旦，而张仁亶改名仁愿。玄宗讳隆基，而刘知几改名子玄，箕州改名仪州。德宗讳适，而括州改名处州。顺宗讳诵，而斗讼律改为斗竞。宪宗讳纯，凡姓淳于者改姓于，唯监察御史章淳不改。既而有诏，以陆淳为给事中，改名

---

① 按阮元十三经注疏《礼记正义》作"雨"，《匡谬正俗》作"字"，当是不同版本之异文。按"雨""字"古音同属匣母鱼部，为同音字。

② 顾炎武《唐韵正》、吴承仕《经籍旧音辩证》，转引自严旭《匡谬正俗疏证》，第 79 页。

质，淳不得已，改名处厚。而懿宗以南诏酋龙名近玄宗讳，遂不行册礼。则退之所言，亦未为定论也。

唐自中叶以后，即士大夫亦讳嫌名，故《旧史》以韩愈为李贺作《讳辩》为纰缪。而《贾曾传》则曰："拜中书舍人，曾以父名忠，固辞。议者以为中书是曹司名，又与曾父名音同字别，于礼无嫌。曾乃就职。"《懿宗纪》则曰："咸通二年八月，中书舍人卫洙奏状称：'蒙恩除授滑州刺史，官号内一字与臣家讳音同，请改授闲官。'敕曰：'嫌名不讳，著在礼文。成命已行，固难依允。'"是又以为不当讳也。

《册府元龟》：咸通十二年，分司侍御史李溪进状曰："臣准西台牒及金部称，奉六月二十七日敕，内园院郝景全事奏状内'讼'字音与庙讳同，奉敕罚臣一季俸者。臣官位至卑，得蒙罚俸，屈与不屈，不合有言。而事关理体，若便隐默，恐负圣时。愿陛下宽其罪戾，使得尽言。臣前奏状称准敕'因事告事，旁讼他人'，是咸通十一年十月十三日敕语，臣状中具有'准敕'字，非臣自撰辞句。臣谨按'礼不讳嫌名'，又按《职制律》'诸犯庙讳嫌名不坐'，注云：'谓若禹与雨'，疏云：'谓声同而字异'。注疏重复，至易分晓。伏维皇帝陛下明过帝尧，孝逾大舜，岂自发制敕而不避讳哉，故是审量礼律，以为无妨耳。即引陛下敕文而言，不敢擅有改移，不谓内围便有此奏论也。臣非敢诉此罚俸也，恐自此有援引敕格者，亦须委曲回避，便成讹弊。臣闻赵充国为将，不嫌伐一时事，以为汉家后法。魏征为相，不存形迹，以致贞观太平。臣虽未及将相，忝为陛下持宪之臣，岂可以论俸为嫌，而使国家敕命有误也。愿陛下留意察纳，别下明敕，使自后章奏一遵礼律处分，则天下幸甚。"敕免所罚。

南唐元宗初名璟，避周信祖庙讳，改名景，是不讳嫌名。

按嫌名之有讳，在汉未之闻。晋羊祜为都督荆州诸军事，及薨，荆州人为祜讳名，室户皆以门为称，改户曹为辞曹，此讳嫌名之始也。

《后魏·地形志》："天水郡上邽县，犯太祖讳，改为上封。"魏太祖名珪。

宋代制，于嫌名字皆避之。《礼部韵略》，凡有庙讳音同之字皆不收，太祖讳匡胤，十阳部，去王切，一十三字，二十一震部，羊晋切，一十一字，皆不收，它皆仿此。朱子《周易本义》《姤卦》下

以"故为姤"作"故为遇",避高宗嫌名也。岂不闻《颜氏家训》所
云"吕尚之儿,如不为'上',赵壹之子,傥不作'一',便是下笔
即妨,是书皆触"者乎?

　　本朝不讳嫌名,如建文年号是也。(〔清〕顾炎武著,黄汝成集
释,栾保群、吕宗力校点:《日知录集释》〔全校本〕,上海古籍出版
社,2006 年,第 1 版,第 1318-1321 页。)

　　此例运用大量例证对"嫌名"的历史做概述。著者指出,春秋时期
嫌名不须避讳,如卫桓公名"完",但是谥号"桓";楚怀王名"槐",但
是谥号"怀"。可以使用同音字作谥号,可见在春秋战国时期是不讳嫌名
的。著者认为嫌名在汉代亦可不避,避讳嫌名当始于晋。至唐代,唐人有
因"中书舍人"与其父名"忠"嫌名即辞官者,甚至有为嫌名而改官职名
称者。虽然有些请求未获得允许,但嫌名在唐代已作为避讳的一种规则而
施行了。由此可见唐代是由"嫌名不讳"到"嫌名避讳"的一个关键时
期。在唐代,帝王及皇亲国戚已开始避嫌名,如唐玄宗删定《礼记》改
"雄"为"雏"以避其祖父李治之嫌名。德宗作诗则避"机",因该字与李
隆基之"基"同音。甚者因武后之父讳"士彟",而使孙处约改名"茂
道",韦仁约改名"思谦"。而从唐中叶以后士大夫亦开始避嫌名,虽然其
请求未被允许,但当时避嫌名在上层社会中已经流行,而当时之法律条文
规定"嫌名不坐",则反映了当时在嫌名问题上较为矛盾的情况。这一现
象一直延续到五代时期。至宋代,嫌名逐渐严格,当时官方修订韵书中已
不收嫌名之字,就连朱熹的著作亦将嫌名之字进行改换,可见宋时避讳嫌
名之严。著者最后指出,明代不避嫌名,明惠帝朱允炆名字中有"炆",
而年号"建文"。

　　(3)《陔余丛考》卷三十一"嫌名":

　　嫌名不讳,韩昌黎《讳辨》已详论之。然隋文帝以父名忠,凡
官名有中字,悉改为内,已著为令。至唐时讳嫌名者更多,贾曾擢
中书舍人,以父名忠,引嫌不拜,议者引《礼》折之,始受。萧复
为晋王行军长史,德宗以其父名衡,乃改为统军长史。则朝廷之上
且为臣子避嫌名矣。毋怪乎李贺应进士举,当时流俗以其父名晋,
遂同声訾议也。然《唐书》,卫洙为郑颍观察使,洙以官号内有一字
与臣家讳同,欲乞改授。诏曰:"嫌名不讳,著在《礼》文,成命已
行,固难依允。"《李磎传》,宦者摘磎疏中语犯顺宗嫌名,磎奏曰:

"礼不讳嫌名；律，庙讳嫌名不坐。"则唐律本有嫌名不讳之条。（［清］赵翼撰：《陔余丛考》，中华书局，1963 年，第 1 版，第 668-669 页。）

著者指出"嫌名不讳"之例在隋代已有例外者，如隋文帝的父亲名"忠"，故隋代官职中代"中"者都被改作"内"，以避其嫌名。按，顾炎武《日知录》卷二十三"嫌名"下注曰："王氏：'嫌名之始，盖始于隋，隋文帝名忠，而官名有中字者皆改为内。'"是说与赵翼之说同。顾炎武认为嫌名始于晋，然其所举仅一例，似难以证明其为嫌名之始。

（4）《陔余丛考》卷三十一"避讳"：

《宋史·贾黯传》，律载府号官称犯祖父名，而冒荣居之者有罪。则并有不避讳而议罪之律矣。雍熙中，诏除官若犯私讳者，三省御史台五品、文班四品以上，许用式奏改。则更有因私讳而改官之律矣。

合而观之，盖自晋、六朝以至唐、宋，无不以避讳著为律文也。其见于史传者，《宋书》范蔚宗为太子詹事，以父名泰，遂不拜。《陈书》孙奂欲以王廓为太子詹事，后主曰："廓父名泰，不可为太子詹事。"《唐书》源乾曜迁太子少师，避祖名，更授少傅。裴胄授京兆少尹，以父名不拜，换国子司业。萧俛拜太仆少卿，以父名不拜，徙太子右卫率。李涵为太子少傅，吕渭谓其父名少康当避。《宋史》仁宗命胡瑗修国史，瑗以避祖名不拜。李建中直昭文馆，以父名昭恩辞，乃改集贤院。吕希纯擢著作郎，以父名公著，不拜，遂改授。此皆以私讳而改授官者也。（《宋史》张亢授庆州，亢以父名余庆，力辞，不许。李若拙授太子赞善，若拙以父名光赞辞，不许。则亦有不许避者。）晋咸和中，以王舒为会稽内史，舒以父名会不拜，诏改会为郐。后唐以郭崇韬父名弘，乃改弘文馆为崇文馆。宋慕容延钊父名章，太祖乃授延钊同中书门下三品，去平章二字。吴延祚亦以其父名章授同中书门下三品。程元凤拜右正言兼侍讲，以祖讳辞，诏权以右补阙系衔。此因私讳而并为改官名者也。

张世南《游宦纪闻》云，生曰名，死曰讳。世俗往往有台讳、尊讳之语，是称生人亦曰讳，乃不祥之甚也。今时俗口语亦尚多如此，不可不检。（［清］赵翼撰：《陔余丛考》，中华书局，1963 年，第 1 版，第 667-668 页。）

由此可见，当时不仅皇室避嫌名严厉，个人避私讳亦成气候。

二、二名不偏讳

所谓"二名不偏讳"是指名字为二字者，二字连称时须避讳，而单称其中一字时则不须避讳。《礼记·曲礼上》："二名不偏讳。"郑玄注："偏，谓二名不一一讳也。孔子之母名征在，言在不称征，言征不称在。"

（5）《日知录》卷二十三"二名不偏讳"：

> 二名不偏讳，宋武公名司空，改司空为司城，是其证也。
>
> 杜氏《通典》：大唐武德元年六月，太宗居春官，总万机，下令曰："依礼二名不偏讳，其官号、人名及公私文籍，有'世'及'民'两字不连读者，并不须讳避。"《唐书·高宗纪》："贞观二十三年七月丙午，改治书侍御史为御史中丞，诸州治中为司马，别驾为长史，治礼郎为奉礼郎，以避上名。上以贞观初不讳先帝二字，有司奏曰：'先帝二名，礼不偏讳，上既单名，臣子不合指斥。'上乃从之。"
>
> 后唐明宗名嗣源，天成元年六月，敕曰："古者酌礼以制名，惧废于物，难知而易讳，贵便于时。况征彼二名，抑有前例。太宗文皇帝自登宝位，不改旧称，时则臣有世南，官有民部，靡闻曲避，止禁连呼。朕猥以眇躬，托于人上，祗遵圣范，非敢自尊，应文书内所有二字，但不连称，不得回避。若臣下之名，不欲与君亲同字者，任自改更，务从私便，庶体朕怀。"（［清］顾炎武著，黄汝成集释，栾保群、吕宗力校点：《日知录集释》〔全校本〕，上海古籍出版社，2006 年，第 1 版，第 1317、1318 页。）

此例指出春秋战国时期是实行"二名不偏讳"的。唐时有些君主（如唐太宗）施行比较开明的政策，提倡"二名不偏讳"，然当时大臣及一些官吏却仍有偏讳者，可见"二名偏讳"由来已久。按，《日知录集释》卷二十三"二名不偏讳"条下"原注"曰："《通典》又言：'太宗时，二名不相连者，并不讳，至玄宗始讳之。然永徽初，已改民部为户部，而李世勣已去世字，单称勣矣。'又按，《隋书》修于太宗时，而中间多有改'世'为'代'，改'民'为'人'者，此唐人偏讳之始。然亦有不尽然者。《经籍志》《四民月令》作'四人'，而《齐民要术》仍'民'字，是亦《汉书》注所云'史驳文'者也。章怀太子注《后汉书》，亦有并其本文而改之者，如《胡广传》'诗美先人''询于刍荛'之类。"因此从玄宗时起，又已开始偏讳。赵翼亦有相关记录，《陔余丛考》卷三十一"二名"：

> 《旧唐书》，太宗诏曰："依《礼》二名不偏讳，近代以来两字兼避，废阙已多。自今官号、人名、公私文籍，有'世''民'二字不连续者，并不须讳。"是太宗之诏甚明。然唐人凡遇此二字，虽不连属者亦避之。避"世"为"代"，如"代宗"本"世宗"之称是也。避"民"为"人"，如"民部"改为"户部"，"李安民"改为"李安人"是也。惟虞世南不改"世"字，盖世南没于太宗时，正遵奉诏旨故耳。其后李世勣但称李勣，则当高宗时已讳"世"字也。（[清]赵翼撰：《陔余丛考》，中华书局，1963 年，第 1 版，第 669 页。）

三、卒哭乃讳

所谓"卒哭乃讳"，《礼记·曲礼上》："卒哭乃讳。"郑玄注："敬鬼神之名也。讳，避也。生者不相避名，卫侯名恶，大夫有名恶。君臣同名，春秋不非。"按，"卒哭"为古代丧礼，百日祭后，止无时之哭，变为朝夕一哭，名为卒哭。《仪礼·既夕礼》："三虞卒哭。"郑玄注："卒哭，三虞之后祭名。始朝夕之间，哀至则哭，至此祭，止。朝夕哭而已。"

（6）《日知录》卷二十四"称某"：

> 周人以讳事神。《牧誓》之言"今予发"。《武成》之言"周王发"，生则不讳也；《金縢》之言"惟尔元孙某"，追录于武王既崩之后，则讳之矣。故《礼》："卒哭乃讳。"（[清]顾炎武著，黄汝成集释，栾保群、吕宗力校点：《日知录集释》〔全校本〕，上海古籍出版社，2006 年，第 1 版，第 1350 页。）

此例举《尚书》中《牧誓》《武成》篇为例证明生则不讳，又以《金縢》为例证明卒哭乃讳。今按，据《清华简》之文可证《金縢》之"某"实作"发"，顾氏据此以证"卒哭乃讳"不确。其实，《金縢》作"发"乃属避讳之"临文不讳"，《礼记·曲礼上》："临文不讳。"郑玄注："为其失事正。"即"为了保持记述事情的真实，所以不避讳"①。

四、逮事不逮事

（7）《陔余丛考》卷三十一"逮事不逮事"：

> 《礼记》："逮事父母，则讳王父母；不逮事父母，则不讳王父母。"此但讳祖名，而又以逮事不逮事为别也。然《礼》又云："既卒哭，以木铎徇曰：'舍故而讳新。'"杜预注《左传》引之，以为舍亲尽之祖，而讳新者，自王父至高祖皆不敢斥其名，则讳当及五世矣。《吴志》张昭著论亦引逮事之义，谓六世亲属竭矣，则不必讳。周穆王名满，而后有王孙满；厉王名胡，而庄王之子亦名胡。此又讳及五世之证。则避私讳，当以五世为断。（唐庙制已祧不讳，故高宗讳治，而韩昌黎湖州上表内"治平日久""政治少懈"等句，用治字甚多，盖宪宗时已祧高宗也。）（［清］赵翼撰：《陔余丛考》，中华书局，1963 年，第 1 版，第 670-671 页。）

此例指出讳祖名当以逮事不逮事为准，又指出避讳仅涉及当前之五世，其余则不必讳。

五、已祧不讳

（8）《日知录》卷二十三"已祧不讳"：

> 《册府元龟》：唐宪宗元和元年，礼仪使奏言："谨按《礼记》曰：'既卒哭，宰夫执木铎以命于官曰：舍故而讳新。'此谓已迁之庙则不讳也。今顺宗神主升祔礼毕，高宗、中宗神主上迁，请依礼不讳。"制可。
>
> 文宗开成中，刻石经，凡高祖、太宗及肃、代、德、顺、宪、穆、敬七宗讳，并缺点画，高、中、睿、玄四宗，已祧则不缺。文宗见为天子，依古卒哭乃讳，故御名亦不缺。（［清］顾炎武著，黄汝成集释，栾保群、吕宗力校点：《日知录集释》〔全校本〕，上海古籍出版社，2006 年，第 1 版，第 1311-1312 页。）

---

① 王新华《避讳研究》，齐鲁书社，2007 年，第 216 页。

黄汝成《集释》引钱大昕说："唐人避上讳，如章怀太子注《后汉书》，改'治'为'理'，正在高宗御极之时，初无卒哭乃讳之例也。文宗本名涵，即位后改名昂，故《石经》不避'涵'字。亭林失记文宗改名一节，乃有卒哭而讳之说，贻误后学，不可不正。"又《日知录》卷二十三"已祧不讳"：

> 韩退之《讳辩》，本为二名嫌名立论，而其中"治天下"之"治"却犯正讳。盖元和之元，高宗已祧，故其潮州上表，曰："朝廷治平日久"，曰"政治少懈"，曰"巍巍治功"，曰"君臣相戒以致至治"。《举张惟素》曰"文学治行众所推"，《平淮西碑》曰"大开明堂，坐以治之"，《韩弘神道碑铭》曰"无有外事，朝廷之治"，惟《讳辩》篇中似不当用。
>
> 汉时祧庙之制不传，窃意亦当如此。故孝惠讳盈，而《说苑·敬慎篇》引《易》"天道亏盈而益谦"四句，"盈"字皆作"满"，在七世之内故也。班固《汉书·律历志》"盈元""盈统""不盈"之类，一卷之中字凡四十余见。何休注《公羊传》曰"言（孙）于齐者，盈讳文"，已祧故也。若李陵诗"独有盈觞酒，与子结绸缪"，枚乘《柳赋》"盈玉缥之清酒"，又诗"盈盈一水间"，二人皆在武、昭之世，而不避讳，又可知其为后人之拟作，而不出于西京矣。
>
> 后唐明宗天成四年，中书门下奏："少帝册文内有'基'字，是玄宗庙讳，寻常诏敕皆不回避。少帝是继世之孙，册文内不欲斥列圣之讳，今改为'宗'字。"
>
> 《宋史》："绍兴三十二年正月，礼部太常寺言：'钦宗（桓）祔庙，翼祖当迁，以后翼祖皇帝讳，依礼不讳。'诏恭依。"
>
> 谢肇淛曰："宋真宗名恒，而朱子于书中恒字独不讳，盖当宁宗之世，真宗已祧。"
>
> 本朝崇祯三年，礼部奉旨，颁行天下，避太祖、成祖庙讳，及孝武、世、穆、神、光、熹七宗庙讳，正依唐人之式。惟今上御名亦须回避，盖唐宋亦皆如此。然止避下一字，而上一字天子与亲王所同，则不讳。（［清］顾炎武著，黄汝成集释，栾保群、吕宗力校点：《日知录集释》［全校本］，上海古籍出版社，2006 年，第 1 版，第 1312-1314 页。）

按，"祧"指远祖之庙，《玉篇》："祧，远庙也。"《礼记·祭法》："远庙为祧。"孙希旦《集解》："盖谓高祖之父、高祖之祖之庙也。谓之远庙者，言其数远而将迁也。""已祧不讳"指对于已迁入祧庙之远祖可不避讳。故韩愈作《讳辩》虽屡用"治"字，然其时唐高宗已祧，故不犯讳。《说苑》《汉书》及李陵、枚承诗俱用"盈"字，乃因汉孝帝已祧的缘故。然亦有例外，如唐玄宗已祧，但后唐之册文仍须避"基"字。

六、其他

（9）《九九消夏录》卷十一"避讳改写字不可押韵"：

宋礼部《贡举条式》云："齐桓避讳作齐威，可用于句中，不可押入微韵。"按，此亦词赋家所宜知。嘉庆中，先舅氏东石先生在京师为人作万寿诗，用一先全韵，已脱稿矣，有人曰："内有庙讳字。"若不用，非全韵也。若改写，元字出韵也。先舅氏惘然自失。宋制此条，洵可为式矣。

唐韦庄诗"欲将张翰松江雨，画作屏风寄鲍昭"。按，鲍昭本名照，唐避武后讳改作昭耳。韦诗乃是误押，非以昭为照也。（[清]俞樾著，崔高维点校：《九九消夏录》，中华书局，1995 年，第 1版，第 130 页。）

此例指出宋时有诗文中押韵须避讳之规定，至清代亦有此例，愈可见宋时避讳之严。

第三节　文献中避讳用字研究

（1）《困学纪闻》卷二十"杂识"：

唐有代宗，即世宗也，本朝有真宗，即玄宗也，皆因避讳而为此号。祥符中，以圣祖名改玄武为真武，玄枵为真枵。《崇文总目》谓《太玄经》曰《太真经》。若迎真、奉真、崇真之类，在祠官者非一。其末也，目女冠为女真，遂为乱华之兆。（[宋]王应麟著；[清]翁元圻等注；栾保群，田青松，吕宗力校点：《困学纪闻》[全校本]，上海古籍出版社，2008 年，第 1 版，第 2191 页。）

此例指出唐宋时期有为避讳而改名号例，如唐太宗李世民讳"世"字，故"世"字多改作"代"字，因此唐世宗亦避讳作"代宗"；又宋太祖赵匡胤之玄祖曰玄朗，故宋代讳"玄"字，"玄"多改作"真"或"元"，故宋玄宗曰真宗，《太玄经》作《太真经》等等。

按，唐避"世"字还见于唐代墓志中，如《刘弘墓志》志文中有"汉中山靖王胜及君之十二代祖"一语，其中的"代"当为"世"的避讳改字。①陈垣《史讳举例》卷二："唐之代宗即世宗，宋之真宗即玄宗，皆避讳改。"②《梦溪笔谈》卷七："六壬有十二神将，……其后有五将，谓天后、太阴、真武、太常、白虎也，……"《朱子语类》卷一三八曰："真武非是有一个神披发，只是玄武。……真宗时讳'玄'字，改'玄'字为'真'字，故曰'真武'。"③

（2）《困学纪闻》卷十七"评文"：

> 宋玉《钓赋》："宋玉与登徒子偕受钓于玄渊。"唐人避讳，改"渊"为"泉"，《古文苑》又误为"洲"。（［宋］王应麟著；［清］翁元圻等注；栾保群，田青松，吕宗力校点：《困学纪闻》〔全校本〕，上海古籍出版社，2008 年，第 1 版，第 1836 页。）

著者指出"渊"字在唐时有避讳作"泉"者，后人有不知者而以讹传讹。按，宋周密《齐东野语》卷四："高祖讳渊，渊字尽改为泉。"《野客丛书》卷二十八："《海陆碎事》谓渊明一字泉明，李白诗多用之。不知称'渊明'为'泉明'者，盖避唐高祖讳耳，犹'杨渊'之称'杨泉'，非一字'泉明'也。"此外，避讳改"渊"作"泉"还见于敦煌写卷中，P.3783《论语》卷五"战战兢兢，如临深泉，如履薄冰"，"泉"即"渊"的避讳改字。

（3）《容斋续笔》卷六"戊为武"：

> 十干"戊"字，与"茂"同音，俗辈呼为"务"，非也。吴中术者又称为"武"。偶阅《旧五代史》："梁开平元年，司天监上言：日辰内戊字，请改为武。"乃知亦有所自也。今北人语多曰武。朱温父名诚，以戊类成字，故司天谄之。（［宋］洪迈撰，孔凡礼点校：《容

① 袁道俊《唐代墓志》，上海人民美术出版社，2003 年，第 20 页。
② 陈垣《史讳举例》，《燕京学报》，1927 年第 4 期。
③ 向熹《汉语避讳研究》，商务印书馆，2016 年，第 324 页。

斋随笔》，中华书局，2005 年，第 287 页。）

著者认为戊本音茂，因避朱温父名之讳而改作武，朱温父名诚，戊、诚字形相近故改戊作武，戊遂有武音。清俞正燮驳斥了这一说法，《癸巳存稿》卷八"梁讳戊城"条曰：

> 绍兴古城隍庙，有梁开平时钱武肃作《重修墙隍神庙兼奏进封崇福侯记》，云"神为唐总管庞玉"，末署"梁开平二年岁次武辰"。谓"城"为"墙"，"戊"为"武"者，"城"为朱诚嫌名，"戊"为朱茂琳嫌名。梁改"成汭"为"周汭"，"皇城"为"皇墙"。至宋时，汴京城外犹沿梁称州东、州西、州南、州北，不言"城"也。韦城、相城、胙城，皆去"城"字，单名县。见魏泰《东轩笔录》。又《搜采异闻录》云："梁开平元年，司天监上言：日辰内'戊'字，请改为'武'。今北人语多曰'武'。朱温父名诚，以'戊'字类'诚'，故司天诳之耳。"《容斋续笔》亦云。然不知"戊"自避"茂"，"城"自避"诚"也。《云谷杂记》尝辨之。"戊""城"皆嫌名耳。五代讳甚烦琐，而周显德时有大将军周景威，作十三间楼于汴水上者，其名又奇怪也。（［清］俞正燮撰：《癸巳存稿》，辽宁教育出版社，2003 年，第 224 页。）

因此，"戊"作"武"乃是避朱温曾祖朱茂琳嫌名，非为避朱温父朱诚之讳。《旧五代史·梁书·太祖纪第一》："太祖神武元圣孝皇帝，姓朱氏，讳晃，本名温，宋州砀山人。其先舜司徒虎之后，高祖黯，曾祖茂琳，祖信，父诚。"陈垣《史讳举例》卷二亦曰："今《重修墙隍庙》，碑末书：'大梁开平二年，岁在武辰。'《金石文字记》云：以城为墙、以戊为武者，全忠父名诚，曾祖名茂琳。城，诚之嫌名；戊，茂之嫌名。《容斋续笔》谓以戊类成故改，其说非。"[①]因此改"戊"作"武"乃是避朱温曾祖朱茂琳之讳，"茂"与"戊"同音，故改作"武"。这是避其曾祖名之讳，非避其父朱诚之讳，《汉语大字典》"戊"字条云："五代朱温（梁太祖）避其曾祖茂琳讳，改戊字为武，后人因读戊为武音。"亦采此说。

由上述论证还可推论"戊"字古音当与"茂"相同，即都为莫侯切，非如今音读如"武"，"戊"读如"武"乃是由于避讳而产生的新的读

音。按，"戊"字《广韵》莫侯切，古音明母幽部，"茂"《广韵》莫侯切，古音明母幽部，因此戊、茂古音相同，洪氏之说不误。而戊古音之所以会与茂相同，乃是因为"戊"是古文"矛"的省体，陆宗达在《干支字形义释》一文中指出："'戊'是古文'矛'的省体，《说文·十四上·矛部》：'矛，酋矛也。建于兵车，长二丈。'古文矛作𥍸形。《说文》说'戊'字'像六甲五龙相拘绞'，正指𥎍形而言，省去𥎍剩丨，即成'戊'形。"①"矛"古音明母幽部，戊古音同矛，茂从戊得声，故"戊""茂"古音俱与"矛"同。至五代梁时期，为避朱温曾祖嫌名，故读如"武"音，遂造成"戊"字现在的读音。

（4）《学林》卷第九"啖袴"：

> 噉、啖、啗三字，诸家字书同音徒滥切，又同音杜览切，虽有二音切，其义则同为噉食之字。赵璘《因话录》缘唐武宗庙讳炎，遂辨此三字，谓《玉篇》噉字是正，啖字是俗。观国按，《说文》有啖字篆文，则啖字非俗也。《玉篇》亦未尝以啖字为俗字。《广韵》曰《前秦录》有将军噉铁，而《元和姓纂》作啖铁。唐亦有啖助，则啖固非俗书也。晋武帝讳炎，唐武宗亦讳炎。司马迁父名谈，故字之从炎者，多改易之，以致疑也。（［宋］王观国撰，田瑞娟点校：《学林》，中华书局，1988年，第1版，第295-296页。）

今按，晋武帝讳炎，故晋时人名有从"炎"者或改称或称字，改称者如《三国志·魏书·管骆传》："平原太守刘邠取印囊及山鸡毛着器中，使筮。"裴松之注引《晋诸公赞》曰："邠本名炎，犯于太子讳，改为邠。位至太子仆。"称字者如同书《王肃传》："时安乐孙叔然，受学郑玄之门，人称东周大儒。"裴松之注曰："臣松之案：叔然与晋武帝同名，故称其字。"清周广业《经史避名汇考》卷一〇曰："炎所注《尔雅》，郭璞于《释虫》两引其说，俱作孙叔然。"唐武宗亦名"炎"，故同样讳"炎"字，而于使用"炎"字之处或省阙、或改称、或拆字、或变体。省阙如唐《孙樵集》卷五《孙氏西斋录》："崔察贼杀中书令裴者何。""裴"字下注云："名犯武宗讳。"是以避国讳，"裴炎"但称"裴"。改称如《野客丛书》卷九曰："（唐）武宗讳炎，贾炎改名嵩。"拆字者如《因话录》卷五称武宗庙讳为"两火相重"。变体者如《汇考》卷十六："唐时'炎'字有

---

① 陆宗达《干支形体义释》，载《陆宗达语言学论文集》，北京师范大学出版社，1996年，第487页。

变体为'炊'者。"①

从炎旁之字亦有所避讳。如"谈"字多改作"谭",清周广业《经史避名汇考》卷一六云:"谈、谭本二氏。白乐天女适谈氏,见《香山集》自撰《墓志》,又有《小岁日喜谈氏外孙女孩满月诗》,李商隐《志白公墓》作'一女适谭氏'。《新唐书·诸帝公主传》云:'玄宗'常山公主,下嫁薛谭'。"《经史避名汇考》卷一六云:"'常'避中宗讳,'谭'避武宗讳。""淡"字多改作"澹",《因话录》卷五:"唐武宗帝庙讳偏旁字,改淡为澹。"《经史避名汇考》卷一六:"至'淡'作'澹',则褚河南《千文》已有之。"作姓氏的"啖"字多改作"澹",《通志·氏族五》"啖氏"注云:"前秦有将军啖铁。又啖助,治《春秋》;大历水部郎中啖席珍;会昌进士啖鳞。避武宗讳,改为澹。"②

今文"昏"字从"氏",然其字本作"昬",关于其字形变化的原因,一种说法是唐代为避唐太宗李世民讳,故将昬字中的"民"改作"氏"。对于这种说法王楙进行了辨驳,《野客丛书》卷第十七"昏"字:

> 世谓"昏"字合从民,今有从"氏"者,避太宗讳故尔。仆观《唐三藏圣教序》,正太宗所作,褚遂良书,其间"重昬之夜",则从"民",初未尝改"民"以从"氏"也,谓避讳之说谬矣!盖俗书则然。又观《温彦博墓志》,正观间欧阳询书,其后言民部尚书唐俭云云。当太宗时,正字且不讳,而况所谓偏旁乎!又有以见太宗不讳之德。([宋]王楙撰,王文锦点校:《野客丛书》,中华书局,1987年,第1版,第188页。)

王楙认为昏由从民到从氏乃是俗字发展的结果,而非避讳造成的。对此钱大昕有不同的看法,《十驾斋养新余录》卷上"昏当从唐本说文作昬":

> 《说文》:"昏,日冥也。从日,氏省。氏者,下也。一曰民声。"案"氏"与"民"音义俱别,依许祭酒例,当重出昬,云"或作昬,民声"。今附于昏下,疑非许氏本文。顷读戴侗《六书故》云:"唐本《说文》从民省,徐本从氏省。"又引晁说之云:"因唐讳

---

① 王彦坤《历代避讳字汇典》,中州古籍出版社,1997年,第522-524页。
② 同上。

'民'，改为氏也。"然则《说文》元是昏字，从日，民声。唐本以避讳减一笔，故云"从民省"。徐氏误以为氏省，"氏，下"之训，亦徐所附益又不敢辄增昏字，仍附民声于下，其非许元文信矣。案《汉隶字原》昏皆从民，婚亦从昏。民者，冥也。与日冥之训相协。唐石经遇民字皆作"⺄"。而偏旁从民者，尽易为氏。如岷作峧、泯作泜、缗作緡、痻作痻、碈作碈、暋作暋、惽作惽、蟁作蟁之类不一而足。则昏之为避讳省笔无疑。谓从氏省者，浅人穿凿附会之说耳。（[清] 钱大昕著，杨勇军整理：《十驾斋养新录》，上海书店出版社，2011 年，第 1 版，第 405 页。）

　　钱大昕认为"昏"由从"民"到从"氏"乃唐本《说文》为避唐太宗讳而改，徐锴不知其为避讳缺笔，反而改"氏"为"氐"曲为之说，后世遂从之。张舜徽亦同其说，张舜徽认为："钱说是也，昏从民声则在明纽，与晚、莫并双声语转，受义同原。"①王楙认为不是避讳现象，钱大昕认为是避讳现象，二人观点相左。今按，考察文字的避讳现象当充分考虑避讳所处的时代背景，不同的朝代有不同的避讳制度。唐代的避讳特点主要表现为"避讳法令本宽，而避讳之风尚则甚盛"②。由于避讳法令宽因此犯讳不会受重罚，故人们不会过分关注是否犯讳，因而出现种种犯讳现象。且《野客丛书》中所提及的《唐三藏圣教序》及《温彦博墓志》均作于唐初，而唐初正是一个朝代刚刚建立百废待兴的时候，其避讳制度不会如后世般严厉，加之唐太宗李世民为当时的大臣们创造了一个较为宽松的政治环境，故褚遂良及欧阳询均直书"昏"字。而"昏"作"昏"乃是唐本《说文》为避讳所改，其避讳方式为缺笔，"民"字去掉一笔即为"氏"字。缺笔是唐代所产生的避讳方式，陈垣认为"唐时避讳，有可特纪者，为缺笔之例，自唐时始"③。"昏"改作"昏"，而"昏"字从"氏"字于义无解，故徐锴以氏而为之说。由此可见，王楙认为"昏"作"昏"为俗书所改，其理据不如避讳改字充分。

　　（5）《敬斋古今黈》卷四：

　　　　句当二字，自唐有之。德宗时，神策军又特制监句当，以宠宦

① 张舜徽《说文解字约注》，华中师范大学出版社，2009 年，第 1635-1636 页。
② 陈垣《史讳举例》，《燕京学报》，1927 年第 4 期。
③ 同上。

者。贞元十二年，改监句当为护军中尉以命窦文场、霍仙鸣。至炎宋过江后，以避讳改句当为干当，则几于吃口令矣。（［元］李治撰，刘德权点校：《敬斋古今黈》，中华书局，1995 年 2 月，第 1 版，第 55 页。）

按，"句当"本为"勾当"，在宋代指主管办理某种公务的官员，宋时称各路属官为勾当公事。宋李纲《靖康传信录》卷三："又以解潜为制置副使代姚古，以折彦质为河东勾当公事，与潜治兵于隆德府。"南宋高宗名构，故避嫌名改"勾"作"句"。王彦坤先生《历代避讳字汇典》引宋王明清《挥麈前录》卷三云："太上皇帝中兴之初，蜀中有大族犯御名之嫌者，而游宦参差不齐，仓促之间，各易其姓。仍其字而更其音者，勾涛是也。加'金'字者，钩光祖是也。加'糸'字者，绚纺是也。加草头者，苟谌是也，改为'句'者，句思是也。增而为'句龙'者，（句龙）如渊是也。由是析为数家，昏姻将不复别。"① 陈垣《史讳举例》卷三曰："宋政和三年御制《八行八刑碑》称'管勾'，而《文献通考》五二称'主管'，亦后来追改。"② 含"勾"之词则以"干"替代，如"勾当"作"干当"，《历代避讳字汇典》引《却扫编》卷下云："旧制，诸路监司属官曰勾当公事，建炎初，避今上嫌名易为干办。"又引《汇考》卷二一云："《能改斋漫录》：'政和八年户部干当公事吴子宽'。此'干当'本作'勾当'，吴曾所追改。"③

（6）《逊志堂杂钞》乙集：

世以杭州称武林，本名虎林，避唐讳改为"武"，非也。《汉书·地理志》会稽郡"武林山，武林水所出"可证。（［清］吴翌凤撰，吴格点校：《逊志堂杂钞》，中华书局，2006 年，第 1 版，第 29 页。）

按，后赵太祖皇帝名虎，故避讳虎字，《邺中记》云："铜爵、金凤、冰井三台，皆在邺北城西北隅……金凤台初名金虎，至石氏改今名。"《清异录》卷上云："石虎时，号虎为'黄猛'，……以避讳故也。"清周广业《经史避名汇考》卷一一引《后赵录》云："建平三年，（石）勒为虎

---

① 王彦坤《历代避讳字汇典》，中州古籍出版社，1997 年，第 119 页。
② 陈垣《史讳举例》，《燕京学报》，1927 年第 4 期。
③ 王彦坤《历代避讳字汇典》，中州古籍出版社，1997 年，第 119 页。

名，改称白虎幡为天鹿幡，又改虎头鞍囊为龙头鞍囊。"唐高祖李渊其祖
亦名虎，故"虎"字多改作"兽"、作"武"、作"豹"或"彪"等。①钱
大昕《廿二史考异》云："唐人讳'虎'，史多改为'武'，或为'兽'，或
为'彪'。""虎"改作"兽"者如《宋书·刘敬宣传》"达遂宁郡之黄虎"，
《晋书·刘敬宣传》则云："俊次黄兽。""虎"改作"武"者如《汉
书·古今人表》有"龙臣"，颜师古注曰："周武贲氏也。《尚书》作'武
臣'。""武贲氏"即"虎贲氏"。"武臣"即"虎臣"，师古避唐讳追改。②
清顾炎武《日知录》卷二十六亦云："《梁书·刘孝绰传》：'众恶之，必监
焉，众好之，必监焉。'梁宣帝讳詧，故改之。盖襄阳以来国史之原文
也。乃其论则直书'姚察'。书中亦有避唐讳者，《顾协传》以虎丘山为武
丘山，《何点传》则为兽丘山。""虎"作"豹"者如后魏徐州刺史薛虎子，
《北齐书·薛琡传》《北史·魏本纪》并作"豹子"。"虎"作"彪"者如
后魏太武皇帝有子名虎头，《北史·太武五王传》作"彪头"。除此之外亦
有改"虎"作"菟""於菟""熊""貙""豺""龙""虗"者。③如宋王楙
《野客丛书》卷第三十云："后汉孔僖因读夫差事，叹曰：'辟如画龙不成
反类狗者也。'刘注：'按古语皆云画虎不成，此误以为画龙。'仆谓此非
误也，盖章怀太子避唐讳尔。正如令狐德棻《后周书》，引韦法保语，古
人称'不入兽穴，不得兽子'同意，是亦避'虎'字也。"

　　而关于杭州名武林乃是因避唐讳而改这一说法，可见宋叶绍翁《四
朝闻见录》乙集："武林本名虎林，唐避帝讳，故曰武林。"杨正质《虎林
山记》云："钱氏有国时，山在城外，异虎出焉，故名虎林，音讹为虎。"
吴翌凤则认为武林之名在《汉书·地理志》中已有描述，清杭世骏《订讹
类编 续补》卷下亦曰："《言鲭》：'世传杭州称武林，本名虎林，唐以避
讳改为武，非也。'《晋书·地理志》：'吴郡钱塘武林山，武林水所出。'
当是时，钱塘属吴郡，又见颜师古注《汉地理志》。"说明武林山乃由武林
水从此出而得名，由此可知武林之名在汉代即已存在，故避唐讳之说不
足信。

　　（7）《陔余丛考》卷二十四"元韵原韵"：

　　　　近代词章家和朋友诗则曰原韵，和御制诗则曰元韵，盖取元首
　　之元以示尊崇，不知原韵本应作元韵，并非假借也。元者本也，本

---

① 陈垣《史讳举例》，《燕京学报》，1927年第4期。
② 王彦坤《历代避讳字汇典》，中州古籍出版社，1997年，第169页。
③ 同上书，第180-181页。

来曰元来，班固《两都赋》"元元本本"是也。若原字，则原蚕、原庙，皆作再字解，初无所谓本来之义，不知何以遂替元字。顾宁人《日知录》谓洪武中臣下有称元任官者，嫌于元朝之"元"，故改此字。然则昔以元为本字，而以避嫌改为原，今反以原为本字，而以应制特改为元，古今事物迁流随世转移者，固非一端，即此可类推也。（[清] 赵翼撰：《陔余丛考》，中华书局，1963 年，第 1 版，第441 页。）

　　按，避讳"元"自唐代已有之，并不始于明代，唐玄宗开元元年十一月戊子，群臣上尊号曰开元神武皇帝，因尊号中有"元"字，故始避讳之。《新唐书·姚崇传》："崇始名元崇，以与突厥叱刺同名，武后时以字行；至开元世，避帝号，更以今名。"《资治通鉴》卷二百一十："壬寅，以姚元之兼紫微令。元之避开元尊号，复名崇。"①陈垣《史讳举例》云："唐开元三年，《巂州都督姚懿碑》云：'公后娶刘氏，今紫微崇、故宗正少卿景之母也。'以《唐表》考之，则懿三子，曰元景，曰元之，曰元素，其单称崇及景者，避玄宗尊号耳。"②五代楚武穆王马殷其父名"元丰"，亦讳"元"，《资治通鉴》卷第二百六十七《后唐纪五》："册礼使至长沙，楚王殷始建国……拓跋恒为仆射，张彦瑶、张迎判机要司……恒本姓元，避殷父讳改焉。""宋太宗赵炅第四子商恭靖王元份，初名元俊，故避元字。"《宋史·毕士安传》："士安本名士元，以'元'犯王讳遂改焉。迁考功员外郎。""宋平西王赵元昊与仁宗元年僭称大夏皇帝，改姓元。"宋欧阳修《归田录》卷一："五年，因郊又改元曰宝元。自景祐初，群臣慕唐玄宗以开元加尊号，遂请加景祐于尊号之上，至宝元亦然。是岁赵元昊以河西叛，改姓元氏，朝廷恶之，遽改元曰康定，而不复加于尊号。"《宋史·夏随传》："元昊反，为鄜延路副都总管。随本名元亨，与元昊有嫌，因奏改焉，寻徙环庆路，未几，复还鄜延。"宋哲宗昭慈圣献孟皇后，其祖名元，《宋史·后妃传下》："王至南京……王即皇帝位，改元，后以是日撤帘，尊后为元祐太后。尚书省言，'元'字犯后祖名，请易以所居宫名，遂称隆祐太后。"说明唐、宋时期避"元"者多为人名，其避讳方式则或在名字中省去"元"字或只称字。

　　南宋灭亡以后蒙古统治中国，国号为"元"，因此明初遂有避"元"

<hr />

① 王彦坤《历代避讳字汇典》，中州古籍出版社，1997 年，第 591 页。
② 陈垣《史讳举例》，《燕京学报》，1927 年第 4 期。

之说，避讳方式即以"原"代替"元"，明沈德符《万历野获编·补遗》卷一："明初贸易文契，如吴元年，洪武元年，俱以'原'代'元'字，盖民间追恨元人，不欲书其国号也。"明李诩《戒庵老人漫笔》卷一亦云："余家先世分关中，写吴年号，洪武元年，俱不用'元'字。想国初恶胜国之号而避之，故民间相习如此。"因此避讳"元"字用"原"字替代始于明代。二者词义本有区别，因为避讳的原因导致二者的词义发生了互换，这也是汉语词义发展中比较特殊的一种变化。

（8）《野客丛书》卷十四"承准字"：

> 今吏文用"承准"字，合书"準"，说者谓因寇公当国，人避其讳，遂去"十"字，只书"准"。仆考魏、晋石本，吏文多书此"承准"字。又观秦、汉间书与夫隶刻，平准多作"准"，知此体古矣。《干禄书》《广韵》注谓"准"俗"準"字。既古有是体，不可谓俗书，要皆通用。《石林燕语》言京师旧有平準务。自汉以来有是名，蔡鲁公为相，以其父名"準"，改为平货务。仆谓"平準"字，自古以来，更革不一。观《宋书》"平準令避顺帝讳，改曰染署"，其他言準字处，所避可知。（［宋］王楙撰，王文锦点校：《野客丛书》，中华书局，1987年，第1版，第160页。）

王楙认为"准"字在魏晋之间即有使用者，非因避寇準之讳而改。按《玉篇》："准，俗準字。"但今本《玉篇》为宋人所修，未必代表梁时期用字情况。《干禄字书》："準准：上通下正。"是以"準"为通行字，不为俗字，据《战国策·中山策》："若乃其眉目准頞权衡，犀角偃月，彼乃帝王之后，非诸侯之姬也。"汉《桐柏淮源庙碑》："准则大圣。"说明秦汉时期即有此字，故著者之说可从。

前代之讳，后代无须避之，然仍有翌代而避之者，即陈垣在《史讳举例》中所称"一朝之讳，有翌代仍讳者"，对于这一用字现象顾炎武有相关论述，《日知录》卷二十三"前代讳"：

> 孟蜀所刻石经，于唐高祖、太宗讳皆缺书。石晋《相里金神道碑》，民、珉二字皆缺末笔。南汉刘岩尊其父谦为代祖圣武皇帝，犹以"代"字易"世"。至宋，益远矣，而乾德三年卜谞《伏羲女娲庙碑》民、珉二字，咸平六年孙冲《序绛守居园池记碑》民、珉二字，皆缺末笔。其于旧君之礼，何其厚与！

　　杨阜，魏明帝时人也，其疏引《书》"协和万国"，犹避汉高祖讳。韦昭吴后主时人也，其解《国语》，凡"庄"字皆作"严"，亦犹避汉明帝讳。唐长孙无忌等撰《隋书》，易《忠节传》以"诚节"，称苻坚为苻永固，亦避隋文帝及其考讳。自古相传，忠厚之道如此，今人不知之矣。

　　元移剌迪为常州路总管，刻其所点《四书章句》《或问》《集注》，其凡例曰："凡《序》《注》《或问》中题头及空处并存其旧，以见当时忠上之意。"如近岁新刊《大学衍义》亦然。时天历元年也。《资治通鉴·周太祖、世宗纪》，"太祖皇帝"皆题头，至今仍之。《孟子》"见梁襄王章"末注苏氏曰："予观《孟子》以来，自汉高祖及光武及唐太宗及我太祖皇帝，能一天下者四君。""太祖"上空一字。永乐中修《大全》，于其空处添一"宋"字，后人之见，与前人相去岂不远哉！（[清]顾炎武著，黄汝成集释，栾保群、吕宗力校点：《日知录集释》〔全校本〕，上海古籍出版社，2006 年，第 1 版，第 1322、1323 页。）

　　顾炎武对这一行为还予以褒扬，认为这是"忠厚"的表现，但陈垣却反对这一看法，《史讳举例》云："今考蜀《石经》残本，《行露》序注，世作廿，后凡世仿此。《摽有梅》笺：'所以蕃育人民也'，民作𡰪，后凡民仿此。《江有沱》笺'岷山导江'，岷作㟭。'维丝伊缗'，缗作緍。'其心塞渊'，渊作渆。'土国城漕'笺'或修治漕城'，不避治字。'不我活兮'笺'军事弃其伍约'，弃作弃，后凡弃仿此。'泄泄其羽'，作洩洩。'匏有苦叶'，叶作菜，后凡叶仿此。以上皆仍《开成石经》元文，未及改正，不足为忠厚之证。善乎魏王肃之言曰：'汉元后父名禁，改禁中为省中，至今遂以省中为称，非能为元后讳，徒以名遂行故也。'""今俗书玄、弘、宁、贮等字，犹多缺笔，岂为清讳，因仍习惯，视为固然，忘其起于避讳矣。"①这说明因避讳而所改之字由于使用日久人们习以为常，已不觉其非为正字，遂以讹传讹因袭下来，非因后代人对前朝之眷恋。语言文字约定俗成的特点，决定了一些本是因避讳而产生的文字和词语由于长期使用而成为语言文字的一部分，不会因朝代的改换而改变。

---

① 陈垣《史讳举例》，《燕京学报》，1927 年第 4 期。

词 汇 篇

第八章　词汇与词义研究（一）

　　学术笔记中记载了大量有关词汇及词义研究的内容，这些研究或论述词语的来源、出处，或考证词语的始见年代及始见书证，或考辨词语词义的演变及分化过程，考察词语在不同时期所具有的不同古义及僻义，或记录某些词语在某段历史时期所具有的特殊意义，这些研究虽然大都是个体性的、分散的研究，但对于我们今天研究汉语词汇史仍是宝贵的有效资源。对其做出系统的整理和研究对汉语词汇史的研究是具有积极意义的。

　　笔记的特点是形式灵活、内容广泛，学术笔记在词语研究方面也表现出这一特点。在研究对象上，学术笔记的范围很广，既包括单音词，也包括一些复合词、联绵词，还包括一些方俗语、称谓语等。

　　语汇的研究在内容上则有考释词义、考辨词语的感情色彩、研究词语的构词理据、研究方俗语的出处等。对词义的考辨研究也是古代语言学研究的重要内容，从《尔雅》开始，历代的注疏及辞书、笔记都有关于词义考辨的研究，词义的考辨主要分为考释和辨正两方面，词义考释侧重于考察词语的词义，解释其构词理据，有些学术笔记甚至涉及系连同源词的研究，这些都属于词义考释的内容。词义的辨正则主要侧重于对前人研究成果的分析，考察其得失，指出其中的错误并予以辨正等等，虽然辨正的内容不一定完全正确，但为我们研究古汉语词义提供了有价值的参考。本章及第二章主要从以下几个方面对学术笔记词汇及词义研究语料进行释读和考释。

第一节　探索词源、考证词语的来源及出处

　　词汇史研究的重要任务之一就是对词语的探源，考察词语的始见时间，发掘其早期词义特点，这方面学术笔记中有很多材料可以利用。如：考证词语的始见年代及始见书证，或考证词语的较早出处，或考证其词义

的来源，或直接列举始见书证以证明其产生年代。这些研究对于汉语词汇史研究以及综合性、历时性辞书的编纂，都具有重要的参考价值。

一、考证词语的来源和出处

（1）《容斋随笔·四笔》卷第九"更衣"：

> 雅志堂后小室，名之曰"更衣"，以为姻宾憩息地。稚子数请所出，因录班史语示之。《灌夫传》："坐乃起更衣。"颜注："更，改也。凡久坐者皆起更衣，以其寒暖或变也。""田延年起至更衣"颜注："古者延宾，必有更衣之处。"《卫皇后传》："帝起更衣，子夫侍尚衣。"（［宋］洪迈撰，孔凡礼点校：《容斋随笔》，中华书局，2005年，第 1 版，第 743 页。）

此例考证"更衣"作休息地解释的始见出处。著者援引《汉书》及颜师古注，证此义产生于汉代。

按，"更衣"本指更换衣服，即颜师古所称"凡久坐者皆起更衣，以其寒暖或变也"也，例中所举《灌夫传》及《卫皇后传》均用此义。而更换衣服则需要有空间或宫室，故又引申为更换衣服的休息之处。《汉书·东方朔传》："后乃私置更衣。"颜师古注："为休息易衣之处。"《汉书·王莽传下》："见王路堂者，张于西厢及后阁更衣中。"颜师古注引晋灼曰："更衣中，谓朝贺易衣服处，室屋名也。"因此"更衣"表换衣休息处始于汉代。《汉语大词典》"更衣"此义首引《汉书·东方朔传》及《王莽传》。

（2）《考古编》卷九：

> 世传舞马、衔杯、上寿起于开元，非也。中宗时已有之，《景龙文馆记》："殿中奏蹀马之戏，宛转中律，遇作饮酒乐者，以口衔杯，卧而复起，吐蕃大惊。"即不起开元时矣。（［宋］程大昌撰，刘尚荣校证：《考古编》，中华书局，2008 年，第 1 版，第 148 页。）

著者认为世俗所称"舞马"起于开元年间之说不确，据《景龙文馆记》则唐中宗时期已有。

按，程大昌《演繁露》曰："梁天监四年，禊饮华光殿。其日，河南献赤龙驹，能伏拜，善舞，周兴嗣为赋。案此时已有舞马，不待开元间矣。唐中宗《景龙文馆记》已有舞马，亦非明皇创教也。"指出"舞马"
于梁武帝时期已产生。按，《宋书·谢庄传》中南朝宋孝武帝大明间，河
南献舞马，谢庄有《舞马赋》《舞马歌》。说明南朝宋时期已有"舞马"，
早于梁武帝时期。

（3）《野客丛书》卷第三十"健儿跋扈"：

> 《漫录》曰："今以军为健儿，往往以杜诗'健儿胜腐儒'为
> 证。非也，按《世说》祖逖过江，常使健儿鼓行劫钞。东晋时已有
> 健儿之称。"仆谓健儿之名，见于东汉。观朱遵战死，吴汉表为置
> 祠，为健儿庙。又见于《三国志》甚多，不可引东晋为证也。又曰：
> "梁冀跋扈，'跋扈'二字见《诗》注。《毛诗》曰'无然畔援'，注：
> '畔援，犹跋扈也。'班固《高祖纪·赞》曰'项氏畔援'，注：'跋
> 扈。'"仆谓郑注、班《史》，皆后汉人语。王莽时，崔篆《慰志赋》
> 曰"黎奋以跋扈兮，羿浞狂以恣睢"，此语《朱浮传》光武诏曰"赤
> 眉跋扈长安"，又在二公之前。冯衍《志赋》亦曰"始皇跋扈兮"云
> 云。（［宋］王楙撰，王文锦点校：《野客丛书》，中华书局，1987
> 年，第1版，第346页。）

此例考释"健儿"和"跋扈"二词的始见时间。首先，援引《能改
斋漫录》说"健儿"为东晋时语。著者认为"健儿"一词东汉时期已有，
见于朱遵事迹中，《三国志》已多见，非始于东晋。其次，引《漫录》说
以"跋扈"为东汉时语，著者认为亦不确，继而引崔篆《慰志赋》《朱浮
传》及冯衍《志赋》证新莽时期已有此语。

按，"健儿"指军士、士兵。"健"有"强壮""雄健"义，《说文》：
"健，伉也。"《易·乾》卦"天行健"，孔颖达疏云："健者，强壮之命。"
"儿"本义为小孩，《说文》："兒，孺子也。从儿，象小儿头囟未合。"引
申指男青年，《史记·高祖本纪》"发沛中儿得百二十人"。"健儿"即指强
壮、雄健的男青年。古代的兵士多首选男青年中之强壮者，故"健儿"可
指士兵。著者所举朱遵事不见《史记》《汉书》等史传中，《太平广记》卷
一九一引《新津县图经》曰："汉朱遵仕郡功曹。公孙述僭号，遵拥郡人
不伏，述攻之，乃以兵拒述，埋车绊马而战死。光武追赠辅汉将军，吴汉
表为置祠。一曰：遵失首，退至此地，绊马讫，以手摸头，始知失首。于
是土人感而义之，乃为置祠，号为健儿庙。后改勇士祠。"这是"健儿"
为东汉时期词语之证。《汉语大词典》所举书证为《三国志·吴志·甘宁

传》。

　　"跋扈"为"畔援"（一作"畔换"）之语转，又作"拔扈"。董为光认为"畔援"和"拔扈"为同族关系的联绵词，这一词族的语义核心是"充盈、张大"，指人则为"愤怒、气满、骄矜、勇壮、放纵、争斗"等义。①因此表"拔扈"义之词早已产生，著者此处论述的是词形的产生时间，其所举例证均为新莽及光武时期事，《汉语大词典》所举书证为《文选·西京赋》，时代略晚于著者所举之书证。

　　（4）《困学纪闻》卷四：

　　　　《槁人》注："今司徒府中有百官朝会之殿。"后汉《蔡邕集》所载"百官会府公殿下"者也。古天子之堂未名曰殿。《说苑》："魏文侯御廪灾，素服辟正殿五日。"《庄子·说剑》云："入殿门不趋。"盖战国始有是名。《燕礼》注："当东霤者，入君为殿屋也。"疏谓"汉时殿屋四向流水"，举汉以况周。然《汉·黄霸传》"先上殿"，注谓"丞相所坐屋"。古者屋之高严，通呼为殿，不必官中也。（［宋］王应麟著；［清］翁元圻等注；栾保群，田青松，吕宗力校点：《困学纪闻》〔全校本〕，上海古籍出版社，2008 年，第 1 版，第517 页。）

　　（5）《逊志堂杂钞》丁集：

　　　　春秋以前，无以屋称"殿"者，当是"殿最"之殿，转写为"堂殿"之殿耳。凡军后曰殿，从"屍"会意。屍，髀后也。说者谓秦始皇始作殿，然《魏策》"苍鹰击于殿上"，则不始于始皇矣。皇居称殿，然《汉书·霍光传》"鸮鸣殿上"，《黄霸传》"先上殿"，注云："殿，丞相所居之室。"《三国志》"为张辽造殿"，则不必皇居称殿也。（［清］吴翌凤撰，吴格点校：《逊志堂杂钞》，中华书局，2006 年，第 1 版，第 65 页。）

　　例（4）、例（5）均讨论"殿"表天子居所义的起始问题。例（4）首先援引《周礼·槁人》注以及《蔡邕集》文，指出古时天子之堂屋不称"殿"。继而引《说苑》《庄子》文说明战国时始称有此义，然据《礼

---

① 董为光《汉语"异声联绵词"初探》，《语言研究》，1986 年第 2 期。

记·燕礼》疏及《汉书·黄霸传》注，认为该义最初不专属皇帝，堂屋高大者均可称"殿"。例（5）承例（4）说，认为春秋前"殿"没有屋义，"殿"表屋义是由"殿最"义发展而来，并且最初可泛指所有房屋，不必专指皇帝所居之处。

按，"殿"在春秋以前未有作房屋义者，春秋时期之"殿"多作殿后、镇守、后等义，如《论语·雍也》"孟之反不伐，奔而殿"，《左传·成公二年》"此车一人殿之，可以集事"，《左传·襄公二十六年》"晋人置诸戎车之殿"等，未见有表房屋义者。"殿"表房屋义即例（5）所举《战国策·魏策》"苍鹰击于殿上"及例（4）所举《庄子》《燕礼》例。

按，《说文》："殿，击声也。从殳，屍声。"段玉裁注："此字本义未见，假借为宫殿字……又假借为军后曰殿。"因此"殿"作房屋义及军后义均本为假借字，然从产生时间上看，当时先假借作军后义，后假借作房屋义，段注未深考。

又例（5）所举《汉书·霍光传》"鸮数鸣殿前树上"，颜师古注曰："古者屋室高大，则通呼为殿耳，非止天子宫中。"此外，《初学记》卷二四引《仓颉篇》："殿，大堂也。"又《后汉书·蔡茂传》："茂初在广汉，梦坐大殿。"李贤注："屋之大者，古通呼为殿也。"说明其本为通称，指高大的房屋。作专称指皇帝所居之宫殿，据例（5）所引，当在汉代以后。《汉语大词典》"殿"义项②指帝王宸居，引《庄子·说剑》及《史记·秦始皇本纪》，其实这里的"殿"仍指高大房屋，《大字典》引书未深考。

（6）《困学纪闻》卷四：

> （《周礼》）"岁终正治而致事"，注："上其计簿。"疏云："汉时考吏，谓之计吏。"今按《说苑》"晏子治东阿，三年，景公召而数之；明年上计，景公迎而贺之"，《韩子·外储说》"西门豹为邺令，居期年，上计，君收其玺"，《新序》"魏文侯东阳上计，钱布十倍"，《史记》"秦昭王召王稽，拜为河东守，三岁不上计"，然则春秋、战国时，已有上计，非始于汉。（［宋］王应麟著；［清］翁元圻等注；栾保群，田青松，吕宗力校点：《困学纪闻》〔全校本〕，上海古籍出版社，2008 年，第 1 版，第 498 页。）

首先此例引用《周礼》注疏内容，以"上计"这一制度始于汉代。

进而援引《说苑》《韩非子》及《新序》《史记》等文献，指出"上计"一词春秋、战国时已有，非始于汉代。

按，《周礼》注曰"上其计薄"，可见"上计"当来源于此，指上交计薄。贾公彦疏"计吏"又叫"上计吏"，简称"上计"。"上计"为战国、秦汉间制度，指战国、秦汉时地方官于年终将境内户口、赋税、盗贼、狱讼等项编造计簿，遣吏逐级上报，奏呈朝廷，借资考绩。[①]故该词仅见于战国时期之文献，春秋时未有该制，故无"上计"一词，著者所引书证均为战国后期及汉代文献，其所引内容为春秋时期只能证明春秋时期有其事，而不能证明春秋时期有其词。《汉语大词典》所举书证亦为《晏子春秋》《淮南子》及《后汉书》等战国、秦汉时期文献。

（7）《困学纪闻》卷十九：

> 《考古编》以《通鉴》贞观十三年房玄龄"请解机务""诏断表"为今"断来章"之祖。愚按，《晋·山涛传》：手诏曰："便当摄职，令断章表。"此断表之始，非昉于唐也。（［宋］王应麟著；［清］翁元圻等注；栾保群，田青松，吕宗力校点：《困学纪闻》〔全校本］，上海古籍出版社，2008年，第1版，第1631页。）

著者指出《考古编》以"断表"产生于唐代，实际上"断表"晋代已经产生。

按，全祖望云："亦不始于晋，而始于汉，见《王莽传》。"翁元圻曰："《汉书·王莽传》：'加公为宰衡，莽稽首辞让，出奏封事。太师光曰：宜诏尚书勿复受之让奏。奏可。'《后汉书·和帝纪》：'七年，邓鸿、朱征、杜崇下狱死。'注：'时南单于安国与崇不相平，乃上书告崇。崇令断其表，缘此惊叛。'据此，断表始于汉无疑。今本程大昌《考古编》无此条所引之文，岂《考古编》固有佚文？"

今按，"断表"指拒不接受所上章表，本为词组"断其表"，后双音节化作"断表"。《王莽传》中有"断表"之事，然未有"断表"一词，"断表"一词始见当为《晋书》，《汉语大词典》所举书证为《晋书·朱序传》："序以老病，累表解职，不许。诏断表，遂辄去任。数旬，归罪廷尉，诏原不问。"

---

①《汉语大词典》"上计"。

（8）《容斋随笔》卷第四"喷嚏"：

> 今人喷嚏不止者，必噀唾祝云"有人说我"，妇人尤甚。予按《终风》诗："寤言不寐，愿言则嚏。"郑氏笺云："我其忧悼而不能寐，女思我心如是，我则嚏也。今俗人嚏，云'人道我'，此古之遗语也。"乃知此风自古以来有之。（［宋］洪迈撰，孔凡礼点校：《容斋随笔》，中华书局，2005 年，第 1 版，第 52 页。）

著者指出时人打喷嚏而云"有人说我"之俗乃本自《诗经·终风》，并据郑玄笺证此为古俗。

按，宋王楙《野客丛书》亦引其说并加以讨论，《野客丛书》卷六"喷嚏"：

> 《随笔》曰：今人喷嚏不止者，必噀嚏祝云"有人说我。"按《诗》"寤言不寐，愿言则嚏。"注："女思我心则嚏也。今俗人嚏，云'人道我'，此古之遗语。"仆观《类要编·风篇》正有是说。（［宋］王楙撰，王文锦点校：《野客丛书》，中华书局，1987 年，第 1 版，第 68 页。）

此例说明郑玄注《诗·终风》时即有是说。按，"喷嚏"，原本作"嚏"，《说文》："嚏，悟解气也。"《玉篇》："嚏，喷鼻也。"出土文献中多作"疐"，《睡虎地秦简·封诊式》："鼻腔坏。刺其鼻不疐。"有时用"喷"，《广雅》："喷，嚏也。"王念孙《疏证》曰："《众经音义》卷十引《仓颉篇》云：'嚏，喷鼻也。'各本脱'嚏也'二字。《众经音义》卷十六、十九并引《广雅》：'喷，嚏也。'"说明"喷"和"嚏"本为释词和被释词关系，二者意义相近，后凝固成同义复词。至唐代，"喷嚏"大量出现在文献中，如唐张鷟《朝野佥载》卷二："忽有虎临其上而嗅之，虎须入醉人鼻中，遂喷嚏，声震虎，遂惊跃，便即落崖。"唐赵璘《因话录》卷四："上又与诸王会食，宁王对御坐喷一口饭，直及龙颜。上曰：'宁哥何故错喉？'幡绰曰：'此非错喉，是喷嚏。'"徐锴《系传》曰："嚏，悟解气也。……脑鼻中气壅塞，喷嚏则通。故云'悟解气'。"《汉语大词典》首引书证为宋洪迈《夷坚志》，时代过晚。

（9）《野客丛书》卷二十三"咄嗟"：

　　刘贡父以司空图诗中"咄喏"二字，辨《晋书》"石崇豆粥咄嗟"为误，《石林》谓孙楚诗有"咄嗟安可保"之语，此又岂是以"喏"为"嗟"？自晋以前，未见有言"咄嗟"，殷浩谓"咄咄逼人"，盖拒物之声。"嗟"乃叹声，"咄嗟"犹呼吸，疑晋人一时语耳。仆观魏陈暄赋"汉帝咄嗟"，《抱朴子》"不觉咄嗟复雕枯"，李白诗"临歧胡咄嗟"，王绩诗"咄嗟建城市"，张说诗"咄嗟长不见"，陈子昂诗"咄嗟吾何叹"，司空图诗"笑君徒咄嗟"，此诗于"花"字韵押，是亦以为"咄嗟"。贡父所举，乃别一诗，曰"咄喏休休莫莫"，且陈暄、葛稚川、左太冲、陈子昂、李太白之徒，皆在司空图之前，其言已可验矣。况复图有前作"咄嗟"字，无可疑者。仆又推之，窃谓此语，自古而然，非特晋也。《前汉书》"项羽意乌猝嗟"，李奇注："猝嗟，犹咄嗟也。"后汉何休注《公羊》曰："噫，咄嗟也。"此咄嗟已明验汉人语矣。又《战国策》有"叱咄""叱嗟"等语，益知此语，自古而然。贡父所说，固已未广，石林引孙楚诗，且谓晋人一时之语，亦未广也。"咄咄逼人"，乃殷仲堪语。石林谓殷浩，误也。殷浩语乃"咄咄书空"。（［宋］王楙撰，王文锦点校：《野客丛书》，中华书局，1987年，第1版，第259-260页。）

　　著者认为"咄嗟"一词晋以前未有，并认为该词或出自春秋战国时期"猝嗟""叱咄""叱嗟"等词。

　　按，"咄"本为叹词表惊诧，《说文·口部》："咄，相谓也。"段玉裁注："谓欲相语而先惊之词。"引申而为呵斥义，《集韵·没韵》："咄，呵也。""嗟"亦为叹词，表招呼、应答、赞叹等。《书·费誓》："公曰：'嗟！人无哗，听命。'""咄嗟"本义为叹息，晋葛洪《抱朴子·勤求》："令人怛然心热，不觉咄嗟。"引申为呼吸之间，形容时间短暂，晋左思《咏史》诗之八："俯仰生荣华，咄嗟复雕枯。"《晋书》"石崇豆粥咄嗟"即用此义。该词《汉语大词典》首举书证为《抱朴子》，说明该词晋以前就已单独使用，晋时始合成词。

　　（10）《野客丛书》卷第三十"以点心为小食"：

　　《漫录》谓："世俗例以早晨小食为点心，自唐已有此语。郑僾为江淮留后，夫人曰：'尔且点心。'"或谓小食亦罕知出处，仆谓见《昭明太子传》曰："京师谷贵，改常馔为小食。"小食之名本此。又谓："陈江总《怨行》诗曰：'团扇箧中藏不分，纤腰掌上讵胜情。'按羊侃有舞人，腰围一尺六寸，时人咸推掌上舞。"仆谓赵飞燕体轻能掌上舞，见《外传》，《漫录》何舍此举彼邪？（［宋］王楙撰，王文锦点校：《野客丛书》，中华书局，1987年，第1版，第350页。）

著者认为"点心"一词出自唐代，"小食"一词当本于《昭明太子传》。

按，"小食"原指吃早餐，后泛指点心、零食。《汉语大词典》首举书证为《稗海》本晋干宝《搜神记》卷一："辂曰：'命不我与，为之奈何？然子恳诚，且为救诸……吾卯日小食时必至君家。'"次举《梁书·昭明太子传》，说明在晋时已有是称。关于"点心"之始见，清人赵翼亦有论述，《陔余丛考》卷四十三"点心"：

> 世俗以小食为点心，不知所始。按吴曾《能改斋漫录》云，唐郑傪为江、淮留后，家人备夫人晨馔，夫人顾其弟曰："治妆未毕，我未及餐，尔且可点心。"其弟举瓯已罄。俄而女仆请饭库钥匙，备夫人点心，傪诟曰："适已点心，今何得又请？"是唐时已有此语也。亦见《辍耕录》。又《癸辛杂识》记南宋赵温叔丞相善啖，阜陵闻之曰："朕欲作小点心相请。"乃设具，饮玉海至六七，又啖笼炊百枚。（［清］赵翼撰：《陔余丛考》，中华书局，1963年，第1版，第964页。）

因此，赵翼亦认为"点心"唐代已有，按，"点心"本义与"小食"同，为吃早餐，动词义，后引申指小食品，名词义。《汉语大词典》所举书证为唐孙頠《幻异志·板桥三娘子》，说明该词唐时已产生。

（11）《敬斋古今黈》卷之三：

> "邸阁"者，乃军屯蹊要储蓄资粮之所，此二字他书无有，见于汉末及《三国志》，其所明著者凡十一。《董卓传》注："《献帝纪》曰：'帝出杂缯二万匹，与所卖厩马百余匹，宣赐公卿以下及贫民不能自存者。李催曰：我邸阁储偫少，乃悉载置其营。'"又《张既传》："酒泉苏衡反，既击破之，遂上疏请治左城，筑障塞，置烽燧

邸阁以备胡。西羌恐，率众二万余落降。"又"王基击吴，别袭步协
于夷陵。协闭门自守，基示以攻形，而实分兵取雄父邸阁，收米三
十余万斛。"又"毌邱俭、文钦作乱。王基与司马景王会于许昌，基
谓宜速进据南顿，南顿有大邸阁，计足军人四十日粮。"又"蜀后主
建兴十一年冬，诸葛亮使诸军运米集于斜谷口邸阁。"又《魏延传》
注："夏侯楙镇长安，诸葛亮于南郑计议，延曰云云。横门邸阁与散
民之谷足周食也。"又《邓芝传》："先生定益州，芝为郫邸阁督。先
主出至郫，与语大奇之，擢为郫令。"又《孙策传》注："江表传曰：
'策渡江攻刘繇牛渚营，尽得邸阁粮谷战具。'是岁兴平二年也。"又
《孙权传》："赤乌四年夏，遣卫将军全琮略淮南，决芍陂，烧安城邸
阁，收其人民。"又"赤乌八年，遣校尉陈勋将屯田兵及作士三万人
凿句容中道，自小其至云阳西城，通会市，作邸阁。"又《周鲂传》：
"谲曹休笺曰：'东主遣从弟孙奂治安陆城，修立邸阁，辇赍运粮，
以为军储。'"（［元］李治撰，刘德权点校：《敬斋古今黈》，中华书
局，1995 年，第 1 版，第 33-34 页。）

　　著者指出"邸阁"为古时官府所设置的储存粮食等物资的仓库，其
名始于汉末、三国时期，并列举《三国志》注引《献帝纪》及《张既传》
《魏延传》等十一处内容为证。

　　按，"邸"本义为战国时诸侯的客舍，汉时为诸侯王在京师设置的住
所。《说文》："邸，属国舍。"徐锴《系传》曰："诸侯来朝所舍为邸。邸
有根柢也，根本所在也。"顾炎武《日知录》："邸，如今京师之会馆。"又
可指储存粮食的仓舍，程大昌《演繁露》卷一："为邸为阁，贮粮也。《通
典》漕运门：'后魏于水运处，立邸阁八所。'俗名为仓也。"许逸民《演
繁露校证》引《资治通鉴》胡三省注云："邸，至也，言所归至也。阁，
庋置也。邸阁，谓转输之归至而庋置之也。"

　　《三国志》中共有"邸阁"十二例，除著者所举十一例外，《魏志》
中尚有一例，[①]《汉语大词典》首举书证为曹植《谢赐谷表》。

　　（12）《日知录》卷二十四"将军"：

　　　　《春秋传》："晋献公作二军：公将上军，太子申生将下军。"是
　　已有将军之文，而未以为名也。至昭公二十八年，阎没女宽对魏献

---

　　① 《三国志·魏志·乌丸鲜卑东夷传》："收租赋，有邸阁。"

子曰："岂将军食之而有不足。"正义曰："此以魏子将中军，故谓之
将军。"及六国以来，遂以"将军"为官名，盖其元起于此。《公羊
传》"将军子重谏曰"，《穀梁传》"使狐夜姑为将军"，《孟子》"鲁欲
使慎子为将军"，《墨子》"昔者晋有六将军，而智伯莫为强焉"，《庄
子》"今将军兼此三者"，《淮南子》"赵文子问于叔向曰：'晋六将
军，其孰先亡'"，"张武为智伯谋曰：'晋六将军'"，又曰"鲁君召
子贡，授之将军之印"，而《国语》亦曰"郑人以詹伯为将军"，又
曰："吴王夫差黄池之会，十行一嬖大夫，十旌一将军"，《礼记·檀
弓》"卫将军文子之丧"，《史记·司马穰苴传》"景公以为将军"，
《封禅书》"杜主者，故周之右将军"，《越世家》"范蠡称上将军"，
《魏世家》"令太子申为上将军"，《战国策》"梁王虚上位，以故相为
上将军"，《汉书·百官表》曰"前后左右将军，皆周末官"，《通
典》曰"自战国置大将军，楚怀王与秦战，秦败楚，虏其大将军屈
丐"，至汉则定以为官名矣。（〔清〕顾炎武著，黄汝成集释，栾保
群、吕宗力校点：《日知录集释》〔全校本〕，上海古籍出版社，2006
年，第 1366-1367 页。）

此例指出"将军"一词本指率领军队，至鲁昭公时期已经成为称谓
词。战国至秦汉时期开始大量使用，成为官职名称。著者认为论其起源，
当出自《左传》。

按，《墨子·非攻中》："昔者晋有六将军。"孙诒让《墨子间诂》曰：
"六将军，即六卿为军将者也。春秋时通称军将为将军。"①说明"将军"
本为官名通称，文官、武将俱可称"将军"。战国时期开始专指武将，如
著者所举《公羊传》《穀梁传》《庄子》《孟子》等例。出土文献中，《辟大
夫虎符》中有"将军信节"四字；《郭店楚简·老子丙本》有"是以偏将
军居左，上将军居右"；《睡虎地秦简·为吏之道》有"告将军""将军勿
恤视""将军以堙豪（壕）"等语，均指武将而言。至汉代，皇帝左右的大
臣多称大将军、车骑将军、前将军、后将军、左将军、右将军等，如例中
所举《汉书》例。

（13）《日知录》卷二十九"骑"：

　　　《诗》云："古公亶父，来朝走马。"古者马以驾车，不可言走，

---

① 孙诒让《墨子间诂》，中华书局，2001 年，第 138 页。

曰走者，单骑之称。古公之国邻于戎狄，其习尚有相同者。然则骑射之法不始于赵武灵王也。

《左传·昭公二十五年》："左师展将以公乘马而归。"正义曰："古者服牛乘马，马以驾车，不单骑也。至六国之时始有单骑，苏秦所云：'车千乘，骑万匹'是也。《曲礼》云：'前有车骑'者。《礼记》，汉世书耳，经典无'骑'字也，刘炫谓此'左师展将以公乘马而归'，欲共公单骑而归，此骑马之渐也。"

春秋之世，戎狄之杂居于中夏者，大抵皆在山谷之间，兵车之所不至。齐桓、晋文仅攘而却之，不能深入其地者，用车故也。中行穆子之败狄于大卤，得之毁车崇卒；而智伯欲伐仇犹；遗之大钟，以开其道，其不利于车可知矣。势不得不变而为骑，骑射所以便山谷也，胡服所以便骑射也，是以公子成之徒，谏胡服而不谏骑射，意骑射之法必有先武灵而用之者矣。

骑利攻，车利守，故卫将军之遇虏，以武刚车自环为营。

《史记·项羽本纪》叙鸿门之会曰："沛公则置车骑，脱身独骑。"上言"车骑"，则车驾之马，来时所乘也。下言"独骑"，则单行之马，去时所跨也。樊哙、夏侯婴、靳彊、纪信四人，则皆步走也。《樊哙传》曰："沛公留车骑，独骑马，哙等四人步从"是也。（［清］顾炎武著，黄汝成集释，栾保群、吕宗力校点：《日知录集释》〔全校本〕，上海古籍出版社，2006 年，第 1617-1619 页。）

此例认为"骑"表"骑马""骑射"之义不始于赵武灵王之时，先秦时期与少数民族接壤的一些国家已经有骑射之法。按，《诗》"古公亶父，来朝走马"一句，顾炎武认为古公古国临近戎狄，故习得骑射之术，因此《诗》称作"走马"，然而《集释》注云："（原注）董氏曰：'顾野王作来朝趣马。'"认为"走马"当作"趣马"。按，《诗·大雅·緜》："古公亶父，来朝走马。"王先谦集疏："《玉篇·走部》：'趣，遽也。《诗》曰："来朝趣马。"言早且疾也。'知韩'走'作'趣'。"由此可知，古公时似未尝习骑射。王应麟《困学纪闻》卷五："古以车战，春秋时郑、晋有徒兵，而骑兵盖始于战国之初。《曲礼》'前有车骑'，《六韬》言'骑战'，其书当出于周末。然《左氏传》'左师展将以昭公乘马而归'，《公羊传》'齐、鲁相遇，以鞍为几'，已有骑之渐。"因此"骑"表骑射之义或当始于春秋末至战国初期间。

（14）《陔余丛考》卷二十"拐子马不始于女真"：

> 《宋史》谓金人善用拐子马，三马相连，一马仆，二马不能行，皆女真为之，号长胜军，战酣然后用之。兀术攻顺昌，有铁浮图兵，皆重铠戴铁兜牟，三人为伍，贯以韦索，每进一步，用拒马拥之。按《晋》载记，穆帝时，燕慕容恪击魏主冉闵，择鲜卑善射者五千人，以铁锁连其马为方阵而前，遂破闵。则古时已有为之者。（［清］赵翼撰：《陔余丛考》，中华书局，1963 年，第 1 版，第 389 页。）

此例指出金人所用拐子马之战术方法实本出于晋时鲜卑人所用之法，然"拐子马"一词当出自宋辽金时期，宋曾公亮《武经总要·东西拐子马阵》："东西拐子马阵为大阵之左右翼也。本朝西北面行营拐子阵并选精骑，夷狄用兵每弓骑暴集，偏攻大阵，一面捍御不及，则有奔突之患，因置拐子阵以为救援。"《宋史·岳飞传》："初，兀术有劲军，皆重铠，贯以韦索，三人为联，号'拐子马'。"《汉语大词典》"拐子马"亦引赵翼《陔余丛考》之说。

（15）《陔余丛考》卷四十三"世界"：

> 世界见《首楞严经》，佛告阿难，言世为迁流，界为方位。东、西、南、北、东南、西南、东北、西北、上、下为界。过去、未来、现在为世。方位有十，流数有三。犹《淮南子》所云往古来今谓之宙，四方上下谓之宇也。扬子云《太玄》则谓阖天谓之宇，辟宇谓之宙。陆绩云，阖，天地昼夜之称；辟谓开天地昼夜之称。（［清］赵翼撰：《陔余丛考》，中华书局，1963 年，第 1 版，第 967 页。）

此例指出"世界"一词出自佛经，"世"表时间，"界"表方位。"世界"与《淮南子》中之"宇宙"、《太玄》中之"阖""辟"所表意义相同。

按，王力先生说："现在我们所谓'世界'，上古汉语里叫做'天下'。'世界'这个名词是从佛经来的，它的最初意义和现代意义还不相同。《楞严经》：'世为迁流，界为方位。东、西、南、北、东南、西南、东北、西北、上、下为界。过去、未来、现在为世。'由此看来，'世'是时间的意思，'界'是空间的意思。'世界'本来是包括时间、空间来说的，略等于汉语原有的宇宙。"①因此"世界"一词在上古汉语中作"天下"讲，后来从佛经中拿来使用，其初始义包括时间和空间，后来则专指空间。

（16）《陔余丛考》卷二十七"民壮"：

> 今州县官衙前给使者有民壮，饩于官而供役，其名则起于前明。天顺初，令召募民壮，鞍马器械悉从官给，本户有粮免五石，仍免户丁二名。至弘治间，又令州县选取年二十以上、五十以下，每里佥二名，或三名五名，春夏秋每月操一次，冬操二歇三。遇警调集，官给行粮。后王阳明破浰头等贼及平宸濠，皆用其力。此说见《涌幢小品》。而《明史·兵志》则云，正统二年，募军余、民壮愿自效者，人给布二匹，月粮四斗。景泰初，募直隶、山东、西民壮守大同、紫荆等关。弘治七年，立佥民壮法。州县七、八百里以上，里佥五人；五百里，里四人；三百里，里三人；百里，里二人。有司训练，遇警调发，给以行粮。富民不愿则上直于官，官为催募。隆庆中，又定一家有三丁者籍一。州与大县可得千五六百人，小县可得千人，隶抚臣操练，岁无过三月，月无过三次，练毕即归农，复其身。（［清］赵翼撰：《陔余丛考》，中华书局，1963年，第1版，第572页。）

著者认为"民壮"一词起于明朝，按明王廷相《雅述下》："正统己巳之变，兵部征各省兵入御房……当时大臣建议，设立民壮，以备仓卒，法古兵出于农之义，三时在野力田，一时入城讲武，若有征调，即同正军。"《醒世恒言·汪大尹火焚宝莲寺》："（汪大尹）教左右唤进民壮快手人等，将寺中僧众，尽都绑缚。"《明史·兵志三》："正统二年始募所在军余、民壮愿自效者，陕西得四千二百人，人给布二匹，月粮四斗。"因此明时之"民壮"为被朝廷征募服役的壮丁，至清代则变为州、县官衙前卫兵。

（17）《札朴》卷第四"轻脱"：

> 《三国志》："多言为将轻脱。"案：僖三十三年《左传》："秦师

---

① 王力《汉语史稿》，中华书局，1980年，第521页。

轻而无礼，必败。轻则寡谋，无礼则脱。入险而脱，又不能谋，能无败乎？"杜注："脱，轻易也。"（［清］桂馥撰，赵智海点校：《札朴》，中华书局，1992 年，第 1 版，第 135 页。）

此例认为"轻脱"一词当本自《左传》，为轻佻义。按，"轻"和"脱"原本都有轻慢、轻佻之义。《荀子·不苟》："喜则轻而翾，忧则挫而摄。"杨倞注："轻，谓轻佻失据。"《国语·周语中》："入险而脱，能无败乎？"韦昭注："脱，简脱也。""轻""脱"本各自表义，在文献中或连文、或对文使用，故结合为同义复合词。《汉语大词典》首举书证亦与其相同。

（18）《札朴》卷第九"寒毛"：

> 凡有怪异惊恐，辄云寒毛起。案：《晋书·夏统传》："宗族劝之仕，统曰：'问君之谈，不觉寒毛尽战，白汗四匝。'"（［清］桂馥撰，赵智海点校：《札朴》，中华书局，1992 年，第 1 版，第 376 页。）

按，"寒毛"本义为人体皮肤上的细毛，即《晋书·夏统传》中所指，《汉语大词典》亦以《晋书·夏统传》为始见书证。后引申为恐惧害怕义，《新唐书·崔湜传》："湜阴附主，时人危之，为寒毛。"《新唐书·郑从谠传》："渠凶宿狡不敢发，发又辄得，士皆寒毛愒伏。"

（19）《思益堂日札》卷四"未入流"：

> 宋时，流外官有克梓官、军校有天武官之号，见赵彦卫《云麓漫钞》，不知主何职事。案流外官，今称未入流，尝记《因话录》云："唐玄宗尝登苑北楼，见一醉人临水，上问何人，黄幡绰曰：'是年满令史。'问何以知之，对曰：'更一转入流。'上大笑。"是未入流之称，自唐已然。（［清］周寿昌撰，许逸民点校：《思益堂日札》，中华书局，2007 年，第 2 版，第 104 页。）

按，"未入流"指明、清时官阶不到从九品的职官。《明史·职官志一》："凡文官之品九，品有正、从，为级一十八。不及九品曰未入流。"著者认为明、清时期的"未入流"官，其制当在唐代就已产生。

（20）《乙卯札记》：

　　"荆柱国庄伯"，见《吕氏春秋·淫辞篇》。是"柱国"不始于秦也。"虞不腊矣"，见《左氏春秋》，是"腊"不始于秦也。《吴越春秋·夫差内传十三年》："王孙骆曰：'东掖门亭长、长城公弟公孙圣。'"是"亭长"不始于汉也。（［清］章学诚撰，冯惠民点校：《乙卯札记》，中华书局，1986年，第1版，第8页。）

　　著者据《吕氏春秋》《左传》及《吴越春秋》内容指出"柱国""腊"不始于秦，"亭长"不始于汉。

　　按，"柱国"有国都义，《战国策·齐策三》："安邑者，魏之柱国也；晋阳者，赵之柱国也；鄢郢者，楚之柱国也。"姚宏注："柱国，都也。"鲍彪注："言其为国，如室有柱。"此例著者所举《吕氏春秋》之"柱国"为楚制官职，许维遹《吕氏春秋集释》云："柱国，官名，若秦之有相国。"又称"上柱国"，《史记·楚世家》："曰：'愿闻楚国之法，破军杀将者何以贵之？'昭阳曰：'其官为上柱国，封上爵执珪。'"既为楚国职官名称，故其产生时代自然早于秦。

　　"腊"为祭名，《说文》："腊，冬至后三戌，腊祭百神。"段玉裁注："腊本祭名。因呼腊月、腊日耳。《月令》'腊先祖五祀'，《左传》'虞不腊矣'，皆在夏正十月。"因此"腊"不始于秦。

　　"亭长"，《汉语大词典》释义作："战国时，国与国之间为防御敌人，在边境上设亭，置亭长。"然未举战国时期之书证，著者此说或可补之。此外，除《吴越春秋》外，"亭长"还见于《越绝书》及《全上古三代文》，但所述与《吴越春秋》属同一事，所述内容文字亦相同，"亭长"都是指公孙圣，故只能看作是一例书证，有孤证之嫌，著者据此认为"亭长"产生时间早于秦，证据略显不足。

二、考证词语的始见书证

（21）《困学纪闻》卷二：

　　"皇帝"始见于《吕刑》。赵岐注《孟子》引《甫刑》曰："帝清问下民。"无"皇"字，然岐以帝为"天"，则非。（［宋］王应麟著；［清］翁元圻等注；栾保群，田青松，吕宗力校点：《困学纪闻》［全校本］，上海古籍出版社，2008年，第1版，第257页。）

著者指出"皇帝"一词始见于《尚书·吕刑》，而赵岐注《孟子》引此文无"皇"字。但赵岐注以"帝"为"天"字，则不确。

按，阮元十三经注疏《孟子注疏》赵岐注曰："皇帝清问下民。"阮元校勘记云："闽、监、毛三本同，廖本、孔本、韩本、考文古本、足利本无'皇'字。按无者是，《困学纪闻》所引正同。"亦认为当无"皇"字，如此则"皇帝"一词的始见书证非属《尚书》。按，十三经注疏本《吕刑》，"皇帝"出现两次：一作"皇帝哀矜庶戮之不辜"，一作"皇帝清问下民"。皮锡瑞《今文尚书考证》认为"帝"前有"皇"者为古文尚书；"帝"前无"皇"者为今文尚书。王先谦《尚书孔传参证》云："王氏未知有'皇'字者，古文；无'皇'字者，今文也。"段玉裁《尚书撰异》云："伯厚未晓《今文尚书》名《甫刑》者无'皇'字，《古文尚书》名《吕刑》者有'皇'也。此'皇帝哀矜'当亦同。"刘起釪曰："按'皇帝'作为人君称呼，始于秦始皇帝。战国后期已有'五帝'之词指古代人君，然出于追拟，故'帝'字只指上帝。'皇'为形容词，大也，美也。如《诗·大雅·皇矣》云：'皇矣上帝'即是。西周金文《师訇殷》有'肆皇帝亡斁'句，郭沫若《考释》云："肆皇帝亡斁"与《毛公鼎》"肆皇天亡斁"语例全同，知古言皇帝即皇天。'此外尚有《宗周钟》言'惟皇上帝'，《大丰殷》言'事熹上帝'等。《吕刑》成书于西周，其时'帝'只是上帝，'皇'为美好伟大之义。故本篇之'皇帝'，指伟大美善的上帝。"[1]其说甚是。按，金文中记录"皇帝"者还可见战国时期的《商鞅量》，其文曰："皇帝尽并兼天下诸侯，黔首大安，立号为皇帝。"（集成10372），这里的"皇帝"与《师訇殷》中的"皇帝"所指已经不同，这里当指秦国国君。由此可见，"皇帝"专指国君、帝王这个意义当在战国时期已形成。《汉语大词典》"皇帝"条下义项①释义为"古时对前代帝王的尊称"，首举书证即为《尚书·吕刑》，其说可从。义项③释义："封建国家最高统治者的称号，始自秦始皇。"时代可再前提一些。

（22）《容斋随笔》卷第四"凤毛"：

> 宋孝武嗟赏谢凤之子超宗曰："殊有凤毛。"今人以子为凤毛，多谓出此。按《世说》，王劭风姿似其父导，桓温曰："大奴固自有凤毛。"其事在前，与此不同。（[宋]洪迈撰，孔凡礼点校：《容斋随笔》，中华书局，2005年，第1版，第51页。）

---

[1] 顾颉刚、刘起釪《尚书校释译论》，中华书局，2005年，第1948页。

　　著者首先引宋孝武帝称赞谢朝宗为"凤毛"事，说今人多谓"凤毛"出于此；继而据《世说新语》桓温赞王劭事指出，称赞子孙有才干似父辈者作"凤毛"始于《世说新语》。

　　按，宋孝武帝赞谢朝宗事见《南齐书·谢朝宗传》，《北齐书》亦有称"凤毛"者，《北齐书》："北平王贞，定仁坚，武成第五子也。沉审宽恕。帝常曰：此儿得我凤毛。"此外，六朝碑刻墓志中亦有使用者。如《齐故骠骑大将军开府仪同三司凉州刺史范公墓志》："公资灵川岳，禀气辰昂，方逞龙骨，已振凤毛。"又阙名墓志："公奇才格世，美相标形，龙驹是属，凤毛攸在。"《金楼子》卷六"杂记"曰："世人相与呼父为凤毛，而孝武亦施之祖，便当可得通用。不知此言意何所出。"余嘉锡云："《金楼子》梁元帝所撰。据其所言，是南朝人通称人子才似其父者为凤毛。元帝已不能知其出处矣。"①张永言《世说新语辞典》曰："六朝时南方人称才干可以比并父辈者为'有凤毛'。"②张万起《世说新语词典》云："凤凰的羽毛，比喻有父祖的美好风采。"《汉语大词典》所举书证为《世说新语》。

　　(23)《日知录》卷二十四"快手"：

　　　　快手之名，起自《宋书·王镇恶传》："东从旧将犹有六队千余人，西将及能细直吏快手复有二千余人。"《建平王景素传》："左右勇士数十人，并荆楚快手。"《黄回传》："募江西楚人，得快射手八百。"亦有称精手者。沈约自序："收集得二千精手。"《南史·齐高帝纪》："王蕴将数百精手，带甲赴粲。"《梁书·武帝纪》："航南大路悉配精手利器，尚十余万人。"（〔清〕顾炎武著，黄汝成集释，栾保群、吕宗力校点：《日知录集释》〔全校本〕，上海古籍出版社，2006年，第1版，第1380页。）

　　著者认为"快手"一词出自《宋书》，还有作"精手"者，出自《南史》和《梁书》，均为六朝时产生之词。

　　按，"快"有"好"义，张相《诗词曲语词汇释》："快，犹好也。"又有"能"义，《诗词曲语辞汇释》："快，犹会也；能也。""手"本为人体器官，引申指擅长或专门从事某些职技的人，如"名手"指技艺或文笔

---

① 余嘉锡《世说新语笺疏》，中华书局，1983年，第622页。
② 张永言《世说新语辞典》，四川人民出版社，1992年，第117页。

等高超而著名的人，"国手"指一国中某项技艺最为出众的人，"水手"指船工，"射手"指弓箭手，等等。"快手"相当于好手、能手。此外，"快"本身有迅捷义，"快手"也可指动作迅捷的人，指称士兵则为精锐的兵卒，故又称"精手"。郝懿行《晋宋书故·快手》："隶卒之精健者名'快手'，亦曰'精手'。"《资治通鉴》卷一百四十三："独遣崔觉将精手数千人渡南岸。"胡三省注："精手，军中事艺高强者。"方以智《通雅》："快手，健丁也……乃伉健勇敢之称。"①《汉语大词典》释"快手"为"善射的士兵"，所举书证为《宋书·刘景素传》及《南史·黄回传》，不确。因为没有证据表明这些文献中的"快手"指的就是弓箭手。《汉语大词典》这个释义或是受《宋书·黄回传》中"快射手"的影响，"快射手"在南北朝文献中仅出现一次，当为临时用词，不能代表即是"快手"。《汉语大词典》释"精手"为"精锐的兵卒"，实际上"精手"即是"快手"。对此，胡三省、方以智、郝懿行均已论之。"精手"，《梁书》《宋书》《南齐书》《南史》中共出现七次，出现频率略高于"快手"。"快手"在南北朝及隋唐宋时期用例不多，到明清时期开始大量出现，且词义发生变化，指衙署中专管缉捕的差役，如《儒林外史》第四十九回："后面跟着二十多个快手，当先两个，走到上面，把万中书一手揪住，用一条铁链套在颈子里，就采了出去。"

（24）《陔余丛考》卷二十二"题目"：

> 《北史·念贤传》：魏孝武作行殿初成，未有题目，诏侍臣各名之。念贤拟以"圆极"，帝曰："正与朕意同。""题目"二字始见于此。孔颖达《尚书·大禹谟》正义云："史将录禹之事，故为题目之词。"北齐文宣帝令辛术选百官，时参选者二三千人，术题目士子，人无谤讟，此则品题之意。（［清］赵翼撰：《陔余丛考》，中华书局，1963年，第1版，第426页。）

此例指出"题目"出自《北史》，孔颖达《尚书正义》亦用此义，而辛术题目士子之事中之"题目"为品评义，与此义不同。

按，《北史·念贤传》中之"题目"为题识、标志义，《汉语大词典》该义下首引书证即为《念贤传》。"题"有标识义，《左传·襄公十

---

① 《晋宋书故》《资治通鉴》胡注及《通雅》例证，转引自郭瑜婷《"快手"词义演变考》，《安康学院学报》，2019年第3期。

年》："舞，师题以旌夏。"杜预注："题，识也。以大旌表识其行列。"
"目"有标题、题目义。《后汉书·襄楷传》："琅邪宫崇诣阙，上其师干吉于曲阳泉水上所得神书百七十卷，皆缥白素朱介青首朱目，号《太平清领书》。"李贤注："目，题目也。""题目"在这里是同义词连用而构成的同义复词。著者称"二字始见于此"，其实是指"题目"表题识、标志义始见于《北史》，而非"题目"一词形始见于此。"题目"最初指标题、篇目已见于汉王充《论衡·正说》："《尚书》《春秋》事较易，略正题目麤粗之说，以照篇中微妙之文。"

（25）《陔余丛考》卷二十二"别字"：

> 字之音同而义异者，俗儒不知，辄误写用，世所谓别字也。此亦有所本，《后汉书·儒林传》，光武令尹敏校谶书，敏曰："谶书非圣人所作，其中多近鄙别字，颇类世俗之辞，恐疑误后生。"（［清］赵翼撰：《陔余丛考》，中华书局，1963年，第1版，第427页。）

著者指出文字中字同而义异者为"别字"，进而指出这一名称出自《后汉书》。

按，"别"有分义，《说文》："别，分解也。"段玉裁注："分别、离别皆是也。"故"别字"本指分解、拆分文字，此义见于《后汉书·五行志一》："京师童谣曰：'千里草，何青青。十日卜，不得生。'案千里草为董，十日卜为卓。凡别字之体，皆从上起，左右离合，无有从下发端者也。""别"由分解义引申为其他、另外义，如《史记·项羽本纪》："项梁前使项羽别攻襄城，襄城坚守不下。"这个意义的"别字"指将本应书写的文字写成了另外、其他的文字，如其他同音字、错字等等。著者这里所称"别字"，指错写之字。顾炎武《日知录》亦云："别字者，本当为此字而误为彼字也，今人谓之白字，乃别音之转。"

（26）《陔余丛考》卷四十三"生口"：

> 生口本军前生擒之人。《汉书·苏武传》，李陵为言捕得生口，言太守以下皆白服。《王莽传》，陈钦言捕虏生口，知犯边者皆单于咸子角所为。《后汉书·袁安传》，和亲以来，有得边生口者，辄以归汉。《魏略》，太祖赐杨沛生口十人。皆谓捕获生人也。
> 今北方人乃谓驴马之类为生口，此亦有所本。《魏志·王昶传》注："任嘏常与人共买生口，各雇八疋。后生口家来赎时，价值六十

疋，婿仍止取本价八疋。"则以牛马为生口，三国时亦已有此语矣。（［清］赵翼撰：《陔余丛考》，中华书局，1963 年，第 1 版，第 975-976 页。）

著者指出"生口"本指俘虏，而北方人称驴马作"生口"者，出自《魏志》，且在三国时已有该词。

按，"生"有"生擒""活捉"义，《文选·上林赋》："生貔豹，搏豺狼，手熊罴，足野羊。"李善注引韦昭曰："生，谓生取之也。"①"口"可指人，《孟子·梁惠王上》："百亩之田，勿夺其时，数口之家可以无饥矣。""生口"指生擒、活捉之人，即俘虏。"生口"的这一义项汉代文献多见，《汉语大词典》所举书证为《汉书·西域传》。此外，生口还可指奴隶，清吴翌凤《逊志堂杂钞》乙集：

> 世称骡马为"生口"，考古时人亦名为"生口"。《华歆传》："公卿尝并赐没入生口，唯歆出而嫁之。"是女称"生口"也。又杨沛治邺，魏武帝赐其生口十人以免励之。是奴婢亦称"生口"。（［清］吴翌凤撰，吴格点校：《逊志堂杂钞》，中华书局，2006 年，第 1 版，第 31 页。）

著者指出"生口"亦有指奴隶者，举《三国志·华歆传》为证。《汉语大词典》所出书证为《后汉书·东夷传》。

按，"生口"表牲畜义，《汉语大词典》引《三国志·魏志·王昶传》："吾友之善之，愿儿子遵之。"裴松之注引《任嘏别传》："〔任嘏〕又与人共买生口，各雇八匹。"田启涛认为，这是受"各雇八匹"的影响，误以"生口"为牲畜，"生口"在这里应该指奴隶。真正表"牲畜"义之"生口"当产生于元代。②王文香认为田启涛说所用语料不确，并指出"生口"自始至终都是指俘虏和奴隶，没有表牲畜这一义项，今天所说的"牲口"是明代产生。"牲口"与"生口"二者不相干，没有语源关系。③

（27）《逊志堂杂钞》甲集：

> 《涅槃经》有"秃居士"。今人骂僧曰"贼秃"亦有本，梁荀济

---

① 《汉语大词典》误作"郭璞注引韦昭曰"。
② 田启涛《莫把"生口"当"牲口"》，《中国语文》，2016 年第 6 期。
③ 王文香《"牲口"的始见年代及书证问题》，《中国语文》，2018 年第 3 期。

表曰："朝夕敬妖怪之胡鬼，曲躬供贪淫之贼秃。"（［清］吴翌凤撰，吴格点校：《逊志堂杂钞》，中华书局，2006 年，第 1 版，第14 页。）

著者认为辱骂和尚作"贼秃"者出自梁荀济《论佛教表》。按，《全后魏文》卷五十一载梁荀济《论佛教表》一文正有该词，《河东记》亦有记载，曰："但闻猰牙啮诟嚼骨之声，如胡人语音而大骂曰：'贼秃奴，遣尔辞家剃发，因何起妄想之心？假如我真女人，岂嫁与尔作妇耶？'"《汉语大词典》首举书证正为《论佛教表》。

（28）《逊志堂杂钞》丁集：

> 妇人分娩曰"坐草"见《魏志》黄初三年孔羡表，《世说》："陈仲弓为太丘长，民有坐草不起者，回车往治之。"（［清］吴翌凤撰，吴格点校：《逊志堂杂钞》，中华书局，2006 年，第 1 版，第57 页。）

此例指出妇女分娩称"坐草"者出自《魏志》及《世说新语》。按，《世说新语》陈仲弓事原文作："陈仲弓为太丘长，有劫贼杀财主，主者捕之。未至发所，道闻民有在草不起子者，回车往治之。"因此作"在草"不作"坐草"，著者这里引书不确。余嘉锡《世说新语笺疏》引李详云："《淮南子·本经训》'剔孕妇'，高诱注：'孕妇，妊身将就草之妇。'高诱去太丘时不远，在草、就草，皆谓汉季坐蓐俗称。"又引刘盼遂曰："按草为妇人分娩时藉荐之具。《晋书·惠贾皇后传》：'后诈有身，内稿物为产具，遂取妹夫韩寿子养之。'《元帝纪》：'生于洛阳，所籍稿如始刘。'稿亦草也。《高僧传》四：'于法开尝投人家，值妇人在草甚急。开针之，须臾，羊膜裹儿而出。'今沇沂之间谓小儿始生曰落草。"余嘉锡按语曰："《金匮要略》卷下《附方》云：'千金三物黄芩汤，治妇人在草蓐自发露得风。'《世说》所云'在草'，即谓在草蓐也。今《千金方》三只云'在蓐'，无草字。然由此可知凡医书言在蓐即在草矣。"[①]因此汉魏时期只有"在蓐""在草""就草"等说而无"坐草"之说。

"坐草"唐代医书《备急千金要方》中有一例："或着脊及坐草数日不产。"恐为孤证，难以取信。宋代有二例，《校注妇人良方》卷十二《妊

---

① 余嘉锡《世说新语笺疏》，中华书局，2007 年，第 194 页。

娠疾病门》：“一孕妇累日不产，催药不验，此坐草太早，心怀畏惧，气结而血不行也。”《四明宋氏女科秘书》：“最治难产，皆因坐草太早，努力过多，儿转未逮。”然今所见《校注妇人良方》及《四明宋氏女科秘书》均为经过明人修改校注之书，故很难视其为宋代之例证，《汉语大词典》所举书证为明郎瑛《七修类稿》及明姚士粦《见只编》，是较为谨慎的做法。

（29）《札朴》卷第六“膏粱”：

> 今称富贵郎君为膏粱子弟。柳芳论氏族云：“凡三世有三公者曰膏粱，有令仆者曰华腴。”（［清］桂馥撰，赵智海点校：《札朴》，中华书局，1992年，第1版，第214页。）

著者指出称富贵人家及其子弟为“膏粱”者，出自柳芳《论氏族》。按，柳芳为唐代人，《新唐书》有记载。“膏粱”指官宦富贵人家子弟，《汉语大字典》举晋袁宏《后汉纪·顺帝纪二》：“诸侍中皆膏粱之余，势家子弟，无宿德名儒可顾问者。”今按，《国语》中有一例“膏粱”似可看作是指富贵子弟的较早书证。《国语·晋语七》：“……夫膏粱之性难正也，故使惇惠者教之，使文敏者导之，使果敢者谂之，使镇静者修之，则壹。”其中的“膏粱”，韦昭注曰：“膏，肉之肥者；粱，食之精者。言食肥美者，率多骄放，其性难正。”“食肥美者”表明这里的“膏粱”不是指肥美的事物而是指食用这些食物的贵族及其子弟。徐元诰《国语集解》认为这段文字应当在上文“其子不可不兴也”之后，乙正后全文作：[1]

> 二月乙酉，公即位。使吕宣子将下军，曰：“邲之役，吕锜佐智庄子于上军，获楚公子谷臣与连尹襄老，以免子羽。鄢之役，亲射楚王而败楚师，以定晋国而无后，其子孙不可不崇也。”使郤恭子将新军，曰：“武子之季、文子之母弟也。武子宣法以定晋国，至于今是用。文子勤身以定诸侯，至于今是赖。夫二子之德，其可忘乎！”故以郤季屏其宗。使令狐文子佐之，曰：“昔克潞之役，秦来图败晋功，魏颗以其身却退秦师于辅氏，亲止杜回，其勋铭于景钟。至于今不育，其子不可不兴也。”

---

[1]《国语》原文见徐元诰《国语集解》，中华书局，2002年，第404-406页。

栾伯谓公族大夫，公曰："荀家惇惠，荀会文敏，黡也果敢，无
忌镇静，使兹四人者为之。夫膏粱之性难正也，故使惇惠者教之，
使文敏者导之，使果敢者谂之，使镇静者修之。惇惠者教之，则遍
而不倦；文敏者导之，则婉而入；果敢者谂之，则过不隐；镇静者
修之，则壹。"使兹四人者为公族大夫。

此段文字是说晋悼公即位后强调要照顾好晋国功臣（如士会、士
燮）之子孙，其中"膏粱之性难正"是说贵族子弟品行骄横、不好管教，
因此要用"惇惠者""文敏者""果敢者""镇静者"教导他们。这里的
"膏粱"显然不是说肥美的食物，而是指贵族子弟。《汉语大字典》引《国
语》"膏粱之性难正"及韦昭注"膏，肉之肥者；粱，食之精者"而释此
"膏粱"为"肥美的食物"，引文不全，且释义不准确。

第二节　考据词语词义演变

常用词是汉语的基础词汇部分，常用词的演变关系到汉语基础词汇
的构成及发展，因此是汉语史研究的重要内容，学术笔记中含有大量常用
词演变的相关语料，这些研究有的涉及词义范围的变化，有的涉及词义色
彩的变化，有些研究对词义变化还进行了较为细致的考证。

词义范围的变化主要指语词内涵发生变化从而导致词义的外延发生
变化，具体表现为：词义内涵变大，外延变小，词义范围缩小；词义内涵
变小，外延变大，词义范围扩大；还有一种情况是词义内涵的转变导致外
延的相应变化，即词义的转移。这就是王力先生所提出的词义扩大、缩小
和转移。学术笔记中有大量关于词义演变的研究，虽然古人没有今日语言
学的词义观念，但是其研究非常细致客观，能对词义变化的途径做出较科
学的论断，是研究词义演变的重要语料。

（1）《困学纪闻》卷十三：

精庐，见《姜肱传》，乃讲授之地，即《刘淑》《包咸》《檀敷
传》所谓精舍也。《文选》任彦升《表》用"精庐"，李善注引王卓
事，五臣谓寺观，谬矣。（[宋] 王应麟著；[清] 翁元圻等注；栾保
群，田青松，吕宗力校点：《困学纪闻》[全校本]，上海古籍出版
社，2008 年，第 1 版，第 1488 页。）

著者认为"精舍"本指讲授之地，《文选》五臣注谓"精舍"为寺观是错误的。对此，王观国《学林》亦有论述，《学林》卷第七"精舍"：

> 《晋书》，孝武帝初奉佛法，立精舍于殿内，引沙门居之。因此世俗谓佛寺为精舍。观国案：古之儒者，教授生徒，其所居之舍皆谓之精舍。故《后汉·包咸传》曰："咸往东海，立精舍讲授。"又《刘淑传》曰："淑少明五经，隐居，立精舍讲授"，又《檀敷传》曰："敷举辟不就，立精舍教授"，又《姜肱传》曰："肱道遇盗，兄弟争死，盗感悔，乃就精庐求见。"章怀太子注曰："精庐，即精舍也。"以此观之，精舍本为儒士设，至晋孝武立精舍以居沙门，亦谓之精舍，非有儒释之别也。（［宋］王观国撰，田瑞娟点校：《学林》，中华书局，1988 年，第 1 版，第 244 页。）

此例亦认为"精舍"本为儒士讲学所设之所，后晋武帝置僧人居住于此，后世遂以"精舍"为出家人居住之寺观。按，宋人吴曾亦有是论，《能改斋漫录》卷四"精舍"："王观国《学林新编》曰……以上皆王说，予案《三国志》注引《江表传》曰：'于吉来吴立精舍，烧香读道书，制作符水以疗病。'然则晋武以前，道士亦立精舍矣。"[①]认为晋武帝以前精舍已经作为道士所居。按，郭沫若《中国史稿》称："东汉时候，私人传经的事业很盛，有些学者设立'精舍'，先后著籍的学生有一万多人，往往从几千里外到那里去求学。"[②]因此"精舍"本为讲学之所，后因释、道教徒亦居住于此，故又有寺观之义。

（2）《逊志堂杂钞》癸集：

> 今人以食鱼肉等物谓之荤，蔬菜谓之素，非也。《礼·玉藻》："膳于君，有荤桃茢。"注云："荤，姜及辛菜也"。《仪礼·士相见礼》："夜侍坐，问夜，膳荤。"注云："荤，辛菜物，食之止卧。"《荀子·哀公篇》"志不在乎食荤"，注云："葱，䪥也。"徐铉注《说文》云："荤，臭菜也。"通谓芸薹椿韭葱蒜阿魏之属，方术家所禁，谓气不清。罗愿《尔雅翼》："西方以大蒜、小蒜、兴渠、慈蒜、茖葱为五荤，道家以韭、蒜、芸薹、胡荽、䪥为五荤。"又今之

---

① ［宋］吴曾《能改斋漫录》，上海古籍出版社，1979 年，第 96 页。
② 《汉语大词典》"精舍"条注释①。

所谓斋亦与古不同。《周礼》："膳夫掌王之食饮膳羞，王日一举。王
斋日三举。"杀牲盛馔曰举，盖周制。王日食供一太牢，遇朔加日食
一等，当两太牢。而散斋致斋，斋必变食，故加牲体至三太牢。是
斋日仍肉食反加有矣，非茹蔬之谓也。（［清］吴翌凤撰，吴格点校：
《逊志堂杂钞》，中华书局，2006 年，第 1 版，第 151 页。）

著者指出"荤"本指葱、姜、蒜等有刺激气味的菜，今则指鱼、肉
一类的肉食。著者据《礼记》注、《仪礼》注、《荀子》注及《说文》，证
"荤"本指有刺激气味之菜。进而据《尔雅翼》说明古时"荤"之种类，
并通过古代斋祭不忌肉的特点，说明"荤"古时不指肉食。

按，有关"荤"词义的发展及演变，清赵翼《陔余丛考》有详论，
《陔余丛考》卷二十一"斋戒不忌食肉"：

　　《论语》"斋必变食"，孔安国注但谓改常馔，而不言不饮酒不茹
荤。惟《庄子·人间世》篇颜回曰："回不饮酒不茹荤者数月矣，可
以谓斋乎？"子曰："是祭祀之斋，非心斋也。"朱子注《论语》盖
本此。然古人所谓荤，乃菜之有辛臭者，斋则忌之，即所谓"变
食"，而非鱼肉也。古人惟忌日及居丧不御酒肉。《玉藻》，子卯日稷
食菜羹。此忌日之去酒肉也。《丧大记》，期终丧不食肉，不饮酒。
《檀弓》，丧有疾，食肉饮酒。谓居丧有疾病者，其无病则戒酒肉可
知。此居丧之去酒肉也。而斋戒去酒肉无明文，惟《国语》"耕籍之
前五日，王入斋宫，淳濯饮醴。"注："沐浴饮醴酒也。"盖平时饮
酒，斋则饮醴，即所谓"变食"也。以醴代酒，记者尚特详之，若
斋必去肉，何以不兼言及之乎？又《荀子》及《家语》皆云，端衣
玄裳，冕而垂轩，则志不在于食焄；斩衰菅菲，杖而歠粥，则志不
在酒肉。注："端衣玄裳，斋服也；焄即荤，辛菜也。"斋服则不食
荤，居丧则不食酒肉，别言之，尤可见荤之非肉，而斋戒但忌荤不
忌肉，尤其明证也。

　　程、苏二公当致斋日，厨人禀造食荤素，程令办素，苏令办
荤。戴埴《鼠璞》引此事，谓二公未免以鱼肉为荤。盖以古制辛菜
及鱼肉本是二项，后人混而一之，通谓之荤，即苏公亦第循斋戒不
忌酒肉之制，而以鱼肉为荤，则仍沿时俗之称而不改也。（袁文记黄
山谷在宜州，有曹醇老送肉及子鱼来，遂不免食荤。则宋人以腥血
为荤，亦不特程、苏二公。）

　　然古来以鱼肉为荤而斋戒兼忌之，史传虽不著起于何时，而其来已久。颜师古《匡谬正俗》云"素食是无肉之食"，则固以肉与素对言。唐制更有正五九月斋戒，特禁屠宰之例。白香山《闰九日》诗："自从九月持斋戒，不醉重阳十五年。"此斋戒之忌酒也。韦苏州诗："鲜肥属时禁，蔬果幸见尝。"此斋戒之忌肉也。是唐时斋戒已禁酒肉也。《南史》，谢弘微以兄曜卒，除服犹不啖鱼肉。《梁书》，武帝奉佛戒，不食鱼肉，惟菜羹粝饭。刘勰并请二郊农社亦从七庙之制，不用牺牲，但供蔬果，诏从之。郊庙尚不用腥血，致斋者可知，是梁时斋戒已禁鱼肉也。《汉书•王莽传》，每逢水旱，莽辄素食。太后诏曰："今秋幸熟，公宜以时食肉。"则肉与素食对言，汉时已如此。斋戒之忌酒肉，其即起与汉时欤？

　　按《礼记•玉藻》"膳于君有荤桃苃"，注："荤者，姜及辛菜也。"《仪礼•士相见礼》"夜侍坐膳荤"，注："荤，辛物，食之止卧。"《荀子•哀公》篇注亦云："荤，葱薤也。"徐铉《说文》注："荤，臭菜，谓芸台、椿、韭、葱、蒜、阿魏之属，方术家所禁，气不洁也。"《尔雅翼》："西方以大蒜、小蒜、兴渠、慈蒜、茖葱为五荤，道家以韭、蒜、芸台、胡荽、薤为五荤。"是诸书所谓荤，皆不指腥血。然《管子•轻重》篇，黄帝钻燧生火，以熟荤臊。荤与臊连言，则荤似即臊之类。按《史记》"獯粥"字作"荤粥"，獯粥之号，本以其专食膻羓而名之，而荤、獯同音，史迁既已通用，后人遂以辛菜之荤与血肉之獯混而为一，故忌辛兼忌肉耳。至东坡剖桃核得琉璜，因着论欲断薰血。袁文谓其用薰字不可解，则未知荤与獯、薰、焄本同音，可通用也。（［清］赵翼撰：《陔余丛考》，中华书局，1963 年，第 1 版，第 404-406 页。）

　　著者认为"荤"之本义为菜之有辛味者，古人行斋时戒荤但不戒鱼肉，唯有居丧时才戒鱼肉。后人将荤与鱼肉混为一谈，斋戒时兼戒之。并指出齐、梁时期已经有将荤与鱼肉混同之例，并指出将肉与素食对言始于汉代，斋戒之忌酒肉或亦起于此时。而"荤"作鱼肉是因为"荤"与"獯""薰""焄"同音，古人作"荤臊"，"荤"与"臊"连言，作"獯粥"者或假借作"荤粥"，久之后人则以"荤"为鱼肉类者。

　　按，"荤"之作肉食义，南朝时已经产生，《汉语大词典》引南朝梁宗懔《荆楚岁时记》："梁有天下不食荤，荆自此不复食鸡子，以从常则。"其词义演变原因在于"荤"本指菜有辛味者，因其尝与"臊""獯"

等字或连用、或假借，故沾染上"臊""獯"之词义。"臊"，《说文·肉部》："臊，豕膏臭也。""獯鬻"为少数民族之称，因其专食膻、羴而得名，这些词都指动物身上的气味。陆宗达先生认为："起码是在南北朝以前，'荤'还是葱、姜、蒜、韭这类有刺激性味道的菜蔬，不过是辛臭之菜意义的引申，因为烹烧鱼肉要去腥提味，常要用葱、姜、蒜当佐料，'荤菜'的意义就这样变过来了。这就是为什么'荤'指肉菜而字却从'草'的原因。"①因为"荤"多作调料以去除鱼肉之腥味，故亦引申有肉菜之义。总之，无论何种观点，"荤"引申作肉菜解都因为"荤"长期和表示鱼肉之类的词相搭配组合使用，故易沾染上其词义，从而发生词义的变化。

（3）《野客丛书》卷十五"萧何留守"：

> 《漫录》曰："留守字，案《汉·外戚传》：'戚夫人从上之关东，吕后常留守。'高承《事物纪原》乃言留守始唐，非也。"仆谓汉高祖出征，留萧何守关中，此正留守本意。后之所谓留守者，正祖此尔。吕后妇人，岂所当据？其后如晁错请居守、光武以寇恂守河内、晋惠帝幸长安。荀藩在洛阳留台承制、隋炀帝幸辽东，命樊子盖东都留守，似此不一。高承《事物纪原》谓留守起于唐，何其太卤莽邪？推而上之，则又出于石祁子守之意，后观《史记·越世家》，吴王北会诸侯于黄池，惟太子留守，知此意又远矣。（[宋]王楙撰，王文锦点校：《野客丛书》，中华书局，1987年，第1版，第168页。）

此例认为"留守"本指留而守备之义，后引申为留而看守之义。按，"留守"本指军队进发时，留驻部分人员以为守备，《汉书·张良传》："沛公乃令韩王成留守阳翟。"后专指皇帝出巡或亲征，命大臣督守京城，便宜行事，谓之"京城留守"。其陪京和行都则常设留守，多以地方长官兼任。至北魏始为正式命官。《史记·越王勾践世家》："吴王北会诸侯于黄池，吴国精兵从王，惟独老弱与子留守。"《后汉书·张禹传》："和帝南巡祠园庙，禹以太尉兼卫尉留守。"吕后之留守即指此。

---

① 陆宗达《关于几个古代食品名称的研究》，《陆宗达语言学论文集》，北京师范大学出版社，1996年，第432页。

（4）《敬斋古今黈》：

　　《蜀志》："马良与诸葛亮书曰：'此乃管弦之至，牙、旷之调也，虽非钟期，敢不击节。'"《晋书》："谢尚作鸜鹆舞，王导令坐者抚掌击节，尚俯仰其中，旁若无人。"又《乐志》云："魏晋之世，有孙氏善弹旧曲，宋识善击节唱和。"盖节者，节奏句读也，"击节"犹今节乐拍手及用拍版也，故乐家以拍版为乐句。马良书称敢不击节，谓敢不赏音也。吴诸葛恪乞佃庐江、皖口，袭舒，以图寿春。孙权以为不可。赤乌中，魏司马宣王谋欲攻恪，权方发兵应之，望气者以为不利，于是徙屯于柴桑。恪与丞相陆逊书曰："杨敬叔传述清论，方今人物凋尽，守德业者不能复几，宜相左右，更为辅车，上熙国事，下相珍惜。又疾世俗好相谤毁，使已成之器，中有损累，将进之徒，意不欢笑，闻此喟然，诚独击节。"恪意以杨所论述切中时病，既闻此语，使已喟叹。然当时之人，诚无知者，已独"击节"以称赏之耳。（［元］李治撰，刘德权点校：《敬斋古今黈》，中华书局，1995年，第1版，第54页。）

　　此例指出"击节"本指音乐中拍手或打拍子等活动，后发展出赞赏、称赞义。
　　按，"击节"本指打拍子，是一个具体的动作行为。发展为称赞、赞赏义，则是一个较为抽象的意义。"击节"又可指出使，晋袁宏《后汉纪·光武帝纪八》："古之君子，遇有为之时，不能默然而止，击节驱驰，有事四方者，盖为斯也。"这是因为"节"除有节奏、节拍之义外，亦有符节之义，《集韵·屑韵》："节，信也。"段玉裁《说文解字注》："节，又假借为符卩字。"
　　（5）《焦氏笔乘续集》卷六"公移字"：

　　公移中字，有日用而不知所自，及因袭误用而未能正者，故举一二。如"查"字，音义与"槎"同，水中浮木也，今云查理、查勘，有稽考之义。"吊"本伤也，愍也，今云吊卷、吊册，有索取之义。"票"与"慓"同，本训急疾，今以为票帖。"绰"本训宽缓，今以为巡绰。"盎"本盂也，今以为铁胄。"镯"本钲也，今以为钏属。又如"闸朝""闸办"课程，其义皆未可晓，其亦起于方言也钦？"价直"为"价值"，"足彀"为"足句"，"斡运"为"宅运"，此类犹多，甚者施之章奏，刻之榜文，此则承讹踵谬，而未能正者也。（［明］焦竑撰，李剑雄点校：《焦氏笔乘》，中华书局，2008年，第444页。）

著者指出一些词语在官署移文中①的词义演变情况。按，"查"之本义为木筏，《广韵·麻韵》："楂，水中浮木。查，同。""槎"为斜砍、劈削之义，与"查"同，《玉篇·木部》："槎，斫也。亦与查同。"说明与"查"作浮木义音义相同者为"楂"而非"槎"，与"槎"音义相同之"查"为斜砍、劈削义。"查"后来有考察、检查义，《正字通·木部》："查，俗以查为考察义，官司文移曰查，读若茶。后改用察，查行曰察行，查盘曰察盘。"明陆容《菽园杂记》卷二："移文中字……如查字，今云查理、查勘、有稽考之义。"②"吊"字本为追悼死者，《说文·人部》："吊，问终也。"《玉篇·人部》："吊，吊生曰唁，吊死曰吊。"在官署移文中则作提取、求取义，明陆容《菽园杂记》卷二："吊本伤也，愍也，今云吊卷吊册，有索取之义。"③"票"本义为腾起的火光，《说文·火部》："票，火飞也。"引申为迅疾、轻捷，《集韵·笑韵》："票，劲疾貌。"官署移文中则作票帖义，清刘献庭《广阳杂记·里中字音》："今官府有所分付勾取于下，其札曰票。""绰"本义为宽缓、宽裕，《玉篇·糸部》："绰，宽也，缓也。"移文中作缉捕义，明陆容《菽园杂记》卷二："移文中有日用而不知所自……绰本宽绰，今以为巡绰。"④其余如"盔"，本指盂一类之容器，后作头盔义。"镯"本为古之钲，后作首饰义。这些词的词义与其初始义相比均发生了较大的变化，以致后人已很难看出其本义所指。

（6）《丹铅总录》"夫娘"：

南宋萧齐崇尚佛法，阁内夫娘悉令持戒，麾下将士咸使诵经。见法琳《辨正论》。夫娘之称本此，谓夫人娘子，盖是美称也。是时，北则胡后却扇于昙献，南则徐妃赠枕于瑶光。龟兹王女纳于鸠摩罗什，反以为荣；千金公主偶于淫毒丐僧，不以为耻。后世以夫娘为恶称，缘此。东坡戏语有"和尚宿夫娘，相牵正上床"云云，陶九成乃谓为骂语，盖未多见六朝杂说耳。（［明］杨慎撰，丰家骅校证：

---

① 按，移文指行于不相统属的官署间的公文，亦泛指平行文书。
② ［明］陆容《菽园杂记》，卷二，中华书局，1985年，第16页。
③ 同上。
④ 同上。

《丹铅总录校证》，中华书局，2019 年，第 361 页。）

　　著者指出"夫娘"为六朝人语，本指夫人、娘子，为美称。后来因为南北朝时期一些国君的妃后及女儿与和尚有染，故成为贬义词，此处著者引苏轼戏语及陶宗仪说为证。

　　按，陶宗仪《南村辍耕录》卷十四："苗人谓妻曰夫娘，南方谓妇人之无行者亦曰夫娘。""夫娘"由美称变为詈词，是从褒义到贬义的一种词义变化，也是汉语词义变化的正常现象。著者认为东坡之戏语及陶九成之谓为詈词，是因为他们没有多见六朝时语，这种说法失之偏颇。"夫娘"在宋元时期已经变成詈词，苏东坡和陶宗仪只是使用当时语来描述，未必说明他们不懂六朝时语。

　　（7）《日知录》卷七"去兵去食"：

　　　　古之言兵，非今日之兵，谓五兵也。故曰："天生五材，谁能去兵。"《世本》："蚩尤以金作兵，一弓，二殳，三矛，四戈，五戟。"《周礼·司右》"五兵"注引《司马法》曰"弓、矢围，殳、矛守，戈、戟助"是也。"诘尔戎兵"，诘此兵也，"踊跃用兵"，用此兵也。"无以铸兵"，铸此兵也。秦、汉以下，始谓执兵之人为兵。如信陵君得选兵八万人，项羽将诸侯兵三十余万，见于太史公之书，而五经无此语也。

　　　　以执兵之人为兵，犹之以被甲之士为甲。《公羊传》："桓公使高子将南阳之甲，立僖公而城鲁。""晋赵鞅取晋阳之甲，以逐荀寅与士吉射。"（［清］顾炎武著，黄汝成集释，栾保群、吕宗力校点：《日知录集释》〔全校本〕，上海古籍出版社，2006 年，第 1 版，第 410-411 页。）

　　此例指出"兵"之本义为兵器，秦、汉时期引申为士兵之兵。并指出"兵"由兵器义引申为士兵义，其引申方式与"甲"由盔甲义引申为士兵义是相同的。按，《说文·收部》："兵，械也。从廾持斤，并力之貌。"段玉裁注："械者，器之总名。"因此兵之本义为兵器，引申为持兵器者，即为士兵。然"兵"之士兵义，《左传》中已有之，《左传·襄公元年》："败其徒兵于洧上。"杜预注："徒步，步兵。"《左传·昭公十四年》："夏，楚子使燕丹简上国之兵于宗丘，且抚其民。"孔颖达疏："战必令人执兵，因即名人为兵也。"说明"兵"作士兵并不始于秦、汉时期，按向熹先生在《简明汉语史》中指出："'兵'是兵器的总称。卜辞也有作'兵士'讲的，如'甲子卜，贞：出兵若。'"①说明"兵"作士兵义很早就已产生。

（8）《日知录》卷二十四"司业"：

> 国子司业，以为生徒所执之业，非也。唐归崇敬授国子司业，上言："'司业'义在《礼记》'乐正司业'。正，长也。言乐官之长，司主此业。《尔雅》云：'大版谓之业。'按《诗·周颂》：'设业设虡，崇牙树羽'，则业是悬钟磬之簨虡也。今太学既不教乐，于义无取，请改国子监为辟雍，祭酒为太师氏，司业一为左师，一为右师。"诏下尚书集百僚定议以闻。议者重难改作，其事不行。按《灵台》之诗曰："虡业维枞。"即此"业"字。《传》曰："业，大版也。所以饰枞为悬也。捷业如锯齿，或白画之。"《尔雅》："大版谓之业。"《左氏·昭九年》传："辰在子卯，谓之疾日，君彻宴乐，学人舍业。"《礼记·檀弓》："大功废业。"并谓此也。悬者，常防其坠。故借为敬谨之义，《书》之"兢兢业业"，《诗》之"赫赫业业"、"有震且业"是也。凡人所执之事亦当敬谨，故借为事业之义。《易》传之"进德修业"，"可大则贤人之业"，"盛德大业"；《礼记》之"敬业乐群"是也。然三代《诗》《书》之文并无此义，而"业广惟勤"一语，乃出于梅赜所上之古文《尚书》。（［清］顾炎武著，黄汝成集释，栾保群、吕宗力校点：《日知录集释》〔全校本〕，上海古籍出版社，2006 年，第 1 版，第 1368-1369 页。）

此例认为"业"之本义为悬挂钟磬之大版，因其为悬挂者，故当常防止其坠落，故又引申为敬谨之义，又借为事业之业。按，《说文·丵部》："业，大版也，所以饰县钟鼓。"段玉裁注："枞以悬钟鼓，业以覆枞为饰。"朱骏声《说文通训定声》："此字从丵从巾，皆象形，非会意。其版如锯齿，令其相衔不脱，工致坚实也。"说明其本义为大版，由大版义又可指书册的夹板，《礼记·曲礼上》："请业则起。"郑玄注："业，谓篇卷也。"书册与学业有关，故引申指学业，《孟子·告子下》："愿留而受业于门。"学业有成，学而优则仕，故引申为事业、功业，《孟子·梁惠王上》："君子创业垂统为可继也。""业"表危惧貌多作"业业"，《尚书·皋

---

① 向熹《简明汉语史》（上），高等教育出版社，1993 年，第 371 页。

陶谟》："兢兢业业，一日二日万几。"孔传："业业，危惧。""业业"是单纯词，先秦文献中多见，而"业"单独表危义，文献中较为罕见。此例著者举《诗》毛传为证，《王力古汉语字典》将"业"表危义列入"备考"属于生僻义类，是较为谨慎的处理方式。①著者称其作敬谨、危惧义为其大版义引申而来，说法较牵强。按，朱骏声《说文通训定声》："业，假借为陉。"《说文·𦣞部》："陉，危也。从𦣞，从毁省。徐锴以为：'陉，凶也。'贾侍中说：'陉，法度也。'班固说：'不安也。'《周书》曰：'邦之阢陉。读若虹蜺之蜺。'"因此以"业"为"陉"的假借来解释其危义，亦可备一说。

（9）《日知录》卷二十一"字"：

> 春秋以上言文不言字，如《左传》"于文止戈为武""故文反正为乏""于文皿虫为蛊"。及《论语》"史阙文"，《中庸》"书同文"之类，并不言字。《易》："女子贞，不字，十年乃字"，《诗》："牛羊腓字之。"《左传》"其僚无子，使字敬叔"，皆训为乳。《书·康诰》："于父不能字厥子"，《左传》"乐王鲋字而敬"，"小事大，大字小"，亦取爱养之义，唯《仪礼·士冠礼》"宾字之"，《礼记·郊特牲》"冠而字之，敬其名也"，与文字之义稍近，亦未尝谓文为字也。以文为字乃始于《史记》。秦始皇琅邪台石刻曰："同书文字。"《说文序》云："依类象形，谓之文。形声相益，谓之字。文者物象之本，字者孳乳而生。"《周礼》："外史掌达书名于四方。"注云："古曰名，今曰字。"《仪礼·聘礼》注云："名，书文也，今谓之字。"此则字之名自秦而立，自汉而显也与？
>
> 许氏《说文序》："此十四篇，五百四十部，九千三百五十三文，解说凡十三万三千四百四十一字。"以篆书谓之文，隶书谓之字。张揖《上博雅表》"凡万八千一百五十文。"唐玄度《九经字样》序："凡七十六部，四百廿一文。"则通谓之文。
>
> 三代以上，言文不言字。李斯、程邈出，文降而为字矣。二汉以上，言音不言韵，周颙、沈约出，音降而为韵矣。（［清］顾炎武著，黄汝成集释，栾保群、吕宗力校点：《日知录集释》〔全校本〕，上海古籍出版社，2006 年，第 1 版，第 1200-1202 页。）

---

① 王力《王力古汉语字典》，中华书局，2000 年，第 508 页。

著者指出在春秋以前表"文字"义之词只用"文"而不用"字"，"字"在春秋时期为养育、生育义，至秦、汉时期，"字"才有文字之义。"文"最初表独体字，"字"最初表合体字。

按，"文"甲骨文作"𡥈"（甲3940）、"𡥈"（乙6821反）等形，像人身上之文画之形，是"纹"的初文。朱芳圃《殷周文字释丛》："文即文身之文，象人正立形，胸前之丿、乂……即刻画之文饰也。"邹晓丽《基础汉字形义释源》："古人在身上画（或刺）花纹，称'文身'。古代黥刑，直至宋代犹存'文面'之刑，均可证明。"①引申指文字，《左传》："于文，皿虫为蛊。"杜预注："文，字也。""字"本义为生育、孵化义，金文作"字"（集成6270），从宀，从子，表示在房屋内生子。《说文》："字，乳也。"引申表文字义，段玉裁注："乳也，人及鸟生子曰乳，兽曰㹠。引申之为抚字。亦引申之为文字。"根据《说文叙》的描述，"文"指独体字，"字"表示合体字。之后"字"取代文成为文字的代称，"文"一般不能单用，只是在"文字""古文""今文"等复合词中表义。著者此处对"文"和"字"词义发展的表述基本正确。

（10）《陔余丛考》卷二十二"旨"：

> 旨字，古人亦不专以为君上之称。《后汉书·曹褒传》，褒为圉令，有他郡盗入，捕得之。太守马严讽县杀之，褒敕吏曰："皋陶不为盗制死刑，今承旨而杀之，是逆天心，顺府意也。"《三辅决录》，游殷以其子托张既，既难违其旨。《宋书》，江夏王义恭请以庶人义宣还其属籍，文帝答诏曰："以公表付外，依旨奉行。"是上于臣下所云亦谓之旨矣。《梁溪漫志》记宋时士大夫名刺末称"裁旨"，《瓮牖闲评》云，本朝君相曰圣旨、钧旨，太守而下曰台旨，又次曰裁旨。则宋时旨字犹上下通用。（［清］赵翼撰：《陔余丛考》，中华书局，1963年，第1版，第439页。）

著者指出"旨"表命令义本通用于上级对下级的命令，至宋代犹可通行于上级对下级发号施令，并不专属皇帝所有。

按，"旨"表命令义原指所有上级对下级所下的命令，如此例所举《后汉书》《三辅决录》及《宋书》例。后来则专指皇帝的命令，这一词义的改变大概是在明清时期开始，如《正字通》："旨，凡天子谕告臣民曰诏

---

① 邹晓丽编著《基础汉字形义释源》，中华书局，2007年，第32—33页。

旨，下承上曰奉旨。"

（11）《十驾斋养新录》"山东"：

> 秦都关中，以六国为山东。贾谊谓"秦併诸侯，山东三十余郡。"又云："山东豪俊并起而亡秦族矣"是也。《汉书》"山东出相，山西出将"，亦泛指函谷关以东，非今所称山东也。然汉时亦有称齐鲁为山东者。如《酷吏传》："御史大夫宏曰：'臣居山东为小吏时，宁成为济南都尉。'"《儒林传》："伏生教齐鲁之间。学者由此颇能言《尚书》，山东大师亡不涉《尚书》以教。"则齐鲁之号山东，非无因也。
>
> 今山东省于唐河南道地，宋改为京东路，又分东、西路两路：东路治青州，西路治兖州……（［清］钱大昕著，杨勇军整理：《十驾斋养新录》，上海书店出版社，2011 年，第 1 版，第 209-210 页。）

此例认为"山东"在秦时指除秦之外之六国，汉时则泛指函谷关以东，汉时亦有以齐鲁称山东者，而清时之山东属唐时河南道地、宋之京东路。

按，"山东"之内涵所指之不同，主要在于对其中"山"的界定不同。秦以六国为山东，是以崤山或华山为界，故称六国为山东。称齐鲁地区作山东者，是以太行山为界，齐鲁地区在太行山以东，故亦称山东。

（12）《双砚斋笔记》卷四：

> 文字之用，有古今互易者。如"种"为禾名，《说文》云："种，先穜后孰也。"播谷于土曰"穜"，《说文》云："穜，埶也"，"埶，穜也"，二字互训。今乃以"穜"为禾名，以"种"为穜埶字，又以为谷所从生字，《诗·生民》"诞降嘉种"。僮，未成人之称，《说文》云："僮，未冠也。"童奴为童，《说文》云："男有辠［罪］曰奴，奴曰童，女曰妾。"字皆从辛，辛，辠也。今乃以童为僮子字，以僮为童奴字，惟《玉篇》引《诗》曰："狂僮之狂也且"，是所据本作僮。《论语》夫人自称曰小童，童犹妾也，皆辠人之没入宫掖者，故以为谦下之词，非幼稚之谓也。酢，酸浆之名，《礼记·内则》"黍酏浆"，郑注："浆，酢截也。"（截，徒奈切）《说文》云："酸，酢也"，"酢，酸也"，"酨，酢浆也"，三字互训。宾

主酬醋为醋，《说文》云："醋，客酌主人也。"《特牲·馈食礼》曰："尸以醋主人"，乃今以酢为酬醋字，以醋为酸酢字，经典相承，莫可諟正矣。（［清］邓廷桢著，冯惠民点校：《双砚斋笔记》，中华书局，1987年，第1版，第272-273页。）

此例指出汉字中有形义互换的现象，并以"种"和"穜""僮"和"童"以及"酢""酸""醋"为例进行说明。

按，"种"本为禾名，名词，"穜"本为播谷，动词。后乃以穜作禾名，种作播谷，词义与词形发生互换。按，唐陆德明《释文》引《说文》曰："禾边作重，是重之字；禾边作童，是种蓻之义，今人乱之已久。"《经典释文》："如字书，禾旁作重是种稑之字，作童是穜殖之字，今俗则反之。"又"僮"本未成人之义，"童"为奴隶之称，今则"童"作未成人、"僮"作奴仆之称。《急就篇》："妻妇聘嫁赍媵僮。"颜师古注："僮，谓仆使之未冠笄者也。"因作奴仆之童有用未成人者，故"童"亦可沾染上"僮"之词义。又"酢"本古之酸浆，即醋，"醋"本指客人以酒回敬主人之礼，今则以"醋"为酸浆，"酢"为客人回敬主人之礼。《说文·酉部》："酢，醶也。"段玉裁注："酢本载浆之名，引申之凡味酸者皆谓之酢。"《说文·酉部》："今俗皆用'醋'，以此为酬酢字。"《诗·大雅·行苇》："或献或酢。"郑玄笺："进酒于客曰献，客答之曰酢。"说明二者词义很早就开始互相渗透。

（13）《双砚斋笔记》卷四"赀"：

《汉书》景帝诏："今赀算十以上乃得宦，廉士算不必众，有市籍不得宦，无赀又不得宦，朕甚愍之。赀算四得宦，亡令廉士久失职，贪夫长利。"应劭曰："古者疾吏之贪，衣食足知荣辱，限赀十算乃得为吏。十算，十万也。贾人有财不得为吏，廉士无赀又不得宦，故减赀四算得官矣。"师古曰①："赀，读与赀同。"《张释之传》以赀为骑郎，如淳曰："汉注赀五百万得为常侍郎"，师古曰："如说是也。"《司马相如传》"以赀为郎"，师古曰："以家财多得拜郎也。"案此，则古所谓赀郎，只以家赀富厚乃得拜官，故如淳云注赀，师古云以家财多，非如后世输钱于官而得官也。（［清］邓廷桢著，冯惠民点校：《双砚斋笔记》，中华书局，1987年，第1版，第266-267页。）

---

① 按，"曰"字邓氏误作"者"，据《汉书》改。

此例指出古之"赀郎"本为因家富资财而被朝廷任为郎官者，后来出钱捐官的人即可为"赀郎"，其词义范围扩大了。

按，"赀"有财货义，《玉篇》："赀，财也，货也。""郎"为古代帝王身边侍从之通称。故"赀郎"即以家资财货而为郎官之义，《史记·司马相如列传》："（相如）以赀为郎，事孝景帝，为武骑常侍。"

（14）《双砚斋笔记》卷二：

> 经传兽亦称禽，不但《曲礼》所云"猩猩能言，不离禽兽"也，《易·比》九五"王用三驱，失前禽。"《师》六五"田有禽，利执言"，《屯》六二《象传》"即鹿无虞，以从禽也。"凡言禽者，皆指兽言。《说文·爪部》"为"字解曰："为，母猴也。其为禽好爪。"《犬部》"臭"字解曰："禽走，臭而知其迹者，犬也。"（此文当以禽走为句，臭而知其迹者为句。段氏《说文注》以走臭连读，谓"走臭犹言逐气"，窃不谓然。）亦以犬为禽，是其证矣。盖兽字从嘼，《说文》曰："嘼，犦也。"《经典释文》曰："嘼，牲也。"故兽不可以晐禽也，禽字从厹，《尔雅·释兽》曰："狐狸，貒貈，其迹厹。"《说文》曰："厹，兽足蹂地也。"故禽可以晐兽也。《尔雅·释鸟》曰："二足而羽谓之禽，四足而毛谓之兽。"分言之也。《白虎通》曰："禽者何，鸟兽之总名。"合而举之也。（［清］邓廷桢著，冯惠民点校：《双砚斋笔记》，中华书局，1987年，第1版，第157-158页。）

此例指出"禽"本为禽和兽的总称，《尔雅》之说乃是分而言之。

按，赵翼亦有相关论述，《陔余丛考》卷二十一"禽兽草木互名"：

> 《尔雅》："二足而羽谓之禽，四足而毛谓之兽。"然兽亦有名禽者，《易》"王用三驱，失前禽。"孔颖达云："驱者亦曰禽。"《白虎通》亦谓："禽者，鸟兽总名也。"曹植诗："左挽因右射，一纵两禽连。"王充《论衡》有云："子之禽鼠，丑之禽牛。"东坡《却鼠刀铭》："夫猫鸷禽，昼巡夜视。"皆以兽为禽。故吴师道答吴草庐，亦谓禽即兽，而引《礼记》"猩猩能言，不离禽兽"证之也。惟禽而名兽，则不多见。《尚书》"百兽率舞"，焦竑谓非专指走兽也，因推论云，《后汉书·华佗传》有五禽之术，曰虎，曰熊，曰鹿，曰猿，曰鸟，是兽可名禽也。《考工记》，天下大兽五，脂者，裸者，膏者，

羽者，鳞者。是禽可名兽也。然则两足者亦得谓之兽矣。至郑康成《周礼》注："凡鸟兽未孕曰禽。"此别是一义。又飞曰雌雄，走曰牝牡，亦有可通用者。《诗》："尔牧来思，以薪以蒸，以雌以雄。"《左传》："获其雄狐。"《焦氏易林》："雄犬夜鸣。"《木兰诗》："雄兔脚扑朔，雌兔眼迷离。"此以走而称雄雌者也。《书》："牝鸡司晨。"《山海经》："带山有鸟，名曰鵸鵌，自为牝牡。"是以飞而称牝牡者也。（［清］赵翼撰：《陔余丛考》，中华书局，1963 年，第 1 版，第415-416 页。）

赵翼亦认为古时指禽可包括兽义，而兽有时亦可包括禽，而在性别的区分上飞曰雌雄，走曰牝牡，亦可通用。今按，《说文·禸部》："禽，走兽总称，从厹，象形，今声。禽、离、兕，头相似。"马叙伦《六书疏证》："禽，实'擒'之初文，禽兽皆取获动物之义。"取获动物则既有鸟类又有走兽，故禽可指鸟类亦可指兽类。"兽"之本义为狩猎，《说文·嘼部》："兽，守备者。从嘼，从犬。"徐灏注笺："兽之言狩也，田猎所获，故其字从犬，谓猎犬也。"杨树达《秋微居小学述林》卷二《释兽》："兽盖狩之初文。"①狩猎所得之物则既有走兽又可能有鸟类，故兽亦可包括禽，因此"禽""兽"二字初文都为动词，后作名词义乃是动作结果之引申。《尔雅》分而言之，故后人多以"禽"作鸟类总称，以"兽"作动物类总称。

（15）《订讹类编 续补》卷上"敛衽不专于女人"：

今世女人拜称敛衽，夫衣之有衽，非女人所专也。苏子瞻《舟中听大人弹琴诗》有云："敛衽窃听独激昂"，则古人男子亦称敛衽矣。《战国策》："江乙谓安陵君曰：'国人见君，莫不敛衽而拜。'"《留侯世家》曰："陛下南面称霸，楚君必敛衽而朝。"皆指男子也，今称女拜为敛衽，不知始于何时。（［清］杭世骏撰，陈抗点校：《订讹类编》，中华书局，2006 年，第 2 版，第 356 页。）

此例认为"敛衽"一词本为男女皆可用，后世则专指女人。按，"敛衽"本指整饬衣襟，以示恭敬。《战国策·楚策一》："一国之众，见君莫不敛衽而拜，抚委而服。"汉桓宽《盐铁论·非鞅》："诸侯敛衽，西面而

---

① 杨树达《积微居小学述林》，上海古籍出版社，2007 年，第 66 页。

向风。"晋陶潜《劝农》诗："敢不敛衽，敬赞德美？"自元时起，则专指女子的拜礼，明高廉《玉簪记·假宿》："我把秋波偷转屏后边，何处客临轩，敛衽且相见。"清王韬《淞滨琐话·田荔裳》："女已入内，向生敛衽作礼。"

（16）《札迻》卷二"《释名》"：

> "吾子"本为小男小女之通称，后世语变，遂专以称小女，犹孺子为小儿之通称。秦汉古书亦或以专称女子也。（［清］桂馥撰，赵智海点校：《札朴》，中华书局，1992年，第1版，第58-59页。）

著者指出"吾子"本谓小儿，包括男女在内，后来词义缩小则专指小女。按，《管子·海王》："终月，大男食盐五升少半，大女食盐三升少半，吾子食盐二升少半，此其大历也。"尹知章注："吾子，谓小男小女也。"说明"吾子"本指小男小女也。

第三节　考证词语的构词理据

语词的理据是"语言自组织过程中语词发生发展的动因"[①]。张永言先生将其称作"内部形式"："所谓词的'内部形式'又称词的词源结构或词的理据，它指的是被用作命名依据的事物的特征在词里的表现形式，也就是以某种语音表示某种意义的理由或根据。"[②]蒋绍愚先生认为："词的内部形式，就是用作命名根据的事物特征在词里的表现，又叫词的理据。"[③]由此可知，语词的理据就是指语词音义结合的根据，即事物的得名之由。

一、行李

《资暇集》卷上"行李"：

> 李字除果名、地名、人姓之外，更无别训义也，《左传》"行李之往来"杜不研穷意理，遂注云："行李，使人也。"遂俾今见远

---

① 王艾录、司富珍《汉语的语词理据》，商务印书馆，2001年，第1页。
② 张永言《关于"词的内部形式"》，《语言研究》，1981年第1期。
③ 蒋绍愚《古汉语词汇纲要》，商务印书馆，2005年，第259页。

行，结束次第谓之行李，而不悟是行使尔。<small>按旧文使字作峉，传写之误，误作李焉。</small>（［唐］李匡文撰，吴企明点校：《资暇集》，中华书局，2012年，第1版，第162页。）

此例认为"行李"当作"行使"，因"使"之古字作"峉"与"李"形似，故作"行李"。宋孙奕亦有是说，《履斋示儿编》卷四"行李"：

> 《襄公八年》："不使一个行李告于寡君。"杜预曰："一个，独使也。行李，行人也。"陆音："个，古贺反。一本作介。"按李正文《资暇集》云："'李'字，人姓之外，更无别义。《左传》'行李之往来'，杜预不究意理，注云：'行李，使人也。'今远行结束次第，谓之'行李'，而不悟是'行使'耳。按旧文'使'字作'峉'，传写误作'李'。""峉"字山下人，人下子，则"峉"与"李"相近，乃知杜之说是而读非。《僖公七年》曰："行李之役，共其乏困。"《昭公十三年》又云："行理之命，无月不至。"既谓为"行李之役"，又谓为"行理之命"，则是"行使"无疑也。但"理""李"字异读。《管子·五行篇》："黄帝得后土而辩于北方，故使为李。"又曰："冬，李也。"注云："李，狱官也。"益知古者多以"李"为"理"矣。（［宋］孙奕撰，侯体健、况正兵点校：《履斋示儿编》，中华书局，2014年，第1版，第66页。）

著者引《资暇集》说，认为"李"是"峉"之误，杜预说是但音读有误。"行李"即是"行理"，古人多用"李"为"理"。对此，宋人王观国提出了不同的看法，《学林》卷一"古文"：

> 唐李济翁《资暇录》曰："古文使字作峉，《左氏春秋传》言行李，乃是行使，后人误变为李字。"观国按，《春秋》僖公三十年《左氏传》曰："若舍郑以为东道主，行李之往来，共其乏困。"杜预曰："行李，使人也。"又襄公八年《左氏传》曰："亦不使一介行李告于寡君。"杜预曰："行李，行人也。"又昭公十三年《左氏传》曰："诸侯靖兵，好以为事，行理之命，无月不至。"杜预曰："行理，使人通聘问者。"然则《左氏传》或言行李，或言行理，皆谓行使也，但文其言谓之行李，又谓之行理耳。以此知非改古文峉字为李也。古文字多矣。李济翁不言峉字出何书，未可遽尔泛举而改作

也。（［宋］王观国撰，田瑞娟点校：《学林》，中华书局，1988年，第1版，第20页。）

　　著者据《左传》僖公三十年、襄公八年及昭公十三年杜预注，认为《左传》之"行李"亦作"行理"，其义与"行使"相同。但与"行使"不是异体关系，只是同义关系。由此认为"行李"非为改古文"峚"为"李"字。另外，著者认为《资暇集》未能举出"峚"字出自何书以证明其为"使"之古字，因而不可在无根据之情况下贸然下结论。宋人袁文亦认为，"行李"即"行理"，《瓮牖闲评》卷一：

　　　　理、李二字古通用，初无异义也。《周语》云："行理以节逆之"，《管子》云："黄帝得后土而辨于北方，故使为李。"以二书考之则知《左氏传》中用行李字或作理，初无异义。李济翁《资暇录》辨《左氏传》行李作行峚，谓峚字乃古使字，其理为甚当，前未有此说也。王观国《学林》乃云："古文字多矣，济翁不言峚字出何书，未可遽尔泛举而改作。"余谓济翁所说峚字，盖出于《玉篇》山字部中，载之为甚详，观国作《学林》多引《广韵》《玉篇》以为证，独不知峚字，何也？（［宋］袁文撰，李伟国点校：《瓮牖闲评》，中华书局，2007年，第1版，第31页。）

　　著者认为"理""李"二字古通用，二者所指相同。另外袁文还指出"峚"为"使"之古字见于《玉篇》山部，认为王观国指摘李济翁之语失于未考。按，《玉篇·山部》："峚，古使字。"《篆隶万象名义》亦云："峚，古使。"《龙龛手鉴》："峚，音使。"《新书·服疑》："是以天下见其服而知贵贱，望其章而知其势，峚人定其心，各着其目。"袁说是。另"使"之三体石经作"𡴋"，亦与"李"字形近，则李济翁之说并非无据。后世之研究，则多认为"行李"即为"行理"，"李""理"二字古通用，杨琳先生在《训诂方法新探》中指出："先秦两汉典籍中写作'行李''行理'的屡见不鲜，但写作'行使'的找不到一例，这表明使者先秦时期就叫'行理'，而非'行使'。'行理'之理义同'总理'之理，完全能讲得通。'李'应该是'理'的借字；'李'为'峚'字形误或假借的看法不符合普遍性原则，是不可取的。"[1]孙诒让亦认为"李"与"理"音近

---

[1]　杨琳《训诂方法新探》，商务印书馆，2011年，第19页。

字通，《札迻》卷六"《鹖冠子》陆佃注"：

> （《鹖冠子》）"不待士史"，注云："士，李官也。"案，"士"与
> "李"通。上文云"使史李不误"，"史李"即"士史"也。（《书·舜
> 典》孔传云："士，理官也。"《管子·大匡篇》尹注云："李，狱官
> 也。""李""理"音近字通。）（［清］孙诒让撰，梁运华点校：《札
> 迻》，中华书局，1989年，第1版，第176页。）

通过陆佃注《鹖冠子》认为"士"与"李"通，又通过《尚书》孔传认为
"李""理"音近字通。今按，"李"古音来母之部，"理"古音亦为来母之
部，因此二者古音相同故可通用。然"使"字古音亦与"李""理"相同，
《说文·人部》："使，伶也，从人，吏声。""吏"古音亦为来母之部，
"使"从"吏"得声，因此"使"与"李""理"同音。今作"使"音者盖
因"使""事""吏""史"本为一字，后分化之结果。"使"之甲骨文作
"𠭰"，徐中舒云："从人持中，又或作﹥、中或作中、屮、丫等形，象
干形，乃上端有权之捕兽器具，古以捕猎生产为事，故从又持干即会作事
之意。史、事、吏、使初为一字，后世渐分化，意义各有所专。"[1]因此
"行使"之音亦与"行理"相通，然而正如杨琳先生所说，先秦时期没有
"行使"一词，故"行李"仍只能看作"李""理"通用的结果。今按，
"行使"指使臣。《春秋·桓公十一年》"宋人执郑祭仲"，唐孔颖达疏：
"行使被执，例称行人。"其出现时间当在唐代。

二、扬州

《资暇集》卷中：

> 扬州者，以其风俗轻扬，故号其州。今作杨柳之杨，谬也。
> （［唐］李匡乂撰，吴企明点校：《资暇集》，中华书局，2012年，第
> 1版，第178页。）

著者认为"扬州"之"扬"乃因其风俗轻扬而得名。宋人王观国认
为此说有误，《学林》卷第六"扬"：

---

[1] 徐中舒《甲骨文字典》，四川辞书出版社，2003年，第891页。

《书》曰："淮海惟扬州。"《广韵》训说与唐人李济翁《资暇录》皆曰："江南之性轻扬，故谓之扬州。"观国窃谓古人建立州县，或由山名，或因水名，或因事迹而为之名，非此三者，而以意创立，则必取美名。若以风俗轻扬而取州名，是鄙之地。九州，扬居一焉。岂有九州之大，而扬独得鄙名耶？《说文》《玉篇》曰："扬，举也。"当取明扬轩举之义。《后汉·扬雄传》，其先封于晋之扬而得姓，其地在河东扬县。若以江淮风俗轻扬得名而名扬州，则河东之扬，亦以轻扬得名耶？沈存中《笔谈》曰："予尝使北至幽、蓟，见路旁声蓟荚甚大，恐蓟地因此得名。亦如荆州宜荆，扬州宜杨。"存中误以扬州为从木之杨，世俗亦多误书扬雄为从木之杨，盖闽、浙书籍字多误，卤莽者因不省耳。（［宋］王观国撰，田瑞娟点校：《学林》，中华书局，1988 年，第 1 版，第 185-186 页。）

此例指出"扬州"之"扬"当以"奋扬"之"扬"为得名理据，非为"轻扬"之"扬"。清吴翌凤亦同此说，《逊志堂杂钞》己集：

《尔雅》："江南曰扬州。"李巡注云："江南其气躁劲，厥性轻扬，故曰扬州。"余尝疑之，禹别九州，扬居其一，历三代、秦、汉以迄于今，虽更徙分合不常，而名终不易。信如前说，则扬人举非良士美俗矣，是岂古人所以名州之意邪？《太康地志》谓"东渐太阳之位，履正含文，天气奋扬，故取名焉。"至刘熙《释名》谓："周界多水，水波扬也。"固非确论，李匡义《资暇录》乃谓"地多白扬故曰扬州"，抑又误矣。（［清］吴翌凤撰，吴格点校：《逊志堂杂钞》，中华书局，2006 年，第 1 版，第 30 页。）

此例认为"扬州"之"扬"亦当为"奋扬"之"扬"。按，"扬"之本义为举，《说文·手部》："扬，飞举也。从手，易声。"朱骏声《说文通训定声》："按，举者本义，飞者假借。"《广雅·释诂一》："扬，举也。"由"举"义可引申出"奋扬"和"飞扬"一褒一贬两个意义，从积极的方面看，"举"之甚就是奋扬；由消极的方面看，"扬"之甚就是轻扬。

三、衙门

《封氏闻见记》卷五"公牙"：

近代通谓府廷为公衙，公衙即古之公朝也。字本作牙，《诗》曰："祈父予王之爪牙。"祈父司马掌武备，象猛兽以爪牙为卫，故军前大旗谓之牙旗。出师则有建牙、祃牙之事，军中听号令，必至牙旗之下，称与府朝无异。近俗尚武，是以通呼公府为公牙，府门为牙门。字谬讹变，转而为衙也，非公府之名。或云："公门外刻木为牙，立于门侧，象兽牙。军将之行，置牙竿首，悬于上。"其义一也。（[唐]封演撰，赵贞信校注：《封氏闻见记校注》，中华书局，2005 年 11 月，第 1 版，第 39 页。）

此为考释"衙门"之理据，认为"衙门"之"衙"古本作"牙"，本为"牙旗"，后通称公府亦为"牙门"，后字谬音变为"衙"，故成"衙门"。按，"牙""衙"形不相似，故其转变当为语音上之原因，惜封氏未予详说。清人杭世骏亦有是说，《订讹类编》卷三：

（《金壶字考》）又云："《南部新书》：'近代通谓府廷为公衙，即古之公朝也，字本作牙，《诗》曰：祈父，予王之爪牙。祈父，司马，掌武备，象猛兽以爪牙自卫，故军前大旗谓之牙旗。出师则有建牙、祃牙之类，军中听号必至于牙旗之下，与府朝无异。近俗尚武，是以通呼公府为牙门，字称讹变，转而为衙。'"（[清]杭世骏撰，陈抗点校：《订讹类编》，中华书局，2006 年，第 2 版，第 112 页。）

此例认为"牙门"作"衙门"是"字称讹变"之结果。宋人袁文则认为"牙门"变作"衙门"，与"衙"之音"语"有关，《瓮牖闲评》卷一：

"衙"，许慎《说文》音"语"，无他音。《楚辞》云："道飞廉之衙衙。""衙衙"，行貌，亦音"语"，以是知"衙"字后作"牙"音者，其出于唐人改"牙"为"衙"字之故欤？《左氏传》晋侯及秦师战于彭衙，"衙"字亦当音"语"矣，而陆德明不音者，盖德明唐人，见当时呼为"牙"字，不知前代只音"语"，而失于稽考也。使《左氏传》可作"牙"字，则许慎必不只音"语"而不为"牙"字矣，然则使后世转为"彭牙"者，其德明之过欤？（[宋]袁文撰，李伟国点校：《瓮牖闲评》，中华书局，2007 年，第 1 版，第 31-32

页。）

袁文认为"衙"字古音为"语"，作"衙"者乃唐人改"牙"为"衙"，因陆德明不知"衙"有"语"音，故于《左传》"彭衙"之"衙"未予注音，遂使唐人以为"牙""衙"同音，遂改"牙门"作"衙门"。又宋王楙《野客丛书》卷第十五"衙牙二字"：

> 《漫录》曰：孔氏《杂说》："牙者，旗也；太守出则有门旗，遗法也。后遂以牙为衙，或以舍廨为衙。《唐韵》曰：衙，府也。是亦讹耳。"案《语林》，"近代通谓府廷为公衙，字本作'牙'，讹为'衙'。大司马掌武备，猛兽以牙为卫，故军前大旗谓之牙旗。《南史》：'侯景集行列门外，谓之牙门，以次引进。'牙门始见于此。"《续释常谈》又引《北史》："宋世良在郡，牙门虚寂"，为牙门所自。仆谓皆未也，牙门已见后汉。观邹义到公孙瓒营拔其牙门、三国魏文帝置牙门将、晋陆机袭父爵为牙门将。案后汉汪真人《水镜经》：凡军出立牙，必令坚完，若折，将军不利。是以古兵法择吉日祭牙。后汉滕辅、晋袁宏、顾恺之、宋王诞，皆有《祭牙文》，吴胡综有《大牙赋》，皆谓武备之意，而牙衙之说信矣。谓讹"牙"为"衙"，恐未必然。疑牙衙二字，古者通用。不然，"宋世良牙门虚寂"，《北齐书》何以书"衙"？（〔宋〕王楙撰，王文锦点校：《野客丛书》，中华书局，1987年，第1版，第168-169页。）

此例认为"牙门"一词至后汉时期已出现，"牙"作"衙"者非为语讹，乃为古通用。按，"牙门"异文作"衙门"如淳注《汉书》已有之，清人赵翼有论述，《陔余丛考》卷二十一"衙门"：

> 衙门本牙门之讹，《周礼》谓之旌门。郑氏司常注所云"巡狩兵车之会，皆建太常"是也。其旗两边刻缯如牙状，故亦曰牙旗，后世因谓营门曰牙门。《后汉书·袁绍传》，拔其牙门。牙门之名始此。《封氏闻见记》云，军中听令，必至牙门之下，与府廷无异。近俗尚武，故称公府为公牙，府门为牙门。然则初第称之于军旅，后渐移于朝署耳。然移于朝署亦第作牙，而无所谓衙者。"衙"字，《春秋》有"彭衙"，《楚词》有"飞廉之衙"。"衙"，《说文》及《集韵》皆音作语，无所谓牙音者。郑康成注《仪礼》"绥泽"云："取

其香且衙湿。"《群经音辨》曰:"衙音迓。"于是始有迓音,然犹未作平声也。及如淳注《汉书》"衙县"音"衙"为"牙",于是始有牙之音。如淳系魏时人,则读衙为牙,当起于魏、晋,而讹"牙门"为"衙门",亦即始于是时耳。袁文谓许慎《说文》衙字无牙音,而陆德明于《左传》"彭衙"下不音某字者,盖德明唐人,见当时已呼为牙音,而《说文》又无此音,故不敢音。以此知衙之音牙,出于唐人云云,是尚未考如淳《汉书》注也。

《南史》,侯景将帅谋臣朝必集行列门外,以次引进,谓之衙门。则六朝时又久已讹"牙门"为"衙门"。故李济翁《资暇录》谓武职押衙本押牙旗者,《通鉴》从其说,而以唐制正衙奏事改为正牙奏事。《旧唐书》凡正衙及衙门俱作衙字,《新唐书》俱改作牙字,盖皆推本言之也。然牙、衙之相混固已久矣。(唐制,天子御宣政殿谓之正衙,御紫宸殿谓之内衙。宋太宗时,张洎谓朝廷或修复正衙,当下两制预加考订。则宋时朝廷犹称衙,见《梁溪漫志》。)

吴斗南又谓汉制有金吾、木吾,所以参卫于朝署之前者。吾本读作牙,后世衙门之讹当自吾字始,此亦一说。《封氏闻见录》亦曰:"或以公门外刻木为牙,立于门外,故称牙门,后'牙'讹为'衙'也。"([清]赵翼撰:《陔余丛考》,中华书局,1963 年,第 1版,第 412-413 页。)

著者指出"衙门"是"牙门"之讹,"牙门"本用于军队,后官署亦用之,然其字亦作"牙门",讹"牙门"作"衙门"当在魏时,至六朝则作"衙门"已久矣。今按,牙,古音疑母鱼部,衙从"吾"得声,"衙"古音亦为疑母鱼部,因此"牙""衙"二者古音相同,"牙""吾"二字,古文常通用,学术笔记中亦有记载,如宋王应麟《困学纪闻》卷三"诗":

骃虞、骃吾、骃牙,一物也,声相近而字异。《解颐新语》既以"虞"为"虞人",又谓"文王以骃牙名囿",盖惑于异说。《鲁诗传》曰:"梁骃,天子之田。"见《后汉》注,与《贾谊书》同,不必以"骃牙"为证。([宋]王应麟著;[清]翁元圻等注;栾保群,田青松,吕宗力校点:《困学纪闻》[全校本],上海古籍出版社,2008 年,第 1 版,第 341 页。)

著者认为"驺虞""驺吾""驺牙"为一物，从而可知，牙与吾音相同。又清孙诒让《札迻》卷二"《释名·释形体第八》"：

> "牙，槌牙也。"案，《广韵·九麻》云："齟齖，齿不平也。"《说文·齿部》云："齟，齟齬，齿不相值也。"又《金部》云："鉏，鉏鋙也。"《周礼·玉人》郑注作"鉏牙"，《楚辞·九辨》又作"鉏鋙"，并声近字通。（〔清〕孙诒让撰，梁运华点校：《札迻》，中华书局，1989 年，第 1 版，第 57 页。）

"齟齖"异文作"齟齬"，"鉏牙"异文作"鉏鋙"，亦可证"牙""吾"之古音相同。"牙门"古又有作"渠门"者，清宋翔凤《过庭录》卷十四"管子识误"：

> "渠门赤旆"，案：《齐语》韦昭注："渠门，两旆所建，以为军门，若今牙门也。"
> 　案：牙，古音如吾，与渠音近，亦为一物。《考工记·车人》郑思农注："渠，谓车軹，所谓牙渠门，即辕门。"《穀梁·昭八年传》"置旃以为辕门"，范宁注："辕门，卬车以其辕表车门也。有辕必有渠，故辕门亦为渠门。桓受天子赏，不以旃，而置交龙之旆也。"（〔清〕宋翔凤撰，梁运华点校：《过庭录》，中华书局，1986 年，第 1 版，第 231-232 页。）

按，"渠门"为两旗交接之军门。《国语·齐语》："赏服大辂，龙旗九旒，渠门赤旆，诸侯称顺焉。"韦昭注："贾侍中云：'……渠门，亦旗名。赤旆，大旗也。'昭谓……渠门，两旗所建，以为军门，若今牙门也。""若今牙门也"，说明渠门并不完全同于牙门，盖牙门之旗上仅画野兽之牙，而渠门之旗还可画其他动物。

四、挏马

《学林》卷三"挏马"：

> 《前汉·礼乐志》："师学百四十二人，其七十二人给太官挏马酒。"李奇注曰："以马乳为酒，撞挏乃成也"。颜师古注曰："挏音动。马酪味如酒，而饮之亦可醉，故呼为酒也。"又《前汉·百官公

卿表》曰："武帝太初元年，更名家马为挏马"。应劭注曰："主乳马，取其汁挏治之，味酢可饮，因以名官也"。如淳注曰："主乳马，以韦革为夹兠，受数斗，盛马乳，挏取其上肥，因名曰挏马。"今梁州亦名马酪为马酒。晋灼曰："挏音挺挏之挏"。观国按，挏马者乃官号，非酒名也。《前汉·百官公卿表》曰："太仆掌舆马，有家马令。五丞，一尉。"颜师古注曰："家马者，主供天子私用，非大祀戎事军国所需，故谓之家马。"武帝太初元年，更名家马为挏马，则改家马之官名为挏马耳。若然，则太仆有挏马令一人，有挏马丞五人，有挏马尉一人，其所治亦主供天子私用之马，则挏马者，乃太仆之属官也，字书曰："挏，拥也，引也。"以拥、引其马为义，故曰"挏马"。《礼乐志》曰"师学百四十二人，其七十二人给太官挏马酒"者，乃是以七十二人给事太官，令役以造酒而供挏马官也。以《礼乐志》上下文考之可以见。《志》曰，河间献王献雅乐，至成帝时，谒者常山王禹世受河间乐，其弟子宋煜等上书言之。事下公卿，以为久远难分明，议寝。是时，郑声尤甚。哀帝自为定陶王时疾之，及即位，乃下诏罢乐官，在经非郑、卫之乐者，条奏。丞相孔光、大司马何武奏："其不应经法，或郑、卫之声，皆罢。"其名号数十，或罢或不罢者。师学百四十二人，其七十二人给太官挏马酒，其七十人可罢者，盖师学乃习学之有禄食者。师学百四十二人者，冗员如此之多也，其七十二人给太官挏马酒者，以此七十二人拨隶太官，使之役之以造酒，而供挏马之所用也。盖挏马令五丞一尉，其官吏必多，当时挏马所用之酒，太官令供之，故给此七十二人，使从役于太官，而使之造酒，而其七十人则罢而不用。盖师学百四十二人，以七十二人拨隶他局，而其余七十人又罢而不用，是师学百四十二人皆省而不在乐府矣。此皆不应经法者也。哀帝疾郑声而省乐官，本《志》首尾甚详，而诸家注释《汉书》乃以挏马为酒名，则误矣。《志》曰："郊祭乐人员六十二人，给祠南北郊。"又曰："给祠南郊用六十七人。"又曰："郑四会员六十二人，一人给事雅乐，六十一人可罢。"凡此皆称给，盖给属别局与给太官之给同也，如诸家注《汉书》者，乃以给为给酒，则愈误矣。《颜氏家训》牵于《汉书》注释之说，不能稽考辨明，而卒取撞挏之义，又谓挏官为桐，当桐花开时造酒，其凿愈甚矣。（［宋］王观国撰，田瑞娟点校：《学林》，中华书局，1988 年，第 1 版，第 81-83 页。）

　　著者认为《汉书·百官公卿表》中所提及的"挏马"乃是官名，非为马酒义，盖因"挏马"作为官名本作"家马"，武帝时改名作"挏马"，隶属于太仆，而太仆是汉代掌管皇家车与马匹的官员，而马酒属膳食类，当归属于当时的太官，因此王观国的看法是有道理的，而关于挏马的理据，王观国认为"挏，拥也，引也。以拥引其马为义"。今按，"挏"古音东部，"拥"古音亦在东部，二者叠韵；"引"，《广韵》以母，与"挏"《广韵》影母亦相邻，故"挏"之"拥""引"义可通。俞樾亦赞同王氏此说，俞樾《俞楼杂纂》第二十七卷"读王观国《学林》"曰："《百官公卿表》：'大仆，秦官，掌舆马，有两丞，属官有大厩、未央、家马三令，各五丞一尉。武帝太初元年更名为挏马。'应劭、如淳并以挏治马乳说之。夫挏治马乳以为酒，所挏者马之乳也，不得即谓之挏马。又此官主供天子私用之马，今虽改立新名，要当仍其旧职，若从应劭、如淳之说，则专以挏治马乳为事矣。是所主者饮食之事，而非复舆马之事，此官当改隶少府，与大官、汤官、导官等相联，不当仍隶太仆矣。应、如两家之说，颇有可疑，王氏引字书，挏，拥也、引也，谓此官以拥引其马为义，故曰挏马，疑为得之。"今按，《汉语大词典》"挏马"仍引应劭、如淳之说，以"挏马"为取马乳制酒之官名，其所引书证亦为《汉书·百官公卿表》。

　　王观国认为《汉书·礼乐志》"其七十二人给太官挏马酒"中"挏马"亦非指酒名，而是官名，王氏认为该句是指"以七十二人给事太官，令役以造酒而供挏马官也"。这一说法遭到俞樾的反对，俞樾认为"即以说《礼乐志》之挏马酒，谓以七十二人，给事大官，令役以造酒而供挏马官也，则其说又不可通。《礼乐志》官给大官挏马酒，不言给大官供挏马酒，又挏马之官主天子之私马，非使之聚而饮酒也，何必役七十二人造酒，以供其聚饮乎？挏马止太仆一属官耳，必以七十二人为之造酒，则大厩、未央两令，亦当同之。退而上之，为之造酒者，虽万未足也，不大可笑乎？然则给大官挏马酒，仍当从李奇、师古旧注，以此七十二人，给大官使之撞挏马酒，王氏之说非是。窃谓《礼乐志》及《百官表》，挏马之文虽同，而义则有异，当各就本文说之"。"挏马"的官职不高，不应得到七十二人为其供酒的待遇，如其获得了这样的待遇，则与其官职相当的大厩、未央令亦应有此待遇，以此类推则造酒之人将不计其数，该说显然不合情理。因此正如俞樾所说，《汉书·礼乐志》中的"挏马"当从李奇、颜师古旧注，以挏、撞马乳为义，王观国认为"挏马"只有表示掌管车舆之官职义而无马酒义，因此而曲为之说，最终得出错误的说法。今按，"挏马"除指官职外亦指马酒，"挏"指挏撞，《颜氏家训》："《礼乐志》云给大官挏马酒。李奇注以马乳为酒也。撞、挏乃成二字，并从手，谓撞捣挺挏之，今为酪酒亦然。向学士又以为种桐时，大官酿马酒乃熟，其孤陋遂至于此。"俞樾云："是颜氏于《礼乐志》从李奇旧说，其云种桐时酒熟，乃述其时一学士之官，颜氏所讥为孤陋者也。王氏乃云，颜氏牵于《汉书注》之说，又谓挏为桐，当桐花开时造酒，未免厚诬颜氏矣。"指出王观国对颜师古的批评是错误的。

今按，关于挏马酒的制作方法，清邓廷桢《双砚斋笔记》卷五中有记载：

> 《汉·百官公卿表》有挏马官，应劭曰："主乳马，取其乳汁，挏治之，味酢可饮，因以名官。"如淳曰："主乳马，以韦革为夹兜，受数斗，盛马乳，挏取其上肥，因名曰挏马官。"《说文》曰："挏，推引也，汉有挏马官作马酒。"案，此法至今西北两路蕃俗犹然，其法以革囊盛马乳，一人抱持之，乘马绝驰，令乳在囊中自相撞动，所谓挏也。往复数十次，即可成酒。余在西域时，亲见额鲁特及移驻之察哈尔皆沿此俗。然其人一入市廛辄酤秫酒痛饮，不至沈醉不止，盖视法酿不啻天浆矣。（[清]邓廷桢著，冯惠民点校：《双砚斋笔记》，中华书局，1987年，第1版，第378-379页。）

著者据其现实中所见之情况证古书之义，说明"挏马"作马酒义乃取其挏撞之义。

五、明驼

《木兰辞》"愿借明驼千里足，送儿还故乡"，其中"明驼"一词的词义所指有不同的解释，最早对其进行解释的是唐人段成式《酉阳杂俎·毛篇》条：

> 驼，性羞。《木兰篇》"明驼千里脚"，多误作鸣字。驼卧腹不贴地，屈足漏明，则行千里。（《丛书集成初编》，商务印书馆，1939年，第134页。）

《丹铅总录》亦有论述，《丹铅总录》卷十三"明驼使"条：

> 《木兰辞》"愿驰千里明驼足，送儿还故乡"，今本或改明作鸣，

非也。驼卧，腹不帖地，屈足漏明则走千里，故曰明驼。唐制：驿置有明驼使，非边塞军机，不得擅发。杨妃私发明驼使，赐安禄山荔枝，见小说。（［明］杨慎撰，丰家骅校证：《丹铅总录校证》，中华书局，2019 年，第 1 版，第 554 页。）

《焦氏笔乘续集》卷五"明驼"条：

> 《木兰辞》"愿驰千里明驼足，送儿还故乡"，驼卧，腹不贴地，屈足，漏明则走千里，故曰明驼。唐制：驿置有明驼使，非边塞军机，不得擅发。又《后魏书》："高祖不饮洛水，常以千里足明驼，更互回恒州取水供赡。"据此，则取水数千里外，不始于李赞皇矣。（［明］焦竑撰，李剑雄点校：《焦氏笔乘》，中华书局，2008 年，第 423 页。）

后者基本上同于段、杨之说。清杭世骏《订讹类编》卷三"明驼"条：

> 又云，《木兰诗》"愿驰千里明驼足，千里送儿还故乡"或改名作鸣，非也。驼卧，腹不贴地，屈足漏明，则走千里，故曰明驼。（［清］杭世骏撰，陈抗点校：《订讹类编》，中华书局，2006 年，第 2 版，第 111-112 页。）

上文亦同段说。

今按，段成式之说不可信，近世学者多不采其说，如王锳先生认为"段说迂诡不足凭"[1]，赵振铎先生亦认为"这些说法未必可靠"[2]。但是《酉阳杂俎》却记录了当时有将"明驼"作"鸣驼"者，今考"鸣驼"在唐代笔记、变文中均有用例，如《朝野佥载》卷一："后魏孝文帝定四姓，陇西李氏大姓，恐不入，星夜乘鸣驼，倍程至洛。时四姓已定讫，故至今谓之'驼李'焉。"敦煌变文《韩擒虎话本》："遂捡紬马百匹，明䭾千头，骨咄犰羳，麋鹿麝香，盘缠天使。"项楚先生注："明䭾：同'明驼'，千里驼。"[3]王锳先生认为"明"即"鸣"字同音假借，"明驼"是

---

［1］王锳《"明驼"非马》，贵州民族学院学报，1986 年第 1 期。
［2］赵振铎《训诂学纲要》（修订本），巴蜀书社，2003 年，第 135 页。
［3］项楚《敦煌变文选注》（增订本）（上），中华书局，2006 年，第 424 页。

指古代北方沙漠地区以善走著称的骆驼。"鸣驼"者，因驼铃而鸣也。①
王先生认为作"鸣驼"乃是由于驼铃的鸣声而得名。赵振铎先生认为，
"明驼"就是"名驼"，"'明'和'名'同音，可以通用。在古代文献里
'名驼'常常和'骏马'对举，骆驼是北方的交通工具，文献里面描写北
方民族的生活，经常把它和马并举。"②"名驼"和"骏马"对举，其相
当于现在的"名车""名表"，是骆驼中品种较好的一类。向熹先生亦认为
明驼是"强健善走的骆驼"。

　　总之，无论作"明驼"还是"鸣驼""名驼"，都是指一种体形较为
强健并且善走的骆驼，是骆驼中品种比较优良的一种。"鸣""名"与
"明"音同，故可通用。这是从文字训诂的角度运用因声求义的方法对
"明驼"词义所作的解释，并且这些释义也符合其在文献中的使用情况，
但是对"明驼"的探源却并不止于此。对于"明驼"的词源问题，杨春霖
在《没有训诂学就没有完整的古籍整理》一文中有不同的看法，杨文认
为："骆，原为一种马的名称，与骆驼无关，只是一个借以表示音节的音
同或音近字。于是，'负橐驼物'之义逐渐消失。另外，古时有一貉字，
从豸各声，音 hè，却又音 mài；为此还造了个异体字'貊'，音 mài；其
实是一字。由此推想，'骆'亦是各声，未必不能变作唇音而读'明'
音。它们的韵也合乎通传规律。此一音变之理或也是上古音之来母（今 l
声母）与明母（今 m 母）有混同、互变情况使然。古书中例证不少，同
道皆知之。恰巧从'各'得声之字即可读见、溪母。如：格、阁、客等，
又可读来母。如：洛、路、赂等。貉字当时有读来母的可能，故能有 mài
音而出现貊字。汉代去上古未远，容或犹有此语音现象存在，从而骆驼便
成为明驼。来、明混同，在今汉语方言中还有保留的。如：山西闻喜读棉
花为莲花等。以致越南的汉越语也有此现象。详见山西师范大学潘家懿先
生论文。此外，桂馥：《说文义证》中有一例：驴，一曰漠骊。驴，来
母。漠，明母。可作旁证。苏州教师进修学院黄岳洲先生，写《'良'字
古读考》，涉及来、明母混同问题，可供参考。"③从古音来母、明母可混
同、互变这一语音现象出发，认为"明驼"之"明"字乃"骆驼"之
"骆"字音变的结果，明驼即是骆驼。今按，来母、明母混同、互用是汉
语中客观存在的现象，从理论上说，"骆"有变成"明"的可能，但是从
目前所能见到的文献中的用例来看，"明驼"在文献中均指的是强健善走

①　王锳《"明驼"非马》，贵州民族学院学报，1986 年第 1 期。
②　赵振铎《训诂学纲要》（修订本），巴蜀书社，2003 年，第 135 页。
③　杨春霖《没有训诂学就没有完善的古籍整理》，西北大学学报（哲学社会科学版），1988 年第 3 期。

的骆驼，是骆驼中品种比较优良的一种，故亦有作千里驼者。如在《韩擒虎话本》中，"明驼"与"紬马"对举，项楚先生注云："原文'紬'当作'细'。细马，良马。"①而"骆驼"则是驼类动物的总称，是"明驼"的上位概念，二者属于种属关系，词义的外延大小是不同的。因此，认为"明驼"即"骆驼"的音变这一说法是不准确的。

今按，骆驼是一个音译外来词，其词形有多种写法，如橐驼、橐它、驝驼、馲驼等，后来"驼"语素化，和其他词组合成词，如驼峰、驼背、驼绒、驼毛、风驼、背驼、石驼等等，这些词都是合成词，其词义即是其构词语素的组合，受此影响，当看到"明驼"时，人们很自然地将其也看作是合成词，从而将研究的重点集中于"明"字的研究上，而忽视了这样一种可能，即明驼亦有可能是一个音译外来词，"明驼"只是记录了它的语音的音译词。对此，刘文性在《明驼・的卢・纥逻敦释》一文中指出："各家关于'明驼'的解释都没有抓住问题的实质，故均嫌附会②，其主要原因，一是不知'明驼'为少数民族语词；二是不懂少数民族语言；三是不谙牧民（尤其是养驼的牧民）习俗。因此，只能拘泥于汉语的框架之内来解释'明'，这就不免要出现望文生义。所以，无论怎么解释都是不得要领。"刘文认为，"明驼"就是突厥语中的"骑驼""乘驼"或"供骑乘的骆驼"的音译，"经营骆驼的人，是把全部骆驼分成两类的，一类是用以骑乘用的，另一类则是用以驮物的。在现实生活中，骆驼的运行是连成一串串的。牵驼人（俗称骆驼客）经常是骑在一串骆驼的第一峰骆驼上。这峰骆驼就叫骑驼。骑驼一般是由公驼、骟驼充当。除此之外，挑选骑驼还有不少严格的条件。一要性情温顺；二要耐力持久；三要行走平稳，最好是畜牧学上所讲的'对侧步'骆驼；四要具有领头行走的本领。所以，在一群或一串骆驼中，骑驼往往并不是很多，大多数都是载物驼。正因为骑驼是经过严格挑选的，所以其身价也就高于一般的载物驼。在长途跋涉中，经常可以看到骆驼客坐在骑驼背上安然睡觉，而整个驼队依然有条不紊地向前行进的场面。概括起来，以上所谈便是骑驼的全部含义。"③

至于为何会将"骑驼"写作"明驼"，杨文认为："这个问题是由汉族人搞混乱的。本来在突厥民族语言中称骑驼的那个词读作'menik tθγε'，而汉族人将其音译出来，又正好选用了'明'这样一个字，译成

---

① 项楚《敦煌变文选注》（增订本）（上），中华书局，2006年，第424页。

② 刘文中所指的"各家"主要指段成式和杨慎。

③ 刘文性《明驼・的卢・纥逻敦释》，《语言与翻译》，1994年第1期。

了'明驼'。于是后来人便在'明'字上大做文章，就变成了骆驼的什么部位透亮，什么部位发光等一连串同原词毫不相干的解释，以致铸成了数以千年计的糊涂案。鉴于花木兰所生活的那个民族称皇上为可汗，足证她是属于突厥民族的。况且，时至今日，'menik'这个词虽然在现代操突厥语各民族的语言中已不多用，但它还活生生地保留在维吾尔语的哈密方言中，而且其词义也还保留着古代突厥语'乘骑'的意思，指出这一点，也可算作笔者观点的一点佐证。我们的结论是：汉语中的'明驼'一词是由古突厥语'menik tθγε'音译而来，它同任何发光、透亮的概念都没有牵连。"①从少数民族语言与汉语的对比研究中，指出了"明驼"一词的源头所在。今考"明驼"在文献中的使用情况可发现，"明驼"多在描写古代北方少数民族活动时使用，如《木兰辞》是北朝民歌，《朝野佥载》记录的是后魏拓跋族之事，《韩擒虎话本》记录的是藩王赠送礼品之事，因此"明驼"很有可能就是古代少数民族语之音译。

六、萱草、桑梓

《野客丛书》卷十"萱草、桑梓"：

> 今人称母为北堂萱，盖祖《毛诗·伯兮》诗"焉得谖草，言树之背。"按注，谖草，令人忘忧。背，北堂也。其意谓君子为王前驱，过时不反，家人思念之切。安得谖草种于北堂，以忘其忧。盖北堂幽阴之地，可以种萱，初未尝言母也，不知何以遂相承为母事。借谓北堂居幽阴之地，则凡妇人，皆可以言北堂矣，何独母哉？传注之学，失先王三百篇之旨，似此甚多，正与以乡里为桑梓之谬同。《诗》意谓桑梓人赖其用，犹不敢残毁，寓恭敬之意，而况父子相与，非直桑梓而已，非谓桑梓为乡里也。然自东汉以来，乃以桑梓为乡里用矣。（［宋］王楙撰，王文锦点校：《野客丛书》，中华书局，1987 年，第 1 版，第 108 页。）

著者认为"萱堂"之本义与母无关，今以萱堂称母者非。"桑梓"本为恭敬之义，作乡里用亦非。清人吴翌凤亦认为以"萱草"指母、以"桑梓"作乡里不确，《逊志堂杂钞》己集：

---

① 刘文性《明驼·的卢·纥逻敦释》，《语言与翻译》，1994 年第 1 期。

《小雅》："维桑与梓，必恭敬止。"胡三省《通鉴注》云：桑梓谓其故乡祖父之所树也。今人多作乡里用，又称母为北堂，为萱堂，盖本《诗》"焉得谖草，言树之背"。考《诗》意谓君子为王前驱，过时不反，家人思之切焉，得谖草种于北堂，以忘其忧。盖北堂幽阴之地，可以种萱，未尝言母也。不知何以相承为母事。（[清]吴翌凤撰，吴格点校：《逊志堂杂钞》，中华书局，2006年，第1版，第94-95页。）

清顾炎武亦有相关论述，《日知录》卷三十二"桑梓"：

《容斋随笔》谓："《小雅》'维桑与梓，必恭敬止'，并无乡里之说，而后人文字乃作乡里事用。"愚考之张衡《南都赋》云："永世克孝，怀桑梓焉。真人南巡，睹旧里焉。"蔡邕作《光武济阳宫碑》云："来在济阳，顾见神宫，追惟桑梓，褒述之义。"陈琳为袁绍檄云："梁孝王先帝母弟，坟陵尊显，松柏桑梓，犹宜肃恭。"汉人之文必有所据，齐、鲁、韩三家之《诗》不传，未可知其说也。以后魏钟会《与蒋斌书》："桑梓之敬，古今所敦。"晋左思《魏都赋》："毕、昴之所应，虞、夏之余人，先王之桑梓，列圣之遗尘。"陆机《思亲赋》："悲桑梓之悠旷，愧蒸尝之弗营。"《赠弟士龙诗》："迫彼窀穸，载驱东路。继其桑梓，肆力丘墓。"《赠顾彦先诗》："眷言怀桑梓，无乃将为鱼。"《百年歌》："辞官致禄归桑梓。"潘尼《赠陆机出为吴王郎中令诗》："祁祁大邦，惟桑与梓。"《赠荥阳太守吴子仲诗》："垂覆岂他乡，回光临桑梓。"潘岳《为贾谧作赠陆机诗》："旋反桑梓，帝弟作弼。"陆云《答张士然诗》："感念桑梓域，仿佛眼中人。"阎式《复罗尚书》："人怀桑梓。"刘琨《上愍帝表》："蒸尝之敬在心，桑梓之情未克。"袁宏《三国名臣赞》："子布擅名，遭世方扰。抚翼桑梓，息肩江表。"宋武帝《复彭沛下邳三郡租诏》："彭城桑梓本乡，加隆攸在。"文帝《复丹徒租诏》："丹徒桑梓，绸缪大业攸始。"谢灵运《孝感赋》："恋丘坟而萦心，忆桑梓而零泪。"《会吟行》："东方就旅逸，梁鸿去桑梓。"何承天《铙歌》："愿言桑梓思旧游。"鲍照《从过旧宫诗》："严恭履桑梓，加敬览枌榆。"梁武帝《幸兰陵诏》："朕自违桑梓五十余载。"刘峻《辨命论》："居先王之桑梓，窃名号于中县。"江淹《拟陆平原诗》："明发眷桑梓，永叹怀密亲。"则又从《南都赋》之文而承用之矣。

按古人桑梓之说，不过敬老之意。《说苑》："常枞谓老子曰：'过乔木而趋，子知之乎？'老子曰：'过乔木而趋，非谓敬老邪？'常枞曰：'嘻，是已！'"此于《诗》为兴体，言桑梓犹当养敬，而况父母为人子之所瞻依。（〔清〕顾炎武著，黄汝成集释，栾保群、吕宗力校点：《日知录集释》〔全校本〕，上海古籍出版社，2006年，第1版，第1843-1845页。）

顾炎武认为从《南都赋》时起"桑梓"已作故乡解，而古人"桑梓"之说乃为敬老之意，此乃《诗》之起兴。清杭世骏亦有是论，《订讹类编》卷一"萱草、桑梓"：

《野客丛书》曰："今人称母为北堂萱，盖祖《毛诗·伯兮》诗'焉得谖草，言树之背。'按注，谖草，令人忘忧。背，北堂也。其意谓君子为王前驱，过时不反，家人思念之切。安得谖草种于北堂，以忘其忧。盖北堂幽阴之地，可以种萱，初未尝言母也，不知何以遂相承为母事。借谓北堂居幽阴之地，则凡妇人，皆可以言北堂矣，何独母哉？传注之学，失先王三百篇之旨，似此甚多，正与以乡里为桑梓之谬同。《诗》意谓桑梓人赖其用，犹不敢残毁，寓恭敬之意，而况父子相与，非直桑梓而已，非谓桑梓为乡里也。"愚案：《漫叟诗话》亦以为非，《朱子集注》云："萱草合欢，食之可以忘忧。""桑梓"注云："言桑梓，父母所植，以遗子孙给蚕食、具器用者。"《日知录》云："桑梓，故乡，祖父之所树者，古人桑梓之说，不过敬老之意，而后人文字乃作乡里用。"（〔清〕杭世骏撰，陈抗点校：《订讹类编》，中华书局，2006年，第2版，第27页。）

著者引朱熹之说以"萱堂"为忘忧之意，"桑梓"则从顾炎武之说。清赵翼《陔余丛考》卷四十三"萱堂"：

俗谓母为萱堂，盖因《诗》"焉得萱草，言树之背"，注云："背，北堂也。"戴埴《鼠璞》以为此因君子行役而思念之词，与母何与？吕蓝衍亦谓《诗》注萱草可忘忧，背乃北堂也，《诗》意并不言及母，不知何以遂相承为母事也。按古人寝室之制前堂后室，其由室而之内寝有侧阶，即所谓北堂也，见《尚书·顾命》注疏及《尔雅·释宫》。凡遇祭祀，主妇位于此，主妇则一家之主母也。北堂者，母之所在也，后人因以北堂为母。而北堂既可树萱，遂称曰萱堂耳。（［清］赵翼撰：《陔余丛考》，中华书局，1963 年，第 1版，第 963-964 页。）

赵翼从古代寝室之形制解释了"萱堂"称母之理据。按，《诗·卫风·伯兮》："焉得谖草，言树之背。"毛传："谖草令人忘忧；背，北堂也。"陆德明《释文》："谖，本又作萱。"则"言树之背"当谓北堂树萱之意，北堂为古代居室东房的后部，为妇女盥洗之处。《仪礼·士昏礼》："妇洗在北堂。"郑玄注："北堂，房中半以北。"贾公彦疏："房与室相连为之，房无北壁，故得北堂之名。"后以北堂指主妇居住之处，唐韩愈《示儿》诗："主妇治北堂，膳服适戚疏。"北堂亦可指母亲，唐李白《赠历阳褚司马》诗："北堂千万寿，侍奉有光辉。""萱堂"即为树萱之北堂，北堂可指母亲，故萱堂亦可代指母亲。

桑梓之说，朱熹《诗集传》："桑、梓二木。古者五亩之宅，树之墙下，以遗子孙给蚕食、具器用者也……桑梓父母所植。"是说桑梓为父母所植，留给儿孙之物，故见之如见父母必恭敬止，其意即顾炎武所说当指敬老，然此义当为《诗》起兴之意，未必为其本义。然由此亦可知古人有在宅旁种植桑、梓的习惯，故远离家乡以后，在他乡见到桑、梓即会想到自己的家乡，故桑、梓可代指故乡，其原因就在于古人有在屋宅旁种桑树、梓树的习俗。

七、赤子

《逊志堂杂钞》庚集：

《书·康诰》"若保赤子"，《传》曰孩儿，未详赤子何义。案，赤字古通尺，张华《禽经》："雉上有丈，鹬上有赤。"华山石阙云"高二丈二赤"，平等寺碑云"高二丈八尺"。《游师雄墓志》"只尺"作"只赤"。杨升庵以尺牍为"赤牍"，知赤即尺也。古人多以尺数论长幼，如三尺之童、五尺之童，又曰六尺之躯、七尺之躯，是知赤子者，谓始生小儿，长仅尺也。

《焦氏笔乘》云：《周礼》："卿大夫之职，国中自七尺以及六十，野自六尺以至六十有五，皆征之。"《韩诗外传》："国中二十行役。"则七尺者，二十也。其升降皆五年，则《论语》"六尺之孤"，十五也；《孟子》"五尺之童"，乃十岁。愚谓《史记》"晏婴身不满三尺", 是以律其尺也①。周尺准今八寸, 二尺四五寸, 岂成形体? 当是极言其短耳。曹交九尺四寸以长, 准今尺七尺四寸余。([清] 吴翌凤撰, 吴格点校:《逊志堂杂钞》, 中华书局, 2006 年, 第 1 版, 第 101-102 页。)

此例著者认为"赤子"一词《尚书》孔传仅曰"孩儿", 未详"赤子"何义, 因此认为"赤子"即"尺子", "赤"与"尺"通。

按,《书·康诰》:"若保赤子, 惟民其康义。"孔颖达疏:"子生赤色, 故言赤子。"说明孔颖达疏已对该词做出了解释, 孔颖达是以"赤"之本义作解, "赤"本义为红色,《说文·赤部》:"赤, 南方色也。"段玉裁注:"火者, 南方之行, 故赤为南方之色。"《释名·释采帛》:"赤, 赫也, 太阳之色也。"另《汉书·贾谊传》:"故自为赤子而教固已行矣。"颜师古注:"赤子, 言其新生未有眉发, 其色赤。"说明颜师古亦持此说。著者认为赤与尺古通用, 故赤子当作尺子。按, 赤古音昌母铎部, 尺古音亦为昌母铎部, 二者古音相同, 存在通用的可能。清杭世骏亦论证了赤、尺二字古相通之例,《订讹类编》卷一"赤子":

古字尺、赤通用, 故尺牍亦谓赤牍。《文献通考》云:"深赤者, 十寸之赤也。"成人曰丈夫, 六尺之躯, 七尺之躯, 三尺之童, 五尺之童, 皆以尺数论长短。故《曲礼》曰:"问天子之年, 曰: '闻之始服衣若千尺矣。'谓赤子以生色赤者, 非也。"或云:"古者二岁半为一尺, 十五岁为六尺。"愚案:二岁半为一尺之说, 于《孟子》"赤子匍匐入井"句, 其义犹通。否则, 出生色赤及仅尽尺小儿安能匍匐乎。至于文王十尺、汤九尺及晏子长不满六尺、今子长八尺等, 则又不可拘此说耳。([清] 杭世骏撰, 陈抗点校:《订讹类编》, 中华书局, 2006 年, 第 2 版, 第 53 页。)

此外, 古人以尺寸论长幼还见于王观国《学林》卷第二"六尺":

《论语》曾子曰:"可以托六尺之孤, 可以寄百里之命, 临大节而不可夺也。"观国按,《周书》卿大夫之职, 以岁时登其夫家之众寡, 辨其可任者, 国中自七尺以及六十, 野自六尺以及六十有五,

---

① 按,"其"字中华版《逊志堂杂钞》误作"起"。

皆征之。郑氏注曰："国中，城郭中也，晚赋税而早免之，以其所居复多役少，野早赋税多而晚免之，以其复少役多。"又按《韩诗外传》曰："国中二十行役。"然则七尺者二十岁也，其升降皆以五年，则六尺者十五岁也，国中自七尺以及六十者，自二十岁以至六十岁，皆征之也。野自六尺以及六十有五者，自十五岁以至六十五岁，皆征之也。征之者，谓给公上之赋役也。国中近而复多役少，故二十岁始征之，比野晚征五年也，六十岁而免，比野早免五年也。野远而复少役多，故十五岁则征之，比国中早征五年也，六十有五岁而免，比国中晚免五年也。其升降早晚皆以五年为率，此周之成法也。以此观之，则六尺之孤为十五岁可知矣。孔颖达《周礼疏》引郑氏注《论语》云"六尺之孤，年十五以下"。按《周礼》，赋役之法，言六尺者，必以十五岁。而《论语》云"六尺之孤"，则十五岁以下，皆可以六尺该之也。《后汉》明帝诏曰："高密侯禹元功之首，东平王苍宽博有谋，并可以受六尺之托。"章怀太子注曰："六尺谓十五以下。"此乃用郑氏之说也。（[宋]王观国撰，田瑞娟点校：《学林》，中华书局，1988年，第1版，第73-74页。）

因此以尺寸的长短来代指人之长幼确有其实，持此之说者还有李孝慈《越缦堂读书记》："《尚书·康诰》曰：'若保赤子'，传云：'孩貌'，然未详赤字何义。愚按尺字古通用赤。尺牍古作赤牍。《文献通考》深赤者，十寸之赤也。是知赤子者谓始生小儿仅长一尺也。古人多以尺数论长幼，如三尺之童、五尺之童，成人曰丈夫，是也。尺字古通用赤……赤子者谓始生小儿仅长一尺也。"

第九章 词汇与词义研究（二）

第一节 解释词语的文献用义

古代学人讲求学以致用，所以古代学术中关于纯语言理论的研究数量很少，数量最多的是语言研究的具体实践活动。在词义研究方面，学术笔记中讨论较多的是词语在文献中的具体所指，考释词语的文献用义，驳斥旧说，发挥己见，充满辨证精神。如：

（1）《困学纪闻》卷七"《论语》"：

> 申枨，郑康成云："盖孔子弟子申续。《史记》云：'申棠，字周。'《家语》云：'申续，字周。'"今《史记》以"棠"为"党"，《家语》以"续"为"绩"，传写之讹也。后汉《王政碑》云："有羔羊之洁，无申棠之欲。"亦以"枨"为"棠"，则申棠、申枨一人尔。唐开元封申党召陵伯，又封申枨鲁伯。本朝祥符封枨文登侯，又封党淄川侯，俱列从祀。"党"即"棠"也，一人而为二人，失于详考《论语释文》也。《史记索隐》谓《文翁图》有申枨、申棠，今所传《礼殿图》有申党，无申枨。（[宋]王应麟著；[清]翁元圻等注；栾保群，田青松，吕宗力校点：《困学纪闻》[全校本]，上海古籍出版社，2008年，第1版，第929页。）

此例认为《论语》中的申枨和《史记》中的申棠为一人，俱指孔子之弟子，明焦竑《焦氏笔乘》卷一"申枨"：

> 《论语》"申枨"，郑玄云即"申续"。《史记》："申棠，字周。"《家语》："申续，字周。"《史记》以"棠"为"党"，《家语》以

"续"为"绩"，传写之讹也。后汉《王政碑》："有羔羊之洁，无申棠之欲。"亦以"枨"为"棠"。则"申枨""申棠"，一人尔。开元封申党召陵伯，又封申枨鲁伯；宋祥符封枨文堂侯，又封党淄川侯，并列从祀，失于详考《论语》释文也。

　　李士龙曰："棠"字非音"棠棣"之"棠"，盖与"枨"即一字而两书耳。观古字"瞠"亦作"瞟"，"鎗"亦作"鏱"，六字并音"铛"，皆谐声字也。"振"亦音"枨"，本作"毂"，亦谐声字。可见"棠"亦音"枨"。《史记》有"申党"，无"申棠"，信讹也。（［明］焦竑撰，李剑雄点校：《焦氏笔乘》，中华书局，2008 年，第 4 页。）

　　著者认为《论语》之"申枨"就是《史记》之"申棠"，二者为一人。今按，"枨"字《广韵》属澄母，按钱大昕"古无舌上音"之说，"枨"属舌上音，古音当属定母，"棠"字古音亦在定母，因此二者古音声母相同为双声。王力《汉语史稿》："钱大昕说'古无舌上音'，意思是说上古没有知彻澄娘，只有端透定泥。这一结论是绝对可信的。……上古史料中的一些异文也可以证明。例如《春秋》的陈完就是《史记》的田完；《论语》的申枨（音橙）就是《史记》的申棠。"[1]

　　（2）《困学纪闻》卷六"春秋"：

　　"公矢鱼于棠"，朱文公曰："据《传》曰'则君不射'，是以弓矢射之，如汉武亲射蛟江中之类。按《淮南·时则训》'季冬，命渔师始渔，天子亲往射鱼'，则《左氏》陈鱼之说非矣。"（［宋］王应麟著；［清］翁元圻等注；栾保群，田青松，吕宗力校点：《困学纪闻》〔全校本〕，上海古籍出版社，2008 年，第 1 版，第 738 页。）

　　根据朱熹说、汉武帝射鱼事及《淮南子》相关内容，著者认为《春秋经》中"公矢鱼于棠"之"矢"不当训作"陈"，当作"射"义。清人赵翼亦有类似说法，《陔余丛考》卷二"矢鱼于棠"：

　　矢鱼于棠，诸家皆以为陈鱼而观之。宋人《萤雪杂说》独引《周礼》"矢其鱼鳖而食之"之义，以为矢者射也。按秦始皇以连弩候大鱼出射之，汉武亦有巡海射蛟之事，以矢取鱼，本是古法，授

---

① 王力《汉语史稿》，中华书局，1980 年，第 72 页。

以说经，最为典切。（［清］赵翼撰：《陔余丛考》，中华书局，1963年，第1版，第41页。）

上文亦认为"矢"当训作射。按，此段经文之"矢"字，《穀梁传》作"观"，《史记·鲁世家》作"观鱼于棠"，因此由异文来看，当训"陈"鱼。杨伯峻认为："传文明云'陈鱼而观之'，则矢仍当训"陈"。传云'则公不射'，只属上文'鸟兽之肉'而言，与矢鱼无关，不得并为一谈。《公羊传》《穀梁传》矢鱼作观鱼。臧寿恭《左传古义》云：'陈鱼、观鱼事本相因，故经文虽异，而传说则同。'《史记·鲁世家》作'观鱼于棠'，鱼作渔，盖以渔解鱼，鱼为动词。《诗·小雅·采绿》'其钓维何？维鲂及鱮。维鲂及鱮，薄言观者'，亦可见古本有观鱼之事。"①因此由异文及《传》说及《诗》所言之故事，知此处训"陈"不误。张其昀《左氏〈春秋经〉"矢鱼"辩论》认为，"矢鱼"之"矢"当为"弓矢"字，"矢鱼"即谓射鱼。而不以"射鱼"训"矢鱼"者，其基础观念是认为古无射鱼之事，而从传世文献到周代之器铭，都可印证古射鱼事之存在。②从文字训诂、文献例证及出土文献佐证方面论述了该问题，论据详实，其说可从。

（3）《学林》卷第一"勺药"：

《溱洧》诗曰："维士与女，伊其相谑，赠之以勺药。"《毛氏传》曰："勺药，香草也。其别则送以勺药，结恩情也。"观国按，崔豹《古今注》曰："勺药一名将离。将行，则送之以勺药。"以此观之，则勺药，离草也，离别则赠之，以见志也。江淹《别赋》曰："下有勺药之诗。"淹用为别离事，盖可见矣。若曰香草，则草之香者多矣，奚必勺药而后可以结恩情也。司马相如《子虚赋》曰："勺药之和具而后御之。"服虔注曰："勺药以兰桂调食。"文颖注曰："五味之和也。"晋灼注曰："《南都赋》云：'归雁鸣鵙，香稻鲜鱼，以为勺药，酸甜滋味，百种千名。'"颜师古注曰："诸家之说皆未当也。勺药，药草名，其根主和五脏，又辟毒气，故合之于桂兰五味，以助诸食，因呼五味之和为勺药耳。""今人食马肝马肠者，犹合勺药而煮之，岂非遗法乎？"观国按，《子虚》《南都》二赋言勺

---

① 杨伯峻《春秋左传注》，中华书局，1981年，第39页。

② 张其昀《左氏〈春秋经〉"矢鱼"辩论》，《扬州大学学报》（人文社会科学版），2016年第4期。

药者，勺音酌，药音略，乃以鱼肉等物为醢酱食物也，与《溱洧》诗所言勺药异矣。《诗》之勺药，乃草类也，今勺药花是已。《广韵》曰："勺，市若切。又张略切。""药，以灼切。又良约切。"二字各有二音。《子虚赋》曰："勺药之和具而后御之。"所谓御者，御食物也，未有御五味者也。《南都赋》："归雁鸣鵙，香稻鲜鱼，以为勺药。"盖以雁鵙鱼稻为食也。又按枚乘《七发》曰："于是使伊尹煎熬，易牙调和。熊蹯之濡，勺药之酱。薄耆之炙，鲜鲤之鲙。"五臣注《文选》曰："勺音酌，药音略。"又按张景阳《七命》曰："穷海之错，极陆之毛。伊公爨鼎，庖子挥刀。味重九沸，和兼勺药。晨凫露鹄，霜鵙黄雀。"五臣注《文选》曰："勺音酌，药音略。"然则读勺药为酌略者，是以鱼肉等物为醢酱食物，非《溱洧》之勺药明矣。《子虚赋》诸家注说皆误以为《溱洧》之勺药也。韩退之《偃城夜会》联句诗曰："两厢铺氍毹，五鼎调勺药。"又曰："但掷顾笑金，仍祈却老药。"盖前句勺药字音酌略，后句药字音沦，二药字不同音也。（［宋］王观国撰，田瑞娟点校：《学林》，中华书局，1988年，第1版，第12、13页。）

著者认为《诗·溱洧》中之"勺药"即我们所熟知的植物，是香草名。而《子虚赋》《南都赋》等汉赋中之"勺药"却是调料，"勺"音酌，"药"音略。按，"勺"音酌，义为舀，也作"酌"，《说文·勺部》："勺，挹取也。"桂馥《说文解字义证》："勺，又通作酌。"由舀取义可引申为调和义，《文选·宋玉〈招魂〉》："瑶浆蜜勺，实羽觞些。"刘良注："勺，和也。""勺"有调和义，故"勺药"可指调料。陆宗达先生指出："'药'从'艹'，本是治病的中草药的统称。但汉朝人的'芍药'（一作'勺药'）却是调料的意思。《论衡·谴告》说：'酿酒于罍，烹肉于鼎，皆欲其味调得也，时或咸苦酸淡不应于口者，犹人勺药失其和也。'这里的'勺药'就是调料。引申之，经过烹调的食品也叫'勺药'。张衡《南都赋》说：'归雁鸣鵙，香稻鲜鱼，以为勺药。''勺药'指的是食品。"[1]

（4）《履斋示儿编》卷六"少艾"：

"人少则慕父母，知好色则慕少艾。"尝遍考载籍，"艾"字并无美好之说。《曲礼》"五十曰艾服官政"，《鲁颂》"俾尔耆而艾"，《荀

---

[1] 陆宗达《烹饪与医药》，《陆宗达语言学论文集》，北京师范大学出版社，1996年，第373页。

子》"耆艾而信，可以为师"，皆谓老也。初无一言以为幼而美，始因流俗承误为此说。陈晋之又改"艾"字为"少女"，《孟子》知言之要，岂不经如此之甚？原《孟子》之意，即荀子所谓"妻子具而孝衰于亲"之义。"人少"当作去声；"慕少"当作上声；艾，读如"夜未艾"之艾，艾之为言止也，谓人知好色则慕亲之心稍止也。（［宋］孙奕撰，侯体健、况正兵点校：《履斋示儿编》，中华书局，2014 年，第 1 版，第 94 页。）

此例认为《孟子》中之"少艾"一语，"艾"字不当训美好义，当训作"止"，并且读音亦不同，清吴翌凤亦有是说，《逊志堂杂钞》戊集：

孙奕《示儿编》云："人少则慕父母，知好色则慕少艾。"尝遍考载籍，艾皆训老，并无美好之说。或又改艾为女，更属不经。原孟子之意，即荀子所谓"妻子具而孝衰于亲"之义。"人少"当作去声；"慕少"当作上声；艾，读如"夜未艾"之艾，艾之为言止也，谓人知好色则慕亲之心稍止也。（［清］吴翌凤撰，吴格点校：《逊志堂杂钞》，中华书局，2006 年，第 2 版，第 71 页。）

其引文与孙氏原文略有差异，认为《孟子》"知好色则慕少艾"之"艾"当训"止"。宋程大昌《考古编》中亦有论述，《考古编》卷之十"少艾"：

《孟子》曰："人少，则慕父母；知好色，则慕少艾；有妻子，则慕妻子。"赵岐曰："艾，美好也。"世因其语，遂以少艾为少好之女也。遍思经传，绝无以艾为好之文。或曰："艾，古女字也。传久而讹，离析其体，则女转为艾。"此说似有理，而《孟子》之书，不经焚毁，历世诸儒，无有以疑改易其本用之字者。记在三馆汪少监圣锡言：衢有士子，陈其所见，求质于汪曰："少当读为'少长则习骑射'之'少'；艾当为'乂'。则不劳曲说，而义自明矣。"信哉斯言也。凡古书言惩艾之艾，皆音刈，艾即刈也。惩艾云者，惩，绝之也。《诗》曰："庤乃钱镈，奄观铚艾。"亦以刈读，是其证也。慕少艾云者，知好色，则慕差减于孺慕之时矣。至有妻而慕妻子，则所谓孝衰于亲之时，不止于少艾而已矣。此之为艾，亦衰减之意也。（［宋］程大昌撰，刘尚荣校证：《考古编·续考古编》，中华书局，

2008年，第1版，第175-176页。）

程大昌认为"少艾"之"少"当训作"少长"之"少"，"艾"当训"乂"，"少艾"即稍微有所减少之义，因此其说与孙奕之说相类，均将"艾"释作动词。清赵绍祖亦有论述，《读书偶记》卷二"知好色则慕少艾"：

> 《陈定宇集》有曰："《孟子》：'知好色则慕少艾。'朱子曰：'艾，美好也。'陈文简《考古编》、孙季昭《示儿编》皆云艾字遍考载籍并无美好之说。《曲礼》《鲁颂》《荀子》皆训艾为老，《孟子》艾字解不通。孟子之意，即妻子具而孝衰于亲之义。少艾之少，上声，言少时慕父母，及知好色，则慕父母之心少衰。甥吴彬问曰：'屈原《九歌》云"竦身长剑兮拥幼艾"，非以艾为美好乎？'答曰：慕父母、慕少艾、慕妻子、慕君，一样文势，安得第二句独为慕父母之心少衰？以《楚辞》为证，则据朱子之说为是。"余按朱子本用赵氏《注》，则汉人自有美好之训。张衡《东京赋》曰："齐腾骧而沛艾。"薛综注："沛艾，作姿容貌也。"则亦有美好之意。（[清]赵绍祖撰，赵英明，王楸明点校：《读书偶记；消暑录》，中华书局，1997年，第1版，第30页。）

著者认为"少艾"当训美好。按，杨伯峻《孟子译注》云："少艾，亦作'幼艾'，《战国策》魏弁谓赵王曰：'王不以予工，乃与幼艾。'《楚辞·九歌》：'竦长剑兮拥幼艾。''少艾''幼艾'皆谓年轻美貌之人。"顾炎武《日知录》云："'人少则慕父母，知好色则慕少艾。'能以慕少艾之心而慕父母，则其诚无以加矣。"因此诸家之说均以"少艾"为美貌年轻之人。吴翌凤认为"艾"当作"止"解，即"谓人知好色则慕亲之心稍止也"。吴氏的依据是"艾"作"美好"解，经籍中无有使用者。吴氏之说有一定道理，今按，《战国策》"王不以予工，乃与幼艾"一句，鲍彪注云："赵岐曰：'艾，美好。'"说明《战国策》之说本于赵岐。《楚辞·九歌》："竦长剑兮拥幼艾。"王逸注云："竦，执也。幼，少也。艾，长也。言司命执持长剑，以诛绝凶恶，拥护万民长少，使各得其命也。"王逸之说并未训"艾"为美好。洪兴祖补注云："《孟子》曰：'知好色，则慕少艾。'说者曰：'艾，美好也。'《战国策》云：'今为天下之工或非也，乃与幼艾。'又'齐王有七孺子'，注云：'孺子谓幼艾美女也。'《离骚》以美女喻贤臣，此言人君当遏恶扬善，佑贤辅德也。或曰：'丽姬，艾封人之子也，故美女谓之艾。犹姬贵姓，因谓美女妾为姬耳。'"说明《楚辞》训"艾"作美好乃本于洪兴祖补注，洪注中又提出一个新的发现，即"艾"训"美好"或因艾姓美姬而来，此或可补"艾"训"美好"之说。今按，吴翌凤及程大昌之说于文意俱可通，然如二者所说，"艾"无美好义，则"幼艾"又当作何解。其次，如赵绍祖所说，《孟子》该句全文为"人少，则慕父母；知好色，则慕少艾；有妻子，则慕妻子；仕则慕君，不得于君则热中。大孝终身慕父母。五十而慕者，予于大舜见之矣"，慕字后均为指人之名词，由此推断"少艾"训"美色之人"为佳，然孙氏及程氏之说亦可备为一说。

（5）《敬斋古今黈》卷三：

> 薄太后以冒絮提帝。又文帝时，皇太子引博局提吴太子杀之。提，掷也，投也，撞也。与提耳之提异。（［元］李治撰，刘德权点校：《敬斋古今黈》，中华书局，1995年，第1版，第30页。）

此例认为《史记·刺客列传》中"提"有掷义，清桂馥亦有是说，《札朴》卷第六：

> 《史记·刺客列传》："以药囊提荆轲。"《集韵》："提，大计切，掷也。"《通鉴》："汉明帝性褊察，近臣尚书以下，至见提曳。"胡身之注云："提，读如冒絮提文帝之提，大计翻，掷物以击之也。"馥谓提荆轲、提文帝，读大计切。提曳之提，当读杜奚切。明帝怒御史寒朗曰："史持两端，促提下捶之。"此所谓尚书以下至见提曳也。（［清］桂馥撰，赵智海点校：《札朴》，中华书局，1992年，第1版，第212-213页。）

上文认为"提"有"掷"义，按"掷"《广韵》属澄母，根据钱大昕"古无舌上音"之说，古音当在定母，"提"古音亦在定母，因此二者古双声；"提"古韵支部，"掷"从"郑"声，"郑"古音在耕部，"支""耕"阴阳对转，可通用，故"提"亦可有"掷"义。

（6）《龙城札记》卷一"鞠躬鞠穷匑匑"：

> 《论语》"鞠躬如也"，《乡党篇》凡三见，旧皆以曲敛其身解

之。夫信为曲身，何必言如？以为非曲身而有似乎曲身，此亦形容鲜当。案《广雅》："觲觲，谨敬也"，曹宪觲音"丘六反"，觲音"丘弓反"，《仪礼·聘礼》《礼记》康成注引"孔子之执圭，鞠穷如也"，曹氏之音正与郑注相合。是"鞠躬"当读为"鞠穷"，乃形容畏谨之状，故可言如，不当因"躬"字而即训为身。今觲、觲二字，《广雅》皆讹写，世人以其不常见也，遂无有正之者，赖有曹氏之音犹可考其本字。即《仪礼》注今亦多作"鞠躬"，亦赖有陆氏《释文》、张淳《辨误》尚皆作"鞠穷"。陆止载刘氏音弓，则非刘氏皆读如"穷"本字可知矣。张云："《尔雅》云'鞠、究，穷也'，'鞠躬'盖复语，非若踧踖之谓乎？"余未见张说，颇亦有此意。"鞠躬""踧踖"皆双声，正相类。《说文》唯"觲"字训曲脊，不云"觲觲"，亦不引《论语》。若"鞠"字实义，蹋鞠也、推穷也、养也、告也、盈也，并未有曲也一训。至《史记·鲁世家》"觲觲如畏然"，徐广音为穷穷，字少异，而义未尝不相近也。《论语》此三句之下，一则曰"如不容"，一则曰"气似不息"，一则曰"如不胜"，使上文是曲身，亦不用如此费词覆解。或云摄齐升堂，鞠躬岂非曲身乎？余曰言摄齐则曲身自见，正不必复赘言曲身。且曲身乃实事，而云曲身如，更无此文法。（［清］卢文弨撰，杨晓春点校：《龙城札记》，中华书局，2010 年，第 1 版，第 120-121 页。）

按，钱馥识语云："同母为双声。踧、踖并精母，是双声。鞠，见母；穷，群母，非双声。穷依刘氏音弓，同见母，乃双声。觲觲，曹音丘六、耶弓二反，同溪母，是双声。而谓与郑注相合则非。"按，《十三经注疏·论语注疏·乡党第十》"入公门，鞠躬如也，如不容。"孔颖达《正义》云："此一节记孔子趋朝之礼容也。入公门，鞠躬如也，如不容者。公，君也。鞠，曲敛也。躬，身也。君门虽大，敛身如狭小不容受其身也。"王念孙《广雅疏证》卷六上《释训》云："孔传本谓鞠躬为敛身之貌，非训鞠为敛，躬为身也。皇侃疏云：'鞠，曲敛也，躬，身也。'失之。"因此孔颖达认为"鞠躬"即是曲敛其身之貌，训"鞠躬"为曲敛其身的是皇侃。"鞠躬"《乡党》中三见，均为恭敬谨慎义，《论语集解·乡党第十》："'执圭，鞠躬如也，如不胜。'包曰：'鞠躬者，敬慎之至'。"《论语集解·乡党第十》："'摄齐升堂，鞠躬如也，屏气似不息者。'孔曰：'皆重慎也。'"《仪礼》中一见，亦同《论语·乡党》之说，《仪礼·聘礼》："执圭，入门，鞠躬焉，如恐失之。"贾公彦疏曰："云鞠躬焉则鞠躬如也。"杨伯峻《论语译注》认为："这'鞠躬'两字不能当'曲身'讲。这是双声字，用以形容谨慎恭敬的样子。《论语》所有'□□如'的区别词（区别词是形容词、副词的合称），都不用动词结构。……且曲身乃实事，而云曲身如，更无此文法。"①由此可证卢文弨的观点是正确的。

　　"鞠躬"二字从字义分析，与恭敬谨慎义似无涉，"鞠"字本义为蹋鞠，即古代一种用革制作的皮球，《说文·革部》："鞠，蹋鞠也。""躬"字本义为身，《尔雅·释诂上》："躬，身也。"二者从字义上均与恭敬谨慎义无关。对此，卢文弨从《广雅》曹宪音及《仪礼·聘礼》《礼记》康成注中得出结论，即"鞠躬"当读为"鞠穷"，乃形容畏谨之状，故可言如，不当因"躬"字而即训为身。按，《十三经注疏·论语注疏·乡党第十》"校勘记"云："案'躬'又作'穷'。《仪礼·聘礼记》：'执圭入门鞠躬焉，如恐失之。'《释文》作'穷'，云：'刘音弓，本亦作躬。'《群经音辨》云：'鞠躬，容谨也。'郑康成《说礼》：'孔子之执圭，鞠穷如也。'说明郑、陆所据本作'穷'，但字虽作'穷'，读仍如躬。盖鞠躬本双声字，《史》《汉》中屡见之。《史记·韩长孺传赞》云：'壶遂之内，廉行修，斯鞠躬君子也。'《太史公自序》云：'敦厚慈孝，讷于言，敏于行，务在鞠躬，君子长者。'《汉书·冯奉世传赞》：'鞠躬履方，择地而行。''鞠躬'字《乡党》凡三见，皆训'谨敬貌'。盖鞠躬同见母，犹踧踖同精母，皆双声字也。"按，"躬"古与"穷"亦相通，《马王堆汉墓帛书·战国纵横家书·朱己谓魏王》："皆识秦之欲无躬也，非尽亡天下之兵而臣海内，必不休。"是以"躬"作"穷"，又《诗·邶风·式微》："微君之躬，呼为乎泥中？"马瑞辰《马氏传笺通释》曰："躬亦穷之省借。"是以"躬"为"穷"之省形假借。故《论语》作"鞠躬"同"鞠穷"。

　　《续修四库全书总目提要》云："论鞠躬一节，说本不误，然以鞠穷为是，鞠躬为非，是知其一而不知其二也。钱馥识语，谓鞠穷非双声，则又知今而不知古矣。须知今以同纽为双声，古时同属喉、牙或舌、齿、唇各部，皆为双声连语。鞠躬与鞠穷，皆双声。故郑注《论语》云：'鞠穷，自胁敛之貌也。'"亦指出了钱馥之误，同时指出古之双声乃为发音部位相同之声母，非必同母为双声。

_____

① 杨伯峻《论语译注》，中华书局，1980 年，第 98 页。

（7）《丙辰札记》：

> 菸草，今淡巴菰也，《说文》训"菸"为"郁"，音同"于"，今"菸"音"烟"。（［清］章学诚撰，冯惠民点校：《丙辰札记》，中华书局，1986 年，第 1 版，第 244 页。）

著者认为菸草即今之烟草，"菸"本音"于"后作"烟"音，又作"淡巴菰"。按，"烟草"作"淡巴菰"，清人赵翼亦有论述，《陔余丛考》卷三十三"烟草"：

> 王阮亭引姚露《旅书》谓烟草一名淡巴菰，出吕宋国，能辟瘴气。初漳州人自海外携来，莆田亦种之，反多于吕宋矣。然唐诗云"相思若烟草"，似唐时已有服之者。据王肱枕《蚓庵琐语》，谓烟叶出闽中，边上人寒疾，非此不治，关外至以一马易一斤。崇祯中，下令禁之，民间私种者问徒，利重法轻，民冒禁如故。寻下令犯者皆斩，然不久因军中病寒不治，遂弛其禁。予儿时尚不识烟为何物，崇祯末，三尺童子莫不吃烟矣。据此，则烟草自崇祯时乃盛行也。（［清］赵翼撰：《陔余丛考》，中华书局，1963 年，第 1 版，第 719 页。）

今按，"淡巴菰"即今西班牙语 tabaco 之音译，属外来词。《汉语外来词词典》："烟草，又作'淡婆古、谈巴菰、担不归、孖菰烟'，源自西班牙 tabaco。"[1]

（8）《双砚斋笔记》卷二：

> 迎则相逢，逆则相忤。二字义似相反，其实一也。《说文》曰："逆，迎也。""关东曰逆，关西曰迎。"盖逆则四方所乡，皆与之偕，未有不顺者。迎则此往彼来，适与之遇，未有不逆者。故逆即训迎也，迎逆为双声字，古经传皆通用。《禹贡》"同为逆河"，《今文尚书》作"迎河"。《春秋》文四年"逆妇姜于齐"，宣元年"公子遂如齐逆女"皆是。（［清］邓廷桢著，冯惠民点校：《双砚斋笔记》，中华书局，1987 年，第 1 版，第 112-113 页。）

---

[1] 刘正埮、高名凯、麦永乾等《汉语外来词词典》，上海辞书出版社，1984 年，第 74-75 页。

此例认为"逆"亦有"迎"义，二者义似相反，实则同一，且认为二者音亦相近，为双声。按，"迎"，古音疑母阳部，"逆"古音疑母铎部，说明二者古双声。"逆"之甲骨文作　　，罗振玉《增订殷墟书契考释》："（甲骨文）象（倒）人自外入，而辵以迎之，或省彳，或省止。"说明"逆"之本义即为"迎"也。从词义上分析，此亦为汉语施受同辞之表现，即其词义本身从造字之初就已含有"迎"和"逆"两个意义，"逆"从动作发出者来说是迎接，是主动方；从接受者来说是受到迎接，是被动方。一正一反两种意义，俱由动作参与者来决定。

（9）《双砚斋笔记》卷二：

> 《诗·小雅》："鸣蜩嘒嘒"。《传》曰："嘒嘒，声也。"《商颂》："嘒嘒，管声。"《传》曰："嘒嘒，和也。"《说文》曰："嘒，小声也。"与毛训合，而引《诗》："嘒彼小星。"不别作训。案，星有光无声，不当作从口训声之嘒。《说文》"篲"字解云："扫竹也。从又持甡。""甡"字解云："众生并立之貌。"引《诗》"甡甡其鹿。"毛传曰："甡甡，众多也。""篲"从"甡"盖取竹枝排比之意。疑"小星之嘒"当作"篲"。下文"三五在东"正谓小星列次，以与众妾并得进御于君。即《易》所谓"贯鱼以宫人宠也"。《毛诗》作嘒，盖假借字。（［清］邓廷桢著，冯惠民点校：《双砚斋笔记》，中华书局，1987年，第1版，第108-109页。）

按，《说文》释"篲"为"从又持甡"不误，但并不能由此而得出篲有"甡"义，今考"篲"之词义有三种。

第一，"扫篲"义，名词，即《说文》之"扫竹"；二为"扫""拂"义，动词；三为"篲星"义。并没有"众生并立之貌"义。

第二，"嘒"有"光芒微小而晶莹"义，《毛传》："嘒，微貌。"朱熹《诗集传》："嘒，明貌。"马瑞辰《毛诗传笺通释》："嘒，盖状星之明貌。"并非如作者所说"星有光无声，不当作口训声之嘒"。"嘒"可表明貌，这是由于"嘒"可作"暳"，《说文·口部》："嘒，小声也。从口，彗声。诗曰：嘒彼小星。暳，或从慧。"因此"嘒"有明义，而"篲"之假借字一说则不成立。

第三，作者释"篲"为"甡"乃为牵合本诗诗旨而作。该诗全文为："嘒彼小星，三五在东。肃肃宵征，夙夜在公。实命不同！嘒彼小星，维参与昂。肃肃宵征，抱衾与裯。实命不犹！"关于这首诗的主题，向来有两种看法，一种认为该诗乃是描写贱妾进御于君之诗，这一看法源于《毛序》，《毛序》从"衾裯"二字出发认为这是贱妾进御于君之诗，宋代朱熹的《诗集传》亦沿其说。然此说向来受人怀疑，《韩诗外传》认为该诗言贤仕卑官奉使之意，宋洪迈在《容斋随笔》中亦认为："《小星》：'宵宵肃征，抱衾与裯。'是咏使者远适，夙夜征行，不敢慢君命之意。"宋程大昌亦谓此为使臣勤劳之诗，清方玉润《诗经原始》亦认为该诗是"小臣行役自甘也"。清王先谦《诗三家义集疏》总结各家之说，亦认为这是描写一个小官吏出差赶路，怨恨自己不幸之诗。

由此可见，无论是从语言文字上考证抑或是从本诗的主题去求解，"小星之嘒当作慧"之说都不能成立。

（10）《读书偶识》卷第十"皲"：

> "皲"，皮细也，从皮，夋声，又"朘，赤子阴也，从肉，夋声，或从血、子回切"。《老子》："未知牝牡之合而朘作，精之至也。"河上公注："赤子未知男女之会合，而阴作怒者，由精气多之所致也。"《汉书·董仲舒传》："民日削月朘。"孟康曰："朘，音揎，谓转襄踆也。"苏林曰："朘，音镌石，俗语谓缩肭为朘缩。"颜师古曰："孟说是也。揎音宣。"司马相如《子虚赋》："襄绉"，张揖曰："襄，缩也。"《说文》："绉，蹴也。"蹴，踆古通。是襄绉、襄蹴，语一也，皆缩蹴之谊。《老子》之"朘作"，盖朘训缩、训起，后人误会，注音诂朘为赤子之阴，失之、然皲、朘、朘三字皆《说文》所无。足部跧字解曰"蹴也"。谊与皲、朘同，古当用跧字为之。王弼本作全，可证也。（[清]邹汉勋著，陈福林点校：《读书偶识》，中华书局，2008年，第1版，第215页。）

今按，帛书本《老子》"朘作"作"朘怒"，"朘""朘"古字通，《广韵》："朘，赤子阴也。朘，朘同。""作""怒"均有"奋起""奋发"义，在此则指生殖器的勃起。"朘作""朘怒"当指男婴生殖器的勃起。高明《帛书老子校注》解释为"尚不知而且无两性交媾之理与欲之赤子，生殖器何以充盈翘起，乃因体内精气之充沛，纯属生理之正常现象"[1]。辛占

---

[1] 高明《帛书老子校注》，中华书局，1996年，第94页。

军《老子译注》亦释"朘怒"为"指男婴生殖器的勃起",①则河上公所释不误。邹汉勋释"峻作"为缩起,盖以为"峻"通"朘","朘"有缩义,故误以为"峻"亦有缩义。此盖为不明词语的不同义位而误。按,"朘"有两个义位。一为子泉切,精母,文部,缩减义。《汉书·董仲舒传》:"民日削月朘。"《新唐书·沙陀传》:"是时无年,文楚朘损用度,下皆怨。"唐柳宗元《辩侵伐论》:"古之守臣有朘人之财,危人之生而又害贤人者。"一为臧回切,精母,微部,义同"峻",指男孩的生殖器。邹汉勋解《老子》用"朘"的缩减义,然此义与《老子》文不合,"朘作"在此当释为生殖器勃起与文意方通,否则释作缩起则"精之至也"就无法解释。

另外,邹汉勋认为《说文》无"皴""朘""峻"三字,认为这三字义与"踆"同,且王弼本《老子》作"踆作",故认为"皴""朘""峻"三字古当作"踆"。今按,"踆"字古音在元部,"朘"古音在文部,二者音近可旁转,且二者都具有"缩"义,并有异文可证,故此说较为可信。

（11）《读书偶识》卷第十:

> 《说文》:"某,酸果也。从木甘阙。"古文从口,作槑。"梅,枏也,可食,从木,每声"。"枏,梅也"。《尔雅》:"梅,枏。"又"柚,条时。英,梅。"《说文》:"楳,梅也。"勋谓:梅乃枏之别名,大木也。某,乃某果也。《尔雅》之梅、枏,自目大木,郭《注》"似杏实酸",非矣。《尔雅》之英,即《说文》之楳,乃目酸果。郭别《注》曰:"雀梅",亦非。《尔雅》:"柚,条时",别为句。（［清］邹汉勋著,陈福林点校:《读书偶识》,中华书局,2008 年,第 1 版,第 208 页。）

今按,梅、枏、楳俱为木名,三者词义相近,《说文·木部》:"枏,梅也。"桂馥义证:"字或作楠。"邵瑛《群经正字》:"枏,俗作楠。《尔雅·释木》:'梅,枏'诸本多作柟。"《说文·木部》:"楳,梅也。"段玉裁注:"楳,楳梅也。楳梅和二字成木名。"指出梅为楳的上位概念,楳为梅的种类之一。"梅"另有酸果义,《书·说命下》:"若作和羹,尔惟盐梅。"孔传:"盐咸梅酸,羹须咸醋以和之。"《诗·召南·摽有梅》:"摽有梅,其实七兮。"朱熹《集传》:"梅,木名,华白,实似杏而酢。"

---

① 辛占军《老子译注》,中华书局,2008 年,第 215 页。

明李时珍《本草纲目·果一·梅》："梅，花开于冬而实熟于夏，得木之全气，故其味最酸，所谓曲直作酸也。"该字本作"某"后假借作梅，梅、某古音皆为名母之部。《说文·木部》："某，酸果也。"段玉裁注："许意某为酸果正字……以许书律群经，则凡酸果之字作梅，皆假借也；凡某人之字作某，亦皆假借也。假借行而本义废，固不可胜数矣。"指出二者的假借关系。另外，段玉裁注："《召南》等之'梅'，与《秦》《陈》之'梅'，判然两物：《召南》之梅，今之酸果也；《秦》《陈》之梅，今之楠树也。"指出"梅"有木名和酸果两个不同的意义，因此郭《注》"似杏，实酸"不误。

另外，"柚，条时。英，梅。"当为断句错误，该句句读当为"柚，条。时，英梅。"在《尔雅注疏》中作两句分别释义，[1]非为一句。周祖谟《尔雅校笺》亦如此断句。[2]因此认为"《尔雅》之英，即《说文》之柍，乃目酸果。郭别注曰：'雀梅'，亦非"亦属错误推断。郭注雀梅乃是指英梅而言，非为释"英"而言，认为"《尔雅》'柚，条时'别为句"亦误。

（12）《札迻》卷七"《淮南子》许慎高诱注"：

> "病疵瘕者，捧心抑腹。"案，"疵"与"病"义复，疑是"疝"之误。《急就篇》："疝瘕，颠疾，狂失响。"（［清］孙诒让撰，梁运华点校：《札迻》，中华书局，1989年，第1版，第230页。）

按，孙诒让认为"疵"与"病"义复，是将"病"理解为患疾病义，然而"病"字在上古时期并不作患疾病解。对于这一问题，黄金贵先生在《"病"之本义考》中通过调查上古时期八部文献中"病"的使用情况，最后得出结论："病"在上古汉语中并不作"疾病"解，"病"的本义是形容词困苦义，后来引申出动词（疾）危重义，表示名词义的"病"是在战国后期才发展出来的。因此上古汉语中的"病"字都应当作"困苦"解，[3]"病疵瘕者"即病的使动用法"困苦于疵瘕者"。"瘕"指妇女腹中结块的病，《说文·疒部》："瘕，女病也。"《难经奇经八脉》："任之为病，其内苦结，男子为七疝，女子为瘕聚。"引申泛指人腹内的结块，《玉

---

① ［晋］郭璞注，［宋］邢昺疏《尔雅注疏》，上海古籍出版社，2010年，第465页。

② 周祖谟《尔雅校笺》，云南人民出版社，2004年，第129页。

③ 黄金贵《"病"之本义考》，《语言科学》，2009年第4期。

篇·疒部》：“瘕，腹中病。”“瘕”亦作“疪瘕”或“瘕疪”，指腹中结块的病，《淮南子·诠言训》：“凡治身养性，节寝处，适饮食，和喜怒，便动静，使在己者得而邪气因而不生，岂若忧瘕疪之与痤疽之发而豫备之哉。”“疪”是黑斑、痣的意思，《广韵·支韵》：“疪，黑病。”《字汇·疒部》：“疪，黑类疾。”《晋书·后妃传上·惠贾皇后》：“见一妇人，年可三十五、六，短形青黑色，眉后有疪。”“疪瘕”中，“疪”不表义。孙诒让认为“疪”当作“疝”，“疝”指心腹气痛。《释名·释疾病》：“心痛曰疝。”《说文·疒部》：“疝，腹痛也。”，如果作“疝瘕”则指“疝”和“瘕”两种疾病，即心痛和腹痛，这与下文“捧心抑腹”相对，故此说也有一定的道理。

（13）《十驾斋养新录》卷二“子赣”：

> 《说文》：“赣，赐也。”“贡，献也。”两字音同义别。子贡名赐，字当从“赣”，《论语》作“贡”，《礼记》唯《乐记》一篇称子赣，余与《论语》同。《左传》定十五年、哀七年、十二年作子贡，哀十五年、十六年、廿六年、廿七年作子赣。（［清］钱大昕著，杨勇军整理：《十驾斋养新录》，上海书店出版社，2011年，第1版，第29页。）

今按，杨琳先生认为：“‘赐’古代也有进贡的意思。《尔雅·释诂》：‘贡，赐也。’《尚书·禹贡》：‘九江纳赐大龟。’这是说九江地区进贡大龟。钱大昕《十驾斋养新录》卷二‘子赣’条：‘《说文》：赣，赐也。贡，献也。两字音同义别。子贡名赐，字当从赣’这是不知赐有贡献义而产生的误说。”[①]按，《尔雅·释诂》：“贡，赐也。”郝懿行《义疏》：“贡者，赣之假音也。《说文》云：‘赣，赐也。’今经典赣字多借作贡矣。”因此认为“贡”表“赐”义乃假借“赣”为之。作“子赣”者乃用本字，作“子贡”者乃用借字。

第二节　辨正词语的语义

所谓的“辨”，指的是对一些已知的或已有研究成果进行辨正，考辨

---

① 杨琳《训诂方法新探》，商务印书馆，2011年，第240页。

其得失，或驳斥旧说，或赞同某说，或新出己见，或对于某些争议较多的问题提出自己的观点和看法。如清赵翼《陔余丛考》卷四"市井"："市井二字，习为常谈，莫知所出。《孟子》'在国曰市井之臣'，注疏亦未见分晰。《风俗通》曰：'市亦谓之市井，言人至市有鬻卖者，必先于井上洗濯香洁，然后入市也。'颜师古曰：'市，交易之处；井，共汲之所，总言之也。'按《后汉书·循吏传》'白首不入市井'注引《春秋井田记》云：'因井为市，交易而退，故称市井。'此说较为有据。"对"市井"一词的理据进行辨正。

（1）《野客丛书》卷第一"东箱"：

> 《周昌传》："吕后侧耳于东箱听。"《司马相如传》："青龙蚴蟉于东箱。"《金日磾传》："莽何罗褒刃从东箱上。"《鼂错传》："错趋避东箱。"《东方朔传》："翁主起之东箱。"《前汉书》称东箱，率多用"竹"头。颜师古注谓正寝之东西室皆曰箱，如箱箧之形。《尔雅》及其他书东西厢字并从"广"头，谓廊庑也。其实一义，但所书异耳。《埤苍》云："箱，序也，亦作厢。""东箱"字见《礼记》。（［宋］王楙撰，王文锦点校：《野客丛书》，中华书局，1987年，第1版，第5页。）

此例认为"东箱"有作"东厢"者，其实所指为一。清人杭世骏引《天禄识余》认为"东箱"不当作从"广"之"厢"，《订讹类编 续补》卷下：

> 《天禄识余》："《周昌传》'吕后侧耳东箱听'，师古曰：'正寝之东西室皆曰箱，言似箱箧之形。'今世误作东厢、西厢，非是。"（［清］杭世骏撰，陈抗点校：《订讹类编》，中华书局，2006年，第2版，第127页。）

按，"箱"在古代指居室堂前两旁的房屋，又叫"序"或"个"，清戴震《明堂考》："凡夹室前堂，或谓之箱，或谓之个，两旁之名也。"《仪礼·公食大夫礼》："宾升，公揖，退于箱。"郑玄注："箱，东夹之前俟事之处。"《仪礼·觐礼》："几，俟于东箱。"郑玄注："东箱，东夹之前相翔待事之处。"该字又作"厢"，《后汉书·虞诩传》："（孙）程乃叱（张）防曰：'奸臣张防，何不下殿！'防不得以，趋就东箱。"李贤注："《埤苍》云：'箱，序也。'字或作'厢'。"《广韵·阳韵》："厢，亦曰东西室。"

《玉篇·广部》："厢，序也，东西序也。"因此"箱"可作"厢"。

（2）《野客丛书》卷三"太牢"：

> 太牢者，谓牛羊豕具。少牢者，谓去牛，惟用羊豕。今人遂以牛为太牢，羊为少牢，不知太牢有羊，少牢有豕也。《礼记》"郊特牲而社稷太牢"，又曰"卿大夫少牢，士以特豕"，又曰"特羊"。今士大夫往往循俗承用，不以为非。《嘉祐杂志》载常禹锡判太仆，供祫享太牢，只供特牛，而不供羊豕。然则流俗承误如此。观唐人呼牛僧孺为太牢，呼杨虞卿为少牢，《东都赋》"太牢飨"，注，牛也。知此谬已久。（［宋］王楙撰，王文锦点校：《野客丛书》，中华书局，1987年，第1版，第29页。）

此例指出宋时已渐失"太牢""少牢"之本义，误以牛作太牢。清人吴翌凤亦有是说，《逊志堂杂钞》己集：

> 太牢，牛羊豕兼具也。少牢，去牛而但用羊豕也。然唐人称牛僧孺为太牢，其误已久。（［清］吴翌凤撰，吴格点校：《逊志堂杂钞》，中华书局，2006年，第1版，第93页。）

著者指出牛、羊、豕兼具者才可称"太牢"，唐人误称牛僧孺为"太牢"。关于"太牢""少牢"，清赵翼亦有论述，《陔余丛考》卷三"太牢少牢"：

> 《礼记》"太牢"注："牛、羊、豕也。"是羊、豕亦在太牢内矣。《国语》"乡举少牢"注："少牢、羊、豕也。"则羊与豕俱称少牢矣。其不兼用二牲而专用一羊或一豕者，则曰特羊、特豕，可知太牢不专言牛，少牢不专言羊也。后世乃以牛为太牢，羊为少牢，不知始于何时。江邻几《杂志》云："掌禹锡判太常，供祫享太牢，祇判特牛，无羊、豕。问礼官，云向例如此。"是宋时固专以牛为太牢矣。唐人《牛羊日志》小说称牛僧孺为太牢，杨虞卿为少牢，则唐已以牛属太牢、羊属少牢矣。按《国语》"屈到嗜芰"篇："国君有牛享，大夫有羊馈。"韦昭注云："牛享，太牢也。羊馈，少牢也。"则专以牛为太牢，羊为少牢，其误盖自韦昭始也。（［清］赵翼撰：《陔余丛考》，中华书局，1963年，第1版，第56-57页。）

上文认为"太牢"本为牛、羊、豕兼具者，"少牢"为羊、豕兼具者。"太牢""少牢"为通称非为专称，单称豕或羊作"特豕""特羊"。然至唐时已用"太牢"专指牛，赵翼认为这种用法始于韦昭注《国语》。按，《大戴礼记·曾子天圆》："大夫之祭牲，羊曰少牢。"孔广森补注："少牢，举羊以赅豕。"则起初单举牛或羊指牛、羊、豕兼具之"太牢"和羊、豕兼具之"少牢"，久之则"太牢""少牢"专指牛、羊而言，"太牢""少牢"之本义遂失。

（3）《札朴》卷第七"窕"：

> 《释言》："窕，肆也。"郭注："轻窕者好放肆。"案：《说文》："窕，深、肆、极也。"《淮南·兵略训》："溪肆无景。"高注："肆，极，极溪之深，不见景也。"《晋书·羊祜传》："深谷肆无景。"曹摅《赠石荆州诗》："窈窕山道深。"《诗·关雎》笺云："幽闲深宫。"《静女》笺云："犹贞女在窈窕之处。"皆谓深肆也。（［清］桂馥撰，赵智海点校：《札朴》，中华书局，1992年，第1版，第262页。）

此例辨正《尔雅·释言》郭璞注，认为郭注释"窕，肆也"为"轻窕者好放肆"不确，这里的"窕"当为"深肆"义，并举《淮南子》高诱注和《晋书》《诗》郑笺等例证明"肆"有"深肆"义，非如郭注以为"放肆"之义。

按，《尔雅》以"肆"来释"窕"，这里要疏通"肆"的意义。首先，"肆"有恣纵、放肆义，《左传·昭公十二年》："昔穆王欲肆其心，周行天下。"《论语·阳货》："古之狂也肆，今之狂也荡。"《礼记·表记》："君子庄敬曰强，安肆曰偷。"郑玄注："肆，犹放恣也。"此即郭璞注所本，《玉篇》亦曰："肆，放也，恣也。"其次，"肆"还有长义，《说文·长部》："肆，极、陈也。从长、隶声。鬣，或从髟。"义符为长，当与长有关。又重文作"鬣"，从"髟"，徐灏《段注笺》曰："（肆）其本义为发长，故从髟。""因之为凡长之称。"由长义引申为程度副词极、甚义。《段注笺》："引申之义为极。极者，引而长之至于无穷也。"《尔雅》以"肆"来释"窕"即用长义，《说文》："窕，深肆极也。"王筠《说文句读》："深肆，盖即深邃。"王引之《经义述闻》："窕、肆，皆谓深之极也。""深""肆"同义连用，表示深长。段玉裁注："窕与窅为反对之辞。《释言》曰：'窕、肆也。'《大戴礼》王言：'七者布诸天下而不窕，内诸寻常之室而不塞。'……凡此皆可证窕之训宽肆。凡言在小不塞、在大不窕者、谓置之小处而小处不见充塞无余地。置之大处而大处不见空旷多余地。"因此《尔雅》训"宨"之"肆"当为长义。

此外，从同源词关系看，"宨"属于端系宵、幽部"长义"系列同源词，该系列同源词都有长义，如"眺，远视"（《集韵》）、"銚，长矛也"（《集韵》）、"岧，高也"（《说文》），"遥，远也"（《方言》）等。①由此可见，《尔雅》"宨"当训长，故释词"肆"亦当取"长"义而非"放肆"义。

（4）《札朴》卷第七"唐"：

> 《汉书·扬雄传》："故甘露零其庭，醴泉流其唐。"应劭引《尔雅》："庙中路谓之唐。"馥案：应说非是。当读如《周语》："陂唐污庳"之"唐"，谓醴泉出而称池唐也。《灵光殿赋》："玄醴腾涌于阴沟，甘露被宇而下臻。"《景福殿赋》："醴泉涌于池圃。"盖甘露下零，故被于阶庭。醴泉上涌，故流于池唐。（［清］桂馥撰，赵智海点校：《札朴》，中华书局，1992 年，第 1 版，第 291 页。）

此例辨正《汉书·扬雄传》"故甘露零其庭，醴泉流其唐"中"唐"的意义，认为"唐"在这里应当是池塘义，颜师古注引应劭说"唐"为"庙中路"不确。

按，"唐"训庭中路还可见《诗·陈风·防有鹊巢》"中唐有甓"朱熹集传："庙中路谓之庭。"又《逸周书·作雒》"内阶玄阶堤唐山廧"孔晁注："唐，中庭道。""唐"训池塘，郝懿行《尔雅义疏》："唐，又为蓄水之名，俗加土作塘。"又段玉裁《说文解字注·口部》："唐，凡陂塘字古皆作唐，取虚而多受之意。"《扬雄传》"甘露零其庭，醴泉流其唐"中之"唐"当训塘，其上文曰："女有余布，男有余粟，国家殷富，上下交足。"说明国家太平安定，故"甘露零其庭，醴泉流其唐"，取各得其所之意。正如此例著者所说："甘露下零，故被于阶庭。醴泉上涌，故流于池唐。"训"唐"为"庙中路"，则与文意不协。

（5）《逊志堂杂钞》戊集：

> 《诗》"抱衾与裯"，裯与幬同，《尔雅·释器》："幬谓之帐"注："今江东谓帐为幬。"《郑笺》亦解为"床帐"，或谓衾为被，裯为单被者，非。（［清］吴翌凤撰，吴格点校：《逊志堂杂钞》，中华书

---

① 蔡英杰《从同源关系看"窈窕"一词的释义》，《中国语文》，2012 年第 3 期。

局，2006年，第1版，第72页。）

此例辨正《诗经》"抱衾与裯"中"裯"的意义，认为"裯"与"帱"同，"帱"训"帐"，故"裯"亦训"帐"，训之为单被者不确。

按，"抱衾与裯"出自《诗·召南·小星》，关于其中"抱衾与裯"之"裯"，一说为单被，如毛传："裯，襌被也。"陈奂《诗毛氏传疏》："浑言衾、裯皆被名，析言则裯为襌被，而衾为不襌之被。凡人入寝，必衣寝衣而加衾也。《诗》之裯，即《论语》之寝衣也。"一说为床帐，如郑玄笺："裯，床帐也。"孔颖达正义："汉世名帐为裯，盖因于古，故以为床帐。"王先谦《诗三家义集疏》："三家裯作帱。《鲁》说云：'帱谓之帐。'《韩》说云：'帱，单帐也。'"按，《说文》："裯，衣袂祇裯。"《方言》："汗襦，自关而西谓之祇裯。""裯谓之䙞；无缘之衣谓之䙞。"钱绎笺疏："按，衣无缘则短……凡言裯者，皆短衣之义也。"因此其本义为祇裯、短衣义，作单被义或床帐义应当都是假借，然而"裯"训单被，先秦罕有用例，[①]而"裯"训床帐则有例证可循。首先，朱骏声《说文通训定声》曰："裯，假借为帱。"又洪颐煊《读书杂录》："《尔雅·释训》：'帱谓之裯。'郭璞注：'今江东亦谓帐为帱。'裯、帱同声字，故郑据以易《传》。"程俊英、蒋见元《诗经注析》亦说裯是帱的假借字。[②]按，"裯""帱"古音同属定母幽部，具备通假的语音条件。其次，异文材料也有证明，王先谦《诗三家义集疏》说三家"裯"作"帱"。此外，李富孙《异文释》云："《释训》疏作帱。"最后，出土文献此处作"帱"，《安徽大学藏战国竹简（一）》中收录有《诗·召南》战国时期之文本若干篇，其中《小星》（简36）"抱衾与裯"竹简作"保衾与裯"，[③]"裯"即"帱"字，古书从衣与从巾之字多互换。由此可见此处训"裯"为帱似乎更符合语言事实。

（6）《过庭录》卷十五：

应璩《百一诗》："文章不经国，筐箧无尺书。"注引《汉书》广武君曰："奉咫尺之书以使燕。"案：尺书事，详见王充《论衡·谢短篇》曰："二尺四寸，圣人文语，朝夕讲习，义类所及，故可务

---

① 按《文选·寡妇赋》"抚衾裯以叹息"李善注，杜甫《秋雨歌》"城中斗米换衾裯"仇兆鳌《详注》均训"裯"为单被，但此二例当为用典，很难看作"裯"训单被的直接证据。

② 程俊英、蒋见元《诗经注析》，中华书局，1991年，第51页。

③ 黄德宽、徐在国编《安徽大学藏战国竹简（一）》，中西书局，2019年。

知。汉事未载于经，名为尺藉短书，比于小道，其能知，非儒者之贵也。"又《正说篇》曰："周以八寸为尺，不知《论语》所独一尺之意。夫《论语》者，弟子共纪孔子之言，敕记之时甚多，数十百篇，以八寸为尺，纪之约省，怀持之便也。以其遗非经，传文记识恐忘，故但以八寸尺，不二寸四尺也。"案：此知尺书为小事，璩诗意谓即无经国之文章，并无小道之尺藉，不当以奉使事释之。（［清］宋翔凤撰，梁运华点校：《过庭录》，中华书局，1986 年，第 1 版，第 254 页。）

此例辨正《文选·应璩〈百一诗〉》中"尺书"的含义。著者认为李善注引《汉书》说以"尺书"为"咫尺之书"不确。据王充《论衡·谢短篇》《正说篇》所述，应璩诗中之"尺书"指小事，不当以"奉咫尺之书"这类大事释之。

按，古代简牍长度有一定要求，官书长二尺四寸，非经律者之书，短于官书，称短书。汉王充《论衡·书解》："秦虽无道，不燔诸子，诸子尺书，文篇具在。"《史记》："而后遣辩士奉咫尺之书，暴其所长于燕。"张守节正义曰："咫，八寸，言其简牍或长尺也。"《汉书·韩信传》："然后发一乘之使，奉咫尺之书，以使燕，燕必不敢不听。"颜师古注："八寸曰咫。咫尺者，言其简牍或长咫，或长尺，喻轻率也。今俗言尺书，或言尺牍，盖其遗语耳。"说明尺书本指短于官书之书，因其所记多为小道，故以尺书代称小事。《汉书》广武君事亦以尺书喻轻率义，《百一诗》中用之，其实并无不妥。

（7）《逊志堂杂钞》辛集：

《汉书·石奋传》"取亲中裙厕牏，身浣洒"，苏林曰："牏音投"，晋灼曰："世谓反门小褢衫为侯牏。"颜师古曰："中裙，若今中衣。厕牏，若今汗衫也。"胡承之按，贾逵解《周官》云："牏，行清也。"孟康云："厕，行清也，受粪函也。"贾、孟皆在晋前，去班固为近，当得其实，且"厕牏"字义必非衣服类，《缃素杂记》亦以"牏"为"涵"。（［清］吴翌凤撰，吴格点校：《逊志堂杂钞》，中华书局，2006 年，第 1 版，第 118 页。）

此例辨正《汉书·石奋传》中"厕牏"之"牏"的词义。认为晋灼、颜师古释"牏"为小褢衫、中衣之说不确，当以贾逵、孟康说为确。

其理由是贾、孟距班固近，故可得其实。

按，《石奋传》事见《汉书》与《史记》，其中"厕牏"之"牏"，有三种不同的训释。其一，训"牏"为中衣。如《史记·万石张叔列传》"取亲中裙厕牏，身自浣涤。"司马贞《索隐》引晋灼曰："今世谓反开小袖衫为'侯牏'，此最厕近身之衣。"据《释名·释衣服》："齐人谓如衫而小袖曰侯头。"苏林曰"牏音投"当即谓此。按，"头""投"和"牏"古音同属侯部，具备通假的语音条件。颜师古曰："厕牏者，近身之小衫，若今汗衫也。"叶梦得《石林燕语》亦曰："苏子瞻'石建方欣洗牏厕……'据《汉书》，'牏厕'本作'厕牏'，盖中衣也，二字义不应可颠倒用。"其二，释"牏"通"窬"，即著者引孟康说。此外，徐广曰："一读'牏'为'窬'。窬，音豆。言建又自洗荡厕窬。厕窬，泻除秽恶之穴也。"吕静曰："梮窬，亵器也，音威豆。"清朱骏声《说文通训定声》亦曰："牏，假借为窬。"因此"牏"乃为"窬"之通假字，在此指受粪便的木桶。其三，释"牏"为行清，即贾逵说。按"牏"训行清，文献中未有更多用例，故为孤证而难从。训"牏"为中衣的是"牏"，而"厕"字无法解释，颜师古注只好释为"近身之小衫"，而"厕"无近身之义，此说不确。故"厕牏"这里只能释义作"窬"，王先谦《汉书补注》曰："厕训为侧，牏当作'窬'……窬当是傍室中门墙穿穴入地，空中以出水（今楚俗尚有之），建取亲中裙，隐身侧近窬边，自浣洒之耳，故下文云'不敢令万石君知'也。"

（8）《逊志堂杂钞》辛集：

剎，《韵会》以为佛寺，今承用之。案王简栖《头陀寺碑》"列剎相望"，李周翰注：列剎，佛塔也。又"崇基表剎"，刘良注：剎，塔也。《南史·虞愿传》以孝武庄严剎七层，帝欲起十层，不可立，分为两剎，各五层。刘孝仪《平等寺剎下铭》："惟兹宝塔，妙迹可传。"又云："岂如神剎，耿介凌烟。"梁简文帝答同泰寺立剎启："宝塔大飞。"唐宋之间《登慈恩寺浮图诗》："凤剎侵云半"历详前说，则剎为佛塔无疑。（［清］吴翌凤撰，吴格点校：《逊志堂杂钞》，中华书局，2006 年，第 1 版，第 120 页。）

此例辨正"剎"的本义是佛塔而非佛寺，后世因袭《韵会》之说误以为佛寺。

按，"剎"本为梵语剎多罗（ksetra）之简称，义为土田，国土，唐玄应《一切经音义》卷一："刹,此译云土田。经中或言国、或云土者,同其义也。"因此其本为外来词,后可指佛塔和佛寺,《韵会》释义仅出其佛寺义,故著者辨之。

(9)清章学诚《乙卯札记》:

> 东宫不尽为太子之称。《张汤传》:吴、楚七国反,景帝往来东宫闲。师古注:"为咨谋于太后也。"按,此似指太后所居,不专属也。([清]章学诚撰,冯惠民点校:《乙卯札记》,中华书局,1986年,第1版,第3页。)

此例辨正"东宫"之词义,认为"东宫"不全指太子,史书中亦有指太后者。按,"东宫"本指太子之宫,亦指太子,《诗·卫风·硕人》:"东宫之妹,邢侯之姨。"毛传:"东宫,齐太子也。"孔颖达疏:"太子居东宫,因以东宫表太子。"汉代时可指太后之宫,因汉时长乐宫在未央宫以东,故名"东宫"。《史记·魏其武安侯列传》:"及建元二年,御史大夫赵绾请无奏事东宫。窦太后大怒,乃罢逐赵绾、王臧等。"按,这里的"东宫"指窦太后。又《汉书·刘向传》:"大将军秉事用权……依东宫之尊,假甥舅之亲,以为威重。"颜师古注:"东宫,太后所居也。"

(10)《逊志堂杂钞》壬集:

> 《诗》"夏屋渠渠",注云:夏屋,大具也。渠渠,勤勤也。言于我设礼食,大具以食我,其意勤勤然。初不指屋宇也。扬子云《法言》乃云:"震风凌雨,然后知夏屋之帡幪也。"则竟以为屋宇矣。([清]吴翌凤撰,吴格点校:《逊志堂杂钞》,中华书局,2006年,第1版,第129页。)

此例认为"夏屋"当指"大具",非扬雄所指的"大屋"。清人杭世骏亦有是说,《订讹类编》卷一"夏屋":

> 《说略》曰:"《诗》'夏屋渠渠',古注:'屋,具也。夏屋,大俎也。'今以为屋居,非也。《礼》'周人房俎',《鲁颂》'笾豆大房',注:'玉饰俎也。'其制,足间有横,下有柎,似乎堂后有房然,故曰房俎也。又《礼》'童子帻无屋',皆可证。"愚案:此说不特大房可为证据,且与下文每食无余一气相承,于义极为完足,本

朝高淡人从之。作屋宇解者，意起于杨子《法言》云："震风凌雨，然后知夏屋之帲幪。"（［清］杭世骏撰，陈抗点校：《订讹类编》，中华书局，2006年，第2版，第28页。）

亦认为"夏屋"当为"大俎"，并认为称"夏屋"作"大屋"者乃始于扬雄。清赵翼《陔余丛考》卷二"夏屋"：

> 《诗》："夏屋渠渠"，《学斋佔毕》云："夏屋，古注大具也。渠渠，勤也。言于我设醴食大具以食我，其意勤勤。"然不指屋宇也。至扬子云《法言》云："震风凌雨，然后知夏屋之帲幪。"乃始以夏屋为屋宇。杨用修本其说，又引《礼》"周以房俎"；《鲁颂》"笾豆大房"注："大房，玉饰俎也。其制足间有横，下有柎，似乎堂后有房。"故曰房俎，以证夏屋之为大俎。又言若以为屋居，则房俎亦可为房室乎？然《楚辞·涉江》篇"曾不知夏之为丘。"《招魂》篇"各有突夏。"又《大招》篇："夏屋广大，沙棠秀只。"则屈原、宋玉已皆以夏屋为大屋，而必以大俎释《诗》之夏屋，毋亦泥古注而好奇之过矣。况屈原、宋玉既施之于词赋，则以夏屋为大屋，亦不自扬子云始也。（［清］赵翼撰：《陔余丛考》，中华书局，1963年，第1版，第28页。）

赵翼认为《诗》之"夏屋"当作"大屋"解，并认为自屈原、宋玉时已将"夏屋"作"大屋"解，非始于扬雄。今按，"夏"有大义，《尔雅·释诂上》："夏，大也。"《方言》卷一："夏，大也。自关以西，秦晋之间，凡物之壮大者而爱伟之谓之夏。""屋"本指房屋，但"屋"亦有食具、酒食义，《广韵·屋韵》："屋，具也。"在《诗·秦风·权舆》"夏屋渠渠"中，一种看法是"夏屋"指大俎，即大的食器，郑玄笺："屋，具也。"孔颖达疏："重设馔食，礼物大具，其意勤勤然，于我甚厚也。"马瑞辰《毛诗传笺通释》："笺本《尔雅》以夏屋为礼食大具，其说是也。"另一种看法是，"夏屋"就是"大屋"，《毛传》："夏，大也。"传疏："夏屋，大屋也。""夏"有大屋之义，盖由"夏屋"缩略而来，《楚辞·九章·哀郢》："曾不知夏之为丘兮，孰两东门之可芜。"王逸注："夏，大殿也。"《文选·〈楚辞·招魂〉》："冬有突夏，夏室寒些。"李善注："夏，大屋也。"此字后作"厦"，清郑珍《说文新附考·厦》："古止作夏……盖'夏'有大义，故大屋为之夏屋。俗加'广'，以别'华夏'字。"

（11）《订讹类编》卷一"尤效"：

　　本朝王应奎《柳南随笔》云："左氏庄二十一年，郑伯效尤，其亦将有咎。又僖二十四年，尤而效之，罪又甚矣。又襄二十一年，尤而效之，其又甚矣。又《国语》尤作邮，楚子曰：'夫邮而效之，邮又甚焉。'按，尤，过也。今人不究尤字之义，通作效法解，大谬。"愚案：文公元年，先且居曰："效尤，祸也。"义亦同。（［清］杭世骏撰，陈抗点校：《订讹类编》，中华书局，2006年，第2版，第32页。）

　　此例辨正"效尤"之"尤"字本为"过"义，"效尤"义为"尤而效之"，即仿效坏的行为，但后来却通作"效法"义从而失去了词语之本义。今按，此即词汇学中之"词义感染"[①]，"尤"与"效"原本不同义，但因"尤"与"效"组合成词后经常使用，故"尤"亦染上"效"之效法义，"效尤"整个词义亦引申扩大为"效法"义。

（12）《双砚斋笔记》卷一：

　　《郑风·子衿》篇"挑兮达兮"，《毛传》曰："挑达，往来相见貌。"后之解者乃以为轻儇放恣之词，非古义也。案：《说文》曰："㑙，滑也。"引《诗》云："㑙兮达兮"，又曰："达，行不相遇也。"引《诗》曰："挑兮达兮"。古"达"与"泰"同音，"泰"亦训"滑"，"㑙""达"二字同义。毛训为往来相见，许不用其说，而训为行不相遇，义正相反。观是诗首章言"悠悠我心"，二章言"悠悠我思"，三章言"一日不见，如三月兮。"皆谓相期之数而相见之难，似许说为更确矣。《毛诗》作"挑"，许书两引，一作"㑙"，盖本三家《诗》，"㑙"训"滑"，与"达"同义，"挑"训"挠"，不与"达"同义，然则"㑙"当是正字，挑乃同音假借耳。"㑙达"双声，"滑达"叠韵，因声求义，庶为得之。（立案：《说文》引《诗》多与今本互异，盖许郑所据毛传本未必皆一，不即定为三家《诗》也。）（［清］邓廷桢著，冯惠民点校：《双砚斋笔记》，中华书局，1987年，第1版，第38-39页。）

---

① 伍铁平《词义的感染》，《语文研究》，1984年第3期。

此例认为"挑达"之"挑"字本当作"歧"，为滑义，"达"与"泰"通，亦为滑义。"挑达"据诗意当以许慎训"行不相遇"义为长。按，邵瑛亦认为"挑达"正字当作"歧达"，《群经正字》："此为'歧达'正字。今《诗·子衿》作'挑'，《说文·辵部》亦引作'挑'，小徐本又作'佻'。皆謰语假借，取声不取义，非正字也。《释文》引《说文》作歧，盖亦有举正之意。"因此"挑达"正字当作"歧达"。然"挑达"之义非当为"行不相遇"。马瑞辰认为《毛传》"挑达，往来相见貌"之说不确，当为"往来貌"，《毛诗传笺通释》："挑达双声字，盖疾行滑利之貌。……又按《正义》曰：'明其乍往乍来，故知挑达为往来貌。'是《正义》本《传》无'相见'字。《释文》云：'挑达，往来见貌。'胡承珙曰：'古貌字作貌，或误为见，浅人因于见下妄添貌字耳。'"因此《毛传》本作"往来貌"来释"挑达"，"往来貌"即相当于今天的"徘徊"。程俊英《诗经译注》亦释"挑达"为"独自来回地走着的样子"。①陈子展《诗经直解》认为"挑达"即相当于俗说之溜踏："今谓挑达，犹俗语溜踏，溜有滑意，踏与达通，不违故训也。"②

（13）《双砚斋笔记》卷二：

> 或曰仅字训少，唐人文字乃以为多。引昌黎书《张巡传》云："巡守睢阳时，士卒仅万人"为证，其说非也。案：仅训才，《说文》："仅，材能也。"材与才通，才或作纔。纔，帛雀头色也，乃假借字。才又与裁通，才，草木之初也；裁，衣之始也。《礼记·射义》"盖廑有存者"，"廑"，少劣之屍也，与仅义近。仅有存者，犹言才有存者，谓存者甚少也，此经传相承之通训也。仅有几训，《说文》"僟，精谨也。"引《明堂·月令》"月数将僟终"③，许所据本作"僟"，今《月令》作"几"，是"几"与"僟"通。"僟""仅"双声，"几""仅"亦双声，故"仅"可训"几"。《公羊》僖十六年《传》曰："是月者何，仅逮是月也。"何休注曰："在月之几尽。"是以"几"训"仅"也。昌黎文云："士卒仅万人"者，犹言士卒几万人也。柳子厚文："自古贤人才士被谤议不能自明者，仅以百数。"犹言几以百数也。此唐人文字兼用之训也，仅训才则义近于少，训几则义近于多，非竟以仅为多也。（[清] 邓廷

---

① 程俊英《诗经译注》，上海古籍出版社，1985年，第161页。
② 陈子展《诗经直解》，复旦大学出版社，1983年，第274页。
③ 按，据《礼记》原文，"月"字衍。

桢著，冯惠民点校：《双砚斋笔记》，中华书局，1987年，第1版，第124-126页。）

此例辨正所谓唐人训"仅"为多义之说。著者认为"仅"有"才"和"几"两个义项。"仅"训"才"时，"才"又作"纔""材""裁"，表少义；"仅"训"几"时又作"幾"，表将近义，而非为多义。

按，所谓"仅"训多义，实际上为"庶几"之义，《说文》："仅，材能也。"段玉裁注曰："材能也，'材'今俗用之'纔'字也。三《苍》及《汉书》作'纔'，郑注《礼记》《周礼》、贾逵注《国语》、《东观汉记》及诸史并作'裁'。……材能言仅能也。唐人文字'仅'多训'庶几'之几。如杜诗：'山城仅百层。'韩文：'初守睢阳时，士卒仅万人。'……此等皆李涪所谓以仅为近远者。于多见少，于仅之本义未隔也，今人文字皆训仅为但。"说明本义为"才"，表少义。"才"在唐代表"庶几"义，其义当作"几乎""差不多"解而非为多义。这里著者所说大体可从。

（14）《双砚斋笔记》卷二：

《易·系辞·传》曰："揲之以四，以象四时。"揲之不见于它经，《说文》曰："揲，阅持也。"又曰："阅，具数也。"盖揲蓍之义，先取四十九策而中分之，所谓分而为二以象两也。次取右大格之一策，挂于左手小指间，所谓挂一以象三也。次以右手四揲左大格之策，次以左手四揲右大格之策，所谓揲之以四以象四时也。揲以手为用，故从手训持，揲以四为数，更迭数之，所重在数，手持而数具焉，故必训为阅持，其义乃备也。（[清]邓廷桢著，冯惠民点校：《双砚斋笔记》，中华书局，1987年，第1版，第165-166页。）

此例辨正"揲"训"阅持"义之根据。按，《说文·手部》"揲，阅持也。"段玉裁注曰："阅者，具数也。更迭之数也。'匹'下曰：'四丈也，从八匚，八揲一匹。'按八揲一匹，则五五数之也。五五者，由一五、五数之至于八五，则四丈矣。《系辞》传曰：'揲之四，以象四时。'谓四四数之也。四四者，由一四、二四数至若干四，则得其余矣。凡传云三三、两两、十十、五五皆放此。阅持者，既得其数而持之，故其字从手。"因此段玉裁认为"揲"训作阅持义，乃是查点、计算之义，而计算则需以手持之，故揲从手，因此"持"义当是"揲"之构成义素之一而非其整个词义，"揲"仍当为"计算"义，《玉篇·手部》："揲，数著也。"说明《玉篇》训其为计数义。《说文》训"阅持"义，盖《说文》以分析"揲"字字形本义为主，"持"字当为解释揲之手旁而设。"揲"之词义当如《玉篇》之说，即计数义。

（15）《双砚斋笔记》卷三：

> 《尔雅·释鸟》："窃蓝，窃黄，窃丹。"《释兽》："虎窃毛谓之貔猫，貔如小熊，窃毛而黄。"郭注皆训窃为浅。案：《说文·米部》："盗自中出曰窃。"是窃无浅义，其训作浅者，《尔雅》"窃毛谓之貔猫"，貔与浅同音，正文已自为训。《诗》"鞹鞃浅幭"，《毛传》曰："浅，虎皮浅毛也。"义并同。《说文》曰："虎窃毛谓之貔苗，从虎浅声。窃，浅也。"许君又特为标举之。郭注实本于此，窃、浅一声之转，要以双声为训耳。窃之字体，《说文》从穴、米、离、廿皆声，今隶省作窃，又失去一声也。（[清]邓廷桢著，冯惠民点校：《双砚斋笔记》，中华书局，1987年，第1版，第195-196页。）

此例据《尔雅》、《诗》毛传及《说文》辨正"窃"有浅义。

按，"窃"之本义为偷，《广雅·释诂一》："窃，取也。"引申义亦与偷相关，如引申义为"非法占有"，《庄子·胠箧》："窃国者为诸侯。"引申义为"盗贼"，如《庄子·天道》："边竟有人焉，其名为窃。"成玄英疏："窃，贼也。"引申义为"抄袭"，如汉王逸《〈楚辞章句〉叙》："名儒博达之士著造词赋，莫不拟则其仪表，祖式其模范，取其要妙，窃其华藻。"其本义、引申义均无浅义，则"窃"训浅或为其假借义，清朱骏声《说文通训定声·履部》："窃，假借为浅。"按，"窃""浅"古音俱属清母，是为双声，故"浅"或可借作"窃"，"窃"亦可训"浅"。

（16）《龙城札记》卷一"泔之奥之"：

> 《荀子·大略篇》："曾子食鱼有余，曰：'泔之。'门人曰：'泔之伤人，不若奥之。'"杨惊云："泔与奥，皆烹和之名，未详其说。"文弨案非烹和也，曾子以鱼多欲藏之耳。泔，米汁也，泔之谓以米汁浸渍之。门人以易致腐烂，食之不宜于人，或致有河鱼腹疾之患，故以为伤人。《说文》"奥，宛也""宛，奥也"，"奥"与"宛"皆与"郁"音义同。今人藏鱼之法，醉鱼则用酒，腌鱼则用

盐，置之甄中以郁之，可以经久且味美。"奥"如"郁韭""郁麴"
之"郁"。"郁韭"见《说文》"䪏"字下，"郁麴"见《释名》，皆谓
治之藏于幽隐之处。今鱼经盐、酒者，于老者、病者极相宜，正与
伤人相反。（〔清〕卢文弨撰，杨晓春点校：《龙城札记》，中华书
局，2010年，第1版，第130页。）

此例辨正《荀子》杨倞注之误，指出《荀子·大略篇》中"泔之"
"奥之"非为烹饪调和之名称。"泔之"指的是用米汁浸泡，"奥之"之
"奥"与"宛"同义，均为"郁"义，"奥之"谓用酒、盐等腌制并贮
藏之。

按，此说甚是，《说文·水部》："泔，周谓潘曰泔。从水，甘声。"
《广雅·释器》："泔，润也。"均无烹和之义。然释"泔"为以米汁浸渍
义，此说亦难通。王念孙《广雅疏证》云："米泔不可以渍鱼，卢谓'以
米汁浸渍之'，非也。'泔'当为'洎'。《周官士师》'洎镬水'，郑注曰：
'洎，谓增其沃汁。'襄二十八年《左传》'去其肉而以其洎馈'，《正义》
曰：'添水以为肉汁，遂名肉汁为洎。'然则添水以为鱼汁，亦得谓之洎。
洎之，谓添水以渍之也。《吕氏春秋·应言篇》'多洎之则淡而不可食，少
洎之则焦而不熟'，高注曰：'肉汁为洎。'彼言'多洎之'，'少洎之'，即
此所谓'洎之'矣。以洎渍鱼，则恐致腐烂而不宜于食，故曰'洎之伤
人'也。隶书'甘'字作'目'，与'自'字极相似，故'洎'误为
'泔'耳。（汉西岳华山亭碑'甘树弗布'，'甘'字作'目'，见《汉隶字
原》）奥，亦非烹和之名，卢训奥为郁，是也。《释名》曰：'膜，奥也。
藏物于奥内，稍出用之也。'彼所谓'膜'，即此所谓'奥之'矣。然卢谓
奥与宛、郁同音，则非也。奥与宛、郁同义不同音，故诸书中'郁'字有
通作'宛'者，而'宛''郁'二字无通作'奥'者。以宛、郁释奥则
可，读奥为宛、郁则不可。"王念孙认为"泔"为米汁，"泔之"就是用米
汁浸渍鱼，而米汁是不可以浸渍鱼的，故认为卢文弨的说法不正确。王念
孙认为"泔"当为"洎"，隶书"甘"字作"目"，故二者形近致讹。
"洎"为添水以为鱼汁，以"洎"渍鱼则会导致鱼腐烂不宜食用，故曰
"洎之伤人"。今按，王念孙的说法基本可信，然伤人并非一定指伤害人，
伤有妨害的意义，《论语·先进》："何伤乎？亦各言其志也。"鱼腐烂后气
味难闻更多的是给人带来不便，而腐烂的鱼一般是不会有人吃用从而导致
生病受伤的。因此，将伤理解为妨碍义亦可通。

（17）《陔余丛考》卷十五"列卒"：

> （《新唐书•段秀实列传》）代宗广德二年，邠宁节度使白孝德署段秀实为都虞候。郭晞军士为暴，秀实列卒，尽取其首注槊上，植市门。《质实》云："列与裂通，车裂也。"其意盖谓秀实车裂乱卒矣。按列者，陈也；卒者，秀实所领之卒也。柳子厚《段太尉逸事状》，晞军士十七人入市取酒，刺酒翁，坏酿器。太尉列卒取十七人，皆断头注槊上，植市门外。《新唐书•秀实本传》悉仍其文，事本易晓，安得以列卒为车裂乱卒耶？（［清］赵翼撰：《陔余丛考》，中华书局，1963 年，第 1 版，第 280 页。）

此例辨正《新唐书•段秀实列传》中"列卒"之义当是陈列士族而非车裂士族。著者据柳宗元《段太尉逸事状》一文中"列卒"认为当作"陈列士卒"解，而非为"车裂士卒"之义。

按，《新唐书》原文为："俄而晞士十七人入市取酒，刺酒翁，坏酿器，秀实列卒取之，断首置槊上，植市门外。"详其文意当为先捉取郭晞之士卒，然后斩首置槊上，植门外。如先车裂后则不当再"断首"，故从逻辑上判断亦当训陈而非裂。此外，"列卒"在文献中多作军队义和陈兵布阵义，如汉司马相如《子虚赋》："列卒满泽，罘网弥山。"汉班固《西都赋》："列卒周匝，星罗云布。"又《大唐西域记》卷二："车乃驾以驯马，兵帅居乘，列卒周卫，扶轮挟毂。"均作军队和陈兵义，罕有作车裂士卒义，从语言的普遍性原则上看亦不合语言习惯。

（18）《陔余丛考》卷二十二"次"：

> 托宿曰次。《春秋》庄三年冬，公次于滑。《左传》曰："凡师一宿为舍，再宿为信，过信为次。"《汉书》周亚夫军次细柳，臣瓒亦引过信为次以释之。是次乃托宿之久者也。今人行文，凡至某处，不论久暂，动曰次某处，误矣。（［清］赵翼撰：《陔余丛考》，中华书局，1963 年，第 1 版，第 441 页。）

此例辨正"次"的词义，认为"次"乃托宿久者之称，而今托宿短暂停留者亦称次乃误用。今按，"次"本有驻扎、止歇义，不分长短，如《易师》"师左次"，李鼎祚《周易集解纂疏》引荀爽曰："次，舍也。"《春秋·庄公三十二年》"公次于郎",何休注:"次者,兵舍止之名。"《广雅·释诂四》:"次,舍也。"王念孙疏证:"为舍止之舍。"《书·泰誓中》:"惟戊午,王次于河朔。"孔传:"次,止也。"因此本非专指托宿久者也,所谓"过信为次"者当为析言说之,浑言则凡舍止均可称"次"。

（19）《陔余丛考》卷二十二"宦":

> 《礼记》"宦学事师,非礼不亲",注云:"仕与学皆有师。"此盖泥于《说文》以宦为仕之说而强合之也。学则有师,仕岂有师乎?不知宦字原有仕与学二义。《左传》,骊姬之乱,晋无公族。及成公即位,乃宦卿之嫡子为公族。杜注:"宦,仕也。"此以仕为宦之义也。赵盾饲翳桑之饿者,食之,舍其半曰:"宦三年矣,未知母之存亡。今近焉,以遗之。"杜注:"宦,学也。"此以学为宦之义也。（〔清〕赵翼撰:《陔余丛考》,中华书局,1963 年,第 1 版,第 441页。）

此例辨正《礼记》注之误,指出"宦"有学和仕二义,并据《左传》杜预注以说之。

按,《礼记》"宦学事师"孔颖达疏引熊安生曰:"宦谓学仕官之事,学谓习学六艺。"亦谓"宦"训学者。著者此处据《左传·宣公二年》杜预注"宦,学也"证"宦"之学义。按俞樾《茶香室经说》云:"古者学而后入官,未闻别有仕宦之学。《越语》云:'与范蠡入宦于吴。'注曰:'宦为臣隶也。'灵辄所谓宦者,殆亦为人臣隶,故失所而至穷饿如此。僖十七年传曰:'宦,事秦为妾。'此传宦字义与彼同。"按,俞樾说是。金文宦作""（仲宦父鼎）,马叙伦《说文解字六书疏证》卷十四曰:"伦按宦之本义非仕也。字从宀从臣。臣为俘获被俘者,以之执事,所谓男为人臣也。"

（20）《陔余丛考》卷四十三"桂窟":

> 世以登科为折桂,本于郤诜对策有"桂林一枝"之语。而或以月中有桂,遂因桂而移于月中之桂,又因月中有蟾,谓之蟾窟,遂又移而为桂窟。辗转相讹,皆沿袭之陋也。（《五经通义》,月中有兔与蟾蜍,何也? 月,阴也;蟾蜍,阳也,与兔并明,阴系于阳也。《春秋演孔图》曰,蟾蜍,月精也。虞喜《安天论》曰,俗传月中仙

人桂树，今视其初生，仙人之足已成形，桂树后生。《酉阳杂俎》云："月中蟾桂，地影也，空处，水影也。"东坡《鉴空阁》云："悬空如水镜，泻此山河影。妄称桂兔蟆，俗说皆可屏。"）又如"莺迁"二字，《毛诗》"伐木丁丁，鸟鸣嘤嘤，出自幽谷，迁于乔木。"并无所谓莺字也。自唐苏味道有"迁莺远听闻"，杨祯诗"轩树已迁莺"，礼部试士遂有《迁莺求友》《莺出谷》之作。（［清］赵翼撰：《陔余丛考》，中华书局，1963 年，第 1 版，第 963 页。）

著者认为"折桂"本指"桂林一枝"，后人附会为月中之桂，又因月中有蟾，又讹作桂窟。按，"折桂"一词语出自《晋书·郤诜传》："武帝于东堂会送，问诜曰：'卿自以为何如？'诜对曰：'臣举贤良对策，为天下第一，犹桂林之一枝，昆山之片玉。'"后以之代指称举及第。

又"莺迁"一词赵翼认为出自《毛诗》，诗中本无莺，后唐人诗中有作莺者，故礼部试士遂用之。按，宋叶大庆认为《诗》中"鸟鸣嘤嘤"之嘤即指莺，《考古质疑》卷四：

> 《东皋杂录》："《诗》：'伐木丁丁，鸟鸣嘤嘤。出自幽谷，迁于乔木。'又曰：'嘤其鸣矣，求其友声。'郑笺云：'嘤嘤，两鸟声。'正文与注皆未尝及黄鸟，自白乐天作《六帖》，始类入莺门。又作诗每用之，如'谷幽莺暂迁''不失迁莺侣''莺迁各异年''树集莺朋友'之类，后人多祖述用之。"《缃素杂记》载刘梦得《嘉话》云："今谓进士登第为迁莺者，久矣。盖自诗云：'伐木丁丁，鸟鸣嘤嘤。出自幽谷，迁于乔木。'又曰：'嘤其鸣矣，求其友声。'并无莺字，顷岁省试《早莺求友》诗，又《莺出谷》诗，别书固无证据，斯大误也。余谓今人吟咏多用'迁莺''出谷'事，又曲名《喜迁莺》，皆循袭唐人之误。故宋景文云'晓报谷莺朋友动'，又'杏园初日待莺迁'。舒王云'莺犹寻旧友'。惟汉梁鸿《思友人》诗曰：'鸟嘤嘤兮友之期，念高子兮仆怀思。'《南史·刘孝标绝交论》云：'嘤鸣相召，星流电激。'是真得诗意。"《苕溪渔隐》曰："涪翁诗'千林风月莺求友'，亦承唐人之误。然自唐至今，误用者众，为时硕儒尚犹如此，余何足怪？"洪驹父云古今诗人误用出谷迁乔为黄莺，按《诗》注嘤嘤，两鸟声，非莺也。《禽经》称莺嘤嘤然，要是后人傅会，非诗本意。已上诸公议论如此。大庆按，《诗》嘤嘤虽非指莺，然汉张衡《归田赋》"王雎鼓翼，仓庚哀鸣，交颈颉颃，关关

嘤嘤。"又《东都赋》"雎鸠鹂黄，关关嘤嘤。"盖仓庚、鹂黄，即所谓莺也。张衡皆以嘤嘤言之，则唐人以嘤嘤为莺，又未必不本于此。若以为乐天始误，窃谓不然。盖李峤《莺诗》"乍离幽谷日，先转上林风"；李白《荆门望蜀江诗》"花飞出谷鸎"，二李盖先于乐天矣。况梁元帝《言志赋》"闻莺鸣而怀友"，陈杨谨《从驾祀麓山庙诗》"窗幽细网合，阶静落花明。檐巢始入燕，轩树已迁莺。"自梁陈已用迁莺事，而曰承袭唐人之误，非也。（［宋］叶大庆撰，李伟国点校：《考古质疑》，中华书局，2007 年，第 1 版，第 223-224 页。）

叶大庆指出，以"莺"入诗，汉时已有，张衡诗中作"仓庚"，即"莺"也，以嘤嘤言仓庚之叫声，六朝时亦有以莺代指《诗》中之"嘤嘤"者，故唐人以"莺"代"嘤"入诗盖有所本也。

第三节　考证词语的古义、僻义及词语的多个义项

词语在漫长的历史发展过程中，由本义出发会不断地引申发展出许多其他的意义，有些词的意义一直保留至今，为人们所熟悉和了解；有些词的意义则在历史发展过程中被淘汰，或被其他词语所替代，这些词义现在不为人们所熟知，仅保留在古代的一些典籍中，成为我们阅读整理古籍的障碍。学术笔记中有许多内容是考证这些词语古义及僻义，为我们认识掌握词义的发展历史及正确解读词义提供了有价值的参考。

一、考据词语的古义、僻义

（1）《焦氏笔乘》卷一"赤族"：

赤族，言尽杀无遗类也。《汉书注》以为"流血丹其族者"，大谬。古人谓空尽无物曰赤，如"赤地千里"，《南史》称"其家赤贫"是也。（［明］焦竑撰，李剑雄点校：《焦氏笔乘》，中华书局，2008 年，第 1 版，第 22 页。）

此例首先辨正《汉书》注训"赤族"为"流血丹其族者"说不确，指出"赤"为杀戮义，进而据古语指出"赤"有空、尽之义。

按，"赤"本义为红色，《说文》："赤，南方色也。"徐锴系传："南

方之星，其中一者最赤，名大火。"《尔雅》："赤，赫也。太阳之色也。"此义亦为"赤"之常用义。"赤"亦表空、尽义，李白《溧阳濑水贞义女碑铭》"赤族武氏"，王琦辑注引《海录杂事》曰："古人谓空尽无物曰赤。"段玉裁《说文解字注》："按赤色至明。引申之，凡洞然昭著皆曰赤。如赤体谓不衣也，赤地谓不毛也。"引申为杀光、诛灭，《文选·扬雄〈解嘲〉》："客徒朱丹吾毂，不知一跌将赤吾之族也。"李善注："赤，谓诛灭也。"

（2）《陔余丛考》卷二十二"猖獗"：

> 今人见人恣横不可制者，辄曰猖獗，史传亦多用之，然更有别义。汉昭烈谓诸葛武侯曰："孤智术浅短，遂用猖獗。"王彪之谓殷浩曰："无故匆匆，先自猖獗。"刘善明谓萧道成曰："不可远去根本，自诒猖獗。"丘迟《与陈伯之书》："君不能内审诸己，外受流言，沉迷猖獗，以至于此。"金将张柔为蒙古所败，质其二亲，柔叹曰："吾受国厚恩，不意猖獗至此。"凡此皆有倾覆之意，与常解不同。（［清］赵翼撰：《陔余丛考》，中华书局，1963 年，第 1 版，第 446 页。）

著者认为猖獗除表示"任意""横行"之义外，古时还有"倾覆""失败"之义。按，《三国志·蜀志·诸葛亮传》："孤不度德量力，欲信大义于天下，而智术浅短，遂用猖蹶，至于今日。"卢弼集解："《通鉴》'獗'作'蹶'。胡注：'猖蹶'，颠蹶。""蹶"有"僵仆""跌倒"义，《说文·足部》："蹶，僵也。"《广韵·月部》："蹶，失脚。"引申为"失败""颠覆"义，《荀子·成相》："主之孽，谗人达，贤能遁逃国乃蹶。"杨倞注："蹶，倾覆也。"《文选·左思〈魏都赋〉》："剑阁虽嶤，凭之者蹶，非所以深根固蒂也。"李善注："蹶，败也。"因此"猖獗"之"獗"乃是"蹶"之假借，故"猖獗"有"跌倒""失败"义。此外，周一良先生指出南北朝时期"猖獗"还有"嚣张"义，认为"颠覆之与嚣张，盖由乱亦训治之反训耳"[①]。

（3）《陔余丛考》卷二十二"绝倒"：

> 今人遇事之可笑者，每云绝倒。其实此二字不仅形容可笑也。

---

① 周一良《魏晋南北朝史札记》，辽宁教育出版社，1998 年，第 57 页。

《晋书·卫玠传》，王澄每闻玠言，辄叹息绝倒。时人为之语曰："卫玠谈道，平子绝倒。"《世说》，王敦见卫玠后，谓谢琨曰："不意永嘉之后，复闻正始之音。阿平若在，当复绝倒。"《魏书·李苗传》，苗览《周瑜传》，未尝不咨嗟绝倒。此皆言倾倒之意。《北史·崔瞻传》，瞻使于陈，过彭城，读道旁碑文，未毕而绝倒。从者遥见，以为中恶。此碑乃瞻父徐州时所立，故哀感焉。《隋书·陈孝意传》，孝意居父丧，朝夕哀临，每发一声，未尝不绝倒。此又极形其悲怆之致也。

惟《五代史·晋家人传》，出帝居丧，纳其叔母冯氏为后，酣饮歌舞，过梓宫前，酹而告曰："皇太后之命与先帝不任大庆。"左右皆失笑，帝亦自绝倒。此则与捧腹、鼓掌等字意义相近耳。然《宋史·王登传》，登夜分正理军书，幕客唐舜申至，登忽绝倒，五藏出血而卒。元赵秉文《杂拟》诗："不敢上高楼，惟恐愁绝倒。"则宋、元之间亦尚不以绝倒字专指诙笑。赵与时《宾退录》亦引卫玠事，而论流俗以绝倒为大笑之误。（［清］赵翼撰：《陔余丛考》，中华书局，1963 年，第 1 版，第 447 页。）

此例指出"绝倒"不仅只有"大笑"义，著者据魏晋至隋唐宋史书及《世说新语》等其他诗文内容指出"绝倒"还有倾倒、佩服义和昏厥、仆倒义。

按，"绝"有"最""极"等程度副词的用法，《玉篇》："绝，最也。"《后汉书·吴良传》"臣苍荣宠绝矣，忧则深大"，李贤注："绝犹极也。""倒"有倾服、佩服义，如杜甫《上韦左相二十韵》"尺牍倒陈遵"，杨伦《杜诗镜铨》："倒，即倾倒之倒。"此义还可构成复合词作"倾倒"，如南朝宋鲍照《答休上人》诗："味貌复何奇，能令君倾倒。""绝倒"即为"佩服之极"，《汉语大词典》所举书证为唐戎昱诗，由此例可知"绝倒"表佩服、倾倒之义在魏晋南北朝已经产生。"绝倒"表昏厥倒地当是其本义，《说文》："倒，仆也。""绝倒"之"绝"疑是"厥"之假借，"厥"在中医术语中指昏厥、晕倒，如《素问·厥论》："厥或令人腹满，或令人暴不知人。""厥""绝"古音同属月部，《广韵》同属山摄，"绝倒"表仆倒义又作"蹶倒"，《说文》："蹶，僵也。""蹶"亦为中医术语表昏倒义，《史记·扁鹊仓公列传》："邪气积蓄而不得泄，是以阳缓而阴急，故暴蹶而死。"张守节《正义》："蹶，逆气上也。"

（4）《陔余丛考》卷四十二"男子称佳人"：

> 男人有称美人者，《诗》"彼美人兮，西方之人兮"，少陵诗"美人何为隔秋水"，东坡《赤壁赋》"望美人兮天一方"之类是也。男子亦有称佳人者。《楚辞》"惟佳人之永都兮"，注："佳人指怀王。"后汉尚书令陆宏姿容如玉，光武叹曰："南方多佳人。"魏曹爽从跸谒高平陵，司马懿闭城拒之，桓范劝爽挟天子诣许昌发兵，爽不从，范哭曰："曹子丹佳人，生汝兄弟，狐犊耳！"又苻秦时，窦滔妻苏蕙作《璇玑图》，读者不能尽通。苏氏叹曰"非我佳人，莫之能解。"是皆男子称佳人也。（[清]赵翼撰：《陔余丛考》，中华书局，1963年，第1版，第927页。）

此例指出"佳人"除表美人外，还可指称男子为佳人。按，男子称"佳人"者乃因古时"佳人"本义为好人、善人，《说文·人部》："佳，善也。"《广雅·释诂二》："佳，好也。"为褒义词，既可指美女又可指贤人君子。六朝时期，妇人还可用"佳人"来称自己的丈夫，三国魏曹植《种葛篇》："行年将晚暮，佳人怀异心，恩纪旷不接，我情遂抑沉。"南朝齐王融《秋胡行》之一："佳人忽千里，空闺积思生。"江蓝生《魏晋南北朝小说词语汇释》："'佳人'的基本意义是好人、善人，可以指女性，也可以指男性，特指女子的情人或丈夫……先秦妇人称丈夫为良人，反之丈夫也能称妻为良人……佳人通用于男女是同样的情况。钱锺书先生在《管锥编》里曾谈到古代'艳''丽'等词通用于男女的情况……在描绘形貌方面，古代男女不嫌同的。了解这种情况，对'佳人'可用于男性也就不足为怪了。"[1]可见，称男子作"佳人"是古代描绘人物形貌之词不分男女通用之结果。

（5）《札朴》卷第三"貆"：

> 或问《释名》云："貆，短也。"其义何解？答之曰："貆当为犴。"《广韵》："犴，短尾犬也。"《晋书·张天锡传》："从事中郎韩博有口才，桓温使刁彝嘲之。彝谓博曰：'君是韩卢后邪？'博曰：'卿是韩卢后。'温笑曰：'刁以君姓韩，故相问焉。他自姓刁，那得韩卢后邪！'博曰：'明公脱未之思，短尾者为刁也。'一座推叹

---

[1] 江蓝生《魏晋南北朝小说词语汇释》，语文出版社，1988年，第92页。

焉。"案:"犳""刁"声近,故借为说。([清]桂馥撰,赵智海点校:《札朴》,中华书局,1992年,第1版,第111-112页。)

此例回答"貂"为何会有短义,著者认为"貂"有短义乃因其字本作"犳","犳"为短尾犬,故"貂"有短义,并举《晋书》故事指出表短义亦有作"刁"者。

按,《释名》:"三百斛曰䑠。䑠,貂也。貂,短也。江南所名短而广安,不倾危者也。"毕沅疏证云:"䑠,俗字也,当作刀。……《毛诗·河广》云:'曾不容刀。'郑笺:'小船曰刀。'则古止作刀。""晋韩博嘲刁彝谓短尾者为刁,刁即貂也,则貂有短义。"是以"貂"表短义乃因其读音与刀相同,"刀"有小义("刀""小"古音同属宵韵,声母端母、心母旁纽),故貂可表短义。殷寄明《汉语同源字词丛考》以"刀"声之字(舠、魛、芀、蚼、叨)为同源词族,这些词族中之字均有"小"义。[①]按,"貂"从召声,召亦从刀声,故"貂"亦有小义。此外,著者所云之"犳"不见于《说文》,《集韵》曰:"犳,犬之短尾者。"或为"貂"之俗字,《正字通·犬部》:"犳,俗貂字。"其实"貂""犳"同属召声,召从刀,故"貂""犳"均可表小义,二者是同源关系。"刁"表短小义,乃因其与"貂"同音之故,实际上"刁"本无短小义。

(6)《札朴》卷第三"龌龊":

《史记·司马相如传》:"委琐握龊。"《汉书·郦食其传》:"握龉好苛礼。"应劭曰:"握龉,急促之貌。"韦昭曰:"握龉,小节也。"《晋书·张茂传》:"茂筑灵钧台,周轮八十余堵,高九仞。吴绍谏曰:'遐方异境窥我之龌龉也,必有乘人之规。'"案:绍意以修台为不急之小事,与韦说合。《乐府·放歌行》:"小人自龌龊,安知旷士怀?"狄仁杰对武后曰:"岂文士龌龊不足以成天下务哉!"([清]桂馥撰,赵智海点校:《札朴》,中华书局,1992年12月,第1版,第112页。)

此例指出"龌龊"有偪促义,器量狭小、拘于小节义。按,"龌龊"为联绵词,字形又作"握龊""握龉""偓促""龌龉""局促"等,兰佳丽《联绵词族丛考》将其归为"龌龊"词族,并指出:"这个词族以'龌龊'

---

① 殷寄明《汉语同源字词丛考》,东方出版中心,2007年,第2-3页。

为代表，其声式是影/初式，音转为影/清式、影/庄式、影/精式、影/定式、群/清式等；语源义为局促、不洁貌、萎靡貌。"①汉魏南北朝时期多表局促、局狭、拘谨义。由此而引申出"卑鄙""丑恶"义，如明归有光《亡友方思曾墓表》："与其客饮酒放歌，绝不与豪贵人通。间与之相涉，视其龌龊，必以气陵之。"

此外，《广韵•觉韵》曰："龌龊，齿相近。"又《六书故•人四》："龌龊，齿细密也。""龌，人之曲谨者亦曰龌龊。"认为"龌龊"与齿细密有关，望文生义，未达其旨。

（7）《札朴》卷第八"乙瑛碑"：

> 《乙瑛置孔庙百石卒史碑》云："乙君察举守宅除吏。孔子十九世孙麟廉请置百石卒史一人。"《隶释》以"麟廉"为人名，东汉无二名，《隶释》非是。案：廉即察举，官制有廉访使，《汉书》多言"廉得某情"是也。（［清］桂馥撰，赵智海点校：《札朴》，中华书局，1992年，第1版，第324页。）

此例辨正《隶释》释《乙瑛碑》中"麟廉"为人名不确，著者据《汉书》及官制名"廉访使"认为"廉"有察举之义。

按，"廉"表察举义还可见《管子•正世》："过在下，人居不廉而变，则暴人不胜，邪乱不止。"尹知章注："廉，察也。"《汉书•高帝纪下》："且廉问，有不如吾诏者，以重谕之。"颜师古注："廉，察也。廉字本作覝，其音同耳。"按，《说文•见部》："覝，察视也。" 段玉裁注："按史所谓廉察皆当作覝，廉行而覝废矣。"明焦竑《焦氏笔乘》卷六"古字有通用假借用"条亦曰："覝，察，覝读为廉。覝，觇视之义，即古廉字。"则表"察举"义之"廉"字乃为借字，其本字为"覝"。

（8）《双砚斋笔记》卷二"释谢"：

> 今人以谢为拜赐之辞，非字之本义也。《说文》："谢，辞去也。"《曲礼》："大夫七十而致仕，若不得谢则必赐之几杖。""不得谢"言不得辞而去也。此辞谢之义。襄二十六年《左传》"使夏谢不敏"，成元年《左传》"敢告不敏"，"告"即"谢"也，此孙谢之义。《汉书•高帝纪》"高祖尝告归之田"，师古注曰："告者，请谒之言，谓

---

① 兰佳丽《联绵词族丛考》，学林出版社，2012年，第278页。

请休耳，或谓之谢"，此谒谢之义。惟《说文》"赇，以财枉法相谢
也"与今语意略近。相谢者，此以行财求，彼以枉法报，如今之所
谓酬谢耳。（[清] 邓廷桢著，冯惠民点校：《双砚斋笔记》，中华书
局，1987 年，第 1 版，第 81 页。）

　　此例认为今表拜赐义之"谢"，古作辞去义。按，《说文·言部》：
"谢，辝去也。"段玉裁注："辝去也。辝，不受也。《曲礼》：'大夫七十而
致事，若不得谢，则必赐之几杖。'此谢之本义也。引申为凡去之称，又
为衰退之称。俗谓拜赐曰谢。"是说"谢"之本义为"辞"、为"去"，引
申为谒谢、酬谢。今按，"谢"表"辞去"义当主要由其声符"射"而来，
"射"字本义是将箭搭弓上射出去，因此有"离去"的意味，这和"谢"
的本义"辞去"有某种程度上的关联，因此"谢"从"射"声可以看成有
兼义的功能。"谢"表谒谢、酬谢义与其形符有关，"谢"从言，谒谢、酬
谢主要用言语，故从言。"谢"表酬谢义时代亦不晚，战国时已有，如
《韩非子·外储说下》："解狐举邢伯柳为上党守，柳往谢之。"

　　（9）《双砚斋笔记》卷二"从生之字训大训高义略相同"：

　　　　产训生，经传之通训也，亦训大。《尔雅·释乐》曰："大管谓
之簥，大篪谓之产。"①簥字从乔，《释诂》曰："乔，高也。"大管为
簥，高大之意，是大篪为产，亦高大之意也。乔又与侨通，《说文》
曰："侨，高也。"郑公孙侨字子产，名字相应，亦高大之意也。大
抵从生之字，多训大、训高、训丰、训盛、训多，义略相同。如丰
字从生，上下达也。《诗·郑风》"子之丰兮"，《传》曰："丰，丰满
也。"《笺》曰："面貌丰丰然丰满。"隆字从生，降声，《易·大过》
九四"栋隆吉"，隆，高也。《诗·云汉》篇："蕴隆虫虫"，《传》
曰："隆，盛也。"《说文》"隆"字解曰："丰大也。"甡字从二生，
《诗·桑柔》篇："甡甡其鹿"，《传》曰："甡甡，众多也。"产亦从
生，故训与之同也。（[清] 邓廷桢著，冯惠民点校：《双砚斋笔
记》，中华书局，1987 年，第 1 版，第 162、163 页）

　　著者认为"产"除训"生"外，还有"大"义，进而指出从"生"
之字多训高、丰、盛、多等义。

---

　　① 按，邓氏原文作《释器》，据《尔雅》改。

按，《尔雅·释乐》中之"产"为乐器的名称，后作"簅"，《字汇》："产，与簅同。"所谓"产"训大，并非为"产"有大义，而是"产"表乐器名称时可指大簅，因此其义素中含有"大"义，但这并不代表其整个词义即有大义，具体语言文献中"产"也没有表"大"的例证。其次，"产"表丰、盛、多义。《说文》："产，生也。从生，彦省声。"因此其从生亦训生，"生"之本义为生长、生出义，《说文》："生，进也。"《广雅》："生，出也。"引申为生产、生育等义，《玉篇·生部》："生，产也。"故"产"表丰、盛、多义实为词义引申发展的结果。故著者据此认为凡从生之字多有高、大、丰、盛、多义。

（10）《陔余丛考》卷二十二"犬"：

> 犬即狗也，《月令》孟春"毋杀孩虫、胎、夭、飞鸟"。《说文》："未生曰胎，初生曰夭也。"《吕氏春秋》则云"无杀孩虫、胎犬、飞鸟"，高诱注曰"麛子曰犬"，则又有以犬为麛子者。此《说文》《玉篇》诸书皆未见。（［清］赵翼撰：《陔余丛考》，中华书局，1963年，第1版，第444页。）

此例著者指出"犬"除表示狗外，还有指麛子之义。按，《说文》："胎，妇孕三月也。""夭，屈也。从大，象形。"无有"未生曰胎，初生曰夭也"之文，著者此处引文有误。今本《吕氏春秋·孟春纪》作："无杀孩虫、胎夭、飞鸟，无麛无卵。"高诱注："蕃庶物也，麛子曰夭，鹿子曰麛也。"作"夭"不作"犬"。许维遹《吕氏春秋集释》引毕沅曰："《月令正义》云：'胎谓在腹中'者，'夭谓生而已死'者。此及《淮南子》注皆云'麛子曰夭'，本《尔雅·释兽》文，彼'夭'字作'麇'。"按《尔雅·释畜》："麇，牡麏，牝麎，其子麇。"因此其原文本当作"麛子曰麇"而非"麛子曰犬"者也，作"犬"者盖因"夭"字与"犬"字形近，故讹之。此外，《吕氏春秋·季冬纪》曰："行春令，则胎夭多伤。"亦证当为"夭"而非"犬"。

（11）《钟山札记》卷三"校"：

> 《释名》其《释兵》有云："旛，幡也，其貌幡幡然也。校，号也，将帅号令之所在也。"案所谓"校"者，亦"旛"之类耳。《汉书·卫青传》："公孙敖'常护军傅校获王。'"师古曰："校者，营垒之称。故谓军之一部为一校。或曰旛旗之名，非也。每军一校，则

别为旛耳，不名校也。"以上皆颜氏注。今案旛校之说未可谓为非。晋张景阳《七命》云："叩钲散校，举麾旌获。"李善注引《汉书》"大校猎"如淳曰："合军聚众，有旛校也。"据如说，则"校"正"旛"类，故可散为陈列而行。若营垒，安得言散？盖军屯各有旛旗以别之，故一屯之长亦名校。将校之称盖以此。执兵者即名之为兵，主校者即名之为校，事正相类。兵、校之名。人皆知之，而其所由以名者，则未必尽知之，故翻疑《释名》之"校"或误字耳。（［清］卢文弨撰，杨晓春点校：《钟山札记》，中华书局，2010年，第1版，第84页。）

此例根据为如淳注《汉书》"大校猎"以"旛校"释"校"，认为"校"有旛义，"校"作官阶之称盖得义于军屯以旛旗别军衔，"校"有旛义故引申为军职，进而怀疑《释名》"校，号也"之"校"为误字。

按，《汉书·成帝纪》："冬，行幸长杨宫，从胡客大校猎。"如淳曰："合军聚众，有旛校击鼓也。《周礼》校人掌王田猎之马，故谓之校猎。"师古曰："如说非也。此校谓以木自相贯穿为阑校耳。《校人》职云'六厩成校'，是则以遮阑为义也。校猎者，大为阑校以遮禽兽而猎取也。军之旛旗虽有校名，本因部校，此无豫也。"因此如淳以"旛校"释"校"，颜师古则认为"校"当作"阑校"解。

按，王先谦《汉书补注》："刘攽曰：予谓校读如犯而不校之校，校亦竞也，竞，逐猎也。先谦曰：校猎，刘说是。《通鉴》载此事于三年，《考异》云：'《扬雄传》祀甘泉、河东之岁，十二月，羽猎，雄上《校猎赋》。明年，从上射熊馆还，上《长杨赋》。然则从胡客校猎当在三年，纪因去年冬有羽猎事，致此误耳。'先谦按，此纵禽兽于长阳馆，令胡人手搏之，自取其获。则从当读曰纵，而小颜无音，失之。"[1]说明刘攽以"校"为"竞"义，"校猎"即为竞逐而猎取之义。王先谦赞同刘说。今按，"校"无竞义，作"竞"义之字为"较"或"角"，然文献中似无以"校"同"较""角"之例，故刘说无文献以证。"校猎"当为设阑校以猎取之义，阑校相当于栅栏，"校猎"后来泛指打猎。文献中常见，汉司马相如《上林赋》："于是乎背秋涉冬，天子校猎。"

另外，卢文弨认为张景阳《七命》"叩钲散校，举麾旌获"中"校"当作"旛"解，因为"可散为陈列而行。若营垒，安得言散？"然今考李

---

[1] 王先谦《汉书补注》，上海古籍出版社，2008年，第450页。

善注《文选·七命》作"叩铤数校，举麾旌获"，《全晋文》中亦作"叩铤数校，举麾旌获"，因此本作"数校"而非"散校"，卢氏"散为陈列"之说亦误。

（12）《钟山札记》卷三"觉有校义"：

> "觉"有与"校"音义并同者。《诗·定方之中》正义引《郑志》云："今就校人职，相觉甚异。"赵岐注《孟子·中也养不中章》："如此贤不肖相觉，何能分寸？"又《富贵子弟多赖章》："圣人亦人也，其相觉者，以心知耳。"《续汉书·律志》中："至元和二年，《太初》失天益远，日、月宿度相觉浸多。"《晋书·傅玄传》："古以步百为亩，今以二百四十步为亩，所觉过倍。"《宋书·天文志》："斗二十一，井二十五，南北相觉四十八度。"凡此，皆以"觉"为"校"也。后人有不得其义而致疑者，更或辄改他字，故为详证之。（［清］卢文弨撰，杨晓春点校：《钟山札记》，中华书局，2010 年，第 1 版，第 74 页。）

著者列举诸家之文以证"觉"有"校"义。按，"觉"一音古岳切，古音为见母沃部，义为醒悟、明白，《说文》："觉，悟也。"一音古孝切，古音见母幽部，义为睡醒，《说文》："觉，寤也。""校"古音见母宵部，与古孝切之"觉"字声母相同，二者双声，韵母幽部、宵部旁转，因此二者古音相近，可通用。段玉裁《说文解字注》："较，亦作校。凡言雠对，可用较字。史籍计较字用觉。"《孟子·尽心下》："《春秋》无义战。"赵岐注："《春秋》所载战伐之事，无应王义者也。彼此相觉，有善恶耳。"孙奭疏："觉，音教，义与校同。"因此"觉"可假借作"校"，"觉"之"校"义乃是其假借义。

（13）《札迻》卷六"《吕氏春秋》高诱注"：

> （《遇合》）"故嫫母执乎黄帝"，注云："黄帝说之。"按，高以"说之"训"执"，于文意无迕，而未能质言"执"字之义。今考"执"犹亲厚也，《墨子·尚贤中篇》云："则此语古者国君诸侯之不可以不执善承嗣辅佐也。""执善"，犹言亲善也。（王氏《墨子杂志》谓"善"上不当有"执"字，"执"乃衍文。失之。详余所著《墨子间诂》。）《列女传·辩通》篇《齐钟离春传》云："衒嫁不售，

流弃莫执。"莫执",犹言莫之亲也。此云:"嫫母执乎黄帝",亦言嫫母虽丑,而亲厚于黄帝耳。此先秦西汉旧义,虽不见于《仓》《雅》,而校核古籍,尚可得其墙诂。俞据《诗·周颂》释文引《韩诗》释"执"为"服",则于《墨子》《列女传》之文不可通矣。(《礼记·曲礼》"执友称其仁也","执友"亦犹言亲友。《荀子·尧问篇》云"貌执之士百有余人","貌执"亦言以礼貌相亲厚也。详见《经迻·礼记》。)([清]孙诒让撰,梁运华点校:《札迻》,中华书局,1989年,第1版,第197-198页。)

此例首先辨正《吕氏春秋》"故嫫母执乎黄帝"高诱注训"执"为"说之"不确,进而指出"执"有亲厚之义,此义为先秦西汉时期之古义,虽不载于三仓、《尔雅》中,但是以此义复核古书,均可通。

按,许维遹《吕氏春秋集释》云:"孙说是,《刘子新论·殊好篇》袭此文作'轩皇爱嫫母之丑貌',爱与亲义合。"[①]是以异文证"执"有亲义。按,"执"本义为捉拿、抓捕,《说文》:"执,捕罪人也。"引申为坚持、固执义,由此义而引申出亲近、友爱之义,故朋友、至交亦称"执",如《礼记·曲礼上》:"见父之执,不谓之进,不敢进。"

(14)《札迻》卷六"《吕氏春秋》高诱注":

> (《辩土》)"肥而扶疏则多粃",注云:"根扇迫也。"案:扇者,侵削之意。《齐民要术》云:"榆性扇地,其阴下五谷不植。"陶景弘《周氏冥通记》云:"年内多劳,扇削鬼神。"盖汉、晋、六朝人常语。([清]孙诒让撰,梁运华点校:《札迻》,中华书局,1989年,第1版,第205页。)

著者认为"扇"有侵削之义,孙氏以其为汉、晋、六朝时人语。按,王利器《吕氏春秋注疏》:"《汉书·董仲舒传》董仲舒《复对策》曰:'以迫蹙民,民日削月朘,寖以大穷。'孟康曰:'朘音揎,谓转塞踧也。'苏林曰:'朘音镌石,俗语谓缩朒为朘缩。'董仲舒《对策》,上言'迫蹙',下言'朘削',则'朘削'当与'迫蹙'同义。《周礼·天官·疾医职》:'春时有痟,首疾。'郑注:'痟,酸削也。'酸、朘音与扇俱近,故《董仲舒》以'朘削'与'迫蹙'并言。《齐民要术》卷二《种麻子第九》

---

① 许维遹《吕氏春秋集释》,中华书局,2009年,第344页。

注：'扇地两损，而收并薄。'扇义与此同。"①按，"朘"表削减、收缩义，于《广韵》为子泉切，仙韵。"扇"作动词义，《广韵》为式连切，仙韵。因此"扇"与"朘"中古时期叠韵，故"扇"可借作"朘"，因而有侵削义。

二、揭示词语的多个义项及其用法

词语在历史发展过程中由于词义引申以及假借等原因，会产生出多个义项，尤其是一些常用词，以多义词居多。学术笔记中许多内容为论述多义词问题，这些研究可以帮助我们更好地了解和掌握汉语词汇的发展状况。

（15）《学林》卷第三"除"：

> 《前汉·景帝纪》曰："中元二年，令诸侯太傅初除之官，有司奏策。"如淳注曰："凡言除者，除故官就新官。"观国按，朝廷简擢贤才，不次任用，故曰除某官，除某差遣。若据如淳注，谓除故官者，是除去之也，无乃非美称耶？字书除有三义：曰："除，开也。"曰："除，尽也。"曰："除，去也。"《天保》诗："俾尔单厚，何福不除。"毛氏《传》曰："除，开也。"《东门之墠》诗毛氏《传》曰："墠，除地也。"《国语》曰："九月除道。"礼曰："雨毕而除道。"凡此皆开道也。除又训"尽"者，颜延年《秋胡诗》曰："良人为此别，日月方向除。"五臣注《文选》曰："除，尽也。"故阶除谓之除者，阶至此而尽也；岁除谓之除者，一岁至此而尽也。除又训"去"者，如淳注《汉纪》以除官为除故官，则是除去之也，以除去之为除官，固非美称，如淳误矣。（［宋］王观国撰，田瑞娟点校：《学林》，中华书局，1988 年，第 1 版，第 104 页。）

此例出"除"有三个义项，即"开"义、"尽"义、"去"义。训"开"则为"开辟""修治"义；训"尽"则为"去掉""清除"义；训"去"则为"离开"义。意义不同，在文献中的具体含义也各不相同。

按，《说文》："除，殿陛也。"段玉裁注："殿谓宫殿，殿陛谓之除。因之凡去旧更新皆曰除，取拾级更易之义也。《天保》'何福不除'，传曰：'除、开也。'从阜，取以渐而高之意。"认为"除"由台阶义引申出去旧更新义，但是王云路据王筠《说文句读》指出，"除"表台阶义是汉代才

---

① 王利器《吕氏春秋注疏》，巴蜀书社，2002 年，第 3138-3139 页。

产生，段说不确。①据此，则"去旧更新"义实为"除"之核心义，由此而引申发展出其他的义项。如"尽"是"除"的结果，"去""开"均是"除"的动作。

（16）《演繁露》卷十一：

前世载罘罳之制，凡五出：郑康成引汉阙以明古屏，而谓其上刻为云气、虫兽者是。《礼》："疏屏，天子之庙饰也。"郑之释曰："屏谓之树，今浮思也。刻之为云气、虫兽，如今阙上之为矣。"此其一也。颜师古正本郑说，兼屏阙言之，而于阙阁加详。《汉书》："文帝七年，未央宫东阙罘罳灾。"颜释之曰："罘罳，谓连屏曲阁也，以覆重刻垣墉之处，其形罘罳然。一曰屏也，罘音浮。"此其二也。汉人释"罘"为复，释"罳"为思，虽无其制，而特附之义曰："臣朝君，至罘罳下而复思。"至王莽，斸去汉陵之罘罳，曰："使人无复思汉也。"此其三也。崔豹《古今注》依仿郑义，而不能审知其详，遂析以为二也，阙自阙，罘罳自罘罳。其言曰："汉西京罘罳，合板为之，亦筑土为之。"详豹之意，以筑土者为阙，以合板者为屏也。至其释阙，又曰："其上皆丹垩，其下皆画云气仙灵、奇禽异兽，以昭示四方。"此其四也。唐苏鹗谓为网户，其《演义》之言曰："罘罳字象形。罘，浮也。罳，丝也。谓织丝之文，轻疏浮虚之貌，盖宫殿窗户之间网也。"此其五也。

凡此五者，虽参差不齐，而其制其义，互相发明，皆不可废也。罘罳云者，刻镂物象，着之板上，取其疏通连缀之状而罘罳然，故曰浮思也。以此刻镂施于庙屏，则其屏为疏屏；施诸宫禁之门，则为某门罘罳，而在屏，则为某屏罘罳；覆诸宫寝阙阁之上，则为某阙之罘罳。非其别有一物，元无附着，而独名罘罳也。至其不用合板镂刻，而结网代之，以防冒户牖，使雀虫不得穿入，则别名丝网。凡此数者，虽施置之地不同，而其罘罳之所以为罘罳，则未始或异也。

郑康成所引云气虫兽刻镂，以明古之疏屏者。盖本其所见汉制而为之言，而予于先秦有考也。宋玉之语曰："高堂邃宇槛层轩，层台累榭临高山，网户朱缀刻方连。"此之谓网户者，时虽未以罘罳名之，而实罘罳之制也。释者曰："织网于户上，以朱色缀之，又刻镂

---

① 王云路《汉语词汇核心义研究》，北京大学出版社，2014年，第131页。

横木为文章，连于上，使之方好。"此误也。"网户朱缀，刻方连"者，以木为户，其上刻为方文，互相连缀。朱，其色也。网，其状也。若真谓此户以网不以木，则其下文之谓刻者，施之何地，而亦何义也。以网户缀刻之语而想象其制，则罘罳形状如在目前矣。宋玉之谓网缀，汉人以为罘罳，其义一也。世有一事绝相类者，夕郎入拜之门，名为青琐，取其门扉之上，刻为交琐，以青涂之，故以为名。称谓既熟，后人不缀门囷，单言青琐，世亦知其为禁中之门，此正遗屏阙不言，而独取罘罳为称，义例同也。

然郑能指汉阙以明古屏，而不能明指屏阙之上，孰者之为罘罳。故崔豹不能晓解，而析以为二，颜师古又不敢坚决，两著而兼存之，所以起议者之疑也。且豹谓合板为之，则是以刻缀而应罘罳之义矣。若谓筑土所成，直绘物象其上，安得有轻疏罘罳之象乎？况文帝时，东阙罘罳尝灾矣，若果画诸实土之上，火安得而灾之也。于是乃知颜师古谓为"连屏曲阁，以覆垣墉"者，其说可据也。崔豹曰："阙亦名观，谓其上可以观览。"则是颜谓阙之有阁者，审而可信。阙既有阁，则户牖之有罘罳，其制又已明矣。

杜甫曰："毁庙天飞雨，焚宫夜彻明。罘罳朝共落，榱桷夜同倾。"正与汉阙之灾罘罳者相应也。苏鹗引《子虚赋》"罘网弥山"，因证罘当为网，且引文宗甘露之变，出殿北门，裂断罘罳而去，又引温庭筠《补陈武帝书》曰："罘罳昼卷，闾阖夜开。"遂断谓古来罘罳皆为网。此误以唐制一编，而臆度古事者也。杜宝《大业杂记》："乾阳殿南轩，垂以朱丝网络，下不至地七尺，以防飞鸟。"则真置网于牖，而可卷可裂也。此唐制之所因仿也，非古来屏阙刻镂之制也。唐虽借古罘罳语以名网户，然罘罳二字，因其借喻而形状益以著明也。（［宋］程大昌撰，许逸民校证：《演繁露校证》，中华书局，2018 年，第 1 版，第 780-783 页。）

此例首先考释"罘罳"的形制，著者据《礼记》《汉书》及《古今注》《苏氏演义》等文献，指出"罘罳"之形制共有五种。其次，著者对"罘罳"的命名理据进行考释，进而对其形制和名称构成进行解释。再次，对"罘罳"之古制及名称进行研究，指出古之网户即后之"罘罳"，二者虽名称不同，但形制却有关联之处。继而指出郑玄注《礼记》因不明"罘罳"之义，而致后世学者沿其误。最后，引唐诗及唐代文献，考察唐时"罘罳"之形制，及其与古制"罘罳"之联系。

　　按，唐宋笔记中研究"罘罳"的著作很多，《古今注》《酉阳杂俎》《苏氏演义》《爱日斋丛钞》《靖康缃素杂记》等均曾涉猎该语词的考释，此外，历代注疏材料中亦有多处相关研究，可谓众说纷纭。然诸家之说均只就"罘罳"的一个或两个义项予以论述，不如此例著者论述全面。著者已经注意到"罘罳"一语中所包含的若干义项。按，"罘""罳"均从罒，故其本义当与网相关，其核心义，据著者总结（罘罳云者，刻镂物象，着之板上，取其疏通连缀之状而罘罳然，故曰浮思也）当为"刻镂物象，施之于物上"，以此施之于阙上即为阙之罘罳，施之屏上即为屏罘罳，施之门上为门罘罳，等等，这些都是由其核心义而分化引申出来的其他义项。《汉语大词典》义项①释义为："古代设在门外或城角上的网状建筑，用以守望和防御。"遗漏了屏罘罳这一义项，而在义项下云："指室内的屏风。"引书证为宋洪迈《夷坚志》。按，"屏风"与罘罳性质不同，这里不当混为一谈。《汉语大字典》释义作："古代宫门外的屏；也指一般的门屏。汉代称罘罳，后又叫照壁。"相较之下，释义更全面。

　　此外，今出土之沂南画像石上之门卒站立之处，正当阙与门相连的拐角处，有研究者认为此即为古文献中所说的罘罳，印证了颜师古"连屏曲阁，以覆垣墉"之说是正确的。①

　　（17）《日知录》卷二十四"称某"：

> 经传称"某"有三义。《书·金縢》："惟尔元孙某。"史文讳其君，不敢名也。《春秋·宣公六年·公羊传》："于是使勇士某者往杀之。"传失其名也。《礼记·曲礼》："内事曰孝王某，外事曰嗣王某。"《仪礼·士冠礼》："某有子某"，《论语》："某在斯，某在斯。"通言之也。（〔清〕顾炎武著，黄汝成集释，栾保群、吕宗力校点：《日知录集释》〔全校本〕，上海古籍出版社，2006 年，第 1 版，1349 页。）

　　此例认为经传中称人作"某"有三种意义：一为为避讳国君而称"某"；二为指称传文中失传的名字；三为通称不定的人。

　　按，《汉语大字典》"某"字代词义下列有四个义项：第一，指失传的人名或时间；第二，指一定的人、地、事、物，不明言其名，所举书证

---

① 孙机《汉代物质文化资料图说》，上海古籍出版社，2014 年，第 46 页。

即为《金縢》；第三，指不定的人、地、事、物；第四，指代"我"。其中第一、第二义为著者所据的后两个义项。著者所举的第一个义项不确，《金縢》时期无避讳之说，今《清华简》中称武王名"发"不称某①，第三个义项为唐以后产生，非经传中用字，故著者未提及。

（18）《日知录》卷三十二"亡"：

> 亡有三义。有"以死而名之"，《中庸》："事亡如事存"是也。有以出奔于外而名之"，晋公子称"亡人"是也。有"但以不在而名之"，《诗》："予美亡此"，《论语》："孔子时其亡也，而往拜之"是也。《汉书。袁盎传》："不以在亡为辞。"（［清］顾炎武著，黄汝成集释，栾保群、吕宗力校点：《日知录集释》〔全校本〕，上海古籍出版社，2006 年，第 1 版，1817 页。）

著者指出"亡"有三个义项：死亡；逃亡；外出、不在。按，此均为词典中之常见义项，《汉语大字典》收此三个义项，著者之说不误。但著者之说略有疏漏之处，"亡"还有"失去、遗失"之义，如《易·旅》："射雉一矢亡。"孔颖达疏："射之而覆亡矢其矢。"还有"灭亡、消亡"义，如《书·仲虺之诰》："取乱侮亡。"孔疏："国灭为亡。"这几个义项著者没有提及。

（19）《日知录》卷三十二"不淑"：

> 人死谓之"不淑"，《礼记》"如何不淑"是也。生离亦谓之"不淑"，《诗·中谷有蓷》"遇人不淑"是也。失德亦谓之"不淑"，《诗·君子偕老》"子之不淑，云如之何"是也。国亡亦谓之"不淑"，《逸周书》"王乃升汾之阜，以望商邑曰：'呜呼不淑'是也。"（［清］顾炎武著，黄汝成集释，栾保群、吕宗力校点：《日知录集释》〔全校本〕，上海古籍出版社，2006 年，第 1 版，1816 页。）

此例指出"不淑"有四个义项：人死称"不淑"；生离称"不淑"；失德称"不淑"；国亡亦称"不淑"。按，"淑"有善义，《尔雅》："淑，善也。""不淑"即是不善，古人常用来作委婉之辞。死亡、生离、失德、国亡均为不善之事，不宜直接说出，故以不淑代称之。《汉语大字典》以

---

① 《文字篇》第三章第一节"避讳起源"。

"不善""不幸"释之，是较为概括的一种说法。

（20）《日知录》卷三十二"不吊"：

> 古人言不吊者，犹曰不仁。《左传》成十三年"穆为不吊。"襄十三年"君子以吴为不吊。"十四年："有君不吊。"昭七年："兄弟之不睦，于是乎不吊。"二十六年："帅群不吊之人以行乱于王室。"皆是不仁之意。襄二十三年："敢告不吊"及《诗》之"不吊昊天""不吊不祥"，《书》之"弗吊，天降丧于殷"，则以为哀闵之辞，杜氏注皆以为"不相吊恤"；而于"群不吊之人"则曰："吊，至也。"于义不通。惟成七年"中国不振旅，蛮夷入伐，而莫之或恤，无吊者也夫"乃当谓大国无恤邻之义耳。（［清］顾炎武著，黄汝成集释，栾保群、吕宗力校点：《日知录集释》〔全校本］，上海古籍出版社，2006年，第1版，1816页。）

此例指出"不吊"有二义：一为不仁，二为哀闵。按，"吊"有善义，《诗》"不吊昊天"，郑玄笺："吊，至也；至，善也。"说明郑玄以"不吊"为不善，不善即不仁。著者此处只强调郑玄释"吊"为至，而未提及郑玄继而释"至"为"善"所使用的递训。"不吊"表哀闵之辞是因为"吊"有怜悯义，《诗·桧风·匪风》："顾瞻周道，中心吊兮。"毛传："吊，伤也。""不吊"即是不被上天所怜悯。《汉语大词典》将这二义合而为一，释义为"不为天所哀闵庇佑"，所举书证即引著者此说。按，表"不仁"之义，既可用于自称，又可用于他称，表"不闵"则均指上天而言，二义似不当合。又《汉语大词典》还收有"不吊丧"之义，但所举书证仅为《礼记·檀弓上》，似缺乏足够的理由，或不当设此一义为一个义项。

（21）《日知录》卷三十二"鳏寡"：

> 鳏者，无妻之称。但有妻而于役者，则亦可谓之鳏。《诗》"何草不玄，何人不矜"，"矜"读为"鳏"是也。寡者，无夫之称。但有夫而独守者，则亦可谓之寡。《越绝书》："独妇山者，勾践将伐吴，徙寡妇独山上，以为死士，示得专一。"陈琳诗："边城多健少，内舍多寡妇。"是也。鲍照《行路难》："来时闻君妇，闺中孀居独宿有贞名。"亦是此义。
>
> 妇人以夫亡为寡，夫亦以妇亡为寡。《左传》襄二十七年："齐

崔杼生成及强而寡。"《小尔雅》曰："凡无妻无夫通谓之寡。"《焦氏易林》："久鳏无偶，思配织女。求其非望，自令寡处。"（［清］顾炎武著，黄汝成集释，栾保群、吕宗力校点：《日知录集释》〔全校本〕，上海古籍出版社，2006年，第1版，第1823-1824页。）

此例考察"鳏""寡"的多个义项。指出"鳏"既指无妻或丧妻者，又指有妻服徭役者。"寡"既指无夫、丧夫者，又指有夫而独守者。

按，"寡"本指丧失配偶，男女均可称寡，此即毛传及杜预注所称之"偏丧曰寡"，《诗·小雅·鸿雁》："之子于征，劬劳于野。爰及矜人，哀此鳏寡。"毛传："老而无妻曰鳏，偏丧曰寡。"《左传·襄公二十七年》："齐崔杼生成及强而寡，娶东郭姜生明。"杜预注："偏丧曰寡"。《小尔雅·广义》："凡无妻无夫通谓之寡。"后逐渐专指妇人丧夫，《汉书·司马相如传上》："是时，卓王孙有女文君新寡，好音，故相如缪与令相重而以琴心挑之。"

第十章　方俗语研究

　　方俗语是方言和俗语的合称，方俗语在古代被看作下层人所使用的语言，是俚俗不堪的，因此难登大雅之堂。文人学士很少予以关注，在高文典册中也很难见到方俗语的相关记载和研究论述，相关辞书的编纂更是凤毛麟角，这些都对古代汉语方俗语研究造成了极大的困难。然而相对于正统的经史文献，笔记所记载的内容要广泛得多，其中有不少笔记涉及了方俗语的研究，对研究方俗语提供了有价值的参考资料。

　　学术笔记中有许多关于方俗语的记载，其中有些笔记如《困学纪闻》《容斋随笔》《陔余丛考》等集中收集了大量的方俗语，并宏观考证这些方俗语的来源出处。还有一些笔记则对个别方俗语的语义及构词理据、始见年代等问题做具体细致的微观分析。总之，无论宏观还是微观，学术笔记都对方俗语做出了深入的研究，这些内容都是值得我们重视和学习的。

第一节　整理汇聚方俗语并考据方俗语的来源出处

　　对方俗语来源及出处的考证是学术笔记研究的一个方面，方俗语广泛流传于人民的生活中，人们几乎每天都会用到，然对其出处却鲜有问津，日久则"日称而不知其所以之义"。故学术笔记首先对方俗语的来源出处予以考证，在这方面有些笔记是集中汇集大量俗语而简单罗列其出处，如《困学纪闻》《野客丛书》《陔余丛考》等，有些则是对单个方俗语之出处作具体考据，如《札朴》《订讹类编》等。

一、整理、考据俗语词来源出处

（1）《野客丛书》卷第二十七"古人谚语"：

　　古人谚语见于书史者甚多，姑著大略于此：曰"兽恶其网，民恶其上"；曰"众心成城，众口铄金"；曰"从善如登，从恶如崩"；曰"狐裘蒙茸，一国三公"；曰"家有千金，坐不垂堂"；曰"耕当问奴，织当问婢"；曰"一日纵敌，数世之患"；曰"欲人勿知，莫若勿为"；曰"一朝不朝，其间受刀"；曰"当出不出，间不容发"；曰"当断不断，反受其乱"；曰"一人在朝，百人缓带"；曰"一日不书，百事荒芜"；曰"畏首畏尾，身其余几"；曰"天与不取，反受其咎"；曰"白头如新，倾盖如故"；曰"皮之不存，毛将安傅"；曰"千人所指，无病自死"；曰"怒其室，作色其父"；曰"官无中人，不如归田"；曰"力田不如逢年，善仕不如遇合"；曰"相马失之瘦，相士失之贫"；曰"虽有亲父，安知其不为虎；虽有亲兄，安知其不为狼"；曰"生男如狼，惟恐其尪；生女如鼠，惟恐其虎"；曰"穀弩射市，薄命先死"……此类不可胜举。今人有"薄命先穿"之说，知此语久矣。（［宋］王楙撰，王文锦点校：《野客丛书》，中华书局，1987年，第 1 版，第 309 页。）

　　此例指出俗语出自史书中之情况，其中"众口铄金""从善如登"出自《国语》，"狐裘蒙茸"出自《诗·邶风·旄丘》，"家有千金，坐不垂堂"出自《史记·司马相如列传》，"耕当问奴，织当问婢"出自《宋书·沈庆之传》，"一日纵敌，数世之患"出自《左传》，"欲人勿知，莫若勿为"出自《汉书·枚乘传》，"间不容发"出自《大戴礼记》，"当断不断，反受其乱"出自《史记·春申君列传》，"畏首畏尾"出自《左传·文公十七年》，"白头如新，倾盖如故"出自《文选·邹阳〈狱中上书自明〉》，"皮之不存，毛将安傅"出自《左传·僖公十四年》，"千人所指，无病而死"出自《汉书·王嘉传》。

（2）《困学纪闻》卷十九：

　　俗语皆有所本，如"利市"，出《易·说卦》《左传》。"难为人"，出《表记》。"担负"，出《诗·玄鸟》笺。"折阅"，出《荀子》。"生活"，出《孟子》。"家数"，出《墨子》。"服事"，出《周礼·大司徒》。"伏事"，出陆士衡诗。"分付"，出《汉·原涉传》。"交代"，出《盖宽饶传》。"区处"，出《黄霸传》。"多谢"，出《赵广汉传》。"丁宁"，出《诗·采薇》笺。"什物"，出《后汉·宣秉传》。"自由"，出《五行志》。"晓示"，出《童恢传》。"主者"，出《刘陶传》。"意智"，出《鲜卑传》。"卑末"，出《栾巴传》。"告示"，出《荀子》（"仁者好告示人"）。"布施"，出《周语》（"布施优裕"）。"比校"，出《齐语》。"行头"，出《吴语》。"当日"，出《晋语》。"地主"，出《左传》《越语》。"相于"，出《晋·后妃传》。"料理"，出《王徽之传》。"长进"，出《和峤传》。"消息"，出《魏少帝纪》。"功夫"，出《王肃传》。"普请"，出《吴·吕蒙传》。"手下"，出《太史慈传》。"牢固"，出《陆抗传》。"郑重"，出《王莽传》。"分外"，出魏程晓上疏。"小却"，出《宋纪》。"闲介"，出《长笛赋》（"间介无蹊"）。"娄罗"，出《南史·顾欢传》。"本分"，出《荀子》（"见端不如见本分"）。"措大"，出《五代·东汉世家》。"假开"，出《王峻传》。"本色"，出《唐·刘仁恭传》。"古老"，出《书·无逸》注。"商量"，出《易·商兑》注。"不宣备"，出杨德祖《答临淄侯》（"不能宣备"）。"生人妇"，出《魏·杜畿传》。"私名"，出《列子》。"家公"，出《庄子》（主人公也）。"致意"，出《晋·简文纪》。"传语"，出《后汉·清河王庆传》。"收拾"，出《光武纪》。"寻思"，出《刘矩传》。"不审"，出《韩诗外传》。"世情"，出《缠子》（"不识世情"）。"尔来"，出孔明《出师表》。"揭来"，出《思玄赋》。"和买"，出《左传正义》。"阿谁"，出《蜀·庞统传》。"罢休"，出《史记·孙武传》。"惭愧"，出《齐语》。"安排"，出《庄子》。"比数"，出《周礼·大司马》注。"见在"，出《稿人》注。"孩儿"，出《书·康诰》注。"老境"，出《曲礼正义》。"牵帅"，出《左传》。"先辈"，出《诗·采薇》笺。"如今"，出《枌杜》笺。"居士"，出《玉藻》。"可人"，出《杂记》。"道人"，出《汉·京房传》。"寄居"，出《息夫躬传》。"某甲"，出《周礼·职内》注。"道士"，出《新序》（介子推云）。"主人翁"，出《史记·范雎传》。"小家子"，出《汉·霍光传》。"不中用"，出《史记·外戚世家·王尊传》。"我辈人"，出《晋·石苞传》。"对岸"，出《乐志》。"十八九"，出《汉·丙吉传》（"至今十八九矣"）。"浩大"，出《后汉·马廖传》。"两两相视"，出《周嘉传》。"年纪"，出《光武纪》。"杂碎"，出《仲长统传》。"细碎事手下"，出《吴·吕范传》。"合少成多"，出《中庸》注。"若干"，出《礼记·曲礼·投壶》。"如干"，出《陈·何之元传》。"胶加"，出《九辩》（胶，音豪。加，丘加反）。"牢愁"，出《扬雄传》（"畔牢愁"。《集韵》：愁，音曹）。"墨屎"，出《列子》（音眉痴）。"冗长"，出陆士衡《文赋》。"无状"，出《史记·夏本纪》。"擘画"，出《淮南子》。"前定"，出《中庸》。"细作"，出《左传释文》。"叙致"，出《世说》。"留连"，出《后汉·刘陶传》。"问息耗"，出《窦后纪》。"已分"，出魏文帝书。"物色"，出《淮南子》。"本师"，出《史记·乐毅传》。"祖师"，出《汉·外戚·丁姬传》。"生熟"，出《庄子》。"有瓜葛"，出《后汉·礼仪志》。"发遣"，出《陈寔传》。"天然"，出《贾逵传》。"新鲜"，出《太玄》。"钝闷"，出《淮南子》。"夸张"，出《列子》。"惝恍"，出《洞箫赋》。"近局"，出陶渊明诗。"提撕"，出《诗·抑》笺。"本贯"，出晋《江统论》。"十字街"，出《北史·李庶传》。"见钱"，出《汉书·王嘉传》。（［宋］王应麟著；［清］翁元圻等注；栾保群，田青松，吕宗力校点：《困学纪闻》〔全校本〕，上海古籍出版社，2008 年，第 1 版，第 2044-2048 页。）

此例指出俗语出于经籍及史书者若干，其中"利市""担负""生活""折阅""服事""伏事""分付""区处""丁宁""意智""卑末""告示""比校""行头""当日""地主""料理""功夫""普请""牢固""郑重""分外""闲介""本分""假开""古老""商量""不宣备""生人妇""私名""家公""收拾""寻思""尔来""和买""惭愧""安排""比数""孩儿""老境""牵帅""先辈""居士""可人""道人""寄居""小家子""杂碎""胶加""牢愁""墨屎""冗长""无状""擘画""细作""叙致""留连""本师""祖师""生熟""钝闷""夸张""近局""提撕""十字街""见钱"等词俱为《大汉语词典》之首举书证，"自由""晓示""手下""本色""不审""撝来""见在""如今""某甲""道士""不中用""我辈人""若干""天然"等词与《汉语大词典》所举书证时代相同。"家数"《汉语大词典》则举宋严羽《沧浪诗话·答出继叔临安吴景仙书》："世之技艺，犹各有家数。""布施"出于《周语》"布施优裕"，《汉语大词典》举例为《初刻拍案惊奇》。

二、考据方言词的出处

（3）《困学纪闻》卷七：

> 公羊子，齐人。其传《春秋》多齐言。登来、化我、樵之、漱
> 浣、笒将、踊为、诈战、往党、往殆、于诸、累、忨、如、昉、
> 棓、胆之类是也。郑康成，北海人。其注三《礼》多齐言。鞠欶曰
> 媒，疾为戚，麇为獐，沤曰渹，椎为终葵，手足擘为骹，全菹为
> 芋，祭为堕，题肩谓击征，滑曰澌，相绞讦为掉磬，无发为秃楬，
> 穗为相，殷声如衣，祈之言是之类是也。方言之异如此，则《书》
> 之诰誓其可强通哉！（[宋]王应麟著；[清]翁元圻等注；栾保群，
> 田青松，吕宗力校点：《困学纪闻》〔全校本〕，上海古籍出版社，
> 2008 年，第 1 版，第 905-906 页。）

此例指出公羊高之《公羊传》及郑康成注《礼记》中多齐语方言这
一语言特征。按，"登来"，何休注："登，读言得来，得来之者，齐人语
也。齐人名求得为得来，作登来者，其言大而急，由口授也。"孔广森
《通义》："登来之者，犹言得之也。"因此"登来"为齐地方言，义为得
来、得之。

"化我"，何休注云："行过无礼谓之化，齐人语也。"因此"化"在
齐语中有行为过分无礼之义，杨树达《积微居小学金石论丛·长沙方言续
考八十五》："今长沙斥人为无赖之行者曰化，詈人为化哥，或云化
生子。"

"樵之"，何休注："樵，薪也。以樵烧之，故因谓之樵之，樵之，齐
人语。"按，"樵"之本义为薪柴，在齐语中则为焚烧。

"漱浣"，何休注："无垢加功曰漱，去垢曰浣。"徐彦疏："解云谓但
用手矣，既无垢而加功者，盖亦少有，但无多垢，故谓之无，非全无也。
又取其斗漱耳。若以里语曰'斗漱'也，注'去垢曰浣'者，盖用足物，
是以旧说云'用足曰浣'是也。"

"笒将"，何休注："笒者，竹筤，一名编與。齐鲁以北名之曰笒。"
按，"笒"本指竹之嫩芽，在齐语中则指竹轿。

"踊为"，何休注："踊，豫也。齐人语。若关西言浑矣。"阎若璩案：
"踊，豫也，不与下'为'字连。"因此"踊为"非词，当作"踊"，齐语
为预先之义。

"诈战"，阎若璩案："诈，卒也，不与下'战'字连。"因此"诈"为齐语，而非"诈战"。齐语中"诈"有突然义，字盖假借"乍"，《公羊传》陈立《疏》云："诈，盖乍之借。"朱骏声《说文通训定声·豫部》："诈，假借为乍。"

"往党"，何休注："党，所也。所，犹时，齐人语也。"阎若璩案："党，所也，不与上'往'字连。"因此"党"为齐语时义，"往党"即往时，"往党"非词，齐语者乃"党"。

"往殆"何休注："殆，疑。疑谶于晋，齐人语。"因此"殆"在齐语中有疑义，此义还可见于《论语》，《论语·为政》："多闻阙疑，慎言其余，则寡尤；多见阙殆，慎行其余，则寡悔。"王引之《经义述闻·通说上》："殆犹疑也。谓所见之事若可疑，则阙而不敢行也……后人但知殆训为危，为近，而不知又训为疑，盖古义之失传久矣。"

"于诸"，何休注："于诸，置也，齐人语也。"因此"于诸"在齐语中有"置"义。

"累"，何休注："累，累从君而死，齐人语。"因此"累"在齐语中有随、从之义。

"恍"，《释文》云："恍，呼述反，狂也。齐人语。"按，《公羊传》桓公五年："曷为以二日卒之，恍也。"阮元校勘记云："唐石经诸本同，《释文》作'恍，呼述反。'按，恍当作恍，字之讹也。《广雅·释诂二》：'恍，怒也。'又《释训》：'恍恍，乱也。'曹宪音'呼述'，今亦误作'恍'……《玉篇》《广韵》皆从戉不误。"因此"恍"为"恍"之讹字，陆德明误作"恍"。何休注："恍者，狂也。齐人语。"因此齐语"恍"为狂义。

"如"，何休注："如，即不如，齐人语。"清俞樾《古书疑义举例·语急例》："古人语急，故有以'如'为'不如'者。"因此齐语"如"为"不如"之合音。

"昉"，何休注："昉，适也，齐人语。"因此"昉"在齐语中有起始义。

"棓"，何休注："凡无高下有绝，加蹑板曰棓，齐人语。"因此"棓"在齐语中指加之于绝高不平处之跳板。

（4）《容斋随笔》卷第十一"唐诗戏语"：

> 士人于棋酒间，好称引戏语，以助谭笑，大抵皆唐人诗，后生多不知所从出，漫识所记忆者于此。"公道世间惟白发，贵人头上不

曾饶"，杜牧《送隐者》诗也。"因过竹院逢僧话，又得浮生半日闲"，李涉诗也。"只恐为僧僧不了，为僧得了尽输僧"，"啼得血流无用处，不如缄口过残春"，杜荀鹤诗也。"数声风笛离亭晚，君向萧湘我向秦"，郑谷诗也。"今朝有酒今朝醉，明日愁来明日愁"，"劝君不用分明语，语得分明出转难"，"自家飞絮犹无定，争解垂丝绊路人"，"明年更有新条在，挠乱春风卒未休"，"采得百花成蜜后，不知辛苦为谁甜"，罗隐诗也。高骈在西川，筑城御蛮，朝廷疑之，徙镇荆南，作《风筝》诗以见意曰："昨夜筝声响碧空，宫商信任往来风。依稀似曲才堪听，又被吹将别调中。"今人亦好引此句也。（［宋］洪迈撰，孔凡礼点校：《容斋随笔》，中华书局，2005年，第 1 版，第 143-144 页。）

著者指出俗语中出自唐诗者，清人赵翼亦承其说，《陔余丛考》卷四十三"成语二百二十三条"：

> 洪容斋谓：世俗称引成语，往往习用为常，反不知其所自出。如"公道世间惟白发，贵人头上不相饶"，杜牧诗也。"因过竹院逢僧话，又得浮生半日闲"，李涉诗也。"今朝有酒今朝醉，明日愁来明日愁"，"采得百花成蜜后，不知辛苦为谁甜"，罗隐诗也。"依稀似曲才堪听，又被风吹别调中"，高骈诗也。容斋不过偶举此数语耳。今更得二百条于此。（按《诗话总龟》谓"今朝有酒"二句系权常侍诗，其上二句云："得即高歌失即休，多愁多恨漫悠悠。""采得百花"二句又见《拊掌录》，谓佛印烧猪肉待东坡而口占此诗，盖即用罗隐句也。）
> "少成若天性，习惯成自然。"（见《家语》孔子论叔仲会之语。亦见《大戴礼》及《汉书·贾谊传》、米元章《海岳名言》。）
> "疾风知劲草，世乱有诚臣。"（见《隋书》炀帝赐杨素诏，谓古语也。）
> "十指有长短，痛惜皆相似。"（曹子建诗。）
> "此处不留人，自有留人处。"（陈后主诗。）
> "日月光天德，山河壮帝居。"（陈后主入隋侍文帝，在仁寿宫所上诗。见《北史》。）……（［清］赵翼撰：《陔余丛考》，中华书局，1963 年，第 1 版，第 856-872 页。）

著者扩展并补充了洪迈之说，列举了两百多条出自唐诗之俗语。

（5）《敬斋古今黈》卷四：

> 俗语"有心避谤还招谤，无意求名却得名。"此《孟子》语也，《孟子》云："有不虞之誉，有求全之毁。"俗语"有任真省气力，弄巧费工夫"，此《周官》语也，《周官》云："作德心逸日休，作伪心劳日拙。"（［元］李治撰，刘德权点校：《敬斋古今黈》，中华书局，1995年，第1版，第45页。）

> 俗语作"不露朴"，此出《马援传》，曰："援三兄况、余、员。并有才能，王莽时皆为二千石，援年十二而孤，少有大志，诸兄奇之。尝受《齐诗》，意不能守章句。乃辞况，欲就边郡田牧。况曰：'汝大才，当晚成。且从所好，不示人以朴。'谓不令他人见其短长也。况此语，谓援齿虽少而才器远大，不能窥其际。今虽不好学而欲就田牧，然将来或不可测，以故从所请。（［元］李治撰，刘德权点校：《敬斋古今黈》，中华书局，1995年，第1版，第147-148页。）

（6）《焦氏笔乘》卷六"谚自有来"：

> 今谚云："远水不救近火"，此出《韩非子》。以干求请托为"钻"，出班固《答宾戏》"商鞅挟三术以钻孝公"。以见陵于人为"欺负"，出《汉书·韩延寿传》"待下吏恩施厚而约誓明，或欺负之者，延寿痛自克责。"曰"不中用"，此出《史记·始皇纪》"吾前收天下书不中用者，尽去之。"骂人曰"老狗"，此出《汉武故事》"上尝语，栗姬怒弗肯应，又骂上'老狗'"。曰"小家子"，出《汉书·霍光传》"使乐成小家子得幸大将军，至九卿封侯。"曰"子细"，本《北史·源思礼传》"为政当举大纲，何必太子细也。"骂人为"獠奴"，本《南史》"王琨，獠婢所生。"曰"附近"，古作"傅近"，仲长统《昌言》："宦竖傅近房卧之内，交错妇人之间。"形容矮短者，俗谓之"蓬"，《文选》有"蓬脆"之语，《唐书·王伾传》"形容蓬陋。"盖里巷常谈，其所从来远矣。（［明］焦竑撰，李剑雄点校：《焦氏笔乘》，中华书局，2008年，第246页。）

此例指出俗语之出于古语者若干，其中"钻"表投机钻营之义，《汉语大字典》所举书证即与其相同，"欺负""老狗""小家子""子细""不中用"，《汉语大词典》首举书证也与其相同。

（7）《逊志堂杂钞》丁集：

> 里巷俗语，本于史书甚多，如"一败涂地"及"亡赖"俱出《汉书·高帝纪》；"人面兽心"出《明帝纪》；"远水不救近火"出《韩非子》；"三十六策，走为上策"，出《齐书·王敬则传》；鄙人之庸贱曰"小家子"，出《汉书·霍光传》；骂人曰"老狗"，出《汉武故事》；骂人曰"杂种"，出《晋书·前燕载记》。余不悉数也。（［清］吴翌凤撰，吴格点校：《逊志堂杂钞》，中华书局，2006年，第1版，第66-67页。）

此例指出出自史书之俗语。其中，"一败涂地""亡赖""远水不救近火""三十六策走为上""小家子"，《汉语大词典》之首引书证与之俱同，"人面兽心"当出自《汉书·匈奴传》："夷狄之人贪而好利，被发左衽，人面兽心，其与中国殊章服，异习俗，饮食不同，言语不通。""杂种"当出自《后汉书·西羌传》："滇零等自称'天子'于北地，招集武都、参狼、上郡、西河诸杂种，众遂大盛。"本为对少数民族的蔑称。

（8）《陔余丛考》卷十四"史传俗语"：

> 史传中有用极俗语者，《唐书》以前不多见，惟《齐书》，文帝幸豫章王嶷第，须由宋长宁陵遂道过，帝曰："我便是入他家墓内寻人。"《薛安都传》，京师无百里地，若不能胜，便当拍手笑杀。《北史》，宇文化及谓许善心曰："我好欲放你，乃敢如此不逊！"又化及谓李密曰："我与你论相杀事。"《隋书》，太子勇曰："阿娘不与我一好妇女，亦是可恨。"《旧唐书·郑綮传》，綮闻将拜相，曰："万一如此，笑杀他人。"史思明将死，骂曹将军曰："这胡误我！"宦官刘季述废昭宗，手持银挝，数上罪云："某事你不从我定。"此数语皆以俗吻入文，此外不更见也。至《宋》《辽史》乃渐多。
>
> 《辽史·伶官·罗衣轻传》，兴宗尝与太弟重元双陆，时重元有异志，罗衣轻指局寓讽曰："双陆休痴，和你都输去也。"又罗衣轻以诙谐将见杀，太子曰："打诨底不是黄幡绰。"应声曰："行兵底不是唐太宗。"乃笑而释之。《宋史》俗语尤多。《邵雍传》，程颢与雍论数，谓："先生之数，只是加一倍法。"雍惊曰："大哥怎恁地聪

明。"又谢良佐曰："富郑公身兼将相，尧夫只将做小儿。"良佐又谓程颐曰："一年只去得个矜字，仔细检点得来，病痛尽在这里。若按伏得这病，方有进向处。"《张觷传》，蔡京谓觷曰："觉得眼前尽是面谀脱取官职去底人。"《王珪传》，叶祖洽追论建储日，珪语李清臣云："他自家事，外廷不当管。"《苏云卿传》，漕帅谓朝廷仗张魏公了此事，云卿曰："此事恐怕他未便了得在。"《施全传》，全刺秦桧被执，桧曰："你莫是心风否？"全曰："我不是心风。满朝都要杀虏，你偏要与虏和，故此我要杀你。"《汪立信传》，立信谓贾似道曰："平章、平章，瞎贼今日更说一句不得。""今江南无一寸干净地，我去寻一片赵家地上死耳。"《文天祥传》，天祥至燕，阿合马顾左右曰："此人生死由我。"天祥曰："要杀便杀，道甚由你不由你。"

又《元史》，泰定帝即位一诏，全系翻译蒙古文，今录出，以见一时文诰之体。诏云："薛禅皇帝可怜见嫡孙、裕宗皇帝长子、我仁慈甘麻剌爷爷根底，封授晋王，统领成吉思皇帝四个大斡耳朵，及军马、达达国土都付来。依着薛禅皇帝圣旨，小心谨慎，但凡军马人民的不拣什么勾当里，遵守正道行来的上头，数年之间，百姓得安业。在后，完泽笃皇帝教我继承位次，大斡耳朵里委付了来。已委付了的大营盘看守着，扶立了两个哥哥曲律皇帝、普颜笃皇帝，侄硕德八剌皇帝。我累朝皇帝根底，不谋异心，不图位次，依本分与国家出气力行来；诸王哥哥兄弟每，众百姓每，也都理会的也者。今我的侄皇帝生天了也么道，迤南诸王大臣，军上的诸王附马臣僚、达达百姓每，众人商量着：大位次不宜久虚，惟我是薛禅皇帝嫡派，裕宗皇帝长孙，大位次里合坐地的体例有；其余争立的哥哥兄弟也无有；这般，晏驾其间，比及整治以来，人心难测，宜安抚百姓，使天下人心得宁，早就这里即位提说上头，从着众人的心，九月初四日，于成吉思皇帝的大斡耳朵里，大位次里坐了也。交众百姓每心安的上头，赦书行有"云云。此皆从蒙古字译出，极为俚俗。昔宋子京修《唐书》，凡唐时四六奏疏悉改为散文，意欲变今从古，固属好高之过。乃宋景濂等修《元史》，于此等诏词不稍加润色，竟以之编入本纪，毋乃太草率耶？抑或有意存之，以见当时之鄙俚耶？（［清］赵翼撰：《陔余丛考》，中华书局，1963 年，第 1 版，第 240-242 页。）

著者指出史书中所用俗语的情况，并且指出《唐书》以前少有以俗语入史书者，至《齐书》渐多，而《宋史》《辽史》中则俗语极多。

（9）《双砚斋笔记》卷四：

> 方言谚语有最近古者，不可概以里俗忽之。京师谓锡器为"锡镴"，即《周礼·职方氏》注"镴也"之"镴"。药店榜曰"道地药材"，即《汉书》唐蒙食蒟酱，问所从来，曰"道西北牂柯江"之"道"。谓日昳为晌午趑，即《说文》"趑，走也"之"趑"。金陵人以草索物谓之"草约"（音似要），即《左传》"寻约"之"约"，《说文》"约，缠束也。"从勺之字声，古音如《论语》"乐节""礼乐"之"乐"。妇人耳上缀镮，老妇所缀谓之"耳塞"，即《毛诗》"玉之瑱也。"《传》"瑱，塞耳也"之"塞耳"。市间卖物欲其增益曰"饶"，即《说文》"饶益也"之"饶"。所谓买菜求益也。去菜之败叶枯茎而留其佳者曰"择菜"，即《说文》"少仪为君子择葱薤则绝其本末"之"择"。江淮间编稻秸为卧具以取暖，名曰"薰荐"，即《说文》"荐荐席也"之"荐"。淮北人呼小儿卧处施以御秽之布为"藉子"，即《周易·大过》初六"藉用白茅"之"藉"。吴人呼"巷"为"弄"，即《尔雅》"宫中衖谓之壸"之"衖"。"衖"①籀文作𧗁，篆文作𧗸，"巷"即《郑风》"俟我乎巷兮"之"巷"，与丰、送为韵。"衖""巷""弄"音并同，京师谓之"胡同"（音若痛）。正"衖"之切音，急呼之则为"衖"，"同"当作"衕"，《说文》："衕，通街也。"今人一切文字，属艹既就，庄书于别纸曰"眷"，即《说文》"眷，迻书也"之"眷"。"迻"，迁徙也，谓由此迻彼也，与"移"同，"迻"本字，"移"假借字。卖履者所以成履之模谓之"楦头"，即《说文》"楥，履法也"之"楥"，"楥""楦"同音，"楥"正字，"楦"俗字。市肆所卖物不坚致者目为"行货"，即《周官·胥师》疏之"行滥"，《司市》注之"行苦"，《九章算术》之"行酒"。围人施鞍辔于马曰"犕马"，即《说文》引《易》曰"犕牛乘马"之"犕"，《玉篇》云："犕，服也，以鞍装马也。"音义并同。芦菔（俗名萝卜）经冬受冻，其中多虚，江北人谓之"康"，即《方言》"康，空也"之"康"，"康""空"双声，《尔雅》："漮，虚也。"音义并同。粤西屠牛者行赇于胥役谓之"牛判钱"，即

---

① 按"衖"字疑涉上文而误，据文意此处当作"巷"。

《说文》"解，判也。从刀判牛角"之"判"。车轴之在毂中者嵌之以铁，使与毂中之铁相摩，稍久则修治之，谓之"挑铜"，即《说文》"铜，车轴铁"之"铜"。刘熙《释名》曰："轊，闲也。""闲"钜轴之"闲"，音义并同。里语戏侮曰"弄"，即《国语》"还弄吴国于股掌之上"之"弄"，玩物亦曰"弄"，即《诗·小雅》"载弄之璋""载弄之瓦"，《左传》"弱不好弄"，《说文》"弄，玩也"之"弄"。又凡以手有所为皆曰"弄"，如炊曰"弄饭"，烹曰"弄菜"之类，即《说文》"笇，从竹、弄。言常弄乃不误也"之"弄"。京师谓调酪曰"定酪"，即《仪礼·乡饮酒醴》"羹定"之"定"，郑注曰："定犹孰也。"疏曰："熟云定者，孰即定止。"闽人谓食为"嗫"（音在杂嚼之间），即《说文》"嗫，嚵也"之"嗫"。粤人谓食为"呷"，即木元虚《海赋》"犹尚呀呷"之"呷"，李善注："呀呷，波相吞之貌。"京师春米曰"簸米"（音若弗），即《说文》"春，簸也"之"簸"。俗骂人曰"呸"，即《说文》"杏，相与语，唾而不受"之"杏"①（许君云亦声，当在喉部，今音从不声，音若否泰之否。）中州人蒸面为饼，越日再蒸之曰"馏"②，即《尔雅》注："蒸之曰馈，均之曰馏"③之"馏"。今人以手探物曰"掏"④，即《说文》"揹，揖也"之"揹"⑤。以爪刺肤曰"掐"，即《魏书》"掐之乃止"之"掐"。以手去上覆之物曰"掀"，即《左传》"掀公以出于淖"之"掀"。今人寐后齿相切谓之"错牙"，即《汉书·灌夫传》"齚齿"之"齚"。小儿捉迷藏为戏。突出曰"冞"，即《说文》"冞，突前也"之"冞"（莫天切）。京师呼幼女曰"妞"，即《说文》"人姓也"之"敁"，特移其左右耳。此类不可悉举，拉杂记之，或亦识小之一端云。（［清］邓廷桢著，冯惠民点校：《双砚斋笔记》，中华书局，1987年，第1版，第267-272页。）

　　此例指出方俗语中有古语之保留者，这些词语或为古义之引申发展，或为古语之音转变化，或为古语字形变化之结果，总之，从古语入手可以看出这些方俗语的语义及构词理据。

---

① 按，"杏"亦作"音"，邓氏原文误作"否"，今据《说文》改。
② 按，"馏"字邓氏误作"馏"，今据《尔雅》孙炎注改。
③ 同上。
④ 按，"掏"字邓氏原作"揹"，据文意改作"掏"。
⑤ 按，"揹"字邓氏误作"揹"，今据《说文》改。

　　以上为学术笔记对方俗语的汇释，其中主要以收集方俗语之出处及汇集典籍中之方俗语为主。学术笔记中还有一些则是对单个方俗语来源出处以及始见年代的考证。

（10）《容斋续笔》卷第六"文字润笔"：

　　作文受谢，自晋、宋以来有之，至唐始盛。《李邕传》："邕尤长碑颂，中朝衣冠及天下寺观，多赍持金帛，往求其文。前后所制，凡数百首，受纳馈遗，亦至巨万。时议以为自古鬻文获财，未有如邕者。"故杜诗云："干谒满其门，碑版照四裔。丰屋珊瑚钩，骐驎织成罽。紫骝随剑几，义取无虚岁。"又有《送斛斯六官诗》云："故人南郡去，去索作碑钱。本卖文为活，翻令室倒悬。"盖笑之也。韩愈撰《平淮西碑》，宪宗以石本赐韩宏，宏寄绢五百匹作王用碑，用男寄鞍马并白玉带。刘义持愈金数斤去，曰："此谀墓中人得耳，不若与刘君为寿。"愈不能止。刘禹锡祭愈文云："公鼎侯碑，志隧表阡，一字之价，辇金如山。"皇甫湜为裴度作《福先寺碑》，度赠以车马缯彩甚厚，湜大怒曰："碑三千字，字三缣，何遇我薄邪？"度笑酬以绢九千匹。穆宗诏萧俛撰成德王士真碑，俛辞曰："王承宗事无可书。又撰进之后，例得赆遗，若黾勉受之，则非平生之志。"帝从其请。文宗时，长安中争为碑志，若市买然。大官卒，其门如市，至有喧竞争致，不由丧家。裴均之子，持万缣诣韦贯之求铭，贯之曰："吾宁饿死，岂忍为此哉？"白居易《修香山寺记》，曰："予与元微之，定交于生死之间。微之将薨，以墓志文见托，既而元氏之老，状其臧获、舆马、绫帛，洎银鞍、玉带之物，价当六七十万，为谢文之赆。予念平生分，赆不当纳，往反再三，讫不得已，因施兹寺。凡此利益功德，应归微之。"柳玭善书，自御史大夫贬泸州刺史，东川节度使顾彦晖请书德政碑。玭曰："若以润笔为赠，即不敢从命。"本朝此风犹存，唯苏坡公于天下未尝铭墓，独铭五人，皆盛德故，谓富韩公、司马温公、赵清献公、范蜀公、张文定公也。此外赵康靖公、滕元发二铭，乃代文定所为者。在翰林日，诏撰同知枢密院赵瞻神道碑，亦辞不作。曾子开与彭器资为执友，彭之亡，曾公作铭，彭之子以金带缣帛为谢。却之至再，曰："此文本以尽朋友之义，若以货见投，非足下所以事父执之道也。"彭子皇惧而止。此帖今藏其家。（［宋］洪迈撰，孔凡礼点校：《容斋随笔》，中华书局，2005 年，第 1 版，第 286-287 页。）

著者指出"润笔"一词始于晋、南朝宋而盛行于唐，清人吴翌凤亦有论及，《逊志堂杂钞》辛集：

> 以财乞文，俗谓"润笔"，亦曰"笔资"。隋郑译拜爵沛国公，位上柱国，高颎为制，戏曰"笔头干"。译曰："出为方伯，杖策言归，不得一文，何以润笔？"《容斋随笔》谓文字润笔，自晋宋以来有之，至唐始盛。李邕作文，受纳馈遗至巨万。皇甫湜为裴度作《福先寺碑》，裴赠车马彩缯甚厚，湜犹以为薄，又酬绢九千匹。白居易作《元微之墓志》，谢以鞍马绫帛玉带，价逾六七十万。裴均死，其子持万缣诣韦贯之求铭。刘禹锡祭韩昌黎文云："公鼎侯铭，志隧表阡，一字之价，辇金如山。"自宋以后，此风衰息矣。明张修撰洪每为人作一文，仅得钱五百，尚未慊意也。《戒菴漫笔》云：有人求文字于桑悦，托以亲昵，无润笔，桑曰："吾平生未尝白作文字，可暂将白银一锭置吾案间，鼓吾兴致，待文作完，并银送还可也。"唐子畏有一巨本，录记所作文字，薄面题"利市"二字。都南濠生平至不苟取，尝有疾，以帕裹头，强起坐书室中，人有请其休息者，答曰："若不如此，则无人来求文字，索润笔矣。"马怀祖尝为人求文字于祝枝山，祝问曰："是现精神否。"俗以银钱为"精神"也。马曰然，祝遂欣然捉笔。又《南窗闲笔》载陈白沙善画梅，求之者众，白沙戏题坐侧曰："鸟音人又来。"人不解，问之，白沙曰："白画白画"，众为绝倒。（［清］吴翌凤撰，吴格点校：《逊志堂杂钞》，中华书局，2006年，第1版，第115-116页。）

著者指出润笔盛于隋唐，至宋时这种风气才有所衰退。按，《汉语大词典》"润笔"之书证即出自《隋书・郑译传》。

（11）《陔余丛考》卷二十二"睬"：

> 俗语不礼人为不睬，亦有所本。《北史》齐后主纬穆皇后之母名轻霄，本穆子伦婢也。后既封，以陆令萱为母，更不睬轻霄。（［清］赵翼撰：《陔余丛考》，中华书局，1963年，第1版，第402页。）

著者指出俗语"不睬"之出处为《北史》，按，《汉语大词典》所据书证亦与此同。

（12）《陔余丛考》卷三十八"杂种，畜生，王八"：

> 俗骂人曰杂种，曰畜生，曰王八。《后汉书·西羌传》，滇零等召集诸杂种。《晋书·燕载记》曰，蠢兹杂种，奕世弥昌。此杂种之名所由始也。
>
> 《汉·五行志》，诸畜生非其类，子孙必有非其姓者。东汉时则又曰畜产。《后汉书·刘宽传》，坐客骂苍头曰畜生，宽私遣人视之，恐其自杀，曰："此人也而被骂畜产，吾惧其死也。"《北史·高车传》，其先匈奴单于生二女，单于曰："吾有此女，安可配人，当以与天。"乃筑高台，处之三年，有老狼守台不去，小女意其神，欲嫁之。其姊惊曰："此是畜生，无乃辱父母！"妹不从，遂为狼妻，子孙繁茂，成高车国。此畜生之名所始也。隋文帝寝疾，太子广与陈夫人侍。夫人为广所逼，奔归于上，上怪其神色有异，问之，以实对。上恚曰"畜生，何堪付大事。独孤误我！"此又骂人为畜生之明文也。北齐熊安生以讼事欲诉徐之才、和士开三人，及相对时，以之才讳雄，士开讳安，乃不敢自称姓名，但云"触触生"，群公哂之，以其音同"畜生"也。
>
> 《五代史》，王建少时无赖，以屠牛盗驴贩私盐为事，里人谓之贼王八。此又王八之称之所始也。《金史》亦有王八与王毅共守东明，兵败被执，王八前跪将降，毅以足踣之。此则不可与王建并称为贼。《明人小说》又谓之"忘八"，谓忘礼义廉耻孝弟忠信八字也。（[清]赵翼撰：《陔余丛考》，中华书局，1963年，第1版，第769-770页。）

著者指出"杂种"本为汉时对少数民族的蔑称，至六朝时开始用来指野兽和家畜等动物，用来作骂人的詈语则始于隋。《汉语大词典》此条书证即首选《隋书》。

"王八"作詈语始于《五代史》，《汉语大词典》所引书证亦与之相同。

第二节　考释方俗语的构词理据

方俗语由于长时间不被重视，加之其发展过程中在语音和词形上又不断发生变化，故许多方俗语其理据已经很难从字面看出，需要从多方面进行考证方能得其实。

学术笔记对方俗语的考察方法是多样的，有从文字的古义中找出其与今义的联系，有利用因声求义的方式破假借、识讹字以还其本来面目，亦有以本乡方言来考证文献中之方俗语者，总之学术笔记对方俗语理据的研究方法是多样化的，其研究成果也值得今人掌握和学习。

（1）《苏氏演义》卷下：

> 《金陵记》，江南计吏止于传舍间，及时就路，以马残草泻于井中，而谓已无再过之期，不久，复由此饮，遂为昔时荃刺喉死。后人戒之曰："千里井，不泻荃。"杜诗："畏人千里井。"注："谚云：'千里井，不反唾。'"疑"唾"字无义，当为"荃"，谓为荃所哽也。按《玉台新咏》载曹植《代刘勋妻王氏见出而为》之诗曰："人言去妇薄，去妇情更重，千里不泻井，况乃昔所奉。远望未为迟，踟蹰不得共。"观此意，乃是尝饮此井，虽舍而去之，亦不忍唾也。此足见古人忠厚，其理甚明。（［唐］苏鹗撰，吴企明点校：《苏氏演义》，中华书局，2012年，第1版，第38-39页。）

（2）《资暇集》卷下"不反锉"：

> 谚云"千里井，不反唾"，盖由南朝宋之计吏，泻锉残草于公馆井中，且自言："相去千里，岂当重来。"及其复至，热渴汲水遽饮，不忆前所弃草，草结于喉而毙。俗因相戒曰"千里井，不及锉"，复讹为"唾"尔。（［唐］李匡文撰，吴企明点校：《资暇集》，中华书局，2012年，第1版，第192页。）

（3）《演繁露》卷十三"千里不唾井"：

> 李济翁《资暇录》："谚云：'千里井，不反唾。'疑唾无义也，曰'唾'当为'荃'，荃，草也。言尝有经驿舍，反马荃于井，后经此井汲水，为荃所哽也。"按《玉台新咏》载曹植《代刘勋妻王氏见出而为之诗》曰："人言去妇薄，去妇情更重。千里不唾井，况乃昔所奉。远望未为遥，踟蹰不得共。"观此意兴，乃为尝饮此井，虽舍而去之千里，知不复饮矣，然犹以尝饮乎此而不忍唾也，况昔所尝

奉以为君子者乎？此足以见古人诗意犹委曲忠厚，发情而止礼义，其理亦甚明白易晓。李太白又采用此意，为《平虏将军妻诗》曰："古人不唾井，莫忘昔缠绵。"姚令威著《残语》，太白此诗亦引李济翁"不埀井"语以为之证，是皆不以曹植诗为证也。（〔宋〕程大昌撰，许逸民校证：《演繁露校证》，中华书局，2018 年，第 1 版，第 898-899 页。）

　　例（1）至例（3）考释谚语"千里井，不反唾"之理据。例（1）著者援引《金陵记》所载江南计吏事作"千里井，不泻埀"，而至杜甫诗注中则作"千里井，不反唾"，著者以为作"唾"者于义无取，但据曹植诗，则作"唾"亦有可从之处。例（2）基本上因袭例（1）之说，只不过著者认为"唾"当作"锉"。例（3）引例（2）说及曹植诗，认为此语表达了古人委曲忠厚之情。而有关该谚语之来源根据，则并引李白诗及姚宽《西溪丛语》，认为以《资暇集》说为是。

　　按，方俗语的标准化不及经传文献语言，因此在流传过程中往往会发生讹变，这些讹变有文字的变化，同时也有声讹的变化。此外，方俗语往往含有多个来源，此例之谚语显然有两处来源。其一为《玉台新咏》所载曹植《代刘勋妻王氏见出而为》诗，其中"千里不唾井"即"千里井，不及唾"之来源。[①]其二为《金陵记》所引南朝宋计吏事，其中"以马残草泻于井中"一语即"千里井，不泻埀"之语源，"埀"指铡碎之草，《说文》："埀，斩刍。"至唐代，词形演变作"千里草，不反锉"。"锉"，本指摧折，《说文》："折伤也。"这里通"埀"，指铡碎之草。"不反锉"之"反"当为"及"之误，《金陵记》所引为南朝宋事，晚于曹植诗所述时期，"不反锉"当是仿照"不及唾"而作，"及""反"形近，故讹作"反"。

　　（4）《资暇集》卷下"借书"：

借借上，子亦反。下，子夜反。书籍，俗曰："借一痴，借二痴，索三痴，还四痴。"又案《玉府新书》杜元凯遗其子书曰："书勿借人。古谚：'借书一嗤，还书二嗤'。"嗤，笑也。后人更生其词至三四，因讹为痴。（〔唐〕李匡文撰，吴企明点校：《资暇集》，中华书局，

---

① 按苏鹗《苏氏演义》引曹植此诗作"千里不泻井"，当是涉上文"以马残草泻于井中""千里井，不泻埀"而误，《玉台新咏》曹植诗作"千里不唾井"。

2012 年，第 1 版，第 193 页。）

（5）《敬斋古今黈》卷五：

今人以有书借人、借书还人为二痴，此出于《殷芸小说》，云：
"杜预书告儿，古诗'有书借人为可嗤，借书送还亦可嗤'。"虽痴嗤
两字不同。而意则同之。（［元］李治撰，刘德权点校：《敬斋古今
黈》，中华书局，1995 年，第 1 版，第 64 页。）

例（4）、例（5）为分析俗语称借还书为二痴之理据。例（4）指出
俗语称借还书为"借一痴，借二痴，索三痴，还四痴"者，出于《玉府新
书》载杜元凯戒子借书事，著者认为该俗语原本"借书一嗤，还书二
嗤"，后人又增作三、四，又讹"嗤"为"痴"。例（5）基本沿袭《资暇
集》说，但是著者认为"嗤""痴"用字虽然不同，但是表意都一样。

按，"痴"是愚笨、不聪明义；"嗤"是讥笑义。用"痴"是强调借
书、还书人主体不明智、不智慧，是对借书、还书行为人的评价。"嗤"
是对借还书这一主体行为的讥笑。二者侧重点不同，但表达效果基本一
样，故在流传过程中既可作"嗤"亦可作"痴"。

（6）《资暇集》卷下"非麻胡"：

俗怖婴儿曰："麻胡来。"不知其源者，以为多髯之神而脸刺
者，非也。隋将军麻祜，性酷虐，炀帝令开汴河。威棱既盛，至稚
童望风而畏，互相恐吓曰："麻祜来。"稚童语不正，转"祜"为
"胡"，只如宪宗朝泾将郝玭，番中皆畏悼，其国婴儿啼者，以玭怖
之则止。又武宗朝间阎孩孺相胁云"薛尹来"，咸类此也。况《魏
志》载张文远辽来之明证乎。（麻祜庙在睢阳，鄜坊节度李丕即其
后，丕为重建碑。）（［唐］李匡文撰，吴企明点校：《资暇集》，中华书
局，2012 年，第 1 版，第 192 页。）

著者认为民间恐吓小孩之"麻胡"非多胡须之神像，乃是指隋将军
麻祜，音讹转作"麻胡"。宋人王楙《野客丛书》中亦有相关记载，《野客
丛书》卷第二十一"麻胡"：

　　今人呼"麻胡来"以怖小儿，其说甚多。《朝野佥载》云：伪赵石虎以麻将军秋帅师。秋，胡人，暴戾好杀，国人畏之。有儿啼，母辄恐之曰："麻胡来！"啼声即绝。又《大业拾遗》云：炀帝将去江都，令将军麻祜濬阪。祜虐用其民，百姓惴栗，呼麻祜来以恐小儿，转祜为胡。又《南史》载刘胡本名坳胡，以其面黝黑，以胡为名，至今畏小儿啼，语曰："刘胡来！"啼辄止。又《会稽录》载会稽有鬼号"麻胡"，好食小儿脑，遂以恐小儿。四事不同，未知孰是。《缃素杂记》止得二事。（［宋］王楙撰，王文锦点校：《野客丛书》，中华书局，1987 年，第 1 版，第 242-243 页。）

　　王楙认为称"麻胡"者有四说：一为胡人麻秋；二为麻祜；三为刘胡，因面黝黑得名；四为鬼怪。清人赵翼则列举了以长相丑陋之猛人而恐吓小孩之例数端，《陔余丛考》卷三十九"威怖儿啼"：

　　《通鉴》，后赵将麻秋最勇猛，人呼为"麻胡"。民间小儿啼，怖以麻胡来，辄止。《南史》，刘胡面黝黑，为越骑校尉，蛮人畏之，小儿啼，语以刘胡来便止。桓康骁悍，所至为暴，江南人畏之，以其名怖小儿。画其形于寺中，病虐者摹写于床壁，无不立愈。《北史》，杨大眼威震淮、泗，童儿啼者，呼云杨大眼至，即止。高车国倍侯利奔魏，勇健善战，北方人畏之，婴儿啼者，曰倍侯利来，便止。《唐书》，郝玼为边将，获虏必刳剔而还其尸，虏大畏，道其名以怖啼儿。《宋史·刘锜传》，锜少时与夏人战屡胜，夏人儿啼，辄怖之曰刘都护来。《辽史》，邪律休哥败宋兵，宋人欲止小儿啼，曰于越至，辄止。于越，其官号也。《金史》，牙吾塔好用鼓椎击人，其名可怖儿啼，世呼曰"卢鼓椎"。（［清］赵翼撰：《陔余丛考》，中华书局，1963 年，第 1 版，第 859-860 页。）

　　由此可见，以人名来恐吓制止小孩哭闹之例在古代有很多。然其中似以"麻胡"最著名，故历代学人多论及之，并试图考证其理据。清翟灏《通俗编》卷三十四《状貌》释"麻胡"条即详载诸家之说，最后指出"数家各殊，未定孰是。今但以形状丑驳，视不分明白曰麻胡，而转胡音若呼"。吴庆锋先生在《"麻胡"讨源》一文中指出，"麻胡"就是"猕猴"的音转，因猕猴这类动物日常生活中少见，故用来恐吓小孩。而猕猴之语源则来自变模糊义之"萠胡"。①徐时仪先生《"马虎"探源》一文认为"马虎"是一个记音词，有"野狐""野雩""野胡""夜狐""夜胡""麻胡""邪忤""妈虎"等多个写法，其语源或来自"邪忤"，为不可名状的邪怪。因为其具体形状不定，故既可指人也可指兽或鬼。"邪忤"在一些方言中亦有怪异、玄乎之义②。正如陈刚先生在《关于"妈虎子"及其近音词》一文中所指，以"m-h-"形式构成的人、兽、鬼名称还有很多③。由此可以看出，"麻胡"乃是以"m-h-"为语音形式而形成的一系列音近及义通之词语的代表，这类词语或指人或指兽或指鬼怪，都可用来恐吓小孩以制止其哭闹。

（7）《陔余丛考》卷三十八"养瘦马"：

> 扬州人养处女卖人作妾，俗谓之养瘦马，其义不详。白香山诗云："莫养瘦马驹，莫教小姝女。后事在目前，不信君看取。马肥快行走，姝长能歌舞。三年五年间，已闻换一主。"宋漫堂引之，以为养瘦马之说本此。（［清］赵翼撰：《陔余丛考》，中华书局，1963年，第1版，第852页。）

"养瘦马"指抚养他人幼女，成年后卖给人作妾，著者起初不知其理据为何，后据白居易诗而知其理据。但诗中之"瘦马"并非以"瘦弱的马"来喻幼女，刘玉红先生在《明清"养瘦马"风俗小考》一文中指出，"瘦马"当指身材瘦小的幼女，该文认为在我国民俗文化中经常用"马"来比喻女性，在一些小说戏曲中经常直接称呼女性为"马"，而"瘦"亦有细、小之义，故"瘦马"指身材瘦小的幼女④。

（8）《双砚斋笔记》卷四：

> 京师呼幼女曰"妞"，即《说文》"人姓也"之"玫"，特移其左右耳。此类不可悉举，拉杂记之，或亦识小之一端云。（［清］邓廷桢著，冯惠民点校：《双砚斋笔记》，中华书局，1987年，第1版，第272页。）

---

① 吴庆锋《"麻胡"讨源》，山东师范大学学报（哲学社会科学版），1983年第3期。
② 徐时仪《"马虎"探源》，《语文研究》，2005年第3期。
③ 陈刚《关于"妈虎子"及其近音词》，《中国语文》，1986年第5期。
④ 刘玉红《明清"养瘦马"风俗小考》，《华夏文化》，2008年第1期。

　　此例指出京师中称幼女作"妞"者，其实是《说文》"㚤"的异构。按，《集韵·有韵》："妞，姓也，高丽有之。"因此"妞"本指姓氏，《玉篇·女部》："妞，亦作㚤。"因此"妞"亦为"㚤"之异体字，"㚤"《说文·女部》："㚤，人姓也。"因此二者本义俱为人姓。"㚤"又通作"好"，《说文》"㚤"字解引《尚书》曰："无有作㚤。"段玉裁注："今《尚书》㚤作好，此引经说假借也。本训人姓，字有真字，而壁中古文假㚤为好，此以见故之假借不必本无其字，是为同声通用之肇端矣。"因此"㚤"亦假借为"好"，"妞"为"㚤"之异体字，故"妞"亦可有"好"义，"好"本指女子貌美，《方言》："自关而西，秦晋之间，凡美色或谓之好。"因此称幼女为"妞"盖希望其能貌美矣。"㚤"字下引《商书》曰："无有作㚤。"盖所据为古文，今文《洪范》作"好"，因此"㚤"与"好"音义并同也。

　　(9)《逊志堂杂钞》甲集：

> 俗称子曰"豚犬"，考《越语》，范蠡欲速报吴使，国民众多，今国人女子十七不嫁、丈夫三世不娶皆罪其父母。生丈夫，与酒三壶，犬一；生女子，与酒一壶，豚一。（[清] 吴翌凤撰，吴格点校：《逊志堂杂钞》，中华书局，2006 年，第 1 版，第 24 页。）

　　此例指出俗语中称子作"豚犬"者出自《国语·越语》，范蠡鼓励国民多生育子女，生男者与犬一、酒三壶，生女者与豚一、酒一壶，后世遂以"豚犬"代称指子。

　　按，《国语·越语上》："生丈夫，二壶酒一犬；生女子，二壶酒，一豚。"韦昭注："犬，阳畜，知择人。豚，主内，阴类也。"说明古人以"豕""犬"为阴阳之物而与男女相配，故"豚犬"最初泛指儿女，之后专指儿子，成为偏义复词，如《旧五代史·唐书·庄宗纪一》："梁祖闻其败也，既惧而叹曰：'生子当如是，李氏不亡矣！吾家诸子乃豚犬尔。'"这个意义的词语后来又作"犬子"，如宋张孝祥《鹧鸪天·为老母寿》词："同犬子，祝龟龄，天教二老鬓长青。"

　　(10)《陔余丛考》卷四"市井"：

> 市井二字，习为常谈，莫知所出。《孟子》"在国曰市井之臣"，注疏亦未见分晰。《风俗通》曰："市亦谓之市井，言人至市有鬻卖者，必先于井上洗濯香洁，然后入市也。"颜师古曰："市，交易之

处；井，共汲之所，总言之也。"按《后汉书·循吏传》"白首不入
市井"，注引《春秋井田记》云："因井为市，交易而退，故称市
井。"此说较为有据。（［清］赵翼撰：《陔余丛考》，中华书局，1963
年，第1版，第84页。）

　　此例认为"市井"的理据在于"市"是交易之处，"井"是共同汲水
之处，都是公共场所，故总而言之。按，关于市井之理据史上说法很多。
第一种说法采自《管子·小匡》："处商必就市井。"尹知章注："立市必四
方，若造井之制，故曰市井。"是以市之形制似井，故得名。第二种说法
采自《公羊传·宣公十五年》"什一行而颂声作矣。"何休注："因井田以
为市，故俗语曰市井。"认为因井田而设市，故称市井。第三种说法采自
《汉书·货殖传序》："商相与语财利于市井。"颜师古注："凡言市井者，
市，交易之处；井，共汲之所，故总而言之也。"即赵翼所称之说。第四
种说法采自汉应劭《风俗通》："俗说：市井，谓至市者当于井上洗濯其物
香洁，及自严饰，乃到市也。"认为去市者先于井边洗濯其物后入市交
易，故得名。第五种说法采自《史记·平准书》："山川园池市井租税之
入，自天子以至于封君汤沐邑，皆各为私奉养焉。"张守节正义："古人未
有市，若朝聚井汲水，便将货物于井边货卖，故言市井也。"认为古人未
有市，交易即于井边汲水时，将货物置井边交易，故得名市井。

　　今按，据考古研究发现及文献记载，早在夏启时期就已有了市之雏
形，至商代已产生[1]，故张守节之说不确。应劭井边汲水之说亦不妥，因
为所交易之物未必都需要洗濯。其余三种说法都将词义集中在"市"上，
井或为井田（何休），或为井制（尹知章），或因井与市都为公共场所（颜
师古）而得名。盛会莲先生据"市井"一词最早出现时之"市"的形制考
察，认为早期市的形制为"井"字形，市井为形象命名[2]。阿波先生从
"市"字之本义入手，认为"市"之本义为进行买卖的场所，又由甲骨文
中之"市"字考证出市有"巾"义，是市场开放时悬挂的旗帜，进一步指
出"市井"就是早期的边境贸易，"井"在"市井"中为边境义，市井就
是古代载籍的边贸市场[3]。于云瀚先生认为春秋战国时期"市"之形制与
"井田"的形制极为相似，由此推断，"市井"即为"按照规划井田的方法

①　黄金贵《古代文化词义集类辨考》第262页，上海教育出版社，1995年，第262页。
②　盛会莲《市井得名考》，《甘肃社会科学》，1999年第1期。
③　阿波《"市井"的起源兼释"市"》，《文史杂志》，1994年第4期。

而设立的城市市场"①。由上述研究可以看出，"市井"得名之由与水井无关，其作"市井"或因其形制似井田，或因其形状似"井"字，或因其在边界处，故而得名。

（11）《陔余丛考》卷四十三"茅柴酒"：

> 酒之劣者，俗谓之茅柴酒，此语盖亦起于宋时。东坡诗："几思压茅柴，禁网日夜急。"《学斋佔毕》引李白"金樽美酒斗十千"，杜甫诗"速来相就饮一斗，恰有三百青铜钱"之句，以为酒价何太相悬如此，想是老杜不择饮，而醉村店中压茅柴耳。又苏叔党诗："茅柴一杯酒，相对奈愁何。"刘后村诗："茅柴且酌兄。"是茅柴宋人已用之于诗文矣。然曰压茅柴，盖酒之新酿，用茅柴压而醡之耳。（[清] 赵翼撰：《陔余丛考》，中华书局，1963 年，第 1 版，第 965 页。）

此例指出"茅柴酒"之得名理据在于其用茅柴压榨而成。按，明冯时化《酒史·酒品》："茅柴酒：恶酒曰茅柴。"则认为茅柴作酒名或因茅、柴均为低贱粗制之物故得名。

（12）《思益堂日札》卷四"卢奴水"：

> 卢奴水，在直隶定州西北十余里，其水黑色，渊而不流。俗谓水黑曰卢，不流曰奴，汉置卢奴县。（[清] 周寿昌著，许逸民点校：《思益堂日札》，中华书局，1987 年，第 1 版，第 247 页。）

指出河流有称卢奴水者，因俗语称水黑为卢，水不流为奴，故卢奴水得名盖因为其水黑而不流动之故。按，有关"卢奴水"相关内容，可见《水经注·滱水》："卢奴城内西北隅，有水渊而不流，南北一百步，东西百余步，水色正黑，俗名黑水池。或云黑水曰卢，不流曰奴。""卢"有黑义，如《尚书·文侯之命》："卢弓一，卢矢百。"孔安国传："卢，黑也。"《尔雅·释鸟》："鸬，诸雉。"郝懿行《尔雅·义疏》："黑色曰卢。"徐灏《说文解字注笺·皿部》曰："卢为火所熏，色黑，因谓黑为卢。"故水黑可称卢。"奴"指水不流动，窃疑"奴"表此义当为"驽"之假借，"奴""驽"古书通用，如《墨子·鲁问》"今有固车良马于此，又有驽

---

① 于云瀚《释"市井"》，《江海学刊》，1990 年第 6 期。

马四隅之轮于此"，孙诒让《墨子间诂》引毕沅曰："驽，古字只作
奴。""驽"本指劣马，劣马即跑动速度很慢的马，引申指移动速度
慢，故水不流动亦可称奴。

第三节 考辨方俗语的语义

（1）《资暇集》卷下"毕罗"：

> 毕罗者，番中毕氏、罗氏好食此味。今字从"食"，非也。
> （[唐]李匡乂撰，吴企明点校：《资暇集》，中华书局，2012年，第
> 1版，第202页。）

认为毕罗为番邦中所谓毕氏、罗氏所好食之物，今字从"食"作"饆饠"
则非其本字。

按，宋孙奕《履斋示儿编》卷二引《艺苑雌黄》《靖康缃素杂记》与
此说同，明杨慎《升庵外集·饮食》云："《集韵》：'毕罗，修食也。'按
小说，唐宰相有樱笋厨，食之精者有樱桃饆饠。今北人呼为波波，南人讹
为磨磨。"清翟灏《通俗编》认为"饆饠"为"波"字的反切。陆宗达先
生亦认为"其实'波'正是'毕罗'的急读合音词，'磨'稍有音变。卢
童诗：'添丁小小，脯脯不得吃。''脯脯'就是'波波'，也就是'饽
饽'"[1]。此为从语音上考证饆饠之词义。张涌泉先生从文字方面入手，
认为"饆饠"作为一种胡食的名称，本来当作"毕罗"，因为其与食品相
关，于是俗字增加"食"旁作"饆饠"，又因为其用面粉做成，又有俗字
作"麷麣"[2]。周振鹤、游汝杰先生则认为"饆饠"就是今天新疆地区的
抓饭，作饆饠是梵语 pilau 或 pilow、pilaf 之音译，饆饠"本是伊斯兰教
诸民族的食物，吃的时候用手抓，后来才译为'抓饭'"[3]。周磊先生亦
认为"饆饠"就是今新疆之抓饭，作"饆饠"是维吾尔语"polo"之音
译，今之抓饭还可分素抓饭和肉抓饭两种，肉抓饭放羊肉、胡萝卜等，素

---

① 陆宗达《关于几个古代食品名称的研究》，《陆宗达语言学论文集》，北京师范大学出版社，
1996年，第432页。

② 张涌泉《汉语俗字研究》（修订版），商务印书馆，2010年，第46页。

③ 周振鹤、游汝杰《方言与中国文化》，上海人民出版社，1986年，第224页。

抓饭放葡萄干、杏仁等干果①。徐时仪先生认为"饆饠"在《集韵》中作
"麷"，从麦，似可证饆饠是面食，而未必就是抓饭，"因此，如果说饆饠
就是抓饭，那么只能认为我国唐宋时西北一带以面食为主，因而来自波斯
语之 pilαw 的抓饭是稻米类食品，人们也以饼属视之"②。按，受特定文
化习俗影响而对同一物品有不同种称呼方式，在汉语中有很多，如我国南
方地区多以米为主食，故称以胡椒压制而成的调料为"胡椒粉"，因为其
形制似米粉。而在北方地区，则称之为"胡椒面"，因为其形制似面粉，
而北方地区以面食为主。因此对"饆饠"的称呼很有可能是因为古代汉民
族以面食为主，故将其与面食类食品同归入食物类，于食品的名称上又加
"麦"作义符以表示食物。

（2）《苏氏演义》卷上：

> 娄罗者，干办集事之称，世曰娄敬甘罗，非也。（［唐］苏鹗
> 撰，吴企明点校：《苏氏演义》，中华书局，2012 年，第 1 版，第 22
> 页。）

著者指出，娄罗是指干办集事之称，非指娄敬和甘罗二人。清顾炎
武亦有是说，《日知录》卷二十四"楼罗"：

> 《唐书·回纥传》："加册可汗为登里颉咄登密施含俱录英义建功
> 毗伽可汗。含俱录。华言'娄罗'也，盖聪明才敏之意。"《西阳杂
> 俎》引梁元帝《风人辞》云："城头网雀，楼罗人著。"《南齐书》顾
> 欢论云："蹲夷之仪，娄罗之辩。"《北史·王昕传》："尝有鲜卑聚
> 语，崔昂戏问昕曰：'颇解此不？'昕曰：'楼罗楼罗，实自难解。
> 时唱染干，似道我辈。'"《五代史·刘铢传》："诸君可谓楼罗儿矣。"
> 《宋史》："张思钧起行伍，征伐稍有功。质状小而精悍，太宗尝称其
> 楼罗，自是人目为'小楼罗'焉。"（［清］顾炎武著，黄汝成集释，
> 栾保群、吕宗力校点：《日知录集释》［全校本］，上海古籍出版社，
> 2006 年，第 1 版，第 1381 页。）

---

① 周磊《释"饆饠"及其他》，《中国语文》，2001 年第二期。
② 徐时仪《饼、饦、馄饨、扁食、饆饠等考探》，南阳师范学院学报（社会科学版），2003 年第 7
期。

上文是以"娄罗"为精明能干之义。然《北史》中之"楼罗楼罗，实自难解"似难以用精明能干来解释。黄钺先生《"娄罗"语源小考》中指出《北史》中之"楼罗楼罗"乃源于鲜卑语，通过"娄罗"在文献中之使用情况可看出，"娄罗"是个外来语，其写法很多，如"喽罗""偻罗""楼罗"等。其进入汉语的时间很长，已经完全汉化，其次，"娄罗"在很长一段时间都是个褒义词①。李小荣先生《"娄罗"溯源》认为"娄罗"是对梵语字母ḷ、l̄、ṛ、ḹ 的汉译，后来用"娄罗"来形容语音之含混，并引申出聪明义②。徐时仪先生认为"娄罗"既不是单纯的外来词也不是联绵词，而是梵文四流音ḷ、l̄、ṛ、ḹ的鲁、流、卢、楼等记音。它的词义除表褒义的"聪明""伶俐"及贬义的"恶人手下"义以外，还具有佛教赞歌和戏剧歌辞中和声等的含义和用法③。由此可知"娄罗"是梵汉对音词，不是指娄敬和甘罗，亦非如顾炎武所说都为精明能干义，其在汉语中先是作为拟音词，后来才发展出汉语的词义。

（3）《瓮牖闲评》卷六：

今人盛酒大瓶谓之京瓶，乃用京师京字，意谓此瓶出自京师，误矣。京字当用经籍之经字。普安人以瓦壶小颈环口修腹受一斗可以盛酒者名曰经。则知经瓶者当用此经字也。（［宋］袁文撰，李伟国点校：《瓮牖闲评》，中华书局，2007 年，第 1 版，第 93 页。）

著者指出"京瓶"本当作"经瓶"，"经瓶"为"小颈、环口、修腹"之瓶，非如今之大瓶。

按，"京"有大义，《尔雅·释诂》："京，大也。"《方言》卷一："京，大也。"《左传》庄公二十二年："八世之后，莫之与京。"杜预注："京，大也。""京瓶"为盛酒之大瓶，故"京"字当用其"大"义，非为京师之义。其次，著者所说"经瓶"乃普安人当地之物，其形制与大瓶之"京瓶"不同，非为一物，故"京瓶"或许碰巧和普安之"经瓶"音同，然二者实非一物，只是同音词关系。不当以"京瓶"改作"经瓶"。

（4）《瓮牖闲评》卷一：

谚云："眉毫不如耳毫，耳毫不如老饕。"故苏东坡作《老饕

---

① 黄钺《"娄罗"语源小考》，云南民族学院学报，1991 年第 4 期。

② 李小荣《"娄罗"溯源》，淮阴师范学院学报（哲学社会科学版），2000 年第 2 期。

③ 徐时仪《"喽啰"考》，《语言科学》，2005 年第 1 期。

赋》。然杜预注《左氏传》云："贪财为饕，贪食为餮。"按饕餮，一兽耳，其为物，食人未尽，还自啮其躯，《山海经》所谓狍鸮者，贪食则固然矣，恐未必贪财。杜预乃分贪财、贪食为二事，未知何据。（[宋]袁文撰，李伟国点校：《瓮牖闲评》，中华书局，2007年，第1版，第32页。）

著者认为"饕餮"乃为一物，为贪食之兽，非如杜预注之分训说。元李治亦有论述，《敬斋古今黈》卷一"老饕"：

东坡有《老饕赋》，前后皆说饮食。按《左传》文十八年云："缙云氏有不才子，贪于饮食，冒于货贿，天下之民谓之'饕餮'。"说者皆曰："贪财为饕，贪食为餮。"然则东坡此赋当云"老饕"，不当云"老餮"。（[元]李治撰，刘德权点校：《敬斋古今黈》，中华书局，1995年，第1版，第4-5页。）

李治则认为如按"贪财为饕，贪食为餮"之说，苏东坡诗当作"老餮"而非"老饕"。清赵翼《陔余丛考》卷二十二"饕"：

东坡诗有老饕之语，盖谓贪于饮食也。按以饕为贪饮食，唯《韵会》有此说，而《左传》"饕餮"杜注则云："贪财为饕，贪食为餮。"《玉篇》亦曰："饕，贪财也。"则老饕当作老餮为是。然《山海经》，饕餮本恶兽名。又《吕氏春秋》，周鼎饕餮，有首无身，食人未咽，害及其身，所以示戒也。然则饕餮本是一物之贪食者，杜注不过因《左传》有"贪于饮食，冒于货财，谓之饕餮"之语，故以二字分属之。其实此物本贪食之兽，缙云不才子贪冒似之，故人借以名之耳。不必以饕属财、餮属食也。然则东坡所云老饕，亦未为失也。（[清]赵翼撰：《陔余丛考》，中华书局，1963年，第1版，第401页。）

赵翼指出饕餮本为贪食之恶兽名，不当分训饕、餮，杜预注乃属随文释义，非其本义。按，"饕餮"为联绵词，本指传说中贪食之怪兽，后引申指贪婪之人，既可指贪食者又可指贪财者，王念孙《广雅疏证》云："贪财贪食总谓饕餮。饕餮一声之转，不得分贪财为饕，贪食为餮也。"又赵翼认为苏东坡诗称"饕餮"为"老饕"亦不为过，按今之词汇学，此是用其简称加词头"老"构成附加式复合词，使"饕餮"这一联绵词在使用过程中又逐渐发展出附加式的用法。

（5）《瓮牖闲评》卷四：

>　　王充《论衡》云："鼻不知香臭为瓮。"则知今之人以鼻不清亮者为瓮鼻，作此瓮字，未为无自也。（［宋］袁文撰，李伟国点校：《瓮牖闲评》，中华书局，2007年，第1版，第67页。）

著者认为鼻不清亮者为瓮鼻。赵翼认为此说有误，《陔余丛考》卷四十三"瓮鼻"：

>　　俗以鼻不清亮者为瓮鼻，宋人袁文引王充《论衡》"鼻不知香臭为瓮"以证之。然《论衡》云："人不博览古今，犹目盲耳聋鼻瘫也。"其语在《别通篇》，乃作"瘫"字，非"瓮"字也，何得援为瓮鼻之证耶？况俗所谓瓮鼻者，乃谓其声多鼻音如瓮盎耳，非谓不知香臭也。然则不知香臭者为瘫，声多鼻音者为瓮，本自各别，不得牵混耳。（［清］赵翼撰：《陔余丛考》，中华书局，1963年，第1版，第977页。）

赵翼认为鼻不知香臭和鼻音不清者不应当都用"瓮"，鼻不知香臭者乃是"瘫"字。按，"瘫"字亦作"痈"，《玉篇》："瘫，古文，音痈，义同。"《字汇·疒部》："瘫，同痈。""痈"为鼻疾义，《仓颉篇》卷中："痈，鼻疾也。"因此鼻不知香臭为鼻疾，当作"瘫"，而鼻音不清当作"瓮"，二者非为一词。

（6）《订讹类编》卷一：

>　　《礼·乐记》："清庙之瑟，朱弦而疏越，一倡而三叹，有遗音者矣。"言鼓《清庙》之诗之瑟，练朱丝以为弦，使其声重浊，而疏通瑟底之孔，使其声迟缓，瑟声浊而迟，非要妙之音也。此声初发，一倡之时，仅有三人和之，和之者少，以其非极声音之美也，然则其中有不尽之余音存焉。朱子云："一倡三叹，谓一人倡而三人和。"今以为三叹息，非也。（［清］杭世骏撰，陈抗点校：《订讹类

编》，中华书局，2006 年，第 2 版，第 34 页。）

著者指出"一倡三叹"之"叹"非为叹息之叹，"叹"在此处当为"和"义，即"一倡三和"。

按，《礼记·乐记》"一倡而三叹"郑玄注："倡，发歌句也。三叹，三人从叹之耳。"孔颖达疏曰："以其质素，初发首一倡之时，而唯有三人叹之，是人不爱乐。"这里的"叹"指赞和，古代音乐讲究有倡有和，如《诗·郑风·萚兮》："叔兮伯兮，倡予和女。"又《礼记·乐记》："倡和清浊。"孔颖达疏："先发声者为倡，后应声者为和。"比较"一倡而三叹"，则"叹"即为"和"义。《汉语大字典》释义作："指歌尾曳声以相助。"其说是。

（7）《订讹类编》卷一：

《史记·陆贾列传》"数见不鲜，无久恩公为也。"索隐曰："时时来见汝，必令鲜美作食，莫令见不鲜之物也。恩，患也。公，贾自谓也。言汝诸子无久厌患公也"董汾曰："无久恩无字，须挽上数见句读。言无不见鲜美之物以久恩我也。"刘邠曰："言人情频见则不美，故毋久涸汝也。"愚案：索隐、董汾二说俱以鲜为鲜物，惟刘说不同，世俗遂作常见不以为鲜美解，然非是。《汉书》云："毋久涸女（音汝）为也，公作女。"服虔曰："涸，辱也。吾常行，数击鲜美食，不久辱汝也。"师古曰："鲜谓新杀之物也。涸，乱也。言我来之时，汝宜数数击杀牲牢，与我鲜食，我不久住乱累汝也。"亦莫不以鲜为新鲜之物，读《史记》或不甚明了，读《汉书》"击"字，宁有疑义乎？（［清］杭世骏撰，陈抗点校：《订讹类编》，中华书局，2006 年，第 2 版，第 36 页。）

此例考证《史记》"数见不鲜"之语义。著者据刘邠说，认为"数见不鲜"之"鲜"当为"美"义，非谓"新鲜之食"。

按，顾炎武《日知录》曰："数见不鲜，意必秦时人语，犹今人所谓常来之客不杀鸡也。贾乃引此，以为父之于子亦不欲久恩，当时之薄俗可知矣。"钱锺书《管锥编·史记会注考证》据《礼记·文王世子》"末有原"郑玄注及孔颖达疏，认为："'鲜'者，新好之食也；不鲜者，'原'也，宿馔再进也。'不鲜'自指食不指人，而食之'不鲜'又由于人之

'不鲜'，频来长住，则召慢取怠。"其说是。按，《汉书》此处作"数击鲜，毋久溷女为也"，服虔曰："数击新美食，不久辱汝也。"师古曰："鲜，谓新杀之肉也。"则"鲜"字《史记》《汉书》均当名词解，指新鲜之食，可与此相参证。

（8）《订讹类编》卷一：

> 虞兆隆云："《汉书》韩安国谓田蚡曰：'君何不自喜。'自喜犹云自爱也。师古注：'何不自谦逊为可喜之事。'觉欠直捷。景帝曰：'魏其沾沾自喜耳'，张晏曰：'沾沾，自整顿也。'正自爱意。师古注：'沾沾，轻薄也。'"案：俗解为自矜，非是。（［清］杭世骏撰，陈抗点校：《订讹类编》，中华书局，2006年，第2版，第36页。）

此例引虞兆龙考证《汉书》"沾沾自喜"之"喜"的词义，认为这里的"喜"为"爱"义，"自喜"犹"自爱"。著者指出世俗解"自爱"为"自矜"，则失其本旨。

按，"沾沾自喜"出自《史记·魏其武安侯列传》："孝景帝曰：'太后岂以为臣有爱，不相魏其？魏其者，沾沾自喜耳，多易。难以为相持重。'"又《汉书·窦婴传》："景帝曰：'太后岂以臣有爱相魏其者？魏其沾沾自喜耳，多易，难以为相持重。'"其中的"沾沾"，二书均引张晏曰："沾沾，言自整顿也。"颜师古注："沾沾，轻薄也，或音他兼反，今俗言薄沾沾。"按，"沾"有薄义，《广雅·释诂一》："沾，襌也。"《集韵·盐韵》："沾，沾沾，轻薄也。"颜师古注"今俗言薄沾沾"，正是此义在口语中之体现。"自喜"，颜师古注为"自谦逊为可喜之事"，于文意不通，有望文生义之嫌。张晏曰："沾沾，自整顿也。"释义错误，"沾沾"无"自整顿"之义训，由此而推"自喜"即为"自爱"则更为无稽之谈。"沾沾自喜"由上下文意可知，汉景帝对窦太后称窦婴"沾沾自喜"，大意是说此人轻浮而自以为是，故不任用他。如为"自整顿"义，景帝似不当不任用他。王先谦《汉书补注》："盖其人丰采自矜，故帝言其沾沾自喜，犹言诩诩自得也。"正得其意。

（9）《钟山札记》卷一"提月"：

> 《公羊经》僖十有六年："春王正月戊申朔，霣石于宋五。提月，六鹢退飞过宋都。"传云："提月者何？仅逮是月也。"何休注：

"提，月边也。鲁人语也。在正月之几尽，故日劣是月也。"在陆德明时所见本固有以"提月"改作"是月"，故《释文》先云："是月，如字。或一音徒兮反。"陆氏不详审传文及邵公之注，明是为"提"字，作诂训若作"是月"，何劳如此费辞乎！《初学记》"晦日"条引正作"提月"。陆佃注《鹖冠子·王鈇篇》"家里用提"云"提，零日也"，亦引《公羊》为证。（［清］卢文弨撰，杨晓春点校：《钟山札记》，中华书局，2010 年，第 1 版，第 22 页。）

　　著者认为《公羊经》之"提月"乃晦日之称，而陆德明《经典释文》却作"是"，著者认为这是没有理解传文及何休注内容，因为如作"是"，传注不当如此大费周章。继而引陆佃注《鹖冠子》证"提月"之"提"为晦日。

　　按，据《公羊传》文及何休注，则经文固当作"提月"，否则传文"提月者何？仅逮是月也"则无法解释，著者所驳是。何休认为"提月"为鲁语，按，华学诚指出，"是月"即月底，"我们怀疑'是月'就是'底月'。《集韵·齐韵》音此'是'田黎切，古音当为定母脂部，《广韵》承纸切，古音为禅母支部；'底'，《广韵》都礼切，古音为端母脂部。鲁人言'底月'音同'是月'，则是清浊混读"①。是以"是"为《公羊传》文本进行说解，如作"提"，则为定母支部，亦是清浊混读，由此可知，作"是"作"提"在鲁方言中读音均相似。王应麟《困学纪闻》卷七指出《公羊传》中多齐语的特点，②齐、鲁地域相近，故其言语当有相通者，此例即为一证。

　　（10）《读书偶识》卷第十：

　　　　《史记》："淳化鸟兽虫蛾。"《索隐》曰："蛾音牛绮反，一作豸，言淳化广被及之。"勋案：今俗有虫蛾之语，谓凡虫也。则蛾之与豸当为通借字，虫蛾即虫豸，而蛾不仅目蚍蜉也。（［清］邹汉勋著，陈福林点校：《读书偶识》，中华书局，2008 年，第 1 版，第 217 页。）

　　此例记《史记》"虫蛾"司马贞《索隐》异文作"虫豸"，著者据俗

---

① 华学诚《〈春秋公羊传解诂〉中的齐鲁方言及其价值》，阴山学刊，2003 年第 4 期。
② 见本章第一节。

语"虫蛾"有虫之通称说，认为"蛾"与"豸"为通假关系，而非尽指蚍蜉。

按，"豸"有二义，一指长脊兽，《说文》："豸，兽长脊，行豸豸然，欲有所司杀形。"段玉裁注："许言兽者，谓凡杀物之兽也。"一指无脚之虫，《尔雅•释虫》："有足谓之虫，无足谓之豸。"郝懿行义疏："凡虫无足者，身恒椭长，行而穹隆其脊，如蜘蝛、蚯蚓之类是也。"段玉裁《说文解字注》曰："《释虫》曰：'有足谓之虫，无足谓之豸。'按凡无足之虫体多长，如蛇蚓之类，正长脊义之引伸也。"是以该义为引申义。"虫豸"之"豸"使用的是引申义，故"虫豸"是小虫的通称，又作"虫蛾""虫蚁"，作"虫蛾"者如《史记》"淳化鸟兽虫蛾"，又如《列子》："次达八方人民，末聚禽兽虫蛾。"作"虫蚁"者如《金匮要略》："果子落地经宿，虫蚁食之者，人大忌食之。"按，"蛾""蚁"异体字，《尔雅•释虫》"蚍蜉，大螘"，陆德明释文："螘，本亦作蛾。俗作蚁字。"段玉裁《说文解字注》："蛾是正字，蚁是或体。""豸""蛾"古音脂歌旁转，《广韵》同属纸韵，故可通用。

（11）《读书偶识》卷第十：

> 《说文》："叟，撮也。从爻，从巳。""争，引也，从爻、厂"。钱献之坫曰："叟，当从左戾之𠃆。徐锴以为从甲乙之乙，非也。争应从右戾之丿字，与叟相因。徐铉以为从曳，非也。"勋案：《手部》："撮，四圭也。一曰两指撮也"，以手少取物曰叟，争多曰争。二谊相反，故一从左戾，一从右戾。今俗取物少许曰叟，又谓物少为叟，音劣。撮之曰叟，所撮亦曰叟，亦犹撮之有二谊也。（［清］邹汉勋著，陈福林点校：《读书偶识》，中华书局，2008 年，第 1 版，第 217 页。）

此例引钱坫《说文斠诠》说，以为"叟"当从𠃆不从乙；"争"当从"丿"不从"曳"，进而引《说文•手部》释"撮"之说证之，最后以俗语证"叟"有撮之和所撮二义。

按，《说文》以"撮"释"叟"，故"叟"亦有"撮"义，二者为同义词。"撮"本义为以三指抓取，《说文•手部》："撮，两指撮也。"桂馥《说文解字义证》："撮，三指取也。两指为拈，三指为撮。"引申指以手撮取的分量，如《礼记•中庸》："今夫地，一撮土之多。"三指所能取之数量很少，故引申指取少量，如《玉篇•手部》："撮，手小取也。"再引申

指数量少。如"一小撮"。"戛"与"撮"同义，故俗语中称取物少为
"戛"，又谓物少为"戛"。

（12）《读书偶识》卷十：

> "蹿，蹿踔，行无常貌；从足，甚声。"①《庄子·秋水》："吾以
> 一足趻踔而行。"《释文》："趻，敕甚反。郭'徒咸反，一音初禀
> 反'。踔本亦作卓，同敕角反。李云：'趻卓，行貌。'"《广雅》：
> "'跈踔，无常。'曹宪曰：'跈，敕锦反。踔，敕勾反。'趻踔，趻
> 卓、跈踔、蹿踔，一也。"趻、跈皆《说文》所无。当用尢字。《说
> 文》："尢，尢尢行貌。从儿出冂。"即行无常之意也。今南楚俗语谓
> 行往无常及操行无常皆曰尢卓，上音彼咸反。下音徒钓反。（[清]
> 邹汉勋著，陈福林点校：《读书偶识》，中华书局，2008 年，第 1
> 版，第 214 页。）

此例首先据《说文新附》《庄子·秋水》、陆德明《释文》以及《广
雅》，证《说文新附》之"蹿踔"与《庄子》之"趻踔"、《释文》之"趻
卓"、《广雅》之"跈踔"所指为同一词，古本字当作"尢卓"，进而据南
楚方言证"趻踔""跈踔"等即为"尢卓"，指行为及品行无常。

按，"蹿踔"为联绵词，故又作"趻踔""趻卓""跈踔""尢卓"等
形。从文字产生时间看，《说文》无"蹿""趻""跈"②，因此是后起
字。清郑珍《说文新附考》："蹿踔，见《庄子·秋水》，以状夔之行。《广
雅》及《海赋》作'跈踔'，《〈庄子〉释文》作'趻踔'。蹿、跈、趻皆汉
后字，古当作尢……俗加'足'作'跈'配'踔'，又改从'甚'从
'今'。"因此"尢"为古字，"趻""跈"为后起字。"跈踔"表进退不定
貌，引申指失去常态，即无常貌，《广雅》："跈踔，无常也。"王念孙疏
证："无常谓之蹿踔，非常亦谓之蹿踔。"该义保存在部分方俗语中，故著
者此处拿来以证之。

（13）《逊志堂杂钞》戊集：

> 《唐书》"宋之问有口过"谓是口臭耳，偶阅《杂事秘辛》云："无
> 黑子创陷，及口鼻腋私足诸过。"乃知过字所本。（[清] 吴翌凤撰，吴

---

① 按中华书局点校本此句误作"'蹿蹿'，踔行无常貌；从足，甚声。"今据徐铉《说文新附》
改正。

②《说文新附》有"蹿"，《集韵》有"趻"，《广雅》有"跈"。

格点校:《逊志堂杂钞》,中华书局,2006 年,第 1 版,第 80 页。)

著者指出《唐书》中之"口过"即谓口臭,据《杂事秘辛》乃知其"过"表臭义之所出。

按,"过"有错义,"口过"本指言语之过失,如《孝经·卿大夫》:"言满天下无口过。"《六度集经·忍辱度无极章第三》:"两舌恶骂,妄言绮语,谮谤邪伪,口过都绝。""口臭"指口中散发的难闻气味,据翟灏《通俗编》记载,《吴越春秋》中已有"口臭",医药典籍中多见,如《神农本草经》:"水苏味辛微温。主下气杀谷,辟口臭,去毒,辟恶气。"《备极千金要方》:"橘柚,味辛温无毒,……久服去口臭。"用"口过"代"口臭"当为语言禁忌习惯使然,"口臭"在语言表达中殊为不雅,不宜直接称呼,故改称"口过"以代之,如唐孟棨《本事诗·怨愤》:"(武则天)谓崔融曰:'吾非不知之问有才调,但以其有口过。'盖以之问患齿疾,口常臭故也。"

(14)《札朴》卷第五"体汉":

> 北方谓粗钝人为体汉。案:《广韵》:"体,黐貌。又劣也。蒲本切。"今转为甫冈切。《通鉴》:"唐懿宗葬文懿公主,赐饼餤四十橐驼,以饲体夫。"注云:"体夫,舁枢之士也。"([清]桂馥撰,赵智海点校:《札朴》,中华书局,1992 年,第 1 版,第 183 页。)

此例考证俗语"体汉"之词义,著者据《广韵》指出"体汉"之"体"有黐、笨之义。又据《资治通鉴》"体夫"及胡三省注益证其词义所指。

按,"体"音义同"笨",《广韵》均作蒲本切。"笨"本指竹子的里层,《说文》:"笨,竹里也。"俗用作粗大笨重义,《集韵·混韵》:"笨,不精也。"清邓廷桢《双砚斋笔记》:"案:《说文》曰:'笨,竹里也。'与俗用'笨'字之义迥殊,俗以竹里之'笨'为黐笨字。""笨"表粗劣义,《抱朴子·行品》:"杖浅短而多谬,闇趋舍之臧否者,笨人也。"又《宋书·颜延之传》:"(延之)常乘羸牛笨车,逢竣(延之子)卤簿,即屏往道侧。"《集韵·混韵》:"体,黐貌。又劣也。"清毛奇龄《越语肯綮录》:"(体)即粗疏庸劣之称,今方言粗体、呆体,俱是也。"二者在"粗劣"义上同音亦同义,故可通用。《正字通·人部》:"体,别作笨,义同。""体汉"指从事重体力劳动的男子,又作"体夫"(即著者引《资治通鉴》文)。"汉"为男子通称,有时又指身份地位较低的男子,宋陆游《老学庵笔记》:"今人谓贱丈夫曰汉子。"

第十一章　称谓语研究

称谓一词本指称呼，语出《后汉书·郎𫖮传》："改易名号，随事称谓。"后用来指"表示人的身份、地位的具体命名，是标志性符号"，"它可以帮助个人身份，即在社会关系网中所处的性质，如祖父、百姓；可以帮助这一位置在整个社会关系网中按等级高低排列的级别"，"是社会秩序的微观基础"①。我国古代很早就有关于称谓语的系统研究，《尔雅·释亲》即是专门对古汉语称谓进行阐述之文，至《方言》《说文解字》《释名》及"三礼"等典籍中都有相当多的文字对称谓语进行研究和论述，学术笔记中亦有许多关于称谓语研究的内容，这些研究论及称谓语的出处，考证称谓语在某一阶段的语义，考察称谓语的语义变化，等等，都是研究称谓语的宝贵资料。

第一节　考证称谓语的出处及始见书证

（1）《容斋三笔》卷第十四"夫兄为公"：

> 妇人呼夫之兄为伯，于书无所载。予顷使金国时，辟景孙弟辅行，弟妇在家，许斋醮及还家赛愿。予为作青词，云："顷因兄伯出使，夫婿从行。"虽借用《陈平传》"兄伯"之语，而自不以为然。偶忆《尔雅·释亲篇》曰："妇称夫之兄为兄公，夫之弟为叔。"于是改"兄伯"字为兄公，视前所用，大为不侔矣。《玉篇》"妐"字音钟，注云："夫之兄也。"然于义训不若前语。（［宋］洪迈撰，孔凡礼点校：《容斋随笔》，中华书局，2005年，第1版，第576页。）

---

① 王琪《上古汉语称谓研究》，中华书局，2008年，第1页。

此例考证妇人称夫兄为公之出处，著者认为妇人称夫兄为伯没有文献记载，语出无名。故结合其自身经历认为可称"兄伯"，进而据《尔雅·释亲》认为可称"兄公"。最后列举《玉篇》"妐"字，认为虽似有专字记之，但不若前者之称呼有理据。

按，《尔雅·释亲》："夫之兄为兄公。"《释名·释亲属》："夫之兄曰公。公，君也。君，尊称也。"郝懿行义疏："公，君也。君，尊称也。"是以"兄公"为对夫兄之尊称。称"妐"者，当是语音转变的结果。《尔雅》"夫之兄为兄公"，郭璞注曰："今俗呼兄钟，语之转耳。""钟"即是《玉篇》之"妐"，"钟""妐"均为章母东部。《释名》又作"兄章""兄伀"，王先谦《释名疏证补》认为："兄伀、章、钟皆双声递变。"

此外，弟妇称夫兄还可称伯，赵翼《陔余丛考》有论，《陔余丛考》卷三十六"夫兄称伯"：

> 叔嫂之称见于经书，而妇人呼夫之兄为伯，则无所据，《尔雅·释亲》篇但曰兄公耳。然称伯则由来已久。《五代史补》，李涛弟浣娶妇窦氏，出参涛，涛答拜，浣曰："新妇参阿伯，岂有答礼？《云谷卧余》云，《尔雅》称夫之弟为叔，则夫之兄亦可为伯也。《容斋随笔》记宋庆历中，陈恭公为相，以曾公亮自起居注除天章阁待制。陈之弟妇曾出也，陈语之曰："六新妇，曾三做从官，想甚喜。"应声对曰："三舅荷伯伯提挈，极喜，只是外婆不乐。"陈问何故，曰："外婆责三舅以第五人及第，当过词披，今朝廷如此处置，必是废学故耳。"盖陈不由科第，不谙典故，受讥于弟妇如此。据此，则弟妇称夫兄为伯，宋时已然。而夫之兄呼弟妇为新妇，外孙女呼外祖母为外婆，亦见于此。（[清]赵翼撰：《陔余丛考》，中华书局，1963 年，第 1 版，第 793 页。）

著者认为妇人称夫兄为伯无根据，然据文献记载，此称呼在宋代已经流行。按，梁章钜《称谓录》云："妇称夫兄为伯，不见于经典。然以《尔雅》称夫弟为叔例之，则夫兄亦可为伯耳。"[①]认为据《尔雅》所云，妇人称夫弟可为叔，则以此类推称夫兄为伯亦可，此说与《云谷卧余》之说同。总之，妇人称夫兄既可称公，亦可称伯。对此，清吴翌凤有总结，《逊志堂杂钞》己集：

---

① 梁章钜著，王释非、许振轩点校《称谓录》（校注本），福建人民出版社，2003 年，第 118 页。

妇称夫之兄曰公，见《尔雅·释亲篇》。今俗称曰伯。案《五代史补》：李涛弟浣娶妇窦氏，出参，涛答拜。浣曰："新妇参阿伯，岂有答拜礼。"则是唐末已有此称矣。又《玉篇》妐字，音中，注云：夫之兄也。（〔清〕吴翌凤撰，吴格点校：《逊志堂杂钞》，中华书局，2006 年，第 1 版，第 95 页。）

著者认为妇人对夫兄早期称公，唐末始称伯。此称呼又作"妐"。

按，《释名·释亲属》："夫之兄曰公。……又曰兄忪。"毕沅《疏证》："忪，本一作妐。"因此称夫兄之"公"亦有作"妐""忪"者。按，"妐""忪"又都有"夫之父"义，《集韵·钟韵》："妐，关中呼夫之父曰妐。"《释名·释亲属》："俗或谓舅曰章，又曰忪。"因此，王琪认为"表示夫之兄的词，皆与尊称或公公称谓相关，表明在宗法制下其地位很高"①。因此称夫之兄为"公""妐""忪"，强调了其在家庭中之地位，而称"伯"则侧重反映其排行为首。

（2）《陔余丛考》卷三十六"至尊"：

臣称君为至尊，吴青坛谓起于孙吴之世。据《三国志》，周瑜病，与孙权书曰："曹公在北，刘备寄寓，此至尊垂虑之日。"鲁肃谓权曰："愿至尊威德加乎四海。"吕蒙曰："关羽所以未便东下者，以至尊圣明，蒙等尚存也。"陆逊谓蒙曰："下见至尊，宜好为计。"俱见《吴志》，而《魏志》《蜀志》皆无之，故知此称起于吴俗也。

然此亦未详考，贾谊《过秦论》"履至尊而制六合"，则西汉已有此语。《后汉书》董卓欲迁都，陈纪曰："宜修德政以怀不附，迁移至尊非计也。"《献帝起居注》（见《三国志注》），郭汜兵遮帝车不得前，侍中杨琦高举车帷，帝曰："汝何不却而敢迫近至尊"，则汉末已有是称。又《史记·汉武本纪》"朕以渺渺之身承至尊"，《律书》"秦灭六国，登至尊之日浅"，《汉书·路温舒传》"陛下初登至尊"，《朱博传》"匹夫相要，尚得相死，何况至尊"，《外戚传》"史皇曾孙收养掖廷，遂登至尊位"，《王章传》，章劾奏王凤曰："凤知张美人已适人，不宜配至尊，乃托言宜子，纳之后宫。"《王莽传》，未央宫置酒，为傅太后张幄坐太皇太后侧，莽按行，（责内者）令曰："定陶太后藩妾，何得与至尊并？"遂撤去。哀帝崩，太皇太后

---

① 王琪《上古汉语称谓研究》，中华书局，2008 年，第 103 页。

诏曰:"定陶太后与至尊同称号,非礼宜废。"《五行志》,"赵皇后由微贱登至尊。"是至尊之称见于西汉者且不一而足,安得谓起于孙吴之世耶?又按《魏志》,司马懿奏诛曹爽,谓其使张当"看察至尊";廷尉钟毓奏李丰等"迫胁至尊,大逆无道"。则魏亦有至尊之称,非独称于吴也。

后世又有称"大尊"者。《北史》,后周宣帝时屡赦,京兆丞乐运上疏曰"大尊岂可数施非常之恩"是也。又人主之称曰上,《史记·封禅书》有"今上"字,后世人臣称君曰上始此。又《庄子》云:"今处昏上暗主之间。"则人主称上,又自战国始。《汉书·宣帝纪》,诏曰吏"增辞饰非""上亦无由知",师古曰:"上,天子自谓也。"《汉·艺文志》"(迄)孝武世,书缺简脱""圣上喟然而称曰:'朕甚闵焉。'"人君之称圣上始此。《三国志》注引《英雄记》,曰吕布为曹操所攻,遣许汜等求救于袁术,曰"明上今不救布""布破,明上亦破也。"术时已僭号,故云。然则又有称人君为明上者。《后魏·元遥传》,遥以本服绝应除属籍,乃表云"臣去皇上虽是五世之远",皇上二字见此。([清]赵翼撰:《陔余丛考》,中华书局,1963年,第1版,第781-782页。)

此例考证称谓语"至尊"的所指及其产生年代。首先,著者指出称君为"至尊"在西汉时期就已经产生,非起于孙吴之时。且魏亦有称"至尊"者,非吴独有是称,此外,后世还有称君为"大尊"者。其次,指出称人君为"上"自战国始;称"圣上"者,出自《汉书》;称"明上"者,出自《三国志》;称"皇上"者,出自《魏书》。

按,"至尊",本为最尊贵、最崇高之义,是形容词,《荀子·正论》:"天子者执位至尊,无敌于天下。"汉班固《白虎通·号》:"或称天子,或称帝王何?以为接上称天子者,明以爵事天也;接下称帝王者,明位号天下至尊之称,以号令臣下也。"引申指最尊贵、崇高的地位,为名词,《汉书·路温舒传》:"陛下初登至尊,与天合符,宜改前世之失,正始受之统。"引申为人君之义,因为古代人君都是处于最尊贵的地位的,《汉书·西域传上·罽宾国》:"今遣使者承至尊之命,送蛮夷之贾。"著者这里所举《过秦论》《史记·汉武本纪》之例当属"最尊贵之地位"义,非人君义。称人君为至尊当为东汉时之事。人君称"上",《尚书》《国语》等书中已有之,《书·君陈》:"违上所命,从厥攸好。"孔传:"人之于上,不从其令,从其所好。"《国语·齐语》:"于子之乡,有不慈于父母……不用上令者，有则以告。"韦昭注："上，君长也。"称人君作"圣上"，著者云出自《汉书·艺文志》，《汉语大词典》所举为汉班固《典引》，二者时代相同。称人君作"明上"，《汉语大词典》所举书证为《晏子春秋·问下二十》："命之曰狂僻之民，明上之所禁也。"然吴则虞《集释》引钱熙祚云："《荀子注》作'明主'。"因此该证不确定是否作"明上"。《汉语大词典》次引书证与著者同。称人君作"皇上"，著者认为始于后魏，《汉语大词典》所举书证为晋陆机《皇太子宴玄圃宣猷堂有令赋诗》："皇上纂隆，经教弘道。"时代略早于后魏。

（3）《陔余丛考》卷三十六"如夫人、小妻、傍妻、下妻、少妻、庶妻"：

> 《左传》："齐桓公多内嬖，有如夫人者六人。"后世称人之妾为如夫人，本此也。《后汉书·窦融传》："融女弟为大司空王邑小妻。"又《宗室四王三侯传》："赵惠王乾居父丧，私婢小妻。"注："小妻，妾也。"孙鑛据此谓小妻之称起自范史。然《前汉书·外戚恩泽侯表》"阳都侯张彭祖为小妻所杀"，《枚乘传》"乘在梁时，取皋母为小妻"，《孝成许皇后传》"后姊嬒寡居，与定陵侯淳于长私通，因为之小妻"，《孔光传》"定陵侯淳于长小妻迺始等六人"，则小妻之称，前汉已有之。《后汉书》"陈王钧取掖庭出女李娆为小妻""乐成王党娶中山王傅婢李羽生为小妻"，又《梁王畅传》"臣小妻三十七人，其无子者听还本家"，此又小妻之称之见于汉史者也。
>
> 亦谓之傍妻，《元后传》"王禁好酒色，多取傍妻"是也。又谓之下妻，《王莽传》："立国将军建奏言：'今年癸酉，不知何一男子遮臣建车前，自称汉氏刘子舆，成帝下妻子也。'"《后汉书·光武纪》："诏依托人为下妻欲去者，听之。"师古曰："下妻，犹言小妻。"又《新唐书·杨慎矜传》："王鉷与李林甫作飞牒，告慎矜蓄谶纬妖言，规复隋室。帝怒收慎矜。御史崔器索谶书，于慎矜下妻卧内得之，诏赐死是也。"又谓之少妻，《后汉书·董卓传》"卓将朝，升车而马惊堕泥，还入更衣。其少妻止之，不从，遂入，为吕布所杀"是也。又谓之庶妻，《王世充传》"世充祖死，其妻与霸城人王粲为庶妻，其父收从之，因冒粲姓"是也。小妻、傍妻、下妻、少妻、庶妻，皆妾之称也。（［清］赵翼撰：《陔余丛考》，中华书局，1963年，第1版，第794-795页。）

此例考证表"妾"义之相关称谓语及其出现时间。首先，指出称妾为如夫人，出自《左传》。又称"小妻"，这一称呼出自《史记》《汉书》，非如孙鑛说出自《后汉书》。其次，指出妾又有称傍妻、下妻、少妻、庶妻者。其中，傍妻、下妻出自《汉书》，少妻出自《后汉书》，庶妻出自《新唐书》。最后，著者总结这些称谓皆是妾之称。

按，如夫人，即谓如同夫人者，如同夫人实际上仍不是真正的夫人，故用来称妾。梁章钜《称谓录》谓称人之妾为如夫人者当本此。[①]称妾作小妻、傍妻、下妻、少妻、庶妻者，相对的均是正妻、嫡妻而言。如"小妻"之"小"是形容其地位卑下；"傍妻"相当于"侧妻"，《广韵》："傍，侧也。""侧妻"相当于"侧室"，亦是妾之称谓。如《汉书·西南夷传》："朕，高皇帝侧室之子。"颜师古注："言非正嫡所生也。""下妻"之"下"，乃是形容地位的卑下。"少妻"之"少"与"小"同，亦是形容地位低、次序在后者。"庶妻"之"庶"，本指妾所生之子，与"嫡"相对，这里指妾。按，妻、妾原本相对成文，后来"妻"的词义扩大，可以指男性的配偶，兼受汉语复音化影响，故称"妾"可在"妻"前加限定语组成偏正结构复合词的方式以表示之。

此外，古人指称妾还有嬬、细君、姑娘等称谓，清俞正燮《癸巳类稿·释小补楚语笲内则总角义》："小妻曰妾，曰嬬，曰姬，曰侧室，曰籑室，曰次室，曰偏房，曰如夫人，曰如君，曰姨娘，曰姬娘，曰旁妻，曰庶妻，曰下妻，曰少妻，曰细君，曰姑娘，曰孺子，曰小妻，曰小妇，曰小夫人，或但曰小。"梁章巨《称谓录》"妾"条下亦列有妾、姬、内、籑、嬬、须、婴等四十余种称谓，王子今认为："家族主要成员'正妻'之外的女性配偶称谓形式如此复杂，反映了汉代社会多妻现象的普遍。"[②]

（4）《日知录》卷二十四"妻子"：

> 今人谓妻为"妻子"，此不典之言，然亦有所自。《韩非子》："郑县人卜子使其妻为裤。其妻问曰：'今裤何如？'夫曰：'象吾故裤。'妻子因毁新令如故裤。"杜子美诗："结发为妻子，席不暖君床。"（[清] 顾炎武著，黄汝成集释，栾保群、吕宗力校点：《日知录集释》〔全校本〕，上海古籍出版社，2006 年，第 1 版，第 1349 页。）

---

① 梁章钜著，王释非、许振轩点校《称谓录》（校注本），福建人民出版社，2003 年，第 89 页。
② 王子今《秦汉称谓研究》，中国社会科学出版社，2014 年，第 261 页。

此例考证称"妻"为"妻子"之出处，进而指出称"妻子"并非不典之论。

按，"妻子"在古代原为并列式复合词，指妻和子，《孟子·梁惠王上》："必使仰足以事父母，俯足以畜妻子。"《汉语大词典》释"妻子"为"妻"，所举书证为《诗·小雅·常棣》："妻子好合，如鼓瑟琴。"按，"妻子"在先秦汉语中都是指"妻子"和"儿女"之义，未见有单指"妻"之例，因此该例中之"妻子"训为"妻"颇有疑问。其次，该句郑玄笺云："好合，志意合也。合者，如鼓瑟琴之声相应和也。王与族人燕，则宗妇内宗之属亦从后于房中。"孔颖达正义曰："《曲礼》曰：'男女不杂坐。'谓男子在堂上，女子在房，故族人在堂，室妇在房也。宗妇得与于燕，明内宗亦与其中，可知宗子之礼既然，故知天子燕族人之礼亦然，故云'王与族人燕，则宗妇内宗之属亦从后于房中'。此证妻子止当言宗妇，并言内宗者，内宗，宗妇之类，因言之。此后燕及妻而连言子者，此说族人室家和好，其子长者从王在堂，孩稚或从母亦在，兼言焉。"《诗》又云："宜尔家室，乐尔妻帑。"郑玄《笺》："族人和，则得保乐其家中之大小。"孔颖达《正义》："上云'妻子好合'，子即此帑也。"因此孔疏已经论述了此处之"妻子"为"妻"和"子女"之通称，非单指"妻"也，王琪亦认为该诗中之妻子当作妻子和儿女解。[1]第三，对于《韩非子》中之"妻子"，王琪认为"用为'妻'义，当为偏义复词"[2]。今按，《韩非子集解》卷第十一《外储说左上》中此句作"妻因毁新令如故袴"，王先慎案："各本'妻'下有'子'字。《北堂书钞》引无，今据删。《御览》引作'妻因凿新袴为孔。'"因此该句乃单称"妻"非作"妻子"也。

（5）《丹铅余录》卷十四：

《祭义》曰："明命鬼神，以为黔首则。"《内经》云："黔首共饮食，莫知之也。"李斯刻石颂秦德曰"黔首康定"。太史公因此语遂于《秦本纪》谓秦更名民曰"黔首"。朱子注《孟子》亦曰："周言黎民，秦曰黔首。"盖本太史公之语也。然《祭义》《内经》之书，实先秦世。"黔首"之称古矣。恐有不因秦也。不然，则二书所称亦

---

① 王琪《上古汉语称谓研究》，中华书局，2008 年，第 75 页。
② 同上。

后世剿入之说，为可疑耳。（［明］杨慎撰，丰家骅校证：《丹铅总录校证》，中华书局，2019 年，第 1 版，第 532-533 页。）

此例据《祭义》《内经》内容，认为以"黔首"称黎民不始于秦始皇，先秦时期或已有此称呼。按，《史记·秦始皇本纪》："二十六年……更民名曰黔首。"此即后世认为"黔首"出自秦始皇时期所本。然据著者所引《礼记·祭义》及《内经》，则似乎前秦时期已有此称呼。按元梁益《诗传旁通》曰："古无黔首之称，而云为'黔首'者，此汉儒窜入之说无疑，非《礼记》旧文。"对此处《礼记》文本的实际成书时代提出怀疑。按，据王子今研究，在李斯的《谏逐客书》《韩非子·忠孝》及《吕氏春秋》等先秦著作中已多次出现"黔首"这一名称。此外，出土文献天水放马滩秦简《日书》中亦有"黔首"，《日书》的成书时间在公元前二三九年，是先秦时期的抄本。[1]由此可知，尽管《祭义》此处文字时代有疑问，但是许多先秦时期文献均可证早在秦始皇时期之前已有"黔首"之称。

（6）《逊志堂杂钞》辛集：

俗称妇人为"女客"，盖有所本。宋玉《高唐赋》"妾巫山之女也，为高唐之客。"（［清］吴翌凤撰，吴格点校：《逊志堂杂钞》，中华书局，2006 年，第 1 版，第 121 页。）

此例指出称妇人为"女客"出自宋玉《高唐赋》。按，"女客"本指女性客人，宋孟元老《东京梦华录·娶妇》："其送女客，急三盏而退，谓之'走送'。"称妇女为"女客"乃南方等地之方言俗语，清褚人获《坚瓠六集·女客》："吴俗称妇人为女客。"《汉语方言大词典》："女人，妇人。（一）吴语，江苏苏州。清道光四年《苏州府志》：'呼妇人曰女客。'（二）赣语。江西，革命故事《彭军长在大龙山区》：'女客们怀里的毛伢也不哭了。'"[2]《高唐赋》之语当为"客人"义，即"女性客人"义之所本，而非作"妇人"之称的来源。

---

① 王子今《秦汉称谓研究》，中国社会科学出版社，2014 年，第 16-18 页。
② 许宝华，［日］宫田一郎主编《汉语方言大词典》，中华书局，1999 年，第 412 页。

（7）《乙卯札记》：

> 元人魏初，字太初，诗文俱成家，而诗题有《挽姨兄尚书刘公》之目，则姨表兄弟之称姨兄姨弟，元初已然矣，然语虽不典，于理自无碍也。（［清］章学诚撰，冯惠民点校：《乙卯札记》，中华书局，1986 年，第 1 版，第 178 页。）

此例指出称姨表兄弟为姨兄、姨弟者，元初已有。按，"姨兄"，三国时期已可见，《三国志·吴志·潘濬传》"权假濬节，督诸讨之"裴松之注引晋虞溥《江表传》："濬姨兄零陵蒋琬为蜀大将军。"《魏书·房景远传》："郁曰：'齐州主簿房阳是我姨兄。'""姨弟"一语可见《晋书·王廙传》："（廙）丞相导从弟，而元帝姨弟也。"《旧唐书·后妃传下·肃宗张皇后》："玄宗幼失所恃，为窦姨鞠养。景云中封邓国夫人，恩渥甚隆，其子去惑、去疑、去奢、去逸，皇姨弟也，皆至大官。"因此"姨兄""姨弟"之语魏晋时期已有。

（8）《陔余丛考》卷三十七"家祖、家父、家君、家兄、舍弟、家姑、家姊"：

> 《宾退录》云："今南北风俗，称其祖及父母莫不加以家字。"按《后汉书·王丹传》："大司徒侯霸欲与丹交，遣子昱候于道曰：'家公欲与结交。'"《列女传》："马融女嫁袁隗，隗讥融贪名，妻曰：'孔子不免武叔之毁，家君获此，故其宜尔。'"颜之推《家训》云："昔侯霸之子孙，称其祖曰家公；陈思王称其父曰家父，母曰家母；潘尼称其祖曰家祖。"则家祖、家父、家母之称由来久矣。《魏略》："文帝尝言家兄孝廉，自其分也。"_{家兄谓仓舒}《晋》载记："苻坚时，慕容泓起兵，与坚书曰：'资备大驾，奉送家兄皇帝。'"_{家兄谓慕容暐也}《北史·杨津传》："津事兄椿极敬，人有就津求官者，津曰：'此事须家兄裁之。'"阳俊之自言："有文集十卷，家兄（谓阳休之）亦不知吾才士也。"梁元帝攻萧詧，詧曰："家兄（谓其兄誉，为绎所攻）无辜，屡被攻围。七父若顾亲恩，岂应若是？"此家兄之称之见于史传者也。
>
> 又魏文帝《谢钟繇见与玉玦书》曰："是以令舍弟子建，因荀仲茂从容喻鄙旨。"又《世说》："戴安道高隐，而其兄欲立功业，谢太傅曰：'卿兄弟志业何其大殊？'戴曰：'下官不堪其忧，家弟不改

其乐。'"《南史》："齐东昏赐萧懿死，懿临殁，谓使者曰：'家弟在雍，深为朝廷忧之。'"_{家弟谓梁武帝，时为雍州刺史。}《唐书》："柳公权为侍书学士，其兄公绰与宰相李宗闵书曰：'家弟本志儒学，以侍书见用，颇类工祝，愿徒散秩。'"此舍弟、家弟之见于史传者也。

颜之推又云："姑姊妹已嫁，则以夫氏称之；在室，则以次第称之。言礼成他族，不得称家也。子孙不得称家者，轻略之也。"然蔡邕书文称姑姊曰"家姑家姊"。《北史》："高道穆为京邑，出遇魏帝姊寿阳公主，不避道。道穆令卒棒破其车，公主泣诉帝。帝他日见道穆曰：'家姊行路相犯，深以为愧。'"则家姑、家姊之称亦有自来矣。今俗惟子孙不称家，其犹颜氏之遗训欤？褚河南帖称其侄曰家侄。（［清］赵翼撰：《陔余丛考》，中华书局，1963年，第1版，第817-818页。）

此例考证汉魏南北朝时期，称父母兄弟姐妹前加"家"之称谓习惯，指出"家祖""家父""家母"之称呼由来已久，而对人称其祖及父母时加"家"字盖为六朝时风俗。

按，"家祖""家父""家母"之书证，《汉语大字典》及《称谓录》与赵翼相同，都为《颜氏家训·风操》。"家父"之首选书证《汉语大词典》举三国魏曹植《宝刀赋序》："建安中，家父魏王，乃命有司造宝刀五枚，三年乃就。""家弟"一语，《汉语大词典》与《称谓录》举三国魏曹植《释思赋序》："家弟出养族父郎中，伊予以兄弟之爱，心有恋然，作此赋以赠之。""家兄"一语，清吴翌凤亦有论述，《逊志堂杂钞》戊集：

> 《魏略》云：文帝尝言："家兄孝廉，自其分也。仓舒若在，我亦无天下。"又书与钟繇索玉玦云："是以命舍弟子建，因荀仲茂转言鄙旨。"后人称家兄、舍弟本此。（［清］吴翌凤撰，吴格点校：《逊志堂杂钞》，中华书局，2006年，第1版，第74页。）

按，"家兄"一语，《汉语大词典》书证为《三国志·吴志·诸葛恪传》"文书繁猥，非其好也"，裴松之注引晋虞溥《江表传》："诸葛亮闻恪代详，书与陆逊曰：'家兄年老，而恪性疏，今使典主粮谷，粮谷，军之要最，仆虽在远，窃用不安。'"梁章钜《称谓录》引《晋书》："庾翼与王羲之书：'忽见足下答家兄书。'"因此该语当出自魏晋之间。"舍弟"一语，《称谓录》书证与其相同。"舍"与"家"义同，故"舍弟"同于"家弟"，该词当与"家兄"产生年代大致相当。

"家姑""家姊"之书证，《汉语大词典》及《称谓录》与赵翼同。因此该称呼当为六朝之常用语。按，"家"+"亲属称谓"这种称呼方式在六朝时期还有很多，如"家翁""家严""家君""家舅""家叔""家嫂""家妹"等，然多是用来称呼自己的长辈或者和自己同辈之人，称晚辈的很少，清梁绍壬《两般秋雨庵随笔·家弟家孙》："今人于尊者言家，于卑者不言家。晋戴逵呼贾逵家弟，班固书集称孙曰家孙，则指古人反不拘此。"可知这种称呼方式至后世愈加严格起来。

（9）《陔余丛考》卷三十七"亲家翁"：

> 《辍耕录》云男女姻家相呼曰亲家翁，此三字见《唐书·萧瑀传》，"瑀尝因宴，太宗语群臣曰：'自知一座最贵者，先把酒。'群臣相顾未言，瑀引手取杯。帝问何说，曰：'臣是梁朝儿，隋室皇后弟，唐朝天子亲家翁。'"又唐明皇女新昌公主下嫁萧嵩子衡，嵩妻入谒，帝呼为亲家母是也。然《隋书》，炀帝令宇文述之子士及尚公主，呼述为亲家翁。述治李浑狱成，帝曰："吾宗社几覆，赖亲家翁而获全。"则隋时已有此称。又《后汉书·礼仪志》："上陵之仪，百官、四姓亲家妇女咸列。"注："凡与先后有瓜葛者曰亲家。"是亲家二字，本起于汉也。
>
> 《五代史》："李愚代冯道为相，而恶道，每指其所失谓刘昫曰：'此公亲家翁所为。'"盖昫乃道之亲家也。《苏氏闲谈录》："冯道与赵凤同在中书，凤女适道仲子，以饮食不中，为道妻谴骂。凤令婢诉道，凡数百言，道不答。及去，但云：'传语亲家翁，今日好雪。'"此亦亲家翁之见于记载者。吕蓝衍《言鲭》谓亲家翁亲字读作去声，自五代时已然。然亦不始于五代。卢纶作《王驸马花烛》诗云："人主人臣是亲家。"则唐已作去声矣。（[清] 赵翼撰：《陔余丛考》，中华书局，1963年，第1版，第822-823页。）

此例考证两家有婚姻关系而称"亲家"之情况，指出"亲家"这一组合汉代已有，指有亲戚关系者。作为儿女婚姻结成的亲戚关系的称谓起于隋。还有称"亲家翁"者，见《五代史》及《苏氏闲谈录》，并指出其中的"亲"作去声，唐代已然。

按，"亲家"，《汉语大词典》《称谓录》所举书证与著者同。"亲家"一词先秦时期指父母，《荀子·非相》："妇人莫不愿得以为夫，处女莫不愿得以为士，弃其亲家而欲奔之者，比肩并起。"《汉语大词典》认为"亲家"本指"父母之家"，书证为《管子·轻重一》："为功于其亲家，为德于其妻子。"然而此句原文为"管子对曰：'君勿患，且使外为名于其内，乡为功于其亲，家为德于其妻子。'"黎翔凤《管子校注》引郭沫若云："此'外'与'内'为对，'乡'与'亲'为对，'家'与'妻子'为对，'内'可包含乡、亲、家、与妻子，盖'内'中又有'内'也。'外为名于其内，乡为功于其亲，家为德于其妻子'者，言一人在外建立功名，则乡党增光，父母荣显，妻子有德色也。"因此"亲家"先秦时期只有"父母"义而无"父母之家"义。至汉代，"亲家"引申为亲属之义，汉王符《潜夫论·思贤》："自春秋之后，战国之制，将相权臣，必以亲家：皇后兄弟，主婿外孙，年虽童妙，未脱桎梏，由借此官职，功不加民，泽不被下而取侯。"在此基础上，引申为儿女婚姻所形成的亲戚关系。

　　"亲家翁"一语，《汉语大词典》书证为《隋书·房陵王勇传》，《称谓录》为《隋书·李穆传》，说明该称呼当起于隋唐时期，按《广韵》："亲，亲家。"其读音作七遴切，去声，说明唐时已作去声。

　　（10）《十驾斋养新录》卷十九"妇人称奴"：

　　　　妇人自称奴，盖始于宋时。尝见《猗觉寮杂记》云："男曰奴，女曰婢；故耕当问奴，织当问婢。今则奴为妇人之美称。贵近之家，其女其妇，则又自称曰奴。"是宋时妇女以奴为美称。宋季二王航海，杨大后垂帘，对群臣犹称奴，此其证矣。予按六朝人多字称侬。苏东坡诗："它年一舸鸱夷去，应记侬家旧姓西。"侬家犹奴家也。奴即侬之转声。《唐诗纪事》载昭宗《菩萨蛮词》："何处是英雄，迎奴归故宫。"则天子亦以此自称矣。（或云"安得有英雄，迎归大内中"。盖后人嫌其俚，改之。）（［清］钱大昕著，杨勇军整理：《十驾斋养新录》，上海书店出版社，2011年，第1版，第371页。）

　　著者认为妇人自称奴，始于宋代，且在其时为美称。按，奴作自称本男女都可使用，蒋礼鸿先生《敦煌变文字义通释·释称谓》："奴，第一人称代词，和'我'相同，男女尊卑都可通用。"[1]蒋先生认为妇人自称奴自唐时已有，非始于宋代，其所举书证为《王昭君变文》："异方歌乐不

---

① 蒋礼鸿《敦煌变文字义通释》（第四次增订本），上海古籍出版社，1981年，第1页。

解奴愁。""远指白云呼且佳，听奴一曲别乡关。"①因此妇人自称奴当始于唐代，且作为美称广泛应用于宋代。钱大昕认为，"奴"即"侬"之声转。蒋先生亦认为"侬""奴"是一声之转。袁庭栋认为"侬"字本吴方言，为自称词，从魏晋时期开始流行，但始终属于方言范围，未在全国普遍使用②。"侬"很早就表自称，《玉篇》："侬，吴人称我是也。"由此可知，"奴"作自称或为受"侬"之影响而产生。

（11）《逊志堂杂钞》甲集"太翁"：

> 太翁，孙称祖也。齐高帝令左右拔白发，昭业时年五岁，帝问之曰："儿言我是谁？"答曰："太翁。"帝笑谓左右曰："岂有作人尊祖而拔白发者乎？"即掷去其镊。今世俗称人曰太翁，毋乃失伦。（［清］吴翌凤撰，吴格点校：《逊志堂杂钞》，中华书局，2006 年，第 1 版，第 24 页。）

此例认为"太翁"本指曾祖，后世俗间有以"太翁"称人者。按，以翁称人者可见元陶宗仪《南村辍耕录》卷五："吾乡称舟人之老者曰长年。'长'，上声。盖唐已有之矣。杜工部诗云：'长年三老歌声里，白昼摊钱高浪中。'《古今诗话》谓川峡以篙手为三老，乃推一船之最尊者言之耳。因思海舶中以司柁曰大翁，是亦长年三老之意。"按，称人曰"太翁"乃翁字词义之泛化，"翁"本指曾祖，又可指父亲，《广雅·释诂》："翁，父也。"后引申指男性老人，如渔翁、艄翁，《方言》卷六："凡尊老……周、晋、秦、陇谓公，或谓之翁。"《广韵·东韵》："翁，老称也。"由指老年男子又泛指男性的尊称，如杜诗"取笑同学翁"，由此可见，"翁"之词义不断扩大，所指称对象亦逐渐泛化，故世俗称"太翁"实乃词义演变之结果。

（12）《知非日札》：

> 马祖常进《千秋记略》于太子，自称"卑职"，今外官五品以下见上官自称卑职，当仿此也。（［清］章学诚撰，冯惠民点校：《乙卯札记》，中华书局，1986 年，第 1 版，第 259 页。）

---

① 蒋礼鸿《敦煌变文字义通释》（第四次增订本），上海古籍出版社，1981 年，第 1 页。
② 袁庭栋《古人称谓》，山东画报出版社，2001 年，第 92 页。

指出今五品以下官员见长官而自称"卑职"者，出自马祖常《千秋记略》。按，卑职本指卑微的职位，《陈书·沈炯传论》："沈炯仕于梁室，年在知命，冀郎署之薄宦，止邑宰之卑职。"作自称者，宋元之前未见，《汉语大词典》书证为元袁桷《修辽金宋史搜访遗书条例事状》："卑职生长南方，辽金旧事，鲜所知闻。"《称谓录》与《汉语大词典》书证相同，因此该称谓语或当始于元。

第二节　考证称谓语的语义演变及语义分化

（1）《陔余丛考》卷三十六"门生"：

> 唐以后始有座主、门生之称。六朝时所谓门生，则非门弟子也。其时仕宦者许各募部曲，谓之义从，其在门下亲侍者，则谓之门生，如今门子之类耳。《宋书》，王微尝将门生两三人，入山采药。《南史》，庾子舆之官巴陵，病笃不肯入廨，因勒门生不许辄入城市。何敬容罢官后起为侍中，其旧时宾客门生喧哗如旧，冀其复用。顾协有门生始来事协，知协廉，不敢厚饷，只送钱二千，协怒，杖之二十。东昏时，丹阳尹王志被驱，急步走，惟将二门生自随。臧严为武宁郡守，郡多蛮俚，前守多以兵自随，严独以数门生单车入境。《北史》，崔彧精于医，广教门生，令多救疗。此数者以之移作门弟子尚可通。至如沈庆之佐孝武起兵，元凶劝使庆之门生钱无忌赍书，使之解甲，庆之执以见孝武。薛安都降魏，大见礼重，至于门生，无不收叙。庆之、安都皆武人，目不知书，若如后世受业弟子，安得有此？
>
> 又谢灵运因祖父之业，奴僮既众，义故门生数百，凿山浚湖，功役无已。则并用之工役矣。王僧达为吴郡守，西台寺多富沙门，僧达求须不遂，乃遣主簿顾旷率门义劫寺，得数百万。门，门生；义，义从也。则并用之劫掠矣。刘义宗坐门生杜德灵放横打人免官，德灵以姿色，故义宗宠之，则又取其姿媚矣。徐湛之门生千余，皆三吴富人子，姿质端美，衣服鲜丽。宋孝武责沈勃周旋门生，竟受贿赂，少者至万，多者千金，则并大收其贿赂矣。又徐湛之谋逆，谓范蔚宗曰："已报臧质，悉携门生义故前来，故应得健儿数百。"则并用之叛逆矣。刘怀珍北州旧姓，门附殷积，启上门生千

余人充宿卫。则其武勇并可充禁旅矣。合此数事以观，则门生不过如僮仆之类，非受业弟子也。其与僮仆稍异者，僮仆则在私家，此盖在官人役，与胥吏同。

《顾琛传》，尚书寺门有制，八坐以下，门生随入者各有差，不得杂以士。琛以宗人顾硕寄尚书张茂度门名，而私与硕同席坐，乃坐谴。益可知门生者，正如胥吏之类也。然富人子弟多有为之者，盖其时仕宦皆世族，而寒人则无进身之路，惟此可以年资得官，故不惜身为贱役，且有出财贿以为之者。陆慧晓为吏部尚书，王晏典选，内外要职多用门生义故，慧晓不甚措意。王琨为吏部，自公卿下至士大夫，例用两门生。江夏王义恭属用二人，后复有所属，琨不许。此可以见当日规制也。顾宁人既谓六朝门生与僮仆同，而谓其非在官之人，则未知门生有可入仕之路，则不得谓非在官人也。

按汉时门生，本非弟子之称。盖其时《五经》各有专门名家，其亲受业者为弟子，转相传授者为门生，如所云为梁丘氏学、为欧阳氏学之类也。《后汉书·杨厚传》，门生上名录者三千余人。曰上名录，则不必亲受业，但习其学即是也。《贾逵传》，诏诸儒各选高才生受《左氏春秋》及《古文尚书》，逵所选弟子及门生皆拜为郎。曰弟子及门生，可见门生与弟子有别也。《郑康成传》，康成没，门生相与撰其问答诸弟子之词，依《论语》为《郑志》。以弟子问答之词而门生撰述之，盖如《论语》所谓门人受业于弟子者也。《李固传》，固下狱，门生王调贯械上书证其枉。及固死，陈尸于路，固弟子郭亮负鈇锧乞收固尸。曰门生，曰弟子，又可见门生之非弟子也。惟其不必亲受业，但为其学者皆可称门生，于是依势趣利者，并不必以学问相师，而亦称门生。如《郅寿传》，寿为京兆尹时，大将军窦宪贵盛，使门生赍书有所请，寿即送诏狱。《杨彪传》，黄门令王甫，使门生于郡界中辜榷财物七千余万，彪发其奸。宪，权臣；甫，奄寺，岂有学术教人？而亦有门生，盖即后世拜门生之陋习也。浸寻至六朝，遂更为门下僚从之称耳。（[清]赵翼撰：《陔余丛考》，中华书局，1963年，第1版，第796-799页。）

此例考证称谓语"门生"的词义发展及其演变。首先，指出"门生"在唐以前不作科举考试及第者对主考官自称之辞，六朝时之"门生"仅指在门下供役使之人。其次，著者分析"门生"在六朝时之身份，其中有作工役者、有作劫掠者、有因容色出众而获宠幸者、有行贿者，还有叛乱者。著者认为这些"门生"相当于童仆，区别仅在于童仆属私家所有，而"门生"属官家之胥吏。最后，著者对顾炎武有关"门生"之说进行辨正，著者认为六朝时之"门生"有可入仕之路，非如顾炎武说为僮仆之属。最后，著者分析了汉时"门生"之所指，著者认为汉时之"门生"非为亲受业之弟子，而是指转相传授、但为其学者均可称"门生"。此为汉魏南北朝时期"门生"之所指，唐以后之"门生"，顾炎武有相关论述，《日知录》卷十七"座主门生"：

> 贡举之士，以有司为座主，而自称门生。自中唐以后，遂有朋党之祸。会昌三年十二月二十二日，中书覆奏："奉宣旨，不欲令及第进士呼有司为座主，兼题名局席等条疏进来者。伏以国家设文学之科，求真正之士，所宜行崇风俗，义本君亲，然后升于朝廷，必为国器。岂可怀赏拔之私惠，忘教化之根源，自谓门生，遂为朋比？所以时风浸坏，臣节何施？树党背公，靡不由此。臣等议，今日以后进士及第，任一度参见有司，向后不得聚集参谒，于有司宅置宴。其曲江大会朝官及题名局席，并望勒停。"奉敕："宜依。"后唐长兴元年六月，中书门下奏："时论以贡举官为恩门，及以登第为门生。门生者，门弟子也，颜、闵、游、夏等并受仲尼之训，即是师门。大朝所命，春官不曾教诲，举子是国家贡士，非宗伯门徒。今后及第人不得呼春官为恩门、师门，及自称门生。"宋太祖建隆三年九月丙辰："诏及第举人不得拜知举官子弟及目为恩门、师门，并自称门生。"刘克庄《跋陆放翁帖》云："余大父著作为京教，考浙漕试。明年考省试。吕成公卷子皆出本房，家藏大父与成公往还真迹，大父则云'上覆伯恭兄'，成公则云'拜覆著作丈'，时犹未呼座主作先生也。"寻其言，盖宋末已有"先生"之称。而至于有明，则遂公然谓之座师，谓之门生，其朋党之祸亦不减于唐时矣。（［清］顾炎武著，黄汝成集释，栾保群、吕宗力校点：《日知录集释》〔全校本〕，上海古籍出版社，2006年，第1版，第994-995页。）

此例指出唐时"门生"是在科举考试中考生对主考官之自称，与唐代科举考试称主考官为"座主"相对。之后由于朋党之祸，曾禁止使用这一名称，直至宋代。而明代又曾恢复了这一称呼。

按，"门生"具有多个意义，主要与其词义构成有关。"门生"是由"门"和"生"构成的偏正结构复合词，其中的"生"即生徒之义，泛指学生和读书人。"门"可指师门。"门生"即指师门之生徒,这里包含了亲自受业的生徒以及再学后学弟子。"门"还可指贵族之门,"门生"则是贵族门下的生徒,角色相当于"门客",但是地位较门客要低一些。唐时"门生"的称谓显然是读书人对主考官的一种攀附行为,希望借此能获得考官的青睐而谋求个人利益。此外,宋代的"门生"还可指门客、幕僚,如宋司马光《礼部尚书张公墓志铭》:"临终前一日,呼门生问西边用兵今何如?朝廷法令无复变更否?其忠爱之心盖出天性,非有为而为之也。"宋陆游《静镇堂记》:"乾道八年七月二十五日,门生左承议郎权四川宣抚使司干办公事兼检法官陆某谨记。"因荐举而改官者也可对举主自称"门生"。宋赵升《朝野类要·升转》:"其举主各有格法限员,故求改官奏状,最为艰得,如得,则称门生。"

(2)《陔余丛考》卷三十八"妳婆":

> 俗称乳母曰阿妳,亦曰妳婆,其不乳哺而但保抱者曰干妳婆。按汉时称曰阿母,读如阿房之阿,所谓长于阿保之手也。《后汉书》,袁闳少时,往省其父彭城相,在途变姓名,人无知者。既至,府吏不为通,会阿母出见之,入白夫人,乃召入。又《陈忠传》,帝爱信阿母王圣,封为野王君。是汉以前皆称阿母也。至六朝始有妳婆之称。《宋书》,何承天年老,始除著作,诸佐郎皆年少名家,荀伯子嘲之为妳母。承天曰:"卿当知凤凰将九子,何言妳母耶?"《北史》,魏静帝每云:"崔季舒是我妳母。"谓政事皆与之商榷也。《北齐书》,陆令萱以干妳婆封郡君。《唐书》,哀帝二年九月,诏封妳婆杨氏为昭仪,第二妳婆王氏先已封郡夫人,今准杨氏例改封。李商隐《七不称意》内云少阿妳。又《春渚纪闻》,施妳婆年六十,育沈氏二子,为人织履及缉纻之事以供之。([清]赵翼撰:《陔余丛考》,中华书局,1963年,第1版,第752页。)

此例指出汉以前称乳母为阿母,六朝时期称妳婆。按,《史记·扁鹊仓公列传》:"故济北王阿母自言足热而懑。"司马贞《索隐》:"是王之妳母也。"张守节《正义》引服虔曰:"乳母也。"又"故济北王阿母",《索隐》曰:"案:是王之奶母也。"《正义》曰:"服虔云:'乳母也。'"因此"乳母"称"阿母""妳母",而据《索隐》则又作"奶母"。此外,《后汉书·孝安皇帝纪》"夏四月戊子,爵乳母王圣为野王君,圣女婿刘瑰为朝阳侯。""司徒扬震诣阙上书曰:"臣闻高祖与群后约,非功臣不得封。……今瑰无他功德，但以配阿母女，……"前称"乳母"，后作"阿母"，说明"阿母"即"乳母"。

今按，"阿母"除表乳母外，还可指母亲，如《玉台新咏·古诗为焦仲卿妻作》："府吏得闻之，堂上启阿母。"又指年老的妇女。如唐白居易《玉真张观主下小女冠阿容》诗："回眸虽欲语，阿母在傍边。"还可指妓院中的鸨母，如唐韩琮《题商山店》诗："佯嗔阿母留宾客，暗为王孙换绮罗。"

（3）《双砚斋笔记》卷二"释叔"：

> 《诗·豳风》"九月叔苴"，《毛传》曰："叔，拾也。"此叔之本义也。古人以为伯仲叔季之称，《尧典》"申命羲和""申名和叔"，盖唐虞时已然。犹子于诸父亦以为称。《释名》曰："仲父之弟曰叔父。"《春秋》僖二十八年《传》曰："亦叔父之所恶也。"宣十六年《传》："赵旃以其良马二济其兄与叔父。"《晋书》谢元少好佩紫罗香囊，叔父安患之而不欲伤其意。因戏赌取而焚之。又谢道韫曰："一门叔父则有阿大中郎。"皆系父字。未有但称为伯叔者，然《晋书》王湛初有隐德，皆以为痴，武帝见济曰："卿家痴叔死未？"曰："臣叔殊不痴。"已为后世俗称之滥觞矣。（[清]邓廷桢著，冯惠民点校：《双砚斋笔记》，中华书局，1987年，第1版，第142-143页。）

此例指出"叔"之本义为拾取，古人作称谓语指伯仲叔季之称，表示在兄弟的排行。在表示父亲的兄弟时则通称"叔父"，单称"叔"者则《晋书》中已然。

按，袁庭栋指出："从古代文献中的具体称呼看来，极少称仲父。偶有称季父的。""在大多情况下都称为叔父，并不因排行不同而有仲父、叔父、季父之别。"[①]因此"叔父"在表示父亲兄弟时可作通称。单称"叔"为父亲的弟弟者，北齐颜之推《颜氏家训·风操》："古人皆呼伯父叔父，而今世多单呼伯、叔。"说明南北朝时已单称"叔"。

（4）《逊志堂杂钞》甲集：

> 《钱氏私志》曰：燕北风俗，不问士庶皆自称"小人"。宣和

---

① 袁庭栋《古人称谓》，山东画报出版社，2007年，第130页。

间，有辽国右金吾卫上将军韩正归朝，授检校少保节度使，对中人
已上语，节称"小人"，中人以下即称"我家"。每日到漏舍，诵
《天童经》，自以对天童岂可称"我"，于是凡称我者，皆改为小人，
云："皇天生小人，皇地载小人，日月照小人，北斗辅小人。"是可
笑也。（［清］吴翌凤撰，吴格点校：《逊志堂杂钞》，中华书局，
2006 年，第 1 版，第 23-24 页。）

此例指出宋时燕北风俗中有将"小人"作自称之通称者。按，"小
人"作称谓语本为地位低者对地位高于己者之自谦词，《左传·隐公元
年》："小人有母，皆尝小人之食矣，未尝君之羹。"又可作平辈之间自称
的谦词，《三国志·魏志·陈登传》："君（指许汜）求田问舍，言无可
采……如小人（刘备自称），欲卧百尺楼上，卧君于地，何但上下床之间
邪？"然据吴翌凤之记载，宋辽金时期"小人"有作自谦之通称的用法。

（5）《陔余丛考》卷三十七"下官"：

戏本凡官员自称，皆曰下官。《汉书·贾谊传》，大臣罢软不胜
任者，曰下官不职。下官二字始此，然非官员之自称也。其以之自
称，高江村《天禄识余》谓始于梁武帝改称臣为下官。按此说非也，
《南史·刘穆之传》，宋以前郡县为封国者（诸王所封之国），其内史
相并于国主称臣，去任便止。孝建中，乃创制称为下官。《宋书》，
武帝孝建二年，定制诸王封国者二十四条。内一条，凡封内官只称
下官，不得称臣，罢官则不复追叙。《通典》及龚熙正《续释常谈》
皆引之。然《晋书》成帝时，庾亮欲废王导，与郗鉴书："公与下
官，并荷托付，大奸不扫，何以见先帝于地下？"《晋》载记，靳准
对刘粲曰："下官急欲有所言。"安帝时，刘敬宣答诸葛长民书曰：
"下官常虑福过灾生。"王诞说卢循曰："下官与刘镇军情味不浅。"
王镇恶乘利趋潼关，乏食欲还，沈林子怒曰："下官授命不顾，今日
之事，当为将军办之。"则晋时已有此称。盖晋时仕宦者，皆自称下
官，惟王国之僚属，见其王则称臣，至宋则并令王国之僚属见王亦
称下官耳。（《宋史·洪湛传》，群臣请建储，太宗曰："若立太子，
则东宫僚属皆须称臣，形迹之间易生摇惑。"然则宋时东宫官见太子
已称臣矣。）

他如宋文帝使沈庆之领队防，刘湛谓曰："卿在省岁久，比当相
论。"庆之正色曰："下官在省十年，自应得转。"又庆之与萧斌议兵

事，曰："众人虽知古今，不如下官耳学也。"元颢借梁兵破洛阳自立，广陵王欣欲附之，崔光韶曰："元颢引寇兵覆中国，岂惟大王所宜切齿，下官亦未敢仰从。"曹景宗醉后，对梁武帝误称下官，帝大笑。此皆六朝时仕宦称下官之故事也。又按《五代史补》，宋彦筠谓李知损曰："众人何为号足天下为罗隐？"对曰："下官平素好为诗，其格致大抵如罗隐故耳。"然则五代时尚相沿有此称也。

今仕途中不复称下官，凡知府自称卑府，府以下皆称卑职。按程荣《三柳轩杂识》，淳熙间，高昙进对，上称其不为高谈。梁相戏云："高昙不为高谈，以何对？"周益公对云："卑牧且为卑牧。"谓武臣见知州自称卑牧也，则属吏之以卑自称，自宋已然。（［清］赵翼撰：《陔余丛考》，中华书局，1963 年，第 1 版，第 733-734 页。）

著者指出"下官"本非官员自谦之称，晋时乃有此称，至南朝宋时，王国之僚属见王亦称"下官"。至清代，则不再称"下官"，知府自称"卑府"，知府以下称"卑职"，然官员以卑作自称当始于宋时。

按，"下官"本指小官。《逸周书·史记》："昔有共工自贤，自以无臣，久空大官，下官交乱，民无所附。"朱右曾《校释》："下官，小臣也。"引申为下属之官吏，《汉书·贾谊传》："古者大臣……坐罢软不胜任者，不谓罢软，曰'下官不职'。"至汉代郡国自辟属吏，属吏于长官及国主自称臣，至南朝宋孝建中，始禁属官自称臣，改称"下官"。《宋书·刘穆之传》："先是郡县为封国者，内史、相并于国主称臣，去任便止。至世祖孝建中，始革此制，为下官致敬。"该词后来扩大为官吏自称之谦词。

（6）《逊志堂杂钞》己集：

古人称父兄曰"先生"，后人于朋友亦称之，尊辞也。汉人或单称先。《梅福传》"叔孙先非不忠也"，颜师古曰：先，犹言先生也。亦单称"生"，颜师古曰：生，犹言先生也。如贾生、董生、伏生之类是也。宋刘元城《语录》，称司马温公为"老先生"。（［清］吴翌凤撰，吴格点校：《逊志堂杂钞》，中华书局，2006 年，第 1 版，第 95 页。）

著者指出古人有称夫兄为"先生"者，后于朋友亦称之，汉人亦有单称"先"者。清章学诚亦有是论，《丙辰札记》：

《汉书》，叔孙通与诸弟子共为朝仪，梅福曰："叔孙先非不忠也。"颜师古注："先，犹言先生。"按，《庄子·寓言》言称年先，亦作先生解。（[清]章学诚撰，冯惠民点校：《乙卯札记》，中华书局，1986年，第1版，第237页。）

　　按，颜注又曰："一曰，先，谓在秦时。"即先前、早先的意思。《庄子·寓言》"年先矣，而无经纬本末以期年耆者，是非先也"，王先谦集解曰："处事贵有经纬，立言贵有本末，所重乎耆艾者，年高而有道者也。若年居先矣，而胸无经纬本末，徒称年耆者，是乌得为先乎？苏舆云：'期，犹限也。言他无以先人，徒以年为限。则阳篇计物之数，不止于万，而期曰万物，与此期字义同。'"因此"年先"盖指年龄在先，即年龄大的意思。

　　（7）《逊志堂杂钞》甲集

　　　　"子"者，男子之通称，若文字间称其师则曰"子某子"，复冠"子"字于其上者，示特异于常称，曰吾所师者，则某子云尔。《列子》乃其门人所集，故曰子列子，公羊之书，其弟子称其为子公羊子，至隐十一年"子沈子"何休注云："子沈子，已师。沈子称子，冠氏上者，著其为师也。其不冠子者，他师也。"朱子自以渊源出于程氏，故《大学》《中庸章句》亦称为"子程子"。（[清]章学诚撰，冯惠民点校：《乙卯札记》，中华书局，1986年，第1版，第11页。）

　　著者指出古人称自己先师时于"子"前复加一"子"，称自己的老师时则只加"子"，称他师时则不加"子"字。《论语》邢昺疏中亦论及此，《论语·学而》："子曰：学而时习之。"邢昺疏曰："古人称师曰子……后人称其先师之言，则以子冠氏上，所以明其为师也，子公羊子、子沈子之类是也。若非己师而称他有德者，则不以子冠氏上，之言某子，若高子、孟子之类是也。"按，"子"为男子之通称，又为古代五等爵位之一，故称师前加"子"可表尊敬之义。然"子"亦有小义，如子弹、子石，《释名·释形体》："子，小称也。"故"子"加在某些官职前就有职位低之义，清赵翼《陔余丛考》卷十五"子总管"：

　　　　十年，江南乱，以杨素为行军总管，讨平之。《分注》有"子总管来护儿"。《集览》引《正义》云："子者，人之嘉称。"《正误》云："子总管犹言小总管，裨将也。"按《新唐书·百官志》，凡军镇五百人有押官一人，千人有子总管一人。而《突厥传》，武后遣沙咤忠义等击默啜，将军扶余文宣等六人为子总管。意隋时官制亦相类也。

又考古人以子名官者甚多，有称子都将者，《魏书·尉元传》，元表言，刘彧将任农夫、陈显达领兵三千来循宿豫，臣遣子都将于沓千、刘龙驹等将往赴击。又表言，前镇徐州之日，胡人子都将呼延笼达因于负罪，便尔叛乱。又团城子都将胡人王敕懃负衅南叛云云。《孔伯恭传》，宋将沈攸之等救下邳，伯恭遣子都将侯汾、奚升等南北邀之，攸之引退。又令子都将孙天庆等断清水路，攸之顺流退下，伯恭部分诸将挟清南北寻攸之军，后遂大破之是也。

有称子使者，《北齐书·卢文伟传》，文伟孙询祖，天保末为筑长城子使。《祖鸿勋传》，元罗为东道大使，署封隆之、邢邵、李浑、李象、鸿勋并为子使。《新唐书·韦挺传》，太宗将讨辽东，使挺主饷运，命自择文武官四品十人为子使是也。

有称子都督者，《周书·达奚武传》，以战功拜羽林监子都督。《李贤传》，贤曾祖魏太武时为子都督，讨两山屠各没于阵。（又韩果、梁椿、梁台、宇文深、王杰、伊娄穆、乐逊俱尝为子都督，各见本传。）《隋书·达奚长孺传》，以质直恭勤授子都督是也。

有称子将者，《新唐书·玄宗纪》，大武军子将郝灵佺杀突厥默啜。《藩镇传》，魏博节度使乐彦祯子从训，聚亡命五百人号子将是也。

有称子司者，《新唐书·百官志》，尚书省六尚书，兵部、吏部为前行，刑部、户部为中行，工部、礼部为后行，行总四司，以本行为头司，余为子司是也。（《云麓漫抄》，唐太常寺有四院，天府院、御衣院、乐悬院、神厨院，皆子司耳。）凡兹称号，都非褒美之词，陈氏训子为小，于义极得，若更引《唐志》为证，则尤有根据矣。（［清］赵翼撰：《陔余丛考》，中华书局，1963 年，第 1 版，第 252-253 页。）

其中的"子总管""子都将""子使者""子都督""子将""子司"都为官职中的副职。因此"子+官职"之称谓有副职之义。同时赵氏认为这些称呼都非美称，亦是意识到这些词语的感情色彩特点。

（8）《日知录》卷二十四"郎"：

> 郎者，奴仆称其主人之辞。唐张易之、昌宗有宠，武承嗣、三思、懿宗，宗楚客、晋卿等，候其门庭，争执鞭辔，呼易之为五郎，昌宗为六郎。郑杲谓宋璟曰："中丞奈何卿五郎？"璟曰："以官言之，正当为卿，足下非张卿家奴，何郎之有？"安禄山德李林甫，呼十郎。王铢谓王铢为"七郎"。李辅国用事，中贵人不敢呼其官，但呼五郎。程元振，军中呼为十郎。陈少游谒中官董秀，称七郎是也。其名起自秦、汉郎官。《三国志》："周瑜至吴，时年二十四，吴中皆呼为周郎。"《江表传》："孙策年少，虽有位号，而士民皆呼为孙郎。"《世说》："桓石虔小字镇恶，年十七八，未被举，而僮隶已呼为镇恶郎。"《后周书》："独孤信少年，好自修饰，服章有殊于众，军中呼为独孤郎。"《隋书》："滕王瓒，周世以贵公子，又尚公主，时人号曰杨三郎。"温大雅《大唐创业起居注》："时文武官人并未署置，军中呼太子、秦王为大郎，二郎。"自唐以后，僮仆称主人通谓之郎，今则舆台厮养无不称之矣。
>
> 又按，北朝人子呼其父亦谓之郎。《北史·节义传》："李宪为汲固长育，至十余岁，恒呼固夫妇为郎、婆。"（［清］顾炎武著，黄汝成集释，栾保群、吕宗力校点：《日知录集释》〔全校本〕，上海古籍出版社，2006 年，第 1 版，第 1383-1384 页。）

顾炎武认为"郎"作称谓语起自秦、汉间之官名，至唐代则童仆呼主人亦为郎。按，"郎"为官名，战国时已有，秦、汉时沿置，为帝王侍从官的通称，有议郎、中郎、侍郎、郎中等，统称为"郎"，其职责原为护卫陪从，随时建议、备顾问及差遣。东汉以尚书台为实际的行政中枢，其分曹任事者为尚书郎，于是始有郎官之称，其权位待遇均极重要。袁庭栋先生认为"由于郎官在汉代地位颇重，所以'郎'就逐步由官名发展为尊称或爱称，常将有才能、有作为之青年尊称为郎"①。袁先生认为《三国志》中呼周瑜为"周郎"、呼孙策为"孙郎"即属此类。俞理明先生认为："东汉时，'郎'常作为奖励性的封赠，人数众多……最常见的是由朝廷在有功业的官员生前或死后把'郎'赐给他们的子孙，作为奖励……一些权要显贵由于屡屡受赐，家里未成年子弟都得到了'郎'的封号……因

---

① 袁庭栋《古人称谓》，山东画报出版社，2007 年，第 232 页。

此，当时社会上出现了一个青年的特权阶层'势家郎'……由于权贵子弟多能得到'郎'的衔号，所以汉魏以下，'郎'又作为权贵子弟的美称或谀称。"①俞先生认为"周瑜"称"周郎"即是这种情况。由此可知，"郎"由郎官到美称、谀称，经历了一个词义外延不断扩大的过程。俞先生认为"郎作为美称主要包含三个义素：出身高贵、年轻、男性"，"在后来的词义发展过程中，'郎'所包含的男性、年轻、高贵各义素中，可以用其中部分义素为核心加以强化，派生出各种不同的用法"②。由此可知，称张易之、昌宗为五郎、六郎乃是强调其权势之重，称独孤信为"独孤郎"强调其出身高贵、年轻的特点，而后世奴仆称主人为"郎"乃是强化其尊贵之义素发展出来的意义。

（9）《十驾斋养新录》卷十九"非三公而称公"：

> 史家之例，非三公不称公。顾氏《日知录》言之详矣。晋、宋以后，即有不尽然者。《南史·谢朓传》："临终谓门宾曰：'寄语沈公，君方为三代史，亦不得见没。'"朓死于齐代，休文未尝位三公也。《虞愿传》："王秀之与朝士书曰：'此郡承虞公之后，善政犹存。'"《虞寄传》："或谓陈实应曰：'虞公病笃，言多错谬。'及宝应败走，谓其子曰：'早从虞公计，不至今日。'"《丘灵鞠传》："王俭谓人曰：'丘公仕宦不进，才亦退矣。'"（［清］钱大昕著，杨勇军整理：《十驾斋养新录》，上海书店出版社，2011年，第1版，第369页。）

著者指出按史家之例，只有位列三公者才可称"公"，但晋宋以后，亦有非位列三公而称"公"之现象，钱氏之说为史书中称公之例，而现实中称"公"之现象要比史书中复杂很多，宋人洪迈对此现象亦有论述，《容斋续笔》卷第五"公为尊称"：

> 柳子厚《房公铭》阴曰："天子之三公称公，王者之后称公，诸侯之人为王卿士亦曰公，尊其道而师之称曰公。古之人通谓年之长者曰公。而大臣罕能以姓配公者，唐之最著者曰房公。"东坡《墨君堂记》云："凡人相与称呼者，贵之则曰公。"范晔《汉史》："惟三

---

① 俞理明《说"郎"》，《中国语文》，1999年第6期。
② 同上。

公乃以姓配之，未尝或紊。"如邓禹称邓公，吴汉称吴公，伏公湛、宋公宏、牟公融、袁公安、李公固、陈公宠、桥公玄、刘公宠、崔公烈、胡公广、王公龚、杨公彪、荀公爽、皇甫公嵩、曹公操是也。三国亦有诸葛公、司马公、顾公、张公之目。其在本朝，唯韩公、富公、范公、欧阳公、司马公、苏公为最著也。（［宋］洪迈撰，孔凡礼点校：《容斋随笔》，中华书局，2005 年，第 1 版，第282 页。）

　　此例指出可称"公"的几类人：天子之三公称公，王者之后称公，诸侯为王卿士称公，称师者为公，称年长者为公，称尊贵者为公。称公者一般不以姓配之，位列三公者例外。关于"公"作为称谓语之语义演变，顾炎武有比较详细的论述，《日知录》卷二十"非三公不得称公"：

　　《公羊传》曰："天子三公称公，王者之后称公。"天子三公称公，周公、召公、毕公、毛公、苏公是也；王者之后称公，宋公是也。杜氏《通典》曰："周制，非二王之后，列国诸侯其爵无至公者。春秋有虞公、州公，或因殷之旧爵，或尝为天子之官，子孙因其号耳，非周之典制也。"东迁而后，列国诸侯皆僭称公。夫子作《春秋》而笔之于书，则或公或否。生不公，葬则公之；列国不公，鲁则公之，于是天子之事与人臣之礼并见于书，而天下之大法昭矣。汉之西都有七相五公，而光武则置三公，史家之文如邓公禹、吴公汉、伏公湛、宋公弘、第五公伦、牟公融、袁公安、李公固、陈公宠、桥公玄、刘公宠、崔公烈、胡公广、王公龚、杨公彪、荀公爽、皇甫公嵩、董公卓、曹公操，非其在三公之位，则无有书公者。《三国志》若汉之诸葛公亮、魏之司马公懿、吴之张公昭、顾公雍、陆公逊，《晋书》若卫公瓘、张公华、王公导、庾公亮、陶公侃、谢公安、桓公温、刘公裕之类，非其在三公之位，则无有书公者。史至于唐而书公，不必皆尊官。洎乎今日，志状之文，人人得称之矣。吁，何其滥与！何其伪与！

　　《大雅·古公亶父》笺曰："诸侯之臣称君曰公。"《白虎通》曰："臣子于其国中皆褒其君为公，《诗》曰：'乃命鲁公，俾侯于东。'"公者，鲁人之称；侯者，周室之爵。

　　《秦誓》："公曰：'嗟我士听无哗。'"夫《秦誓》之书"公"，与《春秋》之书"秦伯"，不已异乎？曰：《春秋》以道名分，五等之爵，班之天下，不容僭差。若《秦誓》本国之书，孔子因其旧文而已。"公之媚子，从公于狩"亦秦人之诗也。

平王以后，诸侯通称为公，则有不必专于本国者矣，《硕人》之诗曰："谭公维私。"《左传》郑庄公之言曰："无宁兹许公，复奉其社稷。"

周之盛时，亦有"群公"之称，见于《康王之诰》及《诗》之《云汉》，此犹五等之君，《春秋》书之，通曰"诸侯"也。

《左传》自王卿而外无书公者，惟楚有之，其君已僭为王，则臣亦僭为公，宣十一年所谓"诸侯县公皆庆寡人"者也。《传》中如叶公、析公、申公、郧公、蔡公、息公，商公、期思公，并边中国，白公边吴，盖尊其名以重边邑。而秦有麃公，楚汉之际有滕公、戚公、柘公、薛公、郏公、萧公、陈公、魏公、留公、方与公，高祖初称沛公，太上皇父称丰公，皆楚之遗名。此县公之公也。

有失其名而公之者，《史记·秦始皇纪》侯公，《项羽纪》枞公、侯公，《高祖纪》单父人吕公、新城三老董公，《孝文纪》太仓令淳于公，《天官书》甘公，《封禅书》申公、齐人丁公，《曹相国世家》胶西盖公，《留侯世家》东园公、夏黄公，《穰侯传》其客宋公，《信陵君传》毛公、薛公，《贾生传》河南守吴公，《张敖传》中大夫泄公，《黥布传》故楚令尹薛公，《季布传》母弟丁公，《晁错传》谒者仆射邓公，《郑当时传》下邳翟公，《酷吏传》河东守胜屠公，《货殖传》朱公、任公，《汉书·高帝纪》终公，《艺文志》蔡公、毛公、乐人窦公、黄公、毛公、皇公，《张耳陈余传》范阳令徐公、甘公，《刘歆传》鲁国桓公、赵国贯公，《周昌传》赵人方与公，《武五子传》瑕丘江公，《王褒传》九江被公，《于定国传》其父于公，《翟方进传》方进父翟公，《儒林传》免中徐公、博士江公、食子公，淄川任公、皓星公，《游侠传》故人吕公、茂陵守令尹公，皆失其名而公之，若郑君、卢生之比。本朝《实录》于孝慈高皇后之父亦不知其名，谓之马公，是史之阙文，非正书也。

"太史公"者，司马迁称其父谈，故尊而公之也。

有尊老而公之者，《战国策》孟尝君问："冯公有亲乎？"《史记》文帝谓冯唐"公奈何众辱我"是也。《汉书·沟洫志》"赵中大夫白公"，师古曰："盖相呼尊老之称。"《项籍传》"南公"，服虔曰："南方之老人也。"《睦宏传》"东平嬴公"，师古曰："长老之号。"《元后传》"元城建公"，服虔曰："年老者也。"《吴志·程普传》"普最年长，时人皆呼程公。"《方言》："凡尊老，周、晋、秦、陇谓之公。"《晋书·乐志》："项伯语项庄曰：'公莫。'"古人相呼曰公。

《汉书·何武传》："号为烦碎，不称贤公。"《后汉书·李固传》："京师咸叹曰：是复为李公矣。"《宦者传》："种暠为司徒，告宾客曰：'今身为公，乃曹常侍力焉。'"《魏志·王粲传》："蔡邕闻粲在门，倒屣迎之，曰：'此王公孙也。'"《晋书·陈骞传》："对父矫曰：'主上明圣，大人大臣，今若不合意，不过不作公耳。'"《魏舒传》："夜闻人问寝者为谁？曰：'魏公舒。'舒自知当为公矣。"《陆晔传》："从兄机每称之曰：'我家世不乏公矣。'"《王猛传》："父老曰：'王公何缘拜也？'"《北史·郑述祖传》："少时在乡，单马出行，忽有骑者数百，见述祖皆下马，曰：'公在此。'"陶渊明《孟长史传》："从父太常夔尝问光禄大夫刘耽：'孟君若在，当已作公否？'答云：'此本是三司人。'"是知南北朝以前人语，必三公方得称公也。（黄汝成案，无官者亦得称公）《周书·姚僧垣传》："宣帝尝从容谓僧垣曰：'尝闻先帝呼公为姚公，有之乎？'对曰：'臣曲荷殊私，实如圣旨。'帝曰：'此是尚齿之辞，非为贵爵之号。朕当为公建国开家，为子孙永业。'乃封长寿县公，邑一千户。"

孔融告高密县为郑玄特立一乡，曰"郑公乡"，以为"公者，仁德之正号，不必三事大夫"。此是曲说。据其所引，皆史失其名之公，而"太史公"，又父子之辞也。《战国策》："陈轸将之魏，其子陈应止其公之行。"《史记·留侯世家》："吾惟竖子固不足遣，乃公自行耳。"此皆谓父为公。《宋书·颜延之传》："何偃路中遥呼延之曰'颜公'。延之答曰：'身非三公之位，又非田舍之公，又非君家阿公，何以见呼为公？'"《北齐书·徐之才传》："郑道育尝戏之才为'师公'，之才曰：'既为汝师，又为汝公，在三之义，顿居其两。'"

陆云作祖父诔曰《吴丞相陆公诔》，曰："维赤乌八年二月粤乙卯，吴故使持节郢州牧，左都护、丞相、江陵郡侯陆公薨。"曰《故散骑常侍陆府君诔》，曰："维太康五年夏四月丙申，晋故散骑常侍吴郡陆君卒。"王沈祭其父曰"孝子沈敢昭告烈考东郡君。"张说作其父《赠丹州刺史先府君墓志》，每称必曰"君"。然则虽己之先人，亦不一概称公，古人之谨于分也。

《史记·晁错传》：错父从颍川来，谓错曰："上初即位，公为政用事，侵削诸侯，人口议多怨公者。"是以父而呼子为公。徐孚远曰："御史大夫，三公也。错父呼错为公，盖以官称之。"

沙门亦有称公者，必以其名冠之。深公，法深也；林公，道林也；远公，惠远也；生公，道生也；猷公，道猷也；隆公，慧隆也；志公，宝志也；澄公，佛图澄也；安公，道安也；什公，鸠摩罗什也。当时之人嫌于直斥其名，故加一"公"字，梁、陈以下，僧乃有字，而人相与字之，字之则不复公之矣。

《宋史》丰稷驳宋用臣《谥议》曰："凡称公者，须耆宿大臣及乡党有德之士，然则今之宦竖而称公，亦不可出于士大夫之口。"（〔清〕顾炎武著，黄汝成集释，栾保群、吕宗力校点：《日知录集释》〔全校本〕，上海古籍出版社，2006年，第1版，第1116-1126页。）

顾氏详细考证并总结了"公"作称谓语的语义引申发展情况：西周时只有天子三公及王之后可称"公"，此"公"为爵位之称，即"公、侯、伯、子、男"五等爵位之首，西周至春秋战国时期则诸侯开始称"公"。战国至汉，始称长者为"公"。汉时，子称父亦为"公"，父称子亦有称"公"者。齐、梁以前，僧人亦有称公者。而六朝之前平辈人相称除位列三公外，未有称公者。按，钱大昕云："史家之例，非三公不称公，亭林言之详矣。晋、宋以后，即有不尽然者。《南史·谢朓传》：'临终谓门宾曰：寄语沈公，君方为三代史，亦不得见没。'朓死于齐代，休文未尝位三公也。"因此晋、宋以后即有未为三公而称公者。

顾炎武认为唐以前史书中书"公"者俱为位列三公之人，可见当时口语与书面语对"公"之用法是不一样的，这或是因为史书比较严谨，多遵循古法。赵翼对"公"之语义变化亦有详论，《陔余丛考》卷三十六"公"：

《白虎通》，公者，谓三公及二王后也。（此说本《公羊传》。）柳子厚《房公铭》亦谓天子之三公称公，王者之后称公，诸侯入为王卿士称公。此皆以爵位称者也。然美称所在，辄多借用。周时，本国之臣已称其君皆曰公，如《閟宫》诗"乃命鲁公，俾侯于东"。孔子修《春秋》，凡书鲁君皆曰公。则已不拘三公及二王后矣。后世遂益有滥及者，年之长老，尊其道而师之，亦称公，则如毛公、申公之类。孔文举告高密县为郑康成特立一乡云："昔太史公、廷尉吴公、谒者仆射邓公，又商山四皓有园公、夏黄公，皆悉称公。然则公者仁德之正号，不必三事大夫也。今郑君乡宜曰郑公乡。"又《吴志》，程普年最长，时人皆呼程公。《南史》，南齐宫中有妇人韩兰英，自宋孝武以来，常在官为女博士，教书学，宫中呼为韩公。此皆以年老称公者也。至文举谓太史公亦以年德称公，则甚误。吴斗南云，春秋之世，楚县令皆称公，如沈诸梁为叶令，称叶公，盖楚君已僭称王，故县令亦称公，所谓诸侯县公皆庆寡人是也。汉高祖初起兵，亦从楚制称沛公，其后曹参为戚令称戚公，夏侯婴为滕令称滕公。司马迁自称太史公者，亦以官为中书令也。此又令之称公者也。（太史是迁袭其父之官，被刑后又兼中书令之职，武帝时以宦者为中书令故也。）

又彼此相呼亦称公。《战国策》，毛遂所谓"公等碌碌"，《晋书·乐志》"公莫舞"注所谓"古人相呼曰公"是也。方外亦有称公者，如远公、支公之类是也。有孙呼祖为公者，按《吕氏春秋》孔子之弟从远方来，孔子问之曰："子之公有恙乎？"次及其父母兄弟妻子。是祖之称公，其来最古。《北史》，郑道育常戏徐之才，呼为"师公"，之才答曰："既为汝师，又为汝公，在三之义，顿居其两。"《南史》，何偃呼颜延之为颜公，延之以其轻脱，乃曰："身非三公之公，又非田舍之公，又非君家阿公，何以呼为公？"此皆古人以祖为公之故实也（今江南人犹称祖为公公）。有子称父亦曰公者。《列子·黄帝篇》"家公执席"，《战国策》，陈轸将赴魏王之召，其子陈应止其公之行，曰："魏欲绝楚、齐，必重迎公。郢中不善公者，欲公之去也，必劝王多公之车。"此子称父为公也。又有人臣称帝王亦曰公者。《南史·焦度传》，度欲向孝武求荆州，不知所以置词，亲人授之数百言，习诵数日，略皆上口。及见上，猝忘所教，曰："度启公，度启公。"梁武纳齐东昏妃余氏，颇妨政事，范云谏未纳，王茂曰："云言是。公必以天下为念，无宜留惜。"此又人臣之称帝为公也。

有以父称子而亦曰公者。《史记》，晁错更汉令，削七国，其父闻之，谓错曰："上初即位，公为政用事，侵削诸侯，疏人骨肉，口语多怨，公何谓也！"错曰："不如此，天子不尊，宗庙不安。"父曰："刘氏安，晁氏危，吾去公归矣！"凡三呼其子为公。《陆贾传》，贾亦呼其子为公。《五代史》，李克用养子存信，从克用与刘仁恭战，大败，克用怒曰："昨日吾醉，公独不能为我战耶！"《宋史》，蔡京怀奸固位，王黼忌之，乃称旨遣童贯偕京子攸往取致仕表，京一时失措，自陈曰："京衰老宜去，而不忍乞身者，以上恩未报，此二公所知也。"左右闻京并呼其子为公，皆窃笑。亦见《瓮牖闲评》。（按父呼子为公，可与子呼父为哥作对。）此父称子为公之故实也。

又人主称其臣亦有曰公者。《汉书》，景帝谓谒者仆射邓公曰："公言善，吾亦恨之。"武帝谓田千秋曰："父子之间，人所难言，公独明其不然，是高庙神灵使公教我也。"《后汉书》，光武敕吴汉曰："贼若出兵缀公，以大众破尚，尚败公亦破矣。"《南齐书》，周盘龙大败魏军，高帝以金钗二十枚与其爱妾杜氏，手敕曰："饷周公阿杜。"此又君称臣为公之故实也。（按六朝以来，大臣之为三公者，人主称之皆曰公，唐初犹然，南北朝各史可考。）（［清］赵翼撰：《陔余丛考》，中华书局，1963 年，第 1 版，第 785-787 页。）

其说部分与顾炎武之说相同，亦有相异之处。赵翼认为司马迁称其父为"太史公"，非为子称父为"公"之例，乃因其父为中书令，是称令作公。钱大昕亦认为太史公为官名，司马迁父子相继之，非为尊其父也。

赵翼认为在《战国策》及《晋书》中已有相互称"公"者。按，袁庭栋先生认为："到了战国时期，'公'就是官爵与贵族之称，又已发展为对一般人之尊称了。《史记》中记秦末汉初史实时，可见到沛国，腾公、戚公、柘公、薛公、郏公、萧公、陈公、魏公、留公、吕公、侯公等等，这些人非但不是贵族，有的连年长者也不是，如刘邦称沛公时就并非老年。在《史记·陈涉世家》中，甚至大泽乡起义的贫苦戍卒在敬称对方时也称公：'公等遇雨，皆以失期，当斩。'"①按，刘邦称"沛公"乃因为他是楚国的县令，即顾炎武所说乃"楚之遗名"，"沛公"之"公"当为"县公"之"公"，而非为一般人之尊称，《汉书·高帝纪》："高祖乃立位沛公。"颜师古注引孟康曰："楚旧僭称王，其县宰为公，陈涉为楚王，沛公其应涉，从楚制，称曰公。"其余如"腾公""戚公""柘公""薛公""郏公""萧公""陈公""魏公""留公""吕公""侯公"等，顾炎武认为这些都是"县公"之"公"，非为一般人之尊称。因此，战国至汉时一般人称公者只有《史记·陈涉世家》及赵翼所举《战国策》两例，此时期一般人之间呼"公"者还不是很普遍的现象。

赵翼认为孙呼祖为"公"者，为很古的用法。《汉语大词典》释

---

① 袁庭栋《古人称谓》，山东画报出版社，2007 年，第 200 页。

"公"为祖义，书证即为赵翼所举之《吕氏春秋》，清翟灏《通俗编·称谓》云："此所谓公者，祖也。今浙东犹称祖曰'公公'。"

除此之外，赵翼还指出有臣呼君为"公"者，有子呼父、父呼子为"公"者，又有人主称臣为"公"者。由此可见，"公"由西周至唐宋时期经过了一个词义外延逐渐扩大、由专称向通称的变化过程。

（10）《乙卯札记》"老爷"：

> 今世尊官称大人，卑者为老爷。赵耘菘谓大人本父母，而以为尊称起于汉世中官，后世因为达官之称。爷本父之称谓，自高力士承恩日久，中外畏之，驸马辈直呼为爷。后世王爷、公爷、老爷之名称，亦自此起。然观明人所为《金瓶梅》小说，于官之尊者称为老爹，老爹即老爷也。以称太师、提督、抚按诸官，如知县、千户等官，则以大人呼之。疑明时称谓与今互异。（［清］章学诚撰，冯惠民点校：《乙卯札记》，中华书局，1986年，第1版，第199页。）

著者指出清代称官，职位高者称"大人"，职位低者称"老爷"。"大人"本指父母，汉时变为尊称。"爷"本称父之语，唐时始为尊称。但在明时则官位高者称为"老爹"，官位低者称"大人"。其称谓情况与清代不同。按，"大人"指父母之较早用例可见《史记·高祖本纪》："高祖奉玉卮，起为太上皇寿，曰：'始大人常以臣无赖，不能治产业，不如仲力。'"然《周易》中已有"大人"之称，《易·乾》："九二：见龙在田，利见大人。"《周易》中之"大人"当为对位高者如王公贵族之称，由此看则"大人"之称父母长辈义似乎晚于其尊高位者之义，袁庭栋先生认为"大人"本义当为与"孩童"相对之成年人，后来《周易》及《史记》中之大人均为其引申义①。"爷"本指父亲，引申为对位高者之尊称，赵翼《陔余丛考》卷三十七"爷"："爷，今不特呼父，凡奴仆之称主，及僚属之呼上官，皆用之……今通用为尊贵之称，盖起于唐史。"因此"爷"作为尊称起于唐代。至于清代称官位高者为"大人"，低者作"老爷"，袁庭栋先生认为"这是因为，清代对官员的尊称较多，有一个约定俗成的规定，地位高者称大人，稍低者称大老爷，再次者称老爷"②。而称长官为"老爹"者，元时已有，元乔吉《扬州梦》第二折："小人是太守府内亲

---

① 袁庭栋《古人称谓》，山东画报出版社，2007年，第216页。
② 同上。

随，奉老爹钧语，着我打扫的这翠云楼。"因此明时称长官为"老爹"乃承元之用法。

（11）《龙城札记》卷二"妇人亦称丈人"：

> 《颜氏家训·风操篇》："自古未见丈人之称施于妇人。"以此讥周弘让。案《论衡·气寿篇》："人形一丈，正形也。名男子为丈夫，尊公妪为丈人。"又《史记·荆轲传》后叙高渐离击筑事，有"家丈人"语，《索隐》引韦昭云：古者名男子为丈夫，尊妇妪为丈人。故《汉书·宣元六王传》所云丈人，谓淮阳宪王外王母，即张博母也。又古诗云："三日断五匹，丈人故嫌迟。"以上皆小司马说。今本史记正文"丈人"作"大人"，而旧本皆作"丈人"。盖本是"丈人"，故《索隐》先引丈夫发其端；若是"大人"，则汉高、霍去病等皆称其父为大人，小司马胡不引而反引张博母乎？亦不须先言丈夫也。《古乐府》又有"丈人且安坐，丈人且徐徐"之语，乃妇对舅姑之辞。至"丈人故嫌迟"，意偏主姑言，下言"遗归"，则当兼白公姥，是姑亦得称丈人也。乃《史记·聂政传》严仲子称政之母为"大人"，又本作"夫人"，注引《正义》语与《索隐》同，而皆作"大人"。愚谓"大人""夫人"皆"丈人"之讹。颜氏谓古未以丈人施诸妇人，此语殊不然。（〔清〕卢文弨撰，杨晓春点校：《龙城札记》，中华书局，2010 年，第 1 版，第 140-141 页。）

此例认为"丈人"古时亦可指妇人，非如现在指老年男子。张舜徽曰："按丈之为言杖也，凡年老扶杖而行之人，古皆称为丈人，故男女之年老者皆得称之。《周易·师卦》：'丈人吉。'王注云：'丈人，严庄之称。'孔疏云：'丈人，为严庄尊重之人。'曷尝区分男女乎？后世称妻父为丈人，乃晚出俗名，非古人所知。"[①]认为"丈"同"杖"，拄杖之人多为老年人，故丈人当泛指老年人，而非专指妇人言。按，《周易·师卦》"丈人吉"郑注云："丈之言长，能以法度长于人。"清李道平《周易集解纂疏》亦云："愚谓：卦辞之'丈人'，即爻辞之'长子'。《大戴礼·本命》曰'丈者，长也'，互震为长子，故称'丈人'，长丈同称，又何疑焉。且《论语》'遇丈人'注云'丈人，老人也'。"同郑说而与张舜徽之说小异，认为"丈"乃通"长"，为位尊者之称，非泛指老者之称。今按，

---

① 张舜徽《清人笔记条辨》，辽宁教育出版社，2001 年，第 69 页。

《论衡校释·气寿篇》云：“譬犹人形一丈，正形也，名男子为丈夫，尊公妪为丈人。”注：“公妪，舅姑也。《释名》：‘俗谓舅曰妐。’妪，老妇之通称。”则《论衡》中的“丈人”乃兼指“舅”和“姑”，非专指老年女性。另百衲本《史记·荆轲传》“家丈人召使前击筑”，《索隐》引韦昭注云：“古者男子为丈夫，尊妇妪为丈人。”而明监本《史记》却作“尊父妪为丈人”，由此异文及上述论证可知，丈人在先秦时期当为老年男子和妇人的通称，而非专指老年妇人。

第三节 考辨称谓语的语义及理据

（1）《野客丛书》卷十二“丈人”：

今人呼丈人为泰山，或者谓泰山有丈人峰故云。据《杂俎》载唐明皇东封，以张说为封禅使。及已，三公以下皆转一品。说以婿郑镒官九品，因说迁五品。玄宗怪而问之，镒不能对，黄番绰对曰：“泰山之力也。”与前说不同。后山送外舅诗“丈人东南英”，注谓丈人字，俗以为妇翁之称，然字则远矣。其言虽如此，而不考所自。仆观《三国志》裴松之注“献帝舅车骑将军董”句下，谓“古无丈人之名，故谓之舅。”按裴松之，宋元嘉时人，呼妇翁为丈人，已见此时。（[宋]王楙撰，王文锦点校：《野客丛书》，中华书局，1987年，第1版，第150页。）

著者指出称妻父为“泰山”之理据，一说为泰山有丈人峰，一说为唐明皇泰山封禅，张说凭其岳父为封禅使而迁至五品，唐明皇问之，黄番绰称“泰山之力”，故以妻父称泰山。按，称妻父亦有作“岳丈”者，亦与山川有关，赵翼有比较详细的论述，《陔余丛考》卷三十七“丈人”：

至妇翁曰岳丈，曰泰山，其说尤纷纷不一。或曰晋乐广为卫玠妻父，岳丈盖乐丈之讹也。《释常谈》则曰，因泰山有丈人峰故也。按泰山有丈人峰，而《玉匮经》青城山，黄帝亦封为五岳丈人，则山之称丈人者不一，世俗以妇翁有丈人之称，而丈人又有山岳之典，遂引以为美称耳。《晁氏客语》引开元十三年封禅泰山，三公以下例迁一阶，张说为封禅使，其婿郑镒自九品至五品。会大宴，明皇讶之。黄幡绰曰："泰山之力也。"（宋人《释常谈》引此，以为称丈人为泰山之始。）然则唐时并已有泰山及岳丈之称矣。又《黄谱笔记》谓《汉郊祀志》大山川有岳山，小山川有岳婿，山岳而有婿，则岳可以呼妇翁矣。世俗之称未必不因此，又因山岳而转为泰山耳。此虽近附会，亦以备一解。（《通览》："唐僖宗避黄巢，出奔至壻水，诏成都备巡幸。"）（［清］赵翼撰：《陔余丛考》，中华书局，1963年，第1版，第820-821页。）

赵翼指出称妻父可作"岳丈""泰山"之说有四。一为泰山有丈人峰，但山名作"丈人"者不止泰山，故"丈人峰"之说不确。二为晋乐广为卫珍妻父，岳丈乃乐丈（即乐广之丈之简称）之讹，三为《酉阳杂俎》之说。四为《郊祀志》中大山川有岳山，小山川有岳婿，山岳有婿，则岳可以呼妻父。袁庭栋先生认为上述几种说法都不能令人信服，相较而言张说之说较合理，其根据在于呼妻父作"泰山""岳丈"乃唐时之事。[①]

（2）《瓮牖闲评》卷二"长者"：

> 长者盖惇厚之称，初不间男女也。今人皆呼男子为长者，《汉书》云："为其母不长者"，则知女子亦可以称长者矣。唐子西作《淮阴妇墓志》云："天下不多客之贤，而多妇人长者有知识。"岂亦是此意耶？（［宋］袁文撰，李伟国点校：《瓮牖闲评》，中华书局，2007年，第1版，第46页。）

著者指出"长者"本为对有德行之人的称呼，不论男女都可称。至宋时则皆称男子为长者。清人桂馥亦有论，《札朴》卷第六"长者"：

> 长者，贵人也。《史记·陈平传》："门外多长者车辙。"《魏书》文帝诏："三世长者知被服，五世长者知饮食。"《通鉴》马援传曰："但畏长者家儿。"又曰："子石当屏居自守，而反游京师长者。"注云："长者，指贵戚。"梁松谓郑众曰："长者意不可逆。"此长者指太子诸王。
> 魏文帝偶汉明帝察察，章帝长者。此云盛德也。郭林宗呵门生魏昭曰："为长者作粥，不加意敬。"此谓师长也。郑泰谓张孟卓东

---

① 袁庭栋《古人称谓》，山东画报出版社，2007年，第162页。

平长者，坐不窥堂。此言端重也。（［清］桂馥撰，赵智海点校：《札朴》，中华书局，1992 年，第 1 版，第 212 页。）

著者指出"长者"为对贵人之称呼，谓师长亦可称"长者"，盛德、端重之人亦得称"长者"。按，"长者"本义为对年长或辈分高之人的称呼，《孟子·告子下》："徐行后长者谓之弟，疾行先长者谓之不弟。"《后汉书·马援传》："（援）闲于进对，尤善述前世行事。每言及三辅长者，下至闾里少年，皆可观听。"由年长者之义引申为德高望重者之义，《韩非子·诡使》："重厚自尊谓之长者。"《史记·项羽本纪》："陈婴者，故东阳令史，居县中，素信谨，称为长者。"袁庭栋先生认为："年高则德重，敬老如敬贤，是战国的传统观念。"①"长者"由年长者之义还可引申出富贵、显贵者之义，如桂馥所举之《史记·陈平传》《魏书·文帝诏》中之长者就不是德高望重之人。总之，长者在古代一共有三个意义，正如俞正燮在《癸巳类稿》中总结的："长者有三义：夫兄，一也；富贵人，二也；德行高，三也。三义，注书者不可相牵涉。"

（3）《日知录》卷二十四"哥"：

> 唐时人称父为哥。《旧唐书·王琚传》："玄宗泣曰：'四哥仁孝，同气惟有太平。'"睿宗行四故也。玄宗子《棣王琰传》："惟三哥辨其罪。"玄宗行三故也。有父之亲，有君之尊，而称之为四哥、三哥，亦可谓名之不正也已。
>
> 玄宗与宁王宪书称大哥，则唐时宫中称父、称兄皆曰哥。（［清］顾炎武著，黄汝成集释，栾保群、吕宗力校点：《日知录集释》〔全校本〕，上海古籍出版社，2006 年，第 1 版，第 1348 页。）

著者指出唐时有呼父呼兄俱称"哥"者，顾炎武认为这是"名不正"之表现。赵翼认为古人称"哥"本有数种用法，"哥"是其中一种用法的引申，《陔余丛考》卷三十七"哥"：

> 哥字，《广韵》云："今呼为兄。"《韵会》亦云今人以配姊字，为兄弟之称。是哥之为兄，其来久矣。然《旧唐书·王琚传》，玄宗泣曰："四哥仁孝，同气惟有太平。"四哥谓睿宗也（玄宗父）。又

---

① 袁庭栋《古人称谓》，山东画报出版社，2007 年，第 236 页。

《玄宗子棣王琰传》"惟三哥辨其无罪"，三哥谓玄宗也，是以哥呼其父矣。顾宁人以为君父之尊，而呼之曰哥，名之不正，莫此为甚。然古人称哥原有数种。《汉武故事》，西王母授武帝《五岳真形图》，帝拜受毕，王母命侍者四非答哥哥。此以之称帝王者也。唐玄宗与宁王宪书称大哥，及同玉真公主过大哥园池。此称其兄者也。晋王存勖呼张承业为七哥，又三司使孔谦兄事伶人景进，呼为八哥，此亦称兄长者也。王荆公与其子雱评论天下人物，屈指谓雱曰："大哥自是一个。"（大哥即谓雱。）赵善湘临殁，顾其长子嶷曰："汝官不过监司太守。"语次子范曰："汝开闻恐无结果，三哥甚有福，但不可作宰相耳。"（三哥谓第三子葵。）此父之称其子者也。

　　盖古人又以哥为郎君之称，虽宫闱之间亦然。晋王存勖命其子继岌为张承业起舞，指钱积谓承业曰："和哥乏钱，宜与一积。"周太祖子青哥、意哥，皆为汉所诛，周世宗长子曰宜哥，俱见《五代史》。欧阳公名其子曰僧哥，见《稗史》。陆放翁之伯小名马哥，见《老学庵笔记》。又《韩魏公君臣相遇传》，英宗即位，光献太后心不悦，一日谓韩琦曰："昨梦这孩儿坐庆宁宫，大哥乘龙上天去"，大哥谓英宗子神宗也。又显仁太后自金将归，钦宗卧其车前曰："传语九哥，吾南归，但为太乙宫使足矣，他无所望于九哥也。"九哥谓高宗，则兄之称其弟也。叶绍翁《四朝闻见录》，高宗已命高士偓尚柔福帝姬，及显仁太后归，谓高宗曰："哥被番人笑，说错买了颜巷。"帝姬呼高宗为哥，则母之称其子也。又高宗禅位后，游大涤山，有陆凝之献诗，高宗曰："布衣入翰林可也，归当语大哥行之。"大哥谓孝宗也，则亦父之称其子也。又前明泰昌升遐，阁臣刘一燝等请熹宗，既出，李选侍犹呼"哥儿却还"者三，可见宫廷中呼太子诸王皆曰哥，乃亲贵之称，想唐时已如此。然则顾宁人之议，毋亦狃于吴中习俗，而不知哥字之本有是异称也。（[清]赵翼撰：《陔余丛考》，中华书局，1963年，第1版，第825-827页。）

此外指出在古时有称君王为"哥"者，有称兄长为"哥"者，亦有父称子、母称子作"哥"者，古时还有以"哥"为郎君之称者。按，袁庭栋先生认为《汉武故事》为后人追记之神话故事，不可信。至于母称子为"哥"及以"哥"为郎君之称者，袁先生认为"这是因为'哥'是古今常见的称呼，在古代却又是用法差异极多的称呼"①。至于顾炎武所举唐玄宗呼父为"哥"，王力先生在《汉语史稿》中指出："这可能是用低一级的称呼来表示亲热，如果'哥'有'父'义则四哥不可解。"②张清常先生认为："哥、哥哥作为亲属称谓语，可能借自鲜卑语 agān。始用于初、中唐皇室，既可指父，又可指兄。民间无此，白居易偶用指兄。后代盛行专指兄，著录于《广韵》。"③黄树先先生则认为："古鲜卑语是阿尔泰语的一支，汉语'哥'借自古鲜卑语'阿干'；'阿步干'又作'莫贺'，在古鲜卑语中作'父亲、叔父、伯父'讲，所以汉语'哥'又有'父亲'义。"④因此呼父为哥乃是少数民族语言与汉语交合互相借用而产生的称谓语，另据张清常先生云："陈寅恪师《李唐氏族之推测》《李唐氏族之推测后记》《三论李唐氏族之推测问题》（《陈寅恪文集·金明馆丛稿二编》281-309 页）考证结果为后世所信服。李唐皇室为汉人而沾染胡俗甚深。此说一经敲定，陈师之弟子刘盼遂所指斥唐太宗、高宗、玄宗等淆乱人伦之事，即为胡俗无疑。刘并点出唐皇室习胡语。"⑤由此可知，因李唐皇室染胡俗甚深，并习胡语，故亦有可能使用胡人之称谓语，因此呼父为"哥"仅为李唐皇室所用，唐民间则罕见。

（4）《十驾斋养新录》卷十九"小名"：

> 北方小儿乳名多称"柱儿"，或称"铁柱儿"。予读辛稼轩《清平乐词》"为儿铁柱作也。"其词云："灵皇醮罢，福禄都来也。试引鹤雏花树下，断了惊惊怕怕。从今日日聪明，更宜潭妹嵩兄。看取辛家铁柱，无灾无难公卿。"则"铁柱"之名，宋时已有之矣。（〔清〕钱大昕著，杨勇军整理：《十驾斋养新录》，上海书店出版社，2011 年，第 1 版，第 371 页。）

著者指出称小儿乳名作"铁柱"宋代就已存在，辛弃疾词中即称其儿作"铁柱"。

---

① 袁庭栋《古人称谓》，山东画报出版社，2007 年，第 170 页。
② 王力《汉语史稿》，中华书局，1980 年，第 506 页。
③ 张清常《〈尔雅·释亲〉札记——论姐、哥词义的演变》，《中国语文》，1998 年第 2 期。
④ 黄树先"哥"字探源》，《语言研究》，1999 年第 2 期。
⑤ 张清常《〈尔雅·释亲〉札记——论姐、哥词义的演变》，《中国语文》，1998 年第 2 期。

（5）《陔余丛考》卷三十八"布袋"：

> 俗以赘婿为布袋。按《天香楼偶得》云，《三余帖》，冯布少时，赘于孙氏，其外舅有琐事，辄曰令布代之。布袋之讹本此。（［清］赵翼撰：《陔余丛考》，中华书局，1963年，第1版，第833页。）

著者指出俗语称赘婿为"布袋"是因为冯布曾入赘于孙氏，其妻父有琐事辄令冯布代之，因此"布袋"本为"冯布代之"之义，后语讹"布袋"称赘婿。

另一说为宋朱翌《猗觉寮杂记》卷上："世号赘婿为布袋，多不晓其义。如入布袋，气不得出。顷附舟入浙，有一同舟者号李布袋。篙人问其徒云：'如何入舍婿谓之布袋？'众无语。忽一人曰：'语讹也，谓之补代。人家有女无子，恐世代自此绝，不肯嫁出，招婿以补其世代尔。'此言绝有理。"认为"布袋"乃"补代"之语讹。

（6）《陔余丛考》卷三十八"家生子"：

> 奴仆在主家所生子，俗谓之家生子。按《法苑珠林》记庸岭有大蛇为患，都尉令长求人家生婢子，及有罪家女祭之。家生之名见此。然《汉书·陈胜传》，秦令少府章邯免骊山徒人奴产子。师古注曰："奴产子，犹人云家生奴也。"《辍耕录》引之以为家生子之据，更为明切。（［清］赵翼撰：《陔余丛考》，中华书局，1963年，第1版，第833页。）

此例指出"家生子"是指奴仆在主人家所生之子，本作"家生奴"。作"家生奴"指的是在主人家生产的奴仆，强调的是奴仆。称"家生子"指奴仆在主人家所生之子，强调的是所生之子。

（7）《陔余丛考》卷三十八"奴才"：

> 骂人曰奴才，世谓起于郭令公子仪"诸子皆奴才"之语，非也。晋刘渊骂成都王颖曰："颖不用吾言，逆自逃溃，真奴才也。"田嵩骂杨难敌曰："若贼氏奴才，安敢希觊非分！"王猛曰："慕容评真奴才，虽亿兆之众不足畏，况数十万乎？"魏尔朱荣谓元天穆曰："葛荣之徒，本是奴才，乘时作乱。"唐末董璋反，以书诱姚洪，不

听。城陷，璋责之，洪曰："汝奴才固无耻，吾义士肯随汝所为乎！"是晋、唐已有此语。按奴或作驽，《颜氏家训》谓贵游子弟当离乱之后，朝市迁革，失皮而露质，当此之时，诚驽才也。又《五代史·朱守殷传》，守殷少事唐庄宗为奴，后为都虞候，使守德胜，王彦章攻之，守殷无备，南城遂破。庄宗骂曰："驽才果误予事。"（［清］赵翼撰：《陔余丛考》，中华书局，1963 年，第 1 版，第 833-834 页。）

著者认为"奴才"一语晋、唐时有之，亦有作"驽才"者。按，"驽"指劣马，《玉篇》："驽，最下马也。"《荀子·劝学》："驽马十驾，功在不舍。"引申可形容才能低劣，《汉书·公孙弘传》："今臣愚驽，无汗马之劳。""驽才"本作"驽材"，义为平庸低劣之材。北齐颜之推《颜氏家训·勉学》："（贵游子弟）及离乱之后，朝市迁革……当尔之时，诚驽材也。"引申为骂人之詈语，《资治通鉴·唐昭宗天复元年》："朱全忠……召诸将谓曰：'王柯驽材，恃太原自骄汰，吾今断长蛇之腰，诸君为我以一绳缚之！'""奴""驽"同音，故可通用。因此"奴才"当由"驽材"而得义。

（8）《陔余丛考》卷三十八"阿"：

俗呼小儿名辄曰阿某，此自古然。如汉武云："若得阿娇，当以金屋贮之。"蜀先主谓庞统曰："尚者之沦，阿谁为失。"鲁肃拊吕蒙背曰："非复吴下阿蒙。"阮籍谓王浑曰："与卿语，不如共阿戎谈。"以及谢惠连之称阿连，唐武后之称阿武婆，韦后自称阿韦之类。亦有不连其名，而直以次第呼之者。《魏略》，散骑皆以高才充选，独孟康以外戚得之，人共轻之，呼为阿九。《梁书》，武帝谓临川王宏曰："阿六，汝生活大可。"《隋书》，文帝呼其弟瓒为阿三。《五代史》，王从珂小名阿三，庄宗见其勇，曰："阿三不惟与我同年，其敢战亦类我。"各处方言不同，而以阿呼名，遍天下无不同也。

本朝国语，亦以阿厄漪起。而余随征缅甸，军中翻译缅文，亦多阿喀拉等音，凡发语未有不起于阿者。尝细思其故，小儿初生到地，开口第一声即系阿音，则此乃天地之元音，宜乎遍天下不谋而同然也。（［清］赵翼撰：《陔余丛考》，中华书局，1963 年，第 1 版，第 834-835 页。）

此例指出以"阿"呼名者是因为小儿出生开口即呼"阿"音。此说当属臆断，然其认为这一称呼宜乎天下不谋而同，则有几分道理，赵氏的这一研究已涉及语言类型的比较研究。竟成先生在《也谈汉语前缀"阿"的来源》一文中引本尼迪克特（P.K.Benedict）之说云："前缀 a 几乎普遍地分布在藏缅语中。"①另据竟成先生调查发现："阿尔泰语系中，亲属称谓语的第一音节几乎都是 a，显得十分齐整。"②由此可知，"阿"作词头与称谓语组合当属藏缅及阿尔泰语系比较常见的现象，故赵氏之说亦有可取之处。

（9）《乙卯札记》：

> 北方称医者为大夫，议者不一，皆未得其解。按，太医院掌印官，五品，于阶为大夫，其副即六品，不得为大夫矣，称凡医以大夫，尊之为太医长官也。（［清］章学诚撰，冯惠民点校：《乙卯札记》，中华书局，1986 年，第 1 版，第 199 页。）

著者指出北方称医者为大夫，乃是尊称，大夫本为太医院之掌印官，且官职要在五品以上方可称大夫。

按，称医者为"大夫"为宋时所设官职，当时除称"大夫"外，还可称郎、医效、祗候等。宋洪迈《容斋三笔》卷十六"医职冗滥"条云："神宗董正治官，立医官，额止于四员。及宣和中，自和安大夫至翰林医官，凡一百十七人，直局至祗候，反九百七十九人，冗滥如此。"因此宋时已设医职为官职。

（10）《双砚斋笔记》卷二：

> 《尔雅·释亲》曰："母之晜弟为舅。"又曰："谓我舅者，吾谓之甥。"又曰："父之姊妹为姑。"又曰："女子谓晜弟之子为侄。"《礼·丧服·大功章》传曰："谓吾姑者，吾谓之侄甥。"兼男女言。《诗·猗嗟》"展我甥兮"，男子也。《韩奕》，韩侯取妻汾王之甥，女子也。侄亦兼男女言，《春秋》僖十五年《左传》繇辞曰"侄其从姑"，男子也。《公羊传》"二国往滕，以侄娣从"，女子也。舅与甥对文，舅为男子，甥系乎舅，故甥字从男。姑与侄对文，姑为女

---

① 竟成《也谈汉语前缀"阿"的来源》，华东师范大学学报（哲学社会科学版），1994 年第 3 期。
② 同上。

子，姪系乎姑，故姪字从女。甥之称甚泛，凡舅之属，甥之可也。惟姪之称，则专属之姑，而诸父不与焉。男子谓兄弟之子曰犹子，兄之子则曰兄子。故《论语》孔子以其兄之子妻之；《汉书》以疏广为太子太傅，兄子受为少傅；马援有诫兄子书。皆是后世以男子而谓兄弟之子为姪，非古矣。唐贾文则为其姑贾夫人作墓志，自称曰犹子，则又矫枉过正者也。（［清］邓廷桢著，冯惠民点校：《双砚斋笔记》，中华书局，1987 年，第 1 版，第 140-141 页。）

此例指出"姪"为女子兄弟的子女，因与姑对文相称，故"姪"从"女"，实际上男女都可称姪。"甥"为男子姊妹的子女，因舅与甥对文相称，故字从"男"，实际上男、女都可称甥。邓廷桢认为"甥"之称很宽泛，凡舅之属皆可称"甥"，而"姪"之称则专属于姑，按朱骏声《说文通训定声》："受姪称者，男女皆可通，而称人姪者，必妇人也。"

（11）《陔余丛考》卷三十六"姪"：

俗称兄弟之子曰姪，非也。凡男子称兄弟之子，当曰从子，经书所载未有称姪者，姪乃兄弟之女也。《正韵》，兄弟之女曰姪。又《释名》，姑谓兄弟之女曰姪，是也，故姪字从女旁也。又女子谓兄弟之子亦曰姪，见《尔雅·释亲》篇，《左传》所谓"姪其从姑"，又《唐书·狄仁杰传》，仁杰谏武后曰"姑姪与母子孰亲"是也。按《颜氏家训》，兄弟之子，北人多呼为姪。则以从子为姪，起于北朝。杜工部诗："嗣宗诸子姪，早觉仲容贤。"杜牧之诗："小姪名阿宜。"则唐时久已称姪矣。《闻见录》，宋真宗过洛，幸吕蒙正第，问诸子孰可用，对曰："臣诸子皆豚犬，有姪夷简，宰相才也。"此又宋人以兄弟之子为姪之证。（［清］赵翼撰：《陔余丛考》，中华书局，1963 年，第 1 版，第 792-793 页。）

著者指出，不应称兄弟之子为"姪"，"姪"为兄弟之女，称兄弟之子当作"从子"。然而从唐代开始早已对兄弟之子称"姪"。清邓廷桢亦有考辨，《双砚斋笔记》卷二：

男子谓兄弟之子曰犹子，兄之子则曰兄子。故《论语》孔子以其兄之子妻之，《汉书》以疏广为太子太傅，兄子受为少傅。马援有《诫兄子书》，皆是。后世以男子而谓兄弟之子为姪，非古矣。唐贾文则为其姑贾夫人作墓志，自称犹曰子，则又矫枉过正者也。（〔清〕邓廷桢著，冯惠民点校：《双砚斋笔记》，中华书局，1987年，第1版，第141-142页。）

　　著者指出，男子称兄弟之子曰"犹子"，称兄之子当作"兄子"。按，《礼记·檀弓上》："丧服，兄弟之子，犹子也，盖引而进之也。"则"犹子"本指丧服而言，谓为己之子期，兄弟之子亦为期，后因称兄弟之子为犹子。"从子"，《左传·襄公二十八年》："卫人立其从子圉，以守石氏之祀，礼也。"杨伯峻注："从子，兄弟之子也。亦谓之犹子。"而称"姪"则在晋以前只是女性对兄弟之子的称呼，晋以后男子始称兄弟之子为"姪"。晋潘岳《哀永逝文》："嫂姪兮憧惶，慈姑兮垂矜。"南朝宋刘义庆《世说新语·赏誉上》："济先略无子姪之敬，既闻其言，不觉憛然。"北齐颜之推《颜氏家训·风操》："兄弟之子已孤……北土人多呼为姪。案《尔雅》《丧服经》《左传》，姪名虽通男女，并是对姑之称，晋世以来始呼叔姪。今呼为姪，于理为胜也。"袁庭栋先生认为造成这一现象的原因当从氏族社会婚姻形态在称谓中的反映来解释："在母系氏族社会，男子'出嫁'，故而女子之兄弟'嫁'到外族，他们的儿子一辈子又必须回归到本族，故而女子称兄弟之子为'姪'。'姪者至也'，归来之义也。相反，兄弟之子就不能称'姪'，只能称'子'。"①

---

① 袁庭栋《古人称谓》，山东画报出版社，2007年，第176页。

结　语

学术笔记是介于学术论著及笔记小说之间的一种文体，它研究的对象多为经学、史学、文学等学术问题，而其形式上采用的却是读书笔记、札记这样一种比较随意、自由的方式，将高深的学术内容以轻松活泼的方式表达出来，从而使学术问题的研究更为要言不烦。但由于其内容比较零散，故研究学术笔记的首要任务就是对其进行整理和归类，在此基础上再对其所研究的问题作做一步的研究和论证。本书即是在通读历代有代表性的学术笔记的基础上，对其中所论及的语言文字方面的问题进行整理和归类，然后对学术笔记所研究的问题做进一步的考据和辨正，以期能对语言文字方面的研究提供一些参考。通过研究发现，学术笔记在语言、文字方面研究的价值主要表现在以下几个方面：

音韵学方面：（1）学术笔记研究并考释许多字词的古音、本音和方俗音读。通过研究揭示文字的古音音读情况及本来所属之韵部及声母、声调情况，记录并研究语词在方言俗语中之读音情况，并将其与正音相比较，揭示其与正音读音的不同。（2）学术笔记对已有音注内容进行辨正，既指出传统旧注中存在的注音问题，同时还指出流俗误读情况。此外，学术笔记对部分语词的音义关系做出辨正，指出已有研究之不足。（3）学术笔记中还有大量与音韵学研究相关的内容，如有关汉语声韵调问题的研究，有关汉语双声叠韵问题的研究，以及汉语言注音方式的研究等。这些研究给汉语音韵学研究和发展提供了充分的材料，其中许多研究结论为后来之学者所采纳引用，对音韵学、音韵学史及相关辞书编纂具有较高的参考价值。

文字学方面：（1）学术笔记记录并考证了许多文字的古字形式，学术笔记对古字的研究主要分古文字研究和古今字研究两方面。通过对古文字的研究揭示文字的本义，从而使后人理解文献中的字义更加准确。通过对古今字的研究，揭示文字的发展历史，了解文字的本义及引申义的发展规律，从而为文字学的学习以及古文献的阅读提供参考。（2）学术笔记指出了文字在发展过程中由于各种原因所产生的讹字现象，通过揭示文献中之讹字，揭示讹字形成的形式，拨乱反正，对于古籍的阅读、整理及校勘都有重要意义。（3）学术笔记揭示了文字的俗字形式，指出文字俗字形成的规律及形成的具体方法，对俗文字的研究、文献的整理和校勘都具有积极意义。（4）学术笔记对汉语避讳字的产生及发展作出了比较详尽的论述，这些对相关辞书的编撰都是有价值的资料，同时，揭示文献中的避讳用字，对文献的阅读和整理亦有一定的帮助。

词汇学方面：（1）学术笔记考释并辨正了一大批词语，对词语的考释是学术笔记研究的重点，几乎每部笔记都有词语考释的内容，通过考释词义、考证词语的构词理据，对前人注疏中出现的问题予以辨正都是学术笔记研究的内容。通过考辨词语，使词语的词义更加准确，理据更加合理，这些对今天古籍的整理，辞书的释义都是有价值的参考。（2）学术笔记对方俗语进行了很多研究，这些研究或考证方俗语的来源出处，或解释方俗语的词义及理据，为今天方言及俗语的研究提供了依据。（3）学术笔记还对汉语称谓语进行研究，汉语自《尔雅·释亲》以来未有成系统的称谓语研究著作，称谓语的研究有许多都集中在学术笔记中，这些研究或考证来源出处，考察意义的演变及分化，对汉语称谓语辞书的编纂乃至对汉民族古代文化的考察都具有重大意义。

词汇史方面：（1）学术笔记有许多内容涉及汉语词汇的始见问题，这些内容或考证词语的始见年代，或考证词语的来源出处，以找出词语发展的源头为研究目标。这些研究不乏真知灼见，对汉语词汇史研究，对汉语历时性辞书及断代辞书的编纂都有参考价值。（2）学术笔记还对汉语词义演变的情况进行研究，这些研究或考证词义演变的具体时间，或描写词义演变的具体过程，或分析词义演变的原因及形式，通过研究使汉语词汇发展变化的脉络更为清晰，而分析词义演变的原因则使词义研究有据可查，其结果更令人信服。（3）学术笔记还记录并考证了一些词语的古义和僻义，这些意义今天多数已经不再使用，因而是古籍阅读的难点，通过揭示这些词语的古义僻义，可以解决古籍阅读的障碍，同时也为词汇发展演变的研究提供了参考。

当然，学术笔记也存在一些缺点和不足，如在研究中缺乏历史发展的观点，对文字的研究处处以本字为正，排斥俗字，对文字的研究过于迷信《说文》因而为错误的结论曲为之说，词语考证中望文生义，相关研究证据过少、论据不充分等，都是学术笔记的不足之处。我们在研究中还需辩证地看待。

　　总之，学术笔记为汉语语言文字的研究提供了大量可供参考的有价值的材料，值得我们进一步去发掘和研究，本书的研究受个人学识所限，未能对全部学术笔记作穷尽式研究，故相关问题的研究难免会出现错误。其次，对个别问题的研究，本人在总结古今学者研究成果的基础上提出了一些自己不太成熟的观点，不当之处还望方家指正。

参考文献

一、古代文献类

1. 笔记类

[唐] 苏鹗撰，吴企明点校《苏氏演义》（外三种），北京：中华书局，2012年。

[唐] 苏鹗《苏氏演义》，《丛书集成初编》本，上海：商务印书馆，1939年。

[晋] 崔豹《中华古今注》，《丛书集成初编》本，上海：商务印书馆，1939年。

[唐] 封演撰，赵贞信校注《封氏闻见记校注》，北京：中华书局，2005年。

[唐] 丘光庭《兼明书》，《影印文渊阁四库全书》第850册，台北：商务印书馆。

[宋] 王应麟，[清] 翁元圻等注，乐保群、田青松、吕宗力校点《困学纪闻》，上海：上海古籍出版社，2008年。

[宋] 洪迈撰，孔凡礼校点《容斋随笔》，上海：上海古籍出版社，1978年。

[宋] 沈拓撰，金良年点校《梦溪笔谈》，北京：中华书局，2015年。

[宋] 王观国撰，田瑞娟校点《学林》，北京：中华书局，1988年。

[宋] 王楙撰，王文锦校点《野客丛书》，北京：中华书局，1987年。

[宋] 朱翌撰，《猗觉寮杂记》，《丛书集成初编》本，上海：商务印书馆，1939年。

[宋] 孙奕《履斋示儿编》，《丛书集成初编》本，上海：商务印书馆，1939年。

[宋] 程大昌撰，刘尚荣校正《考古编》，北京：中华书局，2008年。

[宋] 程大昌撰，刘尚荣校正《续考古编》，北京：中华书局，2008年。

［宋］程大昌撰，许逸民校证《演繁露校证》，北京：中华书局，2018 年。

［宋］袁文撰，李伟国校点《瓮牖闲评》，北京：中华书局，2007 年。

［宋］叶大庆撰，李伟国校点《考古质疑》，北京：中华书局，2007 年。

［宋］黄朝英撰，吴企明校点《靖康缃素杂记》，上海：上海古籍出版社，1986 年。

［宋］吴曾《能改斋漫录》，上海：上海古籍出版社，1979 年

［宋］叶适《习学纪言序目》，北京：中华书局，1977 年。

［宋］史绳祖《学斋佔毕》，百川学海本。

［元］李治撰，刘德权点校《敬斋古今黈》，北京：中华书局，1995 年。

［元］陈世隆《北轩笔记》，知不足斋本。

［明］谢肇淛《五杂组》，上海：上海书店出版社，2001 年。

［明］胡应麟《少室山房笔丛》，上海：上海书店出版社，2009 年。

［明］杨慎撰，丰家骅校证《丹铅总录校证》，北京：中华书局，2019。

［明］焦竑撰，李剑雄点校《焦氏笔乘》，北京：中华书局，2008 年。

［明］陆容《菽园杂记》，北京：中华书局，1985 年。

［清］顾炎武，黄汝成集释，栾保群、吕宗力校点《日知录集释》〔全校本〕，上海：上海古籍出版社 2006 年。

［清］赵翼撰，曹光甫校点《陔余丛考》，上海：上海古籍出版社，2011 年。

［清］王鸣盛《蛾术编》，上海：上海书店出版社，2012 年。

［清］俞正燮《癸巳类稿》，上海：商务印书馆，1957 年。

［清］俞正燮《癸巳存稿》，上海：商务印书馆，1957 年。

［清］阎若璩《潜邱札记》，影印文渊阁四库全书（台湾商务印书馆）

［清］钱大昕著，杨勇军整理《十驾斋养新录》，上海：上海书店出版社，1983 年。

［清］桂馥撰，赵智海点校《札朴》，北京：中华书局，1992 年。

［清］王念孙《读书杂志》，南京：江苏古籍出版社，2000 年。

［清］俞樾，崔高维校点《九九消夏录》，北京：中华书局，1995 年。

［清］何焯，崔高维校点《义门读书记》，北京：中华书局，1987 年。

［清］赵绍祖撰，赵英明，王桄明点校《读书偶记 消暑录》，北京：中华书局，1997 年。

［清］宋翔凤撰，梁运华点校《过庭录》，北京：中华书局，1986 年。

［清］邓廷桢著，冯惠民点校《双砚斋笔记》，北京：中华书局，1987年。

［清］于鬯著，张华民点校《香草续校书》，北京：中华书局，1963年。

［清］杭世骏撰，陈抗点校《订讹类编　续补》，北京：中华书局，1997年。

［清］邹汉勋撰，陈福林点校《读书偶识》，北京：中华书局，2008年。

［清］徐文靖著，范祥雍点校《管城硕记》，北京：中华书局，1998年。

［清］尤侗撰，李肇翔、李复波点校《艮斋杂说　续说　看鉴偶评》，北京：中华书局，1992年。

［清］张宗泰等撰，吴新成等点校《质疑删存》（外二种），北京：中华书局，2006年。

［清］吴翌凤撰，吴格点校《逊志堂杂钞》，北京：中华书局，2006年。

［清］章学诚撰，冯惠民点校《乙卯札记》（外二种），北京：中华书局，2006年。

［清］周寿昌撰，许逸民点校《思益堂日札》，北京：中华书局，1987年。

［清］孙诒让著，梁运华点校《札迻》，北京：中华书局，1989年。

［清］王鸣盛著，顾美华标校《蛾术编》，上海：上海书店出版社，2012年。

2. 其他类

［汉］许慎《说文解字》，北京：中华书局，2009年。

［南朝梁］顾野王《玉篇》，北京：中华书局，1987年。

［唐］颜元孙《干禄字书》，龙谷大学藏本。

［辽］释行均《龙龛手镜》（高丽本），北京：中华书局，1985年。

［宋］戴侗《六书故》，北京：中华书局，2012年。

［宋］丁度等《集韵》，上海：上海古籍出版社，1985年。

［宋］洪兴祖《楚辞补注》，北京：中华书局，1983年。

［清］阮元校勘《十三经注疏》，北京：中华书局，1980年。

［清］李道平撰，潘雨廷点校《周易集解纂疏》，北京：中华书局，1994年。

［清］王念孙《广雅疏证》，北京：中华书局，2004年。

［清］钱大昕著，方诗铭、周殿杰校点《廿二史考异》，上海：上海古籍出版社，2004年。

［清］黄生撰，［清］黄承吉合按《字诂义府合按》，北京：中华书

局，1984 年。

　　[清] 梁章钜著，王释非、许振轩点校《称谓录》（校注本），福州：福建人民出版社，2003 年。

　　[清] 孙诒让《周礼正义》，北京：中华书局，1987 年。

　　[清] 孙诒让《墨子间诂》，北京：中华书局，2001 年。

　　[清] 王先谦《汉书补注》，上海：上海古籍出版社，2008 年。

　　[清] 王先谦《诗三家义集疏》，北京：中华书局，1987 年。

　　[清] 皮锡瑞《尚书今文考证》，北京：中华书局，2009 年。

　　[清] 马瑞辰《毛诗传笺通释》，北京：中华书局，1989 年。

　　[清] 孙星衍《尚书今古文注疏》，北京：中华书局，1986 年。

　　[清] 朱骏声《说文通训定声》，北京：中华书局，1984 年。

　　[清] 桂馥《说文解字义证》，北京：中华书局，1987 年。

　　[清] 段玉裁《说文解字注》，上海：上海古籍出版社，1988 年。

　　[清] 王筠《说文释例》，北京：中华书局，1983 年。

　　[清] 郝懿行《尔雅义疏》，上海：上海古籍出版社，1983 年。

二、今人著作类

1. 专著类

陈伟湛、唐钰明《古文字学纲要》，广州：中山大学出版社，1988 年。

陈子展《楚辞直解》，南京：江苏古籍出版社，1988 年。

陈子展《诗经直解》，上海：复旦大学出版社，1983 年。

程俊英《诗经译注》，上海：上海古籍出版社，1985 年。

董志翘《中古近代汉语探微》，北京：中华书局，2007 年。

方一新《中古近代汉语词汇学》，北京：商务印书馆，2010 年。

符淮青《汉语词汇史》，合肥：安徽教育出版社，1996 年。

高亨《周易大传今注》，济南：齐鲁书社，1979 年。

高明《帛书老子校注》，北京：中华书局，1996 年。

高小方《中国语言文字学史料学》，南京：南京大学出版社，1998 年。

郭沫若《中国史稿》，北京：人民出版社，1995 年。

郭锡良《汉语史论集》（增补本），北京：商务印书馆，2005 年。

郭锡良等编《古代汉语》（修订本），北京：商务印书馆，1999 年。

郭在贻《训诂学》（修订本），北京：中华书局，2005 年。

何九盈《中国古代语言学史》，广州：广东教育出版社，1995 年。

何宁《淮南子集释》，北京：中华书局，1998 年。

胡士云《汉语亲属称谓研究》，北京：商务印书馆，2007年。

许维遹《吕氏春秋集释》，北京：中华书局，2009年。

黄金贵《古代文化词语考论》，杭州：浙江大学出版社，2001年。

江蓝生《近代汉语探源》，北京：商务印书馆，2000年。

江蓝生《近代汉语研究新论》，北京：商务印书馆，2008年。

蒋冀骋、吴福祥《近代汉语纲要》，长沙：湖南教育出版社，1997年。

蒋礼鸿《敦煌变文字义通释》（第四次增订本），上海：上海古籍出版社，1981年。

蒋礼鸿《蒋礼鸿集》，杭州：浙江教育出版社，2001年。

蒋绍愚《古汉语词汇纲要》，北京：商务印书馆，2005年。

蒋绍愚《汉语词汇语法史论文集》，北京：商务印书馆，2001年。

蒋绍愚《近代汉语研究概要》，北京：北京大学出版社，2005年。

蒋宗福《语言文献论集》，成都：巴蜀书社，2002年。

金景芳　吕绍纲《周易全解》，长春：吉林大学出版社，1989年。

李荣《文字问题》（修订本），北京：商务印书馆，2012年。

林焘　耿振生《音韵学概要》，北京：商务印书馆，2004年。

刘坚《刘坚文存》，上海：上海教育出版社，2008年。

刘叶秋《历代笔记概述》，北京：北京出版社，2003年。

陆宗达《陆宗达语言学论文集》，北京：北京师范大学出版社，1996年。

吕叔湘《汉语语法论文集》（增订本），北京：商务印书馆，2002年。

吕叔湘《语文杂记》，北京：生活•读书•新知三联书店，2008年。

裘锡圭《文字学概要》，北京：商务印书馆，1988年。

任学良《汉语造词法》，北京：中国社会科学出版社，1981年。

容庚《中国文字学》，北京：中华书局，2012年。

四川大学汉语史研究所《汉语史研究集刊》第二辑，成都：巴蜀书社，2000年。

四川大学汉语史研究所《汉语史研究集刊》第一辑（上），成都：巴蜀书社，1998年。

唐兰《中国文字学》，上海：上海古籍出版社，2001年。

汪维辉《汉语词汇史新探》，上海：上海人民出版社，2007年。

王艾录、司富珍《汉语的语词理据》，北京：商务印书馆，2001年。

王国维《观堂集林》，北京：中华书局，1959年。

王力《汉语史稿》，北京：中华书局，2004年。

王力《中国语言学史》，太原：山西人民出版社，1981年。

王力主编《古代汉语》（校订重排本），北京：中华书局，1980 年。

王利器《吕氏春秋注疏》，成都：巴蜀书社，2002 年。

王利器《颜氏家训集解》增补本，北京：中华书局，1993 年。

王琪《上古汉语称谓研究》，北京：中华书局，2008 年。

王新华《避讳研究》，济南：齐鲁书社，2007 年。

王锳《语文丛稿》，北京：中华书局，2006 年。

王云路《词汇训诂论稿》，北京：北京语言文化大学出版社，2002 年。

王云路《中古汉语词汇史》，北京：商务印书馆，2010 年。

向熹《简明汉语史》，北京：商务印书馆，2010 年。

向熹《汉语避讳研究》，北京：商务印书馆，2016 年。

向熹《古代汉语知识辞典》，成都：四川人民出版社，1988 年。

项楚《敦煌变文选注》（增订本），北京：中华书局，2006 年。

辛占军《老子译注》，北京：中华书局，2008 年。

徐时仪《古白话词汇研究论稿》，上海：上海教育出版社，2000 年。

杨伯峻《春秋左传注》，北京：中华书局，1981 年。

杨伯峻《列子集释》，北京：中华书局，1979 年。

杨伯峻《论语译注》，北京：中华书局，1980 年。

杨伯峻《孟子译注》，北京：中华书局，1960 年。

杨琳《训诂方法新探》，北京：商务印书馆，2011 年。

杨树达《积微居小学述林》，上海：上海古籍出版社，2007 年。

余嘉锡《世说新语笺疏》，北京：中华书局，1983 年。

余嘉锡《四库提要辨证》，北京：中华书局，1980 年。

俞敏《俞敏语言学论文集》，北京：商务印书馆，1999 年。

袁庭栋《古人称谓》，济南：山东画报出版社，2001 年。

曾良《俗字及古籍文字通例研究》，南昌：百花洲文艺出版社，2006 年。

张永言《训诂学简论》，武昌：华中工学院出版社，1985 年。

张涌泉《汉语俗字研究》（增订本），北京：商务印书馆，2010 年。

张涌泉《汉语俗字研究》，长沙：岳麓书社，1995 年。

赵克勤《古汉语词汇学》，北京：商务印书馆，1994 年

赵守俨《赵守俨文存》，北京：中华书局，1998 年。

赵振铎《辞书学论文集》，北京：商务印书馆，2006 年。

赵振铎《训诂学纲要》，西安：陕西人民出版社，1987 年。

赵振铎《中国语言学史》，石家庄：河北教育出版社，2000 年。

赵振铎《字典论》，上海：上海辞书出版社，2001 年。

周大璞《训诂学初稿》，武汉：武汉大学出版社，2007年。

周俊勋《中古汉语词汇研究纲要》，成都：巴蜀书社，2009年。

周一良《魏晋南北朝史札记》，沈阳：辽宁教育出版社，1998年。

周振鹤、游汝杰《方言与中国文化》，上海：上海人民出版社，1986年。

李娟红《历代学术笔记中语言文字学论述整理和研究》，北京：中国社会科学出版社，2018年。

曹文亮《历代笔记语言文字学问题研究》，北京：中国社会科学出版社，2015年。

2. 论文类

阿波《"市井"的起源兼释"市"》，《文史杂志》，1994年第4期。

白兆麟、关德仁《讹字选编》，《淮北煤师院学报》（社会科学版），1990年第1期。

陈刚《关于"马虎子"及其近音词》，《中国语文》，1986年第5期。

陈焕良、吴连英《刍论札朴之鲁方言研究》，《中山大学学报》，2004年第2期。

陈垣《史讳举例》，《燕京学报》，1927年第4期。

程亚林《泥巴与空气：小议"措大"之释》，《书屋》，2001年第1期。

方向东《〈札迻〉诂正（二）》，《古籍整理研究学刊》，2006年第5期。

方向东《〈札迻〉诂正（三）》，《古籍整理研究学刊》，2007年第6期。

方向东《〈札迻〉诂正（一）》，《古籍整理研究学刊》，2006年第2期。

房建昌《"宰予昼寝"辨》，《学术月刊》，1982年12期。

房建昌《"昼寝"乃饰画墙壁》，《社会科学战线》，1989年第3期。

黄怀信《清华简〈金縢〉校读》，《古籍整理研究学刊》，2011年第3期。

黄金贵《"病"之本义考》，《语言科学》，2009年第4期。

黄树先《"哥"字探源》，《语言研究》，1999年第2期。

黄钺《"娄罗"语源小考》，《云南民族学院学报》，1991年第4期。

竟成《也谈汉语前缀"阿"的来源》，《华东师范大学学报》（哲学社会科学版），1994年第3期。

匡丽娜《札朴的民俗语言学研究》，《文化学刊》，2010年04期。

李晖《唐诗"红豆"考》，《北方论丛》，1998年第1期。

李顺和《〈札朴〉训诂体例研究》，《山东广播电视大学学报》，2010年第4期。

李文明《信的"书信"义的更早例证》，《中国语文》，1986年第

2 期。

李小荣《"娄罗"溯源》,《淮阴师范学院学报》(哲学社会科学版),2000 年第 2 期。

刘玉红、曾韶聪《〈资暇集〉中的词源问题探讨评述》,《华南理工大学学报》(哲学社会科学版),2009 年第 4 期。

刘玉红《明清"养瘦马"风俗小考》,《华夏文化》,2008 年第 1 期。

鲁国尧《陶宗仪〈南村辍耕录〉等著作与元代语言》,《南京大学学报》,1996 年第 4 期。

毛毓松《〈容斋随笔〉与语文学》,《文献》,1997 年第 4 期。

潘天华《谈〈梦溪笔谈〉札记》,《中国语文》,2001 年第 3 期。

任远《"点书"辨》,《古汉语研究》,1992 年第 2 期。

盛会莲《市井得名考》,《甘肃社会科学》,1999 年第 1 期。

石锓《从唐代几种语言类笔记看唐代词汇研究》,《丝路学刊》,1997 年第 1 期。

孙良明《顾炎武〈日知录〉的词汇、词义研究及其现实意义》,《鲁东大学学报》(哲学社会科学版)2007 年第 1 期。

唐钰明《顾炎武的训诂学》,原载台湾中山大学 1995 年《第四届清代学术研讨会论文集》,收入《著名中年语言学家自选集·唐钰明卷》,安徽教育出版社 2002 年。

万久富《〈封氏闻见记〉的语言文字学史料价值》,《古籍研究整理学刊》,1998 年第 1 期。

王焕玲《从〈封氏闻见记〉看汉语大词典的不足》,《南宁师范高等专科学校学报》,2008 年第 2 期。

王焕玲《封氏闻见记中的俗语词训诂》,《科教文汇》(上旬刊),2008 年第 7 期。

王宁《汉语词源学将在二十一世纪有巨大发展——首届汉语词源学学术研讨会评述》,载《汉语词源研究》第一辑,2001。

王锳《"明驼"非马》,《贵州民族学院学报》,1986 年第 1 期。

巫称喜《〈梦溪笔谈〉语言研究方法论初探》,《语文研究》,2002 年第 2 期。

巫称喜《浅谈〈梦溪笔谈〉的语法学贡献》,《江西师范大学学报》,2003 年第 1 期。

吴庆锋《"麻胡"讨源》,《山东师大学报》(哲学社会科学版),1983 年第 3 期。

吴悦《"行李"词义的商榷》,《江苏师院学报》,1981 年第 2 期。

伍铁平《词义的感染》,《语文研究》,1984 年第 3 期。

徐传武《驴又何以称"卫"?》,《辞书研究》,1993 年第 5 期。

徐时仪《"喽囉"考》,《语言科学》,2005 年第 1 期。

徐时仪《"马虎"探源》,《语文研究》,2005 年第 3 期。

徐时仪《饼、饦、馄饨、扁食、餺飥等考探》,《南阳师范学院学报》(社会科学版),2003 年第 7 期。

杨春霖《没有训诂学就没有完善的古籍整理》,《西北大学学报》(哲学社会科学版),1988 年第 3 期。

于云瀚《释"市井"》,《江海学刊》,1990 年第 6 期。

俞理明《说"郎"》,《中国语文》,1999 年第 6 期。

张清常《〈尔雅·释亲〉札记——论姐、哥词义的演变》,《中国语文》,1998 年第 2 期。

张秀成《古今字,古今文字的金桥——论古今字的几个问题》,《四川大学学报》(哲学社会科学版),1999 年第 5 期。

赵克勤《行李》,《语文建设》,1992 年第 6 期

赵振铎《说讹字》,《辞书研究》,1990 年第 2 期。

郑红《"衙门"辨证》,《语文建设》,1992 年第 6 期。

周磊《释"餺飥"及其他》,《中国语文》,2001 年第 2 期。

3. **辞书类**

丁福保《说文解字诂林》,北京:中华书局,1988 年。

郭锡良《汉字古音手册》,北京:北京大学出版社,1986 年。

何琳仪《战国古文字典》,北京:中华书局,1998 年。

许宝华 [日] 宫田一郎主编,《汉语方言大词典》,北京:中华书局,1999 年。

黄德宽主编《古文字谱系疏证》,北京:商务印书馆,2007 年。

黄金贵《古代文化词义集类辨考》,上海:上海教育出版社,1995 年。

黄征《敦煌俗字典》,上海:上海教育出版社,2005 年。

江蓝生《魏晋南北朝小说词语汇释》,北京:语文出版社,1988 年。

李孝定《甲骨文字集释》,台北:历史语言研究所专刊之五十,1970 年。

刘复、李嘉瑞《宋元以来俗字谱》,北平:国立中央研究院历史语言研究所单刊之三,1930 年。

刘正埮、高名凯、麦永乾、史有为《汉语外来词词典》,上海:上海

辞书出版社，1984 年。

罗竹风主编《汉语大词典》1-23 册，上海：上海辞书出版社，1986—1993 年。

秦公、刘大新《广碑别字》，北京：国际文化出版公司，1995 年。

秦公《碑别字新编》，北京：文物出版社，1985 年。

容庚《金文编》，北京：中华书局，1985 年。

王力主编《王力古汉语字典》，北京：中华书局，2000 年。

王彦坤《历代避讳字汇典》，郑州：中州古籍出版社，1997 年。

王锳《诗词曲语词汇释》，北京：中华书局，1980 年。

王锳《宋元明市语汇释》（修订增补本），北京：中华书局，2008 年。

向熹《诗经词典》，成都：四川人民出版社，1986 年。

徐中舒《甲骨文字典》，成都：四川辞书出版社，2006 年。

徐中舒主编《汉语大字典》，成都、武汉：四川辞书出版社、湖北辞书出版社，1986—1990 年。

杨树达《词诠》，北京：中华书局，1954 年。

殷寄明《汉语同源字词丛考》，上海：东方出版中心，2007 年。

于省吾主编《甲骨文字诂林》，北京：中华书局，1996 年。

俞敏《虚词诂林》，哈尔滨：黑龙江人民出版社，1993 年。

张舜徽《说文解字约注》，武汉：华中师范大学出版社，2009 年。

张相《诗词曲语词汇释》，北京：中华书局，1977 年。

张涌泉《汉语俗字丛考》，北京：中华书局，2000 年。

周祖谟《尔雅校笺》，昆明：云南人民出版社，2004 年。

周祖谟《广韵校本》，北京：中华书局，1960 年。

朱祖延主编《尔雅诂林》，武汉：湖北教育出版社，1996 年。

宗福邦《故训汇纂》，北京：商务印书馆，2007 年。

4. 学位论文类

曹文亮《〈能改斋漫录〉训诂研究》，四川大学 2007 年硕士学位论文。

曹文亮《历代笔记语言文字问题研究》，四川大学 2010 年博士论文。

曹小林《〈封氏闻见记〉词汇研究》，湖南师范大学 2012 年硕士学位论文。

陈敏《宋人笔记与汉语词汇学》，浙江大学 2007 年博士学位论文。

许明《〈容斋随笔〉常用反义词研究》，长春理工大学 2006 年硕士学位论文。

黄建宁《笔记小说俗俗研究》，四川大学 2005 年博士学位论文。

黄宜凤《明代笔记小说俗语词研究》，四川大学 2007 年博士学位论文。

江傲霜《六朝笔记小说词汇研究》，山东大学 2007 年博士学位论文。

李娟红《宋代笔记中训诂学问题研究》，四川大学 2005 年硕士学位论文。

王宝红《清代笔记小说俗语词研究》，四川大学 2005 年博士学位论文。

王洪涛《〈演繁露〉训诂考》，浙江大学 2007 年硕士学位论文。

王雪槐《〈梦溪笔谈〉动植物名物词研究》，重庆师范大学 2009 年硕士论文。

武艳茹《〈容斋随笔〉心理动词研究》，河北师范大学 2010 年硕士学位论文。

熊焰《于邵〈春秋〉四传校书训诂研究》，暨南大学 2010 年博士学位论文。

周军《洪迈笔记语言分词理论与实践》，广西师范大学 2010 年硕士学位论文。

致　谢

　　本书是在本人博士论文基础上经过修改、补充，并申请国家社会科学基金后期资助项目的结项成果。在本书即将付梓之际，请允许我对多年来关心、帮助过我的各位师长、领导以及家人和朋友们说一声谢谢。

　　感谢我的博士导师蒋宗福先生，我的硕士研究方向为现代汉语，转入汉语史方向对我来说是一个不小的考验，博士学习阶段先生一直建议我多读经典文献，培养古汉语素养。同时先生一直强调做学问切忌心浮气躁、空谈理论，要以能解决实际问题为研究目的。先生的言传身教深深地影响了我，只是由于我资质愚鲁，又加之基础较差，先生的期望只能完成十之一二。博士毕业，进入工作单位，先生仍不忘叮嘱我要继续学习深造，不要放弃学术追求。在我申报项目一再受挫，甚至心灰意冷之际，仍然是先生的不断鼓励让我坚持下来，没有放弃，并最终申请到国家社科基金后期资助项目。能取得今天的成果，离不开先生的鼓励和帮助。

　　感谢我的硕士导师董印其先生，正是先生带我走进语言学研究的大门，三年的硕士学习生活，先生不仅在学习上为我们传道、授业、解惑，同时还非常关心我们的生活状况，叮嘱我们要劳逸结合，对待生活要积极乐观向上。毕业之后先生依旧关心我的学习、工作情况，使我无时无刻不感受到先生的关怀。

　　感谢洛阳师范学院文学院领导的关怀与帮助，王建国院长在课题申报时提出很多宝贵意见，在课题完成和结项时又提供了诸多帮助，使得课题得以顺利结项。科研处长刘恒多年来一直关心我的科研进展情况，设身处地为我着想，针对我的情况提出大量宝贵意见，项目的获批和完成离不开她的帮助。

　　最后感谢我的家人。我的父母在我考研、读硕以及考博、读博期间不辞辛劳，默默付出，尽最大努力为我的学习和生活提供保障。参加工作以来他们又承担起照看孩子的工作，多年以来，风雨无阻，无怨无悔。我的妻子谷瑞娟在我读博和工作期间不仅要完成单位繁重的工作，同时还操持家务，照顾两个孩子的教育和生活。家人的关爱和照顾给了我充分的自由和时间，得以心无旁骛地进行学术研究，今天能够取得的成绩完全得益他们的默默付出，对他们的关爱无以言表，谨在此致以最深的谢意！

郭海洋
2021 年 12 月 9 日
于洛阳师范学院月明湾